| 大学数学基础丛书 |

高等数学学习指导

（上册）

袁学刚 张 友 主编

清華大学出版社
北京

内 容 简 介

本书是与高等学校理工科各专业的大学生学习“高等数学”课程同步的学习指导书，全书分为上、下两册. 上册内容包括函数、数列及其极限、函数的极限与连续、导数与微分、微分中值定理及其应用、不定积分、定积分及其应用、常微分方程；下册内容包括向量代数与空间解析几何、多元函数的微分法及其应用、重积分、曲线积分与曲面积分、无穷级数. 每节包括知识要点、疑难解析、经典题型详解和课后习题选解四个模块. 每章的开始列出了本章的基本要求和知识网络图，最后部分是复习题解答和自测题. 编写本书的主要目的是为了帮助学生更好地理解“高等数学”课程的内容，掌握课程的基本理论、解题方法及技巧.

本书可以作为高等学校理科、工科和技术学科等非数学专业的高等数学的学习指导书，也可作为青年教师的教学参考书和考研学生的复习用书.

图书在版编目(CIP)数据

高等数学学习指导. 上册/袁学刚，张友主编. —北京：清华大学出版社，2017(2023.9 重印)
(大学数学基础丛书)
ISBN 978-7-302-49001-2

Ⅰ. ①高… Ⅱ. ①袁… ②张… Ⅲ. ①高等数学—高等学校—教学参考资料 Ⅳ. ①O13

中国版本图书馆 CIP 数据核字(2017)第 292434 号

责任编辑：刘 颖
封面设计：傅瑞学
责任校对：刘玉霞
责任印制：宋 林

出版发行：清华大学出版社
网　　址：http://www.tup.com.cn，http://www.wqbook.com
地　　址：北京清华大学学研大厦 A 座　　**邮　　编**：100084
社 总 机：010-83470000　　**邮　　购**：010-62786544
投稿与读者服务：010-62776969，c-service@tup.tsinghua.edu.cn
质量反馈：010-62772015，zhiliang@tup.tsinghua.edu.cn
印 装 者：涿州市般润文化传播有限公司
经　　销：全国新华书店
开　　本：185mm×260mm　　**印　　张**：20　　**字　　数**：485 千字
版　　次：2017 年 12 月第 1 版　　**印　　次**：2023 年 9 月第 7 次印刷
定　　价：56.00 元

产品编号：077726-02

前言

PREFACE

众所周知，初等数学以常量为研究对象，而高等数学则以变量为研究对象，二者在研究内容、解题方法及技巧上存在许多本质上的差异. 对于高等学校的理工科大学生，学习高等数学的重要性是不言而喻的，但要完成从初等数学到高等数学的思维跨越需要一个过程，想学好这门课程并不容易. 编者认为，学好高等数学的第一要素是学习并用好"规则"，这些"规则"包括：教材内容涵盖的定义、性质、定理、推论及一些重要的结论等. 学习并用好"规则"可分为三个阶段：初级阶段是规范并合理使用"规则"，即能够使用基本概念和基本结论解决一些较为直观的问题；中级阶段是掌握并灵活运用"规则"，随着学习的深入，"规则"越来越多，需要解决的问题亦是如此，此阶段要求学生能够解决具有一定难度的问题；高级阶段是熟知并综合利用"规则"，通过规范的培养训练，使学生能够解决一些启发性和综合性较强的问题.

编写本部学习指导书源于以下两方面的考虑：

一是加强教材内容的认知. 目前已出版并正在使用的《高等数学》教材都有各自的特点和优势，但限于篇幅，不可能完全覆盖并诠释每个知识点的内涵和适用范围. 想要达到"以人为本、因材施教、夯实基础、创新应用"的指导思想，任重道远.

二是弥补课堂教学的不足. 学生在学习高等数学时，课堂教学只是其中的一部分. 由于教学时数的限制，导致课堂教学密度大、速度快，多数大一新生不能适应高等数学教学方式和方法，并且许多解题方法与技巧不可能在课堂上得到完整的讲解与演练，当然更谈不上让学生系统掌握这些方法与技巧.

三是发挥信息手段的效用. 信息技术的出现，使学习者的学习方式和学习行为发生了相应的变化；信息技术的发展进一步推动了教育的改革，使教育手段多种多样；信息技术资源平台的建立，为广大师生提供了更多的便利条件，学生可以通过互联网去使用优质的教育资源，不再单纯地依赖课堂去获取知识. 因此，充分利用好线上线下资源至关重要.

为此，本书对教材的各个知识要点进行了必要的提炼、释疑、分析、串联，目的是帮助初学者理解、熟悉并规范使用"规则"，掌握必要的解题方法与技巧，使其能够对各知识要点有更好的理解和参悟，达到融会贯通的效果，进而提升综合解题能力和自主学习能力.

本部学习指导书的章节与普通高等教育"十三五"规划教材《高等数学》(清华大学出版社，袁学刚和张友主编)同步，与其他版本《高等数学》教材的内容并行，可以作为大一学生的学习指导书与课堂教学同步使用，也可作为备考硕士研究生的考生进行总结性复习或专题性研究的学习资料.

本书各章节的基本框架如下：

精讲视频：课程组精心录制了各节内容及各章复习题的精讲视频，并且在相应的位置提供了二维码链接，读者可以通过手机或平板电脑等移动端扫描二维码进行学习．特别地，每个视频中都配备了思考与练习，既有课外习题的延伸讲解，又留有相应的课后练习．

知识要点：列出本节必须掌握的知识点，包括定义、性质、定理、推论、一些重要的结论，并配以必要的说明．

疑难解析：根据多年的教学经验，选择一些容易出现理解不到位和混淆的知识点进行解答，帮助读者正确理解并合理使用这些"规则"．

经典题型详解：每节精选了一些基础类、提高类和综合类的经典题型，给出有针对性的分析、归纳和总结，引领读者分析问题的内涵，定位所用的知识点，指出使用的方法和技巧，进而提高读者对相关"规则"的认知能力和综合应用能力．

课后习题选解及复习题解答：针对配套教材的课后习题和复习题中具有一定难度的题目给出了部分解答，更重要的是体现解题的标准步骤和解题的方法及技巧．

自测题：在经典题型和课后习题基础上，精选了一些难度适中及较高的题目，其中包括一些考研真题．

本书由大连民族大学理学院组织编写．袁学刚和张友任主编，负责全书的统稿及定稿．参与编写本书的教师有：谢丛波(第1、9章)、焦佳(第2、3、8章)、董丽(第4、5、11、12章)、张文正(第6、7、10章)、楚振艳(第13章)．各段视频的录制主要由袁学刚和张文正完成．

感谢大连民族大学各级领导在编写本书时给予的关心和支持．感谢清华大学出版社的刘颖编审在编写本书时给予的具体指导及宝贵建议．本书在编写过程中，参阅了一些同行专家编写的辅导书，在此一并表示感谢．

由于编者水平有限，成书仓促，书中一定存在某些不足或错误，恳请广大同行和读者批评指正．

编　者

2017年10月

目录 CONTENTS

预备知识

一、集合及其相关概念

1. 集合

集合：具有某种特定性质的事物汇集的总体，通常用大写字母 $A,B,C,\cdots$ 表示.

元素：组成集合的事物，通常用小写字母 $a,b,c,\cdots$ 表示.

集合与元素之间的关系：若 a 是集合 A 的元素，则称 a 属于 A，记作 $a\in A$；若 a 不是集合 A 的元素，则称 a 不属于 A，记作 $a\notin A$.

有限集和无限集：若集合的元素个数有限，则称这个集合为**有限集**，否则称为**无限集**.

空集：不含任何元素的集合，记作 $\varnothing$.

常遇到的数集：自然数集 $\mathbf{N}$；整数集 $\mathbf{Z}$；有理数集 $\mathbf{Q}$；实数集 $\mathbf{R}$；复数集 $\mathbf{C}$；正整数集 $\mathbf{Z}_+$；正有理数集 $\mathbf{Q}_+$；正实数集 $\mathbf{R}_+$.

2. 集合的表示方法

列举法：把集合的全体元素一一列举出来. 例如，由元素 $a_1,a_2,\cdots,a_n$ 组成的集合 A 可以表示为 $A=\{a_1,a_2,\cdots,a_n\}$.

描述法：利用集合的某种特征来描述其元素. 例如，xOy 平面中单位圆周上点的集合 B 可以表示为 $B=\{(x,y)\mid x^2+y^2=1\}$.

3. 集合间的关系

子集：设 A 和 B 是两个集合，若集合 A 的所有元素都属于集合 B，则称 A 是 B 的**子集**，记作 $A\subseteq B$(或 $B\supseteq A$)，读作 A 包含于 B(或者 B 包含 A).

真子集：若 $A\subseteq B$，且存在元素 $a\in B$ 且 $a\notin A$，则称 A 是 B 的**真子集**，记作 $A\subset B$(或者 $B\supset A$).

相等：若 $A\subseteq B$，且 $B\subseteq A$，则称 A 与 B 相等，记作 $A=B$.

规定：空集 $\varnothing$ 是任何集合 A 的子集，即 $\varnothing\subseteq A$.

对于前面给出的各种数集，有如下关系成立：

$$\mathbf{N}\subset\mathbf{Z}\subset\mathbf{Q}\subset\mathbf{R}\subset\mathbf{C}\text{ 和 }\mathbf{Z}_+\subset\mathbf{Q}_+\subset\mathbf{R}_+.$$

4. 集合间的运算

给定两个集合 A 和 B，可以定义如下运算：

交集　$A\cap B=\{x\mid x\in A\text{ 且 }x\in B\}$；

并集 $A\bigcup B=\{x\mid x\in A$ 或 $x\in B\}$;

差集 $A\backslash B=\{x\mid x\in A$ 且 $x\notin B\}$;

余集 $B_A^c=A\backslash B$,其中 $B\subset A$.

集合各种运算的结果如图 0.1 中的阴影部分所示.

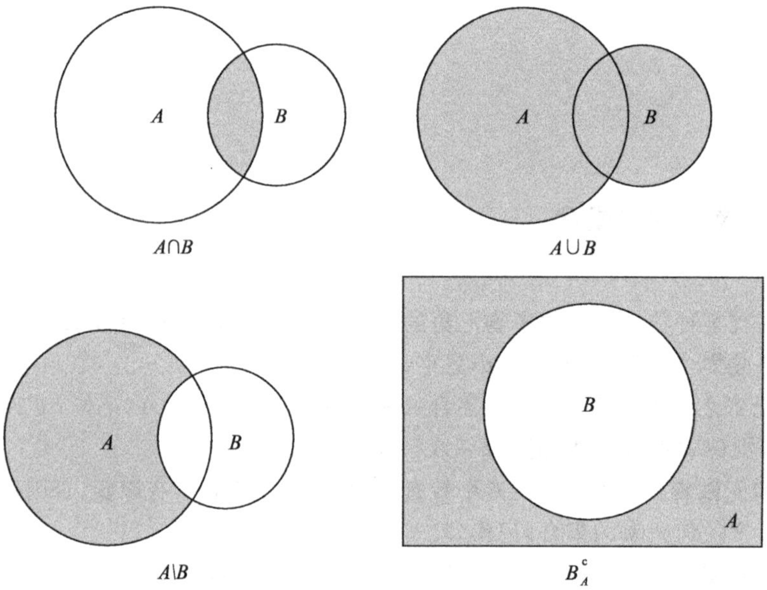

图 0.1

二、区间、绝对值与邻域

1. 区间

区间是高等数学课程中经常遇到的一类数集. 各种区间的符号、名称、集合表示及图形表示见下表:

符　号	名　　称		集合表示	图形表示
(a,b)	有限区间	开区间	$\{x\mid a<x<b\}$	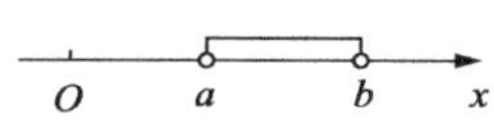
$[a,b]$		闭区间	$\{x\mid a\leqslant x\leqslant b\}$	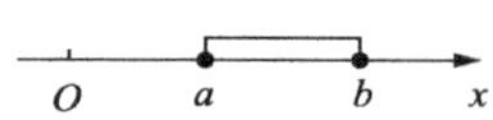
$(a,b]$		半开区间	$\{x\mid a<x\leqslant b\}$	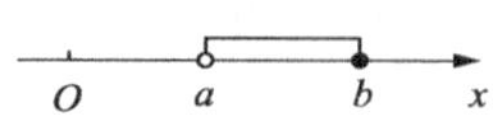
$[a,b)$		半开区间	$\{x\mid a\leqslant x<b\}$	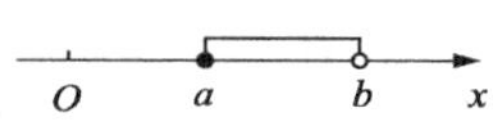

续表

符　号	名　　称		集合表示	图形表示
$(a,+\infty)$	无限区间	开区间	$\{x\mid x>a\}$	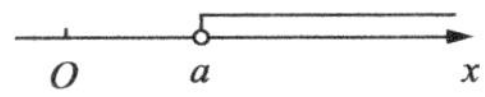
$[a,+\infty)$		闭区间	$\{x\mid x\geqslant a\}$	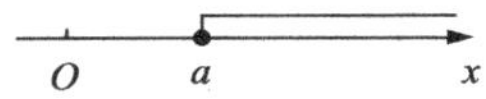
$(-\infty,a)$		开区间	$\{x\mid x<a\}$	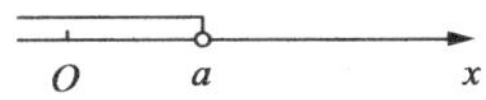
$(-\infty,a]$		闭区间	$\{x\mid x\leqslant a\}$	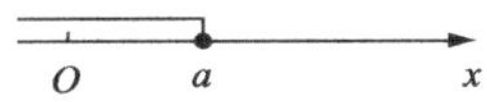

注：在上表中，$a,b\in\mathbf{R}$，且 $a<b$；$+\infty$ 和 $-\infty$ 分别读作“正无穷”和“负无穷”；特别地，全体实数组成的集合 $\mathbf{R}$ 记为 $\mathbf{R}=(-\infty,+\infty)$，它既是一个无限的开区间，也是一个无限的闭区间.

2. 绝对值

实数 a 的**绝对值**记作 $|a|$，定义为

$$|a|=\begin{cases}a, & a\geqslant 0,\\ -a, & a<0.\end{cases}$$

对于任意给定的实数 a,b,c，不难证明如下等式或不等式成立：

(1) $|a-b|\geqslant 0$；(2) $|a-b|=|b-a|$；(3) $|a\cdot b|=|a|\cdot|b|$；(4) $|a+b|\leqslant|a|+|b|$；(5) $|a-c|\leqslant|a-b|+|b-c|$（三角不等式）；(6) $|a-b|\geqslant\big||a|-|b|\big|$.

3. 邻域

点 a 的 δ 邻域：在数轴上以点 a 为中心，δ 为半径的区间内的点构成的集合，即

$$U(a,\delta)=\{x\mid |x-a|<\delta\}=(a-\delta,a+\delta),$$

其中 $a\in\mathbf{R},\delta>0$. 当不需要注明邻域半径 δ 时，常把它表示为 $U(a)$，简称点 a 的邻域.

点 a 的去心邻域：对于上述的邻域，有些情况下需要把邻域中心 a 去掉，这样的数集称为以点 a 为中心，δ 为半径的去心邻域，即

$$\mathring{U}(a,\delta)=\{x\mid 0<|x-a|<\delta\}=(a-\delta,a)\cup(a,a+\delta)=(a-\delta,a+\delta)\setminus\{a\}.$$

点 a 的左邻域：$U(a^-)=\{x\mid a-\delta<x<a\}=(a-\delta,a)$；

点 a 的右邻域：$U(a^+)=\{x\mid a<x<a+\delta\}=(a,a+\delta)$.

三、常用的数学符号

下面列举一些常用的逻辑符号. 用它们表述一些定义或定理，会比较简练明确.

1. 蕴含符号

符号“$\Rightarrow$”表示“蕴含”或“若，则……”.

符号“$\Leftrightarrow$”表示“必要充分”或“等价”.

设 P 和 Q 表示两个陈述句.

"$P\Rightarrow Q$"表示"P 蕴含 Q"或"若有 P,则有 Q",称 P 是 Q 的充分条件,也称 Q 是 P 的必要条件. 例如,若有 $x=y$,则有 $x^2=y^2$,但反之未必成立,因此称 $x=y$ 是 $x^2=y^2$ 的充分条件,或称 $x^2=y^2$ 是 $x=y$ 的必要条件.

"$P\Leftrightarrow Q$"表示"P 与 Q 等价"或"P 蕴含 Q($P\Rightarrow Q$)同时 Q 蕴含 P($Q\Rightarrow P$)",称 P 是 Q 的充分必要条件,也称 Q 是 P 的充分必要条件. 例如,对于实系数二次方程 $ax^2+bx+c=0$,有两个不相等的实根和判别式 $\Delta=b^2-4ac>0$ 是等价的. 可以叙述为:实系数二次方程 $ax^2+bx+c=0$ 有两个不相等的实根的充分必要条件是判别式 $\Delta=b^2-4ac>0$.

命题"$P\Rightarrow Q$"与命题"非 $Q\Rightarrow$ 非 P"是等价的,即一个命题成立的充分必要条件是它的逆否命题也是成立的.

2. 量词符号

全称量词:"$\forall$"表示"对任意给定的"或"对每一个",它是由"for all"中的单词"all"的首字母大写"A"沿横向中位线旋转 180°得到的符号.

存在量词:"$\exists$"表示"存在"或"能找到",它是单词"exist" 的首字母大写"E"沿纵向中位线旋转 180°得到的符号.

例如,设函数 $y=f(x)$在数集 D 上有定义. 若存在正数 T,对于任意给定的 $x\in D$,有 $x\pm T\in D$,并且 $f(x\pm T)=f(x)$,则称函数 $y=f(x)$是周期函数. 其中,"若存在正数 T,对于任意的 $x\in D,\cdots$"用量词符号可表述为"若 $\exists\, T>0,\forall\, x\in D,\cdots$".

3. 运算符号

求和符号:$\sum\limits_{i=1}^{n} a_i$,它表示对 a_i 从 $i=1$ 到 $i=n$ 的所有项进行求和运算,即

$$\sum_{i=1}^{n} a_i = a_1+a_2+\cdots+a_n.$$

连乘符号:$\prod\limits_{i=1}^{n} a_i$,它表示对 a_i 从 $i=1$ 到 $i=n$ 的所有项进行乘积运算,即

$$\prod_{i=1}^{n} a_i = a_1\cdot a_2\cdot\cdots\cdot a_n.$$

阶乘符号:$n!$,读作"n 的阶乘",n 是自然数. $n!$ 表示不超过 n 的所有自然数的连乘积. 规定:$0!=1$. 例如

$$n! = \prod_{i=1}^{n} i = n\cdot(n-1)\cdot(n-2)\cdot\cdots\cdot 3\cdot 2\cdot 1;\quad 5! = 5\times 4\times 3\times 2\times 1.$$

双阶乘符号:$n!!$,读作"n 的双阶乘",n 是自然数. $n!!$ 表示不超过 n 并且与 n 有相同奇偶性的自然数的连乘积. 例如

$$10!! = 10\times 8\times 6\times 4\times 2;13!! = 13\times 11\times 9\times 7\times 5\times 3\times 1.$$

组合符号:C_n^m($n,m\in\mathbf{Z}_+$,且 $m\leqslant n$)表示从 n 个不同的元素中取 m 个元素的组合数,即

$$\mathrm{C}_n^m = \frac{n\cdot(n-1)\cdot\cdots\cdot(n-m+1)}{m!} = \frac{n!}{m!(n-m)!}.$$

不难验证,等式 $\mathrm{C}_n^m=\mathrm{C}_n^{n-m}$ 和 $\mathrm{C}_{n+1}^m=\mathrm{C}_n^m+\mathrm{C}_n^{m-1}$ 成立.

最大数和最小数符号:"max"和"min",分别读作"最大"和"最小". "max"是"maximum

(最大)”的缩写;“min”是“minimum(最小)”的缩写.

$\max\{a_1,a_2,\cdots,a_n\}$表示 $a_1,a_2,\cdots,a_n$ 这 n 个数中的最大者;

$\min\{a_1,a_2,\cdots,a_n\}$表示 $a_1,a_2,\cdots,a_n$ 这 n 个数中的最小者.

例如,$\max\{4,2,7,5,-11,-3\}=7$;$\min\{4,2,7,5,-11,-3\}=-11$.

取整符号:$[a]$表示不超过 a 的最大整数. 例如,$[\pi]=[3.14159\cdots]=3$,$[-3.34]=-4$,$[0]=0$,$[2]=2$.

4. 希腊字母

大写	小写	英文注音	音标注音	中文注音
Α	α	alpha	[ˈælfə]	阿尔法
Β	β	beta	[ˈbiːtə]或[ˈbeɪtə]	贝塔
Γ	γ	gamma	[ˈgæmə]	伽马
Δ	δ	delta	[ˈdeltə]	得尔塔
Ε	ε	epsilon	[ˈepsɪlɒn]	伊普西龙
Ζ	ζ	zeta	[ˈziːtə]	泽塔
Η	η	eta	[ˈiːtə]	伊塔
Θ	θ	theta	[ˈθiːtə]	西塔
Ι	ι	iota	[aɪˈəʊtə]	约塔
Κ	κ	kappa	[ˈkæpə]	卡帕
Λ	λ	lambda	[ˈlæmdə]	拉姆达
Μ	μ	mu	[mjuː]	缪
Ν	ν	nu	[njuː]	纽
Ξ	ξ	xi	希腊[ksi]英美[ˈzaɪ]或[ˈksaɪ]	克西
Ο	ο	omicron	[əuˈmaikrən]或[ˈɑmɪˌkrɑn]	奥密克戎
Π	π	pi	[paɪ]	派
Ρ	ρ	rho	[rəʊ]	柔
Σ	σ	sigma	[ˈsɪgmə]	西格马
Τ	τ	tau	[tɔː]或[taʊ]	陶
Υ	υ	upsilon	[ˈipsilon]或[ˈʌpsɨlɒn]	宇普西龙
Φ	φ	phi	[faɪ]	斐
Χ	χ	chi	[kaɪ]	希
Ψ	ψ	psi	[psaɪ]	普西
Ω	ω	omega	[ˈəʊmɪgə]或[oʊˈmegə]	欧米伽

第 1 章

函　　数

一、基本要求

1. 理解函数的概念，会求函数的定义域、表达式及函数值. 会求分段函数的定义域、函数值，并会作出简单的分段函数图像，掌握函数的表示方法.

2. 了解函数的奇偶性、单调性、周期性和有界性.

3. 理解复合函数及分段函数的概念，了解反函数及隐函数的概念.

4. 掌握基本初等函数的性质及其图像. 会建立简单应用问题中的函数关系式.

二、知识网络图

- 函数
  - 函数的定义、定义域、值域(定义 1.1)
  - 具有特性的函数
    - 奇函数和偶函数(定义 1.2)
    - 周期函数(定义 1.3)
    - 有界函数(定义 1.4)
    - 单调函数(定义 1.5)
  - 函数的四则运算(加、减、乘、除)
  - 复合函数(定义 1.6)
  - 反函数(定义 1.7)
  - 反函数与单调性的关系(定理 1.1)
  - 基本初等函数(常值函数、幂函数、指数函数、对数函数、三角函数、反三角函数)
  - 初等函数的范例(多项式函数、有理函数、双曲函数、反双曲函数)
  - 函数的三种非标准表示方法
    - 分段表示
      - 绝对值函数
      - “整数部分”函数
      - “非负小数部分”函数
      - 符号函数
      - 狄利克雷函数
    - 隐式表示
    - 参数表示
      - 椭圆
      - 旋轮线或摆线
      - 星形线

1.1 基本概念

一、知识要点

1. 函数的定义

定义 1.1 设 D 是实数集 $\mathbf{R}$ 的一个非空子集. 如果按照对应法则 f,对 D 中的每一个 x,均有唯一确定的实数 y 与之对应,则称 f 是定义在 D 上的**函数**,函数关系记作 $f:D\to\mathbf{R}$. 数集 D 称为函数 f 的**定义域**;函数值的集合 $R(f)=\{f(x)\mid x\in D\}$称为函数 f 的**值域**. x 称为**自变量**;y 称为**因变量**. 一般地,定义在 D 上的函数记作 $y=f(x),x\in D$.

函数 $y=f(x)$的图像是指点集$\{(x,y)\mid y=f(x),x\in D\}$,即当自变量 x 在函数的定义域内变动,并取遍定义域内所有值时,动点$\{(x,f(x))\mid x\in D\}$的轨迹.

2. 具有某些特性的函数

(1) 奇函数与偶函数

定义 1.2 设函数 $y=f(x)$的定义域 D 关于原点对称,即对于任意的 $x\in D$,都有 $-x\in D$. 如果 $f(-x)=-f(x)$,则称函数 $y=f(x)$是**奇函数**;如果 $f(-x)=f(x)$,则称函数 $y=f(x)$是**偶函数**. 例图如图 1.1 所示.

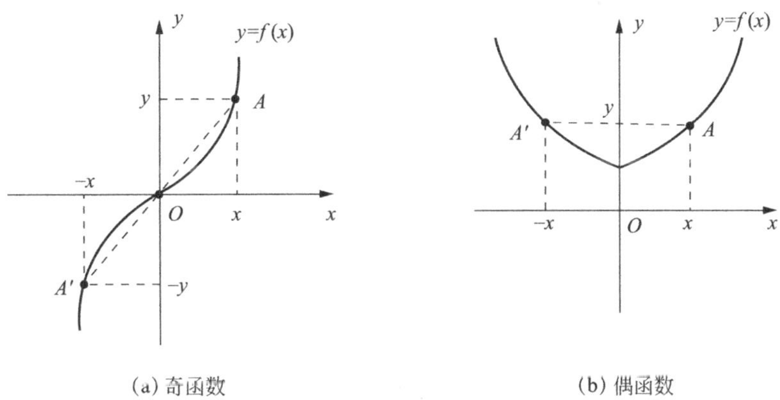

图 1.1

(2) 周期函数

定义 1.3 设函数 $y=f(x)$在数集 D 上有定义. 若存在正数 T,对于任意给定的 $x\in D$,有 $x\pm T\in D$,且有 $f(x\pm T)=f(x)$,则称函数 $y=f(x)$是**周期函数**,T 称为该函数的一个**周期**. 例图如图 1.2 所示.

(3) 有界函数

定义 1.4 设函数 $y=f(x)$在数集 D 上有定义. 如果存在数 K(或 k),使得当 $x\in D$ 时,有 $f(x)\leqslant K$(或 $f(x)\geqslant k$),则称函数 $y=f(x)$在 D 上有上(或下)**界**;特别地,如果存在正数 M,使得当 $x\in D$ 时,有$|f(x)|\leqslant M$,则称函数 $y=f(x)$在 D 上是**有界函数**,同时把正数 M 称为函数 $y=f(x)$在 D 上的一个**界**. 例图如图 1.3 所示.

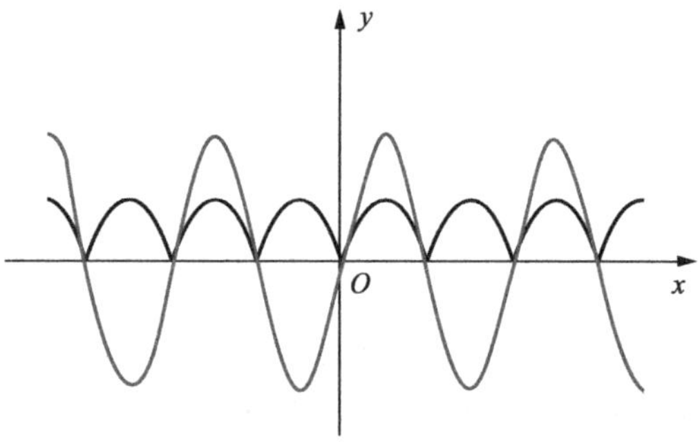

图 1.2

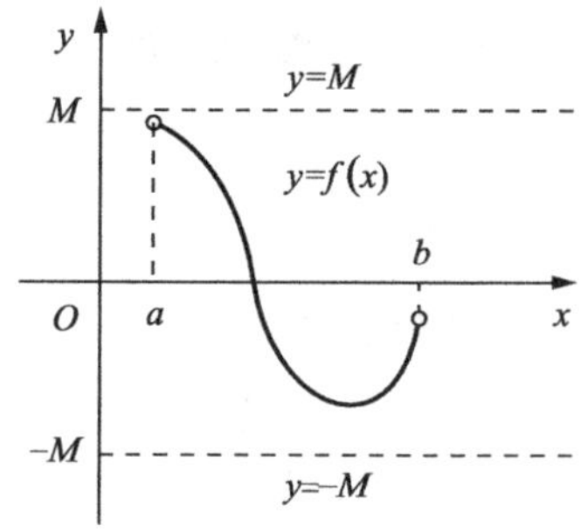

图 1.3

(4) 单调函数

定义 1.5 设函数 $y=f(x)$在数集 D 上有定义,$I\subset D$. 若对于区间 I 上的任意两点,即 $\forall x_1,x_2\in I$,只要它们满足 $x_1<x_2$,恒有

$$f(x_1)\leqslant f(x_2) \quad (\text{或 } f(x_1)\geqslant f(x_2)),$$

则称函数 $y=f(x)$在 I 上**单调递增**(或**单调递减**). 这两类函数统称为**单调函数**. 若上述不等式中的不等号严格成立,则称函数 $y=f(x)$在 I 上**严格单调递增**或**严格单调递减**,如图 1.4 所示.

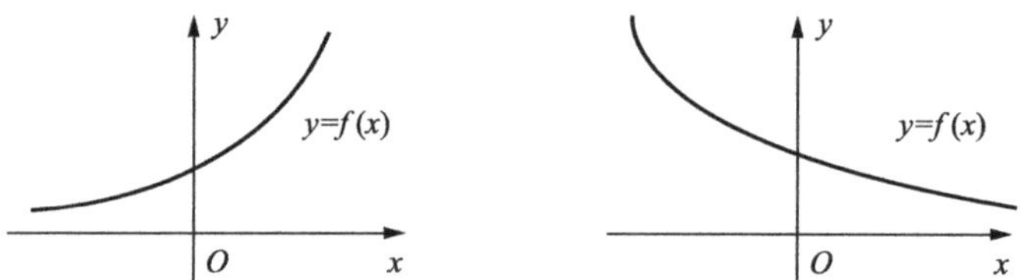

(a) 严格单调递增　(b) 严格单调递减

图 1.4

3. 函数的四则运算

设函数 $y=f(x)$和 $y=g(x)$的定义域分别为 D_1 和 D_2. 若 $D=D_1\cap D_2\neq\varnothing$,则有:

和(差)$f\pm g$: $(f\pm g)(x)=f(x)\pm g(x),x\in D$;

积 $f\cdot g$: $(f\cdot g)(x)=f(x)\cdot g(x),x\in D$;

商$\frac{f}{g}$: $\left(\frac{f}{g}\right)(x)=\frac{f(x)}{g(x)},x\in D\backslash\{x\mid g(x)=0\}$.

4. 复合函数

定义 1.6 设函数 $y=f(u)$和 $u=g(x)$的定义域分别为 U 和 D. 若对于任意的 $x\in D$,有 $g(x)\in U$,则函数

$$y=f[g(x)], \quad x\in D$$

称为由函数 $y=f(u)$和函数 $u=g(x)$构成的**复合函数**,变量 u 称为中间变量.

5. 反函数

定义 1.7 设函数 $y=f(x)$的定义域为 D,值域为 $f(D)$. 若对任意 $y\in f(D)$,有唯一一

个 $x\in D$ 与之对应,即 $f(x)=y$,则称函数 $y=f(x)$ 在 D 上存在**反函数**,记作

$$x=f^{-1}(y),\quad y\in f(D).$$

函数 $y=f(x)$ 称为**直接函数**. 习惯上,x 为自变量 y 为因变量,反函数为 $y=f^{-1}(x)$,它与直接函数的图像在同一坐标平面内关于直线 $y=x$ 是对称的,如图 1.5 所示.

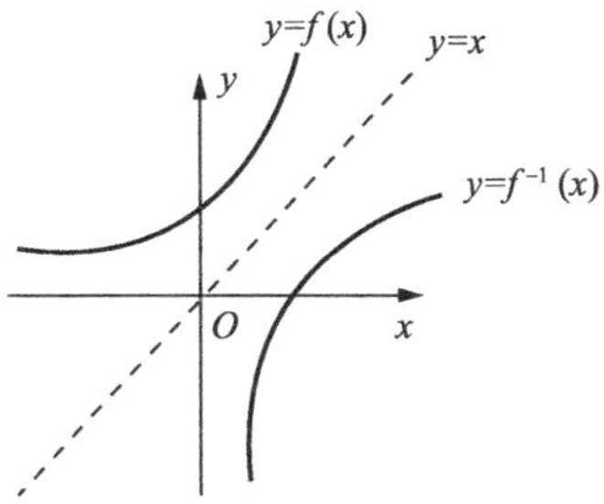

图 1.5

定理 1.1 若函数 $y=f(x)$ 在某区间 X 上严格递增(严格递减),则函数 $y=f(x)$ 存在反函数,且反函数 $x=f^{-1}(y)$ 在 $f(X)$ 上也严格递增(严格递减).

二、疑难解析

1. 两个给定的函数在什么条件下可以认为是相同的. 例如,如下两个函数是否相同?

$$f(x)=1,\quad g(x)=\sin^2x+\cos^2x.$$

答 由函数的定义可以看到,构成函数的两个基本要素是定义域 D 和对应法则 f. 因此,可以把定义域相同并且对应法则相同的两个函数认为是相等的;而把定义域或对应法则不完全一样的两个函数称为不同的函数. 换句话说,两个函数是否相同与自变量、对应法则及因变量所使用的符号是没有关系的. 因此函数 $f(x)=1$ 和 $g(x)=\sin^2x+\cos^2x$ 是相同函数. 再例如,因为函数 $y=f(x)=\ln x^2$ 和 $y=g(x)=2\ln x$ 的定义域不同,所以它们是不同的函数.

2. 命题"两个偶函数的和是偶函数,两个奇函数的和是奇函数"是否正确? 说明理由.

答 说法错误. 因为缺少条件"在公共定义域上". 正确的说法是:设函数 $f_1(x)$,$f_2(x)$ 是区间 $[-a,a]$ 上的奇函数,函数 $g_1(x)$,$g_2(x)$ 是区间 $[-a,a]$ 上的偶函数,则 $f_1(x)+f_2(x)$ 是奇函数,$g_1(x)+g_2(x)$ 是偶函数. 这个说法可以用奇函数和偶函数的定义进行验证.

事实上,对任意 $x\in[-a,a]$,有

$$f_1(-x)=-f_1(x),\quad f_2(-x)=-f_2(x),\quad g_1(-x)=g_1(x),\quad g_2(-x)=g_2(x).$$

由于

$$f_1(-x)+f_2(-x)=-f_1(x)+(-f_2(x))=-(f_1(x)+f_2(x)),$$
$$g_1(-x)+g_2(-x)=g_1(x)+g_2(x),$$

所以 $f_1(x)+f_2(x)$ 是奇函数,$g_1(x)+g_2(x)$ 是偶函数.

3. 任意几个函数是否可以构成复合函数? 若不能,条件是什么?

答 几个函数构成复合函数需要满足一定的条件. 如:两个函数 $y=f(u)$ 和 $u=g(x)$ 可以构成复合函数的条件是 $g(D)\subset U$,即函数 $u=g(x)$ 在 D 上的值域必须包含在函数 $y=f(u)$ 的定义域 U 内,否则不能构成复合函数. 换句话说,不论有多少层函数,内层函数的值域必须包含在外一层函数的定义域内. 例如,三个函数

$$y=\sqrt{1-u},\quad u=\sin^2v,\quad v=x+2$$

生成的复合函数是

$$y=\sqrt{1-\sin^2(x+2)},\quad x\in(-\infty,+\infty).$$

4. 定理 1.1 中的条件"函数在区间上的严格单调性"中的"严格"两字是否可以忽略?

说明理由.

答 不能忽略. 例如常值函数不存在反函数.

三、经典题型详解

题型1 求函数的定义域

例1.1 求函数 $f(x)=\lg(4-x)+\sqrt{x^2+3x-10}$ 的自然定义域.

分析 函数的定义域是使函数有意义的自变量 x 的集合,即自然定义域.

解 依题意 $\begin{cases}4-x>0,\\ x^2+3x-10\geqslant 0,\end{cases}$

解之得 $x\leqslant -5$ 或 $2\leqslant x<4$,即函数的定义域为 $x\leqslant -5$ 或 $2\leqslant x<4$.

例1.2 设 $f(x)$ 的定义域是 $[0,1]$,求函数 $f(x+a)+f(x-a)(a>0)$ 的定义域.

分析 利用复合函数的定义.

解 根据复合函数的定义条件,即要求中间变量的值域包含在外层函数的定义域内,有

$$0\leqslant x+a\leqslant 1 \quad 且 \quad 0\leqslant x-a\leqslant 1.$$

通过解不等式得到 $a\leqslant x\leqslant 1-a$. 由于 $a>0$,所以要求 $a\leqslant 1-a$,即 $0<a\leqslant\frac{1}{2}$. 于是 $f(x+a)+f(x-a)$ 的定义域为 $D=\left\{x\,|\,a\leqslant x\leqslant 1-a, 0<a\leqslant\frac{1}{2}\right\}$.

题型2 函数特性的判别

例1.3 设 $f(x)$ 为奇函数,$g(x)$ 为偶函数,证明:$f[g(x)]$ 和 $g[g(x)]$ 均为偶函数.

分析 利用奇函数和偶函数的定义进行验证.

证 因为 $g(x)$ 为偶函数,所以 $g(-x)=g(x)$. 由于

$$f[g(-x)]=f[g(x)], \quad g[g(-x)]=g[g(x)],$$

因此,$f[g(x)]$ 和 $g[g(x)]$ 均为偶函数. 证毕

例1.4 设 $f(x)$,$g(x)$ 和 $h(x)$ 在 $\mathbf{R}$ 上都是单调递增函数,并且满足 $f(x)\leqslant g(x)\leqslant h(x)$. 证明:$f[g(x)]\leqslant g[h(x)]$.

分析 利用复合函数的定义和函数的单调性进行验证.

证 由已知 $f(x)\leqslant g(x)$ 可得,$f[g(x)]\leqslant g[g(x)]$;由已知 $g(x)\leqslant h(x)$ 可得,$g[g(x)]\leqslant g[h(x)]$. 因此有 $f[g(x)]\leqslant g[h(x)]$. 证毕

例1.5 设函数 $f(x)=\frac{x^2+x+3}{x^2+1}$,证明:$f(x)$ 在 $(-\infty,+\infty)$ 上有界.

分析 根据函数的表达式的特点,利用绝对值不等式进行放大,进而寻求函数的一个界.

证 因为 $x^2+1\geqslant 2x$,变形得 $\left|\frac{x}{x^2+1}\right|\leqslant\frac{1}{2}$,且 $\left|\frac{1}{x^2+1}\right|\leqslant 1$,所以有

$$|f(x)|=\left|\frac{x^2+x+3}{x^2+1}\right|=\left|1+\frac{2}{x^2+1}+\frac{x}{x^2+1}\right|\leqslant 1+\left|\frac{2}{x^2+1}\right|+\frac{1}{2}\leqslant 1+2+\frac{1}{2}=\frac{7}{2}.$$

于是,函数 $f(x)=\frac{x^2+x+3}{x^2+1}$ 在 $(-\infty,+\infty)$ 上有界. 证毕

例 1.6 叙述无界函数的定义,并证明函数 $y=\frac{1}{x}$在区间$(0,1)$上是无界的.

分析 利用函数的有界性定义. 证明函数在其定义域上无界的方法是: 对于任意大的正数,通过解不等式,在函数的定义域上总可以找到一点,使得它的函数值大于这个给定的正数.

证 根据函数的有界性定义,无界函数的定义可叙述为: 假设函数 $f(x)$的定义域为 D. 对任意给定的正数 M,在函数的定义域内总存在 $x_0\in D$,使得$|f(x_0)|>M$.

对任意大的正数 $M>1$,解不等式$\frac{1}{x}>M$,可得 $x<\frac{1}{M}$. 取 $x_0=\frac{1}{M+1}\in(0,1)$,便有$|f(x_0)|>M$. 由正数 M 的任意性可知,结论成立. 证毕

题型 3 复合函数的运算

例 1.7 已知函数 $f(x)=\ln\frac{1+x}{1-x}$. 证明: $f(a)+f(b)=f\left(\frac{a+b}{1+ab}\right)$.

分析 分别将 $x=a,x=b,x=\frac{a+b}{1+ab}$代入函数,然后再进行化简.

证 易见,$f(a)=\ln\frac{1+a}{1-a}$,$f(b)=\ln\frac{1+b}{1-b}$. 不难求得

$$f(a)+f(b)=\ln\frac{1+a}{1-a}+\ln\frac{1+b}{1-b}=\ln\frac{(1+a)(1+b)}{(1-a)(1-b)}=\ln\frac{1+ab+a+b}{1+ab-a-b},$$

$$f\left(\frac{a+b}{1+ab}\right)=\ln\frac{1+\frac{a+b}{1+ab}}{1-\frac{a+b}{1+ab}}=\ln\frac{1+ab+a+b}{1+ab-a-b}.$$

因此有 $f(a)+f(b)=f\left(\frac{a+b}{1+ab}\right)$. 证毕

例 1.8 已知 $f\left(x^2+\frac{1}{x}\right)=x^4+2x+\frac{1}{x^2}+5$,求出 $f(x)$的表达式.

分析 通过观察函数右端的表达式信息,利用配项方法找到复合函数的中间变量.

解 由于 $f\left(x^2+\frac{1}{x}\right)=\left(x^2+\frac{1}{x}\right)^2+5$,令 $u=x^2+\frac{1}{x}$,有 $f(u)=u^2+5$. 因此有

$$f(x)=x^2+5.$$

四、课后习题选解(习题 1.1)

A类题

1. 用区间表示下列不等式的解:

(1) $x^2+x\leqslant 6$; (2) $|x-2|\leqslant 1$; (3) $(x-1)(x+3)>0$.

分析 利用求解不等式的方法.

解 (1) 该不等式的解为$-3\leqslant x\leqslant 2$,对应的区间为$[-3,2]$.

(2) 该不等式的解为 $1\leqslant x\leqslant 3$,对应的区间为$[1,3]$.

(3) 该不等式的解为 $x>1$ 或 $x<-3$,对应的区间为$(-\infty,-3)\cup(1,+\infty)$.

2. 对于任意给定的实数 a,b,证明: $||a|-|b||\leqslant|a+b|\leqslant|a|+|b|$.

分析 利用绝对值不等式证明.

解 由于对任意给定的实数 a,b 都有 $-|a||b|\leqslant ab\leqslant|a||b|$，因此有

$$|a|^2-2|a||b|+|b|^2\leqslant a^2+2ab+b^2\leqslant|a|^2+2|a||b|+|b|^2.$$

开方后即得要证明的不等式.

3. 求下列函数的自然定义域：

(1) $y=\dfrac{1}{x^2-3x+2}$；　　(2) $y=\sqrt{\dfrac{x-3}{x+1}}$；

(3) $y=\dfrac{\sqrt{4-x^2}}{x-1}$；　　(4) $y=\dfrac{1}{x^2-4x+3}+\sqrt{9-x^2}$.

分析 利用函数的定义.

解 (1) 函数的定义要求 x 为满足 $x^2-3x+2\neq0$ 的全体实数，即 $D=\{x|x\in\mathbf{R}$ 且 $x\neq1,x\neq2\}$.

(2) 函数的定义要求 x 为满足 $\dfrac{x-3}{x+1}\geqslant0$ 且 $x+1\neq0$ 的全体实数，即 $D=\{x|x\geqslant3$ 或 $x<-1\}$.

(3) 函数的定义要求 x 为满足 $4-x^2\geqslant0$ 且 $x-1\neq0$ 的全体实数，即 $D=\{x|-2\leqslant x\leqslant2$ 且 $x\neq1\}$.

(4) 函数的定义要求 x 为满足 $x^2-4x+3\neq0$ 且 $9-x^2\geqslant0$ 的全体实数，即

$$D=\{x|-3\leqslant x<3 \text{ 且 } x\neq1\}.$$

4. 已知函数 $f(x)=\dfrac{1+x}{1-x}$，计算 $f(-x),f(x+1),f\left(\dfrac{1}{x}\right),f[f(x)]$.

分析 利用复合函数的定义.

解 令 $f(u)=\dfrac{1+u}{1-u}$. 分别将 $u=-x,u=x+1,u=\dfrac{1}{x},u=f(x)=\dfrac{1+x}{1-x}$ 代入 $f(u)$，得

$$f(-x)=\frac{1-x}{1+x},\quad f(x+1)=-\frac{2+x}{x},\quad f\left(\frac{1}{x}\right)=\frac{1+x}{x-1},\quad f[f(x)]=-\frac{1}{x}.$$

5. 设 $f(x)=2x^2$，计算 $\dfrac{f(x+h)-f(x)}{h}$ 和 $\dfrac{f(x)-f(x-h)}{h}$，其中 $h\neq0$.

提示 利用复合函数的定义. $\dfrac{f(x+h)-f(x)}{h}=4x+2h$；$\dfrac{f(x)-f(x-h)}{h}=4x-2h$.

6. 假设函数 $f_1(x)$ 和 $f_2(x)$ 是区间 $[-a,a]$ 上的奇函数，函数 $g_1(x)$ 和 $g_2(x)$ 是区间 $[-a,a]$ 上的偶函数. 证明：

(1) 乘积函数 $f_1(x)f_2(x)$ 和 $g_1(x)g_2(x)$ 都是偶函数；

(2) 乘积函数 $f_1(x)g_2(x)$ 和 $g_1(x)f_2(x)$ 都是奇函数.

分析 利用奇函数和偶函数的定义进行验证.

证 由已知可得，对任意 $x\in[-a,a]$，有

$$f_1(-x)=-f_1(x),\quad f_2(-x)=-f_2(x),\quad g_1(-x)=g_1(x),\quad g_2(-x)=g_2(x).$$

(1) 略

(2) 由于

$$f_1(-x)g_2(-x)=(-f_1(x))(g_2(x))=-f_1(x)g_2(x),$$
$$g_1(-x)f_2(-x)=(g_1(x))(-f_2(x))=-g_1(x)f_2(x),$$

所以 $f_1(x)g_2(x)$ 和 $g_1(x)f_2(x)$ 都是奇函数.　　证毕

7. 一个长为 a(单位：m)，宽为 b 的长方形铁皮($a\geqslant b$)，想要打造成一个无盖的长方体盛水容器，需将其四个角各剪去一个边长相等的小正方形. 试分别建立盛水容器的体积 V、表面积 S 与剪去的小正方形边长 x 之间的函数关系，并指出其定义区间.

分析 利用长方形、正方形的面积公式及长方体的体积公式和表面积公式，但要注意容器无盖，即少了一个顶面.

解 根据题意，若假设剪去的小正方形的边长为 x，则长方体的长、宽、高分别为 $a-2x,b-2x,x$. 因此

$$V=x(a-2x)(b-2x);\quad S=(a-2x)(b-2x)+2x(a-2x)+2x(b-2x).$$

它们的定义域均为 $x<b/2$.

8. 在半径为 R 的球中内接一个立方体，试建立此立方体的体积 V 与球的半径之间的函数关系，并指出其定义区间.

提示 利用立方体的体积公式和对角线(球的半径)与边长的关系. $V=a^3=\frac{8}{9}\sqrt{3}R^3$.

B类题

1. 已知函数 $y=f(x)$ 的定义域是区间 $(-1,2)$，求 $f(x-1)+f(x+1)$ 的定义域.

分析 利用函数的定义及求解不等式.

解 根据题意，$f(x-1)$ 的定义域应满足 $-1<x-1<2$，即 $0<x<3$；$f(x+1)$ 的定义域应满足 $-1<x+1<2$，即 $-2<x<1$. 因此，$f(x-1)+f(x+1)$ 的定义域为

$$D=\{x\mid 0<x<3 \text{ 且 } -2<x<1\},\quad \text{即}\quad D=\{x\mid 0<x<1\}.$$

2. 已知 $f(x)$ 是二次多项式，且 $f(x+2)-f(x)=4x+6$，求 $f(x)$ 的表达式.

提示 利用二次多项式的形式和待定系数法. $f(x)=x^2+x+c$，其中 c 为任意实数.

3. 已知

(1) $f\left(x-\frac{1}{x}\right)=x^2+\frac{1}{x^2}+2$； (2) $f\left(\frac{1}{x}\right)=\frac{\sqrt{x^2+1}}{x^2}+\frac{x^2}{\sqrt{x^2+1}}$.

分别求出 $f(x)$ 的表达式.

分析 利用配项方法找到复合函数的中间变量.

解 (1) 由于 $f\left(x-\frac{1}{x}\right)=x^2+\frac{1}{x^2}+2=\left(x-\frac{1}{x}\right)^2+4$，令 $u=x-\frac{1}{x}$，有 $f(u)=u^2+4$. 因此有 $f(x)=x^2+4$.

(2) 由于 $f\left(\frac{1}{x}\right)=\frac{\sqrt{x^2+1}}{x^2}+\frac{x^2}{\sqrt{x^2+1}}=\frac{1}{|x|}\sqrt{1+\frac{1}{x^2}}+\frac{|x|}{\sqrt{1+1/x^2}}$，令 $|u|=\frac{1}{x}$，有 $f(u)=|u|\sqrt{1+u^2}+\frac{1}{|u|\sqrt{1+u^2}}$. 因此有 $f(x)=|x|\sqrt{1+x^2}+\frac{1}{|x|\sqrt{1+x^2}}$.

4. 已知函数 $f(x)=\frac{x^2+2}{x^2+2mx+m+6}$，$m$ 如何取值才能使它的定义域为 $\mathbf{R}$?

分析 利用函数的定义及二次多项式的判别式.

解 若想对于任意的 $x\in\mathbf{R}$，函数 $f(x)$ 的分母 $x^2+2mx+m+6$ 恒不为零，要求它的判别式小于零，即 $\Delta=4m^2-4(m+6)=4(m^2-m-6)<0$，解不等式可得 m 的取值范围为 $-2<m<3$.

5. 设 $f(x)$ 是区间 $[-a,a]$ 上的奇函数，$g(x)$ 是区间 $[-a,a]$ 上的偶函数. 证明：$f[f(x)]$ 是区间 $[-a,a]$ 上的奇函数，$g[f(x)]$ 是区间 $[-a,a]$ 上的偶函数.

提示 利用奇函数和偶函数的定义进行验证.

6. 设 $f(x)$，$g(x)$ 和 $h(x)$ 在 $\mathbf{R}$ 上都是单调递增函数，并且满足 $f(x)\leqslant g(x)\leqslant h(x)$. 证明：

$$f[f(x)]\leqslant g[g(x)]\leqslant h[h(x)].$$

分析 利用复合函数的定义和函数的单调性进行验证. 参考经典题型详解中的例 1.4.

证 由已知可得

$$f[f(x)]\leqslant g[f(x)]\leqslant g[g(x)]\leqslant h[g(x)]\leqslant h[h(x)].$$

证毕

7. 讨论函数 $y=\sqrt{x+4}-\sqrt{x}$ 在其定义域上是否有界?

分析 根据函数的表达式特点讨论其有界性.

解 不难看出，函数的定义域为 $x\geqslant 0$. 利用分子有理化方法将函数的表达式变形，可得

$$y=\sqrt{x+4}-\sqrt{x}=\frac{4}{\sqrt{x+4}+\sqrt{x}}.$$

当 $x\geqslant 0$ 时，函数 $\sqrt{x+4}$ 和 $\sqrt{x}$ 在 $[0,+\infty)$ 上都是单调递增的，因此，函数 $\frac{1}{\sqrt{x+4}+\sqrt{x}}$ 在 $[0,+\infty)$ 上单调递减，并且当 $x=0$ 时函数值为 $\frac{1}{2}$，当 x 无限增大时，函数值趋于零. 因此有

$$0<y=\frac{4}{\sqrt{x+4}+\sqrt{x}}\leqslant 2,$$

说明函数在其定义域上有一个下界 0 和一个上界 2，即该函数在其定义域上有界.

8. 叙述无界函数的定义，并证明函数 $y=\frac{1}{x^2}$ 在区间 $(0,1)$ 上是无界的.

分析 利用函数的有界性定义. 证明函数在其定义域上无界的方法之一是：对于任意大的正数，通过解不等式，在函数的定义域上总可以找到一点，使得它的函数值大于这个给定的正数.

解 利用函数的有界性定义，无界函数的定义可叙述为：假设函数 $f(x)$ 的定义域为 D. 对任意给定的正数 M，在函数的定义域内总存在 $x_0\in D$，使得 $|f(x_0)|>M$.

对任意大的正数 $M>1$，解不等式 $\frac{1}{x^2}>M$，可得 $x<\frac{1}{\sqrt{M}}$. 取 $x_0=\frac{1}{\sqrt{M}+1}\in(0,1)$，便有 $|f(x_0)|>M$. 结论成立. 证毕

1.2 初等函数

一、知识要点

1. 基本初等函数

(1) **常值函数**：$y=C$，其中 C 为常数，例图如图 1.6 所示.

(2) **幂函数**：$y=x^{\mu}$（μ 为给定的不为零的实数）. 函数的定义域和值域因 μ 的不同而不同，但在 $(0,+\infty)$ 内都有定义，且图像都经过点 $(1,1)$. 例图如图 1.7 所示.

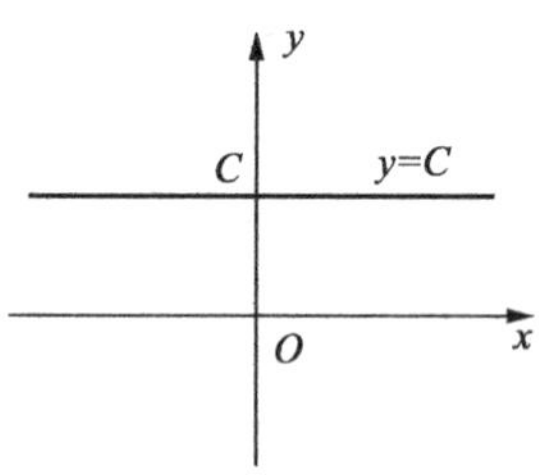

图 1.6

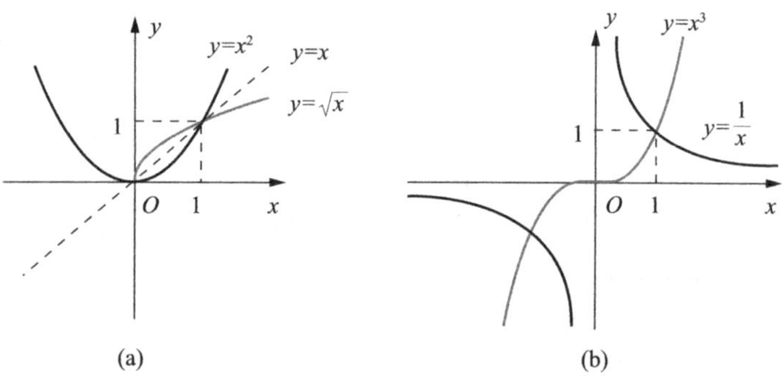

图 1.7

(3) **指数函数**：$y=a^x(a>0,a\neq 1)$. 函数的定义域为 $D=\{x|x\in\mathbf{R}\}$，值域为 $\mathbf{R}_+$. 指数函数的图像均在 x 轴上方，且都经过点 $(0,1)$. 当 $a>1$ 时，$y=a^x$ 单调递增；当 $0<a<1$ 时，$y=a^x$ 单调递减. 例图如图 1.8 所示.

(4) **对数函数**：$y=\log_a x(a>0,a\neq 1)$. 它是指数函数 $y=a^x$ 的反函数. 由直接函数与反函数的关系知，对数函数的定义域为 $D=\{x|x\in(0,+\infty)\}$，值域为 $\mathbf{R}$. 对数函数的图像

在 y 轴的右方，且都经过点(1,0). 当 $a>1$ 时，$y=\log_a x$ 单调递增；当 $0<a<1$ 时，$y=\log_a x$ 单调递减. 例图如图 1.9 所示.

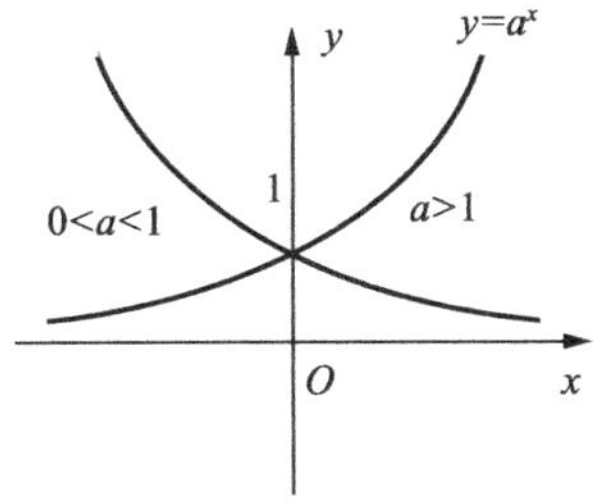

图 1.8

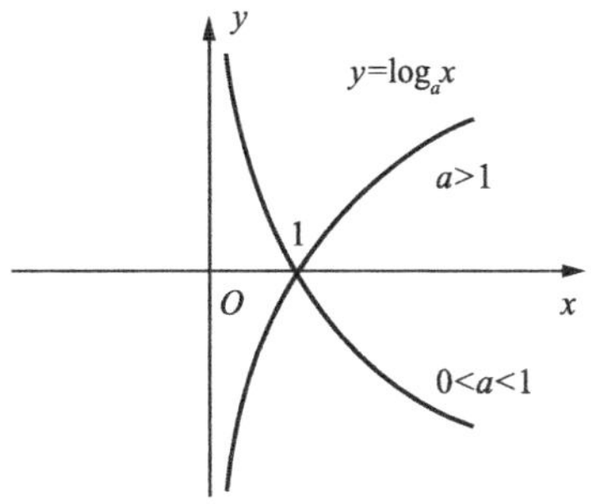

图 1.9

(5) **三角函数**：包括正弦函数、余弦函数、正切函数、余切函数、正割函数、余割函数.

正弦函数 $y=\sin x$ 和**余弦函数** $y=\cos x$，它们的定义域均为 $D=\{x\mid x\in\mathbf{R}\}$，值域均为 $\mathbf{R}=\{y\mid y\in[-1,1]\}$，且都以 2π 为周期. $\sin x$ 是奇函数，$\cos x$ 是偶函数，它们的图像如图 1.10(a)所示.

正切函数 $y=\tan x=\dfrac{\sin x}{\cos x}$ 的定义域为 $D=\left\{x\mid x\in\mathbf{R},\text{ 且 } x\neq k\pi+\dfrac{\pi}{2}(k\text{ 为整数})\right\}$，值域为 $\mathbf{R}$，它是以 π 为周期的奇函数，图像如图 1.10(b)所示.

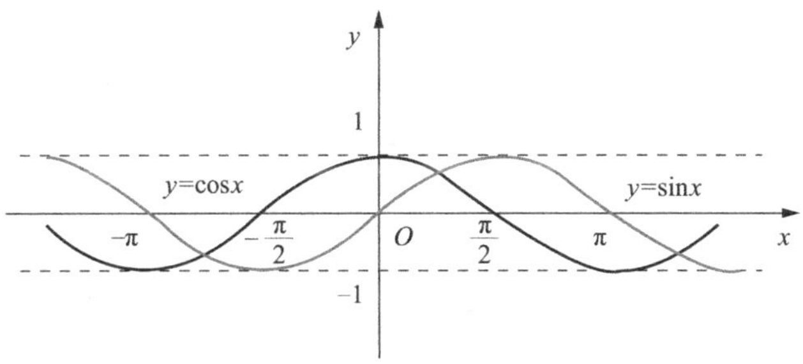

(a)

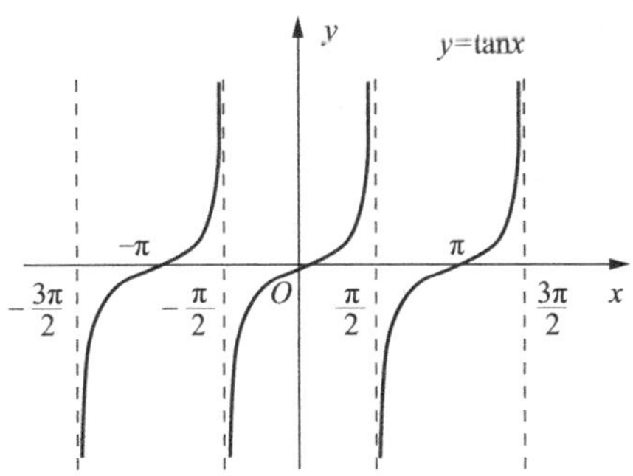

(b)

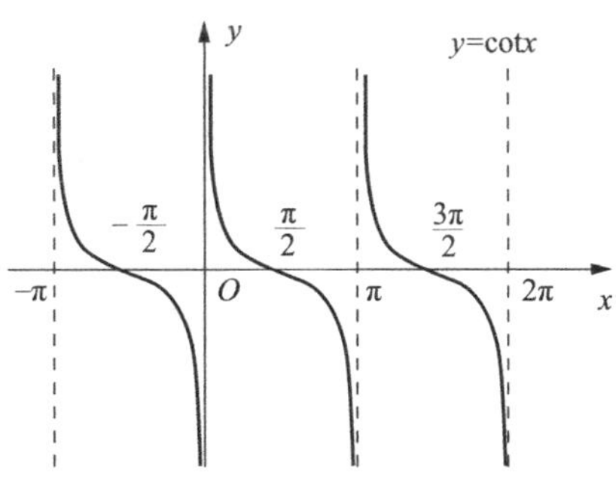

(c)

图 1.10

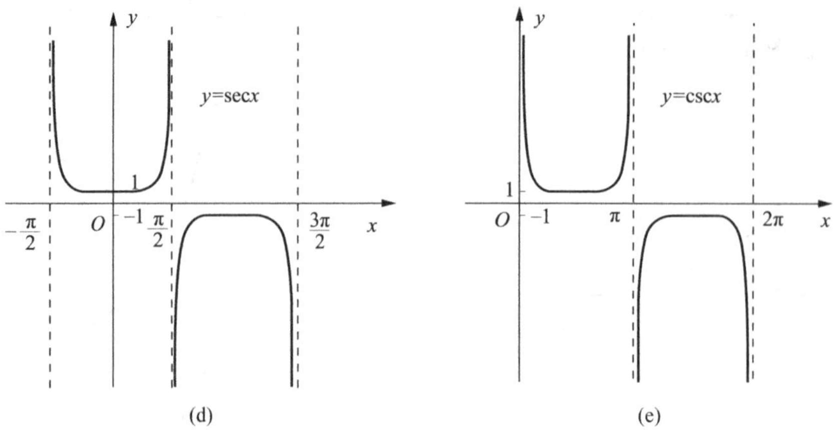

图 1.10(续)

余切函数 $y=\cot x=\dfrac{\cos x}{\sin x}$的定义域为$D=\{x\mid x\in\mathbf{R}$，且$x\neq k\pi$($k$为整数)$\}$，值域为$\mathbf{R}$，它是以$\pi$为周期的奇函数，图像如图1.10(c)所示.

正割函数 $y=\sec x=\dfrac{1}{\cos x}$的定义域为$D=\left\{x\mid x\in\mathbf{R}\text{，且 }x\neq k\pi+\dfrac{\pi}{2}(k\text{ 为整数})\right\}$，值域为$\mathbf{R}=\{y\mid y\in(-\infty,-1]\cup[1,+\infty)\}$，它是以$2\pi$为周期的无界函数，如图1.10(d)所示.

余割函数 $y=\csc x=\dfrac{1}{\sin x}$的定义域为$D=\{x\mid x\in\mathbf{R}$，且$x\neq k\pi$($k$为整数)$\}$，值域为$\mathbf{R}=\{y\mid y\in(-\infty,-1]\cup[1,+\infty)\}$，它是以$2\pi$为周期的无界函数，如图1.10(e)所示.

(6) **反三角函数**：包括反正弦函数、反余弦函数、反正切函数、反余切函数.

反正弦函数 $y=\arcsin x$是正弦函数$y=\sin x$在区间$\left[-\dfrac{\pi}{2},\dfrac{\pi}{2}\right]$上的反函数，它的定义域为$D=\{x\mid x\in[-1,1]\}$，值域为$R=\left\{y\mid y\in\left[-\dfrac{\pi}{2},\dfrac{\pi}{2}\right]\right\}$，如图1.11(a)所示.

反余弦函数 $y=\arccos x$是余弦函数$y=\cos x$在区间$[0,\pi]$上的反函数，它的定义域为$D=\{x\mid x\in[-1,1]\}$，值域为$R=\{y\mid y\in[0,\pi]\}$，如图1.11(b)所示.

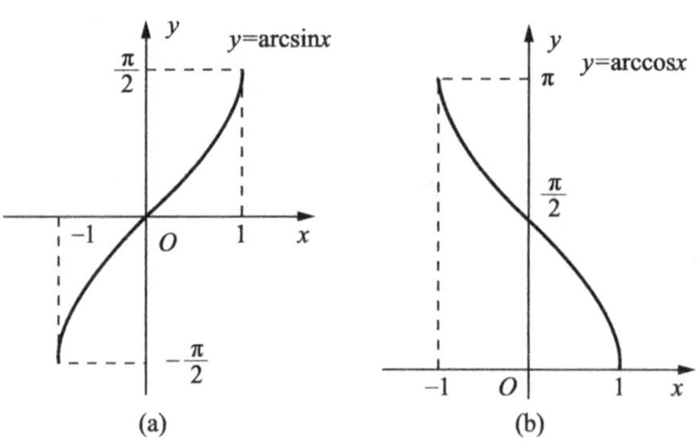

图 1.11

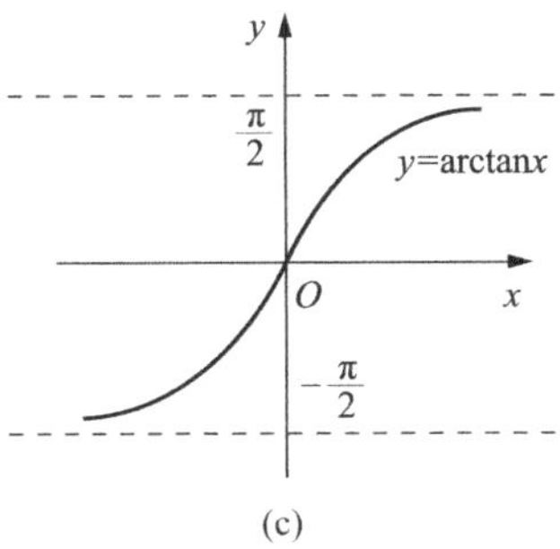

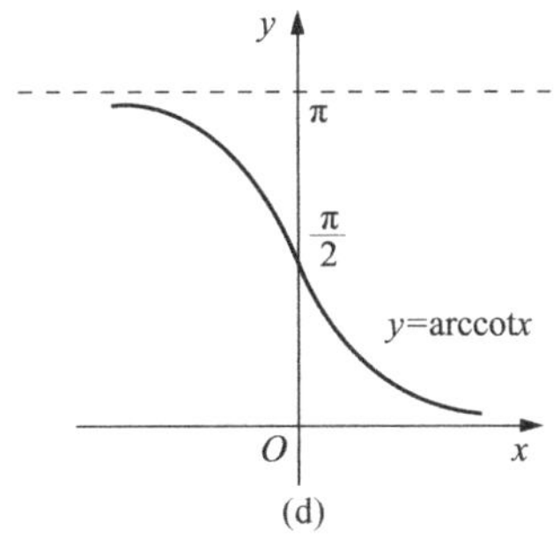

图 1.11(续)

反正切函数 $y=\arctan x$ 是正切函数 $y=\tan x$ 在区间 $\left(-\frac{\pi}{2},\frac{\pi}{2}\right)$ 内的反函数,它的定义域为 $D=\{x\,|\,x\in\mathbf{R}\}$,值域为 $R=\left\{y\,|\,y\in\left(-\frac{\pi}{2},\frac{\pi}{2}\right)\right\}$,如图 1.11(c)所示.

反余切函数 $y=\operatorname{arccot}x$ 是余切函数 $y=\cot x$ 在区间$(0,\pi)$内的反函数,它的定义域为 $D=\{x\,|\,x\in\mathbf{R}\}$,值域为 $R=\{y\,|\,y\in(0,\pi)\}$,如图 1.11(d)所示.

2. 初等函数及其范例

由基本初等函数经有限次的四则运算和有限次的函数复合运算得到,并且能用一个解析式表示的函数,称为**初等函数**.

初等函数可分为两大类,即代数函数和初等超越函数. 进一步地,代数函数包含无理函数和有理函数(有理整函数和有理分式函数,见下面的范例);不是代数函数的初等函数称为初等超越函数,如幂函数(幂 μ 为无理数)、指数函数、对数函数、三角函数、反三角函数等.

初等函数的范例:

多项式函数(或称有理整函数) $p(x)=a_0+a_1x+a_2x^2+\cdots+a_nx^n,a_n\neq0$.

有理函数 $R(x)=\dfrac{a_0+a_1x+a_2x^2+\cdots+a_nx^n}{b_0+b_1x+b_2x^2+\cdots+b_mx^m}$.

双曲正弦函数 $y=\sinh x=\dfrac{e^x-e^{-x}}{2}$. 它是奇函数,并且在$(-\infty,+\infty)$上严格单调递增.

双曲余弦函数 $y=\cosh x=\dfrac{e^x+e^{-x}}{2}$. 它是偶函数,图像过点$(0,1)$,并且在$(-\infty,0]$上严格单调递减,在$[0,+\infty)$上严格单调递增.

双曲正切函数 $y=\tanh x=\dfrac{\sinh x}{\cosh x}=\dfrac{e^x-e^{-x}}{e^x+e^{-x}}$. 它是奇函数,图像夹在两条直线 $y=-1$ 和 $y=1$ 之间,并且在$(-\infty,+\infty)$上严格单调递增.

反双曲正弦函数 $\operatorname{arsinh}x=\ln(x+\sqrt{x^2+1}),x\in\mathbf{R}$.

反双曲余弦函数 $\operatorname{arcosh}x=\ln(x+\sqrt{x^2-1}),x\geq1$.

反双曲正切函数 $\operatorname{artanh}x=\dfrac{1}{2}\ln\dfrac{1+x}{1-x},x\in(-1,1)$.

二、疑难解析

1. 已知正弦函数 $y=\sin x$ 在区间 $\left[-\frac{\pi}{2},\frac{\pi}{2}\right]$ 上存在反函数，在其他区间是否存在反函数？试举例说明.

答 只要能够保证正弦函数在某一区间严格单调，它在该区间上一定存在反函数. 例如，正弦函数 $y=\sin x$ 在区间 $\left[-\frac{\pi}{2},\frac{\pi}{2}\right]$ 上的反函数为 $y=\arcsin x$，称为反正弦函数的主值；由于 $y=\sin x$ 在区间 $\left[k\pi-\frac{\pi}{2},k\pi+\frac{\pi}{2}\right](k\in\mathbf{Z})$ 上严格单调，因此它也存在反函数 $y=\mathrm{Arcsin}x=\arcsin x+k\pi(k\in\mathbf{Z})$.

2. 双曲余弦函数 $y=\cosh x=\frac{\mathrm{e}^x+\mathrm{e}^{-x}}{2}$ 在 $(-\infty,+\infty)$ 上是否存在反函数，若不存在，如何限制定义域，才能使其具有反函数？

答 双曲余弦函数是偶函数，在 $(-\infty,0]$ 上严格单调递减，在 $[0,+\infty)$ 上严格单调递增. 因此它在 $(-\infty,+\infty)$ 上不存在反函数. 易见，若将它的定义域限定在 $(-\infty,0]$（或 $[0,+\infty)$），则函数在 $(-\infty,0]$（或 $[0,+\infty)$）上严格单调，才能使其具有反函数. 例如，它在 $[0,+\infty)$ 上的反函数为 $\mathrm{arcosh}x=\ln(x+\sqrt{x^2-1}),x\geqslant 1$.

3. 初等函数可由基本初等函数经过有限次复合组成，这种说法是否正确，说明理由.

答 不正确. 正确的说法是：由基本初等函数经有限次的四则运算和有限次的函数复合运算得到，并且**能用一个解析式表示**的函数，称为初等函数.

三、经典题型详解

题型1 判断初等函数的几类特性

例 1.9 判断下列函数哪个是周期函数，并求出它的最小正周期：

(1) $f(x)=\sin(x^2)$； (2) $f(x)=\ln(3+\sin 2x)$.

分析 利用周期函数的定义.

解 (1) 它不是周期函数. 用反证法. 假设 $T\neq 0$ 是函数 $f(x)$ 的一个周期，由于对任意的 T，都有

$$f(x+T)=\sin((x+T)^2)=\sin(x^2+2xT+T^2)\neq \sin x^2,$$

所以它不是周期函数.

(2) 由于

$$f(x+\pi)=\ln(3+\sin 2(x+\pi))=\ln(3+\sin(2x+2\pi))=\ln(3+\sin 2x)=f(x),$$

所以它是周期函数，并且不难验证 π 是它的最小正周期.

例 1.10 判断下列函数的奇偶性：

(1) $f(x)=\frac{\mathrm{e}^x-\mathrm{e}^{-x}}{\mathrm{e}^x+\mathrm{e}^{-x}}$； (2) $f(x)=\ln(x+\sqrt{1+x^2})$.

分析 利用奇函数和偶函数的定义.

解 (1) 由于 $f(-x)=\frac{\mathrm{e}^{-x}-\mathrm{e}^x}{\mathrm{e}^{-x}+\mathrm{e}^x}=-\frac{\mathrm{e}^x-\mathrm{e}^{-x}}{\mathrm{e}^x+\mathrm{e}^{-x}}=-f(x)$，因此它是奇函数.

(2) 由于

$$f(-x)=\ln(-x+\sqrt{1+(-x)^2})=\ln\left(\frac{1}{x+\sqrt{1+(-x)^2}}\right)$$
$$=-\ln(x+\sqrt{1+x^2})=-f(x),$$

因此它是奇函数.

例 1.11 判断下列函数在指定区间的单调性,并求出它们的反函数.

(1) $y=3+\ln(x+2),x\in[-1,5]$; (2) $y=2+\cos x,x\in[0,\pi]$.

分析 利用单调函数的定义,根据函数表达式的特点进行验证并求出反函数.

解 (1) 因为对数函数 $\ln(x+2)$在其定义域$[-1,5]$上单调递增,故函数 $y=3+\ln(x+2)$ 在其定义域$[-1,5]$上单调递增,反函数为 $y=-2+e^{x-3},x\in[3,3+\ln7]$.

(2) 因为三角函数 $\cos x$ 在其定义域$[0,\pi]$上单调递减,所以函数 $y=2+\cos x$ 在其定义域$[0,\pi]$上单调递减,反函数为 $y=\arccos(x-2),x\in[1,3]$.

例 1.12 讨论函数 $y=x\cos x$ 在区间$[0,+\infty)$上是否有界.

分析 利用无界函数的定义. 尝试找到一个趋于正无穷大的数列.

解 由于当 $x_n=2n\pi(n=1,2,3,\cdots)$时,$\cos x_n=\cos 2n\pi=1$,且当 n 无限增大时,x_n 也无限增大,所以 $y_n=x_n\cos x_n$ 也无限增大,换句话说,函数 $y=x\cos x$ 在$[0,+\infty)$上无界.

题型 2 复合函数的分解与运算

例 1.13 指出下列初等函数是由哪些基本初等函数复合而成的?

(1) $y=\sqrt[3]{\arcsin a^x}$; (2) $y=e^{\tan x^2}$.

分析 利用基本初等函数的定义及函数的四则运算分解,要熟练使用.

解 (1) 令 $u=\arcsin a^x$,则 $y=\sqrt[3]{u}$. 再令 $v=a^x$,则 $u=\arcsin v$,因此 $y=\sqrt[3]{\arcsin a^x}$是由基本初等函数 $y=\sqrt[3]{u},u=\arcsin v,v=a^x$ 复合而成的.

(2) 令 $u=\tan x^2$,则 $y=e^u$. 再令 $v=x^2$,则 $u=\tan v$,因此 $y=e^{\tan x^2}$ 是由基本初等函数 $y=e^u,u=\tan v,v=x^2$ 复合而成.

例 1.14 已知函数 $f(x)=\dfrac{x}{\sqrt{1+x^2}}$. 求:

(1) $f[f(x)]$; (2) $f\{f[f(x)]\}$; (3) $\underbrace{f\{f[\cdots f(x)]\}}_{n次}$.

分析 利用复合函数的定义和递推法.

解 经过计算可得

$$f[f(x)]=\frac{f(x)}{\sqrt{1+f^2(x)}}=\frac{\frac{x}{\sqrt{1+x^2}}}{\sqrt{1+\left(\frac{x}{\sqrt{1+x^2}}\right)^2}}=\frac{x}{\sqrt{1+2x^2}};$$

$$f\{f[f(x)]\}=\frac{f(f(x))}{\sqrt{1+f^2(f(x))}}=\frac{\frac{x}{\sqrt{1+2x^2}}}{\sqrt{1+\left(\frac{x}{\sqrt{1+2x^2}}\right)^2}}=\frac{x}{\sqrt{1+3x^2}}.$$

以此类推,得到 $f\{\underbrace{f[\cdots f(x)]}_{n次}\}=\dfrac{x}{\sqrt{1+(n+1)x^2}}$.

例 1.15 已知函数 $f(x)=\sin x^2$, $f[g(x)]=2-x$,且 $g(x)\geqslant 0$. 求 $g(x)$的表达式及其定义域.

分析 利用复合函数的定义和递推法.

解 有已知条件可得 $f[g(x)]=\sin[g(x)]^2=2-x$. 于是有$[g(x)]^2=\arcsin(2-x)$,由条件 $g(x)\geqslant 0$ 可知,$g(x)=\sqrt{\arcsin(2-x)}$,定义域为 $D=\{x|1\leqslant x\leqslant 2\}$.

四、课后习题选解(习题 1.2)

A类题

1. 求下列函数的自然定义域:

(1) $y=\dfrac{1}{\ln\ln x}$;　　(2) $y=\cot(x-2)$;

(3) $y=\arcsin\dfrac{x+1}{2}+\sqrt{2x+1}$;　　(4) $y=\arctan\dfrac{3+x^2}{\sqrt{3-x^2}}$.

分析 利用函数的定义.

解 利用不同函数的形式和定义进行讨论.

(1) 函数的定义要求 x 满足 $\ln x>0$,进一步地,要求 $x>1$;此外还要求 $\ln\ln x\neq 0$,知 $\ln x\neq 1$,即 $x\neq e$,故 $D=\{x|x>1$ 且 $x\neq e\}$.

(2) 函数的定义要求 x 满足 $x-2\neq k\pi, k\in\mathbf{Z}$,即 $D=\{x|x\in\mathbf{R}$ 且 $x\neq 2+k\pi, k\in\mathbf{Z}\}$.

(3) 函数的定义要求 x 满足 $-1\leqslant\dfrac{x+1}{2}\leqslant 1$ 且 $2x+1\geqslant 0$,解不等式得 $-\dfrac{1}{2}\leqslant x\leqslant 1$,即

$$D=\left\{x\,\middle|\,-\frac{1}{2}\leqslant x\leqslant 1\right\}.$$

(4) 函数的定义要求 x 满足 $3-x^2>0$,解不等式得 $-\sqrt{3}<x<\sqrt{3}$,即 $D=\{x|-\sqrt{3}<x<\sqrt{3}\}$.

2. 证明下列函数是周期函数,并求出它们的最小正周期:

(1) $f(x)=1+\cos 2x$;　　(2) $f(x)=3\cos x\sin x$;

(3) $f(x)=\tan(2+x)$;　　(4) $f(x)=\cos^2 x$.

分析 利用周期函数的定义. 三角函数 $\sin\omega x$, $\cos\omega x$ 的周期为 $T=2\pi/\omega$, $\tan\omega x$ 的周期为 $T=\pi/\omega$.

解 (1) 因为 $\omega=2$,函数 $\cos 2x$ 的周期为 π;又因为

$$f(x+\pi)=1+\cos 2(x+\pi)=1+\cos 2x=f(x),$$

所以函数 $f(x)$是周期函数,π 是它的最小正周期.

(2) 易见 $f(x)=3\cos x\sin x=\dfrac{3}{2}\sin 2x$. 由于 $\omega=2$,函数 $\sin 2x$ 的周期为 π,因此函数 $f(x)$是周期函数,π 是它的最小正周期.

(3) 由于 $f(x+\pi)=\tan(2+x+\pi)=\tan(2+x)=f(x)$,因此函数 $f(x)$是周期函数,π 是它的最小正周期.

(4) 由于 $f(x)=\cos^2 x=\dfrac{1+\cos 2x}{2}$,因此函数 $f(x)$是周期函数,π 是它的最小正周期.

3. 判定下列函数的奇偶性：

(1) $f(x)=4x+\sin x$；　　(2) $f(x)=x^2+\sqrt{1-x^2}+1$；

(3) $f(x)=a^{2x-1}-a^{-2x+1}\quad(a>0)$；　　(4) $f(x)=\cos 2x\tan x$.

提示 利用奇函数和偶函数的定义.(1) 奇函数;(2) 偶函数;(3)非奇非偶函数;(4) 奇函数.

4. 求出下列函数在指定区间内的一个上界和一个下界：

(1) $f(x)=3+4x+2x^3$, $x\in[-5,2]$；　　(2) $f(x)=2\sin x+1$, $x\in[0,\pi]$；

(3) $f(x)=\dfrac{2}{1+3x^2}$, $x\in(-\infty,+\infty)$；　　(4) $f(x)=2x+\arcsin x$, $x\in[0,1]$.

分析 利用有界函数的定义,根据函数表达式的特点估计函数的上下界.

解 (1) 由于函数 x 和 x^3 在区间$[-5,2]$上单调递增,所以函数 $f(x)=3+4x+2x^3$ 在区间$[-5,2]$上也单调递增;又 $f(-5)=-267$,$f(2)=27$,所以-267 和 27 分别是函数$f(x)$的一个下界和一个上界.

(2) 因为 $\sin x$ 在区间$[0,\pi]$上的最小值和最大值分别为 0 和 1,所以 $f(x)=2\sin x+1$ 在区间$[0,\pi]$上的最小值和最大值分别为 1 和 3,即 1 和 3 分别是函数 $f(x)$的一个下界和一个上界；

(3) 因为 $f(x)$是偶函数,显然它在$[0,+\infty)$上单调递减. 当 $x=0$ 时,$f(0)=2$;当 x 无限增大时,函数 $f(x)$的值趋于零. 因此 0 和 2 分别是函数 $f(x)$的一个下界和一个上界；

(4) 由于函数 x 和 $\arcsin x$ 在区间$[0,1]$上都单调递增,所以函数 $f(x)=2x+\arcsin x$ 在区间$[0,1]$上也单调递增;又 $f(0)=0$,$f(1)=2+\dfrac{\pi}{2}$,所以 0 和 $2+\dfrac{\pi}{2}$分别是函数 $f(x)$的一个下界和一个上界.

5. 指出下列函数在指定区间内的单调性,并求出它们的反函数：

(1) $y=3x^2+2$, $x\in(0,4)$；　　(2) $y=\dfrac{2^x-3}{2^x}$, $x\in(-\infty,+\infty)$.

提示 利用单调函数的定义,根据函数表达式的特点进行验证并求出反函数.(1)单调递增,反函数为 $y=\sqrt{\dfrac{x-2}{3}}$,$x\in(2,50)$;(2)单调递增,反函数为 $y=\log_2 3-\log_2(1-x)$,$x\in(-\infty,1)$.

6. 求出下列复合函数 $y=f[\varphi(x)]$的定义域和值域：

(1) $y=f(u)=\sin u$,$u=\varphi(x)=\sqrt{1-x^2}$；　　(2) $y=f(u)=\ln u$,$u=\arccos x$.

分析 利用复合函数的定义,根据函数表达式的特点求出相应函数的定义域.

解 (1) $y=f(u)=\sin u$ 的定义域为 $D=\{u\mid-\infty<u<+\infty\}$,函数 $u=\varphi(x)=\sqrt{1-x^2}$ 的值域 $R(u=\varphi(x))=\{u\mid 0\leqslant u\leqslant 1\}$,满足复合函数的定义,对应的复合函数为

$$y=f[\varphi(x)]=\sin\sqrt{1-x^2},$$

容易求得定义域为 $D=\{x\mid-1\leqslant x\leqslant 1\}$,值域为 $R(f)=\{y\mid 0\leqslant y\leqslant\sin 1\}$.

(2) 由于 $y=f(u)=\ln u$ 的定义域为 $D=\{u\mid 0<u<+\infty\}$,函数 $u=\varphi(x)=\arccos x$ 的值域 $R(u=\varphi(x))=\{u\mid 0<u\leqslant\pi\}$,满足复合函数的定义.对应的复合函数为

$$y=f[\varphi(x)]=\ln\arccos x,$$

定义域为 $D=\{x\mid-1\leqslant x<1\}$,值域为 $R(f)=\{y\mid-\infty<y\leqslant\ln\pi\}$.

7. 指出下列初等函数由哪些基本初等函数构成：

(1) $y=\sqrt[3]{\arcsin(x^2)}$；　　(2) $y=\sin^3\ln x$；　　(3) $y=e^{\tan(x+1)}$；　　(4) $y=x^3\sin\sqrt{\ln x}$.

分析 利用基本初等函数的定义及函数的四则运算求解,要熟练使用.

解 (1) $y=\sqrt[3]{u}$,$u=\arcsin v$,$v=x^2$.

(2) $y=u^3$,$u=\sin v$,$v=\ln x$.

(3) $y=e^u$,$u=\tan v$,$v=x+1$.

(4) $y=uv$,$u=x^3$,$v=\sin w$,$w=\sqrt{\varphi}$,$\varphi=\ln x$.

8. 利用 $y=\sin x$ 的图像,作出下列函数的图像：

(1) $y=|\sin x|$；　　(2) $y=\sin|x|$；　　(3) $y=3\sin 2x$；　　(4) $y=3\sin\dfrac{x}{2}$.

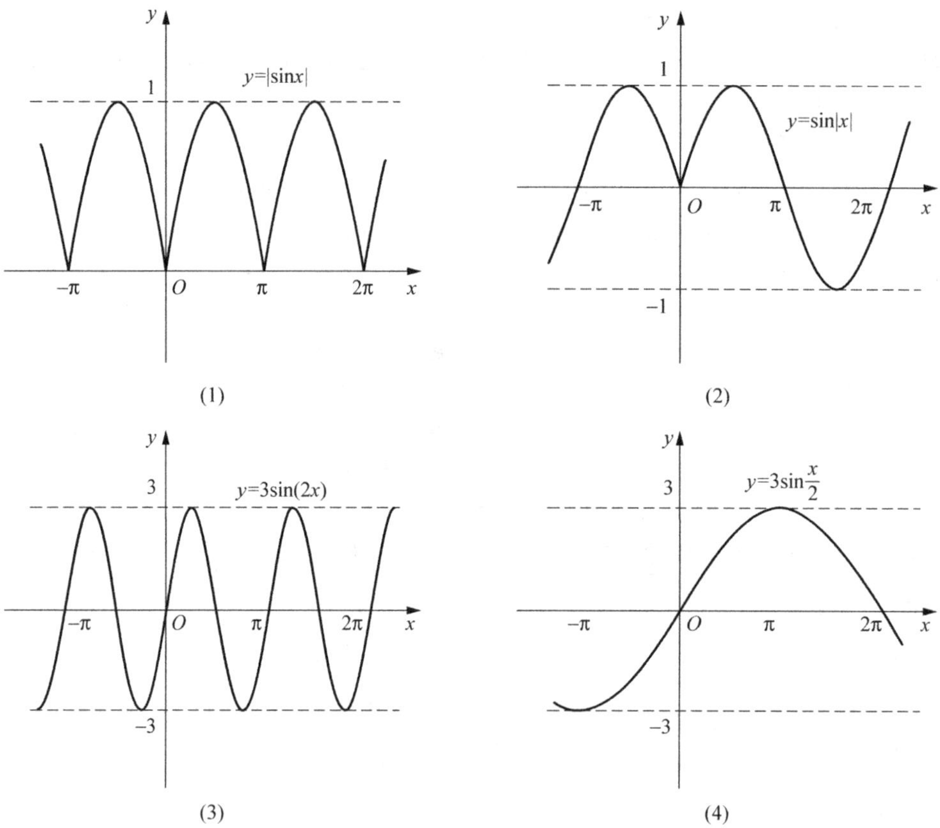

图　1.12

B类题

1. 指出下列函数中哪些是周期函数，并求出周期函数的最小正周期：

(1) $f(x)=4\sin 3x+\cos 3x$；　　(2) $f(x)=\tan 4x+3\tan\dfrac{x}{2}$.

分析　利用周期函数的定义.

解　(1) 由于

$$f\left(x+\frac{2\pi}{3}\right)=4\sin 3\left(x+\frac{2\pi}{3}\right)+\cos 3\left(x+\frac{2\pi}{3}\right)=4\sin(3x+2\pi)+\cos(3x+2\pi)=f(x),$$

所以它是周期函数，并且不难验证$\dfrac{\pi}{3}$不是它的最小正周期，所以$\dfrac{2\pi}{3}$是它的最小正周期.

(2) 由于$f(x+2\pi)=\tan 4(x+2\pi)+3\tan\dfrac{x+2\pi}{2}=\tan 4x+3\tan\dfrac{x}{2}=f(x)$. 所以它是周期函数，并且不难验证$\pi$不是它的最小正周期，所以$2\pi$是它的最小正周期.

2. 判定下列函数的奇偶性：

(1) $f(x)=\dfrac{x\cos x}{2x^2+3}$；　　(2) $f(x)=\sqrt[3]{(1+x)^2}+\sqrt[3]{(1-x)^2}$.

分析　利用奇函数和偶函数的定义.

解 (1) 不难看出 $f(x)=x\cdot\frac{\cos x}{2x^2+3}$. 由于 x 是奇函数，$\frac{\cos x}{2x^2+3}$ 是偶函数，因此它们的乘积是奇函数.

(2) 由于 $f(-x)=\sqrt[3]{(1+(-x))^2}+\sqrt[3]{(1-(-x))^2}=\sqrt[3]{(1-x)^2}+\sqrt[3]{(1+x)^2}=f(x)$，所以它是偶函数.

3. 证明函数 $y=\frac{x\sin x}{x^2+1}$ 在 $\mathbf{R}$ 上是有界的.

提示 $|\sin x|\leqslant 1,\left|\frac{x}{x^2+1}\right|\leqslant\frac{1}{2}$.

4. 证明函数 $y=\frac{ax+b}{cx-a}$ 在其定义域上的反函数就是其本身.

提示 利用反函数的定义证明.

5. 利用双曲函数的定义证明下列等式：

(1) $\cosh^2 x-\sinh^2 x=1$； (2) $\sinh(x+y)=\sinh x\cosh y+\cosh x\sinh y$；

(3) $\cosh(x-y)=\cosh x\cosh y-\sinh x\sinh y$.

提示 利用双曲函数的定义证明.

6. 把半径为 r 的铁皮，自中心处剪去中心角为 α 的扇形后，剩余铁皮围成一个无底圆锥，试建立此圆锥的体积 V 与中心角 α 之间的函数关系.

分析 利用圆锥的体积公式.

解 假设圆锥体的底面半径为 R，高为 H，则圆锥体的体积公式为 $V=\frac{1}{3}\pi R^2 H$.

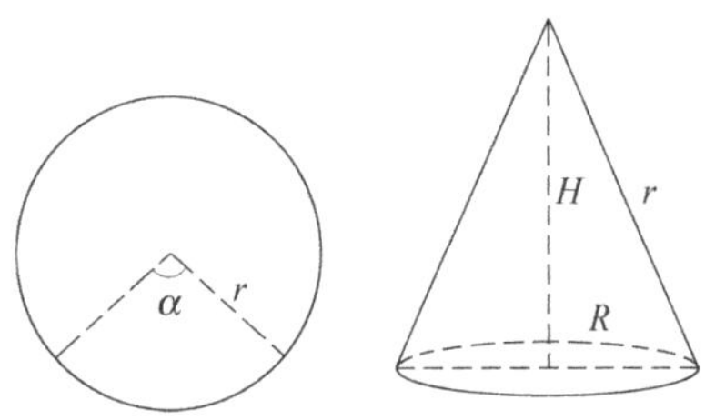

图 1.13

如图 1.13 所示，圆锥的底面周长等于剪去中心角为 α 的扇形后剩余圆弧的周长，即 $r(2\pi-\alpha)$，所以圆锥的底面半径为 $R=r(2\pi-\alpha)/2\pi$. 根据勾股定理可以求出圆锥的高为 $H=\sqrt{r^2-R^2}=r\sqrt{1-((2\pi-\alpha)/2\pi)^2}$. 所以由圆锥体的体积公式可得

$$V=\frac{1}{3}\pi R^2 H=\frac{(2\pi-\alpha)^2 r^3}{12\pi}\sqrt{1-\left(\frac{2\pi-\alpha}{2\pi}\right)^2},\quad 0\leqslant\alpha\leqslant 2\pi.$$

1.3 函数关系的几种表示方法

一、知识要点

1. 函数的分段表示

设函数 $f_1(x)$，$f_2(x)$ 分别定义在数集 D_1 和 D_2 上，且 $D_1\cap D_2=\varnothing$，则函数

$$y=f(x)=\begin{cases}f_1(x), & x\in D_1,\\ f_2(x), & x\in D_2\end{cases}$$

在数集 $D_1\cup D_2$ 上有定义.

重要的分段函数：

(1) 绝对值函数

$$y=|x|=\begin{cases}x, & x\geqslant 0;\\ -x, & x<0.\end{cases}$$

该函数的图像如图1.14所示.

(2) "整数部分"函数

$$y=[x]=n,\quad n\leqslant x<n+1,\quad n\in\mathbf{Z}.$$

该函数表示 y 是不超过 x 的最大整数. 它的定义域为 $\mathbf{R}$,值域为 $\mathbf{Z}$,函数图像如图1.15所示. 显然,$[2.5]=2$, $[3]=3$, $[0]=0$,$[-\pi]=-4$.

(3) "非负小数部分"函数 $y=\{x\}=x-[x]$,定义域为 $D=\{x\mid x\in\mathbf{R}\}$,值域为 $R(f)=\{y\mid 0\leqslant y<1\}$. 该函数的图像如后面的图1.22所示.

(4) 符号函数

$$\operatorname{sgn}x=\begin{cases}1, & x>0;\\ 0, & x=0;\\ -1, & x<0.\end{cases}$$

该函数的图像如图1.16所示.

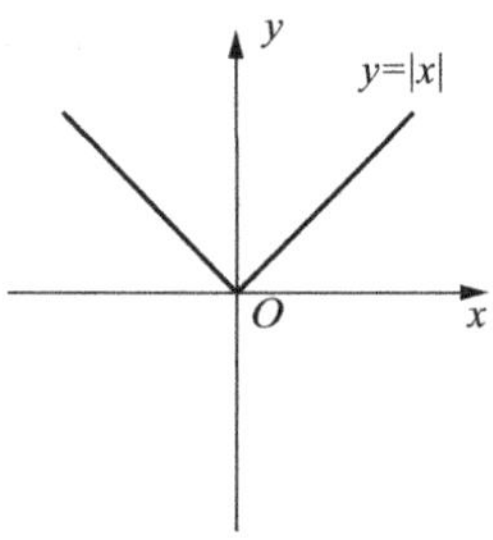

图 1.14

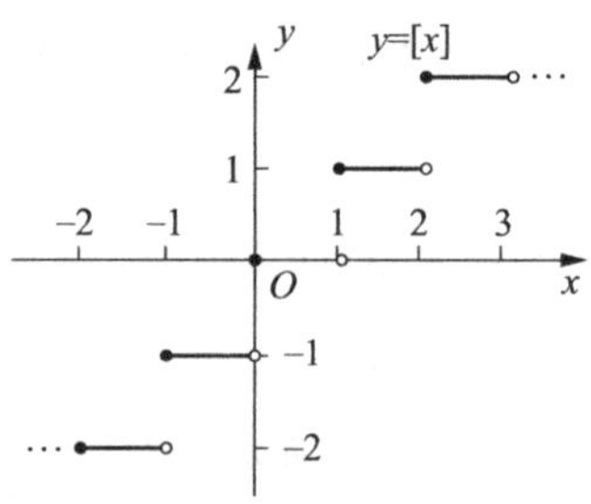

图 1.15

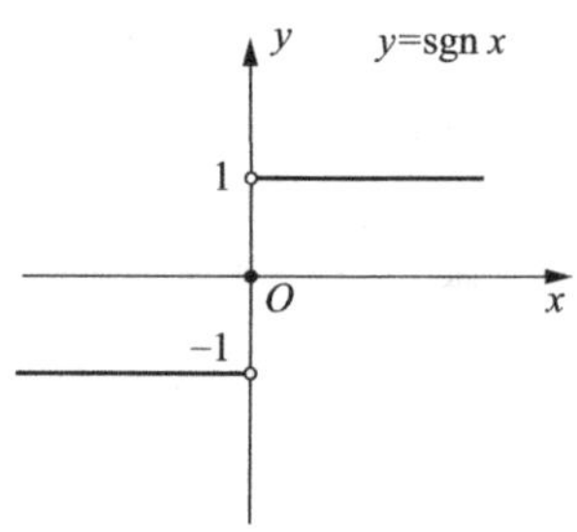

图 1.16

(5) 狄利克雷函数

$$D(x)=\begin{cases}1, & x\text{ 是有理数},\\ 0, & x\text{ 是无理数}.\end{cases}$$

容易验证:狄利克雷函数是周期函数,但它没有最小正周期,并且任何有理数都是它的周期,而任何无理数不是它的周期;它是有界函数;它是偶函数;它在任何实数区间都不是单调函数. 狄利克雷函数的**重要应用**在于澄清某些似是而非的命题,或说明某些命题或定理中的条件是不能变更的,我们将在后面的章节中给出具体应用.

2. 函数的隐式表示

与函数的显式表示相对应,所谓的函数的隐式表示是指通过方程 $F(x,y)=0$ 来确定自变量 x 与因变量 y 之间的函数关系.

3. 函数的参数表示

如果参数方程

$$\begin{cases}x=\varphi(t),\\ y=\psi(t),\end{cases}\quad t\in[a,b]$$

可以确定变量 x,y 之间的函数关系,则称此关系为由参数方程所确定的函数,这种方法称为**函数的参数表示**.

重要的参数方程:

(1) 椭圆的参数方程为

$$\begin{cases} x=a\cos t, \\ y=b\sin t, \end{cases} \quad a,b>0, t\in[0,2\pi].$$

函数图像如图 1.17 所示.

(2) 星形线的参数方程为

$$\begin{cases} x=a\cos^3 t, \\ y=a\sin^3 t, \end{cases} \quad t\in[0,2\pi].$$

函数图像如图 1.18 所示.

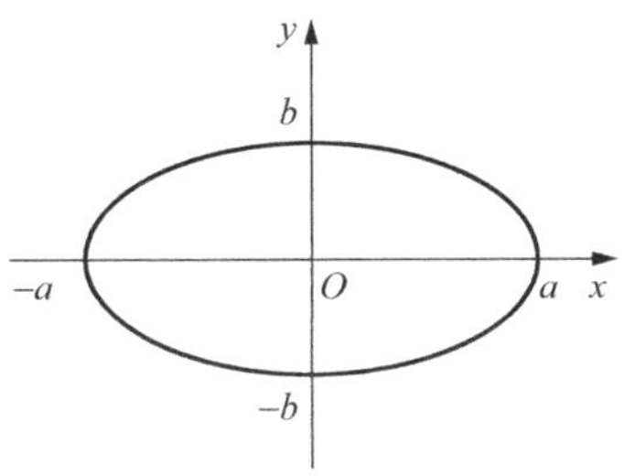

图 1.17

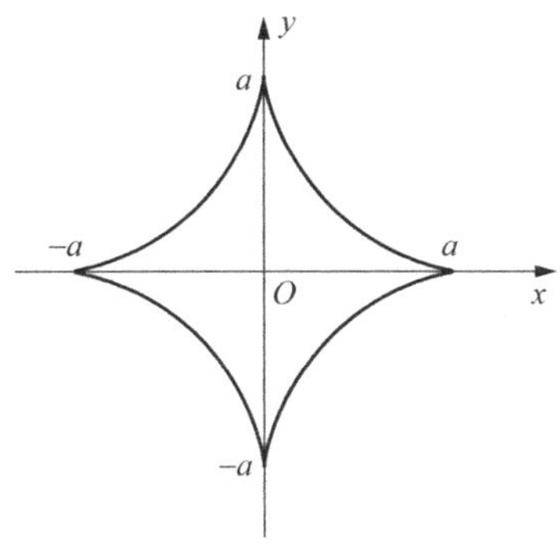

图 1.18

(3) 旋轮线或摆线的参数方程为

$$\begin{cases} x=a(t-\sin t), \\ y=a(1-\cos t), \end{cases} \quad t\in[0,+\infty).$$

函数图像如图 1.19 所示.

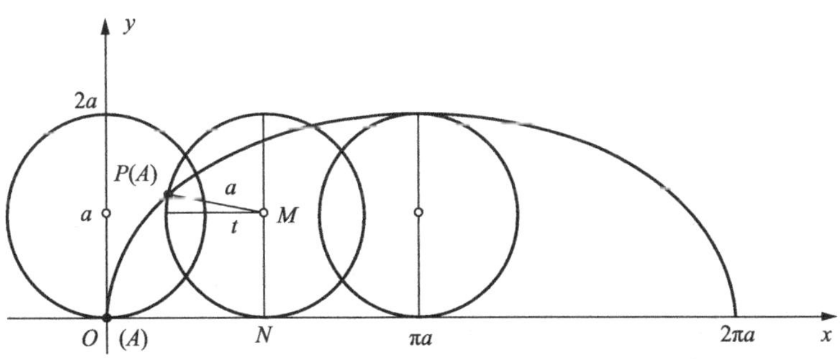

图 1.19

二、疑难解析

1. 所有的分段函数都不是初等函数,这种说法是否正确,说明理由.

答 不正确. 虽然符号函数、“整数部分”函数、狄利克雷函数等都不是初等函数,但并不是所有的分段函数都不是初等函数,例如

$$y=|x|=\sqrt{x^2}=\begin{cases} x, & x\geqslant 0, \\ -x, & x<0. \end{cases}$$

事实上，分段函数是按照定义域的不同子集用不同表达式来表示对应关系的，有些分段函数也可以不分段(即用一个表达式)表示出来，分段只是为了更加明确函数关系而已. 例如，

$$y=\begin{cases}x, & 0\leqslant x\leqslant 1,\\ 2-x, & 1<x\leqslant 2\end{cases}$$

可以表示为 $y=1-\sqrt{(x-1)^2}, x\in[0,2]$，根据定义，它是初等函数. 再如，函数

$$f(x)=\begin{cases}1, & x<a,\\ 0, & x>a\end{cases}$$

也可表示成 $f(x)=\frac{1}{2}\left(1-\frac{\sqrt{(x-a)^2}}{x-a}\right)$，因此，它也是初等函数. 这也是判断分段函数是否是初等函数的一个方法.

2. 分段函数的定义中，条件 $D_1\cap D_2=\varnothing$ 是否可以去掉，说明理由.

答 不能去掉. 如果 $D_1\cap D_2\neq\varnothing$，就会出现一个自变量对应两个因变量，与函数的定义矛盾.

3. 对任意给定的方程 $F(x,y)=0$，是否都可以确定并显式表示变量 x,y 之间的函数关系，若不能，举例说明.

答 不能. 例如，$x^2+y^2+1=0$ 不能确定变量 x,y 之间的函数关系. 即使能够确定函数关系，也不是所有隐函数都可以显式化，例如，$e^{xy}-x-y-1=0$，$xy-\sin(x+y)=0$，等等.

4. 讨论由参数方程可以确定函数关系的条件.

答 不是所有的参数方程都能够确定一组函数关系，可以根据参数的取值范围进行讨论. 例如，圆 $x^2+y^2=a^2$ 的参数方程为 $x=a\cos t, y=a\sin t(0\leqslant t\leqslant 2\pi)$，由于当 $t\in[0,2\pi]$ 时，$x\in(-a,a)$ 对应的 y 不是唯一确定的，根据函数的定义，它们构不成函数关系. 但是如果将参数 t 限制在 $[0,\pi]$ 或 $[\pi,2\pi]$ 时，便可以确定变量 x,y 之间的函数关系.

三、经典题型详解

题型1 分段函数的表示方法、复合及反函数

例 1.16 试用分段函数表示函数 $y=x+|2x-5|+|x+3|$.

分析 利用去掉绝对值符号求出自变量的取值范围，然后用分段函数表示.

解 当 $2x-5\geqslant 0$ 且 $x+3\geqslant 0$，即 $x\geqslant 2.5$ 时，$y=x+2x-5+x+3=4x-2$；当 $2x-5<0$ 且 $x+3\geqslant 0$，即 $-3\leqslant x<2.5$ 时，$y=x+5-2x+x+3=8$；当 $2x-5<0$ 且 $x+3<0$，即 $x<-3$ 时，$y=x+5-2x-x-3=2-2x$.

综上，有

$$y=x+|2x-5|+|x+3|=\begin{cases}4x-2, & x\geqslant 2.5,\\ 8, & -3\leqslant x<2.5,\\ -2x+2, & x<-3.\end{cases}$$

例 1.17 设函数 $f(x)=\begin{cases}2-e^x, & x\geqslant 0,\\ 3+\sin x, & x<0;\end{cases}$ $g(x)=\begin{cases}\ln(x+1), & x\geqslant 0,\\ -x^2+1, & x<0.\end{cases}$ 求 $f[g(x)]$.

分析 先以 $g(x)$ 代替 $f(x)$ 中的 x，根据中间变量 $g(x)$ 的表达式进行分段.

解 $f[g(x)]=\begin{cases}2-e^{g(x)}, & g(x)\geqslant 0,\\ 3+\sin[g(x)], & g(x)<0\end{cases}=\begin{cases}2-e^{\ln(x+1)}, & x\geqslant 0,\\ 2-e^{-x^2+1}, & -1\leqslant x\leqslant 0,\\ 3+\sin(-x^2+1), & x<-1\end{cases}$

$$=\begin{cases}1-x, & x\geqslant 0,\\ 2-e^{-x^2+1}, & -1\leqslant x\leqslant 0,\\ 3+\sin(-x^2+1), & x<-1.\end{cases}$$

例 1.18 设分段函数为 $y=f(x)=\begin{cases}3x-2, & x\leqslant 1,\\ x^2, & 1<x\leqslant 2,\\ 2^x, & 2<x\leqslant 4.\end{cases}$ 求它的反函数.

分析 将分段函数的定义域 $D=\{x|x\in(-\infty,4]\}$ 分成三个区间,即 $(-\infty,1]$,$(1,2]$,$(2,4]$,然后判断 $f(x)$ 在每个区间上的单调性,然后分别求其反函数.

解 当 $x\leqslant 1$ 时,$y=3x-2$ 单调递增,它的反函数为 $y=\frac{1}{3}(x+2)$,定义域为 $x\leqslant 1$;当 $1<x\leqslant 2$ 时,$y=x^2$ 单调递增,它的反函数为 $y=\sqrt{x}$,定义域为 $1<x\leqslant 4$;当 $2<x\leqslant 4$ 时,$y=2^x$ 单调递增,它的反函数为 $y=\log_2 x$,定义域为 $4<x\leqslant 16$.

综上,所求的反函数

$$y=\begin{cases}\frac{1}{3}(x+2), & x\leqslant 1,\\ \sqrt{x}, & 1<x\leqslant 4,\\ \log_2 x, & 4<x\leqslant 16.\end{cases}$$

题型 2 分段函数的应用

例 1.19 设 $a,b\in\mathbf{R}$,证明:

(1) $\max\{a,b\}=\frac{1}{2}(a+b+|a-b|)$;(2) $\min\{a,b\}=\frac{1}{2}(a+b-|a-b|)$.

分析 利用不等式的性质讨论.

证 (1) 当 $a\geqslant b$,即 $\max\{a,b\}=a$ 时,$|a-b|=a-b$,有 $\frac{1}{2}(a+b+|a-b|)=a$;当 $a\leqslant b$,即 $\max\{a,b\}=b$ 时,$|a-b|=b-a$,有 $\frac{1}{2}(a+b+|a-b|)=b$. 结论得证.

(2)的证明与(1)类似. 证毕

例 1.20 已知函数 $f(x)$ 是周期为 2 的周期函数,且在区间 $[0,2)$ 内 $f(x)=x^2$,求 $f(x)$ 在区间 $[-2,0)$ 和 $[4,6)$ 内的表达式.

分析 利用周期函数的定义向左或向右延拓.

证 在区间 $[0,2)$ 内,函数 $f(x)=x^2$ 值域为 $\{y|y\in[0,4)\}$,并且单调递增. 由于 $f(x)$ 是周期为 2 的周期函数,所以 $f(x)$ 在区间 $[-2,0)$ 和 $[4,6)$ 内的表达式为

$$f(x)=\begin{cases}(x+2)^2, & x\in[-2,0),\\ x^2, & x\in[0,2),\\ (x-4)^2, & x\in[4,6).\end{cases}$$

四、课后习题选解(习题1.3)

A类题

1. 设 $f(x)=\begin{cases} x^2+x-2, & -\infty<x<2, \\ \ln(x-1), & 2\leqslant x<\pi, \\ \sin(x-\pi), & \pi\leqslant x<+\infty, \end{cases}$ 计算下列函数值:

$$f(-1),f(0),f(1),f(2.5),f(3),f(\pi),f\left(\frac{3\pi}{2}\right).$$

分析 根据分段函数的定义域计算.

解 当 $x=-1,0,1$ 时,$f(x)$ 的表达式为 x^2+x-2,因此

$$f(-1)=1-1-2=-2,\quad f(0)=0+0-2=-2,\quad f(1)=1+1-2=0;$$

当 $x=2.5,3$ 时,$f(x)$ 的表达式为 $\ln(x-1)$,因此 $f(2.5)=\ln 1.5$, $f(3)=\ln 2$;

当 $x=\pi,\frac{3}{2}\pi$ 时,$f(x)$ 的表达式为 $\sin(x-\pi)$,因此

$$f(\pi)=\sin(\pi-\pi)=\sin 0=0,\quad f\left(\frac{3\pi}{2}\right)=\sin\left(\frac{3}{2}\pi-\pi\right)=\sin\frac{1}{2}\pi=1.$$

2. 分别写出图1.20和图1.21所示函数的解析表达式:

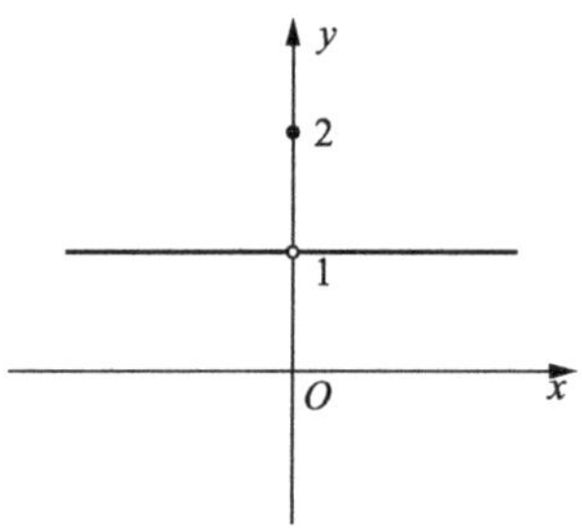

图 1.20

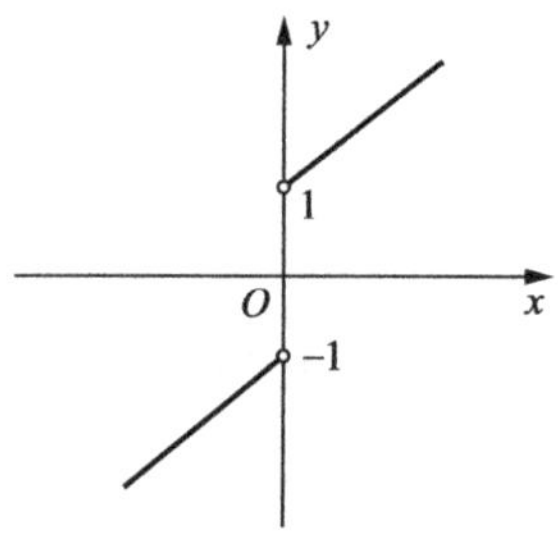

图1.21 (斜率为 $k>0$)

提示 利用分段函数表示.

(1) $f(x)=\begin{cases} 1, & x\neq 0, \\ 2, & x=0. \end{cases}$ (2) $f(x)=\begin{cases} kx+1, & x>0, \\ kx-1, & x<0. \end{cases}$

3. 函数 $y=\{x\}=x-[x]$ 称为**"非负小数部分"函数(function of nonnegative decimal part)**,画出它的函数图像,试求出它的定义域和值域,并讨论它的周期性、奇偶性、单调性和有界性.

分析 利用"整数部分"函数的特性.

解 它的定义域为 $D=\{x|x\in\mathbf{R}\}$,值域为 $R(f)=\{y|0\leqslant y<1\}$. 由图1.22可见,它是周期为1的周期函数,是非奇非偶函数,整体不具有单调性,但是在区间 $[k,k+1)(k\in\mathbf{Z})$ 上单调递增,上下界分别为1和0.

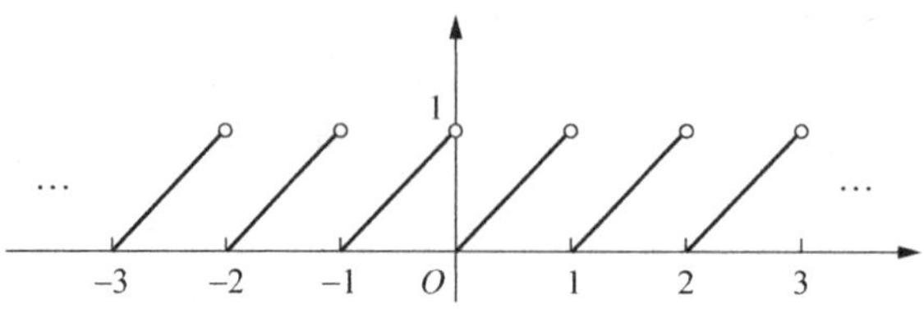

图 1.22

4. 判断下列函数的奇偶性：

(1) $f(x)=\begin{cases}x^2+3, & x>0,\\ -x^2-3, & x<0;\end{cases}$　　(2) $f(x)=\begin{cases}x^2+1, & x\geqslant 0,\\ -x^2+1, & x<0.\end{cases}$

分析　利用奇函数和偶函数的定义.

解　(1) 由于

$$-f(x)=f(-x)=\begin{cases}x^2+3, & x<0,\\ -x^2-3, & x>0,\end{cases}$$

所以它是奇函数.

(2) 易见

$$f(-x)=\begin{cases}x^2+1, & x\leqslant 0,\\ -x^2+1, & x>0.\end{cases}$$

由于它与 $f(x)$ 和 $-f(x)$ 都不相同，所以它是非奇非偶函数.

5. 设有函数 $f(u)=\begin{cases}2+\ln u, & u>0,\\ 1, & u\leqslant 0\end{cases}$ 和函数 $u=\varphi(x)=x^2-1$，求复合函数 $f(\varphi(x))$.

分析　先以 $\varphi(x)$ 代替 $f(x)$ 中的 x，根据中间变量 $\varphi(x)$ 的表达式进行分段.

解　当 $-1\leqslant x\leqslant 1$ 时，$u\leqslant 0$，所以 $f(u)=f(\varphi(x))=1$；当 $|x|>1$ 时，$u>0$，所以 $f(u)=f(\varphi(x))=2+\ln(x^2-1)$.

综上，有

$$f(\varphi(x))=\begin{cases}2+\ln(x^2-1), & |x|>1,\\ 1, & |x|\leqslant 1.\end{cases}$$

6. 设有隐函数方程 $F(x,y)=x^2+x+y^3-3y^2+3y-3=0$，试将它显式化为 $y=f(x)$.

提示　根据方程的特点进行求解.

7. 设椭圆的参数方程为 $\begin{cases}x=a\cos t,\\ y=b\sin t,\end{cases}$ 其中 $a,b>0,t\in[0,2\pi]$. 讨论参数 t 满足什么条件时，才能建立变量 x 和 y 之间的函数关系，并将它们表示出来.

提示　利用函数的定义及参数方程与直角坐标方程的关系进行讨论.

8. 设**利润函数(profit function)**定义为**总收益(revenue)**减去**总成本(cost)**，即 $P(x)=R(x)-C(x)$，其中 x 为销售量. 某商品的进价为每件 a 元，商场销售该商品的策略定为：当销售 100 件以内，卖出价为每件 b 元；当销售多于 100 件但少于 200 件时，卖出价为原来卖出价格的九折；当销售多于 200 件时，卖出价为原来卖出价格的八折. 试建立该商品的销售利润 $P(x)$ 与销售数量 x 之间的函数关系.

分析　利用分段函数的定义建立函数关系.

解　依题意，函数关系为

$$\begin{aligned}P(x)&=R(x)-C(x)\\ &=\begin{cases}(b-a)x, & 0\leqslant x\leqslant 100,\\ 100(b-a)+(0.9b-a)(x-100), & 100<x\leqslant 200,\\ 100(b-a)+100(0.9b-a)+(0.8b-a)(x-200), & x>200.\end{cases}\end{aligned}$$

B类题

1. 试用分段函数表示函数 $y=|x-2|+|2x+3|$.

提示　利用去掉绝对值符号求出自变量的取值范围，然后用分段函数表示. 参考经典题型详解中的例

1.16. $y=|x-2|+|2x+3|=\begin{cases}3x+1, & x\geqslant 2,\\ x+5, & -\dfrac{3}{2}\leqslant x<2,\\ -3x-1, & x<-\dfrac{3}{2}.\end{cases}$

2. 设 $f(x)=\begin{cases}2x+1, & x\geqslant 0,\\ x^2+4, & x<0,\end{cases}$ 求 $f(x-1)+f(x+1)$.

分析 利用分段函数和复合函数的定义.

解 令 $u=x-1$,则函数 $f(x-1)$ 可以由 $f(u)$ 和 $u=x-1$ 复合而成,因此有

$$f(x-1)=\begin{cases}2x-1, & x\geqslant 1,\\ x^2-2x+5, & x<1.\end{cases}$$

类似地,有

$$f(x+1)=\begin{cases}2x+3, & x\geqslant -1,\\ x^2+2x+5, & x<-1.\end{cases}$$

故

$$f(x-1)+f(x+1)=\begin{cases}2x^2+10, & x<-1,\\ x^2+8, & -1\leqslant x<1,\\ 4x+2, & x\geqslant 1.\end{cases}$$

3. 设有函数 $y=f(u)=\begin{cases}1, & |u|>1,\\ 0, & |u|=1,\\ -1, & |u|<1\end{cases}$ 和函数 $u=g(x)=\mathrm{e}^x$,求复合函数 $f[g(x)]$.

提示 先以 $g(u)$ 代替 $f(u)$ 中的 x,根据中间变量 $g(x)$ 的表达式进行分段. 参考经典题型详解中的例 1.17. $f[g(x)]=\begin{cases}1, & x>0,\\ 0, & x=0,\\ -1, & x<0.\end{cases}$

4. 设 $f(x)$ 和 $g(x)$ 都是定义在 D 上的初等函数. 定义如下的最大值和最小值函数:

$$M(x)=\max\{f(x),g(x)\},\quad m(x)=\min\{f(x),g(x)\},x\in D.$$

试问 $M(x)$ 和 $m(x)$ 是否为初等函数,并给出证明.

分析 利用例 1.19 的结果进行讨论.

解 根据例 1.19 的结论,有

$$M(x)=\max\{f(x),g(x)\}=\frac{1}{2}[f(x)+g(x)+|f(x)-g(x)|];$$

$$m(x)=\min\{f(x),g(x)\}=\frac{1}{2}[f(x)+g(x)-|f(x)-g(x)|].$$

因为 $|f(x)-g(x)|=\sqrt{(f(x)-g(x))^2}$ 是初等函数,所以 $M(x)$ 和 $m(x)$ 都是初等函数.

5. 将星形线的参数方程 $\begin{cases}x=a\cos^3 t,\\ y=a\sin^3 t\end{cases}$ 化为直角坐标方程,并建立变量 x 和 y 在第一、二象限的函数关系.

分析 将参数方程的参数消去,然后进行讨论. 星形线的图像如图 1.18 所示.

解 星形线的参数方程对应的直角坐标方程为 $x^{\frac{2}{3}}+y^{\frac{2}{3}}=a^{\frac{2}{3}}$,由此不难求得 $y=\pm(a^{\frac{2}{3}}-x^{\frac{2}{3}})^{\frac{3}{2}}$.

因为所考虑的函数关系在第一、二象限,所以取 $y=(a^{\frac{2}{3}}-x^{\frac{2}{3}})^{\frac{3}{2}}$,定义域为 $-a\leqslant x\leqslant a$.

6. 甲、乙两车同时从 A 地出发,分别以不同的速度匀速向 B 地行驶. 已知 $v_{甲}=130\text{km/h}$,$v_{乙}=60\text{km/h}$. 甲车行驶 3h 后先到达 B 地,停留 1h 后以 120km/h 的速度匀速返回,乙车此时则以 80km/h 的速度匀速行

驶,直到甲乙两车相遇. 试分别建立甲车与乙车相遇之前,甲车的行驶路程 $s_{甲}$,乙车的行驶路程 $s_{乙}$ 与行驶时间 t 的函数关系,并写出行驶时间 t 的取值范围.

分析 利用分段函数的定义建立函数关系.

解 依题意,A,B 地的距离为 $130\times3=390$km;乙车行驶 4h 的距离为 $60\times4=240$km;甲、乙两车相遇历经的时间为 $t=4+(390-240)/(120+80)=4.75$h.

甲车的行驶路程 $s_{甲}$ 与行驶时间 t 的函数关系为

$$s_{甲}(t)=\begin{cases}130t, & 0\leqslant t\leqslant3,\\ 390, & 3<t\leqslant4,\\ 390+120t, & 4<t\leqslant4.75.\end{cases}$$

乙车的行驶距离 $s_{乙}$ 与行驶时间 t 的函数关系为

$$s_{乙}(t)=\begin{cases}60t, & 0\leqslant t\leqslant4,\\ 240+80t, & 4<t\leqslant4.75.\end{cases}$$

复习题 1 解答

1. 是非题

(1) 函数有界的充分必要条件是它既有上界又有下界. ( )

(2) 每个周期函数都有最小正周期. ( )

(3) 两个偶函数的和是偶函数,两个奇函数的和是奇函数. ( )

(4) 若函数 $y=f(x)$ 在某区间 X 上严格递增,则函数 $y=f(x)$ 存在反函数. ( )

(5) 所有的分段函数都不是初等函数. ( )

解 (1) 正确. (2) 错误. 如常数函数、狄利克雷函数没有最小正周期. (3) 错误. 没有给出公共的定义域的条件. (4) 正确. (5) 错误. 例如 $y=|x|=\sqrt{x^2}$ 是初等函数.

2. 填空题

(1) 函数 $f(x)=\arcsin\dfrac{x}{2}+\ln(1-x)$ 的定义域为________.

(2) 设 $f(x)=\dfrac{1+x}{1-x}+\ln x+2$,则 $f(x)+f\left(\dfrac{1}{x}\right)=$__,且定义域为________.

(3) 已知函数 $f(\sin x)=\cos2x-\sin x$,则 $f(x)=$________.

(4) 已知函数 $f(x)$ 为偶函数,且当 $x>0$ 时,$f(x)=x^2+x-2$,则当 $x<0$ 时,________.

(5) 函数 $y=\dfrac{e^x-e^{-x}}{e^x+e^{-x}}$ 的反函数为________.

解 (1) 由反三角函数和对数函数的定义可知,$-1\leqslant\dfrac{x}{2}\leqslant1$ 且 $1-x>0$,所以该函数的定义域为 $D=\{x|-2\leqslant x<1\}$.

(2) 利用函数的四则运算. $f\left(\dfrac{1}{x}\right)=\dfrac{x+1}{x-1}-\ln x+2$,所以 $f(x)+f\left(\dfrac{1}{x}\right)=4$,定义域为 $D=\{x|x>0\text{ 且 }x\neq1\}$.

(3) 利用复合函数的定义. 由于 $f(\sin x)=1-2\sin^2x-\sin x$,所以 $f(x)=1-x-2x^2$.

(4) 利用偶函数的性质,即同一区间上的偶函数的和是偶函数. 由于 x^2 和 -2 是偶函数,x 是奇函数,因此当 $x<0$ 时,x^2 和 -2 两项保持不变,将 x 换为 $-x$,即 $f(x)=x^2-x-2$.

(5) $y=\dfrac{1}{2}\ln\dfrac{1+x}{1-x}$ $(-1<x<1)$.

3. 选择题

(1) 下列函数中,相同的函数是( ).

A. $y=x,y=\sin(\arcsin x)$ B. $y=\sqrt{(x-1)(x-2)},y=\sqrt{x-1}\cdot\sqrt{x-2}$

C. $y=\ln x^2,y=2\ln|x|$ D. $y=\sqrt{1-\cos^2 x},y=\sin x$

(2) 函数 $y=\sin 3x\cdot\left(\frac{1}{a^x-1}+\frac{1}{2}\right)$(其中 $a>0,a\neq1$)为( ).

A. 偶函数 B. 奇函数

C. 既是奇函数又是偶函数 D. 非奇非偶函数

(3) 函数 $y=\cos\frac{\pi x}{1+x^2}$ 的值域是( ).

A. $[-1,1]$ B. $\left[0,\frac{1}{2}\right]$ C. $[0,1]$ D. $\left[-\frac{1}{2},0\right]$

(4) 在区间(0,4)内,单调递增的函数是( ).

A. $f(x)=1-x^2$ B. $f(x)=x+\ln x$

C. $f(x)=x-x^2$ D. $f(x)=-x+\sin x$

(5) 下面函数中,不是初等函数的是( ).

A. $y=\begin{cases}2x, & x\geqslant0,\\-2x, & x<0\end{cases}$ B. $y=\begin{cases}x, & 0\leqslant x\leqslant2,\\4-x, & 2<x\leqslant4\end{cases}$

C. $y=\begin{cases}x, & 0\leqslant x\leqslant1,\\e^x, & 1<x\leqslant2\end{cases}$ D. $y=\tan(x+2)$

解 (1) 相同函数的定义域和对应法则必须完全相同,因此选 C. A 和 B 中各函数的定义域不同;D 中函数的对应法则不同.

(2) 利用奇函数和偶函数的定义及其性质验证. $\sin 3x$ 和 $\left(\frac{1}{a^x-1}+\frac{1}{2}\right)$ 都是奇函数. 两个奇函数的乘积是偶函数,因此选 A.

(3) 利用不等式求解. 由于 $1+x^2\geqslant2|x|$,有 $0\leqslant\left|\frac{\pi x}{1+x^2}\right|\leqslant\frac{\pi}{2}$,$0\leqslant\left|\cos\frac{\pi x}{1+x^2}\right|\leqslant1$. 因此选 C.

(4) 利用函数的单调性及函数的四则运算验证. 在区间(0,4)内,A 中的函数单调递减,C 和 D 中的函数不是单调函数,B 中的函数是两个单调递增函数的和. 因此选 B.

(5) 利用初等函数的定义验证. A 中的函数可以表示为 $y=2|x|=2\sqrt{x^2}$,B 中的函数可以表示为 $y=2-|x-2|$,所以它们都是初等函数;D 中的函数显然是初等函数;C 中的函数不能用一个表达式表示,所以它不是初等函数. 因此选 C.

4. 设 $f(x)$ 的定义域是 $[0,1]$,求下列函数的定义域:

(1) $f(x^2)$; (2) $f(\sin x)$; (3) $f(x+a)$.

分析 利用复合函数的定义.

解 根据复合函数的定义条件,即要求中间变量的值域包含在外层函数的定义域内,有:

(1) $0\leqslant x^2\leqslant1$,通过解不等式得到 $f(x^2)$ 的定义域为 $D=\{x|-1\leqslant x\leqslant1\}$;

(2) $0\leqslant\sin x\leqslant1$,通过解不等式得到 $f(\sin x)$ 的定义域为

$$D=\{x|2k\pi\leqslant x\leqslant(2k+1)\pi,k\in\mathbf{Z}\};$$

(3) $0\leqslant x+a\leqslant1$,通过解不等式得到 $f(x+a)$ 的定义域为 $D=\{x|-a\leqslant x\leqslant1-a\}$.

5. 设有函数 $y=f(u)=\begin{cases}2u+1, & u<0,\\e^u, & u\geqslant0\end{cases}$ 和函数 $u=g(x)=\begin{cases}x^2, & x\leqslant0,\\\ln x, & x>0.\end{cases}$ 求 $f[g(x)]$.

分析 利用复合函数的定义进行计算.

解 当 $x\leqslant 0$ 时，$u=g(x)=x^2\geqslant 0$，所以 $f[g(x)]=e^{x^2}$；当 $0<x<1$ 时，$u=g(x)=\ln x<0$，所以 $f[g(x)]=2\ln x+1$；当 $x\geqslant 1$ 时，$u=g(x)=\ln x\geqslant 0$，所以 $f[g(x)]=e^{\ln x}=x$. 综上，得到

$$f[g(x)]=\begin{cases}e^{x^2}, & x\leqslant 0,\\ 2\ln x+1, & 0<x<1,\\ x, & x\geqslant 1.\end{cases}$$

6. 设函数 $f(x)$ 的定义域关于原点对称，并且满足 $2f(x)+f\left(\frac{1}{x}\right)=\frac{4}{x}$，证明：$f(x)$ 是奇函数.

分析 求得函数的表达式后进行讨论. 本题属于计算性证明题.

证 由已知，令 $x=\frac{1}{t}$，可得 $2f\left(\frac{1}{t}\right)+f(t)=4t$. 联立方程组可得

$$2f(x)+f\left(\frac{1}{x}\right)=\frac{4}{x},\quad 2f\left(\frac{1}{x}\right)+f(x)=4x.$$

解得 $f(x)=\frac{1}{3}\left(\frac{8}{x}-4x\right)$. 容易验证，$f(x)$ 是奇函数. 证毕

7. 设 $f(x)=\frac{x^2+8}{x^2+5}$，证明：$f(x)$ 在 $\mathbf{R}$ 上有界.

提示 通过简化函数的表达式进行讨论. 参考经典题型详解中的例 1.5.

8. 在函数 $f(x)=3+\ln x$ 的定义域内，求方程 $f(e^{x^2})-4=0$ 的根.

分析 利用复合函数化简.

解 由已知可得 $f(e^{x^2})=3+\ln e^{x^2}=3+x^2$，因此方程 $f(e^{x^2})-4=0$ 化简为 $x^2-1=0$，依题意 $x>0$，因此方程的根为 $x=1$.

9. 定义在 $\mathbf{R}$ 上的函数 $y=f(x)$ 满足 $f(0)\neq 0$，当 $x>0$ 时，$f(x)>1$，且对任意 $a,b\in\mathbf{R}$，$f(a+b)=f(a)f(b)$. 回答下列问题：

(1) 求 $f(0)$；(2) 证明：对任意 $x\in\mathbf{R}$，有 $f(x)>0$；(3) 证明：$f(x)$ 在 $\mathbf{R}$ 上是单调递增函数.

分析 对 a,b 分别取特殊值；单调性需要用比值运算证明.

解 (1) 令 $a=b=0$，由 $f(0)=f(0)f(0)$，依题意得 $f(0)=1$.

(2) 当 $x>0$ 时，令 $a=-b=x$，则有 $1=f(0)=f(x)f(-x)>0$. 又由于 $x>0$ 时，$f(x)>1$，得知当 $x<0$ 时，$0<f(x)<1$. 综上，对任意 $x\in\mathbf{R}$，有 $f(x)>0$.

(3) 对任意的 $x_1,x_2(x_1<x_2)$，有 $x_1-x_2<0$，进一步地

$$\frac{f(x_1)}{f(x_2)}=\frac{f(x_1-x_2+x_2)}{f(x_2)}=f(x_1-x_2)<1,$$

故单调递增函数. 证毕

10. 设有半径为 R 的圆，其内接正 n 边形的周长记作 $l(n)$，试建立周长 $l(n)$ 与边数 n 的函数关系.

分析 将正 n 边形的边长用中心角表示.

解 正 n 边形的中心角为 $\frac{2\pi}{n}$，边长为 $2R\sin\frac{\pi}{n}$，所以周长 $l(n)$ 与边数 n 的函数关系为

$$l(n)=2nR\sin\frac{\pi}{n},\quad D=\{n\mid n\in\mathbf{Z}_+,n\geqslant 3\}.$$

自测题 1

1. 填空题

(1) $f(x)=\arccos\frac{x}{[x]}$ 的定义域为________，其中 $[x]$ 表示不超过 x 的最大整数；

(2) 设 $f(x)$ 为定义在 $(-l,l)$ 内的奇函数. 若 $f(x)$ 在 $(0,l)$ 内单调递增，则 $f(x)$ 在 $(-l,0)$ 内单

调________；

(3) 设 $f(x)=\begin{cases}-x^2, & x\geqslant 0,\\ -e^x, & x<0,\end{cases}$ $g(x)=\ln x$，则 $f[g(x)]=$________，$g[f(x)]=$________；

(4) 已知函数 $f(x)$ 是周期为2的周期函数，且在区间 $[-1,3)$ 内 $f(x)=x^2$，则 $f(x)$ 在区间 $[3,7)$ 内的表达式为 $f(x)=$________；

(5) 设 $f(x)$ 满足 $2f(x)+f(1-x)=x^2$，则 $f(x)=$________.

2. 设函数 $f(x)=\begin{cases}3^x, & x\geqslant 1\\ \arcsin x, & -1<x<1,\\ 1+x, & x\leqslant -1\end{cases}$ 求 $f(-3)$，$f\left(\dfrac{1}{2}\right)$，$f(2)$.

3. 设函数 $f(x)=\begin{cases}0, & x\leqslant 0,\\ x, & x>0,\end{cases}$ $g(x)=\begin{cases}0, & x\leqslant 0,\\ -x^2, & x>0,\end{cases}$ 求 $f[f(x)]$，$g[g(x)]$，$f[g(x)]$，$g[f(x)]$.

4. 设函数 $y=f(x)=\begin{cases}1+x, & x<2,\\ x^2-1, & x\geqslant 2,\end{cases}$ 求其反函数.

5. 指出下列函数是怎样复合而成的：

(1) $y=(\arcsin\sqrt{1-x^2})^2$；　　(2) $y=\log_a(\sin e^{x+1})$.

第 2 章

数列及其极限

一、基本要求

1. 理解数列和收敛数列的概念.

2. 掌握收敛数列的性质,掌握极限的四则运算法则、夹逼准则和单调有界原理,掌握利用几个重要结论求极限的方法.

二、知识网络图

- 数列
  - 数列和子数列的定义(定义 2.1 和定义 2.2)
  - 性质
    - 有界性(定义 2.3)
    - 单调性(定义 2.4)
  - 收敛数列
    - 收敛数列的定义(ε-N 定义)(定义 2.5)
    - 收敛数列与子列的关系(定理 2.1)
    - 性质
      - 唯一性(定理 2.3)
      - 有界性(定理 2.4)
      - 保号性(定理 2.5)
    - 求极限的方法
      - 极限四则运算法则(定理 2.6)
      - 夹逼准则(定理 2.8)
      - 单调有界原理(定理 2.9)
      - 重要极限 $\lim\limits_{n\to\infty}\left(1+\dfrac{1}{n}\right)^n=\mathrm{e}$
  - 无穷小(大)数列
    - 定义(定义 2.6)
    - 关系(定理 2.2)
    - 运算法则(定理 2.7)

2.1 数列的极限

一、知识要点

1. 数列的定义

定义 2.1 定义在正整数集 $\mathbf{Z}_+$ 上的函数 f: $\mathbf{Z}_+\to\mathbf{R}$ 或 $f(n)$, $n\in\mathbf{Z}_+$ 称为**数列**. 具体地说,因上述函数是用正整数由小到大编号的一串实数,即

$$x_1=f(1),\quad x_2=f(2),\quad \cdots,\quad x_n=f(n),\cdots,$$

故也称为一个**实数序列**，简称**数列**，有时也称**数项函数**，记作 $\{x_n\}$，其中 x_n 称为数列的**通项**或**一般项**.

2. 子数列

定义 2.2 在数列 $\{x_n\}(n\in\mathbf{Z}_+)$ 中保持原有的次序，自左向右任意选取无穷多项构成一个新的**数列**，称它为 $\{x_n\}$ 的一个**子数列**，有时简称为**子列**.

注意，在选出的子列中，记第一项为 x_{n_1}，第二项为 x_{n_2}，…，第 k 项为 x_{n_k}，…，则数列 $\{x_n\}$ 的子列可记为 $\{x_{n_k}\}$，即 $x_{n_1},x_{n_2},\cdots,x_{n_k},\cdots$，其中 k 表示 x_{n_k} 在子列 $\{x_{n_k}\}$ 中是第 k 项，n_k 表示 x_{n_k} 在原数列 $\{x_n\}$ 中是第 n_k 项. 显然，对每一个 k，有 $n_k\geqslant k$；对任意正整数 h,k，如果 $h\geqslant k$，则 $n_h\geqslant n_k$.

3. 具有特殊性质的数列

(1) 有界数列

定义 2.3 设有数列 $\{x_n\}$，若存在 $M\in\mathbf{R}_+$，使对一切 $n=1,2,\cdots$，有 $|x_n|\leqslant M$，则称 $\{x_n\}$ 是**有界数列**，否则称它是**无界数列**.

对于数列 $\{x_n\}$，若存在 $M\in\mathbf{R}$，使对 $n=1,2,\cdots$ 有 $x_n\leqslant M$，则称数列 $\{x_n\}$ 有**上界**；若存在 $m\in\mathbf{R}$，使对 $n=1,2,\cdots$，有 $x_n\geqslant m$，则称数列 $\{x_n\}$ 有**下界**. 显然，数列 $\{x_n\}$ 有界的充要条件是数列 $\{x_n\}$ 既有上界又有下界.

(2) 单调数列

定义 2.4 如果数列 $\{x_n\}$ 满足条件

$$x_n\leqslant x_{n+1}(\text{或 } x_n\geqslant x_{n+1}),\quad n=1,2,\cdots,$$

则称它是**单调递增数列**(或**单调递减数列**)，单调递增和单调递减的数列统称为单调数列. 若进一步满足

$$x_n<x_{n+1}(\text{或 } x_n>x_{n+1}),\quad n=1,2,\cdots,$$

则称它是**严格单调递增数列**(或**严格单调递减数列**).

4. 收敛数列

定义 2.5 设 $\{x_n\}$ 是一个数列，a 是一个常数. 若对于任意给定的正数 ε，总可以找到一个正整数 N，使得当 $n>N$ 时，不等式 $|x_n-a|<\varepsilon$ 恒成立，则称常数 a 为数列 $\{x_n\}$ 当 $n\to\infty$ 时的**极限**，记作 $\lim\limits_{n\to\infty}x_n=a$ 或 $x_n\to a(n\to\infty)$. 此时，称数列 $\{x_n\}$ 为**收敛数列**，否则称它为**发散数列**.

$\lim\limits_{n\to\infty}x_n=a$ 的"ε-N"语言：$\forall\varepsilon>0$，$\exists$ 正整数 N，当 $n>N$ 时，有 $|x_n-a|<\varepsilon$.

几何解释：由于不等式 $|x_n-a|<\varepsilon$ 等价于 $a-\varepsilon<x_n<a+\varepsilon$，因此对数列 $\{x_n\}$ 的极限是 a 的几何解释是：任意一个以 a 为中心以 ε 为半径的邻域 $U(a,\varepsilon)$(也可以写为开区间 $(a-\varepsilon,a+\varepsilon)$)，数列 $\{x_n\}$ 中总存在一项 x_N，在此项后面的所有项 $x_{N+1},x_{N+2},\cdots$(即除了前 N 项以外)，它们在数轴上对应的点，都位于邻域 $U(a,\varepsilon)$(或区间 $(a-\varepsilon,a+\varepsilon)$)之中，至多能有 N 个点位于此邻域或区间之外，如图 2.1 所示. 因为 $\varepsilon>0$ 可以任意小，所以数列中各项所对应的点 x_n 都无限集聚在点 a 附近.

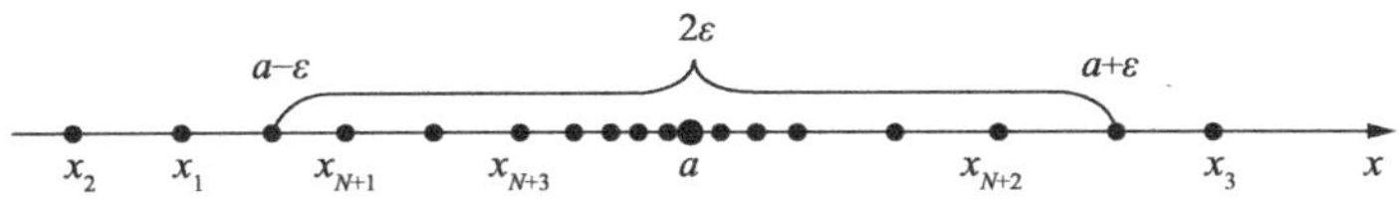

图 2.1

5. 数列和子数列之间的关系

定理 2.1 $\lim\limits_{n\to\infty} x_n = a$ 的充要条件是：$\{x_n\}$ 的任何子数列 $\{x_{n_k}\}$ 都收敛，且都以 a 为极限.

定理的逆否命题是：如果在数列 $\{x_n\}$ 中有一个子列发散，或者有两个子列不收敛于同一极限值，则可断言 $\{x_n\}$ 是发散的. 因此，此结论经常用来判别某些数列 $\{x_n\}$ 是发散的. 例如，数列 $\{(-1)^n\}$ 的两个子列 $\{(-1)^{2n}\}$ 和 $\{(-1)^{2n+1}\}$ 分别收敛到 1 和 -1，因此数列 $\{(-1)^n\}$ 是发散的.

6. 数列中的无穷小量和无穷大量

定义 2.6 若 $\lim\limits_{n\to\infty} x_n = 0$，即 $\forall \varepsilon > 0$，$\exists N \in \mathbf{Z}_+$，使得当 $n > N$ 时，有 $|x_n| < \varepsilon$，则称数列 $\{x_n\}$ 为当 $n\to\infty$ 时的**无穷小量**，或称 $\{x_n\}$ 为无穷小数列.

定义 2.7 若数列 $\{x_n\}$ 满足：若 $\forall G > 0$，$\exists N \in \mathbf{Z}_+$，使得当 $n > N$ 时，有 $|x_n| > G$，则称数列 $\{x_n\}$ 是当 $n\to\infty$ 时的**无穷大量**，或称 $\{x_n\}$ 为无穷大数列，记作 $\lim\limits_{n\to\infty} x_n = \infty$.

如果当 $n > N$ 时，有 $x_n > G$（或 $x_n < -G$），则称数列 $\{x_n\}$ 是当 $n\to\infty$ 时的**正无穷大量**（或**负无穷大量**），记作 $\lim\limits_{n\to\infty} x_n = +\infty$（$\lim\limits_{n\to\infty} x_n = -\infty$）.

定理 2.2（无穷小量与无穷大量之间的关系） 设 $x_n \neq 0$，则数列 $\{x_n\}$ 是当 $n\to\infty$ 时的无穷小量的充分必要条件是：数列 $\left\{\dfrac{1}{x_n}\right\}$ 是当 $n\to\infty$ 时的无穷大量.

7. 收敛数列的性质

定理 2.3（唯一性） 若 $\lim\limits_{n\to\infty} x_n - a$ 且 $\lim\limits_{n\to\infty} x_n = b$，则有 $a = b$，即收敛数列的极限必唯一.

定理 2.4（有界性） 若数列 $\{x_n\}$ 收敛，则它一定有界.

其逆命题不成立. 例如，数列 $\{(-1)^n\}$ 有界，但它不收敛.

定理 2.5（保序性） 若 $\lim\limits_{n\to\infty} x_n = a$，$\lim\limits_{n\to\infty} y_n = b$，且有 $a < b$，则 $\exists N \in \mathbf{Z}_+$，当 $n > N$ 时，有 $x_n < y_n$.

推论 1 若 $\lim\limits_{n\to\infty} x_n = a$，$a > 0$（或 $a < 0$），则 $\exists N \in \mathbf{Z}_+$，当 $n > N$ 时，$x_n > 0$（或 $x_n < 0$）.

推论 2 设有数列 $\{x_n\}$，$\exists N \in \mathbf{Z}_+$，当 $n > N$ 时，$x_n > 0$（或 $x_n < 0$），若 $\lim\limits_{n\to\infty} x_n = a$，则必有 $a \geqslant 0$（或 $a \leqslant 0$）.

8. 几个常用的数列极限

(1) $\lim\limits_{n\to\infty} \dfrac{1}{n^\alpha} = 0$，$\alpha$ 是正常数；　(2) $\lim\limits_{n\to\infty} \sqrt[n]{a} = 1$，$a > 1$；　(3) $\lim\limits_{n\to\infty} \sqrt[n]{n} = 1$；

(4) $\lim\limits_{n\to\infty} \dfrac{n^k}{a^n} = \lim\limits_{n\to\infty} n^k q^n = 0$（$a > 1$，$0 < |q| < 1$，$k > 0$）；

(5) $\lim\limits_{n\to\infty}\dfrac{a^n}{n!}=0(a>0)$； (6) 若$\lim\limits_{n\to\infty}x_n=a$，则$\lim\limits_{n\to\infty}\dfrac{x_1+x_2+\cdots+x_n}{n}=a$.

9. 解题步骤

在学习高等数学的过程中，在求解问题时，要按照“先观察、再定位、后计算(验证)”的步骤进行. 这里，“先观察、再定位”是分析问题的过程，“后计算(验证)”是解决问题的过程. “先观察”是指针对要解决的问题，找到问题的基本特征和内在关系；“再定位”是指基于前面的分析，定位求解问题的方法；“后计算(验证)”是指用选定的方法解决问题.

二、疑难解析

1. 数列、数集和函数之间有什么关系？

答 从形式上看，数列和数集的记法有相似之处，但是两者却有本质上的区别. 在每个数集中，各个元素之间不分先后，没有次序关系，重复出现的数值被看成是同一个元素；但是在数列中，每个数都有一个固定的编号，先后顺序是确定的，不允许变化，更不能随意舍去. 由数列的定义知，数列是一类特殊的函数.

2. 在数列极限的定义2.5中，N是通过解不等式$|x_n-a|<\varepsilon$得到的，这个N是否是唯一的，为什么？

答 不唯一. 类似于有界函数或有界数列，根据需要，只要求找到一个N即可，比N更大的值也同样满足不等式$|x_n-a|<\varepsilon$. 因此，如果用求解不等式获取N的方式比较困难，通常的做法是可以先将$|x_n-a|$放大为比较简单的表达式，然后再进行求解，即可较为容易地找到N.

3. 在a的任一ε邻域$(a-\varepsilon,a+\varepsilon)$内都含有数列$\{x_n\}$的无穷多项，能否说明该数列收敛到$a$？

答 不能. 例如，数列$1,1,\dfrac{1}{2},1,\dfrac{1}{3},1,\cdots,\dfrac{1}{n},1,\cdots$中，有无穷多项落在邻域$(-\varepsilon,\varepsilon)$中，但这个数列并不收敛. 由收敛数列的几何解释知，任意一个以a为中心以ε为半径的邻域$U(a,\varepsilon)$(也可以写为开区间$(a-\varepsilon,a+\varepsilon)$)，数列$\{x_n\}$中总存在一项$x_N$，在此项后面的所有项$x_{N+1},x_{N+2},\cdots$(即除了前$N$项以外)，它们在数轴上对应的点，都位于邻域$U(a,\varepsilon)$(或区间$(a-\varepsilon,a+\varepsilon)$)之中，至多能有$N$个点位于此邻域或区间之外.

4. 若一个数列有两个子列的极限存在且都等于a，则该数列收敛且极限为a. 这种说法是否正确，为什么？

答 不正确. 因为由定理2.1知，$\lim\limits_{n\to\infty}x_n=a$的充要条件是$\{x_n\}$的任何子数列$\{x_{n_k}\}$都收敛，且都以$a$为极限. 此外，由定理的逆否命题知，如果在数列$\{x_n\}$中有一个子列发散，则可断言$\{x_n\}$是发散的. 例如，由$x_{3n-2}=\dfrac{1}{2n},x_{3n-1}=\dfrac{1}{2n+1},x_{3n}=n(n=1,2,\cdots)$构成的数列就不是收敛数列.

5. 给出与数列极限$\lim\limits_{n\to\infty}x_n=a$定义等价的几个常用的叙述.

答 (1) $\lim\limits_{n\to\infty}x_n=a\Leftrightarrow\forall\varepsilon>0$，$\exists$正整数$N$，当$n>N$时，有$|x_n-a|\leqslant\varepsilon$.

因为$\varepsilon>0$的任意性，所以不等式$|x_n-a|<\varepsilon$和$|x_n-a|\leqslant\varepsilon$是等价的.

(2) $\lim\limits_{n\to\infty}x_n=a \Leftrightarrow \exists\, c>0, \forall\, \varepsilon>0$,$\exists$ 正整数 N,当 $n>N$ 时,有 $|x_n-a|<c\varepsilon$.

因为 $\varepsilon>0$ 的任意性,所以 ε 和 $c\varepsilon$ 是等价的.

(3) $\lim\limits_{n\to\infty}x_n=a \Leftrightarrow \forall\, \varepsilon>0$,$\exists$ 正整数 N,$\forall\, n\geqslant N$,有 $|x_n-a|<\varepsilon$.

因为自然数 N 不是唯一的,所以 $\forall\, n>N$ 与 $\forall\, n\geqslant N$ 是等价的.

(4) $\lim\limits_{n\to\infty}x_n=a \Leftrightarrow \forall\, k\in \mathbf{Z}_+$,$\exists$ 正整数 N,当 $n>N$ 时,有 $|x_n-a|<\dfrac{1}{k}$.

因为对任意的 $\varepsilon\in(0,1)$,总存在相邻的两个正整数 k 和 $k+1$,使得 $\dfrac{1}{k+1}<\varepsilon<\dfrac{1}{k}$,所以 $|x_n-a|<\varepsilon$ 与 $|x_n-a|<\dfrac{1}{k}$ 是等价的.

(5) $\lim\limits_{n\to\infty}x_n=a \Leftrightarrow \forall\, \varepsilon>0$,$\exists$ 正整数 N,当 $n>N$ 时,只有有限个点位于邻域 $U(a,\varepsilon)$ 或区间 $(a-\varepsilon,a+\varepsilon)$ 之外.

三、经典题型详解

题型 1 用定义证明数列的极限

例 2.1 证明下列数列的极限:

(1) $\lim\limits_{n\to\infty}\dfrac{n^2-2}{n^2+n+1}=1$; (2) $\lim\limits_{n\to\infty}\dfrac{n!}{n^n}=0$; (3) $\lim\limits_{n\to\infty}\sqrt[n]{5}=1$;

(4) $\lim\limits_{n\to\infty}\dfrac{n^2}{a^n}=0, a>1$; (5) $\lim\limits_{n\to\infty}0.\underbrace{999\cdots9}_{n个}=1$.

分析 (1)和(2)需要先将 $|x_n-a|$ 适当放大,然后再通过求解不等式寻找 N;(3)和(4)需要利用二项式展开公式 $(1+h)^n=1+nh+\dfrac{n(n-1)}{2}h^2+\cdots+h^n$.

证 (1) 由于当 $n>3$ 时,有

$$\left|\frac{n^2-2}{n^2+n+1}-1\right|=\frac{3+n}{n^2+n+1}<\frac{n+n}{n^2}=\frac{2}{n}.$$

$\forall\, \varepsilon\in(0,1)$,要使 $\left|\dfrac{n^2-2}{n^2+n+1}-1\right|<\varepsilon$,只要 $\dfrac{2}{n}<\varepsilon$,即 $n>\dfrac{2}{\varepsilon}$. 取 $N=\left[\dfrac{2}{\varepsilon}\right]+1$,则当 $n>N$ 时,必有不等式 $\left|\dfrac{n^2-2}{n^2+n+1}-1\right|<\varepsilon$ 恒成立. 因此有,$\lim\limits_{n\to\infty}\dfrac{n^2-2}{n^2+n+1}=1$.

(2) 由于当 $n>1$ 时,有

$$0<\frac{n!}{n^n}=\frac{1\cdot2\cdot3\cdot\cdots\cdot n}{n\cdot n\cdot n\cdot\cdots\cdot n}\leqslant\frac{1}{n}.$$

$\forall\, \varepsilon\in(0,1)$,要使 $\left|\dfrac{n!}{n^n}-0\right|<\varepsilon$,只要 $\dfrac{1}{n}<\varepsilon$,即 $n>\dfrac{1}{\varepsilon}$. 取 $N=\left[\dfrac{1}{\varepsilon}\right]+1$,则当 $n>N$ 时,必有不等式 $\left|\dfrac{n!}{n^n}-0\right|<\varepsilon$ 恒成立. 因此有,$\lim\limits_{n\to\infty}\dfrac{n!}{n^n}=0$.

(3) 令 $h=\sqrt[n]{5}-1$,易知 $h=\sqrt[n]{5}-1>0$,则

$$5=(1+h)^n=1+nh+\frac{n(n-1)}{2}h^2+\cdots+h^n>nh, \quad 即 \quad |h|=\left|\sqrt[n]{5}-1\right|<\frac{5}{n}.$$

因此，$\forall \varepsilon \in (0,1)$，要使$|\sqrt[n]{5}-1|<\varepsilon$，只要$\frac{5}{n}<\varepsilon$，即$n>\frac{5}{\varepsilon}$. 取$N=\left[\frac{5}{\varepsilon}\right]+1$，则当$n>N$时，必有不等式$|\sqrt[n]{5}-1|<\varepsilon$恒成立. 因此有，$\lim\limits_{n\to\infty}\sqrt[n]{5}=1$.

(4) 令$a=1+h$，其中$h>0$. 当$n>1$时，有

$$a^n=(1+h)^n=1+nh+\frac{n(n-1)}{2}h^2+\frac{n(n-1)(n-2)}{6}h^3+\cdots+h^n>\frac{n(n-1)(n-2)}{6}h^3.$$

进一步地，由于$\frac{n}{n-1}<2$，有

$$\frac{n^2}{a^n}<\frac{n^2}{\frac{n(n-1)(n-2)}{6}h^3}=\frac{6n}{(n-1)(n-2)h^3}<\frac{12}{(n-2)h^3}.$$

因此，$\forall \varepsilon \in (0,1)$，要使$\frac{n^2}{a^n}<\frac{12}{(n-2)h^3}<\varepsilon$，只需要$n>\frac{12}{\varepsilon\cdot h^3}+2$. 取$N=\left[\frac{12}{\varepsilon\cdot h^3}\right]+2$，则当$n>N$时，必有不等式$\left|\frac{n^2}{a^n}-0\right|<\varepsilon$恒成立. 因此有，$\lim\limits_{n\to\infty}\frac{n^2}{a^n}=0$.

(5) $\forall \varepsilon \in (0,1)$，要使

$$|0.\underbrace{999\cdots9}_{n}-1|=|0.\underbrace{000\cdots1}_{n}|=\frac{1}{10^n}<\varepsilon,$$

只要$n>-\frac{\ln\varepsilon}{\ln 10}$即可，取$N=\left[-\frac{\ln\varepsilon}{\ln 10}\right]+1$，则当$n>N$时，不等式$|0.\underbrace{999\cdots9}_{n}-1|<\varepsilon$恒成立，因此有，$\lim\limits_{n\to\infty}0.\underbrace{999\cdots9}_{n}=1$. 证毕

例 2.2 若$\lim\limits_{n\to\infty}x_n=a$，则$\lim\limits_{n\to\infty}\sqrt[3]{x_n}=\sqrt[3]{a}$.

分析 需要先将$|\sqrt[3]{x_n}-\sqrt[3]{a}|$适当放大，然后再通过求解不等式寻找$N$.

证 当$a=0$时，结论显然成立.

当$a\neq 0$时，由立方差公式，$\forall \varepsilon>0$，解不等式

$$|\sqrt[3]{x_n}-\sqrt[3]{a}|=\frac{|x_n-a|}{|\sqrt[3]{x_n^2}+\sqrt[3]{x_n}\sqrt[3]{a}+\sqrt[3]{a^2}|}<\frac{|x_n-a|}{\left(\sqrt[3]{x_n}+\frac{1}{2}\sqrt[3]{a}\right)^2+\frac{3}{4}\sqrt[3]{a^2}}<\frac{|x_n-a|}{\frac{3}{4}\sqrt[3]{a^2}}<\varepsilon,$$

可得$|x_n-a|<\frac{3}{4}\sqrt[3]{a^2}\varepsilon$. 由$\lim\limits_{n\to\infty}x_n=a$知，$\forall \varepsilon>0$，$\exists N\in \mathbf{Z}_+$，当$n>N$时，有$|x_n-a|<\frac{3}{4}\sqrt[3]{a^2}\varepsilon$. 所以有$\lim\limits_{n\to\infty}\sqrt[3]{x_n}=\sqrt[3]{a}$. 证毕

例 2.3 若$\lim\limits_{n\to\infty}x_n$存在，证明：$\lim\limits_{n\to\infty}\left(n\sin\frac{x_n}{n^2}\right)=0$.

分析 需要先将$\left|n\sin\frac{x_n}{n^2}-0\right|$适当放大，然后再通过求解不等式寻找$N$.

证 因为$\lim\limits_{n\to\infty}x_n$存在，存在$M>0$有$|x_n|\leqslant M(n=1,2,\cdots)$. 又因为

$$\left|n\sin\frac{x_n}{n^2}\right|\leqslant\frac{|x_n|}{n}\leqslant\frac{M}{n},$$

所以对 $\varepsilon>0$ 取 $N=\left[\dfrac{M}{\varepsilon}\right]$，当 $n>N$ 时，有 $\left|a\sin\dfrac{x_n}{n^2}-0\right|\leqslant\dfrac{M}{n}<\varepsilon$. 因此有 $\lim\limits_{n\to\infty}\left(n\sin\dfrac{x_n}{n^2}\right)=0$.

例 2.4 设 $\lim\limits_{n\to\infty}x_n=a$. 证明：$\lim\limits_{n\to\infty}\dfrac{x_1+x_2+\cdots+x_n}{n}=a$.

分析 利用数列极限的定义先将 $\dfrac{x_1+x_2+\cdots+x_n}{n}$ 拆项，然后进行分项估计.

证 由三角不等式可知

$$\left|\frac{x_1+x_2+\cdots+x_n}{n}-a\right|\leqslant\frac{1}{n}(|x_1-a|+|x_2-a|+\cdots+|x_n-a|).$$

由 $\lim\limits_{n\to\infty}x_n=a$ 可知，$\forall\varepsilon\in(0,1)$，$\exists N_1$，使得当 $n>N_1$ 时，不等式 $|x_n-a|<\dfrac{\varepsilon}{2}$ 成立.

对于固定的 N_1，$|x_1-a|$，$|x_2-a|$，…，$|x_{N_1}-a|$ 都是固定的数，所以可以取 $N>N_1$，使得当 $n>N$ 时，不等式 $\dfrac{1}{n}\sum\limits_{k=1}^{N_1}|x_k-a|<\dfrac{\varepsilon}{2}$ 成立.

因此，当 $n>N$ 时，有

$$\begin{aligned}\left|\frac{1}{n}\sum_{k=1}^{n}x_k-a\right|&\leqslant\frac{1}{n}\sum_{k=1}^{N_1}|x_k-a|+\frac{1}{n}\sum_{k=N+1}^{n}|x_k-a|\\&\leqslant\frac{1}{n}\sum_{k=1}^{N_1}|x_k-a|+\frac{n-N_1}{n}\frac{\varepsilon}{2}<\frac{\varepsilon}{2}+\frac{\varepsilon}{2}=\varepsilon,\end{aligned}$$

这就证明了 $\lim\limits_{n\to\infty}\dfrac{x_1+x_2+\cdots+x_n}{n}=a$. 证毕

题型 2 利用已有结论计算极限

例 2.5 利用例 2.4 的结论计算下列极限：

(1) $\lim\limits_{n\to\infty}\dfrac{1+\dfrac{1}{2}+\cdots+\dfrac{1}{n}}{n}$； (2) $\lim\limits_{n\to\infty}\dfrac{1+\sqrt{2}+\sqrt[3]{3}+\cdots+\sqrt[n]{n}}{n}$；

(3) $\lim\limits_{n\to\infty}\dfrac{\dfrac{1}{2}+\dfrac{2}{3}+\cdots+\dfrac{n}{n+1}}{n}$； (4) $\lim\limits_{n\to\infty}\dfrac{1+\dfrac{8}{9}+\dfrac{15}{19}\cdots+\dfrac{n^2+2n}{2n^2+1}}{n}$.

分析 利用例 2.4 的结论，并根据各自的特点计算.

解 (1) 由于 $\lim\limits_{n\to\infty}\dfrac{1}{n}=0$，所以由例 2.4 可知 $\lim\limits_{n\to\infty}\dfrac{1+\dfrac{1}{2}+\cdots+\dfrac{1}{n}}{n}=0$.

(2) 由于 $\lim\limits_{n\to\infty}\sqrt[n]{n}=1$，所以由例 2.4 可知 $\lim\limits_{n\to\infty}\dfrac{1+\sqrt{2}+\sqrt[3]{3}+\cdots+\sqrt[n]{n}}{n}=1$.

(3) 由于 $\lim\limits_{n\to\infty}\dfrac{n}{n+1}=1$，所以由例 2.4 可知，$\lim\limits_{n\to\infty}\dfrac{\dfrac{1}{2}+\dfrac{2}{3}+\cdots+\dfrac{n}{n+1}}{n}=1$.

(4) 由于 $\lim\limits_{n\to\infty}\dfrac{n^2+2n}{2n^2+1}=\dfrac{1}{2}$，所以由例 2.4 可知，$\lim\limits_{n\to\infty}\dfrac{1+\dfrac{8}{9}+\dfrac{15}{19}+\cdots+\dfrac{n^2+2n}{2n^2+1}}{n}=\dfrac{1}{2}$.

四、课后习题选解(习题 2.1)

A类题

1. 观察下列数列的变化趋势,判断哪些是收敛数列,哪些是无穷小数列,哪些是无穷大数列,如果数列收敛,求出它们的极限:

(1) $\{x_n\}=\left\{\dfrac{2^n}{3^n}\right\}$;　　(2) $\{x_n\}=\left\{\dfrac{2n-1}{2n+3}\right\}$;　　(3) $\{x_n\}=\left\{\dfrac{3n^2+2n+1}{4n^2}\right\}$;

(4) $\{x_n\}=\left\{\dfrac{(-1)^n}{n+2}\right\}$;　　(5) $\{x_n\}=\{(-1)^n(n+1)^2\}$;　　(6) $\{x_n\}=\left\{\sin\dfrac{\pi}{2n}\right\}$;

(7) $\{x_n\}=\left\{\dfrac{1+(-1)^n}{n}\right\}$;　　(8) $\{x_n\}=\left\{2-\dfrac{1}{n(n+1)}\right\}$;　　(9) $\{x_n\}=\left\{\dfrac{n^4+3}{n+2}\right\}$;

(10) $\{x_n\}=\left\{\dfrac{2^n+3^n}{5^n}\right\}$.

提示 对于比较直观的简单数列,写出数列的前几项,然后根据数列通项公式的特性进行判断;对于比较复杂的数列,先对其变形,然后根据数列通项公式的特性进行判断.

(1) 收敛数列,0,无穷小数列;(2) 收敛数列,1;(3) 收敛数列,$\dfrac{3}{4}$;(4) 收敛数列,0,无穷小数列;(5) 发散数列,无穷大数列;(6) 收敛数列,0,无穷小数列;(7) 收敛数列,0,无穷小数列;(8) 收敛数列,2;(9) 发散数列,无穷大数列;(10) 收敛数列,0,无穷小数列.

2. 用极限的“ε-N”定义证明:

(1) $\lim\limits_{n\to\infty}\dfrac{n+3}{n+2}=1$;　　(2) $\lim\limits_{n\to\infty}\dfrac{(-1)^n}{\sqrt{n+1}}=0$;

(3) $\lim\limits_{n\to\infty}\dfrac{\sqrt{n^2+n+3}}{2n}=\dfrac{1}{2}$;　　(4) $\lim\limits_{n\to\infty}\sum\limits_{i=1}^{n}\dfrac{1}{i(i+1)}=1$.

分析 在证明过程中,即通过先设定$\varepsilon>0$,然后求解不等式$|x_n-a|<\varepsilon$,寻求N的存在性. 特别是注意需要对问题(3)中$|x_n-a|$的表达式化简并放大,再解不等式;需要对问题(4)中求和运算的各项进行分裂.

证 (1) $\forall\varepsilon\in(0,1)$,要使

$$\left|\frac{n+3}{n+2}-1\right|=\frac{1}{n+2}<\varepsilon,$$

只要 $n>\dfrac{1}{\varepsilon}-2$ 即可 $\left(为保证\dfrac{1}{\varepsilon}-2>0,我们不妨再进一步要求\varepsilon<\dfrac{1}{2},即此时\varepsilon\in\left(0,\dfrac{1}{2}\right)\right)$,取 $N=\left[\dfrac{1}{\varepsilon}-2\right]+1$,则当$n>N$时,不等式$\left|\dfrac{n+3}{n+2}-1\right|<\varepsilon$恒成立,即$\lim\limits_{n\to\infty}\dfrac{n+3}{n+2}=1$.

(2) $\forall\varepsilon\in(0,1)$,要使

$$\left|\frac{(-1)^n}{\sqrt{n+1}}-0\right|=\frac{1}{\sqrt{n+1}}<\varepsilon,$$

只要$n>\dfrac{1}{\varepsilon^2}-1$即可. 取 $N=\left[\dfrac{1}{\varepsilon^2}-1\right]+1$,则当$n>N$时,不等式$\left|\dfrac{(-1)^n}{\sqrt{n+1}}-0\right|<\varepsilon$恒成立,即$\lim\limits_{n\to\infty}\dfrac{(-1)^n}{\sqrt{n+1}}=0$.

(3) $\forall\varepsilon\in(0,1)$,要使

$$\left|\frac{\sqrt{n^2+n+3}}{2n}-\frac{1}{2}\right|=\left|\frac{\sqrt{n^2+n+3}-n}{2n}\right|=\frac{n^2+n+3-n^2}{2n(\sqrt{n^2+n+3}+n)}$$

$$=\frac{n+3}{2n(\sqrt{n^2+n+3}+n)}<\frac{n+3}{2n\cdot n}\leqslant\frac{n+3n}{2n\cdot n}=\frac{2}{n}<\varepsilon,$$

只要 $n>\frac{2}{\varepsilon}$ 即可. 取 $N=\left[\frac{2}{\varepsilon}\right]+1$,则当 $n>N$ 时,不等式 $\left|\frac{\sqrt{n^2+n+3}}{2n}-\frac{1}{2}\right|<\varepsilon$ 恒成立,即

$$\lim_{n\to\infty}\frac{\sqrt{n^2+n+3}}{2n}=\frac{1}{2}.$$

(4) 首先对求和运算中的各项进行分裂,得

$$\begin{aligned}\sum_{i=1}^{n}\frac{1}{i(i+1)}&=\frac{1}{1\cdot 2}+\frac{1}{2\cdot 3}+\frac{1}{3\cdot 4}+\cdots+\frac{1}{n\cdot(n+1)}\\&=\left(\frac{1}{1}-\frac{1}{2}\right)+\left(\frac{1}{2}-\frac{1}{3}\right)+\left(\frac{1}{3}-\frac{1}{4}\right)+\cdots+\left(\frac{1}{n}-\frac{1}{n+1}\right)\\&=1-\frac{1}{n+1}\end{aligned}$$

$\forall\varepsilon\in(0,1)$,要使

$$\left|\sum_{i=1}^{n}\frac{1}{i(i+1)}-1\right|=\left|1-\frac{1}{n+1}-1\right|=\frac{1}{n+1}<\varepsilon,$$

只要 $n>\frac{1}{\varepsilon}-1$ 即可. 取 $N=\left[\frac{1}{\varepsilon}-1\right]+1$,则当 $n>N$ 时,不等式 $\left|\sum_{i=1}^{n}\frac{1}{i(i+1)}-1\right|<\varepsilon$ 恒成立,即 $\lim_{n\to\infty}\sum_{i=1}^{n}\frac{1}{i(i+1)}=1.$ 证毕

3. 若 $\lim_{n\to\infty}x_n=a$,则 $\lim_{n\to\infty}|x_n|=|a|$. 举例说明结论反之未必成立.

提示 利用不等式 $||x_n|-|a||\leqslant|x_n-a|$ 证明. 反例,数列 $x_n=(-1)^{n-1}$.

B 类题

1. 用极限的"ε-N"定义证明:

(1) $\lim_{n\to\infty}\frac{n^2+2n+2}{2n^2+3}=\frac{1}{2}$;　(2) $\lim_{n\to\infty}(\sqrt{n^2+1}-n)=0$;　(3) $\lim_{n\to\infty}(\sqrt{n+2}-\sqrt{n+1})=0$.

分析 在证明的过程中,最好先将 $|x_n-a|$ 尽可能放大到最简形式,然后通过求解不等式 $|x_n-a|<\varepsilon$,寻求 N 的存在性.

证 (1) $\forall\varepsilon\in(0,1)$,要使

$$\left|\frac{n^2+2n+2}{2n^2+3}-\frac{1}{2}\right|=\left|\frac{2(n^2+2n+2)-(2n^2+3)}{2(2n^2+3)}\right|=\frac{4n+1}{2(2n^2+3)}\leqslant\frac{4n+n}{2\cdot 2n^2}<\frac{5}{4n}<\varepsilon,$$

只要 $n>\frac{5}{4\varepsilon}$ 即可. 取 $N=\left[\frac{5}{4\varepsilon}\right]+1$,则当 $n>N$ 时,不等式 $\left|\frac{n^2+2n+2}{2n^2+3}-\frac{1}{2}\right|<\varepsilon$ 恒成立,即

$$\lim_{n\to\infty}\frac{n^2+2n+2}{2n^2+3}=\frac{1}{2}.$$

(2) $\forall\varepsilon\in(0,1)$,要使

$$|\sqrt{n^2+1}-n-0|=\left|\frac{n^2+1-n^2}{\sqrt{n^2+1}+n}\right|=\frac{1}{\sqrt{n^2+1}+n}<\frac{1}{2n}<\varepsilon,$$

只要 $n>\frac{1}{2\varepsilon}$ 即可. 取 $N=\left[\frac{1}{2\varepsilon}\right]+1$,则当 $n>N$ 时,不等式 $|\sqrt{n^2+1}-n-0|<\varepsilon$ 恒成立,即

$$\lim_{n\to\infty}(\sqrt{n^2+1}-n)=0.$$

(3) $\forall\varepsilon\in(0,1)$,要使

$$|(\sqrt{n+2}-\sqrt{n+1})-0|=\left|\frac{(n+2)-(n+1)}{\sqrt{n+2}+\sqrt{n+1}}\right|=\frac{1}{\sqrt{n+2}+\sqrt{n+1}}\leqslant\frac{1}{2\sqrt{n+1}}<\varepsilon,$$

只要 $n>\frac{1}{4\varepsilon^2}-1$ 即可$\left(\text{为保证}\frac{1}{4\varepsilon^2}-1>0\text{，不妨再进一步要求}\varepsilon<\frac{1}{2}\text{，即此时}\varepsilon\in\left(0,\frac{1}{2}\right)\right)$. 取 $N=\left[\frac{1}{4\varepsilon^2}-1\right]+1$，则当 $n>N$ 时，不等式 $\left|(\sqrt{n+2}-\sqrt{n+1})-0\right|<\varepsilon$ 恒成立，即 $\lim\limits_{n\to\infty}(\sqrt{n+2}-\sqrt{n+1})=0$. 证毕

2. 证明：若 $\lim\limits_{n\to\infty}x_n=a$，则对任一正整数 p，有 $\lim\limits_{n\to\infty}x_{n+p}=a$.

分析 利用数列极限定义证明.

证 由 $\lim\limits_{n\to\infty}x_n=a$ 知，$\forall\varepsilon>0$，$\exists N\in\mathbf{Z}_+$，当 $n>N$ 时，有

$$|x_n-a|<\varepsilon.$$

对任一正整数 p，有 $n+p>n>N$，于是

$$|x_{n+p}-a|<\varepsilon.\quad \text{故有}\quad \lim_{n\to\infty}x_{n+p}=a.$$

证毕

3. 当 $|q|>1$ 时，证明：数列 $\{q^n\}$ 是无穷大量.

提示 利用无穷大量的定义证明.

2.2 数列极限的运算法则

一、知识要点

1. 四则运算法则

定理 2.6 设 $\lim\limits_{n\to\infty}x_n=a$，$\lim\limits_{n\to\infty}y_n=b$，则有：

(1) $\lim\limits_{n\to\infty}(x_n\pm y_n)=\lim\limits_{n\to\infty}x_n\pm\lim\limits_{n\to\infty}y_n=a\pm b$；

(2) $\lim\limits_{n\to\infty}(x_n\cdot y_n)=\lim\limits_{n\to\infty}x_n\cdot\lim\limits_{n\to\infty}y_n=ab$；

(3) 当 $b\neq0$ 时，$\lim\limits_{n\to\infty}\frac{x_n}{y_n}=\frac{\lim\limits_{n\to\infty}x_n}{\lim\limits_{n\to\infty}y_n}=\frac{a}{b}$.

定理 2.7 对于无穷小数列，有：

(1) 若数列 $\{x_n\}$ 和 $\{y_n\}$ 都是当 $n\to\infty$ 时的无穷小量，则数列 $\{x_n\pm y_n\}$，$\{x_n\cdot y_n\}$ 也都是当 $n\to\infty$ 时的无穷小量.

(2) 若数列 $\{x_n\}$ 是当 $n\to\infty$ 时的无穷小量，数列 $\{y_n\}$ 是有界的，则数列 $\{x_n\cdot y_n\}$ 是当 $n\to\infty$ 时的无穷小量.

2. 夹逼准则

定理 2.8 如果数列 $\{x_n\}$，$\{y_n\}$，$\{z_n\}$ 满足下列条件：

(1) $y_n\leqslant x_n\leqslant z_n(n=1,2,\cdots)$； (2) $\lim\limits_{n\to\infty}y_n=\lim\limits_{n\to\infty}z_n=a$，

则数列 $\{x_n\}$ 的极限存在，且 $\lim\limits_{n\to\infty}x_n=a$.

3. 单调有界原理

定理 2.9(单调有界原理) 单调有界数列必有极限.

几何解释：单调数列对应于数轴上的点只能是沿着一个方向变化，在有界的条件下，数列在数轴上的对应点都在某个区间 $[-M,M]$ 内，这表明数列 $\{x_n\}$ 无限逼近某一个值，并且这个值的绝对值一定不超过 M，如图 2.2 所示.

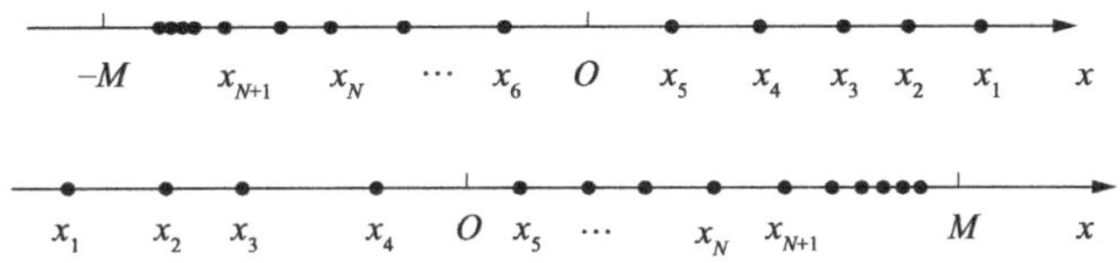

图 2.2

4. 一个重要的极限

$$\lim_{n\to\infty}\left(1+\frac{1}{n}\right)^n=\mathrm{e},$$

e 称为欧拉数,它是一个无理数,值为 e=2.71828….

5. 几个常用的数列极限

(1) $\lim\limits_{n\to\infty}\dfrac{a_0+a_1n+a_2n^2+\cdots+a_pn^p}{b_0+b_1n+b_2n^2+\cdots+b_qn^q}=\begin{cases}0, & p<q,\\ \dfrac{a_p}{b_p}, & p=q,\\ \infty, & p>q.\end{cases}$

(2) 已知 $x_n>0, n=1,2,\cdots$,且 $\lim\limits_{n\to\infty}x_n=a$,则 $\lim\limits_{n\to\infty}\sqrt[n]{x_1x_2\cdots x_n}=a$.

(3) $\lim\limits_{n\to\infty}\dfrac{n}{\sqrt[n]{n!}}=\mathrm{e}$.

6. 配项方法

本章中,在证明定理 2.6 时,首次提出了**配项方法**,它是我们在总结已有的若干方法时命名的一种方法. 所谓的配项方法,是指在证明或计算一些问题时,如数列的极限、函数的极限、连续、导数、积分等,通常需要对一个表达式加减(乘除)同一项进行配项,有时需要加上或减去 0,然后再使用已有的方法进行约化,进而证明或计算待解决的问题. 这种方法在数学的知识体系中是一种常用的方法.

二、疑难解析

1. 若数列 $\{x_n\}$ 收敛,$\{y_n\}$ 发散,则数列 $\{x_n+y_n\}$ 一定发散. 这种说法是否正确,为什么?

答 正确. 用反证法证明. 若数列 $\{x_n+y_n\}$ 收敛,由极限的减法运算法则可知,数列 $\{y_n\}=\{x_n+y_n\}-\{x_n\}$ 收敛,与已知矛盾.

2. 若数列 $\{x_n\cdot y_n\}$ 和 $\{y_n\}$ 都是收敛的,能否推出数列 $\{x_n\}$ 也是收敛的,为什么? 举例说明.

答 不能. 例如,$x_n=n, y_n=\dfrac{1}{n^2}, x_n\cdot y_n=n\cdot\dfrac{1}{n^2}=\dfrac{1}{n}$. 易见,数列 $\{x_n\cdot y_n\}$ 和 $\{y_n\}$ 都是收敛的,而数列 $\{x_n\}$ 是发散的.

3. 若数列 $\{x_n\cdot y_n\}$ 是当 $n\to\infty$ 时的无穷小量,能否推出数列 $\{x_n\}$ 和 $\{y_n\}$ 都是无穷小量,为什么? 举例说明.

答 不能. 例如,$x_n=1+(-1)^n, y_n=\dfrac{1}{n}, x_n\cdot y_n=\dfrac{1+(-1)^n}{n}$. 易见,数列 $\{x_n\cdot y_n\}$ 和 $\{y_n\}$ 都是无穷小量,而数列 $\{x_n\}$ 虽然有界,但它是发散的.

4. 单调有下界的数列一定收敛. 这种说法是否正确,为什么?

答 错误. 应该是单调递减有下界的数列一定收敛. 例如数列$\{n\}$是单调递增有下界,但它是发散的.

三、经典题型详解

本节的重点是使用四则运算法则、夹逼准则和重要极限$\lim\limits_{n\to\infty}\left(1+\dfrac{1}{n}\right)^n=\mathrm{e}$计算数列的极限,运用单调有界原理验证数列的收敛性. 求解问题时,要按照"先观察、再定位、后计算(验证)"的步骤进行.

题型1 利用四则运算法则计算极限

例2.6 计算下列数列的极限:

(1) $\lim\limits_{n\to\infty}\dfrac{4n^4-3n^2+5}{3n^4+20n^3+100}$;

(2) $\lim\limits_{n\to\infty}\left(\dfrac{n^4}{n^2+1}-\dfrac{n^4}{n^2-1}\right)$;

(3) $\lim\limits_{n\to\infty}\left[n\left(\sqrt{n^2+4}-\sqrt{n^2+1}\right)\right]$;

(4) $\lim\limits_{n\to\infty}\left[\left(1-\dfrac{1}{2^2}\right)\left(1-\dfrac{1}{3^2}\right)\cdots\left(1-\dfrac{1}{n^2}\right)\right]$;

(5) $\lim\limits_{n\to\infty}\dfrac{1+a+a^2+\cdots+a^n}{1+b+b^2+\cdots+b^n}$, $|a|<1$, $|b|<1$.

分析 先观察被求极限表达式的特点,再选取计算方法. (1) 极限表达式是有理多项式,可用商的运算法则计算; (2) 将表达式通分并化简,再计算; (3) 将表达式中的无理式分子有理化,再计算; (4) 将表达式中各项通分,分子利用平方差公式分解,并与分母对应化简,再计算; (5) 由$|a|<1$和$|b|<1$可知,$\lim\limits_{n\to\infty}a^n=\lim\limits_{n\to\infty}b^n=0$;利用等比数列的求和公式计算.

解 (1) $\lim\limits_{n\to\infty}\dfrac{4n^4-3n^2+5}{3n^4+20n^3+100}=\lim\limits_{n\to\infty}\dfrac{4-\dfrac{3}{n^2}+\dfrac{5}{n^4}}{3+\dfrac{20}{n}+\dfrac{100}{n^4}}=\dfrac{4}{3}$.

(2) $\lim\limits_{n\to\infty}\left(\dfrac{n^4}{n^2+1}-\dfrac{n^4}{n^2-1}\right)=\lim\limits_{n\to\infty}\left(\dfrac{n^4(n^2-1)-n^4(n^2+1)}{(n^2+1)(n^2-1)}\right)=\lim\limits_{n\to\infty}\dfrac{-2n^4}{(n^2+1)(n^2-1)}=-2$.

(3) $$\lim\limits_{n\to\infty}\left[n\left(\sqrt{n^2+4}-\sqrt{n^2+1}\right)\right]=\lim\limits_{n\to\infty}\left[n\,\frac{(n^2+4)-(n^2+1)}{\sqrt{n^2+4}+\sqrt{n^2+1}}\right]=\lim\limits_{n\to\infty}\frac{3n}{\sqrt{n^2+4}+\sqrt{n^2+1}}$$
$$=\lim\limits_{n\to\infty}\frac{3}{\sqrt{1+\dfrac{4}{n^2}}+\sqrt{1+\dfrac{1}{n^2}}}=\frac{3}{2}.$$

(4) $$\lim\limits_{n\to\infty}\left[\left(1-\frac{1}{2^2}\right)\left(1-\frac{1}{3^2}\right)\cdots\left(1-\frac{1}{n^2}\right)\right]$$
$$=\lim\limits_{n\to\infty}\frac{1\times3}{2^2}\frac{2\times4}{3^2}\frac{3\times5}{4^2}\cdots\frac{(n-3)(n-1)}{(n-2)^2}\frac{(n-2)n}{(n-1)^2}\frac{(n-1)(n+1)}{n^2}$$
$$=\lim\limits_{n\to\infty}\frac{1}{2}\frac{n(n+1)}{n^2}=\frac{1}{2}.$$

(5) 由于$|a|<1$, $|b|<1$,则$\lim\limits_{n\to\infty}\dfrac{1+a+a^2+\cdots+a^n}{1+b+b^2+\cdots+b^n}=\lim\limits_{n\to\infty}\dfrac{\dfrac{1-a^{n+1}}{1-a}}{\dfrac{1-b^{n+1}}{1-b}}=\dfrac{1-b}{1-a}$.

题型 2 利用夹逼准则计算极限

利用夹逼准则计算极限的策略是：根据被求极限的表达式 x_n 的特点，将其适当地放大和缩小，即找到 y_n 和 z_n 满足条件：$y_n\leqslant x_n\leqslant z_n(n=1,2,\cdots)$和 $\lim\limits_{n\to\infty}y_n=\lim\limits_{n\to\infty}z_n$.

例 2.7 计算下列极限：

(1) $\lim\limits_{n\to\infty}\left[n^2\left(\dfrac{1}{3n^3+1}+\dfrac{1}{3n^3+2}+\cdots+\dfrac{1}{3n^3+n}\right)\right]$;

(2) $\lim\limits_{n\to\infty}\left(1+\dfrac{1}{2}+\dfrac{1}{3}+\cdots+\dfrac{1}{n}\right)^{\frac{1}{n}}$.

分析 (1) 和式中的每一项都是无穷小量，但是项数是无穷多个，不能用极限的四则运算法则，并且无穷多个无穷小量的和是待定的；(2) 显然是非典型极限. 因此可以尝试使用夹逼准则.

解 (1) 不难发现，对于 $i=1,2,\cdots,n$，不等式$\dfrac{1}{3n^3+n}\leqslant\dfrac{1}{3n^3+i}\leqslant\dfrac{1}{3n^3+1}$恒成立，因此有

$$n^2\cdot\frac{n}{3n^3+n}\leqslant x_n=n^2\left(\frac{1}{3n^3+1}+\frac{1}{3n^3+2}+\cdots+\frac{1}{3n^3+n}\right)\leqslant n^2\cdot\frac{n}{3n^3+1},$$

并且

$$\lim_{n\to\infty}\frac{n^2\cdot n}{3n^3+1}=\frac{1}{3},\quad \lim_{n\to\infty}\frac{n^2\cdot n}{3n^3+n}=\frac{1}{3}.$$

由夹逼准则可得$\lim\limits_{n\to\infty}\left[n^2\left(\dfrac{1}{3n^3+1}+\dfrac{1}{3n^3+2}+\cdots+\dfrac{1}{3n^3+n}\right)\right]=\dfrac{1}{3}$.

(2) 对于 $i=1,2,\cdots,n$，不等式$\dfrac{1}{n}\leqslant\dfrac{1}{i}\leqslant 1$ 恒成立，因此有

$$1^{\frac{1}{n}}=\left(n\cdot\frac{1}{n}\right)^{\frac{1}{n}}\leqslant\left(1+\frac{1}{2}+\frac{1}{3}+\cdots+\frac{1}{n}\right)^{\frac{1}{n}}\leqslant(n\cdot 1)^{\frac{1}{n}}=n^{\frac{1}{n}},$$

由于$\lim\limits_{n\to\infty}\sqrt[n]{n}=1$，因此由夹逼准则可得$\lim\limits_{n\to\infty}\left(1+\dfrac{1}{2}+\dfrac{1}{3}+\cdots+\dfrac{1}{n}\right)^{\frac{1}{n}}=1$.

例 2.8 设 $x_n=\dfrac{1}{2}\cdot\dfrac{3}{4}\cdots\dfrac{2n-1}{2n}$，证明：$x_n<\dfrac{1}{\sqrt{2n+1}}$，并求$\lim\limits_{n\to\infty}x_n$.

提示 此题较难，需要利用不等式$(2n)^2>4n^2-1=(2n-1)(2n+1)$.

证 由$(2n)^2>(2n-1)(2n+1)$可得，$\dfrac{1}{2n}<\dfrac{1}{\sqrt{(2n-1)(2n+1)}}$. 因此有

$$x_n=\frac{1}{2}\cdot\frac{3}{4}\cdots\frac{2n-1}{2n}<\frac{1}{\sqrt{1\times3}}\cdot\frac{3}{\sqrt{3\times5}}\cdot\frac{5}{\sqrt{5\times7}}\cdots\frac{2n-1}{\sqrt{(2n-1)(2n+1)}}=\frac{1}{\sqrt{2n+1}},$$

即 $x_n<\dfrac{1}{\sqrt{2n+1}}$. 由于$\lim\limits_{n\to\infty}\dfrac{1}{\sqrt{2n+1}}=0$，所以有$\lim\limits_{n\to\infty}x_n=0$. 证毕

题型 3 利用单调有界原理证明数列收敛，并求极限

利用单调有界原理证明数列收敛的策略是：先找到数列的通项公式；然后根据已知条件和公式的特点预测其单调性和上下界，并进行验证，最常用的方法是数学归纳法.

例 2.9 证明数列$\sqrt{2},\sqrt{2+\sqrt{2}},\sqrt{2+\sqrt{2+\sqrt{2}}},\cdots$收敛，并求此极限.

证 易见,数列的通项公式为 $x_{n+1}=\sqrt{2+x_n}$. 注意到

$$x_1=\sqrt{2}<2,\quad x_2=\sqrt{2+x_1}<\sqrt{2+2}=2.$$

若 $x_n<2$,则有

$$x_{n+1}=\sqrt{2+x_n}<\sqrt{2+2}=2.$$

根据数学归纳法,数列$\{x_n\}$有上界 2,即 $x_n<2$.

由于

$$x_{n+1}-x_n=\sqrt{2+x_n}-x_n=\frac{2+x_n-x_n^2}{\sqrt{2+x_n}+x_n}=\frac{(1+x_n)(2-x_n)}{\sqrt{2+x_n}+x_n}>0,$$

数列$\{x_n\}$单调递增.

综上,数列$\{x_n\}$单调有界,因此它是收敛的.

假设$\lim\limits_{n\to\infty}x_n=a$,在等式 $x_{n+1}=\sqrt{2+x_n}$两端同时取极限,得到方程 $a=\sqrt{2+a}$,解得 $a=2$(舍去 $a=-1$),即$\lim\limits_{n\to\infty}x_n=2$. 证毕

例 2.10 设数列$\{x_n\}$为 $x_1>0$,$x_{n+1}=1+\dfrac{x_n}{1+x_n}$,$n=1,2,\cdots$. 证明:数列$\{x_n\}$收敛,并求出它的极限.

证 由于 $x_1>0$,且 $x_{n+1}-x_n=\dfrac{x_n-x_{n-1}}{(1+x_n)(1+x_{n-1})}$,当 $n\geqslant 2$ 时,$x_{n+1}-x_n$ 与 x_n-x_{n-1} 具有相同的符号,从而数列$\{x_n\}$是单调数列(或是单调递增或是单调递减).

进一步地,由于 $1<x_{n+1}=1+\dfrac{x_n}{1+x_n}<1+1=2(n=1,2,\cdots)$,根据数学归纳法,当 $n\geqslant 2$ 时,有 $1<x_n<2$.

综上,数列$\{x_n\}$单调有界,因此它是收敛的.

设数列$\{x_n\}$的极限为 a,在等式 $x_{n+1}=1+\dfrac{x_n}{1+x_n}$的两端同时求极限,可得 $a=1+\dfrac{a}{1+a}$,解得 $a=\dfrac{1\pm\sqrt{5}}{2}$. 由于 $1<x_n<2$,舍去负值,所以$\lim\limits_{n\to\infty}x_n=\dfrac{1+\sqrt{5}}{2}$. 证毕

题型 4 利用重要极限$\lim\limits_{n\to\infty}\left(1+\frac{1}{n}\right)^n=\mathrm{e}$计算

利用重要极限计算数列极限的策略是:先使用配项方法将被求极限的表达式配成重要极限的形式,然后利用重要极限的结论和极限的四则运算法则计算.

例 2.11 计算下列极限:

(1) $\lim\limits_{n\to\infty}\left(1+\dfrac{3}{n+1}\right)^{n+3}$; (2) $\lim\limits_{n\to\infty}\left(\dfrac{n^2-2n+2}{n^2+2}\right)^n$.

解 (1) $\lim\limits_{n\to\infty}\left(1+\dfrac{3}{n+1}\right)^{n+3}=\lim\limits_{n\to\infty}\left[\left(1+\dfrac{3}{n+1}\right)^{\frac{n+1}{3}}\right]^{\frac{3}{n+1}\cdot(n+3)}=\mathrm{e}^3$.

(2) $\lim\limits_{n\to\infty}\left(\dfrac{n^2-2n+2}{n^2+2}\right)^n=\lim\limits_{n\to\infty}\left[\left(1+\dfrac{-2n}{n^2+2}\right)^{\frac{n^2+2}{-2n}}\right]^{\frac{-2n}{n^2+2}\cdot n}=\mathrm{e}^{-2}$.

例 2.12 求$\lim\limits_{n\to\infty}\dfrac{n}{\sqrt[n]{n!}}$.

分析 此题较难,可以利用已知结果计算,即若$\lim\limits_{n\to\infty}x_n=a>0$,则$\lim\limits_{n\to\infty}\sqrt[n]{x_1x_2\cdots x_n}=a$.

解 令 $x_n=\dfrac{n^n}{n!}$,$n=1,2,\cdots$,则有

$$\lim_{n\to\infty}\frac{n}{\sqrt[n]{n!}}=\lim_{n\to\infty}\sqrt[n]{x_n}=\lim_{n\to\infty}\left(x_1\frac{x_2}{x_1}\frac{x_3}{x_2}\frac{x_4}{x_3}\cdots\frac{x_n}{x_{n-1}}\right)^{\frac{1}{n}}.$$

令 $y_1=x_1,y_k=\dfrac{x_k}{x_{k-1}}(k=2,3,\cdots)$,由于

$$\lim_{n\to\infty}y_n=\lim_{n\to\infty}\left(\frac{n}{n-1}\right)^{n-1}=\lim_{n\to\infty}\left(1+\frac{1}{n-1}\right)^{n-1}=\mathrm{e},$$

根据结果$\lim\limits_{n\to\infty}\sqrt[n]{x_1x_2\cdots x_n}=a$ 可得$\lim\limits_{n\to\infty}\dfrac{n}{\sqrt[n]{n!}}=\mathrm{e}$.

四、课后习题选解(习题 2.2)

A类题

1. 求下列极限:

(1) $\lim\limits_{n\to\infty}\dfrac{5+200n}{2n^2}$;

(2) $\lim\limits_{n\to\infty}\dfrac{4n^4-3n^2+5}{3n^4+20n^3+100}$;

(3) $\lim\limits_{n\to\infty}\dfrac{1+2+\cdots+n}{n^2}$;

(4) $\lim\limits_{n\to\infty}\left(\dfrac{n^4}{n^2+1}-\dfrac{n^4}{n^2-1}\right)$;

(5) $\lim\limits_{n\to\infty}(\sqrt{n+3}-\sqrt{n+2})$;

(6) $\lim\limits_{n\to\infty}\left[n(\sqrt{n^2+4}-\sqrt{n^2+1})\right]$;

(7) $\lim\limits_{n\to\infty}\left[\left(1-\dfrac{1}{2^2}\right)\left(1-\dfrac{1}{3^2}\right)\cdots\left(1-\dfrac{1}{n^2}\right)\right]$;

(8) $\lim\limits_{n\to\infty}\dfrac{1+a+\cdots+a^n}{1+b+\cdots+b^n},|a|<1,|b|<1$;

(9) $\lim\limits_{n\to\infty}\left(1+\dfrac{1}{n+1}\right)^{n+3}$;

(10) $\lim\limits_{n\to\infty}\left(1+\dfrac{1}{n^2}\right)^{n^2+2}$.

提示 根据各自的特点,综合利用数列极限的性质和重要极限$\lim\limits_{n\to\infty}\left(1+\dfrac{1}{n}\right)^n=\mathrm{e}$计算. 其中:(1)和(2)利用例 2.6(1)的方法计算;(3) 先对分子求和,再计算;(4) 将表达式通分并化简,再计算;(5) 将表达式分子有理化,再计算;(6) 将表达式中的无理式分子有理化,再计算;(7) 将表达式中各项通分,分子利用平方差公式分解,并与分母对应化简,再计算;(8) 由$|a|<1$和$|b|<1$可知,$\lim\limits_{n\to\infty}a^n=\lim\limits_{n\to\infty}b^n=0$;利用等比数列的求和公式计算;(9)和(10) 利用配项方法将表达式配成重要极限的形式,再计算.

(1) 0; (2) $\dfrac{4}{3}$; (3) $\dfrac{1}{2}$; (4) -2; (5) 0; (6) $\dfrac{3}{2}$; (7) $\dfrac{1}{2}$; (8) $\dfrac{1-b}{1-a}$; (9) e; (10) e.

2. 利用夹逼准则证明下列极限:

(1) $\lim\limits_{n\to\infty}\left(\dfrac{1}{\sqrt{n^2+1}}+\dfrac{1}{\sqrt{n^2+2}}+\cdots+\dfrac{1}{\sqrt{n^2+n}}\right)=1$;

(2) $\lim\limits_{n\to\infty}\left\{n^2\left[\dfrac{1}{(2n^2+1)^2}+\dfrac{2}{(2n^2+2)^2}+\cdots+\dfrac{n}{(2n^2+n)^2}\right]\right\}=\dfrac{1}{8}$.

分析 利用数列极限的定义和夹逼准则.

证 (1) 对于 $i=1,2,\cdots,n$,不等式$\dfrac{1}{\sqrt{n^2+n}}\leqslant\dfrac{1}{\sqrt{n^2+i}}\leqslant\dfrac{1}{\sqrt{n^2+1}}$恒成立,因此有

$$n\cdot\frac{1}{\sqrt{n^2+n}}\leqslant\frac{1}{\sqrt{n^2+1}}+\frac{1}{\sqrt{n^2+2}}+\cdots+\frac{1}{\sqrt{n^2+n}}\leqslant n\cdot\frac{1}{\sqrt{n^2+1}}.$$

不难求得

$$\lim_{n\to\infty} n\cdot\frac{1}{\sqrt{n^2+n}}=1,\quad \lim_{n\to\infty} n\frac{1}{\sqrt{n^2+1}}=1.$$

由夹逼准则可得$\lim\limits_{n\to\infty}\left(\frac{1}{\sqrt{n^2+1}}+\frac{1}{\sqrt{n^2+2}}+\cdots+\frac{1}{\sqrt{n^2+n}}\right)=1$.

(2) 对于$i=1,2,\cdots,n$,不等式$\frac{1}{(2n^2+n)^2}\leqslant\frac{1}{(2n^2+i)^2}\leqslant\frac{1}{(2n^2+1)^2}$恒成立,因此有

$$\begin{aligned}&n^2\left[\frac{1}{(2n^2+n)^2}+\frac{2}{(2n^2+n)^2}+\cdots+\frac{n}{(2n^2+n)^2}\right]\\ \leqslant\, &n^2\left[\frac{1}{(2n^2+1)^2}+\frac{2}{(2n^2+2)^2}+\cdots+\frac{n}{(2n^2+n)^2}\right]\\ \leqslant\, &n^2\left[\frac{1}{(2n^2+1)^2}+\frac{2}{(2n^2+1)^2}+\cdots+\frac{n}{(2n^2+1)^2}\right],\end{aligned}$$

即

$$n^2\frac{\frac{1}{2}n(n+1)}{(2n^2+n)^2}\leqslant n^2\left[\frac{1}{(2n^2+1)^2}+\frac{2}{(2n^2+2)^2}+\cdots+\frac{n}{(2n^2+n)^2}\right]\leqslant n^2\frac{\frac{1}{2}n(n+1)}{(2n^2+1)^2}.$$

不难求得

$$\lim_{n\to\infty}\frac{n^2\cdot\frac{1}{2}n(n+1)}{(2n^2+n)^2}=\frac{1}{8},\quad \lim_{n\to\infty}\frac{n^2\cdot\frac{1}{2}n(n+1)}{(2n^2+1)^2}=\frac{1}{8}.$$

由夹逼准则可得$\lim\limits_{n\to\infty}\left\{n^2\left[\frac{1}{(2n^2+1)^2}+\frac{2}{(2n^2+2)^2}+\cdots+\frac{n}{(2n^2+n)^2}\right]\right\}=\frac{1}{8}$. 证毕

3. 证明:若$\lim\limits_{n\to\infty}x_n=0$,$|y_n|\leqslant M$,$n=1,2,\cdots$,则$\lim\limits_{n\to\infty}x_ny_n=0$.

分析 利用无穷小的定义证明.此题结论要说明的是:有界变量和无穷小量乘积仍为无穷小量,见本节定理2.7(2).

证 由$\lim\limits_{n\to\infty}x_n=0$可知,$\forall\varepsilon>0$,$\exists N\in\mathbf{Z}_+$,当$n>N$时,有$|x_n-0|<\frac{\varepsilon}{M}$.于是

$$|x_n\cdot y_n|<\frac{\varepsilon}{M}\cdot M=\varepsilon,$$

因此有$\lim\limits_{n\to\infty}x_ny_n=0$. 证毕

4. 设数列$\{x_n\}$是当$n\to\infty$时的无穷大量,$|y_n|\leqslant M$,$n=1,2,\cdots$,则数列$\{x_n+y_n\}$是无穷大量.

分析 利用无穷大量的定义证明.

证 由$\{x_n\}$是当$n\to\infty$时的无穷大量知,$\forall G>0$,$\exists N\in\mathbf{Z}_+$,当$n>N$时,有$|x_n|>G+M$.因此

$$|x_n+y_n|\geqslant|x_n|-|y_n|>(G+M)-M=G,$$

即数列$\{x_n+y_n\}$是无穷大量. 证毕

5. 设数列$\{x_n\}$为$x_1=1$,$x_{n+1}=\sqrt{6+x_n}$,$n=1,2,\cdots$.证明:数列$\{x_n\}$收敛,并求出它的极限.

分析 利用单调有界原理证明,即单调有界数列必有极限.观察到$x_1=1$,$x_2=\sqrt{6+x_1}=\sqrt{7}<3$,$x_3=\sqrt{6+x_2}<\sqrt{6+3}=3$,则应用数学递推的思想,应该有$x_n<3$,即数列有界.再用作差法证明单调性.

证 下面用数学归纳法证明.假设$x_n<3$.由于$x_{n+1}=\sqrt{6+x_n}<\sqrt{6+3}=3$,所以$\{x_n\}$有上界3,即$x_n<3$.再考虑$x_{n+1}-x_n$.不难求得

$$x_{n+1}-x_n=\sqrt{6+x_n}-x_n=\frac{6+x_n-x_n^2}{\sqrt{6+x_n}+x_n}=\frac{-(x_n-3)(x_n+2)}{\sqrt{6+x_n}+x_n}.$$

易见,$x_n>0$,则$(x_n+2)>0$,并且由$x_n<3$知,$-(x_n-3)>0$,因而

$$x_{n+1}-x_n=\frac{-(x_n-3)(x_n+2)}{\sqrt{6+x_n}+x_n}>0,$$

即 $x_{n+1}>x_n$，说明数列$\{x_n\}$单调递增.

综上，数列$\{x_n\}$单调递增有上界，由单调有界原理知，$\lim\limits_{n\to\infty}x_n$ 存在.

假设$\lim\limits_{n\to\infty}x_n=a$，在等式 $x_{n+1}=\sqrt{6+x_n}$的两端同时取极限，得方程 $a=\sqrt{6+a}$，解得 $a=3$(舍去$a=-2$)，即$\lim\limits_{n\to\infty}x_n=3$. 证毕

B类题

1. 求下列极限：

(1) $\lim\limits_{n\to\infty}\dfrac{1+3+5+\cdots+(2n-1)}{2+4+6+\cdots+2n}$；

(2) $\lim\limits_{n\to\infty}\dfrac{2^{n+1}\cdot 3^{n-1}}{6^n-4\cdot 3^n}$；

(3) $\lim\limits_{n\to\infty}\left(\dfrac{1}{2}+\dfrac{3}{2^2}+\dfrac{5}{2^3}+\cdots+\dfrac{2n-1}{2^n}\right)$；

(4) $\lim\limits_{n\to\infty}\left(\dfrac{n^2-1}{n+3}-\dfrac{n^2+2}{n-2}\right)$；

(5) $\lim\limits_{n\to\infty}\left(1+\dfrac{1}{n+3}\right)^{n+2}$；

(6) $\lim\limits_{n\to\infty}\left(1+\dfrac{1}{n^2+1}\right)^n$.

分析 根据各自极限的特点，利用数列极限的性质和重要极限计算.

解 (1) 分子分母都是等差数列的和，公式为 $S_n=na_1+\dfrac{n(n-1)}{2}d$，其中 d 为公差.

$$\lim_{n\to\infty}\frac{1+3+5+\cdots+(2n-1)}{2+4+6+\cdots+2n}=\lim_{n\to\infty}\frac{n\cdot 1+\dfrac{n(n-1)}{2}2}{n\cdot 2+\dfrac{n(n-1)}{2}2}=\lim_{n\to\infty}\frac{n}{n+1}=1.$$

(2) $\lim\limits_{n\to\infty}\dfrac{2^{n+1}\cdot 3^{n-1}}{6^n-4\cdot 3^n}=\lim\limits_{n\to\infty}\dfrac{2\cdot 2^n\cdot 3^n\cdot\dfrac{1}{3}}{6^n-4\cdot 3^n}=\lim\limits_{n\to\infty}\dfrac{2}{3}\cdot\dfrac{6^n}{6^n-4\cdot 3^n}=\lim\limits_{n\to\infty}\dfrac{2}{3}\cdot\dfrac{1}{1-4\cdot\left(\dfrac{1}{2}\right)^n}=\dfrac{2}{3}.$

(3) 注意到$\dfrac{2n-1}{2^n}=\dfrac{2n+1}{2^{n-1}}-\dfrac{2n+3}{2^n}$，则

$$\begin{aligned}x_n&=\frac{1}{2}+\frac{3}{2^2}+\frac{5}{2^3}+\cdots+\frac{2n-1}{2^n}\\&=\left(3-\frac{5}{2}\right)+\left(\frac{5}{2}-\frac{7}{4}\right)+\left(\frac{7}{4}-\frac{9}{8}\right)+\cdots+\left(\frac{2n+1}{2^{n-1}}-\frac{2n+3}{2^n}\right)=3-\frac{2n+3}{2^n}.\end{aligned}$$

由$\lim\limits_{n\to\infty}\dfrac{2n+3}{2^n}=0$，知$\lim\limits_{n\to\infty}\left(\dfrac{1}{2}+\dfrac{3}{2^2}+\dfrac{5}{2^3}+\cdots+\dfrac{2n-1}{2^n}\right)=\lim\limits_{n\to\infty}\left(3-\dfrac{2n+3}{2^n}\right)=3.$

(4) $\lim\limits_{n\to\infty}\left(\dfrac{n^2-1}{n+3}-\dfrac{n^2+2}{n-2}\right)=\lim\limits_{n\to\infty}\dfrac{(n^2-1)(n-2)-(n+3)(n^2+2)}{(n+3)(n-2)}=\lim\limits_{n\to\infty}\dfrac{-5n^2-3n-4}{(n+3)(n-2)}=-5.$

(5) $\lim\limits_{n\to\infty}\left(1+\dfrac{1}{n+3}\right)^{n+2}=\lim\limits_{n\to\infty}\left[\left(1+\dfrac{1}{n+3}\right)^{(n+3)}\right]^{\frac{1}{n+3}\cdot(n+2)}=\mathrm{e}.$

(6) $\lim\limits_{n\to\infty}\left(1+\dfrac{1}{n^2+1}\right)^n=\lim\limits_{n\to\infty}\left[\left(1+\dfrac{1}{n^2+1}\right)^{n^2+1}\right]^{\frac{1}{n^2+1}\cdot n}=\mathrm{e}^0=1.$

2. 利用夹逼准则求极限：$\lim\limits_{n\to\infty}\left[n\left(\dfrac{1}{2n^2+\pi}+\dfrac{1}{2n^2+2\pi}+\cdots+\dfrac{1}{2n^2+n\pi}\right)\right]$.

分析 利用数列极限的定义和夹逼准则.

解 对于 $i=1,2,\cdots,n$，不等式$\dfrac{1}{2n^2+n\pi}\leqslant\dfrac{1}{2n^2+i\pi}\leqslant\dfrac{1}{2n^2+\pi}$恒成立，因此有

$$\frac{n\cdot n}{2n^2+n\pi}\leqslant x_n=n\left(\frac{1}{2n^2+\pi}+\frac{1}{2n^2+2\pi}+\cdots+\frac{1}{2n^2+n\pi}\right)\leqslant n\cdot\frac{n}{2n^2+\pi},$$

并且

$$\lim_{n\to\infty}\frac{n\cdot n}{2n^2+n\pi}=\frac{1}{2},\quad \lim_{n\to\infty}\frac{n\cdot n}{2n^2+\pi}=\frac{1}{2}.$$

由夹逼准则可得$\lim\limits_{n\to\infty}\left[n\left(\frac{1}{2n^2+\pi}+\frac{1}{2n^2+2\pi}+\cdots+\frac{1}{2n^2+n\pi}\right)\right]=\frac{1}{2}$.

3. 证明下列数列$\{x_n\}$收敛,并求出它的极限.

(1) $x_1=\sqrt{2},x_{n+1}=\sqrt{2x_n}(n=1,2,\cdots)$;　　(2) $x_1=2,x_{n+1}=\frac{1}{2}\left(x_n+\frac{3}{x_n}\right)(n=1,2,\cdots)$.

分析　利用单调有界原理证明,即单调有界数列必有极限.

证　(1) 应用数学归纳法证明数列的有界性. 观察到

$$x_1=\sqrt{2}<2,x_2=\sqrt{2x_1}<\sqrt{2\times 2}=2,$$

设 $x_n<2$. 由于 $x_{n+1}=\sqrt{2x_n}<\sqrt{2\times 2}=2$,所以$\{x_n\}$有上界 2,即 $x_n<2$.

易见,$\forall x_n>0(n=1,2,\cdots)$. 不难验证

$$x_{n+1}-x_n=\sqrt{2x_n}-x_n=\frac{2x_n-x_n^2}{\sqrt{2x_n}+x_n}=\frac{x_n(2-x_n)}{\sqrt{2x_n}+x_n}>0.$$

因此,数列$\{x_n\}$单调递增.

综上,数列$\{x_n\}$单调递增有上界,由单调有界原理知,$\lim\limits_{n\to\infty}x_n$ 存在.

假设$\lim\limits_{n\to\infty}x_n=a$,在等式 $x_{n+1}=\sqrt{2x_n}$ 两端同时取极限,得到方程 $a=\sqrt{2a}$,解得 $a=2$(舍去 $a=0$),即$\lim\limits_{n\to\infty}x_n=2$.

(2) 观察到 $x_1=2>\sqrt{3}$,假设 $x_n>\sqrt{3}$. 由于

$$x_{n+1}=\frac{1}{2}\left(x_n+\frac{3}{x_n}\right)\geqslant\sqrt{x_n\cdot\frac{3}{x_n}}=\sqrt{3},$$

所以数列$\{x_n\}$有下界$\sqrt{3}$,即 $x_n\geqslant\sqrt{3}$. 由于

$$x_{n+1}-x_n=\frac{1}{2}\left(x_n+\frac{3}{x_n}\right)-x_n=\frac{1}{2}\left(\frac{3-x_n^2}{x_n}\right)\leqslant 0,x_n\geqslant\sqrt{3},$$

说明数列$\{x_n\}$单调递减.

综上,数列$\{x_n\}$单调递减有下界,由单调有界原理知,$\lim\limits_{n\to\infty}x_n$ 存在.

假设$\lim\limits_{n\to\infty}x_n=a$,在等式 $x_{n+1}=\frac{1}{2}\left(x_n+\frac{3}{x_n}\right)$两端同时取极限,得到方程 $a=\frac{1}{2}\left(a+\frac{3}{a}\right)$,解得 $a=\sqrt{3}$(舍去 $a=-\sqrt{3}$),即$\lim\limits_{n\to\infty}x_n=\sqrt{3}$.　　证毕

4. 设$\{x_n\}$为单调递增数列,$\{y_n\}$为单调递减数列,且$\lim\limits_{n\to\infty}(x_n-y_n)=0$. 证明:$\lim\limits_{n\to\infty}x_n=\lim\limits_{n\to\infty}y_n$.

分析　利用单调有界原理. 单调性是已知条件,只要证明有界即可.

证　由$\lim\limits_{n\to\infty}(x_n-y_n)=0$ 可知,数列$\{x_n-y_n\}$有界,即存在 m,M,使得

$$m\leqslant x_n-y_n\leqslant M,\quad n=1,2,\cdots,$$

因此有 $m+y_n\leqslant x_n\leqslant M+y_n$. 由于$\{x_n\}$为单调递增数列,$\{y_n\}$为单调递减数列,所以$\{x_n\}$有一个上界 $M+y_1$,$\{y_n\}$有一个下界 a_1-M,因此它们都是收敛的. 从而有

$$\lim_{n\to\infty}x_n-\lim_{n\to\infty}y_n=\lim_{n\to\infty}(x_n-y_n)=0,\quad 即\quad \lim_{n\to\infty}x_n=\lim_{n\to\infty}y_n.$$

证毕

复 习 题 2 解 答

1. 是非题

(1) 若 $\forall \varepsilon>0, \exists N\in \mathbf{Z}_+$，当 $n>N$ 时，总有无穷多个 x_n 满足 $|x_n-a|<\varepsilon$，则数列 $\{x_n\}$ 必以 a 为极限. ( )

(2) 若数列 $\{x_n\}$ 收敛，数列 $\{y_n\}$ 发散，则 $\{x_n \cdot y_n\}$ 一定发散. ( )

(3) 若数列 $\{x_{3n-2}\}\{x_{3n-1}\}$ 和 $\{x_{3n}\}$ 都收敛，则数列 $\{x_n\}$ 收敛. ( )

(4) $\lim\limits_{n\to\infty}\left(\underbrace{\frac{1}{n}+\frac{1}{n}+\cdots+\frac{1}{n}}_{n个}\right)=0$. ( )

(5) 设 $x_n=0.\underbrace{11\cdots1}_{n}$，则 $\lim\limits_{n\to\infty}x_n=\frac{1}{9}$. ( )

解 (1) 错误. 数列 $\left\{1,\frac{1}{2},1,\frac{1}{3},1,\frac{1}{4},\cdots\right\}$ 不收敛. (2) 错误. 如 $x_n=\frac{1}{n^2}, y_n=n$. (3) 错误. 缺少条件"收敛到同一极限". (4)错误. 项数也同时在变，极限是 1. (5)正确.

2. 填空题

(1) 若数列 $\{x_n\}$ 收敛，则它的极限一定是________(唯一的、不唯一的).

(2) 如果数列 $\{a_n\},\{b_n\},\{c_n\}$ 满足条件：① $a_n\leqslant b_n\leqslant c_n, n=1,2,\cdots$；② $\lim\limits_{n\to\infty}a_n=\lim\limits_{n\to\infty}c_n=a$，则 $\lim\limits_{n\to\infty}b_n=$________.

(3) $\lim\limits_{n\to\infty}\left(\sqrt{n+3\sqrt{n}}-\sqrt{n-\sqrt{n}}\right)=$________.

(4) $\lim\limits_{n\to\infty}\left(1+\frac{2}{n+1}\right)^{2n}=$________.

(5) $\lim\limits_{n\to\infty}\left(\frac{\sqrt{n}}{n+2}\cdot \sin n\right)=$________.

解 (1) 根据收敛数列的性质 1：收敛数列极限必唯一. (2) 根据夹逼准则. (3) 利用分子有理化计算. (4) 先进行配项，然后利用重要极限计算. (5) 根据 2.2 节中定理 2(2)，即无穷小量与有界量的乘积仍然是无穷小量.

3. 选择题

(1) 若数列 $\{x_n\}$ 收敛，则( ).

A. $\{x_n\}$ 是单调数列　　B. $\{x_n\}$ 是单调且有界的数列

C. $\{x_n\}$ 是有界数列　　D. $\{x_n\}$ 不是单调数列

(2) 设 $x_n\neq 0$，"数列 $\{x_n\}$ 为当 $n\to\infty$ 时的无穷小量"是"数列 $\left\{\frac{1}{x_n}\right\}$ 为当 $n\to\infty$ 时的无穷大量"的( ).

A. 充分条件　　B. 必要条件

C. 充分必要条件　　D. 既非充分又非必要条件

(3) 设 $\{x_{n_k}\}$ 是数列 $\{x_n\}$ 的子列，下列说法正确的是( ).

A. 若 $\{x_n\}$ 收敛，则 $\{x_{n_k}\}$ 一定收敛　　B. 若 $\{x_{n_k}\}$ 收敛，则 $\{x_n\}$ 一定收敛

C. 若 $\{x_n\}$ 发散，则 $\{x_{n_k}\}$ 一定发散　　D. 若 $\{x_{n_k}\}$ 发散，则 $\{x_n\}$ 未必发散

(4) 设 $x_n=\frac{2n+\cos n}{n}$，则 $\lim\limits_{n\to\infty}x_n=$( ).

A. 1　　B. 0　　C. 2　　D. 不存在

(5) 若数列 $\{x_n\}$ 和 $\{y_n\}$ 都是当 $n\to\infty$ 时的无穷大量，则 $\{x_n\pm y_n\}$ 是( ).

A. 无穷大量　　B. 无穷小量　　C. 有限值　　D. 不能确定

解 (1) 根据收敛数列的性质：收敛数列一定有界.(2) 根据无穷小和无穷大的关系定理.(3) 根据数列与其子列的关系定理1：数列收敛的充要条件是它的所有子列都收敛，且收敛到同一极限.(4) 拆项计算即可.(5) A,B,C 项都可以找到反例.

4. 求下列极限：

(1) $\lim\limits_{n\to\infty}\dfrac{2n^3+1}{3n^3+n^2+2n+1}$；

(2) $\lim\limits_{n\to\infty}\left[(\sqrt[n]{n+2}-1)\sin\dfrac{n\pi}{4}\right]$；

(3) $\lim\limits_{n\to\infty}\dfrac{2^n+n^2}{2^{n+1}+(n+1)^2}$；

(4) $\lim\limits_{n\to\infty}\left(\dfrac{n+2}{n-1}\right)^n$；

(5) $\lim\limits_{n\to\infty}\left[\dfrac{3}{1^2\times 2^2}+\dfrac{5}{2^2\times 3^2}+\cdots+\dfrac{2n+1}{n^2\ (n+1)^2}\right]$；

(6) $\lim\limits_{n\to\infty}\left(\dfrac{1}{n^2+n+1}+\dfrac{2}{n^2+n+2}+\cdots+\dfrac{n}{n^2+n+n}\right)$；

(7) $\lim\limits_{n\to\infty}\dfrac{1-x^n}{1+x^n}, x>0$；

(8) $\lim\limits_{n\to\infty}\dfrac{1-\mathrm{e}^{-nx}}{1+\mathrm{e}^{-nx}}, x>0$.

分析 利用数列极限的定义，并根据各自的特点计算.

解 (1) $\lim\limits_{n\to\infty}\dfrac{2n^3+1}{3n^3+n^2+2n+1}=\lim\limits_{n\to\infty}\dfrac{2+\dfrac{1}{n^3}}{3+\dfrac{1}{n}+\dfrac{2}{n^2}+\dfrac{1}{n^3}}=\dfrac{2}{3}$.

(2) 由于 $\lim\limits_{n\to\infty}(\sqrt[n]{n+2}-1)=0$，$\left|\sin\dfrac{n\pi}{4}\right|\leqslant 1$，根据无穷小量与有界量乘积仍为无穷小量的结论，有 $\lim\limits_{n\to\infty}\left[(\sqrt[n]{n+2}-1)\sin\dfrac{n\pi}{4}\right]=0$.

(3) 由 $\lim\limits_{n\to\infty}\dfrac{n^2}{a^n}=0(a>1)$ 可得，$\lim\limits_{n\to\infty}\dfrac{2^n+n^2}{2^{n+1}+(n+1)^2}=\lim\limits_{n\to\infty}\dfrac{\dfrac{1}{2}+\dfrac{n^2}{2^{n+1}}}{1+\dfrac{(n+1)^2}{2^{n+1}}}=\dfrac{1}{2}$.

(4) $\lim\limits_{n\to\infty}\left(\dfrac{n+2}{n-1}\right)^n=\lim\limits_{n\to\infty}\left(1+\dfrac{3}{n-1}\right)^n=\lim\limits_{n\to\infty}\left(1+\dfrac{3}{n-1}\right)^{\frac{n-1}{3}\cdot\frac{3}{n-1}n}=\mathrm{e}^3$.

(5) 由于 $\dfrac{2n+1}{n^2\ (n+1)^2}=\dfrac{1}{n^2}-\dfrac{1}{(n+1)^2}$，因此有

$$\lim_{n\to\infty}\left[\frac{3}{1^2\times 2^2}+\frac{5}{2^2\times 3^2}+\cdots+\frac{2n+1}{n^2\ (n+1)^2}\right]=\lim_{n\to\infty}\left[1-\frac{1}{2^2}+\frac{1}{2^2}-\frac{1}{3^2}+\cdots+\frac{1}{n^2}-\frac{1}{(n+1)^2}\right]$$

$$=\lim_{n\to\infty}\left[1-\frac{1}{(n+1)^2}\right]=1.$$

(6) 对于 $i=1,2,\cdots,n$，不等式 $\dfrac{1}{n^2+n+n}\leqslant\dfrac{1}{n^2+n+i}\leqslant\dfrac{1}{n^2+n+1}$ 恒成立，因此有

$$\frac{1}{n^2+n+n}+\frac{2}{n^2+n+n}+\cdots+\frac{n}{n^2+n+n}\leqslant\frac{1}{n^2+n+1}+\frac{2}{n^2+n+2}+\cdots+\frac{n}{n^2+n+n}$$

$$\leqslant\frac{1}{n^2+n+1}+\frac{2}{n^2+n+1}+\cdots+\frac{n}{n^2+n+1}.$$

不难求得

$$\lim_{n\to\infty}\frac{1}{n^2+n+n}+\frac{2}{n^2+n+n}+\cdots+\frac{n}{n^2+n+n}=\lim_{n\to\infty}\frac{\frac{1}{2}n(n+1)}{n^2+n+n}=\frac{1}{2},$$

和

$$\lim_{n\to\infty}\frac{1}{n^2+n+1}+\frac{2}{n^2+n+1}+\cdots+\frac{n}{n^2+n+1}=\lim_{n\to\infty}\frac{\frac{1}{2}n(n+1)}{n^2+n+1}=\frac{1}{2}.$$

由夹逼准则可得 $\lim\limits_{n\to\infty}\left(\dfrac{1}{n^2+n+1}+\dfrac{2}{n^2+n+2}+\cdots+\dfrac{n}{n^2+n+n}\right)=\dfrac{1}{2}$.

(7) 当 $x>1$ 时，$\lim\limits_{n\to\infty}\frac{1-x^n}{1+x^n}=\lim\limits_{n\to\infty}\frac{\frac{1}{x^n}-1}{\frac{1}{x^n}+1}=-1$；当 $x=1$ 时，$\lim\limits_{n\to\infty}\frac{1-x^n}{1+x^n}=0$；当 $0<x<1$ 时，$\lim\limits_{n\to\infty}x^n=0$，$\lim\limits_{n\to\infty}\frac{1-x^n}{1+x^n}=1$.

综上，有 $\lim\limits_{n\to\infty}\frac{1-x^n}{1+x^n}=\begin{cases}-1, & x>1,\\ 0, & x=1,\\ 1, & 0<x<1.\end{cases}$

(8) 当 $x>0$ 时，$\lim\limits_{n\to\infty}e^{-nx}=0$，故有 $\lim\limits_{n\to\infty}\frac{1-e^{-nx}}{1+e^{-nx}}=1$.

5. 若 $\lim\limits_{k\to\infty}x_{2k}=a$，$\lim\limits_{k\to\infty}x_{2k-1}=a$，则 $\lim\limits_{n\to\infty}x_n=a$.

分析 利用数列和子列极限的定义.

证 由 $\lim\limits_{k\to\infty}x_{2k-1}=a$，即 $\forall\varepsilon>0$，$\exists K_1\in\mathbf{Z}_+$，当 $k>K_1$ 时，有 $|x_{2k-1}-a|<\varepsilon$；再由 $\lim\limits_{k\to\infty}x_{2k}=a$，即对上述 $\varepsilon>0$，$\exists K_2\in\mathbf{Z}_+$，当 $k>K_2$ 时，有 $|x_{2k}-a|<\varepsilon$.

记 $K=\max\{K_1,K_2\}$，取 $N=2K$. 当 $n>N$ 时，若 $n=2k-1$，有 $k>K+\frac{1}{2}$，则 $|x_n-a|=|x_{2k-1}-a|<\varepsilon$；同样，当 $n>N$ 时，若 $n=2k$，有 $k>K$，则 $|x_n-a|=|x_{2k}-a|<\varepsilon$. 于是，$\forall\varepsilon>0$，只要 $n>N$ 时，就有 $|x_n-a|<\varepsilon$，因此有 $\lim\limits_{n\to\infty}x_n=a$. 证毕

6. 设有数列 $\{x_n\}$，$x_n>0$，若 $\lim\limits_{n\to\infty}x_n=a$，则必有 $a\geqslant 0$.

分析 应用反证法和数列极限的保序性.

证 假设 $a<0$. 由 $\lim\limits_{n\to\infty}x_n=a$，即 $\forall\varepsilon>0$，$\exists N\in\mathbf{Z}_+$，当 $n>N$ 时，有 $|x_n-a|<\varepsilon$. 因此

$$a-\varepsilon<x_n<a+\varepsilon.$$

若取 $\varepsilon=-\frac{a}{2}$，当 $n>N$ 时，有 $x_n<a+\varepsilon=\frac{a}{2}<0$. 这与 $x_n>0$ 矛盾. 因此必有 $a\geqslant 0$. 证毕

7. 证明数列 $x_n=\frac{1}{2+1}+\frac{1}{2^2+1}+\cdots+\frac{1}{2^n+1}$ 有极限.

分析 显然数列单调递增，需要证明其有界即可. 应用数学归纳法证明数列 $\{x_n\}$ 单调有界.

证 易见，数列 $\{x_n\}$ 单调递增. 由 $x_1=\frac{1}{2+1}<\frac{1}{2}<1$，$x_2=\frac{1}{2+1}+\frac{1}{2^2+1}<\frac{1}{2}+\frac{1}{2^2}<1$，不难验证

$$x_n=\frac{1}{2+1}+\frac{1}{2^2+1}+\cdots+\frac{1}{2^n+1}<\frac{1}{2}+\frac{1}{2^2}+\cdots+\frac{1}{2^n}=1-\frac{1}{2^n}<1.$$

因此有 $x_{n+1}<1-\frac{1}{2^{n+1}}<1$.

根据数学归纳法，数列 $\{x_n\}$ 有上界 1，即 $x_n<1$.

综上，数列 $\{x_n\}$ 单调递增有上界，因此必有极限. 证毕

8. 利用经典题型详解中例 2.4 和教材 2.2 节中例 2.17 的结果求下列数列的极限：

(1) $\lim\limits_{n\to\infty}\frac{1+\sqrt{2}+\sqrt[3]{3}+\cdots+\sqrt[n]{n}}{n}$；

(2) $\lim\limits_{n\to\infty}\frac{\frac{1}{a}+\frac{2^2}{a^2}+\frac{3^2}{a^3}+\cdots+\frac{n^2}{a^n}}{n}$，$|a|>1$；

(3) $\lim\limits_{n\to\infty}\frac{1}{\sqrt[n]{n!}}$；

(4) 若 $\lim\limits_{n\to\infty}\frac{b_{n+1}}{b_n}=2$，$b_n>0$，则 $\lim\limits_{n\to\infty}\sqrt[n]{b_n}$；

(5) 若 $\lim\limits_{n\to\infty}(a_n-a_{n-1})=1$，则 $\lim\limits_{n\to\infty}\frac{a_n}{n}$.

解 (1) 令 $x_n=\sqrt[n]{n}$. 由于 $\lim\limits_{n\to\infty}x_n=\lim\limits_{n\to\infty}\sqrt[n]{n}=1$，根据例 2.4 结果可得 $\lim\limits_{n\to\infty}\frac{1+\sqrt{2}+\sqrt[3]{3}+\cdots+\sqrt[n]{n}}{n}=1$.

(2) 令 $x_n=\frac{n^2}{a^n}$. 由于当 $|a|>1$ 时，$\lim\limits_{n\to\infty}\frac{n^2}{a^n}=0$，根据例 2.4 结果可得 $\lim\limits_{n\to\infty}\frac{\frac{1}{a}+\frac{2^2}{a^2}+\frac{3^2}{a^3}+\cdots+\frac{n^2}{a^n}}{n}=0$.

(3) 令 $x_n=\frac{1}{n}$，则 $\lim\limits_{n\to\infty}x_n=\lim\limits_{n\to\infty}\frac{1}{n}=0$. 易见

$$\frac{1}{\sqrt[n]{n!}}=\sqrt[n]{1\times\frac{1}{2}\times\frac{1}{3}\times\cdots\times\frac{1}{n}}=\sqrt[n]{x_1\cdot x_2\cdot x_3\cdot\cdots\cdot x_n}.$$

根据教材 2.2 节中例 2.17 的结果，有 $\lim\limits_{n\to\infty}\frac{1}{\sqrt[n]{n!}}=0$.

(4) 通过观察发现，若令 $x_1=b_1$，$x_n=\frac{b_n}{b_{n-1}}$，$n=2,3,\cdots$，则有 $\sqrt[n]{b_n}=\sqrt[n]{b_1\cdot\frac{b_2}{b_1}\cdot\frac{b_3}{b_2}\cdot\cdots\cdot\frac{b_n}{b_{n-1}}}=\sqrt[n]{x_1\cdot x_2\cdot x_3\cdot\cdots\cdot x_n}$.

由于 $\lim\limits_{n\to\infty}\frac{b_{n+1}}{b_n}=2$，根据教材 2.2 节中例 2.17 的结果，有 $\lim\limits_{n\to\infty}\sqrt[n]{b_n}=2$.

(5) 令 $x_1=a_1$，$x_n=a_n-a_{n-1}$，$n=2,3,\cdots$，则有

$$\frac{a_n}{n}=\frac{a_1+(a_2-a_1)+(a_3-a_2)+\cdots+(a_n-a_{n-1})}{n}=\frac{x_1+x_2+x_3+\cdots+x_n}{n}.$$

由于 $\lim\limits_{n\to\infty}(a_n-a_{n-1})=1$，根据例 2.4 的结果可得 $\lim\limits_{n\to\infty}\frac{a_n}{n}=1$.

自测题 2

1. 计算下列极限：

(1) $\lim\limits_{n\to\infty}\frac{2n^3+2n+1}{n^3+2n^2+2}$； (2) $\lim\limits_{n\to\infty}\sqrt[n]{2^n+5^n}$； (3) $\lim\limits_{n\to\infty}\left[\sqrt{n}\left(\sqrt[4]{n^2+1}-\sqrt{n+1}\right)\right]$；

(4) $\lim\limits_{n\to\infty}\left(\frac{1}{n^2}+\frac{1}{(n+1)^2}+\cdots+\frac{1}{(2n)^2}\right)$； (5) $\lim\limits_{n\to\infty}\left(1+\frac{2}{n}+\frac{2}{n^2}\right)^n$.

2. 设 $x_1=\sqrt{2}$，$x_{n+1}=\sqrt{3+2x_n}$，$n=1,2,\cdots$. 证明数列收敛，并求其极限.

3. 设 $0<x_1<3$，$x_{n+1}=\sqrt{x_n(3-x_n)}$，$n=1,2,\cdots$. 证明数列 $\{x_n\}$ 的极限存在，并求此极限.

4. 设 $\lim\limits_{n\to\infty}x_n=a$，计算 $\lim\limits_{n\to\infty}n^2\sin\frac{x_n}{n^2}$.

5. 设 $\lim\limits_{n\to\infty}a_n=a$，$\lim\limits_{n\to\infty}b_n=b$. 利用例 2.4 的证明方法证明：$\lim\limits_{n\to\infty}\frac{a_1b_n+a_2b_{n-1}+\cdots+a_nb_1}{n}=ab$.

第 3 章

函数的极限与连续

一、基本要求

1. 理解函数极限的概念，理解函数左极限与右极限的概念以及函数极限存在与左极限、右极限之间的关系.

2. 掌握函数极限的性质及四则运算法则.

3. 掌握函数极限存在的两个准则，并会利用它们求极限，掌握利用两个重要极限求极限的方法.

4. 理解无穷小量、无穷大量的概念，掌握无穷小量的比较方法，会用等价无穷小量求极限.

5. 理解函数连续性的概念(含左连续与右连续)，会判别函数间断点的类型.

6. 了解连续函数的性质和初等函数的连续性，理解闭区间上连续函数的性质(有界定理、最大值和最小值定理、介值定理)，并会应用这些性质完成一些基本的证明题.

二、知识网络图

- 函数的极限
  - 定义
    - $\lim\limits_{x\to\infty}f(x)$($\varepsilon$-$X$ 定义)(定义 3.1)
    - $\lim\limits_{x\to x_0}f(x)$($\varepsilon$-$\delta$ 定义)(定义 3.4)
    - 左、右极限(定义 3.2、定义 3.3、定义 3.5、定义 3.6)
  - 极限存在充要条件(定理 3.1、定理 3.2)
  - 性质
    - 唯一性(定理 3.5)
    - 局部有界性(定理 3.6)
    - 局部保序性(定理 3.7 及推论 1、推论 2)
    - 海涅定理(定理 3.8)
  - 无穷小(大)量
    - 定义(定义 3.7、定义 3.8)
    - 无穷小量与函数极限的关系(定理 3.3)
    - 无穷小量与无穷大量的关系(定理 3.4)
    - 无穷小阶的分类(定义 3.9)
    - (高阶、等价、同阶、k 阶)
  - 求极限的方法
    - 四则运算法则(定理 3.9 及推论 1、推论 2)
    - 复合函数的极限运算法则(定理 3.10)
    - 夹逼准则(定理 3.11)
    - 两个重要极限 $\lim\limits_{x\to 0}\dfrac{\sin x}{x}=1$，$\lim\limits_{x\to\infty}\left(1+\dfrac{1}{x}\right)^x=\mathrm{e}$
    - 等价无穷小替换原理(定理 3.12、定理 3.13 及推论 1、推论 2、推论 3)
    - 函数的连续性(定义 3.10)

- 函数的连续与间断
  - 函数在点 x_0 处连续的定义(定义 3.10)
    - $\lim\limits_{\Delta x\to 0}\Delta y=0$
    - $\lim\limits_{x\to x_0}f(x)=f(x_0)$
    - ε-δ 定义
  - 函数在点 x_0 处左连续、右连续的定义(定义 3.11)
  - 函数在点 x_0 处连续与左连续、右连续的关系(定理 3.14)
  - 函数在某区间的连续性(定义 3.12)
  - 函数在点 x_0 处间断的定义(定义 3.13)
  - 函数在点 x_0 处间断的情形
    - 无定义
    - 有定义,但 $\lim\limits_{x\to x_0}f(x)$ 不存在
    - 有定义,$\lim\limits_{x\to x_0}f(x)$ 存在,但 $\lim\limits_{x\to x_0}f(x)\neq f(x_0)$
  - 间断点的分类
    - 第一类间断点
      - 可去间断点
      - 跳跃间断点
    - 第二类间断点
      - 振荡间断点
      - 无穷间断点
  - 连续函数的运算
    - 和、差、积、商的连续性(定理 3.15)
    - 反函数的连续性(定理 3.16)
    - 复合函数的连续性(定理 3.17)
  - 初等函数的连续性(定理 3.18)
  - 闭区间上连续函数的性质
    - 有界定理(定理 3.19)
    - 最大值和最小值定理(定理 3.20)
    - 零点定理(定理 3.21)
    - 介值定理(定理 3.22)

3.1 函数的极限

一、知识要点

1. 函数极限的定义

(1) $x\to\infty$,$x\to+\infty$,$x\to-\infty$.

定义 3.1 设函数 $y=f(x)$ 当 $|x|$ 大于某一正数时有定义,A 是常数. 若 $\forall\varepsilon>0$,$\exists X>0$,使得当 x 满足不等式 $|x|>X$ 时,有

$$|f(x)-A|<\varepsilon,$$

则称常数 A 是函数 $y=f(x)$ 当 $x\to\infty$ 时的极限,或称函数当 $x\to\infty$ 时以常数 A 为极限,记作

$$\lim_{x\to\infty}f(x)=A \text{ 或 } f(x)\to A(x\to\infty).$$

从几何上看,极限 $\lim\limits_{x\to\infty}f(x)=A$ 表示:存在两条直线 $y=A-\varepsilon$ 和 $y=A+\varepsilon$,当 $|x|>X$(即 $x>X$ 或 $x<-X$)时,函数 $y=f(x)$ 的图形位于这两条直线之间,即满足 $|f(x)-A|<\varepsilon$,如图 3.1 所示.

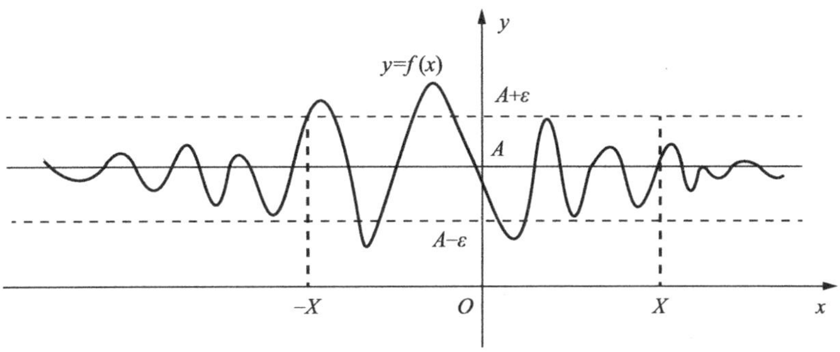

图 3.1

类似地可定义：

定义 3.2 右极限 $\lim\limits_{x\to+\infty}f(x)=A$ 或 $f(x)\to A(x\to+\infty)$.

定义 3.3 左极限 $\lim\limits_{x\to-\infty}f(x)=A$ 或 $f(x)\to A(x\to-\infty)$.

定理 3.1 函数 $y=f(x)$ 当 $x\to\infty$ 时的极限存在且等于 A 的充分必要条件是：当 $x\to+\infty$ 和 $x\to-\infty$ 时函数的极限存在且都等于 A，即

$$\lim_{x\to\infty}f(x)=A\Leftrightarrow\lim_{x\to+\infty}f(x)=\lim_{x\to-\infty}f(x)=A.$$

(2) $x\to x_0, x\to x_0^+, x\to x_0^-$.

定义 3.4 设函数 $y=f(x)$ 在点 x_0 处的某个去心邻域内有定义，A 是常数. 若 $\forall\varepsilon>0$，$\exists\delta>0$，使得当 x 满足不等式 $0<|x-x_0|<\delta$ 时，有

$$|f(x)-A|<\varepsilon,$$

则常数 A 称为函数 $y=f(x)$ 当 $x\to x_0$ 时的极限，或称函数当 $x\to x_0$ 时以常数 A 为极限，记作

$$\lim_{x\to x_0}f(x)=A \text{ 或 } f(x)\to A(x\to x_0).$$

从几何上来说，极限 $\lim\limits_{x\to x_0}f(x)=A$ 表示：存在两条直线 $y=A-\varepsilon$ 和 $y=A+\varepsilon$，当 $0<|x-x_0|<\delta$ 时，函数 $y=f(x)$ 的图形位于这两条直线之间，即满足 $|f(x)-A|<\varepsilon$，如图 3.2 所示.

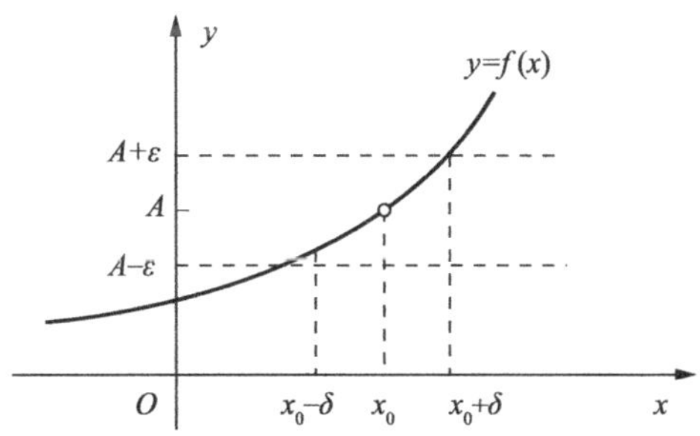

图 3.2

类似地可定义：

定义 3.5 右极限 $\lim\limits_{x\to x_0^+}f(x)=A$ 或 $f(x_0+0)=A$.

定义 3.6 左极限 $\lim\limits_{x\to x_0^-}f(x)=A$ 或 $f(x_0-0)=A$.

定理 3.2 函数 $y=f(x)$ 在点 x_0 处存在极限的充分必要条件是：它在点 x_0 处的左、右极限存在且相等，即

$$\lim_{x\to x_0}f(x)=A\Leftrightarrow\lim_{x\to x_0^-}f(x)=\lim_{x\to x_0^+}f(x)=A.$$

2. 无穷小量和无穷大量

两大类变化过程：(1) $x\to\infty, x\to+\infty, x\to-\infty$；(2) $x\to x_0, x\to x_0^+, x\to x_0^-$.

定义 3.7 若函数 $y=f(x)$在某一变化过程中的极限是零，即 $\lim f(x)=0$，则称 $f(x)$是这一变化过程的**无穷小量**，简称**无穷小**.

定义 3.8 若函数 $y=f(x)$在某一变化过程中的极限是无穷大，则称 $f(x)$是这一变化过程的**无穷大量**，简称**无穷大**，也称为函数在这一变化过程中有**非正常极限**∞，记作

$$\lim f(x)=\infty.$$

类似地可以定义**正无穷大**或**负无穷大**，分别记作

$$\lim f(x)=+\infty,\quad \lim f(x)=-\infty.$$

定理 3.3 在自变量的同一变化过程中，函数 $y=f(x)$的极限为 A 的充分必要条件是：$f(x)=A+\alpha$，其中 α 是该变化过程的无穷小.

定理 3.4(无穷小量与无穷大量的关系) 若函数 $f(x)$是某一变化过程的无穷小，且 $f(x)\neq0$，则$\frac{1}{f(x)}$是该变化过程的无穷大；反之，若函数 $f(x)$是某一变化过程的无穷大，则$\frac{1}{f(x)}$是该变化过程的无穷小.

二、疑难解析

1. 在引入无穷大量的概念以后，如何对函数的极限的定义进行归类叙述？

答 在定义 3.1～定义 3.6 中，函数极限的定义主要包括两个方面：一是函数值与极限值的近似程度，可以用"$\forall\varepsilon>0$，……，有$|f(x)-A|<\varepsilon$"来描述；二是自变量的变化过程，包括两大类，共 6 种情况，即：(1) $x\to\infty, x\to+\infty, x\to-\infty$；(2) $x\to x_0, x\to x_0^+, x\to x_0^-$. 如 $x\to x_0$ 可用"$\exists\delta>0$，使得当 x 满足不等式 $0<|x-x_0|<\delta$ 时"来描述.

由定义 3.8 知，在引入了函数 $y=f(x)$是自变量的某一变化过程的无穷大后，函数的极限有 4 种情况，即

$$f(x)\to A,\quad f(x)\to\infty,\quad f(x)\to+\infty,\quad f(x)\to-\infty.$$

例如，$\lim\limits_{x\to x_0^-}f(x)=+\infty\Leftrightarrow\forall M>0$，$\exists\delta>0$，使得当 x 满足不等式 $-\delta<x-x_0<0$ 时，有 $f(x)>M$.

对于函数极限的这 4 种情况以及自变量的变化过程的 6 种情况，读者一定要对号入座，切不可错位描述. 虽然情况较多，但是可以进行归类描述，可以针对函数极限进行归类，即 $f(x)\to A$，$f(x)\to\infty$；也可以针对自变量的变化过程进行归类，如 $x\to\infty$，$x\to x_0$.

2. 反正切函数 $y=\arctan x$ 当 $x\to\infty$时的极限是否存在，为什么？

答 不存在. 由于 $\lim\limits_{x\to-\infty}\arctan x=-\frac{\pi}{2}$，$\lim\limits_{x\to+\infty}\arctan x=\frac{\pi}{2}$，易见，当 $x\to\infty$时的左右极限虽存在，但不相等，根据定理 3.1，函数 $y=\arctan x$ 当 $x\to\infty$时的极限不存在.

3. 在定义 3.4 中，点 x_0 的去心邻域是否必须要满足，为什么？

答 不是必须的. 定义中，不等式 $0<|x-x_0|<\delta$ 表示 $x\neq x_0$，即函数 $y=f(x)$在点 x_0 处可能没有定义，即使有定义，$f(x_0)$也与极限$\lim\limits_{x\to x_0}f(x)$是否存在没有任何关系. 换句话说，

函数 $y=f(x)$ 在点 x_0 处有没有定义不影响 $\lim\limits_{x\to x_0}f(x)$ 的存在性，例如，$\lim\limits_{x\to 2}\dfrac{x^2-4}{x-2}=4$. 以后我们将会看到，许多重要的概念都是在点 x_0 处的去心邻域内定义的.

4. 当 $x\to x_0$ 时，两种说法"函数 $y=f(x)$ 的极限不存在"和"函数 $y=f(x)$ 不以 A 为极限"是否相同，为什么？

答 不相同. 第一种说法是"函数 $y=f(x)$ 的**有限极限**根本不存在"；第二种说法是"函数 $y=f(x)$ 的极限有可能存在，只是不等于 A".

5. 无穷小和 0 之间是否存在关系，无穷大和无界函数呢？

答 函数中的无穷小与数列中的无穷小类似，它们不是"很小的常数"，而是一个变量. 除去零外，任何常数，无论它们的绝对值如何小，都不是无穷小. 因此，不要把无穷小与非常小的数相混淆，如 10^{-100} 很小，但它不是无穷小.

常数 0 是任何极限过程中的无穷小，但是，其他无穷小与其极限过程分不开，不能脱离自变量的变化过程说某个函数是无穷小. 例如，函数 x^3，$\sin x$，$\tan 2x$ 都是当 $x\to 0$ 时无穷小；函数 $\dfrac{1}{x^2}$，$\left(\dfrac{1}{2}\right)^x$，$\dfrac{\pi}{2}-\arctan x$ 都是当 $x\to+\infty$ 时无穷小. 然而，因为 $\lim\limits_{x\to\frac{\pi}{2}}\sin x=1$，所以 $\sin x$ 不是 $x\to\dfrac{\pi}{2}$ 时的无穷小. 由于 $\lim C=C$（C 为常数），所以任何非零常数都不是无穷小.

在自变量的某一变化过程中，无穷大一定是无界函数，但无界函数不一定是无穷大. 例如，当 $x\to\infty$ 时，函数 $y=x\sin x$ 是无界函数，但不是无穷大. 这是因为取 $x_n'=2n\pi$，$x_n''=2n\pi+\dfrac{\pi}{2}$（$n\in\mathbf{Z}$），有

$$\lim_{n\to\infty}(x_n'\sin x_n')=\lim_{n\to\infty}[2n\pi\sin(2n\pi)]=0,$$

$$\lim_{n\to\infty}(x_n''\sin x_n'')=\lim_{n\to\infty}\left[\left(2n\pi+\frac{\pi}{2}\right)\sin\left(2n\pi+\frac{\pi}{2}\right)\right]=\infty.$$

三、经典题型详解

题型 1 用定义证明函数极限

例 3.1 证明下列函数的极限：

(1) $\lim\limits_{x\to\infty}\dfrac{3x^2+2x-2}{x^2-1}=3$； (2) $\lim\limits_{x\to a}\sqrt{x}=\sqrt{a}$； (3) $\lim\limits_{x\to 1}(x^2-3x+3)=1$.

分析 由于 ε 可以任意小，不妨设 $\varepsilon\in(0,1)$，在求解不等式 $|f(x)-A|<\varepsilon$ 之前，为了方便找到 X（或 δ），可以根据情况先将 $|f(x)-A|$ 适当放大.

证 (1) 不妨先设 $|x|>1$. $\forall\varepsilon\in(0,1)$，要使

$$\left|\frac{3x^2+2x-2}{x^2-1}-3\right|=\left|\frac{2x+1}{x^2-1}\right|\leqslant\frac{2|x|+1}{|x|^2-1}<\frac{2|x|+2}{|x|^2-1}=\frac{2}{|x|-1}<\varepsilon,$$

只需要 $|x|>\dfrac{2}{\varepsilon}+1$. 取 $X=\max\left\{\dfrac{2}{\varepsilon}+1,1\right\}$，则当 $|x|>X$ 时，有不等式 $\left|\dfrac{3x^2+2x-2}{x^2-1}-3\right|<\varepsilon$ 成立. 因此有 $\lim\limits_{x\to\infty}\dfrac{3x^2+2x-2}{x^2-1}=3$.

(2) $\forall \varepsilon \in (0,1)$,要使

$$\left|\sqrt{x}-\sqrt{a}\right|=\left|\frac{x-a}{\sqrt{x}+\sqrt{a}}\right|\leqslant\left|\frac{x-a}{\sqrt{a}}\right|<\varepsilon,$$

只需要 $|x-a|<\sqrt{a}\varepsilon$. 取 $\delta=\sqrt{a}\varepsilon$,则当 $0<|x-a|<\delta$ 时,有不等式 $\left|\sqrt{x}-\sqrt{a}\right|<\varepsilon$ 成立. 因此有 $\lim\limits_{x\to a}\sqrt{x}=\sqrt{a}$.

(3) 易见 $|(x^2-3x+3)-1|=|x^2-3x+2|=|(x-1)(x-2)|$,为了能够找到 δ,保留因子 $|x-1|$,而将因子 $|x-2|$ 放大. 为此加上限制条件

$$|x-1|<\frac{1}{2},\quad 即 \quad \frac{1}{2}<x<\frac{3}{2},$$

有 $-\frac{3}{2}<x-2<-\frac{1}{2}$,于是 $|x-2|<\frac{3}{2}$. 因此,$\forall \varepsilon \in (0,1)$,由于

$$|(x^2-3x+3)-1|=|x^2-3x+2|=|(x-1)(x-2)|<\frac{3}{2}|x-1|<\varepsilon,$$

取 $\delta=\min\left\{\frac{1}{2},\frac{2\varepsilon}{3}\right\}$,则当 $0<|x-1|<\delta$ 时,有不等式 $|(x^2-3x+3)-1|<\varepsilon$ 成立. 因此有 $\lim\limits_{x\to 1}(x^2-3x+3)=1$. 证毕

题型2 用函数在某点的左、右极限判断函数在该点极限是否存在

例3.2 证明:$\lim\limits_{x\to x_0}f(x)=A\Leftrightarrow \lim\limits_{x\to x_0^-}f(x)=\lim\limits_{x\to x_0^+}f(x)=A$.

分析 利用左右极限相等.

证 必要性 由 $\lim\limits_{x\to x_0}f(x)=A$ 知,$\forall \varepsilon>0$,$\exists \delta>0$,使得当 x 满足不等式 $0<|x-x_0|<\delta$ 时,有 $|f(x)-A|<\varepsilon$. 由于不等式 $0<|x-x_0|<\delta$ 包含 $0<x-x_0<\delta$ 和 $-\delta<x-x_0<0$ 两种情况,因此当 x 分别满足不等式 $0<x-x_0<\delta$ 和 $-\delta<x-x_0<0$ 时,都有 $|f(x)-A|<\varepsilon$,因此有 $\lim\limits_{x\to x_0^-}f(x)=\lim\limits_{x\to x_0^+}f(x)=A$.

充分性 $\forall \varepsilon>0$,由 $\lim\limits_{x\to x_0^+}f(x)=A$ 知,$\exists \delta_1>0$,使得当 x 满足不等式 $0<x-x_0<\delta_1$ 时,有 $|f(x)-A|<\varepsilon$;由 $\lim\limits_{x\to x_0^-}f(x)=A$ 知,$\exists \delta_2>0$,使得当 x 满足不等式 $-\delta_2<x-x_0<0$ 时,有 $|f(x)-A|<\varepsilon$.

因此,取 $\delta=\min\{\delta_1,\delta_2\}$,使得当 x 满足不等式 $0<|x-x_0|<\delta$ 时,有 $|f(x)-A|<\varepsilon$,从而有 $\lim\limits_{x\to x_0}f(x)=A$. 证毕

例3.3 讨论函数 $f(x)=x-[x]$ 当 $x\to 0$ 时的左、右极限,并判断函数当 $x\to 0$ 时的极限是否存在?

分析 根据函数在点 $x=0$ 处的左、右极限定义求解.

解 不难求得

$$\lim_{x\to 0^-}f(x)=\lim_{x\to 0^-}(x-[x])=0-(-1)=0+1=1;$$

$$\lim_{x\to 0^+}f(x)=\lim_{x\to 0^+}(x-[x])=0-0=0.$$

由于 $\lim\limits_{x\to 0^-}f(x)\neq\lim\limits_{x\to 0^+}f(x)$,所以函数当 $x\to 0$ 时的极限不存在.

四、课后习题选解(习题 3.1)

A类题

1. 用极限定义证明:

(1) $\lim\limits_{x\to\infty}\dfrac{x+1}{6x-1}=\dfrac{1}{6}$;　　(2) $\lim\limits_{x\to+\infty}\left(\dfrac{1}{3}\right)^x=0$;　　(3) $\lim\limits_{x\to-\infty}\left(\dfrac{1}{3}\right)^x=+\infty$;

(4) $\lim\limits_{x\to1}\dfrac{x+1}{x^2+1}=1$;　　(5) $\lim\limits_{x\to2}\dfrac{x^2-3x+2}{x-2}=1$;　　(6) $\lim\limits_{x\to1^+}(2x+3)=5$.

分析 解不等式之前,根据表达式特点适当将其放大,然后再求解不等式.

证 (1) 不妨先设$|x|>1$,有$|6x-1|>6|x|-1$. $\forall\varepsilon\in(0,1)$,要使

$$\left|\frac{x+1}{6x-1}-\frac{1}{6}\right|=\left|\frac{6(x+1)-(6x-1)}{(6x-1)6}\right|=\frac{7}{6}\frac{1}{|6x-1|}\leqslant\frac{7}{6}\frac{1}{6|x|-1}<\varepsilon,$$

只需要$|x|>\dfrac{1}{6}\left(\dfrac{7}{6\varepsilon}+1\right)$. 取$X=\max\left\{\dfrac{1}{6}\left(\dfrac{7}{6\varepsilon}+1\right),1\right\}$,则当$|x|>X$时,有不等式$\left|\dfrac{x+1}{6x-1}-\dfrac{1}{6}\right|<\varepsilon$成立. 因此有$\lim\limits_{x\to\infty}\dfrac{x+1}{6x-1}=\dfrac{1}{6}$.

(2) 提示:通过求解指数函数的不等式求 X.

(3) $\forall M>1$,要使

$$\left|\left(\frac{1}{3}\right)^x\right|>M,$$

只需要 $x<-\dfrac{\ln M}{\ln 3}$. 取 $X=\dfrac{\ln M}{\ln 3}$,于是$\forall M>0$,$\exists X=\dfrac{\ln M}{\ln 3}$,当 $x<-X$ 时,有$\left|\left(\dfrac{1}{3}\right)^x\right|>M$,因此有$\lim\limits_{x\to-\infty}\left(\dfrac{1}{3}\right)^x=+\infty$.

(4) $\forall\varepsilon\in(0,1)$,由于$\left|\dfrac{x}{x^2+1}\right|\leqslant\dfrac{1}{2}$,要使

$$\left|\frac{x+1}{x^2+1}-1\right|=\left|\frac{x-x^2}{x^2+1}\right|=\left|\frac{x(1-x)}{x^2+1}\right|\leqslant\left|\frac{x-1}{2}\right|<\varepsilon,$$

只需要$|x-1|<2\varepsilon$. 取$\delta=2\varepsilon$,则当$0<|x-1|<\delta$时,有不等式$\left|\dfrac{x+1}{x^2+1}-1\right|<\varepsilon$成立. 因此有$\lim\limits_{x\to1}\dfrac{x+1}{x^2+1}=1$.

(5)和(6) 提示:通过求解不等式求 δ.　　证毕

2. 设 $y=3x-5$,问 δ 等于多少时,当$|x-3|<\delta$时,有$|y-4|<0.001$?

分析 利用极限定义求解.

解 要使$|y-4|<0.001$,即$|y-4|=|(3x-5)-4|=3|x-3|<0.001$,只需要

$$|x-3|<\frac{0.001}{3},\quad \text{所以取 }\delta=\frac{1}{3}\times10^{-3}.$$

3. 设函数 $f(x)=\begin{cases}x^3+2x+2, & x>1,\\ 3x+a, & x<1,\end{cases}$ 问当 a 取何值时,$\lim\limits_{x\to1}f(x)$存在?

分析 利用左右极限相等求解.

解 由于$\lim\limits_{x\to1^+}f(x)=\lim\limits_{x\to1^+}(x^3+2x+2)=5$,$\lim\limits_{x\to1^-}f(x)=\lim\limits_{x\to1^-}(3x+a)=3+a$,要使得$\lim\limits_{x\to1}f(x)$存在,必须有$\lim\limits_{x\to1^+}f(x)=\lim\limits_{x\to1^-}f(x)$. 因此,$a=2$.

4. 证明:若函数 $f(x)$是当 $x\to\infty$时的无穷大,则$\dfrac{1}{f(x)}$是当 $x\to\infty$时的无穷小.

分析 利用无穷小量和无穷大量的定义和关系来证.

证 若函数 $f(x)$ 是当 $x\to\infty$ 时的无穷大,则 $\forall M>0$,$\exists X>0$,使得当 x 满足不等式

$|x|>X$ 时，有 $|f(x)|>M$，进一步有 $\frac{1}{|f(x)|}<\frac{1}{M}$.

$\forall\varepsilon>0$，取 $\varepsilon=\frac{1}{M}$，$\exists X>0$，使得当 x 满足不等式 $|x|>X$ 时，有 $\frac{1}{|f(x)|}<\frac{1}{M}=\varepsilon$，即 $\frac{1}{f(x)}$ 是当 $x\to\infty$ 时的无穷小.　　证毕

5. 证明：若 $\lim\limits_{x\to x_0}f(x)=A$，且 $A<0$，则存在 $\delta>0$，当 $0<|x-x_0|<\delta$ 时，$f(x)<0$.

分析　利用极限定义证明.

证　由 $\lim\limits_{x\to x_0}f(x)=A$ 知，$\forall\varepsilon>0$，$\exists\delta>0$，使得当 x 满足不等式 $0<|x-x_0|<\delta$ 时，有 $|f(x)-A|<\varepsilon$. 由于 $A<0$，取 $\varepsilon=-A$，则有 $|f(x)-A|<-A$，则 $f(x)-A<-A$，即 $f(x)<0$.　　证毕

B类题

1. 用极限定义证明：

(1) $\lim\limits_{x\to\infty}\left(\frac{1}{x}\sin x\right)=0$；　　(2) $\lim\limits_{x\to 0^+}e^{\frac{1}{x}}=+\infty$.

分析　根据题目特点，对表达式适当变形.

证　(1) $\forall\varepsilon\in(0,1)$，要使

$$\left|\frac{1}{x}\sin x-0\right|=\left|\frac{1}{x}\sin x\right|\leqslant\left|\frac{1}{x}\right|<\varepsilon,$$

只需要 $|x|>\frac{1}{\varepsilon}$. 取 $X=\frac{1}{\varepsilon}$，则当 $|x|>X$ 时，有不等式 $\left|\frac{1}{x}\sin x-0\right|<\varepsilon$ 成立. 因此有 $\lim\limits_{x\to\infty}\left(\frac{1}{x}\sin x\right)=0$.

(2) $\forall M>1$，要使

$$|e^{\frac{1}{x}}|>M,$$

只需要 $x<\frac{1}{\ln M}$. 取 $\delta=\frac{1}{\ln M}>0$，于是 $\forall M>0$，$\exists\delta=\frac{1}{\ln M}$，当 $0<x-0<\delta$ 时，有 $|e^{\frac{1}{x}}|>M$，因此有

$$\lim_{x\to 0^+}e^{\frac{1}{x}}=+\infty.$$

2. 设函数 $f(x)=\frac{2x+3|x|}{x-2|x|}$，求下列极限：

(1) $\lim\limits_{x\to+\infty}f(x)$；　　(2) $\lim\limits_{x\to-\infty}f(x)$；　　(3) $\lim\limits_{x\to 0^+}f(x)$；　　(4) $\lim\limits_{x\to 0^-}f(x)$.

分析　根据自变量趋势，写出 $f(x)$ 的具体表达式，再求极限.

解　(1) $\lim\limits_{x\to+\infty}f(x)=\lim\limits_{x\to+\infty}\frac{2x+3x}{x-2x}=-5$；　　(2) $\lim\limits_{x\to-\infty}f(x)=\lim\limits_{x\to-\infty}\frac{2x-3x}{x+2x}=-\frac{1}{3}$；

(3) $\lim\limits_{x\to 0^+}f(x)=\lim\limits_{x\to 0^+}\frac{2x+3x}{x-2x}=-5$；　　(4) $\lim\limits_{x\to 0^-}f(x)=\lim\limits_{x\to 0^-}\frac{2x-3x}{x+2x}=-\frac{1}{3}$.

3. 设函数 $f(x)=\begin{cases}x-1, & x<0,\\ \frac{x^3-1}{x^3+1}, & x\geqslant 0,\end{cases}$ 求下列极限：

(1) $\lim\limits_{x\to+\infty}f(x)$；　　(2) $\lim\limits_{x\to-\infty}f(x)$；　　(3) $\lim\limits_{x\to 0^+}f(x)$；　　(4) $\lim\limits_{x\to 0^-}f(x)$.

提示　根据自变量变化趋势和 $f(x)$ 的分段表达式信息，求各自极限.

(1) $\lim\limits_{x\to+\infty}f(x)=1$；　　(2) $\lim\limits_{x\to-\infty}f(x)=-\infty$；

(3) $\lim\limits_{x\to 0^+}f(x)=-1$；　　(4) $\lim\limits_{x\to 0^-}f(x)=-1$.

4. 证明：若 $\lim\limits_{x\to x_0}f(x)=A$，则 $\lim\limits_{x\to x_0}|f(x)|=|A|$，当且仅当 A 为何值时反之也成立？

分析　利用极限的定义证明.

证 因为 $\lim\limits_{x\to x_0} f(x)=A$，所以 $\forall \varepsilon>0$，$\exists \delta>0$，使得当 x 满足不等式 $0<|x-x_0|<\delta$ 时，有 $|f(x)-A|<\varepsilon$. 由于 $||f(x)|-|A||\leqslant|f(x)-A|<\varepsilon$，从而有 $\lim\limits_{x\to x_0}|f(x)|=|A|$.

当且仅当 $A\geqslant 0$ 时反之成立. 证毕

5. 讨论下列函数当 $x\to 0$ 时的左、右极限：

(1) $f(x)=[x]$； (2) $f(x)=x-[x]$； (3) $f(x)=e^{\frac{1}{x}}$.

分析 根据左右极限定义求解.

解 (1) $\lim\limits_{x\to 0^+} f(x)=\lim\limits_{x\to 0^+}[x]=0$，$\lim\limits_{x\to 0^-} f(x)=\lim\limits_{x\to 0^-}[x]=-1$.

(2) 参见经典题型详解中的例 3.3.

(3) $\lim\limits_{x\to 0^+} f(x)=\lim\limits_{x\to 0^+} e^{\frac{1}{x}}\to+\infty$，$\lim\limits_{x\to 0^-} f(x)=\lim\limits_{x\to 0^-} e^{\frac{1}{x}}=0$.

6. 用 ε-δ 语言叙述 $\lim\limits_{x\to x_0^-} f(x)=+\infty$ 的定义，并证明 $\lim\limits_{x\to 0^-}\dfrac{1}{x^2}=+\infty$.

分析 根据无穷大量定义.

证 $\lim\limits_{x\to x_0^-} f(x)=+\infty$ 的 ε-δ 语言定义：设函数 $y=f(x)$ 在 x_0 的某去心邻域有定义，若 $\forall M>0$，$\exists \delta>0$，使得当 x 满足不等式 $-\delta<x-x_0<0$ 时，有 $f(x)>M$，则称函数 $y=f(x)$ 是当 $x\to x_0^-$ 时的无穷大量，记作 $\lim\limits_{x\to x_0^-} f(x)=+\infty$.

下面证明 $\lim\limits_{x\to 0^-}\dfrac{1}{x^2}=+\infty$.

$\forall M>0$，要使 $\dfrac{1}{x^2}>M$，只要 $x<\sqrt{\dfrac{1}{M}}$. 取 $\delta=\sqrt{\dfrac{1}{M}}$，于是 $\forall M>0$，$\exists \delta>0$，当 $-\delta<x-0<0$ 时，有 $\dfrac{1}{x^2}>M$，因此 $\lim\limits_{x\to 0^-}\dfrac{1}{x^2}=+\infty$. 证毕

3.2 函数极限的性质和运算法则

一、知识要点

1. 函数极限的基本性质

定理 3.5(唯一性) 若 $\lim\limits_{x\to x_0} f(x)$ 存在，则它的极限值是唯一的.

定理 3.6(局部有界性) 若 $\lim\limits_{x\to x_0} f(x)=A$，则存在某个 $\delta_0>0$ 与 $M>0$，当 $0<|x-x_0|<\delta_0$ 时，有 $|f(x)|\leqslant M$.

定理 3.7(局部保序性) 若 $\lim\limits_{x\to x_0} f(x)=A$，$\lim\limits_{x\to x_0} g(x)=B$，且 $A>B$，则存在 $\delta>0$，使当 $0<|x-x_0|<\delta$ 时，$f(x)>g(x)$.

推论 1(局部保号性) 若 $\lim\limits_{x\to x_0} f(x)=A$，且 $A>0$(或 $A<0$)，则存在 $\delta>0$，当 $0<|x-x_0|<\delta$ 时，$f(x)>0$(或 $f(x)<0$).

推论 2 若 $\lim\limits_{x\to x_0} f(x)=A$，$\lim\limits_{x\to x_0} g(x)=B$，且存在 $\delta>0$，使当 $0<|x-x_0|<\delta$ 时，$f(x)\leqslant g(x)$，则 $A\leqslant B$.

定理 3.8(海涅定理) 函数 $f(x)$ 在点 x_0 处的极限等于 A，即 $\lim\limits_{x\to x_0} f(x)=A$ 的充分必要

条件是：对任意满足条件$\lim\limits_{n\to\infty}x_n=x_0$，且 $x_n\neq x_0(n=1,2,\cdots)$的数列$\{x_n\}$，相应的函数值数列$\{f(x_n)\}$的极限存在，且$\lim\limits_{n\to\infty}f(x_n)=A$.

2. 函数极限的运算法则

定理 3.9（四则运算法则） 设$\lim\limits_{x\to x_0}f(x)=A$，$\lim\limits_{x\to x_0}g(x)=B$，则有：

(1) $\lim\limits_{x\to x_0}[f(x)\pm g(x)]=A\pm B=\lim\limits_{x\to x_0}f(x)\pm\lim\limits_{x\to x_0}g(x)$；

(2) $\lim\limits_{x\to x_0}[f(x)\cdot g(x)]=AB=\lim\limits_{x\to x_0}f(x)\cdot\lim\limits_{x\to x_0}g(x)$；

(3) 当 $B\neq 0$ 时，$\lim\limits_{x\to x_0}\dfrac{f(x)}{g(x)}=\dfrac{A}{B}=\dfrac{\lim\limits_{x\to x_0}f(x)}{\lim\limits_{x\to x_0}g(x)}$.

推论 1 若函数 $f_1(x),f_2(x),\cdots,f_k(x)$当 $x\to x_0$ 时的极限都存在，则有：

(1) $\lim\limits_{x\to x_0}[f_1(x)\pm f_2(x)\pm\cdots\pm f_k(x)]=\lim\limits_{x\to x_0}f_1(x)\pm\lim\limits_{x\to x_0}f_2(x)\pm\cdots\pm\lim\limits_{x\to x_0}f_k(x)$.

(2) $\lim\limits_{x\to x_0}[f_1(x)\cdot f_2(x)\cdot\cdots\cdot f_k(x)]=\lim\limits_{x\to x_0}f_1(x)\cdot\lim\limits_{x\to x_0}f_2(x)\cdot\cdots\cdot\lim\limits_{x\to x_0}f_k(x)$.

特别地，有

$$\lim_{x\to x_0}[f(x)]^k=[\lim_{x\to x_0}f(x)]^k,\quad k\in\mathbf{Z}_+.$$

推论 2 设函数 $\alpha,\alpha_1,\alpha_2,\cdots,\alpha_k(k\in\mathbf{Z}_+)$是当 $x\to x_0$ 时的无穷小，$u(x)$在点 x_0 的某去心邻域内有界，则有：

(1) $\alpha_1+\alpha_2+\cdots+\alpha_k$ 是无穷小，即有限个无穷小的和仍然是无穷小；

(2) $\alpha u(x)$是无穷小，即有界函数与无穷小的乘积是无穷小；

(3) $\alpha_1\cdot\alpha_2\cdot\cdots\cdot\alpha_k$ 是无穷小，即有限个无穷小的乘积仍是无穷小.

定理 3.10（复合函数的极限运算法则） 设函数 $y=f[\varphi(x)]$是由 $y=f(u)$，$u=\varphi(x)$复合而成，$y=f[\varphi(x)]$在 x_0 的某去心邻域内有定义. 如果$\lim\limits_{x\to x_0}\varphi(x)=u_0$，$\lim\limits_{u\to u_0}f(u)=A$，且$\exists\,\delta_0>0$，当 $x\in\mathring{U}(x_0,\delta_0)$时，$\varphi(x)\neq u_0$，则$\lim\limits_{x\to x_0}f[\varphi(x)]=\lim\limits_{u\to u_0}f(u)=A$.

3. 夹逼准则和两个重要的极限

定理 3.11（夹逼准则） 若函数 $f(x),g(x),h(x)$在点 x_0 的某去心邻域内有定义，且满足条件：(1) $g(x)\leqslant f(x)\leqslant h(x)$；(2) $\lim\limits_{x\to x_0}g(x)=A$，$\lim\limits_{x\to x_0}h(x)=A$，则必有$\lim\limits_{x\to x_0}f(x)=A$.

(1) **第一类重要极限** $\lim\limits_{x\to 0}\dfrac{\sin x}{x}=1$.

由复合函数的极限运算法则知，若函数 $\alpha(x)$是自变量某一变化过程的无穷小，即$\alpha(x)\to 0$，则有$\lim\limits_{\alpha(x)\to 0}\dfrac{\sin\alpha(x)}{\alpha(x)}=1$.

(2) **第二类重要极限** $\lim\limits_{x\to\infty}\left(1+\dfrac{1}{x}\right)^x=\mathrm{e}$.

这个极限也可换成另一种形式，如令 $x=\dfrac{1}{\alpha}$，则 $x\to\infty$等价于 $\alpha\to 0$，所以有

$$\lim_{\alpha\to 0}(1+\alpha)^{\frac{1}{\alpha}}=\mathrm{e}.$$

由复合函数的极限运算法则知，若函数 $\alpha(x)$是自变量某一变化过程的无穷小，即

$\alpha(x)\to 0$,则有 $\lim\limits_{\alpha(x)\to 0}(1+\alpha(x))^{\frac{1}{\alpha(x)}}=\mathrm{e}$.

二、疑难解析

1. 如果函数在一点的极限存在,则函数在该点的局部是有界的,这种说法是否正确?说明理由.

答 不正确. 因为该说法没有说明"局部"的范围. 正确的说法是:若 $\lim\limits_{x\to x_0}f(x)=A$,则存在某个 $\delta_0>0$ 与 $M>0$,当 $0<|x-x_0|<\delta_0$ 时,有 $|f(x)|\leqslant M$.

2. 在同一极限过程中,有限个无穷大量的和仍然是无穷大量,这种说法是否正确?说明理由.

答 不正确. 因为无穷大量有正无穷大和负无穷大之分,因此上面的说法不正确. 例如,当 $x\to 1$ 时,$\dfrac{1}{x-1}$ 和 $\dfrac{1}{1-x}$ 都是无穷大,但是 $\dfrac{1}{x-1}+\dfrac{1}{1-x}=0$.

3. 举例说明:在同一极限过程中,两个无穷小量之商、两个无穷大量之商、无穷小量与无穷大量之积都不一定是无穷小量,也不一定是无穷大量.

答 易见,当 $x\to 0$ 时,x 和 $2x$ 都是无穷小,$\lim\limits_{x\to 0}\dfrac{2x}{x}=2$;当 $x\to 1$ 时,$\dfrac{1}{x-1}$ 和 $\dfrac{2}{x-1}$ 都是无穷大,$\lim\limits_{x\to 1}\dfrac{2}{x-1}\Big/\dfrac{1}{x-1}=2$;当 $x\to 0$ 时,$2x$ 是无穷小,$\dfrac{1}{x}$ 是无穷大,$\lim\limits_{x\to 0}\left(2x\cdot\dfrac{1}{x}\right)=2$.

4. 如果将复合函数的极限运算法则中的条件 $\lim\limits_{x\to x_0}\varphi(x)=u_0$ 换成 $\lim\limits_{x\to x_0}\varphi(x)=\infty$ 或 $\lim\limits_{x\to\infty}\varphi(x)=\infty$,将条件 $\lim\limits_{u\to u_0}f(u)=A$ 换成 $\lim\limits_{u\to\infty}f(u)=A$,则有

$$\lim_{x\to x_0}f[\varphi(x)]=\lim_{u\to\infty}f(u)=A \quad 或 \quad \lim_{x\to\infty}f[\varphi(x)]=\lim_{u\to\infty}f(u)=A.$$

上述结论是否成立?

答 成立. 这个结论表明,对于满足上述条件的复合函数,作代换 $u=\varphi(x)$,进而将求 $\lim\limits_{x\to x_0}f[\varphi(x)]$ 或 $\lim\limits_{x\to\infty}f[\varphi(x)]$ 转化为求 $\lim\limits_{u\to\infty}f(u)$.

三、经典题型详解

题型 1 利用函数极限的运算法则计算极限

例 3.4 计算下列极限:

(1) $\lim\limits_{x\to\infty}\dfrac{2x^3+3x^2+5}{7x^3+4x^2-1}$; (2) $\lim\limits_{x\to\infty}\dfrac{\sqrt[3]{8x^3+6x^2+5x+1}}{3x-2}$; (3) $\lim\limits_{x\to\infty}\dfrac{x^2+2x-\sin x}{2x^2+\sin x}$.

分析 注意到,当 $x\to\infty$ 时,(1)(2)(3)的分子和分母的极限都是无穷大$\left(\dfrac{\infty}{\infty}型\right)$. 利用**无穷小因子分出法**计算极限,即以分母中自变量的最高次幂除分子和分母,以分出无穷小,然后再求极限的方法.

解 (1) $\lim\limits_{x\to\infty}\dfrac{2x^3+3x^2+5}{7x^3+4x^2-1}=\lim\limits_{x\to\infty}\dfrac{2+\dfrac{3}{x}+\dfrac{5}{x^3}}{7+\dfrac{4}{x}-\dfrac{1}{x^3}}=\dfrac{2}{7}$.

(2) $\lim\limits_{x\to\infty}\dfrac{\sqrt[3]{8x^3+6x^2+5x+1}}{3x-2}=\lim\limits_{x\to\infty}\dfrac{\sqrt[3]{8+\dfrac{6}{x}+\dfrac{5}{x^2}+\dfrac{1}{x^3}}}{3-\dfrac{2}{x}}=\dfrac{2}{3}$.

(3) $\lim\limits_{x\to\infty}\dfrac{x^2+2x-\sin x}{2x^2+\sin x}=\lim\limits_{x\to\infty}\dfrac{1+\dfrac{2}{x}-\dfrac{\sin x}{x^2}}{2+\dfrac{\sin x}{x^2}}=\dfrac{1}{2}$.

例 3.5　计算下列极限：

(1) $\lim\limits_{x\to 2}\dfrac{x^2-x-2}{x-2}$；(2) $\lim\limits_{x\to 1}\left(\dfrac{1}{1-x}-\dfrac{2}{1-x^2}\right)$；(3) $\lim\limits_{x\to 1}\dfrac{(1-\sqrt{x})(1-\sqrt[3]{x})(1-\sqrt[4]{x})}{(1-x)^3}$.

分析　上述极限均不能直接应用运算法则计算，需要化简或变形，再计算极限.(1) 对被求极限的表达式化简；(2) 被求极限的表达式是$\infty-\infty$，需要先通分、化简；(3) 因分母的极限为 0，故不能应用极限运算法则，而要先对函数做必要的变形，因分子中含有根式，通常用根式有理化，然后约去分子分母中的公因子.

解　(1) $\lim\limits_{x\to 2}\dfrac{x^2-x-2}{x-2}=\lim\limits_{x\to 2}\dfrac{(x+1)(x-2)}{x-2}=\lim\limits_{x\to 2}(x+1)=3$.

(2) $\lim\limits_{x\to 1}\left(\dfrac{1}{1-x}-\dfrac{2}{1-x^2}\right)=\lim\limits_{x\to 1}\dfrac{x-1}{1-x^2}=\lim\limits_{x\to 1}\dfrac{1}{-(x+1)}=-\dfrac{1}{2}$.

(3)
$$\begin{aligned}&\lim\limits_{x\to 1}\frac{(1-\sqrt{x})(1-\sqrt[3]{x})(1-\sqrt[4]{x})}{(1-x)^3}\\ &=\lim\limits_{x\to 1}\frac{(1-x)(1-x)(1-x)}{(1-x)^3(1+\sqrt{x})(1+\sqrt[3]{x}+\sqrt[3]{x^2})(1+\sqrt[4]{x}+\sqrt[4]{x^2}+\sqrt[4]{x^3})}\\ &=\lim\limits_{x\to 1}\frac{1}{(1+\sqrt{x})(1+\sqrt[3]{x}+\sqrt[3]{x^2})(1+\sqrt[4]{x}+\sqrt[4]{x^2}+\sqrt[4]{x^3})}=\frac{1}{24}.\end{aligned}$$

题型 2　利用两个重要极限计算极限

例 3.6　计算下列极限：

(1) $\lim\limits_{x\to 0}\dfrac{\cos x-\cos 3x}{x^2}$；　(2) $\lim\limits_{x\to 0}\dfrac{\sin mx}{\sin nx}, m,n\in\mathbf{Z}_+$；　(3) $\lim\limits_{x\to 0}\dfrac{1-\cos x}{\tan^2 x}$.

分析　易见，被求极限的表达式的分子分母都是当 $x\to 0$ 时的无穷小. 利用配项方法将其配成第一类重要极限的形式，然后计算极限.

解　(1) 对分子利用和差化积公式得

$$\lim\limits_{x\to 0}\frac{\cos x-\cos 3x}{x^2}=\lim\limits_{x\to 0}\frac{2\sin 2x\sin x}{x^2}=4\lim\limits_{x\to 0}\frac{\sin 2x}{2x}\cdot\lim\limits_{x\to 0}\frac{\sin x}{x}=4.$$

(2) $\lim\limits_{x\to 0}\dfrac{\sin mx}{\sin nx}=\dfrac{m}{n}\lim\limits_{x\to 0}\dfrac{\sin mx}{mx}\cdot\lim\limits_{x\to 0}\dfrac{nx}{\sin nx}=\dfrac{m}{n}$.

(3) $\lim\limits_{x\to 0}\dfrac{1-\cos x}{\tan^2 x}=\lim\limits_{x\to 0}\dfrac{2\sin^2\dfrac{x}{2}\cos^2 x}{\sin^2 x}=\dfrac{1}{2}\lim\limits_{x\to 0}\dfrac{\sin^2\dfrac{x}{2}}{\left(\dfrac{x}{2}\right)^2}\cdot\lim\limits_{x\to 0}\dfrac{x^2}{\sin^2 x}\cdot\lim\limits_{x\to 0}\cos^2 x=\dfrac{1}{2}$.

例 3.7　计算下列极限：

(1) $\lim\limits_{x\to\infty}\left(\dfrac{x}{x+1}\right)^{2x}$；　(2) $\lim\limits_{x\to\infty}\left(\dfrac{x^2+2x+3}{x^2+1}\right)^{x}$；　(3) $\lim\limits_{x\to 0}(1+\tan x)^{\csc 2x}$.

分析 易见,在自变量的各自变化过程中,被求极限的表达式的底的极限都是1,指数的极限都是无穷大.利用配项方法将其配成第二类重要极限的形式,然后计算极限.

解 (1) $\lim\limits_{x\to\infty}\left(\dfrac{x}{x+1}\right)^{2x}=\lim\limits_{x\to\infty}\left(1+\dfrac{-1}{x+1}\right)^{2x}=\lim\limits_{x\to\infty}\left(1+\dfrac{-1}{x+1}\right)^{\frac{x+1}{-1}\cdot\frac{-1}{x+1}\cdot(2x)}=e^{-2}$.

(2) $\lim\limits_{x\to\infty}\left(\dfrac{x^2+2x+3}{x^2+1}\right)^{x}=\lim\limits_{x\to\infty}\left(1+\dfrac{2x+2}{x^2+1}\right)^{x}=\lim\limits_{x\to\infty}\left(1+\dfrac{2x+2}{x^2+1}\right)^{\frac{x^2+1}{2x+2}\cdot\frac{2x+2}{x^2+1}\cdot x}=e^2$.

(3) $\lim\limits_{x\to0}(1+\tan x)^{\csc 2x}=\lim\limits_{x\to0}(1+\tan x)^{\frac{1}{\tan x}\cdot\tan x\cdot\frac{1}{\sin 2x}}=\lim\limits_{x\to0}(1+\tan x)^{\frac{1}{\tan x}\cdot\frac{1}{2\cos^2x}}=e^{\frac{1}{2}}$.

题型 3 综合应用题

例 3.8 已知$\lim\limits_{x\to\infty}\left(\dfrac{x^2}{x+1}-ax+b\right)=2$,求 a 和 b 的值.

分析 利用极限的四则运算法则和待定系数法求解.

解 由于$\lim\limits_{x\to\infty}\left(\dfrac{x^2}{x+1}-ax+b\right)=\lim\limits_{x\to\infty}\dfrac{(1-a)x^2+(b-a)x+b}{x+1}=2$,因此必有 $1-a=0,b-a=2$,解得 $a=1,b=3$.

例 3.9 设$\lim\limits_{x\to\infty}\left(\dfrac{2x-3a}{2x-1}\right)^{x+1}=e^5$,求 a 的值.

分析 利用第二类重要极限及配项方法求解.

解 利用配项方法可得

$$\lim_{x\to\infty}\left(\frac{2x-3a}{2x-1}\right)^{x+1}=\lim_{x\to\infty}\left(1+\frac{1-3a}{2x-1}\right)^{x+1}=\lim_{x\to\infty}\left(1+\frac{1-3a}{2x-1}\right)^{\frac{2x-1}{1-3a}\cdot\frac{1-3a}{2x-1}\cdot(x+1)}=e^5.$$

若使得等式成立,要求$\lim\limits_{x\to\infty}\left[\dfrac{x+1}{2x-1}(1-3a)\right]=5$,于是 $a=-3$.

四、课后习题选解(习题 3.2)

A类题

1. 计算下列极限:

(1) $\lim\limits_{x\to1}\dfrac{x^2+2x+3}{x+5}$; (2) $\lim\limits_{x\to\infty}\dfrac{3x^3+x+1}{x^3+2x^2+2}$; (3) $\lim\limits_{x\to\infty}\dfrac{(x+1)^{15}(5x-3)^{20}}{(3x+2)^{30}(2x-1)^5}$;

(4) $\lim\limits_{x\to2}\dfrac{x^3-3x-2}{x^2-2x}$; (5) $\lim\limits_{x\to3}\dfrac{\sqrt{x+6}-3}{\sqrt{x+1}-2}$; (6) $\lim\limits_{x\to+\infty}\dfrac{\sqrt{x}}{\sqrt{x+\sqrt{x+\sqrt{x}}}}$;

(7) $\lim\limits_{x\to+\infty}\dfrac{\sqrt[3]{2x^3+3}}{\sqrt{3x^2-2}}$; (8) $\lim\limits_{x\to\infty}\dfrac{x^3+x^2-\sin x}{3x^3+\sin x}$; (9) $\lim\limits_{x\to\infty}\left(\dfrac{x+1}{2x^2+3}-\dfrac{x^2+1}{2x^2+1}\right)$;

(10) $\lim\limits_{x\to0}\dfrac{(x-1)^3+(1-3x)}{x^3-2x^2}$.

分析 根据题目特点,利用极限的运算法则计算.

解 (1) 易见,分子分母都是多项式,由极限的四则运算法则,有$\lim\limits_{x\to1}\dfrac{x^2+2x+3}{x+5}=\dfrac{6}{6}=1$.

(2) 易见,分子分母都是多项式,但是当 $x\to\infty$ 时,分子分母都是无穷大,利用无穷小因子分出法,有

$$\lim_{x\to\infty}\frac{3x^3+x+1}{x^3+2x^2+2}=\lim_{x\to\infty}\frac{3+\frac{1}{x^2}+\frac{1}{x^3}}{1+\frac{2}{x}+\frac{2}{x^3}}=3.$$

(3) 易见，分子分母都是多项式，但是当 $x\to\infty$ 时，分子分母都是无穷大，利用无穷小因子分出法，有

$$\lim_{x\to\infty}\frac{(x+1)^{15}(5x-3)^{20}}{(3x+2)^{30}(2x-1)^{5}}=\lim_{x\to\infty}\frac{x^{15}\left(1+\frac{1}{x}\right)^{15}\cdot 5^{20}x^{20}\left(1-\frac{3}{5x}\right)^{20}}{3^{30}x^{30}\left(1+\frac{2}{3x}\right)^{30}\cdot 2^{5}x^{5}\left(1-\frac{1}{2x}\right)^{5}}=\frac{5^{20}}{3^{30}2^{5}}.$$

(4) 易见，分子分母都是多项式，但是当 $x\to 2$ 时，分子分母都是无穷小，可以对它们因式分解后进行约化，得 $\lim\limits_{x\to 2}\frac{x^3-3x-2}{x^2-2x}=\lim\limits_{x\to 2}\frac{(x-2)(x^2+2x+1)}{x(x-2)}=\lim\limits_{x\to 2}\frac{x^2+2x+1}{x}=\frac{9}{2}$.

(5) 易见，分子分母都是无理式，可以先进行有理化，然后进行化简，有

$$\begin{aligned}\lim_{x\to 3}\frac{\sqrt{x+6}-3}{\sqrt{x+1}-2}&=\lim_{x\to 3}\frac{(\sqrt{x+6}-3)(\sqrt{x+6}+3)(\sqrt{x+1}+2)}{(\sqrt{x+1}-2)(\sqrt{x+1}+2)(\sqrt{x+6}+3)}\\&=\lim_{x\to 3}\frac{(x+6-9)(\sqrt{x+1}+2)}{(x+1-4)(\sqrt{x+6}+3)}=\lim_{x\to 3}\frac{\sqrt{x+1}+2}{\sqrt{x+6}+3}=\frac{2}{3}.\end{aligned}$$

(6) 利用无穷小因子分出法，有 $\lim\limits_{x\to+\infty}\frac{\sqrt{x}}{\sqrt{x+\sqrt{x+\sqrt{x}}}}=\lim\limits_{x\to+\infty}\frac{1}{\sqrt{1+\frac{\sqrt{x+\sqrt{x}}}{x}}}=1$.

(7) 利用无穷小因子分出法，有 $\lim\limits_{x\to+\infty}\frac{\sqrt[3]{2x^3+3}}{\sqrt{3x^2-2}}=\lim\limits_{x\to+\infty}\frac{x\sqrt[3]{2+\frac{3}{x^3}}}{x\sqrt{3-\frac{2}{x^2}}}=\frac{\sqrt[3]{2}}{\sqrt{3}}$.

(8) 利用无穷小因子分出法，有 $\lim\limits_{x\to\infty}\frac{x^3+x^2-\sin x}{3x^3+\sin x}=\lim\limits_{x\to\infty}\frac{1+\frac{1}{x}-\frac{\sin x}{x^3}}{3+\frac{\sin x}{x^3}}=\frac{1}{3}$.

(9) 利用无穷小因子分出法，有 $\lim\limits_{x\to\infty}\left(\frac{x+1}{2x^2+3}-\frac{x^2+1}{2x^2+1}\right)=\lim\limits_{x\to\infty}\left(\frac{\frac{1}{x}+\frac{1}{x^2}}{2+\frac{3}{x^2}}-\frac{1+\frac{1}{x^2}}{2+\frac{1}{x^2}}\right)=-\frac{1}{2}$.

(10) 先对分子化简，有 $\lim\limits_{x\to 0}\frac{(x-1)^3+(1-3x)}{x^3-2x^2}=\lim\limits_{x\to 0}\frac{x^3-3x^2}{x^3-2x^2}=\lim\limits_{x\to 0}\frac{x-3}{x-2}=\frac{3}{2}$.

2. 已知 $\lim\limits_{x\to -1}\frac{x^2+ax+b}{x^2-2x-3}=3$，求 a 和 b 的值.

分析 利用极限商的运算法则及待定系数法求解.

解 由已知及 $x^2-2x-3=(x+1)(x-3)$，分母必有分解式 $x^2+ax+b=(x+1)(x-k)$，进而

$$\lim_{x\to -1}\frac{x^2+ax+b}{x^2-2x-3}=\lim_{x\to -1}\frac{(x+1)(x-k)}{(x+1)(x-3)}=\lim_{x\to -1}\frac{x-k}{x-3}=\frac{-1-k}{-4}=3,$$

得 $k=11$.

由 $x^2+ax+b=(x+1)(x-11)=x^2-10x-11$ 可得，$a=-10, b=-11$.

3. 已知 $\lim\limits_{x\to 1}f(x)$ 存在，且有 $f(x)=2x^3-3x\lim\limits_{x\to 1}f(x)+2$，求 $\lim\limits_{x\to 1}f(x)$ 和 $f(x)$ 的表达式.

分析 利用极限的运算法则求解.

解 设 $\lim\limits_{x\to 1}f(x)=A$，则 $f(x)=2x^3-3xA+2$，再对方程两边取极限

$$\lim_{x\to 1}f(x)=\lim_{x\to 1}(2x^3-3xA+2),$$

即 $A=2-3A+2$，得 $A=1$，即 $\lim\limits_{x\to 1}f(x)=1$. $f(x)$ 的表达式为 $f(x)=2x^3-3x+2$.

4. 若 $\lim\limits_{x\to x_0}f(x)=A$，且 $\lim\limits_{x\to x_0}|f(x)-g(x)|=0$，证明：$\lim\limits_{x\to x_0}g(x)=A$.

分析 根据极限定义和不等式关系证明.

证 $\forall \varepsilon>0$，由 $\lim\limits_{x\to x_0} f(x)=A$，$\exists \delta_1>0$，使得当 x 满足不等式 $0<|x-x_0|<\delta_1$ 时，有

$$|f(x)-A|<\frac{\varepsilon}{2}.$$

再由 $\lim\limits_{x\to x_0}|f(x)-g(x)|=0$，$\exists \delta_2>0$，使得当 x 满足不等式 $0<|x-x_0|<\delta_2$ 时，有

$$|f(x)-g(x)|<\frac{\varepsilon}{2}.$$

取 $\delta=\min\{\delta_1,\delta_2\}$，则当 $0<|x-x_0|<\delta$ 时，有 $|f(x)-A|<\frac{\varepsilon}{2}$ 与 $|f(x)-g(x)|<\frac{\varepsilon}{2}$ 同时成立．于是，当 x 满足不等式 $0<|x-x_0|<\delta$ 时，有

$$|g(x)-A|=|A-f(x)+f(x)-g(x)|\leqslant|A-f(x)|+|f(x)-g(x)|<\varepsilon,$$

因此有 $\lim\limits_{x\to x_0} g(x)=A$. 证毕

5. 计算下列极限：

(1) $\lim\limits_{x\to\pi}\dfrac{\sin x}{\pi-x}$； (2) $\lim\limits_{x\to a}[(x-a)\cot(x-a)]$； (3) $\lim\limits_{x\to a}\dfrac{\sin^2 x-\sin^2 a}{x-a}$；

(4) $\lim\limits_{x\to 0}\dfrac{\sin 3x}{\sqrt{x+1}-1}$； (5) $\lim\limits_{x\to 0}(1-3x)^{\frac{1}{\sin x}}$； (6) $\lim\limits_{x\to+\infty}\left(\dfrac{2x-1}{2x+1}\right)^{3x+2}$；

(7) $\lim\limits_{x\to 0}\left(\dfrac{1-x}{1+x}\right)^{\frac{1}{x}}$； (8) $\lim\limits_{x\to\infty}\left(1+\dfrac{1}{x}\right)^{2x}$.

分析 根据题目特点，利用两类重要极限求解．注意，在计算题(5)～(8)的过程中使用了配项方法．

解 (1) 令 $\pi-x=t$，则当 $x\to\pi$ 时，$t\to 0$．进而有 $\lim\limits_{x\to\pi}\dfrac{\sin x}{\pi-x}=\lim\limits_{t\to 0}\dfrac{\sin(\pi-t)}{t}=\lim\limits_{t\to 0}\dfrac{\sin t}{t}=1$.

(2) $\lim\limits_{x\to a}[(x-a)\cot(x-a)]=\lim\limits_{x\to a}\left[(x-a)\dfrac{\cos(x-a)}{\sin(x-a)}\right]=\lim\limits_{x\to a}\left[\dfrac{x-a}{\sin(x-a)}\cos(x-a)\right]=1$.

(3) $$\lim_{x\to a}\frac{\sin^2 x-\sin^2 a}{x-a}=\lim_{x\to a}\frac{(\sin x-\sin a)(\sin x+\sin a)}{x-a}=2\sin a\lim_{x\to a}\frac{2\cos\frac{x+a}{2}\sin\frac{x-a}{2}}{x-a}$$

$$=2\sin a\lim_{x\to a}\left(\frac{\sin\frac{x-a}{2}}{\frac{x-a}{2}}\cos\frac{x+a}{2}\right)=2\sin a\cos a=\sin 2a.$$

(4) 先对分母进行有理化，有 $\lim\limits_{x\to 0}\dfrac{\sin 3x}{\sqrt{x+1}-1}=\lim\limits_{x\to 0}\left[\dfrac{\sin 3x}{3x}\dfrac{3x(\sqrt{x+1}+1)}{(\sqrt{x+1}-1)(\sqrt{x+1}+1)}\right]=3\times 2=6$.

(5) 由于 $\lim\limits_{x\to 0}\dfrac{x}{\sin x}=1$，利用配项方法，有 $\lim\limits_{x\to 0}(1-3x)^{\frac{1}{\sin x}}=\lim\limits_{x\to 0}(1+(-3x))^{\frac{1}{-3x}\cdot\frac{x}{\sin x}\cdot(-3)}=\mathrm{e}^{-3}$.

(6) 由于 $\lim\limits_{x\to+\infty}\dfrac{-2(3x+2)}{2x+1}=-3$，利用配项方法，有

$$\lim_{x\to+\infty}\left(\frac{2x-1}{2x+1}\right)^{3x+2}=\lim_{x\to+\infty}\left(1+\frac{-2}{2x+1}\right)^{\frac{2x+1}{-2}\cdot\frac{-2(3x+2)}{2x+1}}=\mathrm{e}^{-3}.$$

(7) 令 $t=\dfrac{1}{x}$，则当 $x\to 0$ 时，$t\to\infty$．由于 $\lim\limits_{t\to+\infty}\dfrac{-2t}{t+1}=-2$，利用配项方法，有

$$\lim_{x\to 0}\left(\frac{1-x}{1+x}\right)^{\frac{1}{x}}=\lim_{t\to\infty}\left(\frac{t-1}{t+1}\right)^{t}=\lim_{t\to\infty}\left(1-\frac{2}{t+1}\right)^{t}=\lim_{t\to\infty}\left(1-\frac{2}{t+1}\right)^{\left(-\frac{t+1}{2}\right)\cdot\left(\frac{-2t}{t+1}\right)}=\mathrm{e}^{-2}.$$

(8) $\lim\limits_{x\to\infty}\left(1+\dfrac{1}{x}\right)^{2x}=\lim\limits_{x\to\infty}\left(1+\dfrac{1}{x}\right)^{x\cdot 2}=\mathrm{e}^{2}$.

B类题

1. 计算下列极限：

(1) $\lim\limits_{x\to\infty}\dfrac{x^3-2}{x^2-2x+2}$；　(2) $\lim\limits_{x\to1}\dfrac{x^n-1}{x^m-1}$；　(3) $\lim\limits_{x\to1}\left(\dfrac{1}{1-x}-\dfrac{3}{1-x^3}\right)$；

(4) $\lim\limits_{x\to+\infty}(\sqrt{x^2+2x}-x)$；　(5) $\lim\limits_{x\to+\infty}\dfrac{\cos x}{x}$；　(6) $\lim\limits_{x\to+\infty}\dfrac{x\sin\sqrt{x}}{x^2+3}$；

(7) $\lim\limits_{x\to0}\dfrac{x-\sin x}{x+\sin x}$；　(8) $\lim\limits_{x\to0}\dfrac{1-\cos x}{x\sin 2x}$；　(9) $\lim\limits_{x\to0}(1-3\sin x)^{\frac{\csc x}{2}}$；

(10) $\lim\limits_{x\to+\infty}\left(\dfrac{3x^2-x+1}{3x^2+2}\right)^{x^2+2}$.

分析 根据题目特点，综合使用几种常见极限求解方法.

解 (1) 利用无穷小因子分出法，有$\lim\limits_{x\to\infty}\dfrac{x^2-2x+2}{x^3-2}=\lim\limits_{x\to\infty}\dfrac{1-\dfrac{2}{x}+\dfrac{2}{x^2}}{x-\dfrac{2}{x^2}}=0$，于是

$$\lim_{x\to\infty}\frac{x^3-2}{x^2-2x+2}=\infty.$$

(2) 分别对分子分母因式分解，有$\lim\limits_{x\to1}\dfrac{x^n-1}{x^m-1}=\lim\limits_{x\to1}\dfrac{(x-1)(\overbrace{x^{n-1}+x^{n-2}+\cdots+1}^{n})}{(x-1)(\underbrace{x^{m-1}+x^{m-2}+\cdots+1}_{m})}=\dfrac{n}{m}$.

(3) 先对被求极限表达式通分，然后化简，有

$$\lim_{x\to1}\left(\frac{1}{1-x}-\frac{3}{1-x^3}\right)=\lim_{x\to1}\frac{1+x+x^2-3}{1-x^3}=\lim_{x\to1}\frac{x^2+x-2}{1-x^3}=\lim_{x\to1}\frac{(x+2)(x-1)}{(1-x)(1+x+x^2)}=\lim_{x\to1}\frac{-(x+2)}{1+x+x^2}=-1.$$

(4) 利用配项方法，对被求极限表达式有理化，有

$$\lim_{x\to+\infty}(\sqrt{x^2+2x}-x)=\lim_{x\to+\infty}\frac{x^2+2x-x^2}{\sqrt{x^2+2x}+x}=\lim_{x\to+\infty}\frac{2x}{x\sqrt{1+(2/x)}+x}=\lim_{x\to+\infty}\frac{2}{\sqrt{1+(2/x)}+1}=1.$$

(5) 利用无穷小乘有界函数仍是无穷小的结论，有 $\lim\limits_{x\to+\infty}\dfrac{\cos x}{x}=\lim\limits_{x\to+\infty}\dfrac{1}{x}\cos x=0$.

(6) 由于 $\lim\limits_{x\to+\infty}\dfrac{x}{x^2+3}=0$，而 $\sin\sqrt{x}$为有界变量，则 $\lim\limits_{x\to+\infty}\dfrac{x\sin\sqrt{x}}{x^2+3}=0$.

(7) 利用无穷小因子分出法，有$\lim\limits_{x\to0}\dfrac{x-\sin x}{x+\sin x}=\lim\limits_{x\to0}\dfrac{1-\dfrac{\sin x}{x}}{1+\dfrac{\sin x}{x}}=\dfrac{0}{2}=0$.

(8) 利用半角公式及配项方法，有

$$\lim_{x\to0}\frac{1-\cos x}{x\sin 2x}=\lim_{x\to0}\frac{2\left(\sin\dfrac{x}{2}\right)^2}{x\sin 2x}=\frac{1}{4}\lim_{x\to0}\frac{\left(\sin\dfrac{x}{2}\right)^2}{\left(\dfrac{x}{2}\right)^2}\cdot\lim_{x\to0}\frac{2x}{\sin 2x}=\frac{1}{4}.$$

(9) 利用配项方法及第二类重要极限，有

$$\lim_{x\to0}(1-3\sin x)^{\frac{\csc x}{2}}=\lim_{x\to0}(1+(-3\sin x))^{\frac{1}{-3\sin x}(-3\sin x)\cdot\frac{1}{2\sin x}}=\mathrm{e}^{-\frac{3}{2}}.$$

(10) 利用配项方法及第二类重要极限，有

$$\lim_{x\to+\infty}\left(\frac{3x^2-x+1}{3x^2+2}\right)^{x^2+2}=\lim_{x\to+\infty}\left(1-\frac{x+1}{3x^2+2}\right)^{x^2+2}=\lim_{x\to+\infty}\left(1-\frac{x+1}{3x^2+2}\right)^{\left(-\frac{3x^2+2}{x+1}\right)\left(-\frac{(x^2+2)(x+1)}{3x^2+2}\right)}=0.$$

2. 设 $f(x)=\dfrac{1-a^{\frac{1}{x}}}{1+a^{\frac{1}{x}}}(a>0)$，求 $\lim\limits_{x\to0}f(x)$.

分析 根据 a 不同取值范围，利用左右极限讨论.

解 当 $a=1$ 时，$\lim\limits_{x\to 0}f(x)=0$.

当 $a\neq 1$ 时，为了便于计算，令 $t=\dfrac{1}{x}$，则当 $x\to 0$ 时，$t\to\infty$.

若 $0<a<1$，$\lim\limits_{x\to 0^-}a^{\frac{1}{x}}=\lim\limits_{t\to -\infty}a^t=+\infty$，$\lim\limits_{x\to 0^+}a^{\frac{1}{x}}=\lim\limits_{t\to +\infty}a^t=0$. 于是有

$$\lim_{x\to 0^-}f(x)=\lim_{x\to 0^-}\frac{1-a^{\frac{1}{x}}}{1+a^{\frac{1}{x}}}=-1,\quad \lim_{x\to 0^+}f(x)=\lim_{x\to 0^+}\frac{1-a^{\frac{1}{x}}}{1+a^{\frac{1}{x}}}=1.$$

因此 $\lim\limits_{x\to 0}f(x)$ 不存在.

若 $a>1$，$\lim\limits_{x\to 0^-}a^{\frac{1}{x}}=\lim\limits_{t\to -\infty}a^t=0$，$\lim\limits_{x\to 0^+}a^{\frac{1}{x}}=\lim\limits_{t\to +\infty}a^t=+\infty$. 于是有

$$\lim_{x\to 0^-}f(x)=\lim_{x\to 0^-}\frac{1-a^{\frac{1}{x}}}{1+a^{\frac{1}{x}}}=1,\quad \lim_{x\to 0^+}f(x)=\lim_{x\to 0^+}\frac{1-a^{\frac{1}{x}}}{1+a^{\frac{1}{x}}}=-1.$$

因此 $\lim\limits_{x\to 0}f(x)$ 不存在.

3. 计算下列极限（$n\in\mathbf{Z}_+$）：

(1) $\lim\limits_{x\to 0}\left(x\left[\dfrac{1}{x}\right]\right)$；　　(2) $\lim\limits_{x\to 0^-}\left(\dfrac{|x|}{x}\dfrac{1}{1+x^n}\right)$；　　(3) $\lim\limits_{x\to 0^+}\left(\dfrac{|x|}{x}\dfrac{1}{1+x^n}\right)$.

分析 (1) 利用夹逼准则求解；(2)和(3)根据自变量的变化方向去掉绝对值符号.

解 (1) 不难验证，$\dfrac{1}{x}-1<\left[\dfrac{1}{x}\right]\leqslant\dfrac{1}{x}$.

当 $x>0$ 时，有 $x\left(\dfrac{1}{x}-1\right)<x\left[\dfrac{1}{x}\right]\leqslant 1$. 又 $\lim\limits_{x\to 0^+}\left(x\left(\dfrac{1}{x}-1\right)\right)=1$，所以 $\lim\limits_{x\to 0^+}\left(x\left[\dfrac{1}{x}\right]\right)=1$；

当 $x<0$ 时，有 $1\leqslant x\left[\dfrac{1}{x}\right]<x\left(\dfrac{1}{x}-1\right)$. 又 $\lim\limits_{x\to 0^-}\left(x\left(\dfrac{1}{x}-1\right)\right)=1$，所以 $\lim\limits_{x\to 0^-}x\left[\dfrac{1}{x}\right]=1$.

因此 $\lim\limits_{x\to 0}\left(x\left[\dfrac{1}{x}\right]\right)=1$.

(2) $\lim\limits_{x\to 0^-}\left(\dfrac{|x|}{x}\dfrac{1}{1+x^n}\right)=\lim\limits_{x\to 0^-}\dfrac{|x|}{x}\lim\limits_{x\to 0^-}\dfrac{1}{1+x^n}=-1$.

(3) $\lim\limits_{x\to 0^+}\left(\dfrac{|x|}{x}\dfrac{1}{1+x^n}\right)=\lim\limits_{x\to 0^+}\dfrac{|x|}{x}\lim\limits_{x\to 0^+}\dfrac{1}{1+x^n}=1$.

3.3 无穷小量的比较

一、知识要点

1. 无穷小量的阶

定义 3.9 设 $f(x)$ 与 $g(x)$ 都是当 $x\to x_0$ 时的无穷小，且 $g(x)\neq 0$.

(1) 若 $\lim\limits_{x\to x_0}\dfrac{f(x)}{g(x)}=0$，则称 $f(x)$ 比 $g(x)$ 是当 $x\to x_0$ 时的**高阶无穷小**，记作

$$f(x)=o\,(g(x))\,(x\to x_0).$$

(2) 若存在正数 K 和 L，使得在 x_0 的某去心邻域内，有 $K\leqslant\left|\dfrac{f(x)}{g(x)}\right|\leqslant L$，则称 $f(x)$ 与 $g(x)$ 是当 $x\to x_0$ 时的**同阶无穷小**，特别地，若有

$$\lim_{x\to x_0}\frac{f(x)}{g(x)}=b\neq 0,$$

则 $f(x)$ 与 $g(x)$ 必是同阶无穷小,记作

$$f(x)=O\,(g(x))\,(x\to x_0).$$

(3) 若 $\lim\limits_{x\to x_0}\dfrac{f(x)}{(g(x))^k}=b\neq 0(k>0)$,则称 $f(x)$ 比 $g(x)$ 是当 $x\to x_0$ 时的 k **阶无穷小**.

(4) 若 $\lim\limits_{x\to x_0}\dfrac{f(x)}{g(x)}=1$,则称 $f(x)$ 与 $g(x)$ 是当 $x\to x_0$ 时的**等价无穷小**,记作

$$f(x)\sim g(x)\,(x\to x_0).$$

2. 一些常用的当 $x\to 0$ 时的等价无穷小

(1) $x\sim\sin x\sim\tan x$;　　(2) $x\sim\arcsin x\sim\arctan x$;

(3) $1-\cos x\sim\dfrac{x^2}{2}$;　　(4) $\sec x-1\sim\dfrac{x^2}{2}$;

(5) $\ln(1+x)\sim x$;　　(6) $e^x-1\sim x$;

(7) $\sqrt[n]{1+x}-1\sim\dfrac{x}{n}$;　　(8) $(1+x)^\lambda-1\sim\lambda x$,$\lambda$ 为常数.

3. 等价无穷小的替换原理及相关结论

定理 3.12 设 $\alpha,\alpha',\beta,\beta'$ 都是当 $x\to x_0$ 时的无穷小,若 $\alpha\sim\alpha'$,$\beta\sim\beta'$,且 $\lim\limits_{x\to x_0}\dfrac{\beta'}{\alpha'}$ 存在,则 $\lim\limits_{x\to x_0}\dfrac{\beta}{\alpha}$ 也存在,且 $\lim\limits_{x\to x_0}\dfrac{\beta}{\alpha}=\lim\limits_{x\to x_0}\dfrac{\beta'}{\alpha'}$.

定理 3.13 α 与 β 是当 $x\to x_0$ 时的等价无穷小的充分必要条件是:

$$\alpha=\beta+o\,(\beta)\,(x\to x_0).$$

推论 1 若 α,α' 是当 $x\to x_0$ 时的等价无穷小,即 $\alpha\sim\alpha'$,函数 $\varphi(x)$ 在 x_0 的某去心邻域内存在极限或有界,则有 $\lim\limits_{x\to x_0}\alpha\varphi(x)=\lim\limits_{x\to x_0}\alpha'\varphi(x)$. 这种形式称为**因式替代原则**.

推论 2 若 β 比 α 是当 $x\to x_0$ 时的高阶无穷小,即 $\beta=o\,(\alpha)$,则有 $\alpha\pm\beta\sim\alpha$. 这种形式称为**和差取大原则**.

推论 3 设 $\alpha,\alpha',\beta,\beta',\gamma$ 都是当 $x\to x_0$ 时的无穷小,若 $\alpha\sim\alpha'$,$\beta\sim\beta'$,且 α 与 β 不是等价无穷小,则有 $\alpha-\beta\sim\alpha'-\beta'$,且 $\lim\limits_{x\to x_0}\dfrac{\alpha-\beta}{\gamma}=\lim\limits_{x\to x_0}\dfrac{\alpha'-\beta'}{\gamma}$. 这种形式称为**和差替代原则**.

二、疑难解析

1. 在同阶无穷小的定义中,由 $\lim\limits_{x\to x_0}\dfrac{f(x)}{g(x)}=b\neq 0$ 知,$f(x)$ 与 $g(x)$ 必是同阶无穷小,反之是否成立?举例说明.

答 反之未必成立. 例如,当 $x\to 0$ 时,x 和 $x\left(2+\sin\dfrac{1}{x}\right)$ 都是无穷小,由于它们之间的比满足 $1\leqslant\left|2+\sin\dfrac{1}{x}\right|\leqslant 3$,所以 x 与 $x\left(2+\sin\dfrac{1}{x}\right)$ 是当 $x\to 0$ 时的同阶无穷小,但是注意到,极限 $\lim\limits_{x\to 0}\dfrac{x\left(2+\sin\dfrac{1}{x}\right)}{x}=\lim\limits_{x\to 0}\left(2+\sin\dfrac{1}{x}\right)$ 不存在.

2. 任意两个无穷小量阶是否都可以进行比较?如果不是,举例说明.

答 不可以. 因为 0 是任何变化过程的无穷小,无法用来进行比较.

3. 两个无穷大是否有阶的比较? 如果可以,有哪些?

答 可以进行比较. 设 $f(x)$ 与 $g(x)$ 都是当 $x\to x_0$ 时的无穷大.

(1) 若 $\lim\limits_{x\to x_0}\dfrac{f(x)}{g(x)}=\infty$,则称 $f(x)$ 比 $g(x)$ 是当 $x\to x_0$ 时的**高阶无穷大**.

(2) 若存在正数 K 和 L,使得在 x_0 的某去心邻域内,有 $K\leqslant\left|\dfrac{f(x)}{g(x)}\right|\leqslant L$,则称 $f(x)$ 与 $g(x)$ 是当 $x\to x_0$ 时的**同阶无穷大**. 特别地,若有 $\lim\limits_{x\to x_0}\dfrac{f(x)}{g(x)}=b\neq 0$,则 $f(x)$ 与 $g(x)$ 必是同阶无穷大.

(3) 若 $\lim\limits_{x\to x_0}\dfrac{f(x)}{g(x)}=1$,则称 $f(x)$ 与 $g(x)$ 是当 $x\to x_0$ 时的**等价无穷大**.

三、经典题型详解

题型 1 利用等价无穷小替换原理及其推论计算极限

例 3.10 计算下列极限:

(1) $\lim\limits_{x\to 0}\dfrac{e^{2x}-1}{\ln(1-x)}$; (2) $\lim\limits_{x\to 0}\left(\dfrac{1}{x\sin x}-\dfrac{1}{x\tan x}\right)$; (3) $\lim\limits_{x\to\infty}[x(a^{\frac{1}{x}}-1)]$;

(4) $\lim\limits_{x\to 1}\dfrac{\arcsin(x-1)^3}{(x-1)^2\ln(2x-1)}$; (5) $\lim\limits_{x\to\infty}\left(x\sin\dfrac{2x}{x^2+1}\right)$; (6) $\lim\limits_{x\to 0}\dfrac{\arctan 2x}{\sin(\tan x)}$;

(7) $\lim\limits_{x\to 0}\dfrac{x-3\sin 2x}{3x+\arcsin x}$; (8) $\lim\limits_{x\to 0}\dfrac{\sqrt{1+\tan x}-\sqrt{1+\sin x}}{x^3}$.

分析 首先找到被求极限表达式中的等价无穷小,然后根据替换原理及其推论的适用条件进行替换.

解 (1) 易见,当 $x\to 0$ 时,$e^{2x}-1\sim 2x$,$\ln(1-x)\sim -x$. 因此有

$$\lim_{x\to 0}\frac{e^{2x}-1}{\ln(1-x)}=\lim_{x\to 0}\frac{2x}{-x}=-2.$$

(2) 先将被求极限表达式通分,得

$$\frac{1}{x\sin x}-\frac{1}{x\tan x}=\frac{1}{x}\left(\frac{\tan x-\sin x}{\sin x\cdot\tan x}\right)=\frac{1}{x}\frac{\frac{\sin x}{\cos x}-\sin x}{x^2}=\frac{\sin x}{x}\frac{1-\cos x}{x^2}\frac{1}{\cos x}.$$

当 $x\to 0$ 时,$\sin x\sim x$,$1-\cos x\sim\dfrac{1}{2}x^2$. 因此有 $\lim\limits_{x\to 0}\left(\dfrac{1}{x\sin x}-\dfrac{1}{x\tan x}\right)=\dfrac{1}{2}$.

(3) 令 $\dfrac{1}{x}=t$,有 $\lim\limits_{x\to\infty}[x(a^{\frac{1}{x}}-1)]=\lim\limits_{t\to 0}\dfrac{a^t-1}{t}=\lim\limits_{t\to 0}\dfrac{t\ln a}{t}=\ln a$.

(4) 当 $x\to 1$,$\arcsin(x-1)^3\sim(x-1)^3$,$\ln(2x-1)=\ln(1+2(x-1))\sim 2(x-1)$. 于是

$$\lim_{x\to 1}\frac{\arcsin(x-1)^3}{(x-1)^2\ln(2x-1)}=\lim_{x\to 1}\frac{(x-1)^3}{(x-1)^2\cdot[2(x-1)]}=\frac{1}{2}.$$

(5) 令 $\dfrac{1}{x}=t$,则当 $x\to\infty$时,$t\to 0$. 于是

$$\lim_{x\to\infty}\left(x\sin\frac{2x}{x^2+1}\right)=\lim_{t\to 0}\left(\frac{1}{t}\sin\frac{\frac{2}{t}}{\frac{1}{t^2}+1}\right)=\lim_{t\to 0}\left(\frac{1}{t}\sin\frac{2t}{1+t^2}\right)=\lim_{t\to 0}\frac{\frac{2t}{1+t^2}}{t}=2.$$

(6) 当 $x\to 0$ 时，$\arctan 2x\sim 2x$，$\sin(\tan x)\sim\tan x\sim x$. 因此，有 $\lim\limits_{x\to 0}\dfrac{\arctan 2x}{\sin(\tan x)}=\lim\limits_{x\to 0}\dfrac{2x}{x}=2$.

(7) 本题无法直接用等价无穷小替换，可以对被求极限的表达式先变形，再计算.

$$\lim_{x\to 0}\frac{x-3\sin 2x}{3x+\arcsin x}=\lim_{x\to 0}\frac{1-3\dfrac{\sin 2x}{x}}{3+\dfrac{\arcsin x}{x}}=-\frac{5}{4}.$$

(8) 对被求极限的表达式变形，得

$$\begin{aligned}\frac{\sqrt{1+\tan x}-\sqrt{1+\sin x}}{x^3}&=\frac{(1+\tan x)-(1+\sin x)}{x^3(\sqrt{1+\tan x}+\sqrt{1+\sin x})}=\frac{\tan x-\sin x}{x^3(\sqrt{1+\tan x}+\sqrt{1+\sin x})}\\&=\frac{\tan x(1-\cos x)}{x^3(\sqrt{1+\tan x}+\sqrt{1+\sin x})}.\end{aligned}$$

当 $x\to 0$ 时，$\tan x\sim x$，$1-\cos x\sim\dfrac{1}{2}x^2$. 因此，有 $\lim\limits_{x\to 0}\dfrac{\sqrt{1+\tan x}-\sqrt{1+\sin x}}{x^3}=\dfrac{1}{4}$.

注意，虽然我们已经学过了求函数极限的一些常用方法，但每种方法都有各自的使用范围，在计算时一定要对号入座，切不可张冠李戴. 读者要善于总结归纳，规范且灵活使用，提高解题效率.

四、课后习题选解(习题 3.3)

A 类题

1. 当 $x\to 0$ 时，比较下列各无穷小的阶(高阶、同阶、等价)：

(1) $\sqrt{x}+\sin x$ 与 x；　(2) $x^2+\arcsin x$ 与 x；　(3) $x-\sin x$ 与 x；

(4) $\sqrt[3]{x}-3x^3+x^5$ 与 x；　(5) $\arctan 2x$ 与 $\sin 3x$；　(6) $(1-\cos x)^2$ 与 $\sin^2 x$.

分析　利用无穷小比较的定义.

解　(1) 因为 $\lim\limits_{x\to 0}\dfrac{x}{\sqrt{x}+\sin x}=0$，所以当 $x\to 0$ 时，x 比 $\sqrt{x}+\sin x$ 是高阶无穷小.

(2) 因为 $\lim\limits_{x\to 0}\dfrac{x^2+\arcsin x}{x}=1$，所以当 $x\to 0$ 时，$x^2+\arcsin x$ 是 x 的等价无穷小.

(3) 因为 $\lim\limits_{x\to 0}\dfrac{x-\sin x}{x}=0$，所以当 $x\to 0$ 时，$x-\sin x$ 比 x 是高阶无穷小.

(4) 因为 $\lim\limits_{x\to 0}\dfrac{x}{\sqrt[3]{x}-3x^3+x^5}=0$，所以当 $x\to 0$ 时，x 比 $\sqrt[3]{x}-3x^3+x^5$ 是高阶无穷小.

(5) 因为 $\lim\limits_{x\to 0}\dfrac{\arctan 2x}{\sin 3x}=\lim\limits_{x\to 0}\dfrac{2x}{3x}=\dfrac{2}{3}$，所以当 $x\to 0$ 时，$\arctan 2x$ 是 $\sin 3x$ 的同阶无穷小.

(6) 因为 $\lim\limits_{x\to 0}\dfrac{(1-\cos x)^2}{\sin^2 x}=\lim\limits_{x\to 0}\dfrac{\left(\dfrac{1}{2}x^2\right)^2}{x^2}=0$. 故当 $x\to 0$ 时，$(1-\cos x)^2$ 比 $\sin^2 x$ 是高阶的无穷小.

2. 计算下列极限：

(1) $\lim\limits_{x\to 0}(\arctan 5x\cdot\csc 3x)$；　(2) $\lim\limits_{x\to 0}\dfrac{\sin x^m}{\sin^n x}$，$m,n\in\mathbf{Z}_+$；　(3) $\lim\limits_{x\to 0^+}\dfrac{1-\cos\sqrt{x}}{x}$；

(4) $\lim\limits_{x\to 0}\dfrac{\sqrt[5]{1+x^2}-1}{x^2}$；　(5) $\lim\limits_{x\to 0}\dfrac{x^2+3x}{\ln(1+2x)}$；　(6) $\lim\limits_{x\to 0}\dfrac{\ln(a+x)+\ln(a-x)-2\ln a}{x^2}$；

(7) $\lim\limits_{x\to 2}\dfrac{\tan(x-2)^3}{\arctan(x-2)^2(\mathrm{e}^{2(x-2)}-1)}$.

分析 利用等价无穷小替换等方法.

解 (1) 由于当 $x\to 0$ 时,$\arctan 5x\sim 5x,\sin 3x\sim 3x$,因此有

$$\lim_{x\to 0}(\arctan 5x\cdot\csc 3x)=\lim_{x\to 0}\frac{\arctan 5x}{\sin 3x}=\frac{5}{3}.$$

(2) $\lim\limits_{x\to 0}\dfrac{\sin x^m}{\sin^n x}=\lim\limits_{x\to 0}\dfrac{x^m}{x^n}=\begin{cases}1, & n=m,\\ 0, & n<m,\\ \infty, & n>m.\end{cases}$

(3) 由于当 $x\to 0^+$ 时,$1-\cos\sqrt{x}\sim\dfrac{1}{2}x$,因此有 $\lim\limits_{x\to 0}\dfrac{1-\cos\sqrt{x}}{x}=\lim\limits_{x\to 0}\dfrac{\frac{1}{2}x}{x}=\dfrac{1}{2}$.

(4) 由于当 $x\to 0$ 时,$\sqrt[5]{1+x^2}-1\sim\dfrac{1}{5}x^2$,因此有 $\lim\limits_{x\to 0}\dfrac{\sqrt[5]{1+x^2}-1}{x^2}=\lim\limits_{x\to 0}\dfrac{\frac{1}{5}x^2}{x^2}=\dfrac{1}{5}$.

(5) 由于当 $x\to 0$ 时,$\ln(1+2x)\sim 2x$,因此有 $\lim\limits_{x\to 0}\dfrac{x^2+3x}{\ln(1+2x)}=\lim\limits_{x\to 0}\dfrac{x^2+3x}{2x}=\dfrac{3}{2}$.

(6) 由于当 $x\to 0$ 时,$\ln\left(1-\dfrac{x^2}{a^2}\right)\sim-\dfrac{x^2}{a^2}$,因此有

$$\lim_{x\to 0}\frac{\ln(a+x)+\ln(a-x)-2\ln a}{x^2}=\lim_{x\to 0}\frac{\ln\dfrac{a^2-x^2}{a^2}}{x^2}=\lim_{x\to 0}\frac{\ln\left(1-\dfrac{x^2}{a^2}\right)}{x^2}=\lim_{x\to 0}\frac{-\dfrac{x^2}{a^2}}{x^2}=-\frac{1}{a^2}.$$

(7) 由于当 $x\to 2$ 时,$\tan(x-2)^3\sim(x-2)^3$,$\arctan(x-2)^2\sim(x-2)^2$,$e^{2(x-2)}-1\sim 2(x-2)$,因此有

$$\lim_{x\to 2}\frac{\tan(x-2)^3}{\arctan(x-2)^2(e^{2(x-2)}-1)}=\lim_{x\to 2}\frac{(x-2)^3}{(x-2)^2\cdot 2(x-2)}=\frac{1}{2}.$$

B类题

1. 计算下列极限:

(1) $\lim\limits_{x\to 0}\dfrac{\sqrt{1+x^2}-1}{1-\cos x}$; (2) $\lim\limits_{x\to\infty}\dfrac{x\arcsin\frac{1}{x}}{x-\cos x}$; (3) $\lim\limits_{x\to 1}\left[(1-x)\sec\dfrac{\pi x}{2}\right]$;

(4) $\lim\limits_{x\to 0}\dfrac{2\sin x+3x^2\cos\frac{1}{x}}{(1+2\cos x)\ln(1+x)}$; (5) $\lim\limits_{x\to\infty}\left[x\sin\ln\left(1+\dfrac{2}{x}\right)-x\sin\ln\left(1+\dfrac{1}{x}\right)\right]$.

分析 利用变量替换和等价无穷小替换等方法.

解 (1) 由于当 $x\to 0$ 时,$\sqrt{1+x^2}-1\sim\dfrac{1}{2}x^2$,$1-\cos x\sim\dfrac{1}{2}x^2$,因此有

$$\lim_{x\to 0}\frac{\sqrt{1+x^2}-1}{1-\cos x}=\lim_{x\to 0}\frac{\frac{1}{2}x^2}{\frac{1}{2}x^2}=1.$$

(2) 由于当 $x\to\infty$ 时,$\arcsin\dfrac{1}{x}\sim\dfrac{1}{x}$,因此有 $\lim\limits_{x\to\infty}\dfrac{x\arcsin\frac{1}{x}}{x-\cos x}=\lim\limits_{x\to\infty}\dfrac{x\cdot\frac{1}{x}}{x-\cos x}=\lim\limits_{x\to\infty}\dfrac{1}{x-\cos x}=0$.

(3) 令 $1-x=t$,则当 $x\to 1$ 时,$t\to 0$. 于是

$$\lim_{x\to 1}\left[(1-x)\sec\frac{\pi x}{2}\right]=\lim_{t\to 0}\left[t\sec\frac{\pi(1-t)}{2}\right]=\lim_{t\to 0}\frac{t}{\cos\dfrac{\pi(1-t)}{2}}=\lim_{t\to 0}\frac{t}{\sin\dfrac{\pi t}{2}}=\frac{2}{\pi}.$$

(4) 由于当 $x\to 0$ 时,$\ln(1+x)\sim x$,因此有

$$\lim_{x\to 0}\frac{2\sin x+3x^2\cos\frac{1}{x}}{(1+2\cos x)\ln(1+x)}=\lim_{x\to 0}\frac{2\sin x+3x^2\cos\frac{1}{x}}{x}\cdot\lim_{x\to 0}\frac{1}{1+2\cos x}=\frac{1}{3}\lim_{x\to 0}\left(\frac{2\sin x}{x}+3x\cos\frac{1}{x}\right)=\frac{2}{3}.$$

(5) 令 $\frac{1}{x}=t$，则当 $x\to\infty$ 时，$t\to 0$. 对分子利用三角函数的和差化积公式化简，于是

$$\lim_{x\to\infty}x\left[\sin\ln\left(1+\frac{2}{x}\right)-\sin\ln\left(1+\frac{1}{x}\right)\right]=\lim_{t\to 0}\frac{1}{t}\left[\sin\ln(1+2t)-\sin\ln(1+t)\right]$$

$$=\lim_{t\to 0}\left[\frac{1}{t}\cdot 2\cos\frac{\ln(1+2t)+\ln(1+t)}{2}\sin\frac{\ln(1+2t)-\ln(1+t)}{2}\right]$$

$$=\lim_{t\to 0}\frac{2}{t}\frac{\ln\frac{1+2t}{1+t}}{2}\cdot\lim_{t\to 0}\cos\frac{\ln(1+2t)+\ln(1+t)}{2}=\lim_{t\to 0}\frac{2}{t}\frac{\ln\left(1+\frac{t}{1+t}\right)}{2}\cdot 1$$

$$=\lim_{t\to 0}\frac{2}{t}\frac{\frac{t}{1+t}}{2}=1.$$

2. 已知 $\lim\limits_{x\to 0}\frac{\sqrt{1+f(x)\sin 2x}-1}{e^{3x}-1}=2$，求 $\lim\limits_{x\to 0}f(x)$.

分析　利用等价无穷小替换计算.

解　因为分子分母都是当 $x\to 0$ 时的无穷小，用等价无穷小替换，可得

$$2=\lim_{x\to 0}\frac{\sqrt{1+f(x)\sin 2x}-1}{e^{3x}-1}=\lim_{x\to 0}\frac{\frac{1}{2}f(x)\sin 2x}{3x}=\frac{1}{3}\lim_{x\to 0}f(x),$$

从而有 $\lim\limits_{x\to 0}f(x)=6$.

3.4　连续函数

一、知识要点

1. 连续函数的定义

定义 3.10　设函数 $f(x)$ 在 x_0 的某邻域 $U(x_0)$ 内有定义，如果当自变量的增量 $\Delta x=x-x_0$ 趋于 0 时，相应的函数值的增量 Δy 也趋于 0，即

$$\lim_{\Delta x\to 0}\Delta y=0 \text{ 或 } \lim_{\Delta x\to 0}[f(x_0+\Delta x)-f(x_0)]=0,$$

则称函数 $y=f(x)$ 在点 x_0 处**连续**，点 x_0 称为函数的连续点.

由定义 3.10 知，若函数在点 x_0 处连续，令 $x=x_0+\Delta x$，有 $\Delta x\to 0\Leftrightarrow x\to x_0$，于是

$$\lim_{\Delta x\to 0}[f(x_0+\Delta x)-f(x_0)]=0\Leftrightarrow\lim_{\Delta x\to 0}f(x_0+\Delta x)=f(x_0)\Leftrightarrow\lim_{x\to x_0}f(x)=f(x_0).$$

由上述三个等价定义可见，要验证函数 $y=f(x)$ 在点 x_0 处连续，必须满足如下 3 个必要条件，缺一不可，即：

(1) 函数 $y=f(x)$ 在点 x_0 处的某邻域 $U(x_0)$ 内有定义，而不是去心邻域，换句话说，函数 $y=f(x)$ 必须在点 x_0 处有定义；

(2) $\lim\limits_{x\to x_0}f(x)$ 必须存在；

(3) $\lim\limits_{x\to x_0}f(x)$ 必须等于函数 $y=f(x)$ 在点 x_0 处的函数值.

事实上，条件(2)和(3)可以合在一起写，即“函数 $y=f(x)$ 当 $x\to x_0$ 时的极限必须等于这一点的函数值”. 这里分开写的目的是为了方便给出函数在某一点处间断的定义.

定义 3.11　设函数 $y=f(x)$ 在点 x_0 的某左邻域 $U_-(x_0)$（右邻域 $U_+(x_0)$）有定义，若有

$$\lim_{\Delta x\to 0^-}[f(x_0+\Delta x)-f(x_0)]=0\left(\text{或}\lim_{\Delta x\to 0^+}[f(x_0+\Delta x)-f(x_0)]=0\right),$$

则称函数 $y=f(x)$ 在点 x_0 处**左连续**(**右连续**). 上式还可以写成如下的等价形式,即

$$\lim_{x\to x_0^-}f(x)=f(x_0)\left(\lim_{x\to x_0^+}f(x)=f(x_0)\right).$$

定理 3.14 函数 $y=f(x)$ 在点 x_0 处连续的充分必要条件是:它在点 x_0 处既左连续,又右连续.

定义 3.12 如果函数 $y=f(x)$ 在开区间 (a,b) 内每一点都连续,则称函数 $f(x)$ 在区间 (a,b) 内连续;进一步地,如果函数 $f(x)$ 在 (a,b) 内连续,同时在点 a 处右连续,在点 b 处左连续,则称函数 $y=f(x)$ 在闭区间 $[a,b]$ 上连续.

2. 函数的间断点

定义 3.13 设函数 $y=f(x)$ 在点 x_0 处的某去心邻域 $\mathring{U}(x_0)$ 内有定义. 如果函数 $y=f(x)$ 在点 x_0 处有如下的 3 种情况之一,即:

(1) 函数在点 x_0 无定义;

(2) 函数在点 x_0 有定义,但 $\lim\limits_{x\to x_0}f(x)$ 不存在;

(3) 函数在点 x_0 有定义,$\lim\limits_{x\to x_0}f(x)$ 存在,但 $\lim\limits_{x\to x_0}f(x)\neq f(x_0)$.

则称函数在点 x_0 处不连续,称点 x_0 为函数 $f(x)$ 的**间断点**,或称为**不连续点**.

设点 x_0 为函数 $y=f(x)$ 的间断点,间断点分为两大类:

(1) 如果函数在点 x_0 处的左极限 $f(x_0-0)$ 及右极限 $f(x_0+0)$ 都存在,则称点 x_0 为函数的**第一类间断点**,包括:

① 若函数在点 x_0 处 $\lim\limits_{x\to x_0}f(x)=A$,$f(x)$ 在点 x_0 无定义;或函数在点 x_0 处虽然有定义,但是 $\lim\limits_{x\to x_0}f(x)=A\neq f(x_0)$,则称 x_0 为函数的**可去间断点**. 例如,点 $x=1$ 是函数 $f(x)=\dfrac{x^2-1}{x-1}$ 的可去间断点.

② 若函数在点 x_0 处的左、右极限不相等,即 $f(x_0-0)\neq f(x_0+0)$,则称 x_0 为函数的**跳跃间断点**. 例如,点 $x=0$ 是符号函数的跳跃间断点.

(2) 如果函数在点 x_0 处的左极限 $f(x_0-0)$ 和右极限 $f(x_0+0)$ 至少有一个不存在,则称点 x_0 为函数的**第二类间断点**,包括**无穷间断点**和**振荡间断点**,它们没有严格的定义,可以通过例题说明. 例如,点 $x=0$ 是函数 $y=\dfrac{1}{x^2}$ 的无穷间断点;例如,点 $x=0$ 是函数 $y=\sin\dfrac{1}{x}$ 的振荡间断点.

二、经典题型详解

题型 1 利用函数在某一点的左右极限判断函数在该点是否连续

例 3.11 判断下列函数在点 $x=0$ 处是否连续?

(1) $f(x)=\begin{cases}\ln(1-2x), & x<0,\\ e^x-x-1, & x\geqslant 0;\end{cases}$

(2) $f(x)=\begin{cases}\dfrac{\sin^2 x}{x^2(1+\cos x)}, & x<0,\\ \dfrac{\sqrt{1+x}-1}{\tan 3x}, & x\geqslant 0.\end{cases}$

分析 $x=0$ 是上述两个函数的分段点，并且分别有两个表达式. 需要分别求它们的左右极限，然后利用连续函数的定义判断.

解 (1) 因为 $\lim\limits_{x\to0^-}f(x)=\lim\limits_{x\to0^-}\ln(1-2x)=0$，$\lim\limits_{x\to0^+}f(x)=\lim\limits_{x\to0^+}(e^x-x-1)=0$，所以 $\lim\limits_{x\to0^-}f(x)=\lim\limits_{x\to0^+}f(x)$. 易见，函数 $f(x)$ 在点 $x=0$ 处有定义，因此，函数 $f(x)$ 在点 $x=0$ 处连续.

(2) 因为

$$\lim_{x\to0^-}f(x)=\lim_{x\to0^-}\frac{\sin^2x}{x^2(1+\cos x)}=\frac{1}{2},$$

$$\lim_{x\to0^+}f(x)=\lim_{x\to0^+}\frac{\sqrt{1+x}-1}{\tan3x}=\lim_{x\to0^+}\frac{1+x-1}{3x(\sqrt{1+x}+1)}=\frac{1}{6},$$

所以 $\lim\limits_{x\to0^-}f(x)\neq\lim\limits_{x\to0^+}f(x)$. 因此，函数 $f(x)$ 在点 $x=0$ 处不连续(间断).

例 3.12 已知函数 $f(x)=\begin{cases}\dfrac{\ln(1-kx)}{x}+1, & x<0,\\ \dfrac{e^{3x}-1}{2x}, & x\geqslant0\end{cases}$ 在点 $x=0$ 处连续，求 k 的值.

分析 该分段函数在分段点 $x=0$ 处有两个表达式，先求左、右极限，然后令它们相等，即利用连续函数的定义，求 k 的值.

解 由于当 $x\to0$ 时，$\ln(1-kx)\sim-kx$，$e^{3x}-1\sim3x$，所以有

$$\lim_{x\to0^-}f(x)=\lim_{x\to0^-}\frac{\ln(1-kx)}{x}+1=-k+1,\quad \lim_{x\to0^+}f(x)=\lim_{x\to0^+}\frac{e^{3x}-1}{2x}=\frac{3}{2}.$$

因为函数在点 $x=0$ 处连续，所以有 $\lim\limits_{x\to0^-}f(x)=\lim\limits_{x\to0^+}f(x)$，即 $-k+1=\dfrac{3}{2}$. 于是 $k=-\dfrac{1}{2}$.

题型 2 判断间断点的类型

例 3.13 指出下列函数的间断点及其所属类型，若是可去间断点，试补充或修改定义，使函数在该点连续：

(1) $f(x)=\begin{cases}e^{\frac{1}{x-1}}, & x>0,\\ \ln(1+x), & -1<x\leqslant0;\end{cases}$　　(2) $f(x)=\dfrac{x^2-x}{|x|(x^2-1)}$;

(3) $y=\dfrac{\tan x}{x}$;　　(4) $f(x)=\dfrac{\ln|x|}{x^2-3x+2}$.

分析 利用各类间断点定义.

解 (1) 易见，$f(x)$ 的定义域为 $(-1,+\infty)$，其中 $x=0,1$ 为间断点. 由于

$$\lim_{x\to0^-}f(x)=\lim_{x\to0^-}\ln(1+x)=0,\quad \lim_{x\to0^+}f(x)=\lim_{x\to0^+}e^{\frac{1}{x-1}}=e^{-1},$$

所以 $x=0$ 为函数 $f(x)$ 的第一类间断点，并且是跳跃间断点. 由于

$$\lim_{x\to1^-}f(x)=\lim_{x\to1^-}e^{\frac{1}{x-1}}=0,\quad \lim_{x\to1^+}f(x)=\lim_{x\to1^+}e^{\frac{1}{x-1}}\to+\infty,$$

则 $x=1$ 为函数 $f(x)$ 的第二类间断点，并且是无穷间断点.

(2) 易见，$x=0,-1,1$ 为 $f(x)$ 的间断点. 易见

$$f(x)=\frac{x^2-x}{|x|(x^2-1)}=\frac{x(x-1)}{|x|(x-1)(x+1)}.$$

由于

$$\lim_{x\to0^-}f(x)=\lim_{x\to0^-}\frac{x(x-1)}{|x|(x-1)(x+1)}=\lim_{x\to0^-}\frac{x(x-1)}{-x(x-1)(x+1)}=\lim_{x\to0^-}\frac{1}{-(x+1)}=-1,$$

$$\lim_{x\to0^+}f(x)=\lim_{x\to0^+}\frac{x(x-1)}{|x|(x-1)(x+1)}=\lim_{x\to0^+}\frac{x(x-1)}{x(x-1)(x+1)}=\lim_{x\to0^+}\frac{1}{(x+1)}=1,$$

所以 $x=0$ 为函数 $f(x)$的第一类间断点,并且是跳跃间断点. 由于

$$\lim_{x\to-1}f(x)=\lim_{x\to-1}\frac{x(x-1)}{|x|(x-1)(x+1)}=\lim_{x\to-1}\frac{x(x-1)}{-x(x-1)(x+1)}=\lim_{x\to-1}\frac{1}{-(x+1)}\to\infty,$$

所以 $x=-1$ 为函数 $f(x)$的第二类间断点,并且是无穷间断点. 由于

$$\lim_{x\to1}f(x)=\lim_{x\to1}\frac{x(x-1)}{|x|(x-1)(x+1)}=\lim_{x\to1}\frac{x(x-1)}{x(x-1)(x+1)}=\lim_{x\to1}\frac{1}{(x+1)}=\frac{1}{2},$$

所以 $x=1$ 为函数 $f(x)$的第一类间断点,并且是可去间断点. 由于函数 $f(x)$在点 $x=1$ 处无定义,补充定义 $f(1)=\frac{1}{2}$,可使得函数在该点连续.

(3) 易见,$x=0$ 为函数 $f(x)$的间断点. 由于$\lim\limits_{x\to0}f(x)=\lim\limits_{x\to0}\frac{\tan x}{x}=1$,所以 $x=0$ 为函数 $f(x)$的第一类间断点,并且是可去间断点. 由于函数 $f(x)$在点 $x=0$ 处无定义,补充定义 $f(0)=1$,可使得函数在该点连续.

(4) 易见 $x=0,1,2$ 为函数 $f(x)$的间断点. 由于$\lim\limits_{x\to0}f(x)=\lim\limits_{x\to0}\frac{\ln|x|}{x^2-3x+2}\to\infty$,因此,$x=0$为函数 $f(x)$的第二类间断点,并且是无穷间断点. 由

$$\lim_{x\to1}f(x)=\lim_{x\to1}\frac{\ln[1+(x-1)]}{x^2-3x+2}=\lim_{x\to1}\frac{x-1}{x^2-3x+2}=-1,$$

所以 $x=1$ 为函数 $f(x)$的第一类间断点,并且是可去间断点. 由于函数 $f(x)$在点 $x=1$ 处无定义,补充定义 $f(1)=-1$,可使得函数在该点连续.

由于$\lim\limits_{x\to2}f(x)=\lim\limits_{x\to2}\frac{\ln|x|}{x^2-3x+2}\to\infty$,所以 $x=2$ 为函数 $f(x)$的第二类间断点,并且是无穷间断点.

三、课后习题选解(习题 3.4)

A类题

1. 研究下列函数的连续性:

(1) $f(x)=\begin{cases}2-x^2, & x>1,\\ x, & x\leqslant1;\end{cases}$ (2) $f(x)=\begin{cases}\frac{\sin x}{x}, & x\neq0,\\ 1, & x=0.\end{cases}$

分析 先求函数在分段点的左、右极限,然后利用连续函数的定义判断.

解 (1) 由于 $\lim\limits_{x\to1^-}f(x)=\lim\limits_{x\to1^-}x=1$,$\lim\limits_{x\to1^+}f(x)=\lim\limits_{x\to1^+}(2-x^2)=1$,有$\lim\limits_{x\to1}f(x)=1=f(1)$,因此函数 $f(x)$在点 $x=1$ 处连续,进而它在 $\mathbf{R}$ 上连续.

(2) 由于$\lim\limits_{x\to0}f(x)=\lim\limits_{x\to0}\frac{\sin x}{x}=1=f(0)$,因此函数 $f(x)$在点 $x=0$ 处连续,进而它在 $\mathbf{R}$ 上连续.

2. 如果函数 $f(x)=\begin{cases}a+3x^2, & x<1,\\ 2, & x=1,\\ \ln(b+2x), & x>1\end{cases}$ 在点 $x=1$ 处连续,求 a,b 的值.

分析 先求函数在分段点的左、右极限,然后令它们相等,即利用连续函数的定义,求 a,b 的值.

解 由于 $\lim\limits_{x\to1^-}f(x)=\lim\limits_{x\to1^-}(a+3x^2)=a+3$, $\lim\limits_{x\to1^+}f(x)=\lim\limits_{x\to1^+}\ln(b+2x)=\ln(b+2)$, $f(1)=2$. 再由函数 $f(x)$ 在点 $x=1$ 处连续,则解得 $a=-1,b=e^2-2$.

3. 指出下列函数的间断点,并判定其类型:(1) $f(x)=\dfrac{1+x}{1+x^3}$.

分析 利用各类间断点定义.

解 (1)易知 $x=-1$ 为 $f(x)$ 的间断点. 由于 $\lim\limits_{x\to-1}f(x)=\lim\limits_{x\to-1}\dfrac{1+x}{1+x^3}=\lim\limits_{x\to-1}\dfrac{1}{1-x+x^2}=\dfrac{1}{3}$,所以 $x=-1$ 为函数 $f(x)$ 的第一类间断点,并且是可去间断点.

4. 设 $f(x)=\begin{cases}\dfrac{\ln(1+3x)}{2x}, & x\neq0,\\ k, & x=0,\end{cases}$ 求 k 的值,使得 $f(x)$ 在点 $x=0$ 处连续.

分析 利用连续函数的定义求解.

解 由于函数 $f(x)$ 在点 $x=0$ 处连续,并且

$$\lim_{x\to0}f(x)=\lim_{x\to0}\frac{\ln(1+3x)}{2x}=\lim_{x\to0}\frac{3x}{2x}=\frac{3}{2}=f(0)=k,$$

所以 $k=\dfrac{3}{2}$.

5. 确定 C 的值,使得函数 $f(x)=\begin{cases}Cx+1, & x\leqslant3,\\ Cx^2-1, & x>3\end{cases}$ 在 $\mathbf{R}$ 上连续.

分析 利用连续函数的定义求解.

解 由于

$$\lim_{x\to3^-}f(x)=\lim_{x\to3^-}(Cx+1)=3C+1,\quad \lim_{x\to3^+}f(x)=\lim_{x\to3^+}(Cx^2-1)=9C-1,$$

要使得函数 $f(x)$ 在点 $x=3$ 处连续,必有 $3C+1=9C-1$,由此解得 $C=\dfrac{1}{3}$.

B类题

1. 指出下列函数的间断点及其所属类型,若是可去间断点,试补充或修改定义,使函数在该点连续:

(1) $y=\arctan\dfrac{1}{x-1}$; (2) $f(x)=\sin x\cdot\sin\dfrac{1}{x}$.

分析 利用各类间断点定义.

解 (1) 易见,$x=1$ 为函数 $f(x)$ 的间断点. 由于 $\lim\limits_{x\to1^-}f(x)=\lim\limits_{x\to1^-}\arctan\dfrac{1}{x-1}=-\dfrac{\pi}{2}$, $\lim\limits_{x\to1^+}f(x)=\lim\limits_{x\to1^+}\arctan\dfrac{1}{x-1}=\dfrac{\pi}{2}$,所以 $x=1$ 为函数 $f(x)$ 的第一类间断点,并且是跳跃间断点.

(2) 易见,$x=0$ 为函数 $f(x)$ 的间断点. 由于 $\lim\limits_{x\to0}f(x)=\lim\limits_{x\to0}\left(\sin x\cdot\sin\dfrac{1}{x}\right)=0$,所以 $x=0$ 为函数 $f(x)$ 的第一类间断点,并且是可去间断点. 补充定义 $f(0)=0$,可使得函数在该点连续.

2. 设函数 $f(x)=\dfrac{e^x-b}{(x-a)(x-1)}$,若 $x=0$ 是函数的无穷间断点,$x=1$ 是可去间断点,试确定 a,b 的值.

分析 利用各类间断点定义.

解 由于 $x=1$ 是函数的可去间断点,所以要求 $\lim\limits_{x\to1}(e^x-b)=0$,即 $b=e$,且 $a\neq1$. 由于 $x=0$ 是函数的无穷间断点,所以要求 $\lim\limits_{x\to0}(x-a)=0$,即 $a=0$.

综上,$a=0,b=e$ 是所要确定的值.

3. 设函数 $f(x)=\begin{cases}\dfrac{1-e^{\tan x}}{\arcsin\dfrac{x}{2}}, & x>0,\\ ae^{2x}, & x\leqslant 0\end{cases}$ 在点 $x=0$ 处连续，试确定 a 的值.

分析 利用连续函数的定义.

解 不难求得

$$\lim_{x\to0^-}f(x)=\lim_{x\to0^-}ae^{2x}=a,\quad \lim_{x\to0^+}f(x)=\lim_{x\to0^+}\frac{1-e^{\tan x}}{\arcsin\dfrac{x}{2}}=\lim_{x\to0^+}\frac{-\tan x}{\dfrac{x}{2}}=-2.$$

由于函数 $f(x)$ 在 $x=0$ 处连续，所以 $a=-2$.

4. 讨论函数 $f(x)=x\lim\limits_{n\to\infty}\dfrac{1-x^{2n}}{1+x^{2n}}$ 的连续性，若有间断点，判别其类型.

分析 先写出 $f(x)$ 的表达式，利用连续和间断点定义.

解 不难得到函数 $f(x)$ 的表达式 $f(x)=x\lim\limits_{n\to\infty}\dfrac{1-x^{2n}}{1+x^{2n}}=\begin{cases}x, & |x|<1,\\ 0, & |x|=1,\\ -x, & |x|>1.\end{cases}$

由于 $\lim\limits_{x\to1^-}f(x)=\lim\limits_{x\to1^-}(x)=1$，$\lim\limits_{x\to1^+}f(x)=\lim\limits_{x\to1^+}(-x)=-1$，所以 $x=1$ 为函数 $f(x)$ 的第一类间断点，并且是跳跃间断点.

由于 $\lim\limits_{x\to-1^-}f(x)=\lim\limits_{x\to-1^-}(-x)=1$，$\lim\limits_{x\to-1^+}f(x)=\lim\limits_{x\to-1^+}(x)=-1$，所以 $x=-1$ 为函数 $f(x)$ 的第一类间断点，并且是跳跃间断点.

5. 设函数 $f(x)$ 在点 x_0 连续，且 $f(x_0)\neq0$. 证明：存在 $\delta>0$，使得当 $x\in(x_0-\delta,x_0+\delta)$ 时，$|f(x)|>\dfrac{|f(x_0)|}{2}$.

分析 利用连续函数的定义.

证 取 $\varepsilon=\dfrac{|f(x_0)|}{2}>0$，因函数 $f(x)$ 在点 x_0 连续，故存在 $\delta>0$，使 $x\in(x_0-\delta,x_0+\delta)$ 时，$|f(x)-f(x_0)|<\varepsilon=\dfrac{|f(x_0)|}{2}$，即 $f(x_0)-\dfrac{|f(x_0)|}{2}<f(x)<f(x_0)+\dfrac{|f(x_0)|}{2}$. 于是：

(1) 若 $f(x_0)>0$，则 $f(x)>f(x_0)-\dfrac{f(x_0)}{2}=\dfrac{f(x_0)}{2}$.

(2) 若 $f(x_0)<0$，则 $f(x)<-|f(x_0)|+\dfrac{|f(x_0)|}{2}=-\dfrac{|f(x_0)|}{2}$.

综上，有 $|f(x)|>\dfrac{|f(x_0)|}{2}$. 证毕

3.5 连续函数的运算和性质

一、知识要点

1. 连续函数的运算

(1) 四则运算法则

定理 3.15 若函数 $f(x)$ 与 $g(x)$ 都在点 x_0 处连续，则函数 $f(x)\pm g(x)$，$f(x)g(x)$，$\dfrac{f(x)}{g(x)}(g(x_0)\neq0)$ 在点 x_0 处也连续.

(2) 反函数和复合函数的连续性

定理 3.16 如果连续函数 $y=f(x)$在区间 I_x 上严格单调递增(或递减),那么它的反函数 $x=f^{-1}(y)$在对应的区间 $I_y=\{y|y=f(x),x\in I_x\}$上也严格单调递增(或递减)且连续.

定理 3.17 设 $y=f[\varphi(x)]$由函数 $y=f(u)$和 $u=\varphi(x)$复合而成,$U(x_0)\subset D_{f\circ g}$. 若函数 $u=\varphi(x)$在 x_0 处连续,即 $u_0=\varphi(x_0)$,而函数 $y=f(u)$在点 u_0 处连续,则复合函数 $y=f[\varphi(x)]$在点 x_0 处连续,即$\lim\limits_{x\to x_0}f[\varphi(x)]=f[\lim\limits_{x\to x_0}\varphi(x)]=f[\varphi(x_0)]$.

2. 初等函数的连续性

定理 3.18 一切初等函数在其定义区间内都是连续的.

3. 闭区间上连续函数的性质

(1) 有界性

定理 3.19(有界定理) 若函数 $y=f(x)$在闭区间$[a,b]$上连续,则它在$[a,b]$上有界,即存在 $M>0$, $\forall x\in[a,b]$,有$|f(x)|\leqslant M$.

定理 3.20(最大值和最小值定理) 若函数 $y=f(x)$在闭区间$[a,b]$上连续,则函数在$[a,b]$上必有最小值和最大值. 即在$[a,b]$上至少有一点 ξ_1 和一点 ξ_2, $\forall x\in[a,b]$,有

$$f(\xi_1)\leqslant f(x)\leqslant f(\xi_2).$$

(2) 介值性

定理 3.21(零点定理) 若函数 $y=f(x)$在闭区间$[a,b]$上连续,且 $f(a)$与 $f(b)$异号,则在(a,b)内至少存在一点 ξ,使 $f(\xi)=0$.

定理 3.22(介值定理) 设函数 $y=f(x)$在闭区间$[a,b]$上连续,且 $f(a)\neq f(b)$,则对介于 $f(a)$与 $f(b)$之间的一切实数 μ,在开区间(a,b)内至少存在一点 ξ,使得 $f(\xi)=\mu$.

二、疑难解析

1. 把定理 3.17 中的条件"$U(x_0)\subset D_{f\circ g}$"改为"$\mathring{U}(x_0)\subset D_{f\circ g}$",定理的结论是否成立?说明理由.

答 不一定成立. 例如,$y=\sin\dfrac{1}{x}$可看作是 $y=\sin u$ 和 $u=\dfrac{1}{x}$复合而成的. $y=\sin u$ 在$(-\infty,+\infty)$上连续,而 $u=\dfrac{1}{x}$在$(-\infty,0)$和$(0,+\infty)$上连续,在点 $x=0$ 处不连续,函数 $y=\sin\dfrac{1}{x}$在点 $x=0$ 处不连续.

但是,若把"$U(x_0)\subset D_{f\circ g}$"改为"$\mathring{U}(x_0)\subset D_{f\circ g}$",把"函数 $u=\varphi(x)$在 x_0 连续,且 $u_0=\varphi(x_0)$"改为"$\lim\limits_{x\to x_0}\varphi(x)=u_0$",其他条件不变,则当 $x\to x_0$ 时,极限 $\lim\limits_{x\to x_0}f[\varphi(x)]$存在,且$\lim\limits_{x\to x_0}f[\varphi(x)]=f(\lim\limits_{x\to x_0}\varphi(x))$. 这说明若点 x_0 是函数 $u=\varphi(x)$的可去间断点,在计算极限时,符号 f 和极限号仍然可以交换.

2. 定理 3.18 指出"一切初等函数在其定义区间内都是连续的."这里的定义区间和初等函数的定义域是否有区别?

答 所谓定义区间,是指包含在定义域内的区间,即去除孤立点的定义域. 初等函数仅

在其定义区间内连续，在其定义域不一定连续. 例如，函数 $y=\sqrt{\cos x-1}$ 仅在点 $x=2k\pi$ $(k\in\mathbf{Z})$ 有定义，它在其定义域内是不连续的.

3. 对于闭区间上的连续函数，如果去掉连续的条件或换成开区间，各种性质结论是否成立?

答 各种性质的结论都不一定成立. 例如，$y=\dfrac{1}{x}$ 在开区间 $(0,1)$ 内连续，但 $\dfrac{1}{x}$ 在 $(0,1)$ 内不能取到最大值，也无上界；函数 $f(x)=\tan x$ 在开区间 $\left(-\dfrac{\pi}{2},\dfrac{\pi}{2}\right)$ 上连续，但 $\lim\limits_{x\to\frac{\pi}{2}^-}\tan x=+\infty$，$\lim\limits_{x\to-\frac{\pi}{2}^+}\tan x=-\infty$，所以 $f(x)=\tan x$ 在 $\left(-\dfrac{\pi}{2},\dfrac{\pi}{2}\right)$ 上无界，并且取不到最大值与最小值. 函数 $f(x)=\begin{cases}x, x\neq 0,\\ 1, x=0\end{cases}$ 在 $[-1,1]$ 上有定义，仅在 $x=0$ 处不连续，$f(-1)f(1)<0$，但不存在 $x_0\in(-1,1)$，使得 $f(x_0)=0$.

三、经典题型详解

题型 1 利用函数连续性的结论计算极限

在计算极限时，先考查被求极限的表达式是不是初等函数，点 x_0 是不是函数定义区间内的点，如果是，则函数在该点连续，直接代入函数值即可；还可以利用复合函数的极限法则(定理 3.10)计算极限；特别地，对于幂指函数 $u(x)^{v(x)}$ $(u(x)>0$ 且 $u(x)$ 不恒等于 1)，若有 $\lim\limits_{x\to x_0}u(x)=u_0>0$，$\lim\limits_{x\to x_0}v(x)=v_0$，则有 $\lim\limits_{x\to x_0}u(x)^{v(x)}=u_0^{v_0}$.

例 3.14 求下列极限：

(1) $\lim\limits_{x\to 2}\dfrac{\ln(x-1)+\arctan\sqrt{2x-3}}{x^2+x-4}$；

(2) $\lim\limits_{x\to+\infty}\tan\left(\dfrac{x^2+2x}{2x^2+1}\arcsin\sqrt{\dfrac{3x+2}{4x+1}}\right)$；

(3) $\lim\limits_{x\to\infty}\arccos(\sqrt{x^2+2x}-x)$；

(4) $\lim\limits_{x\to 2}\dfrac{\sqrt{x}-\sqrt{2}+\sqrt{x-2}}{\sqrt{x^2-4}}$；

(5) $\lim\limits_{x\to\infty}\left(\sin\dfrac{1}{x}+\cos\dfrac{1}{x}\right)^{1+3x}$；

(6) $\lim\limits_{x\to\frac{\pi}{4}}(1+\sin 2x)^{1+\cot x}$.

分析 根据被求极限的表达式的特点，选择计算方法.

解 (1) 易见，被求极限的表达式在点 $x=2$ 处连续. 因此

$$\lim_{x\to 2}\frac{\ln(x-1)+\arctan\sqrt{2x-3}}{x^2+x-4}=\frac{\ln(2-1)+\arctan\sqrt{4-3}}{4+2-4}=\frac{\pi}{8}.$$

(2) 易见，$\lim\limits_{x\to+\infty}\dfrac{x^2+2x}{2x^2+1}=\dfrac{1}{2}$，$\lim\limits_{x\to+\infty}\arcsin\sqrt{\dfrac{3x+2}{4x+1}}=\arcsin\dfrac{\sqrt{3}}{2}=\dfrac{\pi}{3}$. 因此

$$\begin{aligned}\lim_{x\to+\infty}\tan\left(\frac{x^2+2x}{2x^2+1}\arcsin\sqrt{\frac{3x+2}{4x+1}}\right)&=\tan\left[\lim_{x\to+\infty}\left(\frac{x^2+2x}{2x^2+1}\arcsin\sqrt{\frac{3x+2}{4x+1}}\right)\right]\\&=\tan\left[\lim_{x\to+\infty}\frac{x^2+2x}{2x^2+1}\cdot\lim_{x\to+\infty}\arcsin\sqrt{\frac{3x+2}{4x+1}}\right]\\&=\tan\frac{\pi}{6}=\frac{\sqrt{3}}{3}.\end{aligned}$$

(3) 不难求得

$$\lim_{x\to\infty}(\sqrt{x^2+2x}-x)=\lim_{x\to\infty}\frac{x^2+2x-x^2}{\sqrt{x^2+2x}+x}==\lim_{x\to\infty}\frac{2}{\sqrt{1+\frac{2}{x}}+1}=1.$$

因此$\lim\limits_{x\to\infty}\arccos(\sqrt{x^2+2x}-x)=\arccos\left[\lim\limits_{x\to\infty}(\sqrt{x^2+2x}-x)\right]=\arccos 1=0.$

(4) 可以将被求极限的表达式拆成两项计算，即

$$\lim_{x\to 2}\frac{\sqrt{x}-\sqrt{2}}{\sqrt{x^2-4}}=\lim_{x\to 2}\frac{(\sqrt{x}-\sqrt{2})(\sqrt{x}+\sqrt{2})}{(\sqrt{x}+\sqrt{2})\sqrt{x^2-4}}=\lim_{x\to 2}\frac{x-2}{(\sqrt{x}+\sqrt{2})\sqrt{x^2-4}}$$

$$=\lim_{x\to 2}\frac{\sqrt{x-2}}{(\sqrt{x}+\sqrt{2})\sqrt{x+2}}=0;$$

$$\lim_{x\to 2}\frac{\sqrt{x-2}}{\sqrt{x^2-4}}=\lim_{x\to 2}\frac{1}{\sqrt{x+2}}=\frac{1}{2}.$$

因此$\lim\limits_{x\to 2}\frac{\sqrt{x}-\sqrt{2}+\sqrt{x-2}}{\sqrt{x^2-4}}=0+\frac{1}{2}=\frac{1}{2}.$

(5) 注意到，该极限表达式为1^∞型，利用配项方法将其配成第二类重要极限形式，然后再计算. 首先，利用配项方法，有

$$\lim_{x\to\infty}\left(\sin\frac{1}{x}+\cos\frac{1}{x}\right)^{1+3x}=\left[\lim_{x\to\infty}\left(\sin\frac{1}{x}+\cos\frac{1}{x}\right)^2\right]^{\frac{1+3x}{2}}=\lim_{x\to\infty}\left(1+\sin\frac{2}{x}\right)^{\frac{1+3x}{2}}$$

$$=\lim_{x\to\infty}\left(1+\sin\frac{2}{x}\right)^{\frac{1}{\sin\frac{2}{x}}\cdot\frac{1+3x}{2}\sin\frac{2}{x}}.$$

由于当$x\to\infty$时，$\sin\frac{2}{x}\sim\frac{2}{x}$，利用无穷小替换原理，有

$$\lim_{x\to\infty}\left(\frac{1+3x}{2}\sin\frac{2}{x}\right)=\lim_{x\to\infty}\left(\frac{1+3x}{2}\cdot\frac{2}{x}\right)=3.$$

因此$\lim\limits_{x\to\infty}\left(\sin\frac{1}{x}+\cos\frac{1}{x}\right)^{1+3x}=e^3.$

(6) 由于$\lim\limits_{x\to\frac{\pi}{4}}(1+\sin 2x)=2$，$\lim\limits_{x\to\frac{\pi}{4}}(1+\cot x)=2$，利用幂指函数求极限的方法，有

$$\lim_{x\to\frac{\pi}{4}}(1+\sin 2x)^{1+\cot x}=2^2=4.$$

题型2 利用闭区间上连续函数的各种性质证明问题

例3.15 设函数$f(x)$在区间$[0,2a]$上连续，$f(0)=f(2a)$，证明：在区间$[0,a]$上至少存在一点x_0使得$f(x_0)=f(x_0+a)$.

分析 在使用零点定理证明方程的根或函数的零点的存在性时，重点是根据结论如何构造辅助函数. 根据要证的结论$f(x_0)=f(x_0+a)$，构造辅助函数$F(x)=f(x)-f(x+a)$，并在区间$[0,a]$应用零点定理.

证 设$F(x)=f(x)-f(x+a)$. 显然，函数$F(x)$在区间$[0,a]$上连续且有

$$F(0)=f(0)-f(a)=f(2a)-f(a),F(a)=f(a)-f(2a)=-F(0).$$

若$F(0)=0$，$x_0=0$即为所求；若$F(0)\neq 0$，则$F(0)F(a)=-F^2(0)<0$，故由零点定理，存在$x_0\in(0,a)$，使$F(x_0)=0$，即$f(x_0)=f(x_0+a)$. 证毕

例 3.16 若函数 $f(x)$在区间$[a,b)$上连续，且 $\lim\limits_{x\to b^-}f(x)$存在．证明：$f(x)$在$[a,b)$上有界.

分析 利用极限定义及闭区间上连续函数的有界性定理.

证 由已知，不妨设 $\lim\limits_{x\to b^-}f(x)=A$. 取 $\varepsilon=1$，由极限定义，存在 $0<\delta<b-a$，使当 $-\delta<x-b<0$，即 $x\in(b-\delta,b)$时，有 $|f(x)-A|<\varepsilon=1$，从而

$$|f(x)|=|f(x)-A+A|\leqslant|f(x)-A|+|A|<1+|A|.$$

又因为函数 $f(x)$在闭区间$[a,b-\delta]$上连续，从而有界，即在$[a,b-\delta]$上，$\exists M>0$，使得 $|f(X)|\leqslant M$. 取 $N=\max\{M,|A|+1\}$，则当 $x\in[a,b)$时，恒有 $|f(x)|\leqslant N$. 证毕

例 3.17 证明：在闭区间上连续的函数一定可以取得介于最小值和最大值之间的任何值.

分析 本题是介值定理的推论. 如图 3.3 所示，若函数 $f(x)$在闭区间$[a,b]$上连续，m与M分别是 $f(x)$在$[a,b]$上的最小值和最大值，$c\in[m,M]$，则在(a,b)上至少存在一点 ξ，使 $f(\xi)=c$.

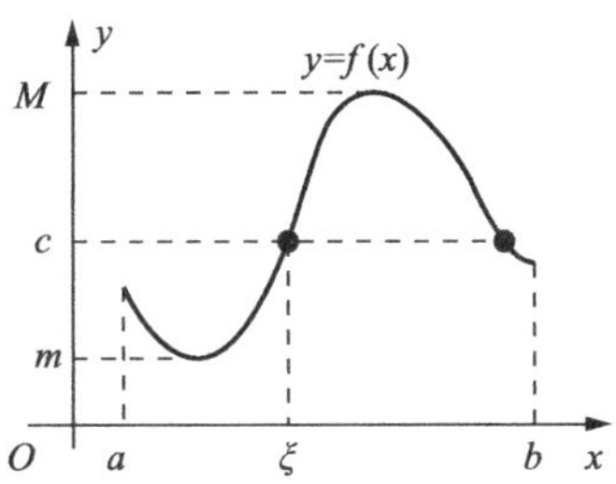

图 3.3

证 如果 $m=M$，则函数 $f(x)$在$[a,b]$上是常数，结论显然成立.

如果 $m<M$，则在闭区间$[a,b]$上必存在两点 x_1 和 x_2，使 $f(x_1)=m, f(x_2)=M$. 不妨设 $x_1<x_2$.

作辅助函数 $\varphi(x)=f(x)-c$，$\varphi(x)$ 在$[a,b]$连续且 $\varphi(x_1)=f(x_1)-c>0$，$\varphi(x_2)=f(x_2)-c<0$. 由零点定理，在区间(x_1,x_2)内至少存在一点 ξ，使

$$\varphi(\xi)=f(\xi)-c=0,$$

即 $f(\xi)=c$. 证毕

例 3.18 设函数 $y=f(x)$在区间$[a,b]$上连续，$a\leqslant x_1<\cdots<x_n\leqslant b$，证明至少存在一点 $x_0\in[x_1,x_n]$，使得 $f(x_0)=\dfrac{f(x_1)+f(x_2)+\cdots+f(x_n)}{n}$.

分析 应用介值定理.

证 因为函数 $f(x)$在区间$[x_1,x_n]\subset[a,b]$上连续，所以 $f(x)$在$[x_1,x_n]$上存在最大值和最小值. 设 $M=\max\limits_{x\in[x_1,x_n]}\{f(x)\}$，$m=\min\limits_{x\in[x_1,x_n]}\{f(x)\}$，则

$$m\leqslant f(x_i)\leqslant M,\quad i=1,2,\cdots,n.$$

从而 $m\leqslant\dfrac{f(x_1)+f(x_2)+\cdots+f(x_n)}{n}\leqslant M$.

由介值定理的推论，至少存在一点 $x_0\in[x_1,x_n]$，使

$$f(x_0)=\frac{f(x_1)+f(x_2)+\cdots+f(x_n)}{n}.$$

证毕

例 3.19 设函数 $y=f(x)$在区间$[a,b]$上连续，且 $a<c<d<b$，证明：在(a,b)内至少存在一点 ξ，使 $pf(c)+qf(d)=(p+q)f(\xi)$，其中 p,q 均为任意正常数.

分析 利用介值定理. 参考例 3.18 的证明方法.

证 由 $f(x)$在区间$[a,b]$上连续，所以 $f(x)$在$[a,b]$上存在最大值和最小值，设为 $M=$

$\max\limits_{x\in[a,b]}\{f(x)\}$，$m=\min\limits_{x\in[a,b]}\{f(x)\}$. 于是，对任意的 $c,d\in(a,b)$，有

$$pm\leqslant pf(c)\leqslant pM,\quad qm\leqslant qf(d)\leqslant qM.$$

二者相加得

$$m(p+q)\leqslant pf(c)+qf(d)\leqslant M(p+q).$$

从而 $m\leqslant\dfrac{pf(c)+qf(d)}{p+q}\leqslant M.$

由介值定理知，至少存在一点 $\xi\in(a,b)$，使 $f(\xi)=\dfrac{pf(c)+qf(d)}{p+q}$，即

$$pf(c)+qf(d)=(p+q)f(\xi).$$

证毕

四、课后习题选解(习题 3.5)

A类题

1. 求下列极限：

(1) $\lim\limits_{x\to2}\dfrac{e^x}{2x+1}$； (2) $\lim\limits_{x\to+\infty}\tan\left(\ln\dfrac{4x^2+1}{x^2+4x}\right)$；

(3) $\lim\limits_{x\to3}\ln(x^2-x+3)$； (4) $\lim\limits_{x\to+\infty}\arctan(\sqrt{x^2+3x}-\sqrt{x^2+x})$.

分析 利用连续的定义或运算法则计算.

解 (1) 易见被求极限的表达式的分子分母在点 $x=2$ 处连续，因此 $\lim\limits_{x\to2}\dfrac{e^x}{2x+1}=\dfrac{e^2}{5}$.

(2) 因为 $\lim\limits_{x\to+\infty}\dfrac{4x^2+1}{x^2+4x}=4$，由复合函数的极限法则得 $\lim\limits_{x\to+\infty}\tan\left(\ln\dfrac{4x^2+1}{x^2+4x}\right)=\tan(\ln4)$.

(3) 因为函数 $y=x^2-x+3$ 在点 $x=3$ 处连续，由定理 3.17 得 $\lim\limits_{x\to3}\ln(x^2-x+3)=\ln9$.

(4) 由于

$$\lim_{x\to+\infty}(\sqrt{x^2+3x}-\sqrt{x^2+x})=\lim_{x\to+\infty}\frac{2x}{\sqrt{x^2+3x}+\sqrt{x^2+x}}=\lim_{x\to+\infty}\frac{2}{\sqrt{1+\frac{3}{x}}+\sqrt{1+\frac{1}{x}}}=1,$$

因此有 $\lim\limits_{x\to+\infty}\arctan(\sqrt{x^2+3x}-\sqrt{x^2+x})=\arctan1=\dfrac{\pi}{4}$.

2. 证明：方程 $x^2+2x=6$ 至少有一个根介于 1 和 3 之间.

分析 考虑函数 $f(x)=x^2+2x-6$ 在区间 $[1,3]$ 上应用零点定理.

证 设 $f(x)=x^2+2x-6$，则函数 $f(x)$ 在区间 $[1,3]$ 上连续，且有 $f(1)=-3<0$，$f(3)=9>0$. 由零点定理知，在开区间 $(1,3)$ 内至少有一点 ξ，使 $f(\xi)=0$，即方程 $x^2+2x=6$ 在区间 $(1,3)$ 内至少有一根. 证毕

3. 证明：方程 $x=a\sin x+b(a>0,b>0)$ 至少有一个正根，并且它不超过 $a+b$.

分析 考虑函数 $f(x)=a\sin x+b-x$ 在区间 $[0,a+b]$ 上应用零点定理.

证 设 $f(x)=a\sin x+b-x$，则函数 $f(x)$ 在区间 $[0,a+b]$ 上连续，且

$$f(0)=b>0,\ f(a+b)=a\sin(a+b)-a=a[\sin(a+b)-1]\leqslant0.$$

若 $f(a+b)=0$，则 $a+b$ 是方程 $x=a\sin x+b$ 的根；若 $f(a+b)<0$，由零点定理，在 $(0,a+b)$ 内至少有一点 ξ，使 $f(\xi)=0$，即 ξ 是方程 $x=a\sin x+b$ 的根. 故方程 $x=a\sin x+b$ 至少有一个不超过 $a+b$ 的正根.

证毕

4. 设函数 $f(x)$ 在区间 $[0,1]$ 上连续，且 $0\leqslant f(x)\leqslant1$. 证明：在 $[0,1]$ 上至少存在一点 ξ，使得 $f(\xi)=\xi$.

分析 构造辅助函数，并在区间 $[0,1]$ 应用零点定理.

证 设 $F(x)=x-f(x)$. 由题设知，$F(x)$ 在区间 $[0,1]$ 上连续，$F(0)=-f(0)\leqslant0$，$F(1)=1-f(1)\geqslant$

0. 若 $F(0)=0$ 或 $F(1)=0$,则可取 $\xi=0$ 或 $\xi=1$ 结论成立;否则 $F(0)<0,F(1)>0$,由零点定理知,存在 $\xi\in(0,1)$,使得 $F(\xi)=0$,即 $f(\xi)=\xi$.

证毕

5. 设函数 $f(x)$ 在区间 $[a,+\infty)$ 上连续,$f(a)>0$,且 $\lim\limits_{x\to+\infty}f(x)=A<0$,证明:在 $[a,+\infty)$ 上至少有一点 ξ,使 $f(\xi)=0$.

分析 只要能找到一点 $x_1>a$,使得 $f(x_1)<0$. 便可对函数 $f(x)$ 在 $[a,x_1]$ 上应用零点定理. 利用函数极限的保号性及零点定理.

证 由 $\lim\limits_{x\to+\infty}f(x)=A<0$ 知,对 $\varepsilon_0=\dfrac{|A|}{2}>0$,存在 $X_0>0$,当 $X>X_0$ 时,有

$$|f(x)-A|<\varepsilon_0,\quad 即 -\frac{|A|}{2}+A<f(x)<\frac{|A|}{2}+A=\frac{A}{2}<0.$$

取 $x_1>X_0$,这样 $f(a)>0,f(x_1)<0$. 由零点定理知,在 (a,x_1) 内至少存在一点 ξ,使 $f(\xi)=0$. 由于 $(a,x_1)\subset(a,+\infty)$,也就是 $(a,+\infty)$ 内至少存在一点 ξ,使 $f(\xi)=0$.

证毕

B类题

1. 求下列极限:

(1) $\lim\limits_{x\to+\infty}(\sin\sqrt{x+1}-\sin\sqrt{x})$;　　(2) $\lim\limits_{x\to+\infty}\left(x\ln\dfrac{x+1}{x+2}\right)$;

(3) $\lim\limits_{x\to0}(1-2\sin x)^{\frac{1+3x}{x}}$;　　(4) $\lim\limits_{x\to0}(\cos x-\sin x)^{\frac{2}{x}}$.

分析 根据各题特点,综合运用已有的方法求极限.

解 (1) 利用三角函数的和差化积公式,有

$$\lim_{x\to+\infty}(\sin\sqrt{x+1}-\sin\sqrt{x})=\lim_{x\to+\infty}\left(2\cos\frac{\sqrt{x+1}+\sqrt{x}}{2}\sin\frac{\sqrt{x+1}-\sqrt{x}}{2}\right).$$

由于 $\lim\limits_{x\to+\infty}\sin\dfrac{\sqrt{x+1}-\sqrt{x}}{2}=\lim\limits_{x\to+\infty}\sin\dfrac{1}{2(\sqrt{x+1}+\sqrt{x})}=0$,所以有

$$\lim_{x\to+\infty}(\sin\sqrt{x+1}-\sin\sqrt{x})=\lim_{x\to+\infty}\left(2\cos\frac{\sqrt{x+1}+\sqrt{x}}{2}\sin\frac{1}{2(\sqrt{x+1}+\sqrt{x})}\right)=0.$$

(2) 易见 $\lim\limits_{x\to+\infty}\left(x\ln\dfrac{x+1}{x+2}\right)=\lim\limits_{x\to+\infty}\left[x\ln\left(1+\dfrac{-1}{x+2}\right)\right]$.

由 $\ln(1+x)\sim x(x\to0)$ 知,$\ln\left(1+\dfrac{-1}{x+2}\right)\sim\dfrac{-1}{x+2}$. 利用等价无穷小替换原理,有

$$\lim_{x\to+\infty}\left(x\ln\frac{x+1}{x+2}\right)=\lim_{x\to+\infty}\left(x\cdot\frac{-1}{x+2}\right)=-1.$$

(3) 利用配项方法,将被求极限的表达式配成第二类重要极限,可得

$$\lim_{x\to0}(1-2\sin x)^{\frac{1+3x}{x}}=\lim_{x\to0}(1-2\sin x)^{\frac{1}{-2\sin x}\cdot\frac{-2\sin x}{x}\cdot(1+3x)}=\mathrm{e}^{-2}.$$

(4) 利用配项方法,将被求极限的表达式配成第二类重要极限,可得

$$\lim_{x\to0}(\cos x-\sin x)^{\frac{2}{x}}=\lim_{x\to0}[(\cos x-\sin x)^2]^{\frac{1}{x}}=\lim_{x\to0}(1-\sin2x)^{\frac{1}{x}}=\lim_{x\to0}(1-\sin2x)^{\frac{1}{-\sin2x}\cdot\frac{-\sin2x}{x}}=\mathrm{e}^{-2}.$$

2. 证明:方程 $x\mathrm{e}^{x^2}=1$ 在区间 $\left(\dfrac{1}{2},1\right)$ 内有且仅有一个实根.

分析 考虑函数 $f(x)=x\mathrm{e}^{x^2}-1$ 在区间 $\left[\dfrac{1}{2},1\right]$ 上应用零点定理,唯一性可用单调性证明.

证 设 $f(x)=x\mathrm{e}^{x^2}-1$. 易见,函数 $f(x)$ 在区间 $\left[\dfrac{1}{2},1\right]$ 上连续,并且有

$$f\left(\frac{1}{2}\right)=\frac{1}{2}e^{\frac{1}{4}}-1<\frac{1}{2}\sqrt{2}-1<0,\quad f(1)=e-1>0.$$

由零点定理知，存在 $\xi\in\left(\frac{1}{2},1\right)$，使 $f(\xi)=0$，即 $\xi e^{\xi^2}=1$，也即 ξ 为方程的根.

下证唯一性. 显然，函数 $f(x)$ 在 $(0,+\infty)$ 单调增加(严格)，因此方程有唯一实根.　　证毕

4. 设多项式 $P_n(x)=x^n+a_1x^{n-1}+\cdots+a_n$. 证明：当 n 为奇数时，方程 $P_n(x)=0$ 至少有一实根.

分析　利用零点定理.

证　由 $P_n(x)=x^n+a_1x^{n-1}+\cdots+a_n$ 知，当 n 为奇数时，有 $\lim\limits_{x\to-\infty}P_n(x)\to-\infty$. 由极限的保号性知，必存在一点 $x_1<0$，有 $P_n(x_1)<0$. 同理，当 n 为奇数时，$\lim\limits_{x\to+\infty}P_n(x)\to+\infty$，必存在一点 $x_2>0$，有 $f(x_2)>0$. 则由零点定理，至少存在一点 $x_0\in[x_1,x_2]$，有 $P_n(x_0)=0$，即方程 $P_n(x)=0$ 至少有一实根.　　证毕

5. 设函数 $y=f(x)$ 在区间 $[a,b]$ 上连续，且 $a<x_1<x_2<\cdots<x_n<b$. 证明：对于任意正数 $c_i(i=1,2,\cdots,n)$，在区间 (a,b) 内至少存在一个 ξ，使 $f(\xi)=\dfrac{c_1f(x_1)+c_2f(x_2)+\cdots+c_nf(x_n)}{c_1+c_2+\cdots+c_n}$.

分析　利用闭区间上连续函数的最值定理和介值定理. 参考经典题型详解中的例 3.18 和例 3.19 的证明方法.

证　因为函数 $y=f(x)$ 在区间 $[x_1,x_n]\subset[a,b]$ 上连续，所以 $f(x)$ 在 $[x_1,x_n]$ 上存在最大值和最小值. 设 $M=\max\limits_{x\in[x_1,x_n]}\{f(x)\}$，$m=\min\limits_{x\in[x_1,x_n]}\{f(x)\}$，则

$$m\leqslant f(x_i)\leqslant M,\quad i=1,2,\cdots,n.$$

不难验证，

$$m\leqslant\frac{c_1f(x_1)+c_2f(x_2)+\cdots+c_nf(x_n)}{c_1+c_2+\cdots+c_n}\leqslant M,$$

由介值定理存在 $\xi(a<x_1\leqslant\xi\leqslant x_n<b)$，使得 $f(\xi)=\dfrac{c_1f(x_1)+c_2f(x_2)+\cdots+c_nf(x_n)}{c_1+c_2+\cdots+c_n}$.　　证毕

复习题 3 解答

1. 判断题

(1) 当 $x\to x_0$ 时，两个说法“函数 $y=f(x)$ 的极限不存在”和“函数 $y=f(x)$ 的不以 A 为极限”是相同的.　（　）

(2) 若函数在某一点的极限不唯一，则它在该点的极限一定不存在.　（　）

(3) 初等函数在其定义域内必连续.　（　）

(4) 若 $\lim\limits_{x\to x_0}f(x)=A$，则必有 $f(x)$ 在 x_0 连续.　（　）

(5) 函数 $y=x\sin x$ 在 $(-\infty,+\infty)$ 内无界，但 $\lim\limits_{x\to+\infty}x\sin x\neq\infty$.　（　）

解　(1) 错. 说法“函数 $y=f(x)$ 的极限不存在”指的是极限或是无穷大或是不唯一；说法“函数 $y=f(x)$ 的不以 A 为极限”指的是极限可能存在，但不是 A. 因而两个说法是不同的.

(2) 对. 因为它是函数极限的性质 1(唯一性)的逆否命题.

(3) 错. 应该是“初等函数在其定义区间内必连续”. 例如函数 $y=\sqrt{\cos x-1}$ 的定义域是由离散点 $x=2k\pi(k\in\mathbf{Z})$ 构成的.

(4) 错. 缺少了“在该点有定义”和“极限等于该点的函数值”两个条件.

(5) 对. 当取 $x_n=2n\pi(n\to\infty)$ 时，$\lim\limits_{n\to+\infty}x_n\sin x_n=0$.

2. 填空题

(1) 函数 $f(x)$ 在点 x_0 的某一去心邻域内有界是 $\lim\limits_{x\to x_0}f(x)$ 存在的________条件，$\lim\limits_{x\to x_0}f(x)=\infty$ 是函数

$f(x)$在 x_0 的某一去心邻域内无界的________条件.

(2) 已知α,β,γ是同一过程的等价无穷小量,则它们等价关系中α的自反性、α,β的对称性和α,β,γ的传递性分别表示为________,________,________.

(3) 已知 $\lim\limits_{x\to+\infty}(2x-\sqrt{ax^2+bx+c})=3$,则 $a=$________,$b=$________,c________.

(4) 已知函数 $f(x)=\begin{cases}x^2+1, & x<0,\\ 2x-b, & x\geqslant 0\end{cases}$ 在点 $x=0$ 处连续,则 $b=$________.

(5) 函数 $f(x)=\dfrac{e^{\frac{1}{x}}-1}{e^{\frac{1}{x}}+1}$的间断点 $x=0$ 的类型为________.

解 (1) 由函数极限的定义可以直接推得. 必要,充分.

(2) 等价关系的定义. $\alpha\sim\alpha;\alpha\sim\beta\Rightarrow\beta\sim\alpha;\alpha\sim\beta,\beta\sim\gamma\Rightarrow\alpha\sim\gamma$.

(3) 将极限中的表达式分子有理化,即有

$$\lim_{x\to+\infty}\frac{4x^2-(ax^2+bx+c)}{2x+\sqrt{ax^2+bx+c}}=\lim_{x\to+\infty}\frac{(4-a)x-b-\dfrac{c}{x}}{2+\sqrt{a+\dfrac{b}{x}+\dfrac{c}{x^2}}}=3,$$

若使极限成立,必有 $a=4$,$\dfrac{-b}{2+\sqrt{a}}=3$,且根号内表达式大于等于零. 因此有 $a=4,b=-12,c\geqslant 9$.

(4) 根据点 $x=0$ 处的左右极限确定,即 $\lim\limits_{x\to0^-}(x^2+1)=1=\lim\limits_{x\to0^+}(2x-b)=-b$,所以 $b=-1$.

(5) 利用左右极限判断. 由于 $\lim\limits_{x\to0^+}\dfrac{e^{\frac{1}{x}}-1}{e^{\frac{1}{x}}+1}=1$,$\lim\limits_{x\to0^-}\dfrac{e^{\frac{1}{x}}-1}{e^{\frac{1}{x}}+1}=-1$,所以 $x=0$ 是第一类间断点.

3. 选择题

(1) 若函数 $y=f(x)$在某一点的极限存在,则( ).

A. 函数在该点的左右极限不一定存在　　B. 函数是该极限过程的无穷小

C. 函数在该点的左右极限存在且相等　　D. 函数在该点一定连续

(2) 下列关于无穷小量的说法正确的是( ).

A. 无穷小量与无穷小量的商一定是无穷小量

B. 有界函数与无穷小量之积一定是无穷小量

C. 有界函数与无穷小量之积不一定为无穷小量

D. 无穷小量与无穷小量的商一定不是无穷小量

(3) 函数 $y=f(x)$在某一点连续和函数在该点右连续的关系是( ).

A. 充分条件　　B. 必要条件

C. 充分必要条件　　D. 既非充分又非必要条件

(4) 设函数 $f(x)=\ln(1+\tan 2x)$,则 $f(x)$比$\sqrt{x}$是当 $x\to0$ 时的( ).

A. 同阶无穷小　　B. 等价无穷小　　C. 高阶无穷小　　D. 没有关系

(5) 设函数 $f(x)$在 $\mathbf{R}$ 上连续,且 $f(x)\neq0$;$\varphi(x)$在 $\mathbf{R}$ 上有定义,且有间断点. 则下列说法正确的是( ).

A. $\varphi[f(x)]$必有间断点　　B. $[\varphi(x)]^2$ 必有间断点

C. $f[\varphi(x)]$没有间断点　　D. $\dfrac{\varphi(x)}{f(x)}$必有间断点

解 (1) 根据函数极限的等价定义,即"函数在某一点的极限存在的充要条件是函数在该点的左右极限存在且相等",利用排除法,选 C.

(2) 根据无穷小量的定义,利用排除法,选 B. 这是因为,例如 $x,x^2,\sin x$ 都是当 $x\to0$ 时的无穷小,它们的商不确定,因而可以排除 A 和 D;而结论"有界函数与无穷小量之积一定是无穷小量"是一个定理,并且

在习题中已经证明过,因而可以排除C.

(3) 根据连续函数的等价定义,即函数在某点连续的充要条件是函数在该点既左连续又右连续,故选A.

(4) 根据无穷小量的阶的定义,由于$\lim\limits_{x\to 0}\dfrac{\ln(1+\tan 2x)}{\sqrt{x}}=\lim\limits_{x\to 0}\dfrac{\tan 2x}{\sqrt{x}}=\lim\limits_{x\to 0}\dfrac{2x}{\sqrt{x}}=0$,所以选C.

(5) 根据复合函数的连续性定理,利用排除法,由$\varphi(x)=\mathrm{sgn}x$,$f(x)=\mathrm{e}^x$,$\varphi[f(x)]\equiv 1$,故A的说法不对;由$\varphi(x)=\begin{cases}1, & x\in\mathbf{Q},\\ -1, & x\in\mathbf{R}\backslash\mathbf{Q}\end{cases}$知$[\varphi(x)]^2\equiv 1$,故B的说法不对;由$\varphi(x)=\mathrm{sgn}x$,$f(x)=\mathrm{e}^x$,$f[\varphi(x)]=\begin{cases}\mathrm{e}, & x>0,\\ 1, & x=0,\\ \mathrm{e}^{-1}, & x<0,\end{cases}$可知,C的说法不对;最后选D,因为若$F(x)=\dfrac{\varphi(x)}{f(x)}$在$\mathbf{R}$上连续,则$\varphi(x)=F(x)\cdot f(x)$也在$\mathbf{R}$上连续,与已知矛盾.

4. 求下列极限

(1) $\lim\limits_{x\to 1}\dfrac{\mathrm{e}^{2x}+\ln(3-2x)}{\arctan x}$; (2) $\lim\limits_{x\to 4}\dfrac{\sqrt{2x+1}-3}{\sqrt{x-2}-\sqrt{2}}$; (3) $\lim\limits_{x\to\infty}\dfrac{(x+1)^{90}(2x+1)^{10}}{(x^2+1)^{50}}$;

(4) $\lim\limits_{x\to -1}\sin\left(\dfrac{2x^2+x-1}{x^2-1}\right)$; (5) $\lim\limits_{x\to 0}(1+\sin 2x)^{\frac{3}{\mathrm{e}^x-1}}$; (6) $\lim\limits_{x\to 0}(1+x\mathrm{e}^x)^{\frac{1}{x}}$;

(7) $\lim\limits_{x\to 1}\dfrac{\ln(1+\sqrt[3]{x-1})}{\arcsin(2\sqrt[3]{x^2-1})}$; (8) $\lim\limits_{x\to 0}\dfrac{\sqrt{1+\tan x}-\sqrt{1+\sin x}}{x\sqrt{1+\sin^2 x}-x}$;

(9) $\lim\limits_{x\to n}(x-[x])$,$n$为正整数; (10) $\lim\limits_{x\to+\infty}\dfrac{[x]}{x}$.

分析 根据各题特点求极限.

解 (1) 易见,分子分母在点$x=1$处连续. 因此,有$\lim\limits_{x\to 1}\dfrac{\mathrm{e}^{2x}+\ln(3-2x)}{\arctan x}=\lim\limits_{x\to 1}\dfrac{\mathrm{e}^2+\ln(3-2)}{\arctan 1}=\dfrac{4}{\pi}\mathrm{e}^2$.

(2) 将分子分母有理化,可得

$$\lim_{x\to 4}\frac{\sqrt{2x+1}-3}{\sqrt{x-2}-\sqrt{2}}=\lim_{x\to 4}\frac{(\sqrt{2x+1}-3)(\sqrt{2x+1}+3)(\sqrt{x-2}+\sqrt{2})}{(\sqrt{x-2}-\sqrt{2})(\sqrt{x-2}+\sqrt{2})(\sqrt{2x+1}+3)}=\lim_{x\to 4}\frac{2(x-4)(\sqrt{x-2}+\sqrt{2})}{(x-4)(\sqrt{2x+1}+3)}=\frac{2\sqrt{2}}{3}.$$

(3) 利用无穷小因子分出法,有$\lim\limits_{x\to\infty}\dfrac{(x+1)^{90}(2x+1)^{10}}{(x^2+1)^{50}}=\lim\limits_{x\to\infty}\dfrac{x^{90}\cdot 2^{10}x^{10}}{x^{100}}=2^{10}$.

(4) 利用复合函数求极限法则,有

$$\lim_{x\to -1}\sin\left(\frac{2x^2+x-1}{x^2-1}\right)=\lim_{x\to -1}\sin\left(\frac{(x+1)(2x-1)}{(x+1)(x-1)}\right)=\lim_{x\to -1}\sin\frac{2x-1}{x-1}=\sin\frac{3}{2}.$$

(5) 利用配项方法将被求极限的表达式配成第二类重要极限的形式,可得

$$\lim_{x\to 0}(1+\sin 2x)^{\frac{3}{\mathrm{e}^x-1}}=\lim_{x\to 0}(1+\sin 2x)^{\frac{1}{\sin 2x}\cdot\frac{3\sin 2x}{\mathrm{e}^x-1}}=\mathrm{e}^6.$$

(6) 利用配项方法将被求极限的表达式配成第二类重要极限的形式,可得

$$\lim_{x\to 0}(1+x\mathrm{e}^x)^{\frac{1}{x}}=\lim_{x\to 0}(1+x\mathrm{e}^x)^{\frac{1}{x\mathrm{e}^x}\cdot\frac{x\mathrm{e}^x}{x}}=\mathrm{e}.$$

(7) 当$x\to 1$时,$\ln(1+\sqrt[3]{x-1})\sim\sqrt[3]{x-1}$,$\arcsin(2\sqrt[3]{x^2-1})\sim 2\sqrt[3]{x^2-1}$. 利用等价无穷小替换原理,可得$\lim\limits_{x\to 1}\dfrac{\ln(1+\sqrt[3]{x-1})}{\arcsin(2\sqrt[3]{x^2-1})}=\lim\limits_{x\to 1}\dfrac{\sqrt[3]{x-1}}{2\sqrt[3]{x^2-1}}=\lim\limits_{x\to 1}\dfrac{1}{2\sqrt[3]{x+1}}=\dfrac{1}{2\sqrt[3]{2}}$.

(8) 参考例3.10(8)的方法,由于$\sqrt{1+\sin^2 x}-1\sim\dfrac{1}{2}\sin^2 x\sim\dfrac{1}{2}x^2\ (x\to 0)$,因此有

$$\lim_{x\to 0}\frac{\sqrt{1+\tan x}-\sqrt{1+\sin x}}{x\sqrt{1+\sin^2 x}-x}=\lim_{x\to 0}\frac{\sqrt{1+\tan x}-\sqrt{1+\sin x}}{x(\sqrt{1+\sin^2 x}-1)}=\lim_{x\to 0}\frac{\sqrt{1+\tan x}-\sqrt{1+\sin x}}{\frac{x\sin^2 x}{2}}$$

$$=\lim_{x\to 0}\frac{2(\sqrt{1+\tan x}-\sqrt{1+\sin x})}{x^3}=\frac{1}{2}.$$

(9) 由于 $x\to n^+,[x]=n,x\to n^-,[x]=n-1$,所以有

$$\lim_{x\to n^+}(x-[x])=\lim_{x\to n^+}(x-n)=0,\quad \lim_{x\to n^-}(x-[x])=\lim_{x\to n^-}(x-(n-1))=1.$$

故 $\lim\limits_{x\to n}(x-[x])$不存在.

(10) 当 $x>0$ 时,由 $x-1\leqslant[x]\leqslant x$ 可得,$\dfrac{x-1}{x}\leqslant\dfrac{[x]}{x}\leqslant 1$. 由于 $\lim\limits_{x\to+\infty}\dfrac{x-1}{x}=1$,根据夹逼准则,有 $\lim\limits_{x\to+\infty}\dfrac{[x]}{x}=1$.

5. 研究函数 $f(x)=\lim\limits_{n\to+\infty}\dfrac{x+x^2\mathrm{e}^{nx}}{1+\mathrm{e}^{nx}}$的连续性.

分析 根据连续函数的定义分段讨论.

解 当 $x>0$ 时,$f(x)=\lim\limits_{n\to+\infty}\dfrac{x+x^2\mathrm{e}^{nx}}{1+\mathrm{e}^{nx}}=x^2$,函数连续;

当 $x<0$ 时,$f(x)=\lim\limits_{n\to+\infty}\dfrac{x+x^2\mathrm{e}^{nx}}{1+\mathrm{e}^{nx}}=x$,函数连续;

当 $x=0$ 时,$\lim\limits_{n\to+\infty}\dfrac{x+x^2\mathrm{e}^{nx}}{1+\mathrm{e}^{nx}}=0$,由于

$$\lim_{x\to 0^+}\left(\lim_{n\to+\infty}\frac{x+x^2\mathrm{e}^{nx}}{1+\mathrm{e}^{nx}}\right)=\lim_{x\to 0^+}x^2=0,\quad \lim_{x\to 0^-}\left(\lim_{n\to+\infty}\frac{x+x^2\mathrm{e}^{nx}}{1+\mathrm{e}^{nx}}\right)=\lim_{x\to 0^-}x=0,$$

即函数 $f(x)$在 $x=0$ 连续.

综上,函数 $f(x)=\lim\limits_{n\to+\infty}\dfrac{x+x^2\mathrm{e}^{nx}}{1+\mathrm{e}^{nx}}$在$(-\infty,+\infty)$上连续.

6. 求下列函数的间断点并判别类型:

(1) $f(x)=\dfrac{x}{(1+x)^2}$;　　(2) $f(x)=[x]$;

(3) $f(x)=\begin{cases}\dfrac{x^2+x}{|x|(x^2-1)}, & x\neq\pm1,0,\\ 0, & x=\pm1;\end{cases}$　　(4) $f(x)=\begin{cases}2, & x=0,x=\pm2,\\ 4-x^2, & 0<|x|<2,\\ 4, & |x|>2.\end{cases}$

分析 先找到间断点,再根据各类间断点的定义讨论.

解 (1) 易见,$x=-1$ 为函数 $f(x)$的间断点. 由于 $\lim\limits_{x\to-1}f(x)=\lim\limits_{x\to-1}\dfrac{x}{(1+x)^2}=-\infty$,所以$x=-1$为函数$f(x)$的第二类间断点,并且是无穷间断点.

(2) 易见 $x=k(k\in\mathbf{Z})$,即 x 为整数时,是函数 $f(x)$的间断点. 由于

$$\lim_{x\to k^+}[x]=\lim_{x\to k^+}k=k,\quad \lim_{x\to k^-}[x]=\lim_{x\to k^-}(k-1)=k-1,$$

所以 $x=k(k\in\mathbf{Z})$为函数 $f(x)$的第一类间断点,并且是跳跃间断点.

(3) 易见,$x=0$ 为函数 $f(x)$的间断点. 由于

$$\lim_{x\to 0^+}\frac{x^2+x}{|x|(x^2-1)}=\lim_{x\to 0^+}\frac{x(x+1)}{x(x+1)(x-1)}=-1,\quad \lim_{x\to 0^-}\frac{x^2+x}{|x|(x^2-1)}=\lim_{x\to 0^-}\frac{x(x+1)}{-x(x+1)(x-1)}=1,$$

所以 $x=0$ 为函数 $f(x)$的第一类间断点,并且是跳跃间断点. 下面考察分段点 $x=\pm1$ 处的情况. 由于

$$\lim_{x\to 1}\frac{x^2+x}{|x|(x^2-1)}=\lim_{x\to 1}\frac{x(x+1)}{x(x+1)(x-1)}=\infty,$$

所以 $x=1$ 为第二类间断点,并且是无穷间断点. 由于

$$\lim_{x\to -1}\frac{x^2+x}{|x|(x^2-1)}=\lim_{x\to -1}\frac{x(x+1)}{-x(x+1)(x-1)}=-\frac{1}{2},$$

故 $x=-1$ 为函数 $f(x)$的第一类间断点,并且是可去间断点.

(4) 易见，$x=0,x=\pm2$ 为函数 $f(x)$ 的分段点. 由于 $\lim\limits_{x\to0}(4-x^2)=4\neq f(0)=2$，所以 $x=0$ 为函数 $f(x)$ 的第一类间断点，并且是可去间断点. 由于

$$\lim_{x\to-2^-}f(x)=\lim_{x\to-2^-}4=4,\quad \lim_{x\to-2^+}f(x)=\lim_{x\to-2^+}(4-x^2)=0,$$

所以 $x=-2$ 为函数 $f(x)$ 的第一类间断点，并且是跳跃间断点. 由于

$$\lim_{x\to2^-}f(x)=\lim_{x\to2^-}(4-x^2)=0,\quad \lim_{x\to2^+}f(x)=\lim_{x\to2^+}4=4,$$

所以 $x=2$ 函数 $f(x)$ 的第一类间断点，并且是跳跃间断点.

7. 已知 $f(x)=\lim\limits_{t\to x}\left(\dfrac{\sin t}{\sin x}\right)^{\frac{x}{\sin t-\sin x}}$，求函数 $f(x)$ 及它的间断点，并判断类型.

分析 利用第二类重要极限转化函数表达式，再结合间断点的定义讨论.

解 $f(x)=\lim\limits_{t\to x}\left(\dfrac{\sin t}{\sin x}\right)^{\frac{x}{\sin t-\sin x}}=\lim\limits_{t\to x}\left(1+\dfrac{\sin t}{\sin x}-1\right)^{\frac{x}{\sin t-\sin x}}$

$$=\lim_{t\to x}\left(1+\frac{\sin t-\sin x}{\sin x}\right)^{\frac{\sin x}{\sin t-\sin x}\cdot\frac{\sin t-\sin x}{\sin x}\cdot\frac{x}{\sin t-\sin x}}=e^{\frac{x}{\sin x}}.$$

易见，$x=k\pi(k\in\mathbf{Z})$ 为函数 $f(x)$ 的间断点.

由 $\lim\limits_{x\to0}e^{\frac{x}{\sin x}}=e$ 知，$x=0$ 是函数 $f(x)$ 的第一类间断点，并且是可去间断点.

由于 $\lim\limits_{x\to k\pi}e^{\frac{x}{\sin x}}=\infty(k\in\mathbf{Z}$，且 $k\neq0)$，所以 $x=k\pi(k\in\mathbf{Z}$，且 $k\neq0)$ 为函数 $f(x)$ 的第二类间断点，并且是无穷间断点.

8. 设函数 $f(x)=\begin{cases}\dfrac{\cos x}{x+2}, & -2<x\leqslant0,\\ \dfrac{\sqrt{a}-\sqrt{a-x}}{x}, & x>0\end{cases}$ $(a>0)$. 回答下列问题：

(1) a 为何值时，$x=0$ 是 $f(x)$ 的连续点？(2) a 为何值时，$x=0$ 是 $f(x)$ 的间断点？

(3) 当 $a=2$ 时，求 $f(x)$ 的连续区间.

分析 根据函数的间断点的定义讨论.

解 (1) 不难验证

$$\lim_{x\to0^-}f(x)=\lim_{x\to0^-}\frac{\cos x}{x+2}=\frac{1}{2},\quad \lim_{x\to0^+}f(x)=\lim_{x\to0^+}\frac{\sqrt{a}-\sqrt{a-x}}{x}=\lim_{x\to0^+}\frac{a-(a-x)}{x(\sqrt{a}+\sqrt{a-x})}=\frac{1}{2\sqrt{a}}.$$

易见，当 $a=1$ 时，$x=0$ 是 $f(x)$ 的连续点.

(2) 由(1)可知，当 $a>0,a\neq1$ 时，$x=0$ 是 $f(x)$ 的间断点.

(3) 当 $a=2$ 时，有 $f(x)=\begin{cases}\dfrac{\cos x}{x+2}, & -2<x\leqslant0,\\ \dfrac{\sqrt{2}-\sqrt{2-x}}{x}, & 0<x\leqslant2.\end{cases}$ 易见，$x=0$ 是 $f(x)$ 的跳跃间断点. 因此，函数 $f(x)$ 的连续区间为 $(-2,0]$ 和 $(0,2]$.

9. α,β 取何值时，函数 $f(x)=\begin{cases}x^{\alpha}\sin\dfrac{1}{x}, & x>0,\\ e^x+\beta, & x\leqslant0\end{cases}$ 在点 $x=0$ 处连续.

分析 根据连续函数的定义讨论.

解 当 $\alpha\leqslant0$ 时，由于 $\lim\limits_{x\to0^+}\left(x^{\alpha}\sin\dfrac{1}{x}\right)$ 不存在，所以 $x=0$ 为第二类间断点；当 $\alpha>0$ 时，$\lim\limits_{x\to0^+}\left(x^{\alpha}\sin\dfrac{1}{x}\right)=0$，若使函数 $f(x)$ 在 $x=0$ 处连续，必有 $\lim\limits_{x\to0^-}(e^x+\beta)=0$，即 $\beta=-1$. 因此，当 $\alpha>0$ 且 $\beta=-1$ 时，函数 $f(x)$ 在 $x=0$ 处连续.

10. 设 $f(x)$ 和 $g(x)$ 在 $[a,b]$ 上连续，且 $f(a)<g(a)$，$f(b)>g(b)$. 证明：在 (a,b) 内至少存在一个 ξ，使 $f(\xi)=g(\xi)$.

分析 根据已知条件构造辅助函数，利用零点定理证明.

证 设有函数 $F(x)=f(x)-g(x)$. 显然，有

$$F(a)=f(a)-g(a)<0,\quad F(b)=f(b)-g(b)>0.$$

于是由零点定理知，函数 $F(x)$ 在 (a,b) 内至少存在一个 ξ，使 $F(\xi)=0$，即 $f(\xi)=g(\xi)$. 证毕

11. 证明：在区间 $(0,2)$ 内至少存在一点 ξ，使得 $e^{\xi}=2+\xi$.

分析 根据结论构造辅助函数，利用零点定理证明.

证 设函数 $g(x)=e^x-2-x$，它在区间 $[0,2]$ 上连续，且有

$$g(0)=e^0-2-0=-1<0,g(2)=e^2-2-2=e^2-4>0,$$

于是由零点定理知，在函数 $g(x)$ 区间 $(0,2)$ 内至少存在一点 ξ，使得 $g(\xi)=0$，即 $e^{\xi}=2+\xi$. 证毕

自测题 3

1. 计算下列极限：

(1) $\lim\limits_{x\to0}\dfrac{\cos x-\cos3x}{x^2}$；　(2) $\lim\limits_{x\to\infty}\left(\dfrac{x^2}{x^2-1}\right)^x$；　(3) $\lim\limits_{x\to\infty}\left[x(\sqrt{x^2+1}-\sqrt{x^2-1})\right]$；

(4) $\lim\limits_{x\to0}\dfrac{\sqrt{2}-\sqrt{1+\cos x}}{\sin^2x}$；　(5) $\lim\limits_{x\to0}\dfrac{3\sin x+x^2\cos(1/x)}{(1+\cos x)\ln(1+x)}$.

2. 已知 $\lim\limits_{x\to0}\left(\dfrac{\sin ax}{x}-b\right)=4$，$\lim\limits_{x\to0}(1+bx)^{\frac{1}{x}}=e^3$. 求 a,b 的值.

3. 已知 $\lim\limits_{x\to+\infty}(5x-\sqrt{ax^2-bx+c})=2$，求 a,b 之值.

4. 已知 $\lim\limits_{x\to0}\dfrac{\sin6x+xf(x)}{x^3}=0$，计算 $\lim\limits_{x\to0}\dfrac{6+f(x)}{x^2}$.

5. 设函数 $f(x)=\begin{cases}\dfrac{1}{\pi}\arctan\dfrac{1}{x}+\dfrac{a+be^{\frac{1}{x}}}{1+e^{\frac{1}{x}}}, & x\neq0,\\ 1, & x=0.\end{cases}$ a,b 为何值时 $f(x)$ 在点 $x=0$ 处连续.

6. 设函数 $f(x)=\lim\limits_{n\to\infty}\dfrac{x^{2n-1}+ax^2+bx}{x^{2n}+1}$ 为连续函数，试确定 a 与 b 的值.

7. 讨论函数 $f(x)=x\lim\limits_{n\to\infty}\dfrac{1-x^{2n}}{1+x^{2n}}$ 的连续性，若有间断点，判别其类型.

8. 设函数 $f(x)=\dfrac{1}{\pi x}+\dfrac{1}{\sin\pi x}-\dfrac{1}{\pi(1-x)}$，$x\in\left[\dfrac{1}{2},1\right)$. 试补充定义 $f(1)$，使得 $f(x)$ 在 $\left[\dfrac{1}{2},1\right]$ 上连续.

9. 证明：方程 $x=e^{x-3}+1$ 至少有一个不超过 4 的正根.

10. 证明：若函数 $f(x)$ 在 $(-\infty,+\infty)$ 内连续，且 $\lim\limits_{x\to\infty}f(x)$ 存在，则 $f(x)$ 必在 $(-\infty,+\infty)$ 内有界.

第 4 章

导数与微分

一、基本要求

1. 理解导数和微分的概念、导数与微分的关系和导数的几何意义，会求平面曲线的切线方程和法线方程，了解导数的物理意义，会用导数描述一些物理量，理解函数的可导性与连续性之间的关系.

2. 熟练掌握导数的四则运算法则和复合函数的求导法则，熟练掌握基本初等函数的导数公式，了解微分的四则运算法则和一阶微分形式的不变性，会求函数的微分.

3. 了解高阶导数的概念，会求某些简单函数的 n 阶导数.

4. 会求分段函数的导数.

5. 会求隐函数和由参数方程确定的函数的一阶、二阶导数，会求反函数的导数.

二、知识网络图

- 导数与微分
  - 导数
    - 定义(定义 4.1)
    - 左导数、右导数(定义 4.2)
    - 可导的充要条件(定理 4.1)
    - 几何解释
    - 可导与连续的关系(定理 4.2)
    - 基本公式
  - 求导方法
    - 导数的定义(定义 4.1)
    - 四则运算法则(定理 4.3)
    - 反函数求导法则(定理 4.4)
    - 复合函数求导法则(链式法则　定理 4.5)
    - 隐函数求导法
    - 对数求导法
  - 高阶导数
    - 定义(定义 4.4)
    - 莱布尼茨公式
  - 微分
    - 定义(定义 4.5)
    - 可导与可微的关系(定理 4.6)
    - 几何解释
    - 应用(近似计算)

4.1 基本概念

一、知识要点

1. 函数在一点的导数

定义 4.1 设函数 $y=f(x)$ 在点 $x=x_0$ 处的某邻域 $U(x_0)$ 内有定义. 当自变量 x 在点 x_0 处取得增量 Δx,且 $x_0+\Delta x\in U(x_0)$,对应的函数值取得的增量为 $\Delta y=f(x_0+\Delta x)-f(x_0)$. 若下述形式的极限

$$\lim_{\Delta x\to 0}\frac{\Delta y}{\Delta x}=\lim_{\Delta x\to 0}\frac{f(x_0+\Delta x)-f(x_0)}{\Delta x}$$

$\left(\text{或形式为}\lim\limits_{h\to 0}\dfrac{f(x_0+h)-f(x_0)}{h}(\Delta x=h)\text{或形式为}\lim\limits_{x\to x_0}\dfrac{f(x)-f(x_0)}{x-x_0}(x=x_0+\Delta x)\right)$

存在,则称函数 $y=f(x)$ 在点 x_0 可导(或存在导数),此极限称为函数在点 x_0 的**导数**,记作 $f'(x_0)$,也可以记作 $y'|_{x=x_0}$,$\left.\dfrac{\mathrm{d}y}{\mathrm{d}x}\right|_{x=x_0}$,$f'(x)|_{x=x_0}$ 或 $\left.\dfrac{\mathrm{d}f(x)}{\mathrm{d}x}\right|_{x=x_0}$.

若上述极限不存在,则称函数 $y=f(x)$ 在点 x_0 不可导. 但是,如果有

$$\lim_{\Delta x\to 0}\frac{\Delta y}{\Delta x}=\lim_{\Delta x\to 0}\frac{f(x_0+\Delta x)-f(x_0)}{\Delta x}=\infty,$$

则称函数 $y=f(x)$ 在点 x_0 的导数为 ∞,即 $f'(x_0)=\infty$.

根据导数的定义,只要当 $x\to x_0$ 时,$\varphi(x)\to 0$,利用复合函数的极限法则和配项方法,有

$$f'(x_0)=\lim_{x\to x_0}\frac{f(x)-f(x_0)}{x-x_0}=\lim_{\varphi(x)\to 0}\frac{f(x_0+\varphi(x))-f(x_0)}{\varphi(x)}.$$

2. 单侧导数

定义 4.2 设 $y=f(x)$ 在点 $x=x_0$ 的某左邻域 $(x_0-\delta,x_0]$ 有定义. 若左极限

$$\lim_{\Delta x\to 0^-}\frac{f(x_0+\Delta x)-f(x_0)}{\Delta x}$$

存在,则称函数 $y=f(x)$ 在 x_0 左侧可导,并将上述左极限称为函数 $f(x)$ 在 x_0 的**左导数**,记作 $f'_-(x_0)$,即

$$f'_-(x_0)=\lim_{\Delta x\to 0^-}\frac{f(x_0+\Delta x)-f(x_0)}{\Delta x}=\lim_{x\to x_0^-}\frac{f(x)-f(x_0)}{x-x_0}.$$

类似地,可以定义函数 $f(x)$ 在 $x=x_0$ 的**右导数**,即

$$f'_+(x_0)=\lim_{\Delta x\to 0^+}\frac{f(x_0+\Delta x)-f(x_0)}{\Delta x}=\lim_{x\to x_0^+}\frac{f(x)-f(x_0)}{x-x_0}.$$

定理 4.1 函数 $y=f(x)$ 在点 $x=x_0$ 处存在导数的充分必要条件是函数 $f(x)$ 在点 x_0 的左、右导数都存在并且相等,即 $f'_-(x_0)=f'_+(x_0)$.

3. 一些简单函数的导数

定义 4.3 (1) 若函数 $y=f(x)$ 在开区间 (a,b) 内的每一点都可导,则称函数为开区间 (a,b) 内的**可导函数**;进一步地,若还有 $f'_+(a)$ 和 $f'_-(b)$ 存在,则称函数 $y=f(x)$ 为闭区间 $[a,b]$ 上的可导函数.

(2) 若函数 $y=f(x)$ 在区间(有限或无限) I 上可导,则对于任一 $x\in I$,都存在(对应)唯一一个导数 $f'(x)$,根据函数的定义,$f'(x)$ 是区间 I 上的函数,则称 $f'(x)$ 为函数 $f(x)$ 在区间 I 上的**导函数**,简称为导数,记作 y',$f'(x)$,$\frac{\mathrm{d}y}{\mathrm{d}x}$ 或 $\frac{\mathrm{d}f(x)}{\mathrm{d}x}$.

4. 导数的几何解释

函数 $y=f(x)$ 的图像在直角坐标系中表示一条曲线,它在点 $x=x_0$ 处的导数 $f'(x_0)$ 是该曲线在对应点 $M(x_0,y_0)$ 处的切线的斜率,即 $k=f'(x_0)$,这便是导数的几何意义.由此可知,曲线 $y=f(x)$ 在点 $M(x_0,y_0)$ 处的切线方程为

$$y-y_0=f'(x_0)(x-x_0).$$

过切点 $M(x_0,y_0)$,且与切线垂直的直线称为曲线 $y=f(x)$ 在点 $M(x_0,y_0)$ 处的法线.如果 $f'(x_0)\neq 0$,则法线方程为

$$y-y_0=-\frac{1}{f'(x_0)}(x-x_0).$$

注意,如果 $f'(x_0)=\infty$,则曲线 $y=f(x)$ 在点 $M(x_0,y_0)$ 处的切线为垂直于 x 轴的直线,方程为 $x=x_0$,对应的法线方程为 $y=y_0$.

5. 可导与连续的关系

定理 4.2 若函数 $y=f(x)$ 在点 $x=x_0$ 处可导,则函数 $f(x)$ 在点 x_0 处连续,即**可导必连续**.

6. 一些典型结论

(1) 绝对值函数 $f(x)=|x|$ 在点 $x=0$ 处不可导.此例说明"**连续不一定可导**",连续只是可导的必要条件.

(2) 函数 $f(x)=\sqrt[3]{x}$ 在 $x=0$ 处连续,导数为 ∞,它在该点存在垂直切线.此例说明,**函数在一点处的导数不存在,不能说其相应曲线在该点处的切线不存在**.

(3) 函数 $f(x)=\begin{cases}x\sin\frac{1}{x}, & x\neq 0,\\ 0, & x=0\end{cases}$ 在点 $x=0$ 处连续,但是不可导.

二、疑难解析

1. 函数 $f(x)$ 在某点 x_0 处的导数 $f'(x_0)$ 与导函数 $f'(x)$ 有什么区别与联系?

答 函数 $f(x)$ 在某点 x_0 处的导数 $f'(x_0)$ 可以由定义 4.1(即函数的变化率)得到,也可以由导函数 $f'(x)$ 在点 $x=x_0$ 处的取值得到.导数 $f'(x_0)$ 是一个数值,它是函数 $y=f(x)$ 在点 $x=x_0$ 处的变化率,反映了函数在该点随自变量变化而变化的快慢程度;导函数 $f'(x)$ 是一个函数.

2. 可导函数和导函数所指的对象是否是一个?

答 不是一个.可导函数指的对象是函数 $y=f(x)$;而导函数指的对象是 $f'(x)$.

3. 函数在某点连续,则它在该点是否一定可导? 若不是,请举例.

答 即使函数在一点连续,但它在该点不一定可导.例如,函数 $f(x)=|x|$ 在 $x=0$ 处连续,利用导数的定义即可证明它在点 $x=0$ 处不可导.

4. 函数在某点导数不存在,函数曲线在这一点的切线是否一定不存在?

答 不一定. 当函数在某点 $M(x_0,y_0)$ 的导数不存在的情形是 $f'(x_0)=\infty$ 时,则曲线 $y=f(x)$ 在点 $M(x_0,y_0)$ 处的切线为垂直于 x 轴的直线,方程为 $x=x_0$,对应的法线方程为 $y=y_0$.

三、经典题型详解

题型 1 利用导数的定义计算导数

基本步骤:(1)求函数的增量 $\Delta y=f(x+\Delta x)-f(x)$;(2)计算比值 $\dfrac{\Delta y}{\Delta x}=\dfrac{f(x+\Delta x)-f(x)}{\Delta x}$;(3)取极限 $\lim\limits_{\Delta x\to 0}\dfrac{\Delta y}{\Delta x}=f'(x)$.

例 4.1 用导数的定义计算下列函数的导数:

(1) $f(x)=x^{\mu}$; (2) $f(x)=\cos x$; (3) $f(x)=\ln x$; (4) $f(x)=\mathrm{e}^{x}$.

分析 利用计算导数的基本步骤形式地写出前两步较为容易,问题的关键在于如何执行第三步,即计算极限. (1)~(4)在计算中需要使用等价无穷小替换原理.

解 (1) 容易求得

$$\frac{\Delta y}{\Delta x}=\frac{(x+\Delta x)^{\mu}-x^{\mu}}{\Delta x}=x^{\mu}\,\frac{\left(1+\dfrac{\Delta x}{x}\right)^{\mu}-1}{\Delta x}=x^{\mu}\,\frac{1}{\Delta x}\left[\left(1+\frac{\Delta x}{x}\right)^{\mu}-1\right].$$

对于给定的 x,当 $\Delta x\to 0$ 时,$\left(1+\dfrac{\Delta x}{x}\right)^{\mu}-1\sim\mu\,\dfrac{\Delta x}{x}$,因此有

$$\lim_{\Delta x\to 0}\frac{\Delta y}{\Delta x}=\lim_{\Delta x\to 0}\left\{x^{\mu}\,\frac{1}{\Delta x}\left[\left(1+\frac{\Delta x}{x}\right)^{\mu}-1\right]\right\}=x^{\mu}\lim_{\Delta x\to 0}\left[\frac{1}{\Delta x}\left(\mu\,\frac{\Delta x}{x}\right)\right]=\mu x^{\mu-1},$$

即 $(x^{\mu})'=\mu x^{\mu-1}$.

(2) 对于任一 $x\in\mathbf{R}$,首先利用三角函数的和差化积公式进行化简,然后利用等价无穷小 $\sin\dfrac{\Delta x}{2}\sim\dfrac{\Delta x}{2}(\Delta x\to 0)$替换,于是有

$$\lim_{\Delta x\to 0}\frac{\Delta y}{\Delta x}=\lim_{\Delta x\to 0}\frac{\cos(x+\Delta x)-\cos x}{\Delta x}=\lim_{\Delta x\to 0}\frac{-2\sin\left(x+\dfrac{\Delta x}{2}\right)\sin\dfrac{\Delta x}{2}}{\Delta x}$$

$$=-\lim_{\Delta x\to 0}\sin\left(x+\frac{\Delta x}{2}\right)\cdot\lim_{\Delta x\to 0}\frac{\sin\dfrac{\Delta x}{2}}{\dfrac{\Delta x}{2}}=-\sin x.$$

上式说明,对于任一 $x\in\mathbf{R}$,余弦函数的导数是负的正弦函数,即 $(\cos x)'=-\sin x$.

(3) 由导数的定义可知,对于任一 $x\in(0,+\infty)$,

$$\Delta y=f(x+\Delta x)-f(x)=\ln(x+\Delta x)-\ln x=\ln\left(1+\frac{\Delta x}{x}\right).$$

由于当 $\Delta x\to 0$ 时,$\ln(1+\Delta x)\sim\Delta x$,因此有

$$\lim_{\Delta x\to 0}\frac{\Delta y}{\Delta x}=\lim_{\Delta x\to 0}\left[\frac{1}{\Delta x}\cdot\ln\left(1+\frac{\Delta x}{x}\right)\right]=\lim_{\Delta x\to 0}\left(\frac{1}{\Delta x}\cdot\frac{\Delta x}{x}\right)=\frac{1}{x},$$

即自然对数函数 $\ln x$ 在定义域 $(0,+\infty)$ 上可导,并且 $(\ln x)'=\dfrac{1}{x}$.

(4) 由于当 $\Delta x\to 0$ 时，$e^{\Delta x}-1\sim\Delta x$，因此有

$$\lim_{\Delta x\to 0}\frac{\Delta y}{\Delta x}=\lim_{\Delta x\to 0}\frac{e^{x+\Delta x}-e^{x}}{\Delta x}=\lim_{\Delta x\to 0}\frac{e^{x}(e^{\Delta x}-1)}{\Delta x}=e^{x}.$$

例 4.2 已知 $f'(x_0)$存在，计算下列极限：

(1) $\lim\limits_{h\to 0}\dfrac{f(x_0+3h)-f(x_0-2h)}{2h}$； (2) $\lim\limits_{\Delta x\to 0}\dfrac{f^2(x_0+\Delta x)-f^2(x_0)}{\Delta x}$；

(3) $\lim\limits_{x\to 0}\dfrac{f(x)}{x}$，其中 $f(0)=0$，且 $f'(0)$存在.

分析 利用导数的定义和计算极限的配项方法.

解 (1) 利用配项方法并对极限进行拆项计算，可得

$$\begin{aligned}\lim_{h\to 0}\frac{f(x_0+3h)-f(x_0-2h)}{2h}&=\lim_{h\to 0}\frac{f(x_0+3h)-f(x_0)-(f(x_0-2h)-f(x_0))}{2h}\\&=\frac{3}{2}\lim_{h\to 0}\frac{f(x_0+3h)-f(x_0)}{3h}+\lim_{h\to 0}\frac{f(x_0-2h)-f(x_0)}{-2h}\\&=\frac{5}{2}f'(x_0).\end{aligned}$$

(2) 利用平方差公式将分子分解，由极限的四则运算法则知

$$\begin{aligned}\lim_{\Delta x\to 0}\frac{f^2(x_0+\Delta x)-f^2(x_0)}{\Delta x}&=\lim_{\Delta x\to 0}\frac{(f(x_0+\Delta x)+f(x_0))(f(x_0+\Delta x)-f(x_0))}{\Delta x}\\&=\lim_{\Delta x\to 0}(f(x_0+\Delta x)+f(x_0))\cdot\lim_{\Delta x\to 0}\frac{f(x_0+\Delta x)-f(x_0)}{\Delta x}\\&=2f(x_0)f'(x_0).\end{aligned}$$

(3) 由已知 $f(0)=0$，对分子进行配项，有

$$\lim_{x\to 0}\frac{f(x)}{x}=\lim_{x\to 0}\frac{f(x)-f(0)}{x-0}=f'(0).$$

题型 2 考查函数的连续性和可导性

例 4.3 讨论下列函数在点 $x=0$ 处的连续性和可导性：

(1) $f(x)=|x|\sin x$； (2) $f(x)=\begin{cases}e^{x}+x, & x\geqslant 0,\\(x+1)^2, & x<0.\end{cases}$

分析 利用函数的连续性和导数的定义.

解 (1) 易见 $f(x)=|x|\sin x=\begin{cases}x\sin x, & x\geqslant 0,\\-x\sin x, & x\leqslant 0.\end{cases}$

由于$\lim\limits_{x\to 0}f(x)=f(0)=0$，所以函数 $f(x)=|x|\sin x$ 在点 $x=0$ 处连续. 由于 $f'_+(0)=\lim\limits_{x\to 0^+}\dfrac{f(x)-f(0)}{x-0}=\lim\limits_{x\to 0^+}\sin x=0$，$f'_-(0)=\lim\limits_{x\to 0^-}\dfrac{f(x)-f(0)}{x-0}=\lim\limits_{x\to 0^-}(-\sin x)=0$，所以函数 $f(x)=|x|\sin x$ 在点 $x=0$ 处可导.

(2) 不难求得 $\lim\limits_{x\to 0^+}\dfrac{e^{x}+x-1}{x}=\lim\limits_{x\to 0^+}\dfrac{e^{x}-1}{x}+1=2$，$\lim\limits_{x\to 0^-}\dfrac{(x+1)^2-1}{x}=\lim\limits_{x\to 0^+}\dfrac{x^2+2x}{x}=2$.

由导数的定义知，函数 $f(x)$在 $x=0$ 处可导. 由结论“**可导一定连续**”知，函数 $f(x)$在 $x=0$ 处连续.

例 4.4 已知函数 $f(x)=\begin{cases}e^x, & x<0,\\ x^2+ax+b, & x\geqslant 0.\end{cases}$ 试确定 a,b 的值,使得 $f'(0)$存在.

分析 利用函数在点 $x=0$ 处的连续性和可导性确定 a,b 的值.

解 因 $f'(0)$存在,则函数在点 $x=0$ 处一定连续.因此,由

$$\lim_{x\to 0^-}f(x)=\lim_{x\to 0^-}e^x=1,\quad \lim_{x\to 0^+}f(x)=\lim_{x\to 0^+}(x^2+ax+b)=b,$$

得 $b=1$.由

$$\lim_{x\to 0^+}\frac{f(x)-f(0)}{x-0}=\lim_{x\to 0^+}\frac{x^2+ax+1-1}{x}=a,\quad \lim_{x\to 0^-}\frac{f(x)-f(0)}{x-0}=\lim_{x\to 0^+}\frac{e^x-1}{x}=1,$$

得 $a=1$.

综上,$a=1$ 和 $b=1$ 即为所求.

例 4.5 当 m 取何值时,函数 $f(x)=\begin{cases}x^m\sin\dfrac{1}{x}, & x\neq 0,\\ 0, & x=0\end{cases}$ 在点 $x=0$ 处的导数存在.

分析 利用函数在点 $x=0$ 处的可导定义确定 m 的范围.

解 由于 $f'(0)=\lim\limits_{x\to 0}\dfrac{f(x)-f(0)}{x-0}=\lim\limits_{x\to 0}\dfrac{x^m\sin\frac{1}{x}-0}{x}=\lim\limits_{x\to 0}x^{m-1}\sin\dfrac{1}{x}$,因此当 $m>1$ 时,极限存在,即函数 $f(x)$在点 $x=0$ 处的导数存在,且 $f'(0)=0$.

题型 3 综合应用题

例 4.6 证明:双曲线 $xy=1$ 上任一点处的切线与两个坐标轴围成的三角形的面积都等于 2.

分析 利用导数的几何意义求出切线;然后根据题意进行证明.

证 设(x_0,y_0)为双曲线 $y=\dfrac{1}{x}$上的任一点,则有 $y_0=\dfrac{1}{x_0}$,且在该点切线的斜率为 $k=\left(\dfrac{1}{x}\right)'\Big|_{x=x_0}=-\dfrac{1}{x_0^2}$.设所求的切线方程为 $y-\dfrac{1}{x_0}=-\dfrac{1}{x_0^2}(x-x_0)$.

容易求得,切线与 x 轴和 y 轴的交点分别为$(2x_0,0)$,$\left(0,\dfrac{2}{x_0}\right)$.因此,双曲线上任一点$(x_0,y_0)$处的切线与两个坐标轴围成的三角形的面积为 $S=\dfrac{1}{2}\cdot 2|x_0|\cdot\dfrac{2}{|x_0|}=2$. 证毕

例 4.7 已知函数 $f(x)$在 $\mathbf{R}$ 上可导,证明:若 $f(x)$是以 $T>0$ 为周期的周期函数,则 $f'(x)=f'(x+T)$.

分析 利用周期函数和导数的定义.

证 由 $f'(x)=\lim\limits_{\Delta x\to 0}\dfrac{f(x+\Delta x)-f(x)}{\Delta x}$可知,若 $f(x)$是以 $T>0$ 为周期的周期函数,则

$$f'(x+T)=\lim_{\Delta x\to 0}\frac{f(x+T+\Delta x)-f(x+T)}{\Delta x}=\lim_{\Delta x\to 0}\frac{f(x+\Delta x)-f(x)}{\Delta x}=f'(x),$$

即 $f'(x)=f'(x+T)$.结论得证. 证毕

四、课后习题选解(习题 4.1)

A类题

1. 根据导数的定义求下列函数的导数:

(1) $f(x)=(x-a)(x-b)(x-c)^2$,求 $f'(a),f'(b),f'(c)$;

(2) $f(x)=x^2-3x+2$,求 $f'(1),f'(2)$;

(3) $f(x)=2\cos x+1$,求 $f'(x)$; (4) $f(x)=2\sqrt[3]{x^2}+5$,求 $f'(x)$.

分析 利用导数的定义,即函数增量与自变量增量比值的极限.

解 (1) $f'(a)=\lim\limits_{x\to a}\dfrac{f(x)-f(a)}{x-a}=(a-b)(a-c)^2$;

$$f'(b)=\lim_{x\to b}\frac{f(x)-f(b)}{x-b}=(b-a)(b-c)^2;\quad f'(c)=\lim_{x\to c}\frac{f(x)-f(c)}{x-c}=0.$$

(2) $f'(1)=\lim\limits_{x\to 1}\dfrac{f(x)-f(1)}{x-1}=-1$;$f'(2)=\lim\limits_{x\to 2}\dfrac{f(x)-f(2)}{x-2}=1$.

(3) 提示:计算极限时要利用三角函数的和差化积公式.$f'(x)=-2\sin x$.

(4) 提示:计算极限时要进行分子有理化.$f'(x)=\dfrac{4}{3}\dfrac{1}{\sqrt[3]{x}}$.

2. 已知 $f'(x_0)$存在,计算下列极限:

(1) $\lim\limits_{\Delta x\to 0}\dfrac{f(x_0-\Delta x)-f(x_0)}{\Delta x}$; (2) $\lim\limits_{\Delta x\to 0}\dfrac{f(x_0+\Delta x)-f(x_0-\Delta x)}{\Delta x}$.

分析 利用导数的定义和计算极限的配项方法.

解 (1) $\lim\limits_{\Delta x\to 0}\dfrac{f(x_0-\Delta x)-f(x_0)}{\Delta x}=-\lim\limits_{\Delta x\to 0}\dfrac{f(x_0-\Delta x)-f(x_0)}{-\Delta x}=-f'(x_0)$.

(2)
$$\begin{aligned}\lim_{\Delta x\to 0}\frac{f(x_0+\Delta x)-f(x_0-\Delta x)}{\Delta x}&=\lim_{\Delta x\to 0}\frac{f(x_0+\Delta x)-f(x_0)-(f(x_0-\Delta x)-f(x_0))}{\Delta x}\\&=f'(x_0)-(-f'(x_0))=2f'(x_0).\end{aligned}$$

3. 设函数 $f(x)$在点 $x=1$ 处连续,且$\lim\limits_{x\to 1}\dfrac{f(x)}{x-1}=2$,求 $f'(1)$.

分析 利用连续和导数的定义及配项方法.

解 由于函数 $f(x)$在点 $x=1$ 处连续,且$\lim\limits_{x\to 1}\dfrac{f(x)}{x-1}=2$,必有$\lim\limits_{x\to 1}f(x)=f(1)=0$.进一步地,有 $f'(1)=\lim\limits_{x\to 1}\dfrac{f(x)-f(1)}{x-1}=\lim\limits_{x\to 1}\dfrac{f(x)}{x-1}=2$.

4. 已知函数 $f(x)$在 **R** 上可导,证明:

(1) 若 $f(x)$是偶函数,则 $f'(x)=-f'(-x)$; (2) 若 $f(x)$是奇函数,则 $f'(x)=f'(-x)$.

分析 利用函数奇偶性和导数的定义.结论表明:若函数 $f(x)$在$(-\infty,+\infty)$上可导,则偶函数的导数是奇函数,奇函数的导数是偶函数,周期函数的导数仍然是周期函数.

证 由 $f'(x)=\lim\limits_{\Delta x\to 0}\dfrac{f(x+\Delta x)-f(x)}{\Delta x}$可知

$$f'(-x)=\lim_{\Delta x\to 0}\frac{f(-x+\Delta x)-f(-x)}{\Delta x}=\lim_{\Delta x\to 0}\frac{f(-(x-\Delta x))-f(-x)}{\Delta x}.$$

(1) 若 $f(x)$是偶函数,则

$$f'(-x)=\lim_{\Delta x\to 0}\frac{f(x-\Delta x)-f(x)}{\Delta x}=-\lim_{\Delta x\to 0}\frac{f(x-\Delta x)-f(x)}{-\Delta x}=-f'(x),$$

即 $f'(x)=-f'(-x)$.

(2) 若 $f(x)$ 是奇函数，则

$$f'(-x)=\lim_{\Delta x\to 0}\frac{-f(x-\Delta x)+f(x)}{\Delta x}=\lim_{\Delta x\to 0}\frac{f(x-\Delta x)-f(x)}{-\Delta x}=f'(x),$$

即 $f'(x)=f'(-x)$. 证毕

5. 讨论下列函数在点 $x=0$ 处的连续性和可导性：

(1) $f(x)=|\sin x|$； (2) $f(x)=\begin{cases}x^3+2x+1, & x\geqslant 0,\\ \cos x, & x<0;\end{cases}$ (3) $f(x)=\begin{cases}x^2+1, & x\geqslant 0,\\ 2x+1, & x<0.\end{cases}$

分析 利用函数连续性和导数的定义.

解 (1) 不难求得

$$f'_+(0)=\lim_{x\to 0^+}\frac{|\sin x|-|\sin 0|}{x}=\lim_{x\to 0^+}\frac{\sin x}{x}=1,$$

$$f'_-(0)=\lim_{x\to 0^-}\frac{|\sin x|-|\sin 0|}{x}=\lim_{x\to 0^-}\frac{-\sin x}{x}=-1,$$

所以函数 $y=|\sin x|$ 在 $x=0$ 处不可导. 由于 $f(0)=\lim\limits_{x\to 0}|\sin x|=\sin 0=0$，所以函数 $y=|\sin x|$ 在 $x=0$ 处连续.

(2) 函数 $f(x)$ 在 $x=0$ 处不可导，但在 $x=0$ 处连续.

(3) 函数 $f(x)$ 在 $x=0$ 处不可导，但在 $x=0$ 处连续.

6. 已知函数 $f(x)=\begin{cases}x^2+1, x\geqslant 0,\\ ae^x+b, x<0,\end{cases}$ 试确定 a,b 的值，使得 $f'(0)$ 存在.

提示 利用函数在点 $x=0$ 处连续和可导的条件确定常数 a,b 的值. $a=0,b=1$.

7. 求曲线 $y=2\cos x+3x+1$ 在点 $(0,3)$ 处的切线和法线方程.

提示 利用导数的几何意义. 切线方程为 $y=3x+3$；法线方程为 $y=-\frac{1}{3}x+3$.

B类题

1. 根据导数的定义求下列函数的导数：

(1) $f(x)=(x-1)\arcsin x$，求 $f'(1)$； (2) $f(x)=\cos 2x$，求 $f'\left(\frac{\pi}{4}\right)$；

(3) $f(x)=xe^x$，求 $f'(x)$； (4) $f(x)=\begin{cases}\ln(1+x), & x\geqslant 0,\\ \sin x, & x<0,\end{cases}$ 求 $f'(x)$.

分析 利用导数的定义，即函数增量与自变量增量比值的极限.

解 (1) $f'(1)=\lim\limits_{x\to 1}\frac{f(x)-f(1)}{x-1}=\arcsin 1=\frac{\pi}{2}$.

(2) 提示：计算极限时可用变量替换. $f'\left(\frac{\pi}{4}\right)=-2$.

(3) $$f'(x)=\lim_{\Delta x\to 0}\frac{f(x+\Delta x)-f(x)}{\Delta x}=\lim_{\Delta x\to 0}\frac{(x+\Delta x)e^{x+\Delta x}-xe^x}{\Delta x}$$

$$=\lim_{\Delta x\to 0}\frac{xe^x(e^{\Delta x}-1)+\Delta xe^{x+\Delta x}}{\Delta x}=e^x(x+1)$$（极限可用等价无穷小替换求得）.

(4) 当 $x>0$ 时，$f'(x)=\frac{1}{1+x}$；当 $x<0$ 时，$f'(x)=\cos x$. 由于

$$\lim_{x\to 0^+}\frac{f(x)-f(0)}{x-0}=1,\quad \lim_{x\to 0^-}\frac{f(x)\quad f(0)}{x-0}=1,$$

所以函数 $f(x)$ 在点 $x=0$ 处导数存在，且 $f'(0)=1$. 因此有 $f'(x)=\begin{cases}\frac{1}{1+x}, & x\geqslant 0,\\ \cos x, & x<0.\end{cases}$

2. 若$\lim\limits_{x\to 0}\dfrac{x(f(2x)-f(0))}{2(1-\cos x)}=1$，求 $f'(0)$.

分析 利用导数的定义、配项方法和等价无穷小替换$\left((1-\cos x)\sim\dfrac{1}{2}x^2(x\to 0)\right)$.

解 由于$\lim\limits_{x\to 0}\dfrac{x(f(2x)-f(0))}{2(1-\cos x)}=\lim\limits_{x\to 0}\dfrac{x(f(2x)-f(0))}{x^2}=2\lim\limits_{x\to 0}\dfrac{f(2x)-f(0)}{2x}=2f'(0)$，所以 $f'(0)=\dfrac{1}{2}$.

3. 讨论下列函数在点 $x=0$ 处的连续性和可导性：

(1) $f(x)=\begin{cases}\dfrac{x}{1+e^{\frac{1}{x}}}, & x\neq 0,\\ 0, & x=0;\end{cases}$　　(2) $f(x)=\begin{cases}\cos x, & x<0,\\ x^2+x+1, & x\geqslant 0;\end{cases}$

(3) $f(x)=\begin{cases}\sqrt{1+x}-\sqrt{1-x}, & 0<x\leqslant 1,\\ \ln(1+x), & -1<x\leqslant 0.\end{cases}$

分析 利用函数在点 $x=0$ 处连续和导数的定义.

解 (1) 由于 $\lim\limits_{x\to 0^+}f(x)=\lim\limits_{x\to 0^+}\dfrac{x}{1+e^{\frac{1}{x}}}=0$，　$\lim\limits_{x\to 0^-}f(x)=\lim\limits_{x\to 0^-}\dfrac{x}{1+e^{\frac{1}{x}}}=0$，且有 $f(0)=0$，所以函数 $f(x)$ 在点 $x=0$ 处连续. 不难求得

$$f'_+(0)=\lim_{x\to 0^+}\frac{f(x)-f(0)}{x-0}=\lim_{x\to 0^+}\frac{1}{1+e^{\frac{1}{x}}}=0,$$

$$f'_-(0)=\lim_{x\to 0^-}\frac{f(x)-f(0)}{x-0}=\lim_{x\to 0^-}\frac{1}{1+e^{\frac{1}{x}}}=1.$$

由于 $f'_+(0)\neq f'_-(0)$，所以函数 $f(x)$在点 $x=0$ 处不可导.

(2) 提示：利用函数在分段点 $x=0$ 处的左右极限判断. 函数 $f(x)$在点 $x=0$ 处连续，但不可导.

(3) 提示：利用函数在分段点 $x=0$ 处的左右极限判断. 函数 $f(x)$在点 $x=0$ 处连续，且可导.

4. 求抛物线 $y=x^2-2x+3$ 上的一点(x_0,y_0)，使得在该点的法线平行于直线 $x+2y=1$，并求过该点的法线方程.

分析 利用导数的几何意义.

解 易见，抛物线 $y=x^2-2x+3$ 上的点(x_0,y_0)处的切线斜率为 $2x_0-2$，其法线的斜率为$-\dfrac{1}{2x_0-2}$. 由于法线平行于已知直线 $x+2y=1$，所以有$-\dfrac{1}{2x_0-2}=-\dfrac{1}{2}$，即得 $x_0=2$，相应地有 $y_0=3$. 因此，所求点为$(2,3)$，法线方程为 $y=-\dfrac{1}{2}x+4$.

5. 设函数 $f(x)$满足 $f(x+y)=f(x)f(y)$，其中 $x,y\in\mathbf{R}$，且 $f(0)\neq 0$. 证明：

(1) $f(0)=1$；

(2) 若 $f'(0)$存在，则 $f(x)$对任一 $x\in\mathbf{R}$ 都可导，且有 $f'(x)=f(x)f'(0)$.

分析 利用函数在某一点处导数的定义.

证 (1) 将 $x=0,y=0$ 代入式 $f(x+y)=f(x)f(y)$，得 $f(0)=f^2(0)$. 因 $f(0)\neq 0$，故$f(0)=1$.

(2) 由已知 $f'(0)$存在，于是

$$f'(x)=\lim_{\Delta x\to 0}\frac{f(x+\Delta x)-f(x)}{\Delta x}=\lim_{\Delta x\to 0}\frac{f(x)(f(\Delta x)-1)}{\Delta x}$$

$$=\lim_{\Delta x\to 0}f(x)\cdot\lim_{\Delta x\to 0}\frac{(f(\Delta x)-1)}{\Delta x}=f(x)f'(0).$$

证毕

4.2 导数的运算法则

一、知识要点

1. 导数的四则运算法则

定理 4.3 若函数 $u=u(x)$ 与 $v=v(x)$ 都在点 x 可导，则它们的和、差、积、商（除分母为零的点外）都在点 x 可导，且：

(1) $[u(x)\pm v(x)]'=u'(x)\pm v'(x)$；

(2) $[u(x)v(x)]'=u'(x)v(x)+u(x)v'(x)$；

(3) $\left[\dfrac{u(x)}{v(x)}\right]'=\dfrac{u'(x)v(x)-u(x)v'(x)}{[v(x)]^2}$.

2. 反函数的导数

定理 4.4 假设函数 $y=f(x)$ 在点 $x=x_0$ 处可导，且 $f'(x_0)\neq 0$. 若函数 $y=f(x)$ 在点 x_0 的某邻域连续，并严格单调，则它的反函数 $x=\varphi(y)$ 在点 $y_0=f(x_0)$ 处可导，并且

$$\varphi'(y_0)=\frac{1}{f'(x_0)}.$$

若函数 $y=f(x)$ 在区间 I 上严格单调，且对任一 $x\in I$，有 $f'(x)\neq 0$. 由定理 4.4 可知，函数 $y=f(x)$ 的反函数 $x=\varphi(y)$ 在区间 $f(I)$ 上可导，并且 $\varphi'(y)=\dfrac{1}{f'(x)}$，即**反函数的导数等于直接函数导数的倒数.**

由于 $y=f(x)$ 与 $x=\varphi(y)$ 互为反函数，所以上述公式也可以写成 $f'(x)=\dfrac{1}{\varphi'(y)}$.

3. 复合函数的导数

定理 4.5 若函数 $u=g(x)$ 在 x 可导，函数 $y=f(u)$ 在相应的点 u 可导，则复合函数 $y=f[g(x)]$ 在 x 也可导，且 $\dfrac{\mathrm{d}y}{\mathrm{d}x}=f'[g(x)]\cdot g'(x)$ 或 $\dfrac{\mathrm{d}y}{\mathrm{d}x}=\dfrac{\mathrm{d}y}{\mathrm{d}u}\cdot\dfrac{\mathrm{d}u}{\mathrm{d}x}$.

4. 基本初等函数的导数

(1) $(C)'=0$，其中 C 是常数；

(2) $(x^\alpha)'=\alpha x^{\alpha-1}$，其中 α 是实数；

(3) $(a^x)'=a^x\ln a$，$(\mathrm{e}^x)'=\mathrm{e}^x$；

(4) $(\log_a x)'=\dfrac{1}{x}\log_a \mathrm{e}=\dfrac{1}{x\ln a}$，$(\ln x)'=\dfrac{1}{x}$；

(5) $(\sin x)'=\cos x$，$(\cos x)'=-\sin x$，$(\tan x)'=\sec^2 x$，
$(\cot x)'=-\csc^2 x$，$(\sec x)'=\tan x\sec x$，$(\csc x)'=-\cot x\csc x$；

(6) $(\arcsin x)'=\dfrac{1}{\sqrt{1-x^2}}$，$(\arccos x)'=-\dfrac{1}{\sqrt{1-x^2}}$，
$(\arctan x)'=\dfrac{1}{1+x^2}$，$(\text{arccot}\, x)'=-\dfrac{1}{1+x^2}$.

5. 一些初等函数的导数

(1) $(\sinh x)'=\cosh x$，$(\cosh x)'=\sinh x$，$(\tanh x)'=\cosh^{-2}x$，其中

$$\sinh x=\frac{e^x-e^{-x}}{2},\quad \cosh x=\frac{e^x+e^{-x}}{2},\quad \tanh x=\frac{\sinh x}{\cosh x};$$

(2) $\left(\dfrac{x\sin x}{1+\cos x}\right)'=\dfrac{x+\sin x}{1+\cos x}$;

(3) $\left(\ln(x+\sqrt{x^2\pm a^2})\right)'=\dfrac{1}{\sqrt{x^2\pm a^2}}$.

二、疑难解析

1. 分段函数的导数是否可以用求导法则直接求导？

答　不能直接求导.需要利用导数的定义判断其在分段点是否可导，若可导，则可用定义直接得到其在分段点的导数.除分段点外，若分段函数的各表达式在各自定义区间内可导，则可以用求导法则直接求导.

2. 应用反函数求导法则应注意什么？

答　应用反函数求导法则的条件是：函数 $y=f(x)$ 在区间 I 上严格单调，且对任一 $x\in I$，有 $f'(x)\neq 0$.

3. 任意的复合函数是否都可以用链式法则求导？若不能，条件是什么？

答　不能直接应用.一般步骤是：先将复合函数分解为基本初等函数，观察各层函数在复合函数的定义区间内是否可导；若可导，则可应用链式法则从外到内求导.

特别地，在遇到直接计算导数的问题时，则不需要判断导数是否存在，直接应用链式法则求导即可.使用这个法则的关键是：**将一个给定的复合函数分解成若干个基本初等函数，按照从外到内的顺序依次求导.**

三、经典题型详解

题型 1　利用导数的四则运算法则求导数

例 4.8　求下列函数的导数：

(1) $y=\sin x\cdot\ln x+\sqrt{x}$；　(2) $y=x^2\ln x+e^{2x}\cos 3x$；　(3) $y=\dfrac{x+3}{x^2+2x+2}$.

分析　利用函数导数的四则运算法则.

解　(1) $y'=(\sin x\cdot\ln x+\sqrt{x})'=(\sin x\cdot\ln x)'+(\sqrt{x})'=\cos x\cdot\ln x+\dfrac{\sin x}{x}+\dfrac{1}{2\sqrt{x}}$.

(2) $y'=(x^2\ln x+e^{2x}\cos 3x)'=2x\ln x+x+e^{2x}(2\cos 3x-3\sin 3x)$.

(3)
$$\begin{aligned}y'&=\left(\frac{x+3}{x^2+2x+2}\right)'=\frac{(x+3)'(x^2+2x+2)-(x+3)(x^2+2x+2)'}{(x^2+2x+2)^2}\\&=\frac{x^2+2x+2-(x+3)(2x+2)}{(x^2+2x+2)^2}=-\frac{x^2+6x+4}{(x^2+2x+2)^2}.\end{aligned}$$

题型 2　利用反函数的求导法则求导数

例 4.9　求反正切函数 $y=\arctan x$ 的导数.

分析 先找出直接函数与反函数之间的对应关系和存在区间；然后利用反函数求导法则计算；最后代回原来的自变量.

解 由于 $y=\arctan x$ 在 $x\in[-1,1]$上是正切函数 $x=\tan y\left(y\in\left[-\frac{\pi}{2},\frac{\pi}{2}\right]\right)$的反函数，并且 $x=\tan y$ 在$\left(-\frac{\pi}{2},\frac{\pi}{2}\right)$内单调、可导且$(\tan y)'=\sec^2 y>0$，所以有

$$y'=(\arctan x)'=\frac{1}{(\tan y)'}=\frac{1}{\sec^2 y}=\frac{1}{1+\tan^2 y}=\frac{1}{1+x^2}.$$

因此有$(\arctan x)'=\frac{1}{1+x^2}(x\in(-\infty,+\infty))$.

题型 3 利用复合函数的求导法则求导数

计算复合函数的导数既是重点又是难点. 在求复合函数的导数时，首先要分清函数的复合层次，然后从外向里，逐层推进求导，不能遗漏，也不能重复. 在求导的过程中，始终要明确所求的导数是哪个函数对哪个变量（不管是自变量还是中间变量）的导数. 在开始时可以先设中间变量，一步一步去做. 熟练之后，中间变量可以省略不写，只把中间变量看在眼里，记在心上，直接把表示中间变量的部分写出来，整个过程一气呵成.

例 4.10 求下列函数的导数：

(1) $y=\arctan\frac{1}{x}+2^{\sin x}$； (2) $y=x+\sqrt{x+\sqrt{x}}$； (3) $y=\ln(\sec x+\tan x)$；

(4) $y=x\mathrm{e}^{\arctan\sqrt{x}}$； (5) $y=\sin(\ln x)$.

解 (1) 显然，函数 $\arctan\frac{1}{x}$是由函数 $\arctan u$ 与 $u=\frac{1}{x}$组成的复合函数；$2^{\sin x}$是由函数 2^u 与 $u=\sin x$ 组成的复合函数. 由复合函数求导法则，有

$$y'=\frac{1}{1+\left(\frac{1}{x}\right)^2}\left(\frac{1}{x}\right)'+2^{\sin x}\ln 2\cdot(\sin x)'=-\frac{1}{1+x^2}+2^{\sin x}\cos x\cdot\ln 2.$$

(2) 显然，函数 $y=x+\sqrt{x+\sqrt{x}}$是由函数 $y=x+\sqrt{u}$，$u=x+v$ 与 $v-\sqrt{x}$组成的复合函数，由复合函数求导法则，有

$$y'=(x+\sqrt{x+\sqrt{x}})'=1+\frac{1}{2\sqrt{x+\sqrt{x}}}(x+\sqrt{x})'=1+\frac{1}{2\sqrt{x+\sqrt{x}}}\left(1+\frac{1}{2\sqrt{x}}\right).$$

因此，有 $y'=1+\frac{2\sqrt{x}+1}{4\sqrt{x}\sqrt{x+\sqrt{x}}}$.

(3) $y'=(\ln(\sec x+\tan x))'=\frac{1}{\sec x+\tan x}(\sec x+\tan x)'=\frac{\sec x\tan x+\sec^2 x}{\sec x+\tan x}=\sec x$.

(4) $y'=(x\mathrm{e}^{\arctan\sqrt{x}})'=\mathrm{e}^{\arctan\sqrt{x}}+x\mathrm{e}^{\arctan\sqrt{x}}\cdot(\arctan\sqrt{x})'=\mathrm{e}^{\arctan\sqrt{x}}+\frac{\sqrt{x}\mathrm{e}^{\arctan\sqrt{x}}}{2(1+x)}$.

(5) $y'=[\sin(\ln x)]'=\cos(\ln x)\cdot(\ln x)'=\frac{\cos(\ln x)}{x}$.

例 4.11 已知函数 $f(x)$可导，计算下列函数的导数$\frac{\mathrm{d}y}{\mathrm{d}x}$：

(1) $y=f(\sin x)+\sin[f(x)]$； (2) $y=f(\mathrm{e}^x)\mathrm{e}^{f(x)}$.

分析 利用导数的四则运算和复合函数的求导法则.

解 (1) $\frac{dy}{dx}=f'(\sin x)\cdot\cos x+\cos[f(x)]\cdot f'(x)$.

(2) $\frac{dy}{dx}=f'(e^x)e^xe^{f(x)}+f(e^x)e^{f(x)}f'(x)=e^xe^{f(x)}f'(e^x)+f(e^x)e^{f(x)}f'(x)$.

注意上述符号代表的不同含义. 如 $f'(\sin x)$与$\frac{d}{dx}f(\sin x)$;$f'(e^x)$与$\frac{d}{dx}f(e^x)$.

题型3 综合应用题

例4.12 设$\lim\limits_{x\to0}\frac{(1-\cos2x)f(\sin x)}{x^2\tan2x}=2$,其中 $f(x)$在 $x=0$ 处可导,且 $f(0)=0$,求 $f'(0)$.

分析 综合利用等价无穷小替换、复合函数极限和函数导数的定义计算.

解 由已知可得

$$\lim_{x\to0}\frac{(1-\cos2x)f(\sin x)}{x^2\tan2x}=\lim_{x\to0}\frac{2x^2f(\sin x)}{x^2\cdot2x}=\lim_{x\to0}\frac{f(\sin x)}{x}=2,$$

于是 $f'(0)=\lim\limits_{x\to0}\frac{f(x)-f(0)}{x-0}=\lim\limits_{x\to0}\frac{f(x)}{x}=\lim\limits_{\sin x\to0}\frac{f(\sin x)}{\sin x}=\lim\limits_{x\to0}\frac{f(\sin x)}{x}=2$. 这里用了等价无穷小 $\sin x\sim x(x\to0)$进行替换.

例4.13 求垂直于直线 $2x-6y+1=0$,且与曲线 $y=x^3-3x^2-5$ 相切的直线方程.

分析 利用导数的几何意义计算.

解 设曲线 $f(x)=x^3-3x^2-5$ 的切点坐标为(x_0,y_0). 易见,直线 $2x-6y+1=0$ 的斜率为$\frac{1}{3}$. 由已知可得,所求直线的斜率为 $k=f'(x_0)=-3$. 又因为所求直线与曲线 $y=x^3-3x^2-5$ 相切,故$y'|_{(x_0,y_0)}=3x_0^2-6x_0=-3$,可得 $x_0=1,y_0=-7$. 于是所求切线方程为

$$3(x-1)+y+7=0,\quad 即\ 3x+y+4=0.$$

四、课后习题选解(习题4.2)

A类题

1. 求下列函数的导数$\frac{dy}{dx}$:

(1) $y=x^3+\frac{2}{x^2}-\frac{2}{\sqrt{x}}+3$; (2) $y=4x^{\frac{5}{2}}-3^x+2e^x$;

(3) $y=x^2\cos x$; (4) $y=\sqrt{x}\ln x-x^2+\tan x$.

分析 利用导数的四则运算法则.

解 (1) $y'=3x^2-\frac{4}{x^3}+\frac{1}{\sqrt{x^3}}$; (2) $y'=10x^{\frac{3}{2}}-3^x\ln3+2e^x$;

(3) $y'=2x\cos x-x^2\sin x$; (4) $y'=\frac{1}{2\sqrt{x}}\ln x+\frac{\sqrt{x}}{x}-2x+\sec^2x$.

2. 计算下列各题:

(1) $y=\tan x-\cos x+\sin x\cdot\cos x$,求 $y'|_{x=\frac{\pi}{6}}$和 $y'|_{x=\frac{\pi}{4}}$;

(2) $y=x\sin x-\cos x$,求 $y'|_{x=\frac{\pi}{4}}$.

分析 利用导数的四则运算法则求导数，再代值.

解 (1) 容易求得 $y'=\sec^2x+\sin x+\cos^2x-\sin^2x$，于是 $y'|_{x=\frac{\pi}{6}}=\frac{7}{3}$，$y'|_{x=\frac{\pi}{4}}=2+\frac{\sqrt{2}}{2}$.

(2) 容易求得 $y'=2\sin x+x\cos x$，于是 $y'|_{x=\frac{\pi}{4}}=\sqrt{2}\left(1+\frac{\pi}{8}\right)$.

3. 求下列函数的导数$\frac{dy}{dx}$：

(1) $y=(3x+2)^3$；　(2) $y=(3-2x)^2$；　(3) $y=e^{-x^2}$；

(4) $y=\ln(1+x^2)$；　(5) $y=\sin^3x$；　(6) $y=\arcsin(2x+1)$；

(7) $y=\arctan(2-e^x)$；　(8) $y=\frac{1}{\sqrt{1-2x^2}}$；　(9) $y=e^x\cos 2x$；

(10) $y=\ln(x-\sqrt{x^2-a^2}),a\neq 0$；　(11) $y=e^{\sin x}$；　(12) $y=\ln\ln\ln x$；

(13) $y=\sin^2x\cdot\sin x^2$.

分析 利用导数的四则运算法则和复合函数的求导法则.

解 (1) $y'=9(3x+2)^2$；　(2) $y'=-4(3-2x)$；

(3) $y'=-2xe^{-x^2}$；　(4) $y'=\frac{2x}{1+x^2}$；

(5) $y'=3\sin^2x\cos x$；　(6) $y'=\frac{2}{\sqrt{1-(2x+1)^2}}$；

(7) $y'=\frac{-e^x}{1+(2-e^x)^2}$；　(8) $y'=\frac{2x}{\sqrt{(1-2x^2)^3}}$；

(9) $y'=e^x\cos 2x-2e^x\sin 2x$；　(10) $y'=-\frac{1}{\sqrt{x^2-a^2}}(a\neq 0)$；

(11) $y'=e^{\sin x}\cos x$；　(12) $y'=\frac{1}{x\cdot\ln x\cdot\ln\ln x}$；

(13) $y'=\sin 2x\cdot\sin x^2+2x\sin^2x\cdot\cos x^2$.

4. 已知 $f(x)=(ax+b)\sin x+(cx+d)\cos x$，确定 a,b,c,d 的值，使 $f'(x)=2x\sin x$.

分析 利用导数的四则运算法则和待定系数法确定 a,b,c,d 的值.

解 利用导数的四则运算法则容易求得

$$\begin{aligned}f'(x)&=a\sin x+(ax+b)\cos x+c\cos x-(cx+d)\sin x\\&=-cx\sin x+(a-d)\sin x+ax\cos x+(b+c)\cos x=2x\sin x,\end{aligned}$$

比较等式两端的系数可得 $a=0$，　$b=2$，　$c=-2$，　$d=0$.

B类题

1. 求下列函数的导数$\frac{dy}{dx}$：

(1) $y=\csc x-2\sin x+3$；　(2) $y=\sqrt{x}\cos x+2^x+1$；　(3) $y=\frac{1+\cos x}{\sqrt[3]{x}}$；

(4) $y=x(x+1)\sin x$；　(5) $y=\arcsin x\cdot\arctan x$；　(6) $y=\ln\tan x+e^{\tan x}$；

(8) $y=\ln(\csc x-\cot x)$；　(9) $y=\sqrt{\frac{x+1}{x-1}}$.

分析 利用导数的四则运算法则和复合函数的求导法则.

解 (1) $y'=-\csc x\cot x-2\cos x$；　(2) $y'=\frac{\cos x}{2\sqrt{x}}-\sqrt{x}\sin x+2^x\ln 2$；

(3) $y'=-\dfrac{3x\sin x+1+\cos x}{3\sqrt[3]{x^4}}$；　　(4) $y'=(2x+1)\sin x+x(x+1)\cos x$；

(5) $y'=\dfrac{\arctan x}{\sqrt{1-x^2}}+\dfrac{\arcsin x}{1+x^2}$；　　(6) $y'=\dfrac{1}{\sin x\cdot\cos x}+\mathrm{e}^{\tan x}\sec x^2$；

(8) $y'=\csc x$；　　(9) $y'=-\dfrac{1}{\sqrt{(x-1)^3(x+1)}}$.

2. 已知函数 $f(x)$可导，计算下列函数的导数$\dfrac{\mathrm{d}y}{\mathrm{d}x}$：

(1) $y=f(\mathrm{e}^{-x})$；　　(2) $y=f(\sin^2 x)+f(\cos^2 x)$；

(3) $y=f(\ln x)f(x^2)$；　　(4) $y=\sin f(x)+\sqrt{1+f(x)}$.

分析 利用导数的四则运算和复合函数的求导法则.

解 (1) $y'=-f'(\mathrm{e}^{-x})\mathrm{e}^{-x}$；

(2) $y'=\sin 2x(f'(\sin^2 x)-f'(\cos^2 x))$；

(3) $y'=\dfrac{1}{x}f(x^2)f'(\ln x)+2xf(\ln x)f'(x^2)$；

(4) $y'=f'(x)\left(\cos f(x)+\dfrac{1}{2\sqrt{1+f(x)}}\right)$.

4.3 高阶导数

一、知识要点

1. 高阶导数的定义

定义 4.4 设函数 $y=f(x)$在区间 I 上有定义，且在 I 上可导，它的导数 $f'(x)$是定义在区间 I 上的函数. 如果极限$\lim\limits_{\Delta x\to 0}\dfrac{f'(x+\Delta x)-f'(x)}{\Delta x}$存在，那么称函数 $f'(x)$的导数存在，该极限称为原来函数 $y=f(x)$的**二阶导数**，记作

$$y'',\quad f''(x)\quad 或\quad \frac{\mathrm{d}^2 y}{\mathrm{d}x^2}=\frac{\mathrm{d}}{\mathrm{d}x}\left(\frac{\mathrm{d}y}{\mathrm{d}x}\right).$$

同样，如果 $f''(x)$的导数存在，其导数称为 $y=f(x)$的**三阶导数**，记作

$$y''',f'''(x)\quad 或\quad \frac{\mathrm{d}^3 y}{\mathrm{d}x^3}=\frac{\mathrm{d}}{\mathrm{d}x}\left(\frac{\mathrm{d}^2 y}{\mathrm{d}x^2}\right).$$

一般地，如果 $y=f(x)$的 $n-1$ 阶导数 $f^{(n-1)}(x)$的导数存在，其导数称为 $y=f(x)$的 n **阶导数**，记作 $y^{(n)}$，$f^{(n)}(x)$ 或 $\dfrac{\mathrm{d}^n y}{\mathrm{d}x^n}=\dfrac{\mathrm{d}}{\mathrm{d}x}\left(\dfrac{\mathrm{d}^{n-1} y}{\mathrm{d}x^{n-1}}\right)$.

二阶及二阶以上的导数称为**高阶导数**，$f'(x)$是**一阶导数**，$f(x)$也称作它自己的零阶导数.

2. 高阶导数的运算法则

如果函数 $u(x)$，$v(x)$在点 x 都具有 n 阶导数，那么有：

(1) $(u\pm v)^{(n)}=u^{(n)}\pm v^{(n)}$；

(2) $(uv)^{(n)}=u^{(n)}v+\mathrm{C}_n^1u^{(n-1)}v'+\mathrm{C}_n^2u^{(n-2)}v''+\cdots+\mathrm{C}_n^ku^{(n-k)}v^{(k)}+\cdots+uv^{(n)}$，其中 $\mathrm{C}_n^k=$

$\frac{n(n-1)\cdots(n-k+1)}{k!}$. 公式(2)称为**莱布尼茨公式**. 容易看出,莱布尼茨公式右边的系数恰好与二项式定理中$(a+b)^n$ 的系数相同.

3. 几个常见函数的高阶导数

(1) $(e^x)^{(n)}=e^x,(e^{ax})^{(n)}=a^n e^{ax}$;

(2) $(a^x)^{(n)}=a^x(\ln a)^n(a>0)$;

(3) $(\sin x)^{(n)}=\sin\left(x+\frac{n\pi}{2}\right)$;

(4) $(\cos x)^{(n)}=\cos\left(x+\frac{n\pi}{2}\right)$;

(5) $\left(\frac{1}{x}\right)^{(n)}=(-1)^n\frac{n!}{x^{n+1}}$;

(6) $\left(\frac{1}{ax+b}\right)^{(n)}=(-1)^n\frac{n!\ a^n}{(ax+b)^{n+1}}(a\neq 0)$;

(7) $\left(\frac{1}{1+x}\right)^{(n)}=(-1)^n\frac{n!}{(1+x)^{n+1}}$;

(8) $\left(\frac{1}{1-x}\right)^{(n)}=\frac{n!}{(1-x)^{n+1}}$;

(9) $(\ln x)^{(n)}=(-1)^{n-1}\frac{(n-1)!}{x^n}$.

二、经典题型详解

题型 1 利用逐次求导法计算高阶导数

例 4.14 计算下列函数的二阶导数 $f''(x)$:

(1) $y=x^2\sin 3x$; (2) $y=e^{3x}\sin 2x$; (3) $y=\ln f(x)$; (4) $y=f[f(x)]$.

分析 需要先求一阶导数,再求二阶导数.

解 (1) $y'=(x^2\sin 3x)'=2x\sin 3x+3x^2\cos 3x$,

$y''=(2x\sin 3x+3x^2\cos 3x)'=2\sin 3x+12x\cos 3x-9x^2\sin 3x$.

(2) $y'=e^{3x}(3\sin 2x+2\cos 2x),y''=e^{3x}(5\sin 2x+12\cos 2x)$.

(3) $y'=\frac{f'(x)}{f(x)},y''=\frac{f''(x)f(x)-f'^2(x)}{f^2(x)}$.

(4) $y'=\{f[f(x)]\}'=f'[f(x)]f'(x)$,

$y''=\{f'[f(x)]f'(x)\}'=f''[f(x)]f'^2(x)+f'[f(x)]f''(x)$.

例 4.15 求下列函数的 n 阶导数 $y^{(n)}$:

(1) $y=\sin^2 x$; (2) $y=\frac{1}{x^2+3x-4}$.

分析 先将函数变形并化简,然后利用函数的 n 阶导数公式.

解 (1) $y'=\sin 2x,y''=2\cos 2x=2\sin\left(2x+\frac{\pi}{2}\right)$,

$y'''=2^2\cos\left(2x+\frac{\pi}{2}\right)=2^2\sin\left(2x+2\ \frac{\pi}{2}\right),\cdots,y^{(n)}=2^{n-1}\sin\left[2x+(n-1)\frac{\pi}{2}\right]$.

(2) 容易求得函数的分解式 $y=\frac{1}{x^2+3x-4}=\frac{1}{5}\left(\frac{1}{x-1}-\frac{1}{x+4}\right)$. 通过对上述两个分式逐次求导,得

$$\left(\frac{1}{x-1}\right)^{(n)}=(-1)^n\frac{n!}{(x-1)^{n+1}},\quad \left(\frac{1}{x+4}\right)^{(n)}=(-1)^n\frac{n!}{(x+4)^{n+1}}.$$

于是 $y^{(n)}=\frac{(-1)^n}{5}\left[\frac{n!}{(x-1)^{n+1}}-\frac{n!}{(x+4)^{n+1}}\right]$.

例 4.16 已知函数 $y=f(x)$ 二次可导，$x=\varphi(y)$ 是函数 $y=f(x)$ 的反函数，且 $f'(x)\neq 0$. 证明：$\varphi''(y)=-\dfrac{f''(x)}{[f'(x)]^3}$.

分析 利用复合函数的导数求二阶导数. 本题属于计算性证明题.

证 由已知可得 $\dfrac{dx}{dy}=\dfrac{1}{f'(x)}$. 将 $x=\varphi(y)$ 代入得 $\dfrac{dx}{dy}=\dfrac{1}{f'(\varphi(y))}$.

上式两端继续关于 y 求导数，得

$$\frac{d^2x}{dy^2}=\frac{d}{dy}\left(\frac{dx}{dy}\right)=\frac{d}{dy}\left(\frac{1}{f'(\varphi(y))}\right)=-\frac{(f'(\varphi(y)))'}{[f'(\varphi(y))]^2}=-\frac{f''(\varphi(y))\ (\varphi(y))'}{[f'(\varphi(y))]^2}$$

$$=-\frac{f''(\varphi(y))}{[f'(\varphi(y))]^3}=-\frac{f''(x)}{[f'(x)]^3}.$$

证毕

题型 3 综合应用题

例 4.17 设 $f(x)=(x-a)^3\varphi(x)$，其中 $\varphi(x)$ 有二阶连续导数，问 $f'''(a)$ 是否存在；若不存在，请说明理由；若存在，求出其值.

分析 利用导数的四则运算法则和函数的导数定义. 要判断 $f'''(a)$ 是否存在，需要知道 $f''(a)$ 的信息.

解 不难求得

$f'(x)=3(x-a)^2\varphi(x)+(x-a)^3\varphi'(x)$,

$f''(x)=6(x-a)\varphi(x)+6(x-a)^2\varphi'(x)+(x-a)^3\varphi''(x)$, $f''(a)=0$,

$$f'''(a)=\lim_{x\to a}\frac{f''(x)-f''(a)}{x-a}=\lim_{x\to a}[6\varphi(x)+6(x-a)\varphi'(x)+(x-a)^2\varphi''(x)]=6\varphi(a).$$

三、课后习题选解(习题 4.3)

A类题

1. 求下列函数的二阶导数 $\dfrac{d^2y}{dx^2}$：

(1) $y=\sin x+e^{2x}+\sqrt{5}$；　　(2) $y=e^{ax}\sin bx$；

(3) $y=x^2\cos 2x$；　　(4) $y=\ln\sin x$.

分析 利用逐次求导的方法计算高阶导数.

解 (1) $y'=\cos x+2e^{2x}$, $y''=-\sin x+4e^{2x}$.

(2) $y'=e^{ax}(a\sin bx+b\cos bx)$, $y''=e^{ax}((a^2-b^2)\sin bx+2ab\cos bx)$.

(3) $y'=2x(\cos 2x-x\sin 2x)$,

$y''=2(\cos 2x-x\sin 2x)+2x(-2\sin 2x-\sin 2x-2x\cos 2x)=2\cos 2x-4x^2\cos 2x-8x\sin 2x$.

(4) $y'=\dfrac{\cos x}{\sin x}=\cot x$, $y''=-\csc^2 x$.

2. 设函数 $f(x)$ 具有二阶导数，求下列函数的二阶导数 $\dfrac{d^2y}{dx^2}$：

(1) $y=f(\sin x)$；　　(2) $y=e^{f(x)}$；

(3) $y=\ln f(x)$；　　(4) $y=\arctan f(x)$.

分析 利用复合函数的求导法则和逐次求导的方法.

解 (1) $y'=f'(\sin x)\cos x$, $y''=f''(\sin x)\cos^2 x-f'(\sin x)\sin x$.

(2) $y'=e^{f(x)}f'(x), y''=e^{f(x)}f'^2(x)+e^{f(x)}f''(x)$.

(3) $y'=\dfrac{f'(x)}{f(x)}, y''=\dfrac{f''(x)f(x)-f'^2(x)}{f^2(x)}$.

(4) $y'=\dfrac{f'(x)}{1+f^2(x)}, y''=\dfrac{f''(x)[1+f^2(x)]-2f(x)f'^2(x)}{[1+f^2(x)]^2}$.

3. 求下列函数的 n 阶导数 $y^{(n)}$：

(1) $y=x\ln x$；　　(2) $y=x^2e^{ax}$.

分析　利用莱布尼茨公式.

解　(1) $y'=1+\ln x, y''=\dfrac{1}{x}, y'''=-\dfrac{1}{x^2}, y^{(4)}=\dfrac{1\cdot 2}{x^3},\cdots, y^{(n)}=(-1)^n\dfrac{(n-2)!}{x^{n-1}}(n\geqslant 2)$.

(2) 设 $u=e^{ax}, v=x^2$，则 $u^{(n)}=a^ne^{ax}, v'=2x, v''=2, v^{(k)}=0(k=3,4,\cdots)$.

代入莱布尼茨公式，得

$$\begin{aligned}y^{(n)}&=(x^2e^{ax})^{(n)}=a^ne^{ax}\cdot x^2+n\cdot a^{n-1}e^{ax}\cdot 2x+\frac{n\cdot(n-1)}{2}a^{n-2}e^{ax}\cdot 2\\&=a^{n-2}e^{ax}(a^2x^2+2nax+n(n-1)).\end{aligned}$$

4. 求下列函数指定阶的导数：

(1) $y=x^3\sin x$，求 $y^{(50)}$；　　(2) $y=e^x\cos 2x$，求 y'''.

分析　利用导数的四则运算法则、逐次求导和莱布尼茨公式.

解　(1) 设 $u=\sin x, v=x^3$，则 $u^{(k)}=\sin\left(x+\dfrac{k\pi}{2}\right)(k=1,2,\cdots,50)$；$v'=3x^2, v''=6x, v'''=6, v^{(k)}=0$ $(k=4,5,\cdots)$. 代入莱布尼茨公式，得

$$\begin{aligned}y^{(50)}&=(x^3\sin x)^{(50)}=\sin\left(x+\frac{50\pi}{2}\right)\cdot x^3+50\cdot\sin\left(x+\frac{49\pi}{2}\right)\cdot 3x^2+\\&\quad\frac{50\times 49}{2!}\cdot\sin\left(x+\frac{48\pi}{2}\right)\cdot 6x+\frac{50\times 49\times 48}{3!}\cdot\sin\left(x+\frac{47\pi}{2}\right)\times 6.\\&=-x^3\sin x+150x^2\cos x+7350x\sin x-117600\cos x.\end{aligned}$$

(2) 利用逐次求导的方法可得

$$y'=e^x\cos 2x-2e^x\sin 2x;\quad y''=e^x(-3\cos 2x-4\sin 2x);$$
$$y'''=e^x(-11\cos 2x+2\sin 2x).$$

5. 验证函数 $y=e^{2x}$ 和 $y=e^{3x}$ 均满足关系式 $y''-5y'+6y=0$.

分析　求函数的一阶和二阶导数，然后代入关系式.

证　对于 $y=e^{2x}$，容易求得，$y'=2e^{2x}, y''=4e^{2x}$，代入方程得 $4e^{2x}-5\times 2e^{2x}+6e^{2x}\equiv 0$；

对于 $y=e^{3x}, y'=3e^{3x}, y''=9e^{3x}$，代入方程得 $9e^{3x}-5\times 3e^{3x}+6e^{3x}\equiv 0$.

因此结论成立.　　证毕

B类题

1. 求下列函数的二阶导数 $\dfrac{d^2y}{dx^2}$：

(1) $y=\sqrt{1-x^2}\arcsin x$；　　(2) $y=(1+4x^2)\arctan 2x$；

(3) $y=\ln(x+\sqrt{x^2-1})$；　　(4) $y=(x^2-2x-2)\sin x$.

分析　利用复合函数的求导法则和逐次求导的方法.

解　(1) $y'=-\dfrac{x}{\sqrt{1-x^2}}\arcsin x+1, y''=-\dfrac{1}{\sqrt{(1-x^2)^3}}\arcsin x-\dfrac{x}{1-x^2}$.

(2) $y'=8x\arctan 2x+2, y''=8\arctan 2x+\dfrac{16x}{1+4x^2}$.

(3) $y'=\dfrac{1}{\sqrt{x^2-1}}, y''=-\dfrac{x}{\sqrt{(x^2-1)^3}}$.

(4) $y'=(2x-2)\sin x+(x^2-2x-2)\cos x, y''=(-x^2+2x+4)\sin x+4(x-1)\cos x$.

2. 设函数 $f(x)$在$(-\infty,0]$上具有二阶导数. 试确定 a,b,c 的值,使得函数

$$F(x)=\begin{cases} f(x), & x\leqslant 0, \\ ax^2+bx+c, & x>0 \end{cases}$$

在$(-\infty,+\infty)$上二次可导.

分析 利用函数的导数定义. $f(x)$具有二阶导数,说明它的一阶导数连续.

解 由已知条件可得,函数 $f(x)$在 $x=0$ 连续,并且一阶导数连续,因此,由

$$\lim_{x\to 0^-}F(x)=\lim_{x\to 0^-}f(x)=f(0), \quad \lim_{x\to 0^+}F(x)=\lim_{x\to 0^+}(ax^2+bx+c)=c,$$

可得 $c=f(0)$. 由

$$F'_-(0)=\lim_{x\to 0^-}f'(x)=f'(0), \quad F'_+(0)=\lim_{x\to 0^+}\frac{ax^2+bx+c-f(0)}{x}=b,$$

可得 $b=f'(0)$. 由函数二阶可导的条件可得

$$F''_-(0)=\lim_{x\to 0^-}f''(x)=f''(0), \quad F''_+(0)=\lim_{x\to 0^+}\frac{2ax+b-f'(0)}{x}=2a,$$

可得 $a=\dfrac{1}{2}f''(0)$.

综上,$a=\dfrac{1}{2}f''(0), b=f'(0), c=f(0)$即为所求.

3. 验证函数 $y=2(2x+1)+\mathrm{e}^x$ 满足关系式$(2x-1)y''-(2x+1)y'+2y=0$.

分析 求函数的一阶和二阶导数,然后代入方程.

证 容易求得,$y'=4+\mathrm{e}^x, y''=\mathrm{e}^x$. 代入方程得

$$(2x-1)\mathrm{e}^x-(2x+1)(4+\mathrm{e}^x)+2(2(2x+1)+\mathrm{e}^x)\equiv 0.$$

因此结论成立. 证毕

4.4 隐函数的导数

一、知识要点

1. 由一个方程确定的隐函数的导数

假设方程 $F(x,y)=0$ 可以确定因变量 y 与自变量 x 之间的函数关系,并且导数$\dfrac{\mathrm{d}y}{\mathrm{d}x}$存在. 由于方程 $F(x,y)=0$ 的形式是已知的,若要求导数$\dfrac{\mathrm{d}y}{\mathrm{d}x}$,无需从方程求解出显函数再求导数,基本步骤如下:

(1) 将这种函数关系代回到方程中,则得到恒等式 $F(x,y(x))\equiv 0$.

(2) 利用复合函数求导法则,在上式两边同时对自变量 x 求导,再解出所求导数$\dfrac{\mathrm{d}y}{\mathrm{d}x}$.

这便是**隐函数求导法**.

2. 由参数方程确定的函数的导数

在 1.3.3 节中,我们给出的函数的参数表示形式,即假设 y 和 x 的函数关系可由下面的

参数方程确定,其一般形式为

$$\begin{cases} x=\varphi(t), \\ y=\psi(t), \end{cases} \quad \alpha \leqslant t \leqslant \beta.$$

若 $x=\varphi(t)$ 与 $y=\psi(t)$ 关于参数 t 都是二阶可导的,且 $\varphi'(t)\neq 0$. 又 $x=\varphi(t)$ 存在反函数 $t=\varphi^{-1}(x)$,则 y 是 x 的复合函数,即 $y=\psi(t), t=\varphi^{-1}(x)$.

参数方程的一阶导数公式为$\frac{\mathrm{d}y}{\mathrm{d}x}=\frac{\mathrm{d}y}{\mathrm{d}t}\frac{\mathrm{d}t}{\mathrm{d}x}=\frac{\psi'(t)}{\varphi'(t)}$.

参数方程的二阶导数公式为$\frac{\mathrm{d}^2y}{\mathrm{d}x^2}=\frac{\psi''(t)\varphi'(t)-\psi'(t)\varphi''(t)}{\varphi'^3(t)}$.

二、疑难解析

1. 如何求隐函数的二阶导函数?

答 有两种方法:一种是显式求出一阶导数$\frac{\mathrm{d}y}{\mathrm{d}x}$后,在此基础上再求二阶导数$\frac{\mathrm{d}^2y}{\mathrm{d}x^2}$;另一种是对原隐函数方程两边连续求两次导数,再通过方程解出$\frac{\mathrm{d}y}{\mathrm{d}x}$和$\frac{\mathrm{d}^2y}{\mathrm{d}x^2}$.

2. 求幂指函数的导数,除了对数求导法外,是否还有其他的方法?

答 还有两种方法求幂指函数的导数. 第一种方法是,将幂指函数变形为 $y=\mathrm{e}^{v(x)\ln u(x)}$,然后求导数;第二种方法是,利用函数导数的四则运算法则求幂指函数的导数. 幂指函数的导数是两项的和. 一项是暂时把幂指函数的底认为是常数,并对其按照指数函数求导数的结果;另一项是暂时把指数认为是常数,并对其按照幂函数求导数的结果. 当表达式较为复杂时,这种方法较为麻烦,并且容易出错,不如对数求导法简洁清晰.

3. 设$\begin{cases} x=\varphi(t), \\ y=\psi(t), \end{cases}$由$\frac{\mathrm{d}y}{\mathrm{d}x}=\frac{\psi'(t)}{\varphi'(t)}(\varphi'(t)\neq 0)$得,$\frac{\mathrm{d}^2y}{\mathrm{d}x^2}=\frac{\psi''(t)}{\varphi''(t)}$,如此计算是否正确?

答 不正确. 正确的算法是:利用新的参数方程$\begin{cases} x=\varphi(t), \\ \frac{\mathrm{d}y}{\mathrm{d}x}=\frac{\psi'(t)}{\varphi'(t)}, \end{cases}$可得

$$\begin{aligned}\frac{\mathrm{d}^2y}{\mathrm{d}x^2}-\frac{\mathrm{d}}{\mathrm{d}x}\left(\frac{\mathrm{d}y}{\mathrm{d}x}\right)-\frac{\mathrm{d}}{\mathrm{d}x}\left(\frac{\psi'(t)}{\varphi'(t)}\right)&=\frac{\mathrm{d}}{\mathrm{d}t}\left(\frac{\psi'(t)}{\varphi'(t)}\right)\cdot\frac{\mathrm{d}t}{\mathrm{d}x}\\ &=\frac{\psi''(t)\varphi'(t)-\psi'(t)\varphi''(t)}{\varphi'^2(t)}\cdot\frac{1}{\varphi'(t)}=\frac{\psi''(t)\varphi'(t)-\psi'(t)\varphi''(t)}{\varphi'^3(t)}.\end{aligned}$$

这就是参数方程的二阶导数公式.

三、经典题型详解

题型1 利用隐函数求导法求导数

注意,求隐函数的导数时,凡遇到含有因变量 y 的项时,把 y 当作中间变量看待,即 y 是 x 的函数,再按复合函数求导法则求之,然后从所得等式中解出$\frac{\mathrm{d}y}{\mathrm{d}x}$.

例 4.18 求由方程 $y-x\mathrm{e}^y-1=0$ 确定的函数 $y=y(x)$的导数 y'和 y''.

解 法一 方程两端对 x 求导数(注意 y 是 x 的函数),有

$$(y-x\mathrm{e}^y-1)'=0, \quad 即 \quad y'-\mathrm{e}^y-x\mathrm{e}^y y'=0,$$

从而解得隐函数的导数 $y'=\frac{e^y}{1-xe^y}$.

再对其两端关于 x 求导数(注意 y 和 y' 都是 x 的函数),有

$$y''=\frac{(1-xe^y)e^yy'+e^y(e^y+xe^yy')}{(1-xe^y)^2}=\frac{e^yy'+e^{2y}}{(1-xe^y)^2}=\frac{e^y\frac{e^y}{1-xe^y}+e^{2y}}{(1-xe^y)^2}=\frac{e^{2y}(3-y)}{(1-xe^y)^3},$$

其中利用了方程 $y-xe^y-1=0$ 进行化简.

法二 方程两端对 x 求导数(注意 y 是 x 的函数),有 $y'-e^y-xe^yy'=0$,解得 $y'=\frac{e^y}{1-xe^y}$.

对上式两端关于 x 再求导数,有 $y''-2y'e^y-x(e^yy'^2+e^yy'')=0$,将 y' 代入,整理得

$$y''=\frac{e^{2y}(2+xy')}{(1-xe^y)^2}=\frac{e^{2y}(3-y)}{(1-xe^y)^3}.$$

题型2 利用对数求导法求导数

对幂指函数 $y=u(x)^{v(x)}(u(x)>0)$,直接使用前面介绍的求导法则求其导数会很麻烦,还有某些显函数的导数,直接求导数也会比较繁琐,对于这两类函数,可以先在函数两边取对数,然后在等式两边同时对自变量 x 求导,最后解出所求导数. 我们把这种方法称为**对数求导法**.

例 4.19 设 $u(x)$,$v(x)$ 均可导,且 $u(x)>0$. 求幂指函数 $y=u(x)^{v(x)}$ 的导数.

解 法一 在函数的两端取对数,有 $\ln y=v(x)\ln u(x)$,上式两端关于 x 求导数,得

$$\frac{y'}{y}=v'(x)\ln u(x)+\frac{v(x)u'(x)}{u(x)},$$

即 $y'=u(x)^{v(x)}\left(v'(x)\ln u(x)+\frac{v(x)u'(x)}{u(x)}\right)$.

法二 先将 y 恒等变形为 $y=e^{v(x)\ln u(x)}$,求导得

$$y'=e^{v(x)\ln u(x)}(v(x)\ln u(x))'=u(x)^{v(x)}\left(v'(x)\ln u(x)+\frac{v(x)u'(x)}{u(x)}\right).$$

法三 利用疑难解析中问题2的说明,直接对 y 求导数,得

$$\begin{aligned}y'&=(u(x)^{v(x)})'=u(x)^{v(x)}v'(x)\ln u(x)+v(x)u(x)^{v(x)-1}u'(x)\\&=u(x)^{v(x)}\left(v'(x)\ln u(x)+\frac{v(x)u'(x)}{u(x)}\right).\end{aligned}$$

例 4.20 求函数 $y=(1-x^2)\sqrt[3]{(x+2)(1-x)(x+1)^{-2}}$ 的导数.

解 对等式两端取对数,得

$$\ln y=\ln(1-x^2)+\frac{1}{3}[\ln(x+2)+\ln(1-x)-2\ln(x+1)],$$

然后在两端对 x 求导数并整理,得

$$y'=(1-x^2)\sqrt[3]{(x+2)(1-x)(x+1)^{-2}}\left[\frac{-2x}{1-x^2}+\frac{1}{3}\left(\frac{1}{x+2}-\frac{1}{1-x}-\frac{2}{x+1}\right)\right].$$

题型3 参数方程的求导法

例 4.21 已知函数 $y=y(x)$ 由参数方程 $\begin{cases}x=2te^t+3,\\y=t^2+2t\end{cases}$ 所确定,求 $\frac{dy}{dx}$ 和 $\frac{d^2y}{dx^2}$.

解 不难求得$\frac{\mathrm{d}y}{\mathrm{d}x}=\frac{\mathrm{d}y}{\mathrm{d}t}\Big/\frac{\mathrm{d}x}{\mathrm{d}t}=\frac{(t^2+2t)'}{(2te^t+3)'}=\frac{2t+2}{\mathrm{e}^t(2t+2)}=\mathrm{e}^{-t}$.

由于$\frac{\mathrm{d}y}{\mathrm{d}x}=\mathrm{e}^{-t}$，$x=2t\mathrm{e}^t+3$ 仍是参数 t 的方程，从而

$$\frac{\mathrm{d}^2y}{\mathrm{d}x^2}=\frac{\mathrm{d}}{\mathrm{d}t}(\mathrm{e}^{-t})\Big/\frac{\mathrm{d}x}{\mathrm{d}t}=\frac{-\mathrm{e}^{-t}}{2\mathrm{e}^t(t+1)}=-\frac{1}{2\mathrm{e}^{2t}(t+1)}.$$

四、课后习题选解(习题 4.4)

A类题

1. 求由下列方程确定的隐函数的导数$\frac{\mathrm{d}y}{\mathrm{d}x}$和$\frac{\mathrm{d}^2y}{\mathrm{d}x^2}$：

(1) $x^2+xy+y^2-9x=0$； (2) $x^3+y^3-3xy-5=0$；

(3) $\mathrm{e}^{x+y}-x-xy-1=0$； (4) $x+y-x\mathrm{e}^y+1=0$.

分析 利用隐函数的求导法则，二阶导数需要逐次求导.

解 (1) 在方程的两端对 x 求导数，得 $2x+y+xy'+2yy'-9=0$. 解得$\frac{\mathrm{d}y}{\mathrm{d}x}=-\frac{2x+y-9}{x+2y}$.

再求一次导数，并整理，得$\frac{\mathrm{d}^2y}{\mathrm{d}x^2}=-6\frac{x^2+xy+y^2-9x+27}{(2y+x)^3}$.

(2) 在方程的两端对 x 求导数，得 $3x^2+3y^2y'-3y-3xy'=0$，解得$\frac{\mathrm{d}y}{\mathrm{d}x}=\frac{y-x^2}{y^2-x}$.

再求一次导数，并整理，得

$$\frac{\mathrm{d}^2y}{\mathrm{d}x^2}=\frac{(x^2-2xy^2+y)(y^2-x)-(y-x^2)(y^2-2x^2y+x)}{(y^2-x)^3}=-2\frac{xy^4-3x^2y^2+xy+x^4y}{(y^2-x)^3}.$$

(3) 在方程的两端对 x 求导数，得$(1+y')\mathrm{e}^{x+y}-1-y-xy'=0$，解得

$$\frac{\mathrm{d}y}{\mathrm{d}x}=\frac{1+y-\mathrm{e}^{x+y}}{\mathrm{e}^{x+y}-x}=\frac{y-x-xy}{1+xy}.$$

再求一次导数，并整理，得

$$\begin{aligned}\frac{\mathrm{d}^2y}{\mathrm{d}x^2}&=\frac{\frac{1+y-\mathrm{e}^{x+y}}{\mathrm{e}^{x+y}-x}(\mathrm{e}^{x+y}(x-y)-x)+\mathrm{e}^{x+y}(x-y-2)+1+y}{(\mathrm{e}^{x+y}-x)^2}\\&=\frac{1-x+y-xy+\mathrm{e}^{x+y}(-2+3x-2y+xy-y^2)+\mathrm{e}^{2(x+y)}(y-x)}{(\mathrm{e}^{x+y}-x)^3}\\&=\frac{1-x+y-3xy+x^2-y^2-xy^2+2x^2y-x^3-y^3}{(1+xy)^3}.\end{aligned}$$

(4) 在方程的两端对 x 求导数，得 $1+y'-\mathrm{e}^y-x\mathrm{e}^yy'=0$，解得$\frac{\mathrm{d}y}{\mathrm{d}x}=\frac{\mathrm{e}^y-1}{1-x\mathrm{e}^y}$.

再求一次导数，并整理，得$\frac{\mathrm{d}^2y}{\mathrm{d}x^2}=\frac{\mathrm{e}^y(\mathrm{e}^y-1)(2-x-x\mathrm{e}^y)}{(1-x\mathrm{e}^y)^3}$.

2. 求下列函数的导数$\frac{\mathrm{d}y}{\mathrm{d}x}$：

(1) $y=(1+x^2)^{\sin x}$； (2) $y=x^{\ln x}$； (3) $y=\left(\frac{2x}{1-x^2}\right)^x$.

分析 利用对数的求导法则.

解 (1) 对等式两端取对数，得 $\ln y=\sin x\cdot\ln(1+x^2)$，然后在两端对 x 求导数并整理，得

$$y'=(1+x^2)^{\sin x}\left(\cos x\cdot\ln(1+x^2)+\frac{2x\sin x}{1+x^2}\right).$$

(2) 对等式两端取对数，得 $\ln y=\ln^2 x$，然后在两端对 x 求导数并整理，得 $y'=\dfrac{2\ln x}{x}x^{\ln x}$.

(3) 对等式两端取对数，得 $\ln y=x(\ln 2x-\ln(1-x^2))$，然后在两端对 x 求导数并整理，得

$$y'=\left(\frac{2x}{1-x^2}\right)^x\left(\ln\frac{2x}{1-x^2}+1+\frac{2x^2}{1-x^2}\right).$$

3. 由下列参数方程确定的函数的导数 $\dfrac{\mathrm{d}y}{\mathrm{d}x}$ 和 $\dfrac{\mathrm{d}^2y}{\mathrm{d}x^2}$：

(1) $\begin{cases}x=2t^2+1,\\ y=t^4+4t^3+1;\end{cases}$ (2) $\begin{cases}x=\sin t,\\ y=\cos 2t;\end{cases}$ (3) $\begin{cases}x=2t,\\ y=\mathrm{e}^t+\mathrm{e}^{-t}.\end{cases}$

分析 利用由参数方程所确定的函数的求导公式.

解 (1) $\dfrac{\mathrm{d}y}{\mathrm{d}x}=t^2+3t,\dfrac{\mathrm{d}^2y}{\mathrm{d}x^2}=\dfrac{\mathrm{d}}{\mathrm{d}t}(t^2+3t)\Big/\dfrac{\mathrm{d}x}{\mathrm{d}t}=\dfrac{2t+3}{4t}=\dfrac{1}{2}+\dfrac{3}{4t}$.

(2) $\dfrac{\mathrm{d}y}{\mathrm{d}x}=-4\sin t,\dfrac{\mathrm{d}^2y}{\mathrm{d}x^2}=\dfrac{\mathrm{d}}{\mathrm{d}t}(-4\sin t)\Big/\dfrac{\mathrm{d}x}{\mathrm{d}t}=\dfrac{-4\cos t}{\cos t}=-4$.

(3) $\dfrac{\mathrm{d}y}{\mathrm{d}x}=\dfrac{1}{2}(\mathrm{e}^t-\mathrm{e}^{-t}),\dfrac{\mathrm{d}^2y}{\mathrm{d}x^2}=\dfrac{\mathrm{d}}{\mathrm{d}t}\left(\dfrac{\mathrm{e}^t-\mathrm{e}^{-t}}{2}\right)\Big/\dfrac{\mathrm{d}x}{\mathrm{d}t}=\dfrac{\mathrm{e}^t+\mathrm{e}^{-t}}{4}$.

4. 求方程 $x+y+\cos(x+y)+\mathrm{e}^x-2=0$ 在点 $(0,0)$ 处的切线方程和法线方程.

分析 利用隐函数的导数确定切线的斜率.

解 在方程两端对 x 求导数，得 $1+y'-(1+y')\sin(x+y)+\mathrm{e}^x=0$，进而有

$$\left.\frac{\mathrm{d}y}{\mathrm{d}x}\right|_{(0,0)}=\left.\frac{1-\sin(x+y)+\mathrm{e}^x}{\sin(x+y)-1}\right|_{(0,0)}=-2.$$

于是所求的切线方程和法线方程分别为 $y=-2x$ 和 $y=\dfrac{1}{2}x$.

B类题

1. 求下列方程确定的隐函数的导数 $\dfrac{\mathrm{d}y}{\mathrm{d}x}$：

(1) $x^3-y^3-\tan(x+y)+3=0$； (2) $\arctan\dfrac{y}{x}-\dfrac{1}{2}\ln(x^2+y^2)=0$；

(3) $\mathrm{e}^{xy}-1-\tan(x+y)=0$； (4) $\sin y+\tan x-(x+y)\mathrm{e}^y+1=0$.

分析 利用隐函数的求导法则.

解 (1) 在方程两端对 x 求导数，得 $3x^2-3y^2y'-(1+y')\sec^2(x+y)=0$，整理后得

$$\frac{\mathrm{d}y}{\mathrm{d}x}=\frac{3x^2-\sec^2(x+y)}{3y^2+\sec^2(x+y)}.$$

(2) 在方程两端对 x 求导数，得 $\dfrac{\dfrac{xy'-y}{x^2}}{1+\dfrac{y^2}{x^2}}-\dfrac{x+yy'}{x^2+y^2}=0$，整理后得 $\dfrac{\mathrm{d}y}{\mathrm{d}x}=\dfrac{x+y}{x-y}$.

(3) 在方程两端对 x 求导数，得 $(y+xy')\mathrm{e}^{xy}-(1+y')\sec^2(x+y)=0$，整理后得

$$\frac{\mathrm{d}y}{\mathrm{d}x}=\frac{y\mathrm{e}^{xy}-\sec^2(x+y)}{-x\mathrm{e}^{xy}+\sec^2(x+y)}.$$

(4) 在方程两端对 x 求导数，得 $y'\cos y+\sec^2x-(1+y')\mathrm{e}^y-(x+y)\mathrm{e}^yy'=0$，整理后得

$$\frac{\mathrm{d}y}{\mathrm{d}x}=\frac{\mathrm{e}^y-\sec^2x}{\cos y-\mathrm{e}^y-(x+y)\mathrm{e}^y}.$$

2. 求下列函数的导数$\frac{dy}{dx}$：

(1) $y=(\sin x)^{\cos x}+(\cos x)^{\sin x}$； (2) $y=\frac{(1-x)^2\sqrt{x-3}}{(x+2)^3}$； (3) $y=\sqrt{x\tan x\sqrt{1+e^{2x}}}$.

分析 利用对数的求导法则.

解 (1) 分项求导数，再求和. 对 $y_1=(\sin x)^{\cos x}$(假设 $\sin x>0$)两端取对数得 $\ln y_1=\cos x\cdot\ln\sin x$，两端对 x 求导，并整理得 $y_1'=(\sin x)^{\cos x}(\cos x\cot x-\sin x\ln\sin x)$；

对 $y_2=(\cos x)^{\sin x}$(假设 $\cos x>0$)两端取对数得 $\ln y_2=\sin x\cdot\ln\cos x$，两端对 x 求导，并整理得

$$y_2'=(\cos x)^{\sin x}(\cos x\ln\cos x-\sin x\tan x).$$

综上，有

$$y'=y_1'+y_2'=(\sin x)^{\cos x}(\cos x\cot x-\sin x\ln\sin x)+(\cos x)^{\sin x}(\cos x\ln\cos x-\sin x\tan x).$$

(2) 对函数两端取对数得 $\ln y=2\ln(x-1)+\frac{1}{2}\ln(x-3)-3\ln(x+2)$(假设 $x>3$)，两端对 x 求导，得

$$y'=\frac{(x-1)^2\sqrt{x-3}}{(x+2)^3}\left[\frac{1}{2(x-3)}+\frac{2}{x-1}-\frac{3}{x+2}\right].$$

(3) 对函数两端取对数得 $\ln y=\frac{1}{2}\left[\ln x+\ln\tan x+\frac{1}{2}\ln(1+e^{2x})\right]$(假设 $x>0$)，两端对 x 求导，得

$$y'=\sqrt{x\tan x\sqrt{1+e^{2x}}}\left[\frac{1}{2x}+\frac{1}{\sin 2x}+\frac{e^{2x}}{2(1+e^{2x})}\right].$$

3. 设有方程 $xy-\ln y=0$，求 $y'|_{x=0}$，$y''|_{x=0}$.

分析 利用隐函数的求导法则. 这种方法不用显式表示出各阶导数.

解 在方程两端对 x 求导数，得 $y+xy'-\frac{1}{y}y'=0$. 再次对上式两端对 x 求导数，得

$$2y'+xy''+\frac{1}{y^2}y'^2-\frac{1}{y}y''=0.$$

将 $x=0,y=1$ 代入第一个等式，得$y'|_{x=0,y=1}=\left.\frac{y^2}{1-xy}\right|_{x=0,y=1}=1$；再由第二个等式，可得

$$y''|_{x=0,y=1}=3.$$

4. 求由下列参数方程确定的函数的导数$\frac{dy}{dx}$：

(1) $\begin{cases}x=\arctan t,\\ y=\ln(1+t^2);\end{cases}$ (2) $\begin{cases}x=e^t\cos t,\\ y=e^t\sin t;\end{cases}$ (3) $\begin{cases}x=t+2+\sin t,\\ y=\cos 2t+2t;\end{cases}$ (4) $\begin{cases}x=\ln\tan t,\\ y=\cot t.\end{cases}$

分析 利用参数方程所确定的函数的求导公式.

解 (1) $\frac{dy}{dx}=\frac{\frac{2t}{1+t^2}}{\frac{1}{1+t^2}}=2t$； (2) $\frac{dy}{dx}=\frac{e^t(\sin t+\cos t)}{e^t(\cos t-\sin t)}=\frac{\sin t+\cos t}{\cos t-\sin t}$；

(3) $\frac{dy}{dx}=\frac{-2\sin 2t+2}{1+\cos t}=\frac{2(1-\sin 2t)}{1+\cos t}$； (4) $\frac{dy}{dx}=\frac{-\csc^2 t}{\frac{\sec^2 t}{\tan t}}=-\cot t$.

4.5 函数的微分

一、知识要点

1. 微分的定义

定义 4.5 设函数 $y=f(x)$在点 x_0 的邻域内有定义. 若存在常数 A，使得函数值的增量

$\Delta y=f(x_0+\Delta x)-f(x_0)$和自变量的增量 $\Delta x=x-x_0$ 满足关系 $\Delta y=A\Delta x+o(\Delta x)$，其中 A 与 Δx 无关，则称函数 $f(x)$在点 x_0 处可微，$A\Delta x$ 称为函数 $y=f(x)$在点 x_0 处相应于 Δx 的**微分**，记作 $\mathrm{d}y$，即 $\mathrm{d}y=A\Delta x$ 或 $\mathrm{d}f(x_0)=A\Delta x$.

定理 4.6 函数 $y=f(x)$在 x_0 可微的充分必要条件是：函数 $y=f(x)$在 x_0 可导，且 $A=f'(x_0)$.

定理 4.6 指出，函数 $f(x)$在 x_0 处的导数和微分是等价关系，并且 $A=f'(x_0)$. 函数 $f(x)$在 x_0 处的微分记为 $\mathrm{d}y=f'(x)\mathrm{d}x$ 或 $\mathrm{d}f(x)=f'(x)\mathrm{d}x$.

类比于导数的定义$\frac{\mathrm{d}y}{\mathrm{d}x}=f'(x)$或$\frac{\mathrm{d}f(x)}{\mathrm{d}x}=f'(x)$，可见，函数 $y=f(x)$的导数 $f'(x)$等于函数的微分 $\mathrm{d}y$ 与自变量的微分 $\mathrm{d}x$ 的商，因此，导数亦称微商.

2. 微分的几何解释

在平面直角坐标系中，函数 $y=f(x)$的图形是一条曲线，如图 4.1 所示. 易见，曲线 $y=f(x)$在点 $M(x_0,f(x_0))$的切线方程为

$$y=f(x_0)+f'(x_0)(x-x_0).$$

从另一个角度看，当 x 非常接近 x_0 时，Δy 与 $\mathrm{d}y$ 也非常接近，用 $\mathrm{d}y$ 近似代替 Δy 可以形象地解释为“以直代曲”，即以直线（切线）近似代替曲线，有时也称之为**局部线性化**，切线方程称为局部线性化函数.

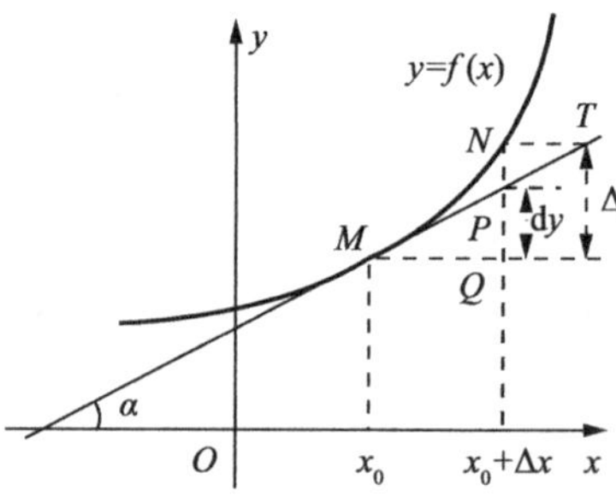

图 4.1

3. 微分的运算法则和公式

由定理 4.6 可知，函数的导数与微分运算是等价的，即$\frac{\mathrm{d}y}{\mathrm{d}x}=f'(x)\Leftrightarrow \mathrm{d}y=f'(x)\mathrm{d}x$. 因此，由基本初等函数的导数公式和导数的运算法则可相应地得到基本初等函数的微分公式和微分运算法则.

(1) 基本初等函数的微分公式

由基本初等函数的导数公式，可以直接写出基本初等函数的微分公式. 为了便于对照，列表如下：

导数公式	微分公式
$(c)'=0$	$\mathrm{d}(c)=0$
$(x^\alpha)'=\alpha x^{\alpha-1}$	$\mathrm{d}(x^\alpha)=\alpha x^{\alpha-1}\mathrm{d}x$
$(\log_a x)'=\frac{1}{x\ln a}$	$\mathrm{d}(\log_a x)=\frac{1}{x\ln a}\mathrm{d}x$
$(\ln x)'=\frac{1}{x}$	$\mathrm{d}(\ln x)=\frac{1}{x}\mathrm{d}x$
$(a^x)'=a^x\ln a$	$\mathrm{d}(a^x)=a^x\ln a\mathrm{d}x$
$(\mathrm{e}^x)'=\mathrm{e}^x$	$\mathrm{d}(\mathrm{e}^x)=\mathrm{e}^x\mathrm{d}x$
$(\sin x)'=\cos x$	$\mathrm{d}(\sin x)=\cos x\mathrm{d}x$
$(\cos x)'=-\sin x$	$\mathrm{d}(\cos x)=-\sin x\mathrm{d}x$

续表

导数公式	微分公式
$(\tan x)'=\sec^2 x$	$d(\tan x)=\sec^2 x dx$
$(\cot x)'=-\csc^2 x$	$d(\cot x)=-\csc^2 x dx$
$(\sec x)'=\sec x\cdot\tan x$	$d(\sec x)=\sec x\cdot\tan x dx$
$(\csc x)'=-\csc x\cdot\cot x$	$d(\csc x)=-\csc x\cdot\cot x dx$
$(\arcsin x)'=\frac{1}{\sqrt{1-x^2}}$	$d(\arcsin x)=\frac{1}{\sqrt{1-x^2}}dx$
$(\arccos x)'=-\frac{1}{\sqrt{1-x^2}}$	$d(\arccos x)=-\frac{1}{\sqrt{1-x^2}}dx$
$(\arctan x)'=\frac{1}{1+x^2}$	$d(\arctan x)=\frac{1}{1+x^2}dx$
$(\text{arc cot} x)'=-\frac{1}{1+x^2}$	$d(\text{arc cot} x)=-\frac{1}{1+x^2}dx$

(2) 函数和、差、积、商的微分法则

由函数和、差、积、商的求导法则，可推得相应的微分法则. 列表如下(表中 $u=u(x)$，$v=v(x)$)：

函数和、差、积、商的求导法则	函数和、差、积、商的微分法则
$(u\pm v)'=u'\pm v'$	$d(u\pm v)=du\pm dv$
$(cu)'=cu'$	$d(cu)=cdu$
$(uv)'=u'v+uv'$	$d(uv)=vdu+udv$
$\left(\frac{u}{v}\right)'=\frac{u'v-uv'}{v^2}$	$d\left(\frac{u}{v}\right)=\frac{vdu-udv}{v^2}$

(3) 复合函数的微分

设函数 $y=f(u)$，$u=\varphi(x)$可以构成复合函数，则函数 $y=f[\varphi(x)]$的微分为

$$dy=f'[\varphi(x)]\varphi'(x)dx.$$

由于 $\varphi'(x)dx=du$，所以复合函数 $y=f[\varphi(x)]$的微分公式也可以写成 $dy=f'(u)du$.

由此可见，无论 u 是自变量还是中间变量，微分 $dy=f'(u)du$ 的形式保持不变. 这一性质称为**一阶微分形式不变性**. 这与函数的导数有本质的区别，因为对于复合函数而言，函数对自变量的导数和对中间变量的导数完全是两件事情.

4. 微分在近似计算中的应用

(1) 函数值的近似计算

若函数 $y=f(x)$在点 x_0 处可微，当 x 与 x_0 充分接近时，有

$$f(x)\approx f(x_0)+f'(x_0)(x-x_0).$$

上式就是函数值 $f(x)$的**近似计算公式**. 特别地，取 $x_0=0$，且 $|x|$ 充分小时，上式变为

$$f(x)\approx f(0)+f'(0)x.$$

(2) 几个常用的近似公式(当 $|x|$ 充分小时):

① $\sin x \approx x$; ② $\tan x \approx x$; ③ $\arcsin x \approx x$;

④ $\arctan x \approx x$; ⑤ $\ln(1+x) \approx x$; ⑥ $e^x \approx 1+x$;

⑦ $\sqrt[n]{1\pm x} \approx 1 \pm \dfrac{x}{n}$; ⑧ $(1+x)^\alpha \approx 1+\alpha x(\alpha \neq 0)$.

二、疑难解析

1. 在函数可微的定义中,高阶无穷小 $o(\Delta x)$ 的条件是否可以去掉,为什么?

答 不能去掉.缺少了这个条件,就不能保证当 Δx 充分小时,函数值的改变量与微分之差 $\Delta y - \mathrm{d}y$ 充分小,即不能保证用 $\mathrm{d}y$ 近似代替 Δy 时,误差也充分小.

2. 一元函数 $y=f(x)$ 在点 x_0 处的可微性与可导性是等价的,所以有人说“微分就是导数,导数就是微分”,判断这种说法是否正确?

答 不正确.因为导数与微分是两个概念,是有本质区别的.

从存在的角度看,函数的可微性与可导性是等价的.但从量的角度看,导数与微分的区别是:函数 $y=f(x)$ 在点 x_0 处的导数 $f'(x_0)$ 是一个定数,它仅与 x_0 有关;然而,函数 $y=f(x)$ 在点 x_0 处的微分 $\mathrm{d}y=f'(x_0)(x-x_0)$ 是 x 的函数,它不仅与 x_0 有关,而且也与 x 有关,并且当 $x \to x_0$ 时,$\lim\limits_{x\to x_0}\mathrm{d}y=\lim\limits_{x\to x_0}[f'(x_0)(x-x_0)]=0$.从几何角度看,导数 $f'(x_0)$ 是曲线 $y=f(x)$ 在点 $(x_0,f(x_0))$ 处的切线斜率,而微分 $\mathrm{d}y=f'(x_0)(x-x_0)$ 是曲线 $y=f(x)$ 在点 $(x_0,f(x_0))$ 处的切线方程 $y-y_0=f'(x_0)(x-x_0)$ 在点 x 的纵坐标改变量.

此外,它们的用途也是不一样的.导数多用于函数性质的研究,微分多用于近似计算和微分运算等.

通过本题的解释,请读者进一步思考“等价”与“相等”的区别和联系.

3. 函数在某点不连续能否推出函数在该点不可微?

答 可以.因为可微与可导是等价的,而不连续一定不可导,进而也一定不可微.

4. Δy 与 $\mathrm{d}y$ 是当 $\Delta x \to 0$ 时的等价无穷小,这种说法是否正确?说明理由.

答 不正确.缺少条件“函数 $y=f(x)$ 在点 x_0 处可微或可导”.

5. 在表达式 $\mathrm{d}y=A\Delta x$ 或 $\mathrm{d}f(x_0)=A\Delta x$ 中,$A\Delta x$ 称为函数增量 Δy 的**线性主要部分**,为什么?

答 由表达式可见,函数 $y=f(x)$ 在点 x_0 处的微分 $\mathrm{d}y$ 是自变量的增量 Δx 的线性函数,称为函数增量 Δy 的**线性主要部分**,所指的“线性”,是因为 $A\Delta x$ 是 Δx 的一次函数,所指的“主要”,是因为当 $\Delta x \to 0$ 时,$o(\Delta x)$ 是 Δx 的高阶无穷小,$A\Delta x$ 在表达式 $\mathrm{d}y=A\Delta x$ 的右端起主要作用.

三、经典题型详解

题型 1 利用微分公式求函数的微分

例 4.22 求下列函数的微分:

(1) $y=\sin(2x+1)$; (2) $y=\ln(1+e^{x^2})$; (3) $y=\ln(x+\sqrt{x^2+1})$.

分析 利用微分的运算法则和复合函数的微分法则计算;也可以先求导数,然后利用导数和微分的关系给出计算结果.

解 (1) 因为 $y'=2\cos(2x+1)$，所以 $dy=d(\sin(2x+1))=2\cos(2x+1)dx$.

(2) $dy=d(\ln(1+e^{x^2}))=\dfrac{1}{1+e^{x^2}}d(1+e^{x^2})=\dfrac{1}{1+e^{x^2}}e^{x^2}d(x^2)=\dfrac{2xe^{x^2}}{1+e^{x^2}}dx$.

(3) $$dy=d(\ln(x+\sqrt{x^2+1}))=\frac{1}{x+\sqrt{x^2+1}}d(x+\sqrt{x^2+1})$$
$$=\frac{1}{x+\sqrt{x^2+1}}\left(1+\frac{x}{\sqrt{x^2+1}}\right)dx=\frac{1}{\sqrt{x^2+1}}dx.$$

题型 2 利用公式 $f(x)\approx f(0)+f'(0)x$ 证明近似表达式

例 4.23 当 $|x|$ 充分小时，证明下列近似表示式：

(1) $\sin3x\approx3x$； (2) $\ln(1-2x)\approx-2x$； (3) $\arctan2x\approx2x$.

分析 找出目标函数，利用公式 $f(x)\approx f(0)+f'(0)x$ 证明.

证 (1) 设 $f(x)=\sin3x$. 由于 $f'(x)=3\cos3x$，有 $f(0)=0,f'(0)=3$. 当 $|x|$ 充分小时，有 $\sin3x\approx3x$.

(2) 设 $f(x)=\ln(1-2x)$. 由于 $f'(x)=\dfrac{-2}{1-2x}$，有 $f(0)=0,f'(0)=-2$. 当 $|x|$ 充分小时，有 $\ln(1-2x)\approx-2x$.

(3) 设 $f(x)=\arctan2x$. 由于 $f'(x)=\dfrac{2}{1+4x^2}$，有 $f(0)=0,f'(0)=2$. 当 $|x|$ 充分小时，有 $\arctan2x\approx2x$.

证毕

四、课后习题选解(习题 4.5)

A类题

1. 求函数 $y=f(x)=x^3+x+2$ 在 $x_0=1,\Delta x=0.02$ 时的增量 Δy 与微分 dy.

分析 利用增量和微分的定义计算.

解 由已知函数可得，$f'(x)=3x^2+1$，进而，$f(1+0.02)=4.081208,f(1)=4,f'(1)=4$. 因此，有
$$\Delta y=f(1.02)-f(1)=0.081208,\quad dy=f'(1)\Delta x=0.08.$$

2. 求下列函数的微分：

(1) $y=\ln(2x+1)+x^2$； (2) $y=e^{2x}\cos3x$；

(3) $y=\arcsin2x+\arccos\sqrt{x}$； (4) $y=\dfrac{\sin x}{x}$.

分析 先求导数，然后利用导数和微分的关系给出结果.

解 (1) 由于 $y'=\dfrac{2}{2x+1}+2x$，所以有，$dy=\left(\dfrac{2}{2x+1}+2x\right)dx$.

(2) 由于 $y'=2e^{2x}\cos3x-3e^{2x}\sin3x$，所以有，$dy=(2e^{2x}\cos3x-3e^{2x}\sin3x)dx$.

(3) 由于 $y'=\dfrac{2}{\sqrt{1-4x^2}}-\dfrac{1}{2\sqrt{x-x^2}}$，所以有，$dy=\left(\dfrac{2}{\sqrt{1-4x^2}}-\dfrac{1}{2\sqrt{x-x^2}}\right)dx$.

(4) 由于 $y'=\dfrac{x\cos x-\sin x}{x^2}$，所以有，$dy=\dfrac{x\cos x-\sin x}{x^2}dx$.

3. 将适当的函数填入下列括号内，使等式成立：

(1) $d(\quad)=(x^2+2e^x)dx$； (2) $d(\quad)=(\sec^2x+\cos2x)dx$；

(3) $\mathrm{d}(\quad)=\frac{2}{\sqrt{1-x^2}}\mathrm{d}x$； (4) $\mathrm{d}(\quad)=\left(\frac{1}{1+2x}+\frac{1}{1+x^2}\right)\mathrm{d}x$.

分析 寻求某些函数使得其导数等于已知函数，但是要注意常数的导数为零，因此求出的函数后面都要加上一个任意常数.答案中的 C 都表示任意常数.

解 (1) $\mathrm{d}\left(\frac{x^3}{3}+2\mathrm{e}^x+C\right)=(x^2+2\mathrm{e}^x)\mathrm{d}x$.

(2) $\mathrm{d}\left(\tan x+\frac{1}{2}\sin 2x+C\right)=(\sec^2 x+\cos 2x)\mathrm{d}x$.

(3) $\mathrm{d}(2\arcsin x+C)=\frac{2}{\sqrt{1-x^2}}\mathrm{d}x$.

(4) $\mathrm{d}\left(\frac{1}{2}\ln|1+2x|+\arctan x+C\right)=\left(\frac{1}{1+2x}+\frac{1}{1+x^2}\right)\mathrm{d}x$.

4. 当 $|x|$ 充分小时，证明下列近似式：

(1) $\tan 2x\approx 2x$； (2) $\ln(1+3x)\approx 3x$； (3) $\mathrm{e}^{2x}\approx 1+2x$； (4) $(1+x)^5\approx 1+5x$.

分析 找出目标函数，利用教材中的公式 $f(x)\approx f(0)+f'(0)x$ 证明.

证 (1) 设 $f(x)=\tan 2x$. 由于 $f'(x)=2\sec^2 2x$，有 $f(0)=0, f'(0)=2$. 当 $|x|$ 充分小时，有 $\tan 2x\approx 2x$.

(2) 设 $f(x)=\ln(1+3x)$. 由于 $f'(x)=\frac{3}{1+3x}$，有 $f(0)=0, f'(0)=3$. 当 $|x|$ 充分小时，有 $\ln(1+3x)\approx 3x$.

(3) 设 $f(x)=\mathrm{e}^{2x}$. 由于 $f'(x)=2\mathrm{e}^{2x}$，有 $f(0)=1, f'(0)=2$. 当 $|x|$ 充分小时，有 $\mathrm{e}^{2x}\approx 1+2x$.

(4) 设 $f(x)=(1+x)^5$. 由于 $f'(x)=5(1+x)^4$，有 $f(0)=1, f'(0)=5$. 当 $|x|$ 充分小时，有 $(1+x)^5\approx 1+5x$.

证毕

5. 有一根横截面为圆环的输油管道，其内壁半径（单位：m）为 R，壁厚为 ΔR. 试用微分表示圆环面积的近似值.

分析 利用圆的面积公式 $S=\pi R^2$.

解 依题意，圆的面积公式为 $S(R)=\pi R^2$，则圆环面积为

$$\Delta S=S(R+\Delta R)-S(R)=2\pi R\Delta R+\pi(\Delta R)^2,$$

微分表示的近似值为 $\Delta S\approx \mathrm{d}S=S'\mathrm{d}R=2\pi R\mathrm{d}R$.

B 类题

1. 求由方程 $x^2-2xy+y+\mathrm{e}^{x+y}-1=0$ 确定的隐函数的微分 $\mathrm{d}y$.

分析 利用隐函数的求导法则.

解 在方程两端求微分，得 $2x\mathrm{d}x-2y\mathrm{d}x-2x\mathrm{d}y+\mathrm{d}y+(\mathrm{d}x+\mathrm{d}y)\mathrm{e}^{x+y}=0$.

整理后，得 $\mathrm{d}y=-\frac{2x-2y+\mathrm{e}^{x+y}}{1-2x+\mathrm{e}^{x+y}}\mathrm{d}x$.

2. 当 $|x|$ 充分小时，求出 $\sqrt[4]{3+x}$ 关于 x 的线性近似式.

分析 找出目标函数，利用近似公式 $f(x)\approx f(0)+f'(0)x$ 表示.

解 设 $f(x)=\sqrt[4]{3+x}$. 由于 $f'(x)=\frac{1}{4}(3+x)^{-\frac{3}{4}}$，有 $f(0)=\sqrt[4]{3}, f'(0)=\frac{1}{4\sqrt[4]{27}}$. 当 $|x|$ 充分小时，由公式 $f(x)\approx f(0)+f'(0)x$，有 $\sqrt[4]{3+x}\approx\sqrt[4]{3}+\frac{x}{4\sqrt[4]{27}}$.

3. 分别计算 $\tan 29°$ 和 $\sqrt[3]{28}$ 的近似值.

分析 找出目标函数，利用近似公式 $f(x)\approx f(0)+f'(0)x$ 计算.

解 对于 $\tan 29°$，令 $f(x)=\tan x, x_0=30°=\frac{\pi}{6}, x=29°=\frac{29\pi}{180}, x-x_0=-\frac{\pi}{180}$.

由于 $f'(x)=\sec^2 x$，有 $f\left(\frac{\pi}{6}\right)=\tan\frac{\pi}{6}=\frac{\sqrt{3}}{3}$，$f'\left(\frac{\pi}{6}\right)=\sec^2\frac{\pi}{6}=\frac{4}{3}$.

由公式 $f(x)\approx f(0)+f'(0)x$，有 $\tan 29°\approx\tan\frac{\pi}{6}-\sec^2\frac{\pi}{6}\cdot\frac{\pi}{180}=\frac{\sqrt{3}}{3}-\frac{4}{3}\frac{\pi}{180}\approx 0.55408$.

对于 $\sqrt[3]{28}$，令 $f(x)=\sqrt[3]{x}$，$x_0=27$， $x=28$， $x-x_0=1$. 由于 $f'(x)=\frac{1}{3\cdot\sqrt[3]{x^2}}$，有 $f(27)=3$，$f'(27)=\frac{1}{3\times 9}=\frac{1}{27}$. 由公式 $f(x)\approx f(0)+f'(0)x$，有 $\sqrt[3]{28}\approx\sqrt[3]{27}+\frac{1}{27}\times 1=3+\frac{1}{27}\approx 3.037037$.

4. 设函数的图形如图 4.2 所示，试在图中标出点 x_0 处的 $\mathrm{d}y$，Δy 及 $\mathrm{d}y-\Delta y$，并说明其正负.

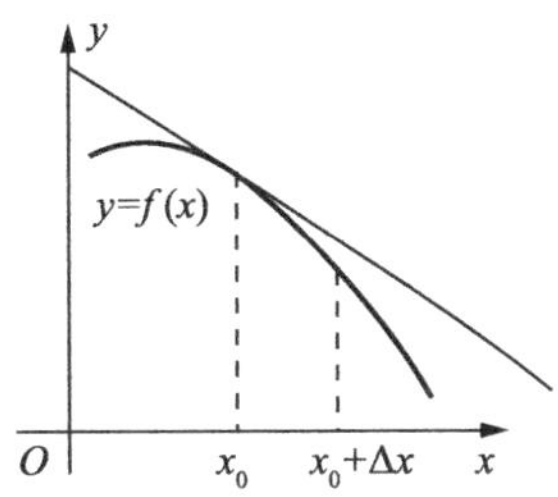

图 4.2

解 由图 4.2 可见，$\mathrm{d}y<0$，$\Delta y<0$，$\mathrm{d}y-\Delta y>0$.

复习题 4 解答

1. 是非题

(1) 若函数 $f(x)$ 在点 $x=x_0$ 处导数不存在，则它在点 $(x_0,f(x_0))$ 处一定不存在切线. ( )

(2) 设函数 $f(x)$ 在点 x_0 处可导，$g(x)$ 在点 x_0 处不可导，则 $f(x)+g(x)$ 在点 x_0 处必不可导. ( )

(3) 若函数 $f(x)$ 在点 $x=x_0$ 处不可微，则 $f(x)$ 在该点一定不连续. ( )

(4) 设函数 $f(x)$ 在点 x 处可导，则有 $\lim\limits_{\Delta x\to 0}\frac{f(x)-f(x-\Delta x)}{\Delta x}=f'(x)$. ( )

(5) 由方程 $x^2+y^2+1=0$ 确定的隐函数的导数为 $y'=-x/y$. ( )

分析 (1) 错，因为函数在点 $x=x_0$ 处导数为无穷大时，曲线有垂直切线.

(2) 对，结论可用反证法证得.

(3) 错，可微与连续的关系是：可微一定连续，连续不一定可微. 但是不可微推不出不连续，例如 $f(x)=|x|$ 在点 $x=0$ 处不可微，但是连续.

(4) 对，因为它可以变形为 $\lim\limits_{\Delta x\to 0}\frac{f(x-\Delta x)-f(x)}{-\Delta x}=f'(x)$.

(5) 错，因为这个方程在实数范围内无解，在任意点都不能确定隐函数.

2. 填空题

(1) 已知 $f(x)=x^3+3^x$，则 $f'(3)=$________.

(2) 若曲线 $y=x^3-3a^2x+b(a\geqslant 0)$ 与 x 轴相切，则 a 与 b 的关系式是________.

(3) 设函数 $f(x)$ 在点 $x=x_0$ 处可导，且 $\lim\limits_{x\to 0}\frac{x}{f(x_0-2x)-f(x_0)}=\frac{1}{4}$，则 $f'(x_0)=$________.

(4) 已知参数方程的形式为 $\begin{cases}x=2t^2+3t,\\ y=\arctan\frac{1}{t},\end{cases}$ 则 $\left.\frac{\mathrm{d}y}{\mathrm{d}x}\right|_{t=-1}=$________.

(5) 设 $y=f(x)$ 是可微函数，则 $\mathrm{d}f(\cos 2x)=$________.

分析 (1) 先计算导数，再令 $x=3$，得 $f'(3)=f'(x)|_{x=3}=(3x^2+3^x\ln 3)|_{x=3}=27(1+\ln 3)$.

(2) 由于曲线 $y=x^3-3a^2x+b$ 与 x 轴相切，所以有 $x^3-3a^2x+b=0$ 和 $y'=3x^2-3a^2=0$. 由第二个方程解得 $x=\pm a(a\geqslant 0)$，将其代入到第一个方程得 $b\pm 2a^3=0$.

(3) 利用导数的定义和配项方法，有

$$\lim_{x\to 0}\frac{x}{f(x_0-2x)-f(x_0)}=-\frac{1}{2}\lim_{x\to 0}\frac{1}{\dfrac{f(x_0-2x)-f(x_0)}{-2x}}=-\frac{1}{2}\frac{1}{f'(x_0)}=\frac{1}{4},$$

解得 $f'(x_0)=-2$.

(4) 先利用参数方程的求导公式计算，再令 $t=-1$，得

$$\frac{\mathrm{d}y}{\mathrm{d}x}=\frac{\dfrac{-(1/t)^2}{1+(1/t)^2}}{4t+3}=\frac{-1}{(4t+3)(1+t^2)},\quad \left.\frac{\mathrm{d}y}{\mathrm{d}x}\right|_{t=-1}=\frac{1}{2}.$$

(5) 利用复合函数的微分方法，有 $\mathrm{d}f(\cos 2x)=-2\sin(2x)f'(\cos 2x)\mathrm{d}x$.

3. 选择题

(1) 设 $f(x)$ 在点 x_0 处可微，则(　　).

A. $f(x)$ 在点 x_0 处连续，并且可导　　B. $f(x)$ 在点 x_0 处连续，并且不一定可导

C. $f(x)$ 在点 x_0 处不连续，并且不可导　　D. $f(x)$ 在点 x_0 处不连续，但是可导

(2) 函数 $f(x)=|x-a|$ 在点 $x=a$ 处的导数为(　　).

A. 1　　B. 0　　C. -1　　D. 不存在

(3) 已知函数 $f(x)=\begin{cases}\sin ax, & x\leqslant 0,\\ b-\mathrm{e}^{2x}, & x>0\end{cases}$ 在 $x=0$ 处可导，则 a,b 的值为(　　).

A. $a=2,b=1$　　B. $a=1,b=2$　　C. $a=2,b=-1$　　D. $a=-2,b=1$

(4) 设函数 $y=f(u)$ 在 u 处可导，且 $u=\mathrm{e}^{2x}$，则 $\dfrac{\mathrm{d}y}{\mathrm{d}x}=$(　　).

A. $f'(\mathrm{e}^{2x})$　　B. $\mathrm{e}^{2x}f'(\mathrm{e}^{2x})$　　C. $2\mathrm{e}^{2x}f'(\mathrm{e}^{2x})$　　D. $2f'(\mathrm{e}^{2x})$

(5) 函数 $y=\ln(1+\sin x)$ 的微分 $\mathrm{d}y$ 为(　　).

A. $\dfrac{1}{1+\sin x}\mathrm{d}x$　　B. $\dfrac{\sin x}{1+\sin x}\mathrm{d}x$　　C. $\dfrac{\cos x}{1+\sin x}\mathrm{d}x$　　D. $\dfrac{-\cos x}{1+\sin x}\mathrm{d}x$

分析 (1) 利用函数的连续、导数和微分之间的关系判定，即可导$\Leftrightarrow$可微，可导必连续，连续不一定可导，因此选 A.

(2) 利用函数在点 $x=a$ 处的左、右导数判定，由于左、右导数虽然存在，但是不相等，所以选 D.

(3) 利用分段函数在 $x=0$ 处连续和可导的定义确定 a,b 的值. 由连续条件确定 $b=1$，由可导条件确定 $a=-2$，所以选 D.

(4) 利用复合函数的求导法则，即 $\dfrac{\mathrm{d}y}{\mathrm{d}x}=\dfrac{\mathrm{d}y}{\mathrm{d}u}\cdot\dfrac{\mathrm{d}u}{\mathrm{d}x}=2\mathrm{e}^{2x}f'(\mathrm{e}^{2x})$，所以选 C.

(5) 两端直接求微分(或利用复合函数的求导法则先求导数，再转换成微分)，不难求得 $\mathrm{d}y=\dfrac{\cos x}{1+\sin x}\mathrm{d}x$，所以选 C.

4. 计算下列各题：

(1) 已知函数 $y=x^2\mathrm{e}^{\tan x}$，求 y' 和 y''；

(2) 已知函数 $y=\arctan(\cos x)+\ln\sin x$，求 y' 和 y''；

(3) 已知函数 $y=x^3+2x+5+\mathrm{e}^{3x}$，求 y',y'' 和 $y^{(100)}$；

(4) 已知 $y=y(x)$ 是由方程 $x^2+y^2-xy-4\mathrm{e}^{xy}+4=0$ 确定的隐函数，求 $\mathrm{d}y$；

(5) 已知 $y=y(x)$ 是由方程 $\sin(x+y)+\cos(2x+y)=1$ 确定的隐函数，求 $\mathrm{d}y$.

分析 根据题目特点，按要求解答问题.(1)逐次计算导数；(2)利用复合函数的求导法则，并逐次求导；(3)逐次计算导数，注意总结规律；(4)和(5)利用隐函数求导法则，但要注意求的是微分，不是导数.

解 (1) 对函数逐次求导，有

$$y' = e^{\tan x}(2x + x^2\sec^2 x),\quad y'' = e^{\tan x}(2 + 4x\sec^2 x + x^2\sec^4 x + 2x^2\sec^2 x\tan x).$$

(2) 根据复合函数的求导法则，并逐次求导，有

$$y' = \frac{-\sin x}{1+\cos^2 x} + \cot x,\quad y'' = -\frac{\cos x(1+\cos^2 x) + 2\sin^2 x\cos x}{(1+\cos^2 x)^2} - \csc^2 x.$$

(3) 对函数逐次求导，有

$$y' = 3x^2 + 2 + 3e^{3x},\quad y'' = 6x + 3^2 e^{3x},\cdots,y^{(100)} = 3^{100}e^{3x}.$$

(4) 由隐函数的求导法则，在方程两端关于 x 微分，有

$$2x\mathrm{d}x + 2y\mathrm{d}y - y\mathrm{d}x - x\mathrm{d}y - 4(y\mathrm{d}x + x\mathrm{d}y)e^{xy} = 0,$$

整理后，得 $\mathrm{d}y = \dfrac{2x-y-4ye^{xy}}{x-2y+4xe^{xy}}\mathrm{d}x$.

(5) 由隐函数的求导法则，在方程两端关于 x 微分，有

$$(\mathrm{d}x + \mathrm{d}y)\cos(x+y) - (2\mathrm{d}x + \mathrm{d}y)\sin(2x+y) = 0,$$

整理后，得 $\mathrm{d}y = -\dfrac{\cos(x+y) - 2\sin(2x+y)}{\cos(x+y) - \sin(2x+y)}\mathrm{d}x$.

5. 已知函数 $f(x)$ 在点 $x=0$ 处可导，且 $f(0)=1, f'(0)=2$. 计算下列极限：

(1) $\lim\limits_{x\to 0}\dfrac{f(1-\cos x)-1}{\sin x^2}$；　　(2) $\lim\limits_{x\to 0}\dfrac{f(e^{2x}-1)-1}{\tan 3x}$.

分析 利用导数的定义和配项方法计算.

解 (1) 根据导数的定义将极限表达式配齐并利用等价无穷小进行替换，得

$$\lim_{x\to 0}\frac{f(1-\cos x)-1}{\sin x^2} = \lim_{x\to 0}\frac{f(1-\cos x)-f(0)}{1-\cos x-0}\cdot\lim_{x\to 0}\frac{1-\cos x}{\sin x^2} = f'(0)\cdot\frac{1}{2} = 1.$$

$$\left(1-\cos x \sim \frac{1}{2}x^2, \sin x^2 \sim x^2\right)$$

(2) 根据导数的定义将极限表达式配齐并利用等价无穷小进行替换，得

$$\lim_{x\to 0}\frac{f(e^{2x}-1)-1}{\tan 3x} = \lim_{x\to 0}\frac{f(e^{2x}-1)-f(0)}{e^{2x}-1-0}\cdot\lim_{x\to 0}\frac{e^{2x}-1}{\tan 3x} = \frac{2}{3}f'(0) = \frac{4}{3}.$$

$$(e^{2x}-1 \sim 2x, \tan 3x \sim 3x)$$

6. 求下列函数在分段点 $x=0$ 处的左导数 $f'_-(0)$ 和右导数 $f'_+(0)$，并判断在点 $x=0$ 处的导数是否存在：

(1) $f(x) = \begin{cases}\tan x, & x\leqslant 0,\\ \ln(x^2+1), & x>0;\end{cases}$　　(2) $f(x) = \begin{cases}\arctan 2x, & x\leqslant 0,\\ x^3+\sin 2x, & x>0.\end{cases}$

分析 利用函数在一点处的左、右导数的定义计算极限，然后用导数的等价定义判断存在性.

解 (1) 根据函数在分段点 $x=0$ 处左、右导数的定义，有

$$f'_-(0) = \lim_{x\to 0^-}\frac{\tan x - 0}{x-0} = 1,\quad f'_+(0) = \lim_{x\to 0^+}\frac{\ln(x^2+1)}{x-0} = 0.$$

由于 $f'_-(0)\neq f'_+(0)$，所以函数在点 $x=0$ 处的导数不存在.

(2) 根据函数在分段点 $x=0$ 处左、右导数的定义，有

$$f'_-(0) = \lim_{x\to 0^-}\frac{\arctan 2x - 0}{x-0} = 2,\quad f'_+(0) = \lim_{x\to 0^+}\frac{x^3+\sin 2x}{x-0} = 2.$$

易见，$f'_-(0) = f'_+(0) = 2$，所以函数在点 $x=0$ 处的导数存在，且 $f'(0)=2$.

7. 求由方程 $2xy + x + \arctan(x+y) - \dfrac{\pi}{4} = 0$ 所确定的函数 $y=f(x)$ 在点 $M(0,1)$ 处的切线方程和法线方程.

分析 利用隐函数求导法则求出函数在点 $M(0,1)$ 处切线的斜率.

解 在方程两端对求 x 导数,得 $2y+2xy'+1+\dfrac{1+y'}{1+(x+y)^2}=0$.

将 $x=0,y=1$ 代入等式并整理,得 $y'|_{(0,1)}=-7$. 于是切线方程和法线方程分别为

$$y-1=-7x;\quad y-1=\frac{1}{7}x.$$

8. 求参数方程 $\begin{cases}x=a\cos^3 t,\\ y=a\sin^3 t\end{cases}$ 的二阶导数 $\dfrac{\mathrm{d}^2y}{\mathrm{d}x^2}$.

分析 利用参数方程的求导法依次求一阶、二阶导数.

解 $\dfrac{\mathrm{d}y}{\mathrm{d}x}=-\dfrac{3a\sin^2 t\cos t}{3a\cos^2 t\sin t}=-\tan t$,

$\dfrac{\mathrm{d}^2y}{\mathrm{d}x^2}=\dfrac{\mathrm{d}}{\mathrm{d}x}(-\tan t)=\dfrac{\mathrm{d}}{\mathrm{d}t}(-\tan t)\Big/\dfrac{\mathrm{d}x}{\mathrm{d}t}=\dfrac{-\sec^2 t}{-3a\cos^2 t\sin t}=\dfrac{1}{3a\cos^4 t\sin t}$.

9. 证明:当 $|x|$ 充分小时,$\ln(1+\sin x)\approx x$.

分析 用微分的定义证明.

证 设 $f(x)=\ln(1+\sin x)$. 容易求得 $f'(x)=\dfrac{\cos x}{1+\sin x}$,在 $x=0$ 处,有 $f(0)=0,f'(0)=1$. 当 $|x|$ 充分小时,由公式 $f(x)\approx f(0)+f'(0)x$,有 $\ln(1+\sin x)\approx x$. 证毕

10. 验证函数 $y=\mathrm{e}^{\sqrt{x}}+\mathrm{e}^{-\sqrt{x}}$ 满足关系式 $xy''+\dfrac{1}{2}y'-\dfrac{1}{4}y=0$.

分析 对函数求一阶、二阶导数,然后代入关系式.

证 不难求得函数的一阶、二阶导数

$$y'=\frac{\mathrm{e}^{\sqrt{x}}-\mathrm{e}^{-\sqrt{x}}}{2\sqrt{x}},\quad y''=\frac{\sqrt{x}(\mathrm{e}^{\sqrt{x}}+\mathrm{e}^{-\sqrt{x}})-(\mathrm{e}^{\sqrt{x}}-\mathrm{e}^{-\sqrt{x}})}{4(\sqrt{x})^3}.$$

将它们代入到关系式,得

$$x\frac{\sqrt{x}(\mathrm{e}^{\sqrt{x}}+\mathrm{e}^{-\sqrt{x}})-(\mathrm{e}^{\sqrt{x}}-\mathrm{e}^{-\sqrt{x}})}{4(\sqrt{x})^3}+\frac{1}{2}\frac{\mathrm{e}^{\sqrt{x}}-\mathrm{e}^{-\sqrt{x}}}{2\sqrt{x}}-\frac{1}{4}(\mathrm{e}^{\sqrt{x}}+\mathrm{e}^{-\sqrt{x}})$$

$$=\frac{\mathrm{e}^{\sqrt{x}}+\mathrm{e}^{-\sqrt{x}}}{4}-\frac{\mathrm{e}^{\sqrt{x}}-\mathrm{e}^{-\sqrt{x}}}{4\sqrt{x}}+\frac{\mathrm{e}^{\sqrt{x}}-\mathrm{e}^{-\sqrt{x}}}{4\sqrt{x}}-\frac{\mathrm{e}^{\sqrt{x}}+\mathrm{e}^{-\sqrt{x}}}{4}\equiv 0.$$

结论得证. 证毕

自测题4

1. 填空题

(1) 设 $f(0)=0$,则 $\lim\limits_{h\to 0}\dfrac{1}{h}f(1-\mathrm{e}^h)=$________;

(2) 设函数 $f(x)=\varphi(a+bx)-\varphi(a-bx)$,其中 $\varphi(x)$ 在 $(-\infty,+\infty)$ 内有定义,且在 $x=a$ 处可导,则 $f'(0)=$________;

(3) 设周期函数 $f(x)$ 在 $(-\infty,+\infty)$ 内可导,周期为4,且有 $\lim\limits_{x\to 0}\dfrac{f(1)-f(1-x)}{2x}=-1$,则曲线 $y=f(x)$ 在点 $(5,f(5))$ 处切线的斜率为________;

(4) 已知 $f'(x_0)=-1$,则 $\lim\limits_{x\to 0}\dfrac{x}{f(x_0-2x)-f(x_0-x)}=$________;

(5) 已知 $y=f\left(\dfrac{3x-2}{3x+2}\right)$,$f'(x)=\arctan x^2$,则 $\left.\dfrac{\mathrm{d}y}{\mathrm{d}x}\right|_{x=0}=$________.

2. 求下列函数的导数：

(1) $y=e^x\cdot\arcsin x\cdot\ln x$；　　(2) $y=\sqrt[7]{x}+\sqrt[x]{7}+\sqrt[7]{7}$；

(3) $(\cos y)^x=(\sin x)^y$；　　(4) $y=\dfrac{\sqrt{x+2}(3-x)^4}{(1+x)^5}$.

3. 设函数 $u(x),v(x)$可导，证明：$[u(x)v(x)]'=u'(x)v(x)+u(x)v'(x)$.

4. 设函数 $f(x)$在点 $x=a$ 处可导，且 $f(a)>0$，求$\lim\limits_{n\to\infty}\left[\dfrac{f(a+1/n)}{f(a)}\right]^n$.

5. 讨论函数 $f(x)=\begin{cases}x, & x\leqslant 0,\\ \dfrac{1}{n},\dfrac{1}{n+1}<x\leqslant\dfrac{1}{n}, & n=1,2,\cdots\end{cases}$ 在点 $x=0$ 处的连续性和可导性.

6. 设函数 $f(x)$可导，$f(0)=0$，讨论 $F(x)=f(x)(1+|\sin x|)$在点 $x=0$ 处的连续性和可导性.

7. 设函数 $f(x)$在 $x=0$ 处可导，且 $f'(0)=\dfrac{1}{3}$，$f(3+x)=3f(x)$，求 $f'(3)$.

8. 设 $f(x)$满足 $f(x)+\dfrac{1}{2}f\left(\dfrac{1}{x}\right)=\dfrac{3}{x}$，求 $f'(x)$.

9. 已知 $y=x^2f\left(\dfrac{1}{x}\right)$，求$\dfrac{d^2y}{dx^2}$.

10. 求由方程 $y-2x=(x-y)\ln(x-y)$所确定的函数的二阶导数.

第 5 章

微分中值定理及其应用

一、基本要求

1. 理解罗尔定理、拉格朗日中值定理和柯西中值定理,会用中值定理证明一些等式和不等式.

2. 掌握函数单调性的判别方法,会求函数的单调区间,会用单调性证明一些不等式.

3. 熟练掌握求函数极值的方法,会求函数在闭区间上的最大值和最小值,会解简单的最大值、最小值的应用题.

4. 会求曲线的凹凸区间和拐点,会求曲线的渐近线,能正确地绘出某些函数的图形草图.

5. 了解泰勒公式、泰勒定理、麦克劳林公式及其拉格朗日型余项,能写出某些简单初等函数的麦克劳林展开式.

6. 熟练掌握洛必达法则,会求各类“未定型”的极限.

二、知识网络图

- 微分中值定理及其应用
  - 中值定理
    - 罗尔定理(定理 5.1)
    - 拉格朗日中值定理(定理 5.2 及推论 1、推论 2、推论 3)
    - 柯西中值定理(定理 5.3)
  - 应用
    - 洛必达法则(定理 5.4、定理 5.5)
    - 泰勒定理(定理 5.6)
    - 函数的单调性的判断(定理 5.7)
    - 曲线的凸凹、拐点的判定(定理 5.8、定理 5.9、定义 5.2)
    - 函数的极值(定义 5.3)
    - 极值的判定
      - 费马定理(定理 5.10)
      - 充分条件(定理 5.11～定理 5.13)
    - 函数的最值(求法及应用)
    - 渐近线及其求法(定义 5.4～定义 5.7)
    - 函数图形的描绘
    - 光滑曲线及曲率(定义 5.8、定义 5.9)

三个中值定理和泰勒公式的关系

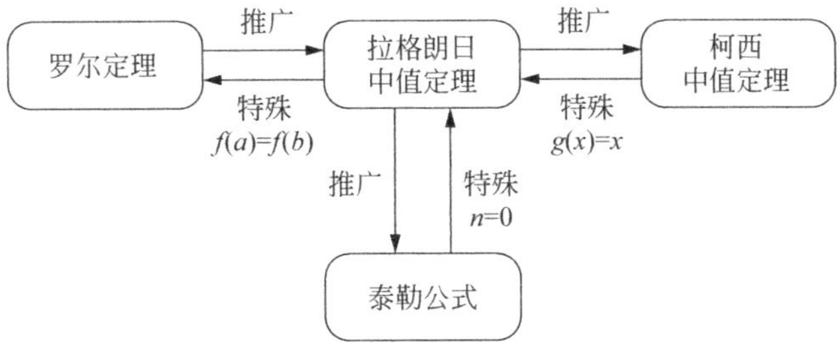

5.1 微分中值定理

一、知识要点

1. 罗尔定理

定理 5.1(罗尔定理) 若函数 $y=f(x)$ 满足条件：(1) 在闭区间 $[a,b]$ 上连续，(2) 在开区间 (a,b) 内可导，(3) $f(a)=f(b)$，即函数在区间端点的函数值相等，则至少存在一点 $\xi\in(a,b)$，使得 $f'(\xi)=0$.

几何解释：设函数 $y=f(x)$ 在区间 $[a,b]$ 上是一条连续曲线，在曲线上除两个区间的端点外处处都有不与 x 轴垂直的切线，在区间的两个端点处函数值相等，则在该曲线上至少有一点存在水平切线，如图 5.1 所示.

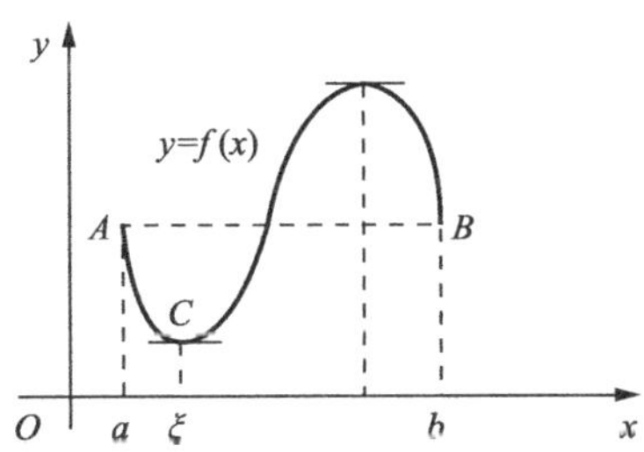

图 5.1

2. 拉格朗日中值定理

定理 5.2(拉格朗日中值定理) 若函数 $y=f(x)$ 满足条件：(1) 在闭区间 $[a,b]$ 上连续，(2) 在开区间 (a,b) 内可导，则至少存在一点 $\xi\in(a,b)$，使得 $f'(\xi)=\dfrac{f(b)-f(a)}{b-a}$.

上式称为**拉格朗日中值公式**，它还有几种常用的等价形式：

$$f(b)-f(a)=f'(\xi)(b-a),\quad \xi\in(a,b);$$
$$f(b)-f(a)=f'[a+\theta(b-a)](b-a),\quad \theta\in(0,1);$$
$$f(a+h)-f(a)=f'(a+\theta h)h,\quad \theta\in(0,1).$$

几何解释：设函数 $y=f(x)$ 在区间 $[a,b]$ 上是一条连续曲线，在曲线上每一点处都有不与 x 轴垂直的切线，且 $f(a)\neq f(b)$，则在曲线上至少存在一点 $(\xi,f(\xi))$，使得曲线在该点切

线的斜率 $f'(\xi)$ 等于弦 AB 的斜率 $\frac{f(b)-f(a)}{b-a}$，如图 5.2 所示.

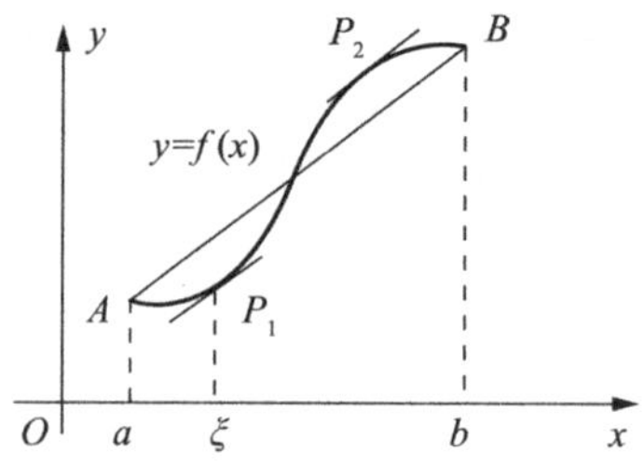

图 5.2

表达式 $f'(\xi)=\frac{f(b)-f(a)}{b-a}$ 反映了可导函数 $f(x)$ 在 $[a,b]$ 上的平均变化率 $\frac{f(b)-f(a)}{b-a}$ 与函数在 (a,b) 内某点 ξ 处的局部变化率 $f'(\xi)$ 的关系. 因此，拉格朗日中值定理是连接局部与整体的纽带.

推论 1 设函数 $y=f(x)$ 在闭区间 $[a,b]$ 上连续，在开区间 (a,b) 内可导，且 $\forall x\in(a,b)$，有 $f'(x)>0$，则 $f(x)$ 在 $[a,b]$ 上严格单调递增；若 $f'(x)<0$，则 $f(x)$ 在 $[a,b]$ 上严格单调递减.

推论 2 若函数 $y=f(x)$ 在开区间 (a,b) 内可导，且 $\forall x\in(a,b)$，有 $f'(x)\equiv 0$，则 $f(x)$ 在 (a,b) 内恒为一个常数.

注 斜率处处为零的曲线一定是一条平行于 x 轴的直线.

推论 3 若函数 $f(x)$ 及 $g(x)$ 在开区间 (a,b) 内可导，且 $\forall x\in(a,b)$，有 $f'(x)=g'(x)$，则在 (a,b) 内，有 $f(x)=g(x)+C$，C 为某一常数.

3. 柯西中值定理

定理 5.3(柯西中值定理) 若函数 $f(x)$ 和 $g(x)$ 满足下列条件：(1)在闭区间 $[a,b]$ 上连续，(2)在开区间 (a,b) 内都可导，(3) $\forall x\in(a,b)$，$g'(x)\neq 0$，则至少存在一点 $\xi\in(a,b)$，使得

$$\frac{f'(\xi)}{g'(\xi)}=\frac{f(b)-f(a)}{g(b)-g(a)},\quad a<\xi<b.$$

几何解释：设一连续曲线段由参数方程 $\begin{cases}u=g(x),\\ v=f(x)\end{cases}$ 表示，如图 5.3 所示，其中 x 是参数. 如果该曲线上除端点外有处处不垂直于横轴 u 的切线，则至少存在一点 $C(g(\xi),f(\xi))$，使得该曲线在点 C 的切线平行于曲线的两个端点的连线.

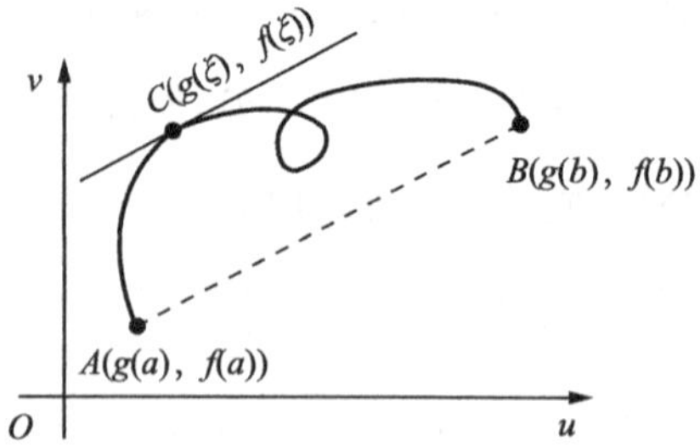

图 5.3

二、疑难解析

1. 在应用罗尔定理判断一个函数的导数是否存在零点时，需要验证这个函数具备什么条件？这些条件是否必须满足，才能有“至少存在一点 $\xi\in(a,b)$，使得 $f'(\xi)=0$”？

答 需要验证三个条件，即函数在闭区间 $[a,b]$ 上连续，开区间 (a,b) 内可导，区间端点的函数值相等 $f(a)=f(b)$.

注意，这三个条件只是充分条件，不是必要条件. 换句话说，如果函数满足罗尔定理的三个条件，定理的结论一定成立；若有一个条件不满足，则定理的结论就可能不成立，也可能成立.

例如，如下这三种情形都不存在 ξ，使得 $f'(\xi)=0$. 如图 5.4 中所示的三种情形(a)，(b)，(c)，它们分别画出了不满足三个条件之一的函数的图形.

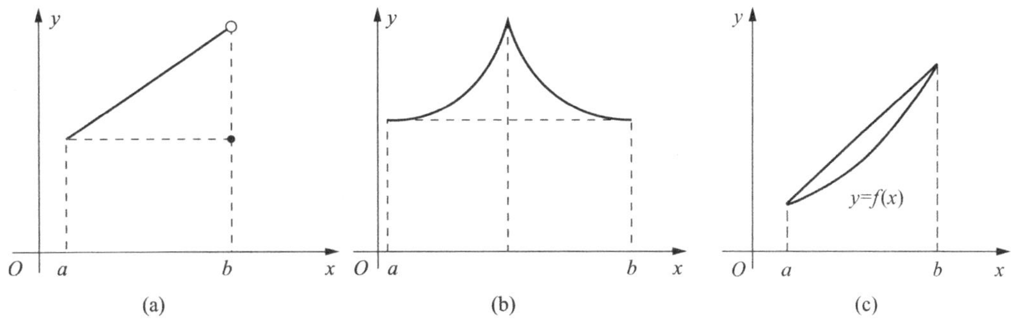

图 5.4

然而，罗尔定理的三个条件缺少其中任何一个，定理的结论也可能成立. 例如，$f(x)=\sin x$ 在区间 $\left[0,\frac{3}{2}\pi\right]$ 上连续，在 $\left(0,\frac{3}{2}\pi\right)$ 内可导，但 $0=f(0)\neq f\left(\frac{3}{2}\pi\right)=-1$，而此时仍存在 $\xi=\frac{\pi}{2}\in\left(0,\frac{3}{2}\pi\right)$，使得 $f'(\xi)=\cos\frac{\pi}{2}=0$，如图 5.5 所示.

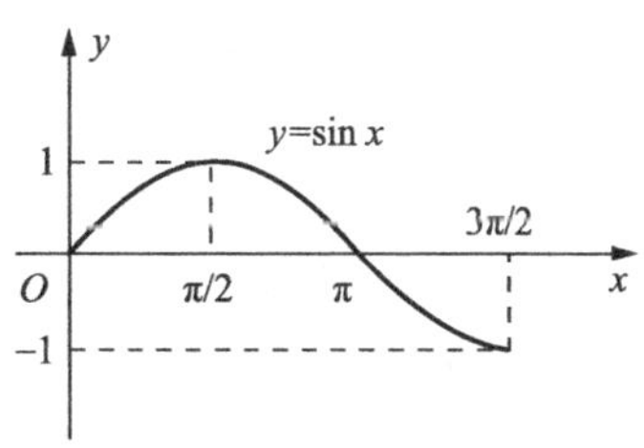

图 5.5

2. 拉格朗日中值定理的条件缺少一个，结论“至少存在一点 $\xi\in(a,b)$，使得 $f'(\xi)=\frac{f(b)-f(a)}{b-a}$”还一定成立吗？举例说明.

答 不一定成立.

例如，函数 $f(x)=\begin{cases}e^x, & 0\leqslant x\leqslant 1,\\ -x+1, & -2\leqslant x<0\end{cases}$ 在闭区间 $[-2,1]$ 上连续，在开区间 $(-2,1)$ 内除 $x=0$ 外可导，如图 5.6(a)所示. 由于 $\frac{f(1)-f(-2)}{1-(-2)}=\frac{e-3}{3}<0$ 且不等于 -1，因此，在开区间 $(-2,1)$ 内，**不存在** ξ，使得 $f'(\xi)=\frac{f(1)-f(-2)}{1-(-2)}$. 再如，函数 $f(x)=\begin{cases}x^2, & 0\leqslant x\leqslant 1,\\ x, & -1\leqslant x<0\end{cases}$ 在闭区间 $[-1,1]$ 上连续，在开区间 $(-1,1)$ 内除 $x=0$ 外可导，如图 5.6(b)所示. 由于 $\frac{f(1)-f(-1)}{1-(-1)}=\frac{1-(-1)}{2}=1$，易见，在开区间 $(0,1)$ 内，存在

$\xi=\frac{1}{2}$，使得 $f'\left(\frac{1}{2}\right)=1$. 因此，存在 $\xi\in(0,1)\subset(-1,1)$，使得 $f'(\xi)=\frac{f(1)-f(-1)}{1-(-1)}$.

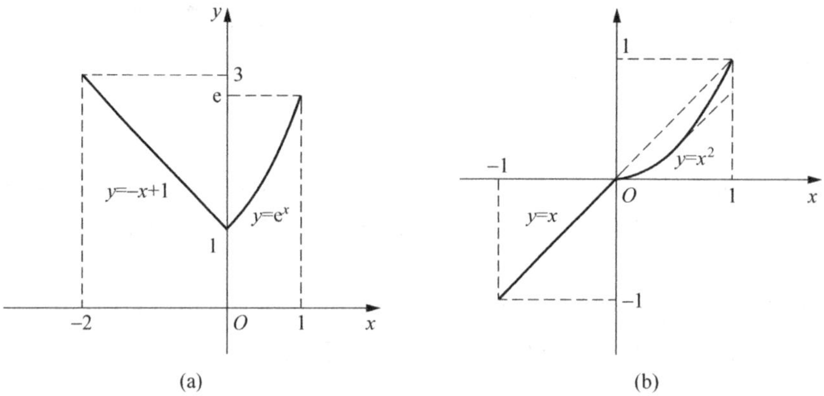

图 5.6

3. 罗尔定理、拉格朗日中值定理和柯西中值定理的关系是什么？

答 在拉格朗日中值定理中，若令 $f(a)=f(b)$，则有 $f'(\xi)=0$. 因此，罗尔定理是拉格朗日定理的特例. 在柯西中值定理中，若取 $g(x)=x$，则 $g(b)-g(a)=b-a$，$g'(\xi)=1$，柯西中值定理就退化成了拉格朗日中值定理，可见拉格朗日中值定理是柯西中值定理的特殊情形.

4. 在应用三个中值定理证明等式或不等式时，基本思路是什么？

答 在证明罗尔定理、拉格朗日中值定理和柯西中值定理时，都用了构造辅助函数的方法. 这种方法提供了一个用构造函数法证明数学命题的精彩典范。同时通过巧妙的数学变换，将一般化为特殊，将复杂问题化为简单问题的论证思想，也是高等数学的重要而常用的数学思维的体现.

在证明等式时，基本思路是构造辅助函数，即先将拟证明的等式进行适当的变形，然后将其凑成某个函数(**辅助函数**)的导数的形式，进而根据需要应用某个中值定理证明；在证明不等式时，基本思路是寻找目标函数，即先将拟证明的不等式进行适当的变形，找到**目标函数**，并确定自变量的变化区间，然后根据需要应用某个中值定理求得对应等式，进而对等式进行放大或缩小，最后通过适当变形得到拟证明的不等式.

这些基本思路的具体应用可以参见经典题型详解中对例题的分析.

三、经典题型详解

题型1 验证三个中值定理的正确性

注意，罗尔定理、拉格朗日中值定理、柯西中值定理中的点 ξ 是开区间内的某一点，而非区间内的任意点或指定一点，换言之，这三个中值定理都仅"定性"地指出了中值点的存在性，而非"定量"地指明具体数值和个数，只肯定了有 ξ 存在，而未指出如何确定该点.

例5.1 对函数 $f(x)=x^2(1-x)$ 在区间 $[0,1]$ 上验证罗尔定理的正确性.

分析 先验证函数是否满足罗尔定理的三个条件，再尝试寻求函数在区间 $(0,1)$ 内导数为零的点.

解 显然，函数 $f(x)=x^2(1-x)$ 在 $[0,1]$ 上连续，在 $(0,1)$ 内可导，且 $f(0)=f(1)=0$，因此满足罗尔定理的三个条件. 不难发现，在 $(0,1)$ 内存在一点 $\xi=\frac{2}{3}$，使得

$$f'\left(\frac{2}{3}\right)=(2x-3x^2)\Big|_{x=\frac{2}{3}}=0.$$

例 5.2 验证函数 $f(x)=x^2+2x+3$ 在区间 $[1,3]$ 上满足拉格朗日中值定理条件，并由结论求 ξ 的值.

分析 先验证函数满足拉格朗日中值定理的两个条件，再在区间 $(1,3)$ 内寻求点 ξ，使其满足拉格朗日中值定理的结论.

解 由于函数 $f(x)=x^2+2x+3$ 在 $[1,3]$ 上连续，在 $(1,3)$ 内可导，满足拉格朗日中值定理的条件，因此至少存在一点 ξ，使得

$$f(3)-f(1)=f'(\xi)(3-1),\quad 1<\xi<3,$$

即 $18-6=2(2x+2)|_{x=\xi}=2(2\xi+2)$，解得 $\xi=2$.

题型 2 利用中值定理及推论证明等式

例 5.3 设 $a_1,a_2,\cdots,a_n$ 为满足 $a_1-\frac{a_2}{3}+\cdots+(-1)^{n-1}\frac{a_n}{2n-1}=0$ 的实数，证明：方程 $a_1\cos x+a_2\cos 3x+\cdots+a_n\cos(2n-1)x=0$ 在 $\left(0,\frac{\pi}{2}\right)$ 内至少存在一个实根.

分析 根据要证明的结论判断，应该用罗尔定理证明. 因此需要将拟证明的表达式凑成某个函数的导数在点 ξ 的值. 注意到，$\left(\frac{\sin(2n-1)x}{2n-1}\right)'=\cos(2n-1)x$，结合已知条件，构造的辅助函数应为 $f(x)=a_1\sin x+\frac{1}{3}a_2\sin 3x+\cdots+\frac{1}{2n-1}a_n\sin(2n-1)x$.

此类问题都可以用这种凑导数的方法.

证 令 $f(x)=a_1\sin x+\frac{1}{3}a_2\sin 3x+\cdots+\frac{1}{2n-1}a_n\sin(2n-1)x$.

显然，函数 $f(x)$ 在闭区间 $\left[0,\frac{\pi}{2}\right]$ 上连续，在开区间 $\left(0,\frac{\pi}{2}\right)$ 内可导，且由题设条件得 $f(0)=f\left(\frac{\pi}{2}\right)=0$. 故由罗尔定理知，至少存在一点 $\xi\in\left(0,\frac{\pi}{2}\right)$ 使得 $f'(\xi)=0$，即

$$f'(\xi)=a_1\cos\xi+a_2\cos 3\xi+\cdots+a_n\cos(2n-1)\xi=0,$$

因此，方程 $a_1\cos\xi+a_2\cos 3\xi+\cdots+a_n\cos(2n-1)\xi=0$ 在 $\left(0,\frac{\pi}{2}\right)$ 内至少有一个实根. 证毕

例 5.4 已知函数 $f(x)$ 在闭区间 $[0,a]$ 上连续，在开区间 $(0,a)$ 内可导，且 $f(a)=0$，证明：至少存在一点 $\xi\in(0,a)$，使得 $f(\xi)+\xi f'(\xi)=0$.

分析 根据罗尔定理的结论，需要将 $f(\xi)+\xi f'(\xi)=0$ 凑成某个函数的导数在点 ξ 的值. 根据经验，表达式 $f(\xi)+\xi f'(\xi)=0$ 应该是 $f(x)$ 与 x 的乘积的导数经过化简得到的.

证 构造辅助函数 $F(x)-xf(x)$.

显然，函数 $F(x)$ 在区间 $[0,a]$ 上满足罗尔定理的条件，故至少存在一点 $\xi\in(0,a)$，使得

$$F'(\xi)=f(\xi)+\xi f'(\xi)=0.$$

因此，有 $f(\xi)+\xi f'(\xi)=0$. 结论得证. 证毕

例 5.5 已知函数 $f(x)$在闭区间$[a,b]$上连续，在开区间(a,b)内可导，且 $f(a)=f(b)$，证明：至少存在一点 $\xi\in(a,b)$，使得 $f(\xi)+\xi f'(\xi)=f(a)$.

分析 将等式左端凑成某个函数的导数，然后根据已知条件将右端变形，向拉格朗日中值定理的结论靠近.

证 由于函数 $F(x)=xf(x)$在$[a,b]$上连续，在(a,b)内可导，满足拉格朗日中值定理的条件，因此有 $F(b)-F(a)=F'(\xi)(b-a)(a<\xi<b)$，即

$$\frac{bf(b)-af(a)}{b-a}=[f(x)+xf'(x)]\big|_{x=\xi}=f(\xi)+\xi f'(\xi).$$

由 $f(a)=f(b)$得到 $f(\xi)+\xi f'(\xi)=f(a)$. 证毕

例 5.6 设 $0<\alpha<\beta<\frac{\pi}{2}$. 证明：存在 $\theta\in(\alpha,\beta)$，使得$\frac{\sin\alpha-\sin\beta}{\cos\beta-\cos\alpha}=\cot\theta$.

分析 根据等式左端的特点，寻找目标函数，然后尝试利用柯西中值定理进行证明.

证 令 $f(x)=\sin x$ 和 $g(x)=\cos x$. 显然，它们在区间$[\alpha,\beta]$上连续，在开区间(α,β)内可导，且有 $g'(x)=-\sin x\neq 0$，于是 $f(x),g(x)$满足柯西中值定理的条件. 容易求得

$$\frac{f(\beta)-f(\alpha)}{g(\beta)-g(\alpha)}=\frac{f'(\theta)}{g'(\theta)}=-\frac{\cos\theta}{\sin\theta},\quad \theta\in(\alpha,\beta).$$

经过简单变形，即得$\frac{\sin\alpha-\sin\beta}{\cos\beta-\cos\alpha}=\cot\theta$. 证毕

题型 3 利用中值定理证明不等式

例 5.7 对一切 $x>0$，证明不等式：$\frac{x}{1+x^2}<\arctan x<x$.

分析 先将不等式变形，将其中间的表达式反推成 $f'(\xi)=\frac{f(b)-f(a)}{b-a}$的形式，然后找到目标函数 $f(x)$，并确定自变量的变化区间，再在该区间上应用拉格朗日中值定理，经过适当的变形，即可得到所要证明的不等式. 这就是应用中值定理证明某些不等式的思路.

证 令 $f(x)=\arctan x$，则 $f(x)$在$[0,x]$上满足拉格朗日中值定理的条件，所以

$$\arctan x-\arctan 0=\frac{1}{1+\xi^2}(x-0),\quad 0<\xi<x,$$

即 $\arctan x=\frac{1}{1+\xi^2}x$. 由于$\frac{1}{1+x^2}<\frac{1}{1+\xi^2}<1$，故$\frac{x}{1+x^2}<\arctan x<x$. 证毕

例 5.8 设函数 $f(x)$在区间$[0,c]$上可导，且 $f'(x)$单调递减，$f(0)=0$. 证明：对于 $0\leqslant a\leqslant b\leqslant a+b\leqslant c$，恒有 $f(a+b)\leqslant f(a)+f(b)$.

分析 利用 $f(0)=0$，当 $a>0$ 时，先将不等式变形为 $f(a+b)-f(b)\leqslant f(a)-f(0)$，就会发现一个有趣的情形，即$\frac{f(a+b)-f(b)}{a+b-b}\leqslant\frac{f(a)-f(0)}{a-0}$；不等式两边的表达式可以由$f(x)$在不同区间上应用拉格朗日中值定理所得，即 $f'(\xi_2)<f'(\xi_1)$，其中 $\xi_1\in(0,a)$，$\xi_2\in(b,a+b)$，而这个不等式又可以利用已知条件($f'(x)$的单调递减)得到.

证 当 $a=0$ 时，有 $f(a)=0$. 故不等式成立.

当 $a>0$ 时，在区间$[0,a]$上应用拉格朗日中值定理知，$\exists\,\xi_1\in(0,a)$，使得

$$f'(\xi_1)=\frac{f(a)-f(0)}{a-0}=\frac{f(a)}{a};$$

再在区间$[b,a+b]$上应用拉格朗日中值定理知，$\exists\,\xi_2\in(b,a+b)$，使得

$$f'(\xi_2)=\frac{f(a+b)-f(b)}{(a+b)-b}=\frac{f(a+b)-f(b)}{a}.$$

由已知 $f'(x)$单调递减，有 $f'(\xi_1)>f'(\xi_2)$，进而可得$\frac{f(a+b)-f(b)}{a}\leqslant\frac{f(a)}{a}$.

对上式进行简单变形，可得 $f(a+b)\leqslant f(a)+f(b)$. 证毕

例 5.9 证明不等式：当 $0<\beta\leqslant\alpha<\frac{\pi}{2}$时，有$\frac{\alpha-\beta}{\cos^2\beta}\leqslant\tan\alpha-\tan\beta\leqslant\frac{\alpha-\beta}{\cos^2\alpha}$.

分析 将不等式变形为$\frac{1}{\cos^2\beta}\leqslant\frac{\tan\alpha-\tan\beta}{\alpha-\beta}\leqslant\frac{1}{\cos^2\alpha}$. 不难发现，正切函数 $\tan x$ 恰好满足此条件.

证 令 $f(x)=\tan x$，则 $f'(x)=\frac{1}{\cos^2x}$，在$[\beta,\alpha]$上应用拉格朗日中值定理，得

$$\frac{\tan\alpha-\tan\beta}{\alpha-\beta}=\frac{1}{\cos^2\xi},\quad 0<\beta<\xi<\alpha<\frac{\pi}{2}.$$

因为 $0<\beta<\xi<\alpha<\frac{\pi}{2}$，所以$\cos^2\beta>\cos^2\xi>\cos^2\alpha$，故

$$\frac{1}{\cos^2\beta}<\frac{1}{\cos^2\xi}<\frac{1}{\cos^2\alpha},\quad 即\frac{1}{\cos^2\beta}<\frac{\tan\alpha-\tan\beta}{\alpha-\beta}<\frac{1}{\cos^2\alpha}.$$

变形得$\frac{\alpha-\beta}{\cos^2\beta}<\tan\alpha-\tan\beta<\frac{\alpha-\beta}{\cos^2\alpha}$. 易见，当 $\beta=\alpha$ 时，等号显然成立. 结论得证. 证毕

四、课后习题选解（习题 5.1）

A类题

1. 验证函数 $f(x)=x^2-x-2$ 在区间$[-1,2]$上满足罗尔定理的条件，并求出相应的 ξ，使得 $f'(\xi)=0$.

分析 先验证函数满足罗尔定理的三个条件，再尝试寻求函数在区间$[-1,2]$内导数为零的点.

解 显然，函数 $f(x)=x^2-x-2$ 在$[-1,2]$上连续，在$(-1,2)$内可导，且有 $f(-1)=f(2)=0$，函数在区间$[-1,2]$上满足罗尔定理的三个条件，因此至少存在一点 ξ，使得 $f'(\xi)=0$. 不难发现，$f'\left(\frac{1}{2}\right)-(2x-1)|_{x=\frac{1}{2}}=0$，因此取 $\xi=\frac{1}{2}$.

2. 验证函数 $f(x)=\ln\sin x$ 在区间$\left[\frac{\pi}{4},\frac{\pi}{2}\right]$上满足拉格朗日中值定理条件，并给出相应的结果.

分析 先验证函数满足拉格朗日中值定理的两个条件，再在区间$\left(\frac{\pi}{4},\frac{\pi}{2}\right)$内寻求点 ξ，使其满足拉格朗日中值定理的结论.

解 由于函数 $f(x)=\ln\sin x$ 在$\left[\frac{\pi}{4},\frac{\pi}{2}\right]$上连续，在$\left(\frac{\pi}{4},\frac{\pi}{2}\right)$内可导，满足拉格朗日中值定理的条件，因此至少存在一点 ξ，使得

$$f\left(\frac{\pi}{2}\right)-f\left(\frac{\pi}{4}\right)=f'(\xi)\left(\frac{\pi}{2}-\frac{\pi}{4}\right),\quad \frac{\pi}{4}<\xi<\frac{\pi}{2},$$

即 $\ln1-\ln\frac{\sqrt{2}}{2}=\frac{\pi}{4}\cot x|_{x=\xi}=\frac{\pi}{4}\cot\xi$. 由 $\cot\xi=\frac{\ln4}{\pi}$得到，$\xi=\operatorname{arccot}\left(\frac{\ln4}{\pi}\right)$.

3. 下列函数在指定区间上是否满足罗尔定理的三个条件？是否存在满足定理结论中的 ξ，使得 $f'(\xi)=0$？

(1) $f(x)=2x^2-x-3, x\in\left[-1,\frac{3}{2}\right]$；　　(2) $f(x)=\begin{cases}\sin x, & 0<x\leqslant\pi,\\ 1, & x=0.\end{cases}$

分析　先验证函数是否满足罗尔定理的三个条件，如果满足，再尝试寻求ξ.

解　(1) 函数$f(x)=2x^2-x-3$在$\left[-1,\frac{3}{2}\right]$上连续，在$\left(-1,\frac{3}{2}\right)$内可导，且$f(-1)=f\left(\frac{3}{2}\right)=0$，满足罗尔定理的三个条件，因此至少存在一点$\xi$，使得$f'(\xi)=0$. 不难发现，$f'\left(\frac{1}{4}\right)=(4x-1)\big|_{x=\frac{1}{4}}=0$. 因此，可以取$\xi=\frac{1}{4}$，使得$f'(\xi)=0$.

(2) 由于$\lim\limits_{x\to0^+}f(x)=\lim\limits_{x\to0^+}\sin x=0\neq1=f(0)$，所以$f(x)$在$[0,\pi]$上不连续，不满足罗尔定理的第一个条件. 但在$(0,\pi)$内存在一点$\xi=\frac{\pi}{2}$，使得$f'\left(\frac{\pi}{2}\right)=(\cos x)\big|_{x=\frac{\pi}{2}}=0$.

4. 证明：方程$\cos x=x\sin x$在区间$\left(0,\frac{\pi}{2}\right)$内至少有一个实根.

提示　根据罗尔定理的结论，需要将$\cos x-x\sin x=0$凑成某个函数的导数在点ξ的值，进而构造辅助函数，使其满足罗尔定理条件. 通过观察，辅助函数为$f(x)=x\cos x$.

5. 证明下列不等式：

(1) $\arctan x_2-\arctan x_1\leqslant x_2-x_1, x_1<x_2$；(2) $e^x>ex, x>1$.

分析　先将不等式变形，寻找目标函数，并确定自变量的变化区间，再在该区间上应用拉格朗日中值定理，经过适当的变形，即可得到所要证明的不等式.

证　(1) 提示：令$f(x)=\arctan x$，然后在$[x_1,x_2]$上应用拉格朗日中值定理.

(2) 令$f(x)=e^x-ex$. 由于它在$[1,x]$上连续、可导，于是$\forall x>0$，在区间$[1,x]$上，应用拉格朗日中值定理可得

$$f'(\xi)=\frac{f(x)-f(1)}{x-1},\quad 1<\xi<x,$$

即$e^\xi-e=\frac{e^x-ex}{x-1}, 1<\xi<x$.

由于$e^x-ex=(e^\xi-e)(x-1), 1<\xi<x$，有$e^x>ex$.　　证毕

6. 证明恒等式：$\arctan x+\arctan\frac{1}{x}\equiv\frac{\pi}{2}, x\in(0,+\infty)$.

分析　证明等式左端的函数的导函数恒为零.

证　令$F(x)=\arctan x+\arctan\frac{1}{x}, x\in(0,+\infty)$，有

$$F'(x)=\frac{1}{1+x^2}-\frac{\frac{1}{x^2}}{1+\frac{1}{x^2}}=\frac{1}{1+x^2}-\frac{1}{1+x^2}\equiv0.$$

因此，$F(x)$在$(0,+\infty)$内恒为常数，即$F(x)\equiv C$，其中C为常数. 将$x=1$代入$F(x)\equiv C$，得$C=\frac{\pi}{2}$. 因此，有

$$\arctan x+\arctan\frac{1}{x}\equiv\frac{\pi}{2},\quad x\in(0,+\infty).$$

证毕

B类题

1. 已知函数$f(x)$和$g(x)$在闭区间$[a,b]$上连续，在开区间(a,b)内可导，且$f(a)=f(b)=0, g(x)\neq0$. 证明：至少存在一点$\xi\in(a,b)$，使$f'(\xi)g(\xi)=f(\xi)g'(\xi)$.

提示 通过观察，构造辅助函数，然后利用罗尔定理证明．构造辅助函数需要多做题，积累经验．$f'(\xi)g(\xi)-f(\xi)g'(\xi)=0$ 显然不是简单的 $f(x)g(x)$．由已知条件 $g(x)\neq 0$ 可以预想，函数 $g(x)$ 能否落在分母上．尝试构造的辅助函数可设为 $F(x)=\dfrac{f(x)}{g(x)}$．

2．显然，函数 $y=px^2+qx+r$ 在任意有限区间上都满足拉格朗日中值定理的条件，证明：对其应用拉格朗日中值定理，所求得的点 ξ 总位于该区间的中点．

分析 先验证函数是否满足拉格朗日中值定理的两个条件，再在任取一个有限区间，寻求点 ξ，使所求得的点 ξ 总位于该区间的中点．

证 由于函数 $f(x)=px^2+qx+r$ 在任意有限区间 $[a,b]$ 上连续，在 (a,b) 内可导，满足拉格朗日中值定理的条件，因此有 $f(b)-f(a)=f'(\xi)(b-a)(a<\xi<b)$，即

$$\frac{p(b^2-a^2)+q(b-a)}{b-a}=2p\xi+q,$$

解得 $\xi=\dfrac{a+b}{2}$．结论得证． 证毕

3．设函数 $f(x)$ 在区间 $[0,1]$ 上有二阶导数，且 $f(0)=f(1)=0$．令 $F(x)=x^2f(x)$，则至少存在一点 $\xi\in(0,1)$，使得 $F''(\xi)=0$．

提示 对 $F(x)=x^2f(x)$ 利用两次罗尔定理证明．

4．若方程 $a_0x^n+a_1x^{n-1}+\cdots+a_{n-1}x=0$ 有一个正根 x_0，证明：方程

$$a_0nx^{n-1}+a_1(n-1)x^{n-2}+\cdots+a_{n-1}=0$$

必有一个小于 x_0 的正根．

分析 通过观察发现，要证明的等式和已知条件存在导数关系，因此可以尝试利用罗尔定理证明．可参考经典题型详解中的例 5.3 的方法．

5．证明下列不等式：

(1) $nb^{n-1}(a-b)<a^n-b^n<na^{n-1}(a-b)$，其中 $a>b>0,n>1$；

(2) $\dfrac{a-b}{a}<\ln\dfrac{a}{b}<\dfrac{a-b}{b}$，其中 $a>b>0$．

分析 先将不等式变形，寻找目标函数，并确定自变量的变化区间，再在该区间上应用拉格朗日中值定理，经过适当的变形，即可得到所要证明的不等式．

证 (1) 令 $f(x)=x^n$．由于它在区间 $[b,a]$ 上连续、可导，于是在区间 $[b,a]$ 上，应用拉格朗日中值定理可得

$$f'(\xi)=\frac{f(a)-f(b)}{a-b},\quad b<\xi<a,$$

即 $n\xi^{n-1}=\dfrac{a^n-b^n}{a-b}$，$b<\xi<a$．由于 $nb^{n-1}<n\xi^{n-1}<na^{n-1}$，有

$$nb^{n-1}(a-b)<a^n-b^n<na^{n-1}(a-b).$$

(2) 令 $f(x)=\ln x$．由于它在 $[b,a]$ 上连续、可导，于是在区间 $[b,a]$ 上，应用拉格朗日中值定理可得

$$f'(\xi)=\frac{f(a)-f(b)}{a-b},\quad b<\xi<a,$$

即 $\dfrac{1}{\xi}=\dfrac{\ln a-\ln b}{a-b}$，$b<\xi<a$．由于 $\dfrac{1}{a}<\dfrac{1}{\xi}<\dfrac{1}{b}$，有 $\dfrac{a-b}{a}<\ln\dfrac{a}{b}<\dfrac{a-b}{b}$． 证毕

6．设函数 $f(x)$ 可导，证明：$f(x)$ 的两个零点之间一定有 $f(x)+f'(x)$ 的零点．

分析 先构造辅助函数，然后利用罗尔定理证明．根据经验，辅助函数中应含有 e^x．

证 设 a,b 为函数 $f(x)$ 的两个零点，它在区间 $[a,b]$ 上连续，在 (a,b) 内可导．构造辅助函数 $F(x)=f(x)e^x$．显然 $F(x)$ 在 $[a,b]$ 上连续，在 (a,b) 内可导，由 $f(a)=f(b)=0$ 得到 $F(a)=F(b)$，它满足罗尔定理的条件，因此有 $F'(\xi)=0(a<\xi<b)$，即

$$F'(\xi)=f'(\xi)e^{\xi}+f(\xi)e^{\xi}=(f'(\xi)+f(\xi))e^{\xi}=0,\quad 故\ f(\xi)+f'(\xi)=0.$$ 证毕

7. 已知函数 $f(x)$ 在不包含原点的闭区间 $[a,b]$ 上连续，在开区间 (a,b) 内可导. 证明：至少存在一点 $\xi\in(a,b)$，使得 $\dfrac{\xi f'(\xi)-f(\xi)}{\xi^2}=\dfrac{af(b)-bf(a)}{ab(b-a)}$.

提示 通过观察要证的等式左端，要构造的辅助函数为 $F(x)=\dfrac{f(x)}{x}$，然后利用拉格朗日中值定理证明.

5.2 洛必达法则

一、知识要点

1. $\dfrac{0}{0}$ 型未定式的极限

若两个函数 $f(x)$ 和 $g(x)$ 都是同一极限过程的无穷小量或无穷大量，即 $\dfrac{0}{0}$ 或 $\dfrac{\infty}{\infty}$ 型未定式，将其结果统一叙述如下，其中同一极限过程包括 6 种情形，即

$$x\to x_0,\ x\to\infty,\ x\to x_0^-,\ x\to x_0^+,\ x\to-\infty,\ x\to+\infty.$$

定理 5.4（洛必达法则 Ⅰ） 设函数 $f(x)$ 和 $g(x)$ 在同一极限过程中满足条件：(1) $\lim f(x)=0$，$\lim g(x)=0$；(2) $f'(x)$ 和 $g'(x)$ 都存在，且 $g'(x)\neq0$；(3) $\lim\dfrac{f'(x)}{g'(x)}$ 存在或为 ∞，则 $\lim\dfrac{f(x)}{g(x)}=\lim\dfrac{f'(x)}{g'(x)}$.

2. $\dfrac{\infty}{\infty}$ 型未定式的极限

定理 5.5（洛必达法则 Ⅱ） 设函数 $f(x)$ 和 $g(x)$ 在同一极限过程中满足条件：(1) $\lim f(x)=\infty$，$\lim g(x)=\infty$；(2) $f'(x)$ 和 $g'(x)$ 都存在，且 $g'(x)\neq0$；(3) $\lim\dfrac{f'(x)}{g'(x)}$ 存在或为 ∞，则 $\lim\dfrac{f(x)}{g(x)}=\lim\dfrac{f'(x)}{g'(x)}$.

3. 其他类型未定式的极限

在同一极限过程中，若有 $f(x)\to0$ 且 $g(x)\to\infty$，则称 $\lim f(x)g(x)$ 为 $0\cdot\infty$ 型未定式；类似地，还可以定义其他类型未定式，如 $\infty-\infty$，0^0，1^∞，∞^0 型. 这些未定式都可以经过简单的变换转化成 $\dfrac{0}{0}$ 型或 $\dfrac{\infty}{\infty}$ 型未定式，进而可以用洛必达法则求出其极限.

4. 各类未定式之间的转换

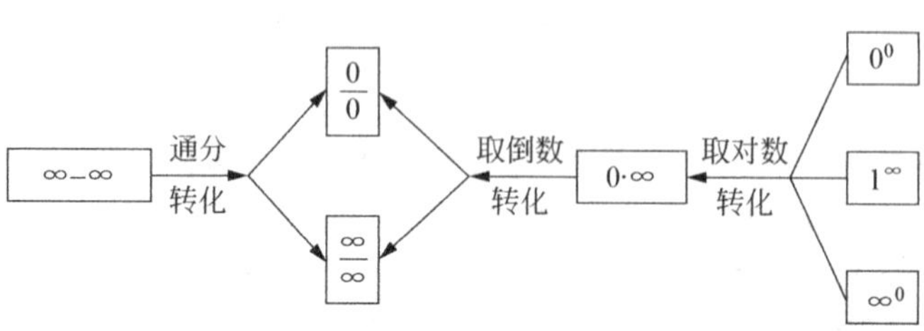

二、疑难解析

1. 用洛必达法则求未定式的极限时应注意什么？下面的方法是否正确？为什么？

$$\lim_{x\to0}\frac{1-\cos x}{1+x^2}=\lim_{x\to0}\frac{(1-\cos x)'}{(1+x^2)'}=\lim_{x\to0}\frac{\sin x}{2x}=\frac{1}{2}.$$

答 (1) 首先观察所求极限是否属于未定式，只有$\frac{0}{0}$型或$\frac{\infty}{\infty}$型未定式，并且满足定理 5.4 或定理 5.5 的三个条件时，才能尝试用洛必达法则计算，其他未定式只能先转化为$\frac{0}{0}$型或$\frac{\infty}{\infty}$型未定式，再用洛必达法则计算.

(2) 如果未定式不满足洛必达法则(定理 5.4 和 5.5)的第三个条件，即 $\lim\frac{f'(x)}{g'(x)}$存在或为∞，在计算过程中就不能用洛必达法则计算，但并不意味着该极限不存在. 例如，计算$\lim\limits_{x\to0}\frac{2x^2\sin\frac{1}{x}}{\sin x}$时，虽然它是$\frac{0}{0}$型未定式，若对其分子分母分别求导再求极限，得

$$\lim_{x\to0}\frac{2x^2\sin\frac{1}{x}}{\sin x}=\lim_{x\to0}\frac{4x\sin\frac{1}{x}-2\cos\frac{1}{x}}{\cos x}.$$

上式右端的极限不存在且不为∞，所以洛必达法则失效. 但是可以用下面的方法计算

$$\lim_{x\to0}\frac{2x^2\sin\frac{1}{x}}{\sin x}=\lim_{x\to0}\frac{2x}{\sin x}\cdot\lim_{x\to0}x\sin\frac{1}{x}=2\cdot0=0.$$

(3) 如果 $\lim\frac{f'(x)}{g'(x)}$仍为$\frac{0}{0}$型$\left(\text{或}\frac{\infty}{\infty}\text{型}\right)$未定式，且 $f'(x)$，$g'(x)$满足定理 5.4(或定理 5.5)的条件，则可以继续使用洛必达法则，即 $\lim\frac{f'(x)}{g'(x)}=\lim\frac{f''(x)}{g''(x)}$. 这种情形可以以此类推，直到求出极限为止.

(4) 其他未定式，如$\infty-\infty$，0^0，1^∞，∞^0 型未定式，可以根据前面提到过的转换关系将其转化成$\frac{0}{0}$型或$\frac{\infty}{\infty}$型未定式，进而可以用洛必达法则求出其极限.

(5) 在用洛必达法则求未定式的极限之前，有时与其他求极限的方法结合使用，或许可以使运算简捷，如未定式的表达式较为复杂时，可以先使用变量替换进行化简，也可以使用等价无穷小进行替换.

(6) 通常会认为，用洛必达法则求未定式的极限是比较简单的，但事实并非完全如此，读者可以尝试用不同的方法计算极限$\lim\limits_{x\to0}\frac{e^x-e^{\sin x}}{x-\sin x}$，看看有何效果.

注意到，计算$\lim\limits_{x\to0}\frac{1-\cos x}{1+x^2}$时的错误是：分母不是当 $x\to0$ 时的无穷小.

2. 所有未定式的极限是否都可以用洛必达法则计算？指出下面的计算错在哪里？

$$\lim_{x\to\infty}\frac{x+\sin x}{x}=\lim_{x\to\infty}\frac{(x+\sin x)'}{(x)'}=\lim_{x\to\infty}\frac{1+\cos x}{1}=\lim_{x\to\infty}(1+\cos x)\text{(不存在)}$$

答 不是. 即使被求极限满足洛必达法则的三个条件也不一定可以用. 例如, $\lim\limits_{x\to+\infty}\dfrac{e^x+e^{-x}}{e^x-e^{-x}}$. 若使用洛必达法则会出现循环,得不到最后的计算结果.

计算$\lim\limits_{x\to\infty}\dfrac{x+\sin x}{x}$的错误是: 它不满足洛必达法则的第三个条件,即$\lim\limits_{x\to x_0}\dfrac{f'(x)}{g'(x)}$存在或为$\infty$. 但是该极限存在,事实上$\lim\limits_{x\to\infty}\dfrac{x+\sin x}{x}=\lim\limits_{x\to\infty}\left(1+\dfrac{\sin x}{x}\right)=1$.

3. 计算极限$\lim\limits_{x\to0}\dfrac{\cot x}{\csc x}$时,为什么不能用洛必达法则? 它的极限是否存在?

答 虽然极限$\lim\limits_{x\to0}\dfrac{\cot x}{\csc x}$满足洛必达法则的三个条件,若直接使用洛必达法则计算会出现循环,得不到最终结果. 事实上$\lim\limits_{x\to0}\dfrac{\cot x}{\csc x}=\lim\limits_{x\to0}\cos x=1$.

三、经典题型详解

题型 1 利用洛必达法则计算极限

例 5.10 求下列极限:

(1) $\lim\limits_{x\to0}\dfrac{x-\sin x}{x-\tan x}$; (2) $\lim\limits_{x\to0^+}\dfrac{\ln\sin2x}{\ln\tan3x}$; (3) $\lim\limits_{x\to0}\left(\dfrac{1}{x^2}-\dfrac{1}{x\tan x}\right)$;

(4) $\lim\limits_{x\to+\infty}\left[x\left(\dfrac{\pi}{2}-\arctan x\right)\right]$; (5) $\lim\limits_{x\to0}\left(\dfrac{3-e^x}{2+x}\right)^{\csc x}$; (6) $\lim\limits_{x\to0}\left(\dfrac{1}{\sin x}\right)^{\tan x}$.

分析 根据前面介绍的方法,将所有未定式先转化为$\dfrac{0}{0}$型或$\dfrac{\infty}{\infty}$型未定式,然后与其他方法结合使用洛必达法则计算.

解 (1) 易见,该未定式属于$\dfrac{0}{0}$型.

$$\lim_{x\to0}\frac{x-\sin x}{x-\tan x}=\lim_{x\to0}\frac{1-\cos x}{1-\sec^2x}=\lim_{x\to0}\frac{\sin x}{-2\sec^2x\tan x}=-\frac{1}{2}.$$

(2) 易见,该未定式属于$\dfrac{\infty}{\infty}$型. $\lim\limits_{x\to0^+}\dfrac{\ln\sin2x}{\ln\tan3x}=\lim\limits_{x\to0^+}\dfrac{2\cos2x\tan3x}{3\sec^23x\sin2x}=\lim\limits_{x\to0^+}\dfrac{2\times3x}{3\times2x}=1$.

(3) 易见,该未定式属于$\infty-\infty$型.

$$\lim_{x\to0}\left(\frac{1}{x^2}-\frac{1}{x\tan x}\right)=\lim_{x\to0}\frac{\tan x-x}{x^2\tan x}=\lim_{x\to0}\frac{\tan x-x}{x^3}=\lim_{x\to0}\frac{\sec^2x-1}{3x^2}$$
$$=\lim_{x\to0}\frac{\tan^2x}{3x^2}=\frac{1}{3}.$$

(4) 易见,该未定式属于$\infty\cdot0$型.

$$\lim_{x\to+\infty}\left[x\left(\frac{\pi}{2}-\arctan x\right)\right]=\lim_{x\to+\infty}\frac{\dfrac{\pi}{2}-\arctan x}{\dfrac{1}{x}}=\lim_{x\to+\infty}\frac{-\dfrac{1}{1+x^2}}{-\dfrac{1}{x^2}}=\lim_{x\to+\infty}\frac{x^2}{1+x^2}=1.$$

(5) 易见,该未定式属于1^∞型.

$$\lim_{x\to0}\left(\frac{3-e^x}{2+x}\right)^{\csc x}=\lim_{x\to0}e^{\csc x\ln\left(\frac{3-e^x}{2+x}\right)}=e^{\lim\limits_{x\to0}\frac{1}{\sin x}\ln\left(\frac{3-e^x}{2+x}\right)}=e^{\lim\limits_{x\to0}\frac{1}{x}\ln\left(\frac{3-e^x}{2+x}\right)}=e^{\lim\limits_{x\to0}\frac{-e^x-xe^x-3}{(3-e^x)(2+x)}}=e^{-1}.$$

(6) 易见，该未定式属于∞^0型. 令 $y=\left(\frac{1}{\sin x}\right)^{\tan x}$，则有 $\ln y=-\tan x\ln\sin x$. 由于 $\tan x\sim x(x\to 0)$，于是

$$\lim_{x\to 0}(\tan x\ln\sin x)=\lim_{x\to 0}(x\ln\sin x)=\lim_{x\to 0}\frac{\ln\sin x}{\frac{1}{x}}=\lim_{x\to 0}\frac{\cos x}{-\frac{1}{x^2}\sin x}=-\lim_{x\to 0}\frac{x^2\cos x}{\sin x}=0,$$

所以$\lim\limits_{x\to 0}y=1$. 因此有$\lim\limits_{x\to 0}\left(\frac{1}{\sin x}\right)^{\tan x}=1$.

题型 2 综合应用题

例 5.11 设函数 $f(x)$ 具有二阶连续导数，且 $f(0)=0$，讨论函数 $g(x)=\begin{cases}\frac{f(x)}{x}, & x\neq 0,\\ f'(0), & x=0\end{cases}$ 在点 $x=0$ 处导数是否存在？

分析 利用导数的定义和洛必达法则.

解 不难求得

$$g'(x)=\lim_{x\to 0}\frac{g(x)-g(0)}{x}=\lim_{x\to 0}\frac{f(x)-f'(0)x}{x^2}=\lim_{x\to 0}\frac{f'(x)-f'(0)}{2x}=\frac{1}{2}f''(0).$$

因此，函数 $g(x)$ 在点 $x=0$ 处导数存在，且有 $g'(x)=\frac{1}{2}f''(0)$.

例 5.12 已知函数 $f(x)=\begin{cases}\frac{\ln(1+ax^2)}{\sec x-\cos x}, & x\neq 0,\\ 3, & x=0.\end{cases}$ 当 a 为何值时，$f(x)$ 在点 $x=0$ 处连续.

分析 利用连续函数的定义和洛必达法则.

解 不难求得

$$\begin{aligned}\lim_{x\to 0}\frac{\ln(1+ax^2)}{\sec x-\cos x}&=\lim_{x\to 0}\frac{ax^2}{\sec x-\cos x}=\lim_{x\to 0}\frac{2ax}{\sec x\tan x+\sin x}\\&=2a\lim_{x\to 0}\frac{x}{\sin x}\lim_{x\to 0}\frac{1}{\sec^2 x+1}=a.\end{aligned}$$

由于函数 $f(x)$ 在点 $x=0$ 处连续，所以 $a=3$.

四、课后习题选解（习题 5.2）

A 类题

1. 求下列极限：

(1) $\lim\limits_{x\to\pi}\frac{\sin 3x}{\tan 5x}$；

(2) $\lim\limits_{x\to 0}\frac{e^{2x}-2\tan x-1}{3x^2}$；

(3) $\lim\limits_{x\to 0}\frac{e^{2x}-e^{-x}}{\sin x}$；

(4) $\lim\limits_{x\to\frac{\pi}{2}}\frac{\ln\sin x}{(\pi-2x)^2}$；

(5) $\lim\limits_{x\to 0}\frac{\ln(1+x)-x}{2\sin^2 x}$；

(6) $\lim\limits_{x\to a}\frac{x^m-a^m}{x^n-a^n}$，$m,n\in\mathbf{Z}_+$；

(7) $\lim\limits_{x\to 0}\left(\frac{e^x}{x}-\frac{1}{e^x-1}\right)$；

(8) $\lim\limits_{x\to 0}\frac{\arcsin 3x-\arcsin x}{\tan x}$；

(9) $\lim\limits_{x\to 0^+}\frac{\ln x}{\cot x}$；

(10) $\lim\limits_{x\to 0^+}\sin x\ln x$.

分析 利用洛必达法则计算，有些极限在计算之前可用适当的等价无穷小替换.

解 (1) $\lim\limits_{x\to\pi}\dfrac{\sin3x}{\tan5x}=\lim\limits_{x\to\pi}\dfrac{3\cos3x}{5\sec^2 5x}=-\dfrac{3}{5}$.(请读者思考，此题为什么不能用等价无穷小替换.)

(2) $\lim\limits_{x\to0}\dfrac{e^{2x}-2\tan x-1}{3x^2}=\lim\limits_{x\to0}\dfrac{2e^{2x}-2\sec^2 x}{6x}=\lim\limits_{x\to0}\dfrac{4e^{2x}-4\sec^2 x\tan x}{6}=\dfrac{2}{3}$.

(3) $\lim\limits_{x\to0}\dfrac{e^{2x}-e^{-x}}{\sin x}=\lim\limits_{x\to0}\dfrac{2e^{2x}+e^{-x}}{\cos x}=3$.

(4) $\lim\limits_{x\to\frac{\pi}{2}}\dfrac{\ln\sin x}{(\pi-2x)^2}=\lim\limits_{x\to\frac{\pi}{2}}\dfrac{\cot x}{-4(\pi-2x)}=\lim\limits_{x\to\frac{\pi}{2}}\dfrac{-\csc^2 x}{8}=-\dfrac{1}{8}$.

(5) $\lim\limits_{x\to0}\dfrac{\ln(1+x)-x}{2\sin^2 x}=\lim\limits_{x\to0}\dfrac{\ln(1+x)-x}{2x^2}=\lim\limits_{x\to0}\dfrac{\frac{1}{1+x}-1}{4x}=-\dfrac{1}{4}$.

(6) $\lim\limits_{x\to a}\dfrac{x^m-a^m}{x^n-a^n}=\lim\limits_{x\to a}\dfrac{mx^{m-1}}{nx^{n-1}}=\dfrac{m}{n}a^{m-n}$.

(7) $\lim\limits_{x\to0}\left(\dfrac{e^x}{x}-\dfrac{1}{e^x-1}\right)=\lim\limits_{x\to0}\dfrac{e^{2x}-e^x-x}{x^2}=\lim\limits_{x\to0}\dfrac{2e^{2x}-e^x-1}{2x}=\lim\limits_{x\to0}\dfrac{4e^{2x}-e^x}{2}=\dfrac{3}{2}$.

(8) 当 $x\to0$ 时，$\tan x\sim x$，于是

$$\lim_{x\to0}\frac{\arcsin3x-\arcsin x}{\tan x}=\lim_{x\to0}\frac{\arcsin3x-\arcsin x}{x}=\lim_{x\to0}\left(\frac{3}{\sqrt{1-9x^2}}-\frac{1}{\sqrt{1-x^2}}\right)=2.$$

(9) $\lim\limits_{x\to0^+}\dfrac{\ln x}{\cot x}=\lim\limits_{x\to0^+}\dfrac{1}{-x\csc^2 x}=\lim\limits_{x\to0^+}\left(-\dfrac{\sin^2 x}{x}\right)=0$.

(10) $\lim\limits_{x\to0^+}\sin x\ln x=\lim\limits_{x\to0^+}x\ln x=\lim\limits_{x\to0^+}\dfrac{\ln x}{\frac{1}{x}}=\lim\limits_{x\to0^+}\dfrac{\frac{1}{x}}{-\frac{1}{x^2}}=\lim\limits_{x\to0^+}(-x)=0$.

2. 设函数 $f(x)$ 二阶可导，求 $\lim\limits_{h\to0}\dfrac{f(x+h)-2f(x)+f(x-h)}{h^2}$.

分析 利用洛必达法则.注意变化过程是 $h\to0$.

解

$$\begin{aligned}\lim_{h\to0}\frac{f(x+h)-2f(x)+f(x-h)}{h^2}&=\lim_{h\to0}\frac{f'(x+h)-f'(x-h)}{2h}\\&=\lim_{h\to0}\frac{f'(x+h)-f'(x)}{2h}+\lim_{h\to0}\frac{f'(x-h)-f'(x)}{-2h}\\&=f''(x).\end{aligned}$$

请思考第二步为什么不能继续使用洛必达法则.

3. 设 $\lim\limits_{x\to1}\dfrac{x^2+mx+n}{x-1}=5$，求 m 和 n 的值.

分析 先由极限存在性得到分子的极限等于零($x\to1$)，然后再利用洛必达法则.

解 由已知，必有 $\lim\limits_{x\to1}(x^2+mx+n)=0$，得 $m+n+1=0$. 对极限使用洛必达法则，有

$$\lim_{x\to1}\frac{x^2+mx+n}{x-1}=\lim_{x\to1}(2x+m)=2+m=5,$$

得到 $m=3$，进而由 $m+n+1=0$，得 $n=-4$.

综上，$m=3$，$n=-4$ 即为所求.

4. 验证极限 $\lim\limits_{x\to+\infty}\dfrac{e^x+e^{-x}}{e^x-e^{-x}}$ 和 $\lim\limits_{x\to+\infty}\dfrac{x^2-\cos x}{x^2+x+1}$ 存在，但不能由洛必达法则计算.

分析 $\lim\limits_{x\to+\infty}\dfrac{e^x+e^{-x}}{e^x-e^{-x}}$ 使用洛必达法则会出现循环；$\lim\limits_{x\to+\infty}\dfrac{x^2-\cos x}{x^2+x+1}$ 不满足洛必达法则的第三个条件.

解 $\lim\limits_{x\to+\infty}\dfrac{e^x+e^{-x}}{e^x-e^{-x}}=\lim\limits_{x\to+\infty}\dfrac{1+e^{-2x}}{1-e^{-2x}}=1$；$\lim\limits_{x\to+\infty}\dfrac{x^2-\cos x}{x^2+x+1}=\lim\limits_{x\to+\infty}\dfrac{1-\dfrac{\cos x}{x^2}}{1+\dfrac{1}{x}+\dfrac{1}{x^2}}=1$.

B类题

1. 求下列极限：

(1) $\lim\limits_{x\to+\infty}\dfrac{\ln\left(1+\dfrac{1}{x}\right)}{\operatorname{arc}\cot x}$； (2) $\lim\limits_{x\to0}\left(\dfrac{1}{x^2}-\dfrac{1}{x\sin x}\right)$； (3) $\lim\limits_{x\to0}(1+\sin x)^{\frac{1}{x}}$；

(4) $\lim\limits_{x\to+\infty}\left(\dfrac{2}{\pi}\arctan x\right)^x$； (5) $\lim\limits_{x\to0}(x^2e^{\frac{1}{x^2}})$.

分析 计算之前先对极限表达式进行适当的变形，然后利用洛必达法则计算.

解 (1) $\lim\limits_{x\to+\infty}\dfrac{\ln\left(1+\dfrac{1}{x}\right)}{\operatorname{arc}\cot x}=\lim\limits_{x\to+\infty}\dfrac{-\dfrac{1}{x(x+1)}}{-\dfrac{1}{1+x^2}}=\lim\limits_{x\to+\infty}\dfrac{1+x^2}{x^2+x}=1.$

(2) $\lim\limits_{x\to0}\left(\dfrac{1}{x^2}-\dfrac{1}{x\sin x}\right)=\lim\limits_{x\to0}\dfrac{\sin x-x}{x^2\sin x}=\lim\limits_{x\to0}\dfrac{\sin x-x}{x^3}=\lim\limits_{x\to0}\dfrac{\cos x-1}{3x^2}=\lim\limits_{x\to0}\dfrac{-\sin x}{6x}=-\dfrac{1}{6}.$

(3) $\lim\limits_{x\to0}(1+\sin x)^{\frac{1}{x}}=\lim\limits_{x\to0}e^{\frac{\ln(1+\sin x)}{x}}=\lim\limits_{x\to0}e^{\frac{\cos x}{1+\sin x}}=e.$

(4) 令 $y=\left(\dfrac{2}{\pi}\arctan x\right)^x$，则有 $\ln y=x\ln\left(\dfrac{2}{\pi}\arctan x\right)$. 由于

$$\lim_{x\to+\infty}\frac{\ln\left(\dfrac{2}{\pi}\arctan x\right)}{\dfrac{1}{x}}=\lim_{x\to+\infty}\frac{\dfrac{1}{\arctan x}\dfrac{1}{1+x^2}}{-\dfrac{1}{x^2}}=\lim_{x\to+\infty}\left(-\frac{1}{\arctan x}\frac{x^2}{1+x^2}\right)=-\frac{2}{\pi},$$

于是 $\lim\limits_{x\to+\infty}\ln y=-\dfrac{2}{\pi}$，因此有 $\lim\limits_{x\to+\infty}\left(\dfrac{2}{\pi}\arctan x\right)^x=e^{-\frac{2}{\pi}}$.

(5) $\lim\limits_{x\to0}(x^2e^{\frac{1}{x^2}})=\lim\limits_{x\to0}\dfrac{e^{\frac{1}{x^2}}}{\dfrac{1}{x^2}}=+\infty.$

2. 设 $\lim\limits_{x\to-1}\dfrac{x^3-nx^2-x+4}{x+1}=m$，求 m 和 n 的值.

分析 利用洛必达法则.

解 由已知，必有 $\lim\limits_{x\to-1}(x^3-nx^2-x+4)=-1-n+1+4=0$，得 $n=4$. 将其代入极限表达式，再对其利用洛必达法则，有 $\lim\limits_{x\to-1}\dfrac{x^3-4x^2-x+4}{x+1}=\lim\limits_{x\to-1}(3x^2-8x-1)=10$，因此，$m=10$.

综上，$m=10$，$n=4$ 即为所求.

3. 已知函数 $f(x)=\begin{cases}\dfrac{1-\cos3x}{x^2}, & x\neq0,\\ a, & x=0.\end{cases}$ 当 a 为何值时，$f(x)$在点 $x=0$ 处连续.

分析 利用连续函数的定义和洛必达法则.

解 不难求得 $\lim\limits_{x\to0}\dfrac{1-\cos3x}{x^2}=\lim\limits_{x\to0}\dfrac{3\sin3x}{2x}=\dfrac{9}{2}$.

由于函数 $f(x)$在点 $x=0$ 处连续，所以 $a=\dfrac{9}{2}$.

5.3 泰勒公式

一、知识要点

1. 泰勒定理

定理 5.6(泰勒定理) 如果函数 $f(x)$在含有 x_0 的某个开区间(a,b)内具有直到 $n+1$ 阶的导数,那么 $\forall x\in(a,b)$,$f(x)$可以表示为 $x-x_0$ 的一个 n 次多项式 $P_n(x)$与一个余项 $R_n(x)$之和,即 $f(x)=P_n(x)+R_n(x)$,其中

$$P_n(x)=f(x_0)+f'(x_0)(x-x_0)+\frac{f''(x_0)}{2!}(x-x_0)^2+\cdots+\frac{f^{(n)}(x_0)}{n!}(x-x_0)^n$$

称为函数 $f(x)$在点 x_0 处的 n 阶**泰勒多项式**,而 $R_n(x)=\dfrac{f^{(n+1)}(\xi)}{(n+1)!}(x-x_0)^{n+1}$,$\xi$ 是 x_0 与 x 之间的某个值,称为**拉格朗日型余项**.若取 $R_n(x)=o[(x-x_0)^n]$,称为**佩亚诺型余项**.表达式 $f(x)=P_n(x)+R_n(x)$称为函数 $f(x)$在点 x_0 处的 n 阶**泰勒公式**.

如果取 $x_0=0$,泰勒公式变成较简单的形式,即所谓的带有拉格朗日型余项的**麦克劳林公式**

$$f(x)=f(0)+f'(0)x+\frac{f'(0)}{2!}x^2+\cdots+\frac{f^{(n)}(0)}{n!}x^n+\frac{f^{(n+1)}(\theta x)}{(n+1)!}x^{n+1},\quad 0<\theta<1,$$

或带有佩亚诺型余项的麦克劳林公式

$$f(x)=f(0)+f'(0)x+\cdots+\frac{f^{(n)}(0)}{n!}x^n+o(x^n).$$

2. 一些常用的麦克劳林公式

(1) $e^x=1+x+\dfrac{x^2}{2!}+\cdots+\dfrac{x^n}{n!}+o(x^n)$;

(2) $\sin x=x-\dfrac{x^3}{3!}+\dfrac{x^5}{5!}-\cdots+(-1)^n\dfrac{x^{2n+1}}{(2n+1)!}+o(x^{2n+1})$;

(3) $\cos x=1-\dfrac{x^2}{2!}+\dfrac{x^4}{4!}-\dfrac{x^6}{6!}+\cdots+(-1)^n\dfrac{x^{2n}}{(2n)!}+o(x^{2n})$;

(4) $\ln(1+x)=x-\dfrac{x^2}{2}+\dfrac{x^3}{3}-\cdots+(-1)^{n-1}\dfrac{x^n}{n}+o(x^n)$;

(5) $\dfrac{1}{1-x}=1+x+x^2+\cdots+x^n+o(x^n)$;

(6) $(1+x)^\alpha=1+\alpha x+\dfrac{\alpha(\alpha-1)}{2!}x^2+\cdots+\dfrac{\alpha(\alpha-1)\cdots(\alpha-n+1)}{n!}x^n+o(x^n)$.

二、疑难解析

1. 泰勒公式成立的条件是什么?有什么特点?

答 函数 $f(x)$在含有 x_0 的某个开区间(a,b)内具有直到 $n+1$ 阶的导数.

泰勒公式由两部分组成:一部分是 n 阶泰勒多项式,另一部分是余项(拉格朗日余项或佩亚诺余项).泰勒公式是沟通函数及其高阶导数之间的桥梁,是应用高阶导数的局部性研

究函数在区间整体性态的重要工具.

2. 泰勒公式和拉格朗日中值公式的联系是什么?

答 在泰勒公式中,若令 $n=0$,则泰勒公式退化为拉格朗日中值公式

$$f(x)=f(x_0)+f'(\xi)(x-x_0),\quad \xi \text{在} x_0 \text{与} x \text{之间},$$

也可记 $\xi=x_0+\theta(x-x_0)(0<\theta<1)$,故泰勒中值定理是拉格朗日中值定理的推广.

3. 不同类型的泰勒公式的余项的作用是什么?

答 泰勒公式的余项有两类:拉格朗日型余项 $R_n(x)=\dfrac{f^{(n+1)}(\xi)}{(n+1)!}(x-x_0)^{n+1}$ 和佩亚诺型余项 $R_n(x)=o(x^n)$.虽然它们都是余项,表示误差,但是作用有所不同.第一类(拉格朗日型余项)是定量的,第二类(佩亚诺型余项)是定性的.所谓的定量,是指可以具体求出误差的大小;所谓的定性,是指关注问题本身的误差量级,而不是误差的大小.计算极限时,其中的一种方法是用带有佩亚诺型余项的泰勒公式,参见后面的例题和习题.

三、经典题型详解

题型1 函数的直接展开法和间接展开法

例5.13 将 $p(x)=x^4-2x^3+1$ 展开成 $x-1$ 的多项式.

分析 本题可用直接展开法计算.注意到,$p(x)$是4次多项式,可以逐次求导得到 $x-1$ 的多项式的系数.

解 容易求得 $p(x)$的各阶导数为

$$p(x)=x^4-2x^3+1,\quad p'(x)=4x^3-6x^2,\quad p''(x)=12x^2-12x,$$
$$p'''(x)=24x-12,\quad p^{(4)}(x)=24\ ,\quad p^{(5)}(x)=0.$$

令 $x=1$ 可得

$$p(1)=0,\quad p'(1)=-2,\quad p''(1)=0,\quad p'''(1)=12,\quad p^{(4)}(1)=24,$$
$$p^{(5)}(1)=p^{(6)}(1)=\cdots=p^{(n)}(1)=0,\quad n>6.$$

因此有

$$\begin{aligned}p(x)&=x^4-2x^3+1\\&=p(1)+p'(1)(x-1)+\frac{p''(1)}{2!}(x-1)^2+\frac{p'''(1)}{3!}(x-1)^3+\frac{p^{(4)}(1)}{4!}(x-1)^4\\&=-2(x-1)+2(x-1)^3+(x-1)^4.\end{aligned}$$

例5.14 将 $f(x)=(1+x)^{\frac{1}{2}}$ 展开成二阶麦克劳林公式(带拉格朗日型余项).

分析 本题可用直接展开法计算.利用带拉格朗日型余项的麦克劳林公式进行展开,即

$$f(x)=f(0)+f'(0)x+\frac{f''(0)}{2!}x^2+\frac{f'''(\theta x)}{3!}x^3.$$

解 不难求得函数 $f(x)=(1+x)^{\frac{1}{2}}$ 的三阶导数为

$$f'(x)=\frac{1}{2}(1+x)^{-\frac{1}{2}},\quad f''(x)=\frac{1}{2}\left(-\frac{1}{2}\right)(1+x)^{-\frac{3}{2}},$$
$$f'''(x)=\frac{1}{2}\left(-\frac{1}{2}\right)\left(-\frac{3}{2}\right)(1+x)^{-\frac{5}{2}}.$$

令 $x_0=0$,有

$$f(0)=1,\quad f'(0)=\frac{1}{2},\quad f''(0)=-\frac{1}{4},\quad f'''(\theta x)=\frac{3}{8}(1+\theta x)^{-\frac{5}{2}}.$$

由带拉格朗日型余项的二阶麦克劳林公式，有

$$(1+x)^{\frac{1}{2}}=1+\frac{1}{2}x-\frac{1}{8}x^2+\frac{1}{16}x^3(1+\theta x)^{-\frac{5}{2}},\quad 0<\theta<1.$$

例 5.15 求函数 $\ln\frac{1+x}{1-x}$(到 $2n+1$ 阶)的麦克劳林公式.

分析 本题可用间接展开法计算. 利用常用的带有佩亚诺型余项的麦克劳林公式.

解 由于 $\ln(1+x)=x-\frac{x^2}{2}+\frac{x^3}{3}-\cdots+(-1)^{n-1}\frac{x^n}{n}+o(x^n)$，可得

$$\ln(1+(-x))=-x-\frac{x^2}{2}-\frac{x^3}{3}-\cdots-\frac{x^n}{n}+o(x^n).$$

进一步地，有

$$\ln\frac{1+x}{1-x}=\ln(1+x)-\ln(1-x)=2x+\frac{2x^3}{3}+\cdots+\frac{2x^{2n+1}}{2n+1}+o(x^{2n+1}).$$

题型 2 利用泰勒公式求极限

例 5.16 求下列极限：

(1) $\lim\limits_{x\to 0}\frac{e^x\sin x-x(1+x)}{x^3}$； (2) $\lim\limits_{x\to 0}\frac{\cos x-e^{-\frac{x^2}{2}}}{x^2[x+\ln(1-x)]}$.

分析 根据分子分母的情况，将被积表达式中的函数展开成麦克劳林公式，保留适当佩亚诺型余项的阶，然后进行约化. 这样的极限若用洛必达法则计算会很麻烦.

解 (1) 易见 $e^x=1+x+\frac{x^2}{2!}+o(x^2)$， $\sin x=x-\frac{x^3}{3!}+o(x^3)$.

将它们代入极限表达式，得

$$\lim_{x\to 0}\frac{e^x\sin x-x(1+x)}{x^3}=\lim_{x\to 0}\frac{\left(1+x+\frac{x^2}{2!}+o(x^2)\right)\left(x-\frac{x^3}{3!}+o(x^3)\right)-x(1+x)}{x^3}=\frac{1}{3}.$$

(2) 不难求得

$$\cos x=1-\frac{1}{2}x^2+\frac{1}{4!}x^4+o(x^4),\quad e^{-\frac{x^2}{2}}=1-\frac{1}{2}x^2+\frac{1}{2}\left(-\frac{x^2}{2}\right)^2+o(x^4),$$

$$\ln(1-x)=-x-\frac{1}{2}x^2+o(x^2).$$

将它们代入极限表达式，得

$$\begin{aligned}&\lim_{x\to 0}\frac{\cos x-e^{-\frac{x^2}{2}}}{x^2[x+\ln(1-x)]}\\&=\lim_{x\to 0}\frac{\left[1-\frac{1}{2}x^2+\frac{1}{4!}x^4+o(x^4)\right]-\left[1-\frac{1}{2}x^2+\frac{1}{2}\left(-\frac{x^2}{2}\right)^2+o(x^4)\right]}{x^2\left[x+\left(-x-\frac{1}{2}x^2+o(x^2)\right)\right]}\\&=\frac{\frac{1}{24}-\frac{1}{8}}{-\frac{1}{2}}=\frac{1}{6}.\end{aligned}$$

四、课后习题选解(习题 5.3)

A类题

1. 当 $x_0=-1$ 时,求函数 $f(x)=\frac{1}{x}$ 的三阶泰勒公式.

分析 本题可用直接展开法计算.先求出函数的4阶导数,并求各阶导数在点 $x_0=-1$ 处的导数值,最后代入到泰勒公式中.

解 不难求得,函数 $f(x)=\frac{1}{x}$ 的各阶导数为

$$f'(x)=-\frac{1}{x^2},\quad f''(x)=\frac{2}{x^3},\quad f'''(x)=-\frac{6}{x^4},\quad f^{(4)}(x)=\frac{24}{x^5}.$$

进而有

$$f(-1)=-1,\quad f'(-1)=-1,\quad f''(-1)=-2,\quad f'''(-1)=-6,\quad f^{(4)}(\xi)=\frac{24}{\xi^5}.$$

于是 $f(x)=\frac{1}{x}=-1-(x+1)-(x+1)^2-(x+1)^3+\frac{1}{\xi^5}(x+1)^4$,其中 ξ 在 -1 与 x 之间.

2. 求下列函数的麦克劳林公式:

(1) $\ln(1-x)$,到 n 阶;　　(2) $\frac{1}{\sqrt{1-x^2}}$,到 $2n$ 阶.

分析 本题可用间接展开法计算.利用常用的带有佩亚诺型余项的麦克劳林公式.

解 (1) 由于 $\ln(1+x)=x-\frac{x^2}{2}+\frac{x^3}{3}-\cdots+(-1)^{n-1}\frac{x^n}{n}+o(x^n)$,可得

$$\ln(1+(-x))=-x-\frac{x^2}{2}-\frac{x^3}{3}-\cdots-\frac{x^n}{n}+o(x^n).$$

(2) 由于 $(1+x)^\alpha=1+\alpha x+\frac{\alpha(\alpha-1)}{2!}x^2+\cdots+\frac{\alpha(\alpha-1)\cdots(\alpha-n+1)}{n!}x^n+o(x^n)$,可得

$$\frac{1}{\sqrt{1-x^2}}=(1+(-x^2))^{-\frac{1}{2}}=1+\frac{x^2}{2}+\frac{1\cdot 3}{2^2\cdot 2!}x^4+\cdots+\frac{1\cdot 3\cdot\cdots\cdot(2n-1)}{2^n\cdot n!}x^{2n}+o(x^{2n}).$$

3. 已知函数 $f(x)=\frac{1}{x+2}$ 在点 $x_0=-1$ 处的二阶泰勒公式为

$$\frac{1}{x+2}=a_0+a_1(x+1)+a_2(x+1)^2+R_2(x).$$

求 a_0,a_1,a_2 的值及 $R_2(x)$ 的表达式.

分析 首先利用直接展开法将函数展开,然后利用待定系数法计算系数及余项.

解 不难求得函数 $f(x)=\frac{1}{x+2}$ 的各阶导数为

$$f'(x)=-\frac{1}{(x+2)^2},\quad f''(x)=\frac{2}{(x+2)^3},\quad f'''(x)=\frac{-6}{(x+2)^4}.$$

进而有 $f(-1)=1,f'(-1)=-1,f''(-1)=2,f'''(\xi)=\frac{-6}{(\xi+2)^4}$.于是

$$f(x)=\frac{1}{x+2}=1-(x+1)-(x+1)^2-\frac{1}{(\xi+2)^4}(x+1)^3,$$

其中 ξ 在 -1 与 x 之间.比较系数得

$$a_0=1,\quad a_1=-1,\quad a_2=-1,\quad R_2(x)=\frac{-(x+1)^3}{(\xi+2)^4}.$$

B类题

1. 利用泰勒公式求下列极限：

(1) $\lim\limits_{x\to 0}\dfrac{x-\sin x}{x^3}$； (2) $\lim\limits_{x\to +\infty}\left[x-x^2\ln\left(1+\dfrac{1}{x}\right)\right]$； (3) $\lim\limits_{x\to 0}\dfrac{\cos x-\mathrm{e}^{-\frac{x^2}{2}}}{x^4}$；

(4) $\lim\limits_{x\to 0}\dfrac{\ln(1+x^2)+\cos^2 x-1}{x^4}$； (5) $\lim\limits_{x\to 0}\left(\dfrac{1}{x^2}-\dfrac{\cos x}{x\sin x}\right)$.

分析 根据分子分母的情况，将被积表达式中的函数展开成麦克劳林公式，保留适当佩亚诺型余项的阶，然后进行约化.

解 (1) 将 $\sin x=x-\dfrac{1}{3!}x^3+o(x^3)$ 代入极限表达式，得

$$\lim_{x\to 0}\frac{x-\sin x}{x^3}=\lim_{x\to 0}\frac{x-\left(x-\frac{1}{3!}x^3+o(x^3)\right)}{x^3}=\frac{1}{6}.$$

(2) 不难求得 $\ln\left(1+\dfrac{1}{x}\right)=\dfrac{1}{x}-\dfrac{1}{2x^2}+o\left(\dfrac{1}{x^2}\right)$. 将其代入到极限表达式，得

$$\lim_{x\to +\infty}\left[x-x^2\ln\left(1+\frac{1}{x}\right)\right]=\lim_{x\to +\infty}\left[x-x^2\left(\frac{1}{x}-\frac{1}{2x^2}+o\left(\frac{1}{x^2}\right)\right)\right]=\frac{1}{2}.$$

(3) 不难求得

$$\cos x=1-\frac{1}{2}x^2+\frac{1}{4!}x^4+o(x^4),\quad \mathrm{e}^{-\frac{x^2}{2}}=1-\frac{1}{2}x^2+\frac{1}{2}\left(-\frac{x^2}{2}\right)^2+o(x^4).$$

将它们代入极限表达式，得

$$\lim_{x\to 0}\frac{\cos x-\mathrm{e}^{-\frac{x^2}{2}}}{x^4}=\lim_{x\to 0}\frac{\left(1-\frac{x^2}{2!}+\frac{x^4}{4!}+o(x^4)\right)-\left(1-\frac{x^2}{2}+\frac{1}{2!}\frac{x^4}{4}+o(x^4)\right)}{x^4}=-\frac{1}{12}.$$

(4) 容易求得 $\ln(1+x^2)=x^2-\dfrac{x^4}{2}+o(x^4)$，$\cos x=1-\dfrac{x^2}{2!}+\dfrac{x^4}{4!}+o(x^4)$. 将它们代入极限表达式，得

$$\lim_{x\to 0}\frac{\ln(1+x^2)+\cos^2 x-1}{x^4}=\lim_{x\to 0}\frac{x^2-\frac{x^4}{2}+o(x^4)+\left[1-\frac{x^2}{2!}+\frac{x^4}{4!}+o(x^4)\right]^2-1}{x^4}=-\frac{1}{6}.$$

(5) 易见，$\sin x=x-\dfrac{1}{3!}x^3+o(x^3)$，$\cos x=1-\dfrac{1}{2}x^2+\dfrac{1}{4!}x^4+o(x^4)$. 将它们代入极限表达式，得

$$\lim_{x\to 0}\left(\frac{1}{x^2}-\frac{\cos x}{x\sin x}\right)=\lim_{x\to 0}\frac{\sin x-x\cos x}{x^2\sin x}=\lim_{x\to 0}\frac{x-\frac{x^3}{3!}+o(x^3)-x\left[1-\frac{x^2}{2!}+o(x^3)\right]}{x^3}=\frac{1}{3}.$$

2. 若函数 $f(x)$ 在闭区间 $[a,b]$ 上具有 n 阶导数，且 $f(a)=f(b)=f'(b)=f''(b)=\cdots=f^{(n-1)}(b)=0$. 证明：必存在 $\xi\in(a,b)$，使得 $f^{(n)}(\xi)=0$.

分析 利用泰勒公式证明.

证 由于函数 $f(x)$ 在 $[a,b]$ 上具有 n 阶导数，将 $f(x)$ 在点 $x_0=b$ 处展开成如下的 $n-1$ 阶泰勒公式

$$f(x)=f(b)+f'(b)(x-b)+\frac{f''(b)}{2!}(x-b)^2+\cdots+\frac{f^{(n-1)}(b)}{(n-1)!}(x-b)^{n-1}+\frac{f^{(n)}(\xi)}{n!}(x-b)^n,$$

ξ 在 x 与 b 之间. 在上式中令 $x=a$，则有

$$f(a)=f(b)+f'(b)(a-b)+\frac{f''(b)}{2!}(a-b)^2+\cdots+\frac{f^{(n-1)}(b)}{(n-1)!}(a-b)^{n-1}+\frac{f^{(n)}(\xi)}{n!}(a-b)^n.$$

因为 $f(a)=f(b)=f'(b)=f''(b)=\cdots=f^{(n-1)}(b)=0$，且 $a\neq b$，所以必存在 $\xi\in(a,b)$，使得

$$f^{(n)}(\xi)=0.$$

证毕

3. 若函数 $f(x)$ 在闭区间 $[-1,1]$ 上具有三阶连续导数，且 $f(-1)=0, f(1)=1, f'(0)=0$. 证明：至少存在一点 $\xi\in(-1,1)$，使得 $f'''(\xi)=3$.

分析 先将函数展开成麦克劳林多项式，然后代入已知函数值进行比较，最后利用函数的三阶导数连续证明.

证 依题意，函数带有拉格朗日型余项的二阶麦克劳林多项式为

$$f(x)=f(0)+f'(0)x+\frac{1}{2!}f''(0)x^2+\frac{1}{3!}f'''(\eta)x^3,$$

η 介于 0 与 x 之间. 将 $x=-1$ 和 $x=1$ 分别代入上式中，得

$$0=f(-1)=f(0)+\frac{1}{2}f''(0)-\frac{1}{6}f'''(\eta_1),\quad -1<\eta_1<0,$$

$$1=f(1)=f(0)+\frac{1}{2}f''(0)+\frac{1}{6}f'''(\eta_2),\quad 0<\eta_2<1.$$

两式相减，可得 $f'''(\eta_1)+f'''(\eta_2)=6$.

设 M 和 m 分别是 $f'''(x)$ 在 $[\eta_1,\eta_2]$ 上的最大值和最小值，显然有

$$m\leqslant f'''(\eta_1)\leqslant M,\quad m\leqslant f'''(\eta_2)\leqslant M,$$

因此有 $m\leqslant\frac{1}{2}[f'''(\eta_1)+f'''(\eta_2)]\leqslant M$.

再由连续函数的介值定理知，至少存在一点 $\xi\in[\eta_1,\eta_2]\subset(-1,1)$，使得

$$f'''(\xi)=\frac{1}{2}[f'''(\eta_1)+f'''(\eta_2)]=3.$$

证毕

5.4 函数的性态(Ⅰ)——单调性与凸性

一、知识要点

1. 函数的单调性

定理 5.7 设函数 $y=f(x)$ 在区间 I 上具有一阶导数.

(1) 在 I 内，若 $f'(x)\geqslant0(>0)$，则函数 $y=f(x)$ 在 I 上(严格)单调递增；

(2) 在 I 内，若 $f'(x)\leqslant0(<0)$，则函数 $y=f(x)$ 在 I 上(严格)单调递减.

2. 函数的凸性及其拐点

定义 5.1 设函数 $y=f(x)$ 在区间 I 上连续，$\forall x_1,x_2\in I$，且 $x_1\neq x_2$，若有

$$f\left(\frac{x_1+x_2}{2}\right)\leqslant\frac{f(x_1)+f(x_2)}{2},$$

则称函数 $y=f(x)$ 在 I 上是下凸的；若有

$$f\left(\frac{x_1+x_2}{2}\right)\geqslant\frac{f(x_1)+f(x_2)}{2},$$

则称 $y=f(x)$ 在 I 上是上凸的. 若上述不等式中的不等号为严格的不等号“$<$”(或“$>$”)，则称函数 $y=f(x)$ 在区间 I 上是**严格下凸**(或**严格上凸**)的.

定理 5.8 设函数 $y=f(x)$ 在区间 I 上是可导函数，则：

(1) 函数 $y=f(x)$ 在区间 I 上是(严格)下凸的充分必要条件是：$f'(x)$ 在 I 上(严格)单调递增；

(2) 函数 $y=f(x)$ 在区间 I 上是(严格)上凸的充分必要条件是：$f'(x)$ 在 I 上(严格)单

调递减.

定理 5.9 设函数 $y=f(x)$在区间 I 上具有二阶导数.

(1) $\forall x\in I$,若有 $f''(x)>0$,则函数在 I 上是下凸的；

(2) $\forall x\in I$,若有 $f''(x)<0$,则称函数在 I 上是上凸的.

定义 5.2 若函数 $y=f(x)$在点$(x_0,f(x_0))$的左右两侧的凸性相反,则称点$(x_0,f(x_0))$为该曲线的**拐点**.

二、疑难解析

1. 若 $f'(0)>0$,是否可以断定 $f(x)$在原点的充分小的邻域内单调递增？

答 不能断定.因为单调性是函数在一个区间上的性质,要用导数在这个区间上的符号来判定,而不能用导数在一点处的符号来判别.例如,函数 $f(x)=\begin{cases}x+2x^2\sin\dfrac{1}{x}, & x\neq 0,\\ 0, & x=0,\end{cases}$ 易见,$f'(0)>0$,但是可以证明它在原点的充分小的邻域内不是单调递增的.

例如,取 $x_1=\dfrac{1}{2n\pi+\dfrac{\pi}{2}}$,$x_2=\dfrac{1}{2n\pi}$,其中 n 为正整数,则 $x_1<x_2$,而

$$f(x_1)=x_1+2x_1^2\sin\frac{1}{x_1}=\frac{1}{2n\pi+\dfrac{\pi}{2}}+\frac{2}{\left(2n\pi+\dfrac{\pi}{2}\right)^2},$$

$$f(x_2)=x_2+2x_2^2\sin\frac{1}{x_2}=\frac{1}{2n\pi}.$$

经计算可得,当 n 比较大时,x_1,x_2 与零点充分接近,而 $f(x_1)>f(x_2)$.

2. 设函数 $y=f(x)$在(a,b)内二阶可导,且 $f''(x_0)=0$,其中 $x_0\in(a,b)$,则$(x_0,f(x_0))$是否一定为曲线 $f(x)$的拐点？举例说明.

答 不能断定.由定理 5.9 和定义 5.2 可知,函数经过点$(x_0,f(x_0))$时,若 $f''(x)$的符号发生改变,该点才是拐点.例如,函数 $y=x^4$ 在点 $x=0$ 处满足条件,但它不是拐点.注意到,函数 $y=x^4$ 的二阶导数 $y=12x^2$ 在点 $x=0$ 处的左右邻域内没有变号.

3. 如果函数 $y=f(x)$在区间 I 上只存在一阶导数,如何判定该函数的凸性及拐点？

答 从几何直观上看,如图 5.7 所示,不难发现：对于图(a)中的下凸曲线,当 x 逐渐增大时,其上每一点的切线的斜率是逐渐增大的,即导数 $f'(x)$是单调递增函数；而对于图(b)

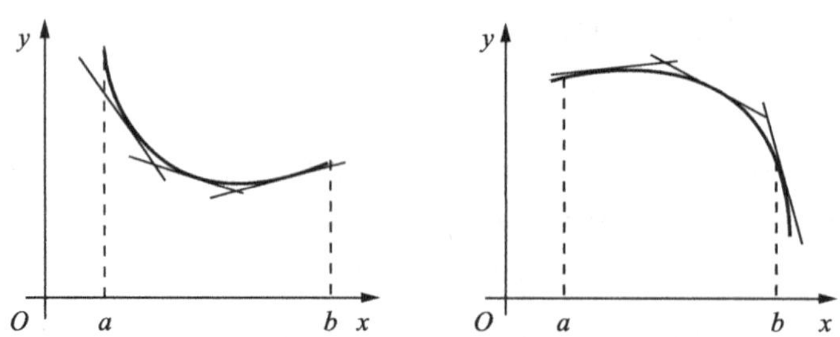

(a) (b)

图 5.7

中的上凸曲线，当 x 逐渐增大时，其上每一点的切线的斜率是逐渐减小的，即导数 $f'(x)$ 是单调递减函数. 因此可以利用一阶导数的单调性来判断曲线的凸性，见定理 5.8. 若函数的一阶导数经过某个点的单调性发生改变，则该点即为函数的拐点.

三、经典题型详解

题型 1 利用函数的一阶导数判断函数的单调性、求单调区间

利用定理 5.7 求函数的单调区间的一般步骤是：①利用一阶导数导数为零或不存在的点将函数的定义域划分为几个区间；②然后在每个区间上判定函数导数的符号，进而判断其单调性. 需要特别注意的是，函数导数不存在的点，也可以作为单调区间的分界点.

例 5.17 求下列函数的单调区间：

(1) $f(x)=x-\ln x$；　　(2) $f(x)=\dfrac{x}{1+x^2}$.

分析 先求函数的一阶导数，然后根据上述步骤求解.

解 (1) 易见，$f(x)=x-\ln x$ 的定义域为 $(0,+\infty)$，并且有 $f'(x)=1-\dfrac{1}{x}=\dfrac{x-1}{x}$.

令 $f'(x)=0$ 解得 $x=1$. 当 $x\in(0,1)$ 时，$f'(x)<0$；当 $x\in(1,+\infty)$ 时，$f'(x)>0$. 因此，由定理 5.7 知，函数 $f(x)$ 的单调递减区间是 $(0,1)$，单调递增区间是 $(1,+\infty)$.

(2) 易见，函数 $f(x)=\dfrac{x}{1+x^2}$ 的定义域为 $\mathbf{R}$，并且有

$$f'(x)=\frac{1-x^2}{(1+x^2)^2}.$$

令 $f'(x)=0$ 解得 $x_1=1, x_2=-1$. 当 $x\in(-1,1)$ 时，$f'(x)>0$；当 $x\in(-\infty,-1)\cup(1,+\infty)$ 时，$f'(x)<0$. 因此，由定理 5.7 知，函数 $f(x)$ 的单调递减区间是 $(-\infty,-1)\cup(1,+\infty)$，单调递增区间是 $(-1,1)$.

题型 2 利用函数的单调性证明不等式

例 5.18 利用函数的单调性证明下列不等式：

(1) 当 $0<x<\dfrac{\pi}{2}$ 时，$\sin x>x-\dfrac{1}{3!}x^3$；　　(2) 当 $x>0$ 时，$1+\dfrac{1}{n}x>\sqrt[n]{1+x}$.

分析 利用作差法，将不等式两端的函数相减，然后对差函数求导数，再利用函数的单调性证明.

证 (1) 令 $f(x)=\sin x-x+\dfrac{1}{3!}x^3$，则有

$$f'(x)=\cos x-1+\frac{1}{2}x^2,\quad f''(x)=-\sin x+x,\quad f'''(x)=-\cos x+1.$$

在区间 $\left(0,\dfrac{\pi}{2}\right)$ 内，由于 $f'''(x)>0$，说明 $f''(x)$ 严格单调递增，即 $f''(x)>f''(0)=0$，因此 $f'(x)$ 在该区间严格单调递增，即 $f'(x)>f'(0)=0$，由此可知，函数 $f(x)$ 在 $\left(0,\dfrac{\pi}{2}\right)$ 上严格单调递增，进而有 $f(x)>f(0)=0$. 于是有 $\sin x>x-\dfrac{1}{3!}x^3$.

(2) 令 $f(x)=1+\frac{1}{n}x-\sqrt[n]{1+x}$，则 $f'(x)=\frac{1}{n}-\frac{1}{n\sqrt[n]{(1+x)^{n-1}}}$. 由于当 $x>0$ 时，$f'(x)>0$，因此 $f(x)$ 在 $(0,+\infty)$ 上严格单调递增，即当 $x>0$ 时，$f(x)>f(0)$. 而 $f(0)=0$，所以当 $x>0$ 时，有 $f(x)>0$，即 $1+\frac{1}{n}x>\sqrt[n]{1+x}$.

证毕

例 5.19 设函数 $f(x)$ 在区间 $[0,a]$ 上存在二阶导数，且有 $f(0)=0$，$f''(x)>0$. 证明：函数 $g(x)=\frac{f(x)}{x}$ 在开区间 $(0,a)$ 内严格单调递增.

分析 直接对函数 $g(x)=\frac{f(x)}{x}$ 求导数，根据表达式的特点，利用配项方法和拉格朗日中值定理对表达式化简，再进行判断.

证 $\forall x\in(0,a)$，利用配项方法和拉格朗日中值定理，有

$$g'(x)=\left(\frac{f(x)}{x}\right)'=\frac{xf'(x)-f(x)}{x^2}=\frac{xf'(x)-f(x)-f(0)}{x^2}=\frac{xf'(x)-xf'(\xi)}{x^2}$$
$$=\frac{f'(x)-f'(\xi)}{x},\quad 0<\xi<x,$$

由 $f''(x)>0$ 知，$f'(x)$ 在区间 $[0,a]$ 上严格单调递增，因此有 $f'(x)>f'(\xi)$，$0<\xi<x$.

于是，$\forall x\in(0,a)$，$g'(x)>0$，即函数 $g(x)=\frac{f(x)}{x}$ 在开区间 $(0,a)$ 内严格单调递增.

证毕

题型 3 利用二阶导数判定曲线的凸性和拐点

如果函数 $y=f(x)$ 在区间 I 上连续，求函数的凸性区间与拐点的一般步骤为：①若函数 $y=f(x)$ 在区间 I 上存在二阶导数，求出 $f''(x)$；②令 $f''(x)=0$，找出区间 I 内的全部实根，并求出所有使二阶导数不存在的点；③对步骤②中求出的每一个点，检查其邻近左、右两侧 $f''(x)$ 的符号，确定曲线的凸区间和拐点.

例 5.20 判定下列函数的凸性及拐点：

(1) $y=\frac{x}{(x+3)^2}$； (2) $y=e^{\arctan x}$.

分析 先求函数的二阶导数，利用定理 5.9，再通过其符号来判断凸性，最后利用定义 5.2 判定函数是否存在拐点.

解 (1) 容易求得函数 $y=\frac{x}{(x+3)^2}$ 的一阶、二阶导数分别为

$$y'=\frac{3-x}{(x+3)^3},\quad y''=\frac{2(x-6)}{(x+3)^4}.$$

当 $x<6$ 时，$y''<0$；当 $x>6$ 时，$y''>0$. 因此，由定理 5.9 知，曲线在区间 $(-\infty,6)$ 内为严格上凸的，曲线在区间 $(6,+\infty)$ 内为严格下凸的. 点 $\left(6,\frac{2}{27}\right)$ 为函数的拐点.

(2) 容易求得函数 $y=e^{\arctan x}$ 的一阶、二阶导数分别为

$$y'=\frac{1}{1+x^2}e^{\arctan x},\quad y''=e^{\arctan x}\frac{(1-2x)}{(1+x^2)^2}.$$

当 $x>\frac{1}{2}$ 时，$y''<0$；当 $x<\frac{1}{2}$ 时，$y''>0$. 因此，由定理 5.9 知，曲线在区间 $\left(-\infty,\frac{1}{2}\right)$ 内为

严格下凸的,在区间$\left(\frac{1}{2},+\infty\right)$内为严格上凸的.点$\left(\frac{1}{2},\mathrm{e}^{\arctan\frac{1}{2}}\right)$为函数的拐点.

题型 4 利用函数的凸性证明不等式

例 5.21 利用函数的凸性证明下列不等式:

(1) $\frac{\mathrm{e}^a+\mathrm{e}^b}{2}>\mathrm{e}^{\frac{a+b}{2}},a\neq b$; (2) $\left(\frac{a+b}{2}\right)^n<\frac{1}{2}(a^n+b^n),a>0,b>0,a\neq b,n\in\mathbf{Z}_+$,且$\geqslant 2$.

分析 先找目标函数,再用凸性定义证明不等式.

证 (1) 令 $f(x)=\mathrm{e}^x$,不难求得 $f'(x)=\mathrm{e}^x,f''(x)=\mathrm{e}^x>0$,因此 $f(x)=\mathrm{e}^x$ 是严格下凸的.在凸性定义式中取 $x_1=a,\ x_2=b$,则有 $\mathrm{e}^{\frac{a+b}{2}}<\frac{\mathrm{e}^a+\mathrm{e}^b}{2}$.

(2) 令 $f(x)=x^n,x>0$,则 $f'(x)=nx^{n-1},f''(x)=n(n-1)x^{n-2}>0$,因此当 $x>0$ 时,$f(x)=x^n$ 是下凸的.在凸性定义式中取 $x_1=a,\ x_2=b$,则有$\left(\frac{a+b}{2}\right)^n<\frac{1}{2}(a^n+b^n)$. 证毕

四、课后习题选解(习题 5.4)

A类题

1. 求下列函数的单调区间:

(1) $f(x)=x^3-3x+1$; (2) $f(x)=(x^2+2x-1)\mathrm{e}^x$.

分析 利用一阶导数为零或不存在的点将函数的定义域划分为几个区间,然后在每个区间上判定函数导数的符号,进而判断其单调性.

解 (1) 易见,$f(x)=x^3-3x+1$ 的定义域为 $\mathbf{R}$,并且不难求得

$$f'(x)=3x^2-3=3(x-1)(x+1).$$

令 $f'(x)=0$ 解得 $x_1=1,x_2=-1$.当 $x\in(-1,1)$ 时,$f'(x)<0$;当 $x\in(-\infty,-1)\cup(1,+\infty)$ 时,$f'(x)>0$.因此,由定理 5.7 知,函数 $f(x)$ 的单调递减区间是$(-1,1)$,单调递增的区间是$(-\infty,-1)\cup(1,+\infty)$.

(2) 函数 $f(x)$的单调递减区间是$(-2-\sqrt{3},-2+\sqrt{3})$,单调递增区间是$(-\infty,-2-\sqrt{3})\cup(-2+\sqrt{3},+\infty)$.

2. 利用函数的单调性证明下列不等式:

(1) 当 $0<x<\frac{\pi}{2}$ 时,$\tan x>x+\frac{1}{3}x^3$; (2) 当 $x\neq 0$ 时,$\mathrm{e}^x>1+x$.

分析 利用作差法,将不等式两端的函数相减,然后对差函数求导数,再利用函数的单调性证明.

证 (1) 略

(2) 令 $f(x)=\mathrm{e}^x-1-x$,则有 $f'(x)=\mathrm{e}^x-1$.

由于当 $x>0$ 时,$f'(x)>0$,因此函数 $f(x)$在$(0,+\infty)$上严格单调递增,进而有 $f(x)>f(0)$.由于 $f(0)=0$,所以当 $x>0$ 时,有 $f(x)>0$,即 $\mathrm{e}^x>1+x$.

由于当 $x<0$ 时,$f'(x)<0$,因此函数 $f(x)$在$(-\infty,0)$上严格单调递减,进而有 $f(x)>f(0)$.而 $f(0)=0$,所以当 $x<0$ 时,有 $f(x)>0$,即 $\mathrm{e}^x>1+x$.

综上,当 $x\neq 0$ 时,$\mathrm{e}^x>1+x$. 证毕

3. 讨论下列函数的凸性,并求拐点:

(1) $y=x^2-x^3$; (2) $y=\ln(1+x^2)$;

(3) $y=x\mathrm{e}^x$; (4) $y=(x+1)^4+\mathrm{e}^x$.

分析 先求函数的二阶导数,再通过其符号来判断凸性.

解 本题中所有函数的定义域均为 $\mathbf{R}$.

(1) 容易求得函数 $y=x^2-x^3$ 的一阶、二阶导数分别为 $y'=2x-3x^2, y''=2-6x$.

当 $x>\frac{1}{3}$ 时，$y''<0$；当 $x<\frac{1}{3}$ 时，$y''>0$. 因此，由定理5.9知，曲线在区间 $\left(\frac{1}{3},+\infty\right)$ 内为严格上凸的，在区间 $\left(-\infty,\frac{1}{3}\right)$ 内为严格下凸的. 点 $\left(\frac{1}{3},\frac{2}{27}\right)$ 为函数的拐点.

(2) 容易求得函数 $y=\ln(1+x^2)$ 的一阶、二阶导数分别为 $y'=\frac{2x}{1+x^2}$， $y''=\frac{2(1-x^2)}{(1+x^2)^2}$.

当 $x\in(-\infty,-1)\cup(1,+\infty)$ 时，$y''<0$；当 $x\in(-1,1)$ 时，$y''>0$. 因此，在区间 $(-1,1)$ 内为严格下凸的，在 $(-\infty,-1)\cup(1,+\infty)$ 为严格上凸的. 点 $(-1,\ln2)$ 和 $(1,\ln2)$ 为函数的拐点.

(3) 容易求得函数 $y=xe^x$ 的一阶、二阶导数分别为 $y'=(1+x)e^x$， $y''=(2+x)e^x$.

当 $x<-2$ 时，$y''<0$；当 $x>-2$ 时，$y''>0$. 因此，由定理5.9知，曲线在区间 $(-\infty,-2)$ 内为严格上凸的，在区间 $(-2,+\infty)$ 内为严格下凸的. 点 $(-2,-2e^{-2})$ 为函数的拐点.

(4) 容易求得函数 $y=(x+1)^4+e^x$ 的一阶、二阶导数分别为

$$y'=4(1+x)^3+e^x,\quad y''=12(1+x)^2+e^x>0.$$

由定理5.9知，曲线在区间 $(-\infty,+\infty)$ 上为严格下凸的. 函数没有拐点.

4. 当 a,b 为何值时，点 $(1,3)$ 为曲线 $y=ax^3+bx^2$ 的拐点.

分析 利用函数的二阶导数及拐点的定义求解.

解 容易求得函数 $y=ax^3+bx^2$ 的一阶、二阶导数分别为

$$y'=3ax^2+2bx,\quad y''=6ax+2b.$$

由于拐点在曲线上，且满足 $y''=0$，因此得到如下方程组

$$\begin{cases}6a+2b=0,\\ a+b=3,\end{cases}\text{解得 } a=-\frac{3}{2}, b=\frac{9}{2}.$$

B类题

1. 求下面函数的单调区间、凸性区间及拐点：

(1) $f(x)=2x^3-9x^2+12x-3$；　　(2) $f(x)=\frac{3}{7}x^{\frac{7}{3}}-3x^{\frac{1}{3}}+8$.

分析 先求函数的一阶、二阶导数，找到各阶导数为零和不存在的点；然后利用一阶导数的信息求出单调区间，利用二阶导数的信息求出凸性区间，利用二阶导数为零和不存在的点找出拐点.

解 (1) 易见，函数 $f(x)=2x^3-9x^2+12x-3$ 的定义域为 $\mathbf{R}$. 不难求得函数的一阶、二阶导数分别为 $f'(x)=6x^2-18x+12x=6(x-1)(x-2)$， $f''(x)=12x-18$.

令 $f'(x)=0$，解得 $x_1=1, x_2=2$. 当 $x\in(-\infty,1)\cup(2,+\infty)$ 时，$f'(x)>0$；当 $x\in(1,2)$ 时，$f'(x)<0$. 因此，由定理5.7知，函数 $f(x)$ 在 $(-\infty,1)\cup(2,+\infty)$ 单调递增；在区间 $(1,2)$ 内单调递减.

令 $f''(x)=0$，解得 $x=\frac{3}{2}$. 当 $x<\frac{3}{2}$ 时，$y''<0$；当 $x>\frac{3}{2}$ 时，$y''>0$. 由定理5.9知，曲线在区间 $\left(-\infty,\frac{3}{2}\right)$ 为严格上凸的，在区间 $\left(\frac{3}{2},+\infty\right)$ 为严格下凸的. 由拐点的定义知，点 $(x,y)=\left(\frac{3}{2},\frac{3}{2}\right)$ 是曲线的拐点.

(2) 易见，函数 $f(x)=\frac{3}{7}x^{\frac{7}{3}}-3x^{\frac{1}{3}}+8$ 的定义域为 $\mathbf{R}$. 不难求得

$$f'(x)=x^{\frac{4}{3}}-x^{-\frac{2}{3}}=\frac{(x+1)(x-1)}{\sqrt[3]{x^2}},\quad f''(x)=\frac{4}{3}x^{\frac{1}{3}}+\frac{2}{3}x^{-\frac{5}{3}}=\frac{2}{3}\frac{(2x^2+1)}{\sqrt[3]{x^5}}.$$

可见，函数在点 $x_1=0$ 处一阶、二阶导数都不存在，在点 $x_2=1, x_3=-1$ 处一阶导数为零.

当 $x\in(-\infty,-1)\cup(1,+\infty)$ 时,$f'(x)>0$;当 $x\in(-1,0)\cup(0,1)$ 时,$f'(x)<0$. 因此,由定理 5.7 知,函数在$(-\infty,-1)\cup(1,+\infty)$单调递增,在$(-1,0)\cup(0,1)$单调递减.

当 $x<0$ 时,$y''<0$;当 $x>0$ 时,$y''>0$. 因此,由定理 5.9 知,曲线在区间$(-\infty,0)$内为严格上凸的,在区间$(0,+\infty)$内为严格下凸的. 由拐点的定义知,点$(x,y)=(0,8)$是曲线的拐点.

2. 利用函数的单调性证明下列不等式:

(1) 当 $x>4$ 时,$2^x>x^2$;　　(2) 当 $x>1$ 时,$\dfrac{\ln(1+x)}{\ln x}>\dfrac{x}{1+x}$.

分析 利用作差法,将不等式两端的函数相减,然后对差函数求导数,再利用函数的单调性证明. 特别地,对于(2),需要先将其变形,再作差.

证 (1) 令 $f(x)=2^x-x^2$,不难得到

$$f'(x)=2^x\ln2-2x,\quad f''(x)=2^x(\ln2)^2-2,\quad f'''(x)=2^x(\ln2)^3.$$

显然,当 $x>4$ 时,$f'''(x)>0$,因此 $f''(x)$在区间$(4,+\infty)$内严格单调递增,即 $f''(x)>f''(4)$;又 $f''(4)>0$,所以有 $f''(x)>0$,因此 $f'(x)$在区间$(4,+\infty)$内严格单调递增,即 $f'(x)>f'(4)$;又 $f'(4)>0$,所以有 $f'(x)>0$,因此 $f(x)$在区间$(0,+\infty)$内严格单调递增,即 $f(x)>f(4)$. 而 $f(4)=0$,所以当 $x>4$ 时,有 $f(x)>0$,即 $2^x>x^2$.

(2) 令 $f(x)=(1+x)\ln(1+x)-x\ln x$,则 $f'(x)=\ln(1+x)-\ln x>0$.

因此,函数 $f(x)$在区间$(1,+\infty)$内严格单调递增,即 $f(x)>f(1)$. 由于 $f(1)=2\ln2>0$,所以当 $x>1$ 时,有 $f(x)>0$,将 $f(x)$的表达式变形,得$\dfrac{\ln(1+x)}{\ln x}>\dfrac{x}{1+x}$.　　证毕

3. 设函数 $y=y(x)$由方程 $y=1+xe^y$ 确定,判断曲线 $y=y(x)$在点$(0,1)$附近的凸性.

提示 先求出由方程 $y=1+xe^y$ 确定的隐函数的一阶、二阶导数,再在点$(0,1)$附近判定. 曲线 $y=y(x)$在点$(0,1)$附近是下凸的.

5.5 函数的性态(Ⅱ)——极值与最值

一、知识要点

1. 函数的极值

定义 5.3 设函数 $y=f(x)$在 x_0 的某邻域 $U(x_0)$内有定义. 若对任意 $x\in\mathring{U}(x_0)$,有 $f(x)<f(x_0)$,则称函数 $y=f(x)$在点 x_0 处取得极大值 $f(x_0)$,点 x_0 称为极大值点;若有 $f(x)>f(x_0)$,则称函数 $y=f(x)$在点 x_0 处取得极小值 $f(x_0)$,点 x_0 称为极小值点. 极大值和极小值统称为**极值**,极大值点和极小值点统称为**极值点**. 例图如图 5.8 所示.

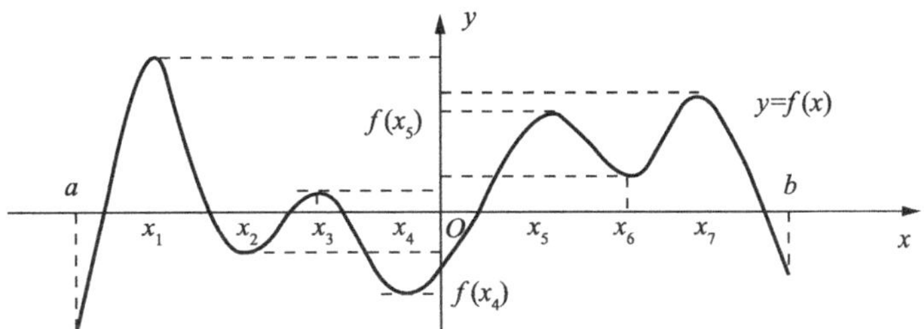

图 5.8

定理 5.10（费马定理） 设函数 $y=f(x)$在某区间 I 内有定义，若函数在该区间内的点 x_0 处取得极值，且 $f'(x_0)$存在，则必有 $f'(x_0)=0$.

使函数的一阶导数为零的点，即 $f'(x)=0$ 的实根称为函数 $f(x)$的**驻点**或**稳定点**.

定理 5.11（极值的第一充分条件） 设函数 $y=f(x)$在点 x_0 连续，在 $\mathring{U}(x_0)$内可导.

(1) $\forall x\in\mathring{U}(x_0^-)$，若 $f'(x)>0$；$\forall x\in\mathring{U}(x_0^+)$，$f'(x)<0$，则函数 $f(x)$在点 x_0 处取得极大值.

(2) $\forall x\in\mathring{U}(x_0^-)$，若 $f'(x)<0$；$\forall x\in\mathring{U}(x_0^+)$，$f'(x)>0$，则函数 $f(x)$在点 x_0 处取得极小值.

(3) 若 $f'(x)$在 $\mathring{U}(x_0)$内不变号，则函数 $f(x)$在点 x_0 处不取极值.

定理 5.12（极值存在的第二充分条件） 设函数 $y=f(x)$在点 x_0 的某邻域 $U(x_0)$内具有二阶导数，且 $f'(x_0)=0$ 和 $f''(x_0)\neq 0$，则：

(1) 当 $f''(x_0)<0$ 时，函数 $f(x)$在点 x_0 取得极大值；

(2) 当 $f''(x_0)>0$ 时，函数 $f(x)$在点 x_0 取得极小值.

定理 5.13（极值的第三充分条件） 设函数 $y=f(x)$在点 x_0 的某邻域 $U(x_0)$内具有直到 n 阶导数，且 $f^{(k)}(x_0)=0(k=1,2,\cdots,n-1)$和 $f^{(n)}(x_0)\neq 0$，则：

(1) 当 n 为偶数时，函数取得极值. 当 $f^{(n)}(x_0)<0$ 时，函数 $f(x)$在点 x_0 取得极大值；当 $f^{(n)}(x_0)>0$ 时，函数 $f(x)$在点 x_0 取得极小值.

(2) 当 n 为奇数时，函数 $f(x)$取不到极值.

事实上，上述判别法在几何上也是很直观的，如图 5.9 所示.

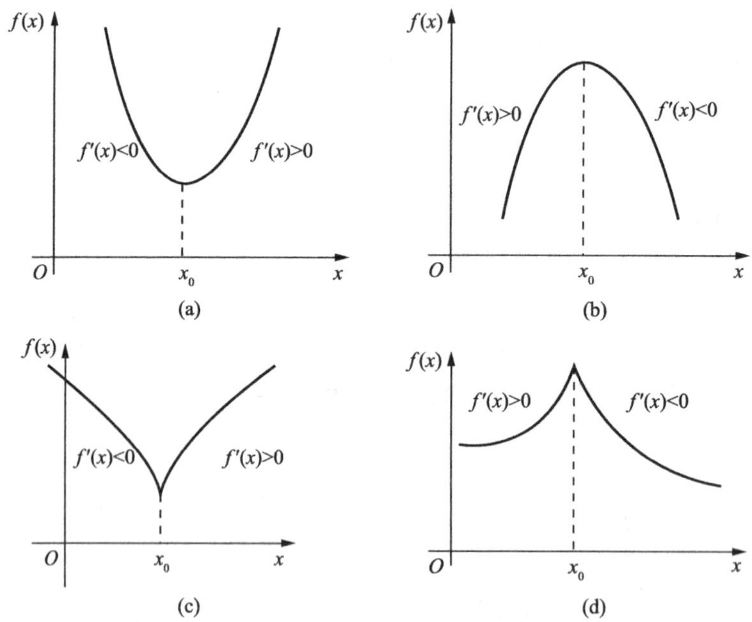

图 5.9

2. 最大值与最小值

由闭区间上连续函数的性质以及函数取得极值的条件可知，如果函数 $y=f(x)$在闭区间$[a,b]$上连续，则函数在$[a,b]$上必能取得最大值和最小值，并且最大值点和最小值点可能是两种情况：①函数在区间(a,b)内的极值点，它们可能是函数的驻点，也可能是函数的一阶导数不存在的点；②区间$[a,b]$的端点. 因此，只要求出$f(x)$在(a,b)内的所有驻点与一阶导数不存在的点，并将函数$f(x)$在这些点上的值与端点值$f(a)$和$f(b)$进行比较，就可以得到函数$f(x)$在区间$[a,b]$上的最大值与最小值.

二、疑难解析

1. 对于连续函数，哪些点是可能的极值点？判断极值点的方法有哪几种？

答 对于连续函数来说，可能的极值点包括一阶导数为零的点和一阶导数不存在的点. 对于可导函数而言，极值点可用定理5.11和定理5.12判定，如果需要，也可以用定理5.13判定；如果函数在某点的一阶导数不存在，可以根据函数在该点的左右导数的符号来判定.

此外，对于连续函数来说，不要将极值点与驻点混为一谈. 驻点是对可导函数而言的，即一阶导数为零的点，它可能是极值点，也可能不是；对于极值点，它一定是可导函数的驻点；但是一阶导数不存在的点也可能是极值点.

2. 如果在驻点x_0处有$f''(x_0)=0$，如何判断x_0是否为极值点？

答 还需要继续求导数(如果存在的话)，然后利用定理5.13判定. 如果$f'''(x_0)\neq 0$，由定理5.13可知，驻点x_0不是极值点；如果$f'''(x_0)=0$，则还需要继续求导数…….

3. 若点x_0为$f(x)$的极小值点，则一定存在x_0的某邻域，使在此邻域内，$f(x)$在点x_0的左侧下降，而在x_0的右侧上升吗？

答 不一定. 例如，对于函数$f(x)=\begin{cases} x^2\left(1+\sin\dfrac{1}{x}\right), & x>0, \\ x^2, & x\leqslant 0. \end{cases}$ 显然有$x^2\leqslant x^2\left(1+\sin\dfrac{1}{x}\right)\leqslant 2x^2$，因此$f(0)=0$是极小值，并且当$x\leqslant 0$时，函数$f(x)$单调递减. 然而，当$x>0$时，$f'(x)=2x+2x\sin\dfrac{1}{x}-\cos\dfrac{1}{x}$，在点$x=0$的任意充分小的右邻域内，可见$f'(x)$的符号无法断定，因此不能保证其单调递增.

三、经典题型详解

题型1 利用极值的充分条件求函数的单调区间、极值和最值

一般地，求函数**单调区间**、**极值和最值**的步骤为：(1)确定函数$f(x)$的定义域，并求其导数$f'(x)$和$f''(x)$. (2)解方程$f'(x)=0$，求出$f(x)$的全部驻点与导数不存在的点. (3)对于驻点，利用定理5.11和定理5.12确定驻点是否为函数的极值点；对于导数不存在的点，讨论$f'(x)$在该点的左、右两侧邻近符号变化的情况来确定极值点，并可以确定单调区间. (4)求出各极值点的函数值，就得到函数$f(x)$的全部极值. 必要时，需要继续求导数，进而利用定理5.13判定极值点. (5)计算区间端点的函数值，并与所有极值比较，可得最大值和最小值.

例5.22 求下列函数的单调区间、极值和最值：

(1) $f(x)=e^x\sin x, x\in[0,2\pi]$； (2) $f(x)=\sqrt[3]{(2x-3)(3-x)^2}, x\in[1,4]$.

分析 先求函数的驻点，然后判断驻点左、右两侧一阶导数的符号，再根据定理5.11来判断并求极值.

解 (1) 容易求得 $f'(x)=e^x(\sin x+\cos x)$， $f''(x)=2e^x\cos x$.

解方程 $f'(x)=0$，当 $x\in[0,2\pi]$时，求得驻点为 $x_1=\frac{3\pi}{4}, x_2=\frac{7\pi}{4}$.

相关信息列表讨论如下：

x	$\left(0,\frac{3}{4}\pi\right)$	$\frac{3}{4}\pi$	$\left(\frac{3}{4}\pi,\frac{7}{4}\pi\right)$	$\frac{7}{4}\pi$	$\left(\frac{7}{4}\pi,2\pi\right)$
$f'(x)$	+	0	−	0	+
$f(x)$	↗	极大值	↘	极小值	↗

因此函数在 $x_1=\frac{3\pi}{4}$取得极大值，$f\left(\frac{3\pi}{4}\right)=\frac{\sqrt{2}}{2}e^{\frac{3\pi}{4}}$；在 $x_2=\frac{7\pi}{4}$取得极小值，$f\left(\frac{7\pi}{4}\right)=-\frac{\sqrt{2}}{2}e^{\frac{7\pi}{4}}$.

由于 $f(0)=0, f(2\pi)=0$，比较可得，最大值为 $f\left(\frac{3\pi}{4}\right)=\frac{\sqrt{2}}{2}e^{\frac{3\pi}{4}}$，最小值为 $f\left(\frac{7\pi}{4}\right)=-\frac{\sqrt{2}}{2}e^{\frac{7\pi}{4}}$. 函数图形如图5.10(a)所示.

(2) 易见，函数 $f(x)$在区间$[1,4]$上连续. 容易求得 $f'(x)=\frac{2(2-x)}{\sqrt[3]{(2x-3)^2(3-x)}}$.

令 $f'(x)=0$，得驻点 $x=2$，且 $x=\frac{3}{2}$和 $x=3$ 为函数的一阶导数不存在的点. 相关信息列表讨论如下：

x	$\left(1,\frac{3}{2}\right)$	$\frac{3}{2}$	$\left(\frac{3}{2},2\right)$	2	(2,3)	3	(3,4)
$f'(x)$	+	不存在	+	0	−	不存在	+
$f(x)$	↗		↗	极大值	↘	极小值	↗

因此，函数在点 $x=\frac{3}{2}$处不取极值；在点 $x=2$ 处取极大值，$f(2)=1$；在点 $x=3$ 处取极小值，$f(3)=0$.

由于 $f(1)=-\sqrt[3]{4}, f(4)=\sqrt[3]{5}$，比较可得最大值为 $f(4)=\sqrt[3]{5}$，最小值为 $f(1)=-\sqrt[3]{4}$. 函数图形如图5.10(b)所示.

上表中，"↗"表示曲线单调递增，"↘"表示单调递减.

例5.23 讨论函数 $f(x)=2x^3-6x^2-18x+7$ 的单调性、凸性，并求极值与拐点.

分析 先求出函数的一阶导数和二阶导数，然后求驻点和二阶导数为零的点，进而应用前面的定理判断.

解 容易求得 $f'(x)=6x^2-12x-18, f''(x)=12x-12$.

由 $f'(x)=0$，得驻点 $x=-1, x=3$. 令 $f''(x)=0$，得 $x=1$. 相关信息列表讨论如下：

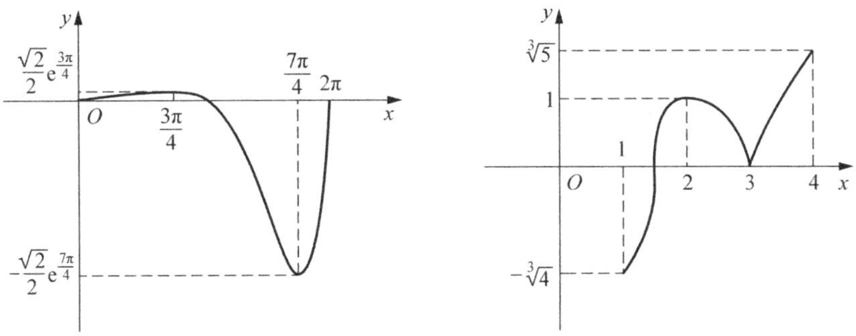

(a)　　　　(b)

图　5.10

x	$(-\infty,-1)$	-1	$(-1,1)$	1	$(1,3)$	3	$(3,+\infty)$
$f'(x)$	+	0	−	−	−	0	+
$f''(x)$	−	−	−	0	+	+	+
$f(x)$	↗	极大值	↘	拐点	↘	极小值	↗

易见，函数的极大值为 $y(-1)=17$，极小值为 $y(3)=-47$，拐点为 $(1,-15)$. 函数图形如图 5.11 所示.

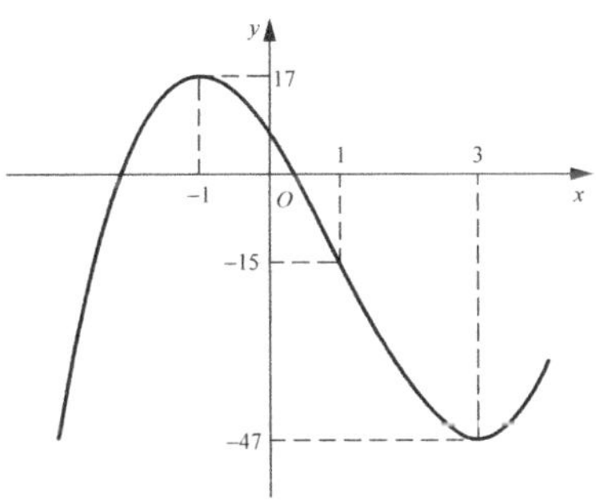

图　5.11

上表中，"↗"表示单调递增的上凸曲线；"↘"表示单调递减的上凸曲线；"↘"表示单调递减的下凸曲线；"↗"表示单调递增的下凸曲线.

题型 2　综合应用题

例 5.24　设函数 $f(x)$ 在点 x_0 处有三阶导数，并且 $f'(x_0)=f''(x_0)=0$，$f'''(x)\neq 0$. 证明：

(1) 点 x_0 不是函数 $f(x)$ 的极值点；

(2) 点 x_0 是函数 $f(x)$ 的拐点.

分析　问题(1)可以用函数 $f(x)$ 在点 x_0 处的泰勒展开式证明；问题(2)可以用函数 $f(x)$ 在点 x_0 处的二阶导数的定义证明.

证　(1) $f(x)$ 在点 x_0 处的泰勒展开式为

$$f(x)=f(x_0)+f'(x_0)(x-x_0)+\frac{f''(x_0)}{2!}(x-x_0)^2+\frac{f'''(\xi)}{3!}(x-x_0)^3,$$

因为 $f'(x_0)=f''(x_0)=0$,所以 $f(x)-f(x_0)=\frac{f'''(\xi)}{3!}(x-x_0)^3$.

因为 $f'''(x)\neq 0$,不妨设 $f'''(x)>0$,则在 x_0 左邻域,$\frac{f'''(\xi)}{3!}(x-x_0)^3<0$;在 x_0 右邻域,$\frac{f'''(\xi)}{3!}(x-x_0)^3>0$,在 x_0 的左、右邻域内 $f(x)-f(x_0)$ 的符号由负变正,因此 x_0 不是极值点;同理可证,若 $f'''(x)<0$,x_0 也不是极值点.

(2) 因为 $f'''(x_0)=\lim\limits_{x\to x_0}\frac{f''(x)-f''(x_0)}{x-x_0}\neq 0$,不妨设 $f'''(x_0)>0$,因为 $f''(x_0)=0$,所以由极限的保号性,有 $\frac{f''(x)}{x-x_0}\geqslant 0$,则在 x_0 的左邻域内,$f''(x)<0$,在 x_0 的右邻域内,$f''(x)>0$. 因此在 x_0 的左、右邻域内 $f''(x)$ 的符号发生改变,故 $(x_0,f(x_0))$ 是拐点;同理可证,若 $f'''(x_0)<0$,$(x_0,f(x_0))$ 也是拐点.

证毕

例 5.25 求内接于椭圆 $\frac{x^2}{a^2}+\frac{y^2}{b^2}=1$ 而面积最大的矩形的各边之长.

解 设 $M(x,y)$ 为椭圆上第一象限内任意一点,则以点 M 为一顶点的内接矩形的面积为

$$S(x)=2x\cdot 2y=\frac{4b}{a}x\sqrt{a^2-x^2},\quad 0\leqslant x\leqslant a,$$

且 $S(0)=S(a)=0$. 不难求得 $S'(x)=\frac{4b}{a}\left[\sqrt{a^2-x^2}+x\frac{-x}{\sqrt{a^2-x^2}}\right]=\frac{4b}{a}\frac{a^2-2x^2}{\sqrt{a^2-x^2}}$.

解方程 $S'(x)=0$,求得驻点为 $x_0=\frac{a}{\sqrt{2}}$,它是唯一的极值可疑点. 依题意,$S(x)$ 存在最大值,故 $x_0=\frac{a}{\sqrt{2}}$ 是 $S(x)$ 的最大值点,最大值为 $S_{\max}=\frac{4b}{a}\cdot\frac{a}{\sqrt{2}}\sqrt{a^2-\left(\frac{a}{\sqrt{2}}\right)^2}=2ab$. 于是对应的 y 值为 $\frac{b}{\sqrt{2}}$,即当矩形的边长分别为 $\sqrt{2}a$,$\sqrt{2}b$ 时面积最大.

例 5.26 甲船以 20km/h 的速度向东行驶,同一时间乙船在甲船正北 82km 处以 16km/h 的速度向南行驶,问经过多长时间两船距离最近?

分析 目标函数是甲、乙两船的距离,求两船距离最近时经历的时间.

解 设经过 th 时,甲、乙两船之间的距离函数为 $s(t)$,则

$$s(t)=\sqrt{(20t)^2+(82-16t)^2}.$$

不难求得 $s'(t)=\frac{400t-82\times 16+16\times 16t}{\sqrt{(20t)^2+(82-16t)^2}}$.

令 $s'(t)=0$,解得唯一驻点 $t=2$,故经过 2h 甲船与乙船距离最近.

四、课后习题选解(习题 5.5)

A类题

1. 求下列函数的极值：

(1) $f(x)=2\sin x+\cos 2x, 0\leqslant x\leqslant 2\pi$；　　(2) $f(x)=5-\sqrt[3]{x^2-2x+1}$；

(3) $f(x)=\dfrac{e^x}{x}$；　　(4) $f(x)=x^4-2x^2-5$.

分析　先找到函数的一阶导数为零或不存在的点，即驻点；然后利用定理 5.11 判断其是否为极值点.

解　(1) 不难求得函数 $f(x)=2\sin x+\cos 2x$ 的一阶导数为

$$f'(x)=2\cos x-2\sin 2x=2\cos x(1-2\sin x),\quad 0\leqslant x\leqslant 2\pi.$$

令 $f'(x)=0$，解得驻点 $x_1=\dfrac{\pi}{2}, x_2=\dfrac{3\pi}{2}, x_3=\dfrac{\pi}{6}, x_4=\dfrac{5\pi}{6}$.

当 $x\in\left(\dfrac{\pi}{6},\dfrac{\pi}{2}\right)\cup\left(\dfrac{5\pi}{6},\dfrac{3\pi}{2}\right)$ 时，$f'(x)<0$；当 $x\in\left(0,\dfrac{\pi}{6}\right)\cup\left(\dfrac{\pi}{2},\dfrac{5\pi}{6}\right)\cup\left(\dfrac{3\pi}{2},2\pi\right)$ 时，$f'(x)>0$. 相关信息列表如下：

	$\left(0,\frac{\pi}{6}\right)$	$\frac{\pi}{6}$	$\left(\frac{\pi}{6},\frac{\pi}{2}\right)$	$\frac{\pi}{2}$	$\left(\frac{\pi}{2},\frac{5\pi}{6}\right)$	$\frac{5\pi}{6}$	$\left(\frac{5\pi}{6},\frac{3\pi}{2}\right)$	$\frac{3\pi}{2}$	$\left(\frac{3\pi}{2},2\pi\right)$
$f'(x)$	+	0	−	0	+	0	−	0	+
$f(x)$	↗	极大值	↘	极小值	↗	极大值	↘	极小值	↗

由表格信息可见，函数在 $x=\dfrac{\pi}{6},\dfrac{5\pi}{6}$ 处分别取得极大值，且极大值均为 $\dfrac{3}{2}$；在 $x=\dfrac{\pi}{2},\dfrac{3\pi}{2}$ 处分别取得极小值，且极小值分别为 1 和 −3.

(2) 当 $x=1$ 时，导数不存在. 当 $x\in(-\infty,1)$ 时，$y'>0$，即函数单调递增；当 $x\in(1,+\infty)$ 时，$y'<0$，即函数单调递减. 因此函数在点 $x=1$ 处取得极大值 $f(1)=5$.

(3) 易见，函数 $f(x)=\dfrac{e^x}{x}$ 的定义域为 $(-\infty,0)\cup(0,+\infty)$. 不难求得 $y'=\dfrac{e^x(x-1)}{x^2}$.

令 $y'=0$，解得 $x=1$. 当 $x\in(-\infty,0)\cup(0,1)$ 时，$y'<0$，即函数单调递减；在 $(1,+\infty)$ 内，$y'>0$，即函数单调递增. 因此函数在点 $x=1$ 处取得极小值 $f(1)=e$.

(4) 易见，函数 $f(x)=x^4-2x^2-5$ 的定义域为 $(-\infty,+\infty)$. 不难求得

$$f'(x)=4x^3-4x=4x(x^2-1)=4x(x-1)(x+1).$$

令 $f'(x)=0$，解得驻点分别为 $x_1=0, x_2=1, x_3=-1$.

当 $x\in(-\infty,-1)$ 及 $(0,1)$ 时 $f'(x)<0$；当 $x\in(-1,0)$ 及 $(1,+\infty)$ 时，$f'(x)>0$. 相关信息列表如下：

	$(-\infty,-1)$	-1	$(-1,0)$	0	$(0,1)$	1	$(1,+\infty)$
$f'(x)$	−	0	+	0	−	0	+
$f(x)$	↘	极小值	↗	极大值	↘	极小值	↗

由表格信息可见，函数 $f(x)$ 在 $x-0$ 处取得极大值 $f(0)=-5$，在 $x=1,-1$ 均取得极小值 $f(-1)=f(1)=-6$.

2. 求下列函数在给定区间的最大值和最小值：

(1) $f(x)=-2x^3+3x^2+12x-14, x\in[-2,2]$；

(2) $f(x)=x^4-8x^2+2, x\in[-1,3]$.

分析 求出所有极值,并与端点的函数值比较.

解 (1) 最大值为 $f(2)=6$,最小值为 $f(-1)=-21$.

(2) 不难求得函数的一阶导数为 $f'(x)=4x^3-16x$.

令 $f'(x)=0$,解得 $x_1=2, x_2=0, x_3=-2$(舍去).剩余两个点和端点的函数值计算如下:

$$f(0)=2,\quad f(2)=-14,\quad f(-1)=-5,\quad f(3)=11.$$

比较得,最大值为 $f(3)=11$,最小值为 $f(2)=-14$.

3. a 为何值时,$f(x)=a\sin x+\frac{1}{3}\sin 3x$ 在点 $x=\frac{\pi}{3}$ 处取得极值?是极大值还是极小值?并求出此极值.

分析 令函数在 $x=\frac{\pi}{3}$ 处的导数为零,求出 a 的值,然后用二阶导数在该点的符号判别极值.

解 容易求得函数的一阶、二阶导数分别为

$$f'(x)=a\cos x+\cos 3x,\quad f''(x)=-a\sin x-3\sin 3x.$$

由已知可得,$f'\left(\frac{\pi}{3}\right)=\frac{1}{2}a-1=0$,因此 $a=2$.进一步地,$f''\left(\frac{\pi}{3}\right)=-\sqrt{3}<0$,因此函数在点 $x=\frac{\pi}{3}$ 处取得极大值,极大值为 $f\left(\frac{\pi}{3}\right)=\sqrt{3}$.

4. 要造一个圆柱形的储油罐,体积为 V,当底面半径 r 和高 h 等于多少时,才能使表面积最小?这时底直径与高的比是多少?

分析 这是以体积一定为条件,求表面积最小的极值问题.

解 依题意,设圆柱罐的底面半径为 r.由体积公式 $V=\pi r^2 h$ 可以求得高 h 的表达式为 $h=\frac{V}{\pi r^2}$.于是圆柱罐的表面积为 $S(r)=2\pi rh+2\pi r^2=\frac{2V}{r}+2\pi r^2$.

不难求得 $S'(r)=-\frac{2V}{r^2}+4\pi r$.令 $S'(r)=0$,解得唯一驻点 $r=\left(\frac{V}{2\pi}\right)^{\frac{1}{3}}$,并且有 $2r=h$.根据问题实际意义,当底面直径与高相等时,表面积最小.

5. 某车间靠墙壁要盖一间长方形小屋,现有存砖只够砌 20m 长的墙壁,问应围成怎样的长方形才能使这间小屋的面积最大。

分析 此题的目标函数为面积 S,约束条件是存砖只够砌 20m 长的墙壁.注意到,靠墙壁盖的小屋,少了一条边,设少的这条边为长,这是问题的关键.

解 依题意,设长方形小屋的长为 x,则相应的宽为 $\frac{20-x}{2}$,进而所求的面积为

$$S=x\cdot\frac{20-x}{2}=10x-\frac{1}{2}x^2.$$

容易求得 $S'=10-x$.令 $S'=0$,解得 $x=10$.根据问题实际意义,当长方形小屋的长为 10m,宽为 5m 时,才能使这间小屋的面积最大,$S_{\max}=50\mathrm{m}^2$.

6. 将边长为 a 的一块正方形铁皮,四角各截去一个大小相同的小正方形,然后将四边折起做成一个无盖的方盒,问截掉的小正方形边长为多大时,所得方盒的容积最大。

提示 此题的目标函数为方盒的体积 V,约束条件是边长为 a 的正方形铁皮.注意到,方盒是无盖的,求容积最大与少了一个顶面并无关系.当截掉的小正方形边长为 $x=\frac{a}{6}$ 时,所得方盒的容积最大.

B类题

1. 求下列函数的极值、最大值和最小值：

(1) $f(x)=x+\frac{1}{x},x\in\left[\frac{1}{3},2\right]$；　　(2) $f(x)=\begin{cases}\sqrt{3-2x}, & |x|\leqslant 1,\\ x^2+3x-3, & 1<|x|\leqslant 2.\end{cases}$

分析　找到函数的一阶导数为零或不存在的点，利用定理5.11判断其是否为极值点，将极值与端点值比较寻找最大值和最小值.

解　(1) $f'(x)=1-\frac{1}{x^2}$，解方程 $f'(x)=0$ 得 $x_1=1,x_2=-1$(舍去). 因为 $f''(1)=2>0$，所以在 $x_1=1$ 处取得极小值 $f(1)=2$；由于 $f\left(\frac{1}{3}\right)=\frac{10}{3},f(2)=\frac{5}{2}$，比较可得最大值为 $f\left(\frac{1}{3}\right)=\frac{10}{3}$，最小值为 $f(1)=2$.

(2) 不难求得

$$f'(x)=\begin{cases}2x+3, & -2\leqslant x<-1,\\ \dfrac{-1}{\sqrt{3-2x}}, & -1\leqslant x\leqslant 1,\\ 2x+3, & 1<x\leqslant 2.\end{cases}\quad f''(x)=\begin{cases}2, & -2\leqslant x<-1,\\ \dfrac{-1}{\sqrt{(3-2x)^3}}, & -1\leqslant x\leqslant 1,\\ 2, & 1<x\leqslant 2.\end{cases}$$

解方程 $f'(x)=0$，求得驻点 $x=-\frac{3}{2}$.

因为 $f''\left(-\frac{3}{2}\right)>0$，所以有极小值 $f\left(-\frac{3}{2}\right)=-\frac{21}{4}$. 注意到，函数在点 $x=-1$ 和 $x=1$ 处的一阶导数不存在. 虽然 $f'(x)$ 的符号在点 $x=-1$ 的左侧为正、右侧为负，但因为函数在点 $x=-1$ 处不连续，所以不取极值；$f'(x)$ 的符号在点 $x=1$ 的左侧为负、右侧为正，因此函数在点 $x=1$ 处取得极小值，$f(1)=1$. 列表如下：

x	$\left(-2,-\frac{3}{2}\right)$	$-\frac{3}{2}$	$\left(-\frac{3}{2},-1\right)$	-1	$(-1,1)$	1	$(1,2)$
$f'(x)$	$-$	0	$+$	不存在	$-$	不存在	$+$
$f''(x)$		$+$					
$f(x)$	↘	极小值 $-\frac{21}{4}$	↗		↘	极小值 1	↗

不难求得，$f(-2)=-5,f(2)=7$. 比较得最大值为 $f(2)=7$，最小值为 $f\left(-\frac{3}{2}\right)=-\frac{21}{4}$.

2. 设函数 $f(x)=a\ln x+bx^2+x+2$ 在 $x=1,x=2$ 处取得极值，试确定 a 和 b 的值，并指出 $f(x)$ 的极值是极大值还是极小值.

提示　令函数在 $x=1,x=2$ 处的导数为零，求出 a 和 b 的值，然后利用二阶导数在 $x=1,x=2$ 处的符号判别是极大值还是极小值. $a=-\frac{2}{3},b=-\frac{1}{6}$. 函数在点 $x=1$ 处取得极小值，极小值为 $f(1)=\frac{17}{6}$；在点 $x=2$ 处取得极大值，极大值为 $f(2)=\frac{10-2\ln 2}{3}$.

3. 用一块半径为 r 的圆形铁皮，剪去一圆心角为 α 的扇形后，做成一个漏斗形容器，问 α 为何值时，容器的容积最大。

分析　目标函数是圆锥的体积，求容器容积最大时剪去的圆心角的大小.

解　设剪去部分的圆心角为 α 时所卷成的漏斗容积 V 最大，漏斗的底半径为 R，高为 h，则

$$2\pi R = r(2\pi-\alpha),\quad h=\sqrt{r^2-R^2},\quad V=\frac{1}{3}\pi R^2 h=\frac{\pi}{3}R^2\sqrt{r^2-R^2}.$$

令 $V'=\frac{\pi}{3}2R\sqrt{r^2-R^2}+\frac{\pi}{3}R^2\frac{-R}{\sqrt{r^2-R^2}}=0$，解得 $R=\frac{\sqrt{6}}{3}r$，此时 $\alpha=2\pi\left(1-\frac{R}{r}\right)=\frac{2(3-\sqrt{6})}{3}\pi$，即当剪去的圆心角为 $\alpha=2\pi-\frac{2\sqrt{6}}{3}\pi$ 时漏斗的容积最大.

4. 宽为2m的支渠道垂直地流向宽为3m的主渠道.若在其中漂运原木，问能通过的原木的最大长度是多少。

分析 目标函数是原木的长度，要求它的长度不能超过直角三角形的斜边 AB 的最小长度，如图5.12所示.

解 将问题理想化，原木的直径不计.建立坐标系如图5.12所示，其中 AB 是通过点 $C(3,2)$ 且与渠道两侧壁分别交于点 A 和 B 的线段.

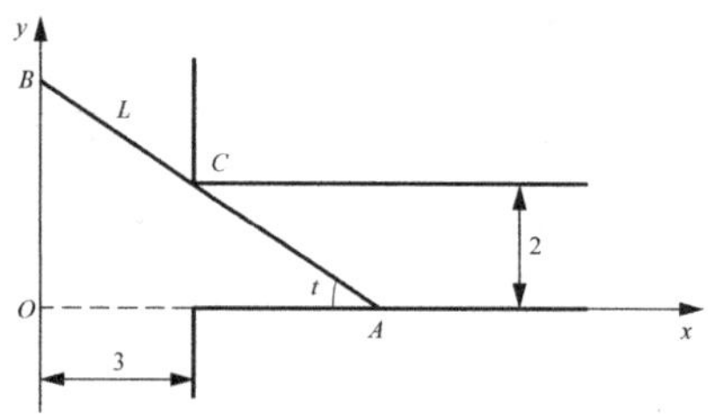

图 5.12

设 $\angle OAC=t, t\in\left(0,\frac{\pi}{2}\right)$，则当原木长度不超过线段 AB 的长度 L 的最小值时，原木就能通过.于是建立目标函数 $L(t)=AC+CB=\frac{2}{\sin t}+\frac{3}{\cos t},\quad t\in\left(0,\frac{\pi}{2}\right)$.

由于 $L'(t)=-\frac{2\cos t}{\sin^2 t}-\frac{3(-\sin t)}{\cos^2 t}=\frac{3\sin t}{\cos^2 t}-\frac{2\cos t}{\sin^2 t}=\frac{3\sin t}{\cos^2 t}\left(1-\frac{2}{3}\cot^3 t\right)$，当 $t\in\left(0,\frac{\pi}{2}\right)$ 时，令 $L'(t)=0$，解得 $t_0=\operatorname{arccot}\sqrt[3]{\frac{3}{2}}\approx 41°8'$.

根据实际问题的具体意义，这个问题的最小值(L 的最小值)一定存在，而在 $\left(0,\frac{\pi}{2}\right)$ 内只有一个驻点 t_0，故它就是 L 的最小值点，于是 $\min\limits_{t\in\left(0,\frac{\pi}{2}\right)} L(t)=L(t_0)\approx 7.02$，故能通过的原木的最大的长度是7.02m.

5.6 函数图形的描绘

一、知识要点

1. 曲线的渐近线

定义 5.4 当曲线向无穷远处延伸时，若曲线上的点与某条直线的距离趋于零，则称此直线为曲线的**渐近线**.

本节讨论的渐近线主要包括水平渐近线、垂直渐近线和斜渐近线.

(1) 水平渐近线

定义 5.5 设函数 $y=f(x)$ 的定义域为无限区间，如果 $\lim\limits_{x\to+\infty}f(x)=A$ 或 $\lim\limits_{x\to-\infty}f(x)=A$，

其中 A 为常数,则称直线 $y=A$ 为曲线 $y=f(x)$的**水平渐近线**.

(2) 垂直渐近线

定义 5.6 设点 x_0 是函数 $y=f(x)$的间断点.如果 $\lim\limits_{x\to x_0^-}f(x)=\infty$或 $\lim\limits_{x\to x_0^+}f(x)=\infty$,则称直线 $x=x_0$ 为曲线 $y=f(x)$的**垂直渐近线**.

(3) 斜渐近线

定义 5.7 设函数 $y=f(x)$的定义域为无限区间,且它与直线 $y=ax+b$ 有如下关系:

$$\lim_{x\to+\infty}[f(x)-(ax+b)]=0 \quad (\text{或}\lim_{x\to-\infty}[f(x)-(ax+b)]=0),$$

则称直线 $y=ax+b$ 为曲线 $y=f(x)$的**斜渐近线**.其中

$$a=\lim_{x\to+\infty}\frac{f(x)}{x},\quad b=\lim_{x\to+\infty}[f(x)-ax] \quad \left(\text{或 } a=\lim_{x\to-\infty}\frac{f(x)}{x},b=\lim_{x\to-\infty}[f(x)-ax]\right).$$

2. 函数的性态表与作图

通过前面的学习,我们利用函数的极限以及函数的一阶、二阶导数讨论了函数的某些特殊性态.利用这些性态,我们可以较为准确地描绘函数的图形.现将描绘图形的一般步骤概括如下:

(1) 确定函数 $y=f(x)$的定义域;

(2) 讨论函数的单调性、奇偶性、周期性等;

(3) 求出方程 $f'(x)=0$ 和 $f''(x)=0$ 的根及使 $f'(x)$和 $f''(x)$不存在的点,这些点把函数的定义域分成几个子区间;

(4) 列表确定函数的单调区间、凸性区间和拐点、极值点、最大值点、最小值点;

(5) 确定曲线的渐近线;

(6) 算出方程 $f'(x)=0$ 和 $f''(x)=0$ 的根以及一些辅助点所对应的函数值(用以将曲线描绘得更精确),定位图形上的相应点.

(7) 作图.

二、疑难解析

1. 求曲线的三类渐近线的方法是什么?

答 对于给定的函数 $y=f(x)$,求各类渐近线的方法是:(1)首先计算函数当 $x\to\pm\infty$时的极限,用以判断函数是否有水平渐近线;(2)然后寻找函数的间断点 x_0,计算函数当$x\to x_0$ 时的极限,用以判断函数是否有垂直渐近线;(3)最后计算 $a=\lim\limits_{x\to\pm\infty}\dfrac{f(x)}{x}$和 $b=\lim\limits_{x\to\pm\infty}[f(x)-ax]$,用以判断函数是否有斜渐近线.

2. 若极限 $\lim\limits_{x\to+\infty}\dfrac{f(x)}{x}$存在,函数 $f(x)$是否一定存在斜渐近线?

答 不一定.还要计算 $\lim\limits_{x\to+\infty}[f(x)-ax]$是否存在,只有当 $\lim\limits_{x\to+\infty}\dfrac{f(x)}{x}$和 $\lim\limits_{x\to+\infty}[f(x)-ax]$同时存在时,斜渐近线才存在.

3. 两坐标轴 $x=0,y=0$ 是否都是函数 $f(x)=\dfrac{\sin x}{x}$的渐近线?

答 由于$\lim\limits_{x\to\infty}\dfrac{\sin x}{x}=0$,因此 $y=0$ 是函数的水平渐近线;由于$\lim\limits_{x\to0}\dfrac{\sin x}{x}=1$,因此 $x=0$ 不是

垂直渐近线.

三、经典题型详解

题型1 求曲线的各类渐近线

例5.27 求下列曲线的渐近线:

(1) $y=\dfrac{3x-1}{(2x-1)^2}$;　　　　(2) $y=\dfrac{x^2+2}{1+2x}$.

分析 根据各类渐近线定义进行求解.

解 (1) 因为$\lim\limits_{x\to\infty}\dfrac{3x-1}{(2x-1)^2}=0$,所以 $y=0$ 是曲线的水平渐近线;因为$\lim\limits_{x\to\frac{1}{2}}\dfrac{3x-1}{(2x-1)^2}=+\infty$,所以 $x=\dfrac{1}{2}$是曲线的垂直渐近线.

(2) 因为$\lim\limits_{x\to\infty}\dfrac{x^2+2}{1+2x}=\infty$,所以曲线没有水平渐近线;因为$\lim\limits_{x\to-\frac{1}{2}}\dfrac{x^2+2}{1+2x}=\infty$,所以 $x=-\dfrac{1}{2}$是曲线垂直渐近线;因为

$$a=\lim_{x\to\pm\infty}\frac{f(x)}{x}=\lim_{x\to\pm\infty}\frac{x^2+2}{x(1+2x)}=\frac{1}{2},$$

$$b=\lim_{x\to\pm\infty}[f(x)-ax]=\lim_{x\to\pm\infty}\left(\frac{x^2+2}{1+2x}-\frac{1}{2}x\right)=-\frac{1}{4},$$

所以 $y=\dfrac{1}{2}x-\dfrac{1}{4}$是曲线的斜渐近线.

题型2 描绘曲线的图形

例5.28 描绘函数 $f(x)=\dfrac{1}{\sqrt{2\pi}}e^{-\frac{x^2}{2}}$的图形.

分析 根据描绘函数图形的步骤进行讨论.

解 ① 函数的定义域为 $D=\{x|x\in(-\infty,+\infty)\}$,且 $0<f(x)\leqslant\dfrac{1}{\sqrt{2\pi}}\approx0.4$.

② 函数是偶函数,图形关于 y 轴对称.

③ 由 $y'=-\dfrac{x}{\sqrt{2\pi}}e^{-\frac{x^2}{2}}=0$ 得,$x_1=0$(驻点),由 $y''=\dfrac{(x+1)(x-1)}{\sqrt{2\pi}}e^{-\frac{x^2}{2}}=0$,得,$x_2=-1$,$x_3=1$.

④ 列表讨论,由于对称性,这里也可以只列$(-\infty,0)$上的表格.

x	$(-\infty,-1)$	-1	$(-1,0)$	0
y'	+		+	0
y''	+	0	−	
y		拐点		极大值

⑤ 由$\lim\limits_{x\to\infty}f(x)=\lim\limits_{x\to\infty}\dfrac{1}{\sqrt{2\pi}}e^{-\frac{x^2}{2}}=0$,得水平渐近线 $y=0$.

⑥ 函数的极大值点 $x=0$，$y_{\max}=\dfrac{1}{\sqrt{2\pi}}$，拐点为$\left(-1,\dfrac{1}{\sqrt{2\pi e}}\right)$，$\left(1,\dfrac{1}{\sqrt{2\pi e}}\right)$.

⑦ 函数 $f(x)=\dfrac{1}{\sqrt{2\pi}}e^{-\frac{x^2}{2}}$ 的图形如图 5.13 所示.

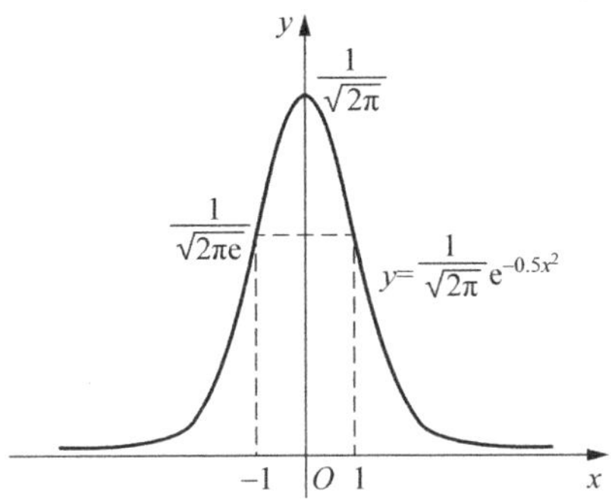

图 5.13

四、课后习题选解(习题 5.6)

A类题

1. 描绘下列函数的图形：

(1) $y=2+\ln x$；　(2) $f(x)=x-2\arctan x$；　(3) $y=3x-x^3$.

分析　根据描绘图形的步骤进行讨论.

解　(1) ① 函数的定义域为 $D=\{x|x\in(0,+\infty)\}$.

② 函数是非奇非偶函数.

③ $y'=\dfrac{1}{x}>0$；$y''=-\dfrac{1}{x^2}<0$.

④ 列表讨论.

x	$(0,+\infty)$
y'	+
y''	−
y	↗(凸)

⑤ 无渐近线.

⑥ 函数无极值和拐点.

⑦ 函数 $y=2+\ln x$ 的图形如图 5.14 所示.

(2) ① 函数的定义域为 $D=\{x|x\in(-\infty,+\infty)\}$.

② 函数是奇函数，所以函数的图形关于原点对称.

③ 由 $y'=\dfrac{x^2-1}{1+x^2}=0$ 得，$x_1=-1$，$x_2=1$(驻点)；由 $y''=\dfrac{4x}{(1+x^2)^2}=0$ 得，$x_3=0$.

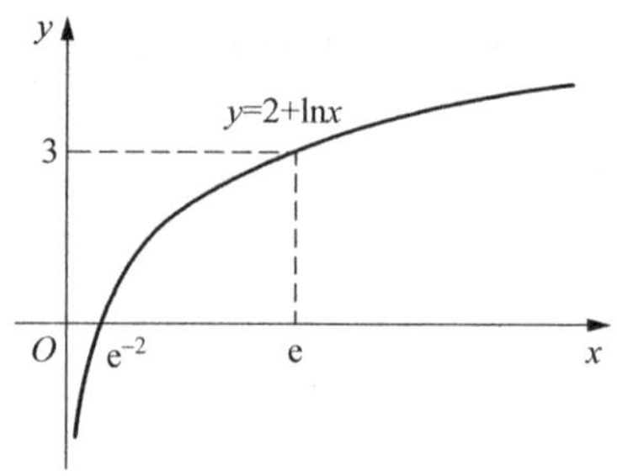

图　5.14

④ 列表讨论.

x	$(-\infty,-1)$	-1	$(-1,0)$	0	$(0,1)$	1	$(1,+\infty)$
y'	+	0	−	0	−	0	+
y''	−		−	0	+		+
y	↗	极大值	↘	拐点	↘	极小值	↗

⑤ 由 $\lim\limits_{x\to+\infty}\dfrac{x-2\arctan x}{x}=1$，$\lim\limits_{x\to+\infty}-2\arctan x=-\pi$ 知，有斜渐近线 $y=x-\pi$；由 $\lim\limits_{x\to-\infty}\dfrac{x-2\arctan x}{x}=1$，$\lim\limits_{x\to-\infty}-2\arctan x=\pi$ 知，有斜渐近线 $y=x+\pi$.

⑥ 函数的极大值点为 $x=-1$，$y_{\max}=\dfrac{\pi}{2}-1$，极小值点为 $x=1$，$y_{\min}=1-\dfrac{\pi}{2}$，拐点为$(0,0)$.

⑦ 函数 $f(x)=x-2\arctan x$ 的图形如图 5.15 所示.

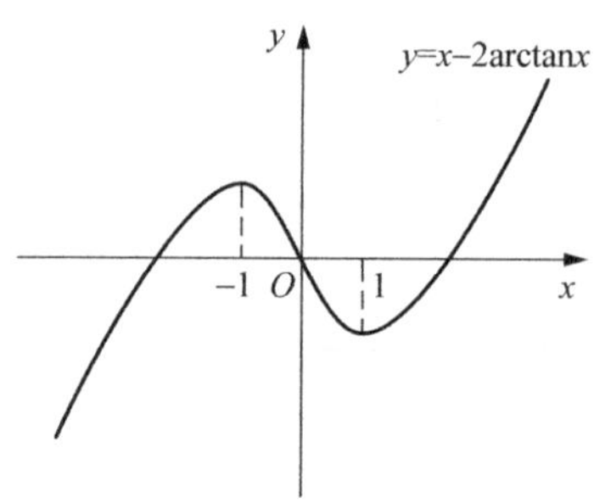

图　5.15

(3) ① 函数的定义域为 $D=\{x|x\in(-\infty,+\infty)\}$.

② 函数是奇函数，所以函数的图形关于原点对称.

③ 令 $y'=3-3x^2=0$，得驻点 $x_1=1$，$x_2=-1$. 令 $y''=-6x=0$，得 $x_3=0$.

④ 列表讨论.

x	$(-\infty,-1)$	-1	$(-1,0)$	0	$(0,1)$	1	$(1,+\infty)$
y'	−	0	+		+	0	−
y''	+	+	+	0	−	−	−
y	↘	极小值	↗	拐点	↗	极大值	↘

⑤ 无渐近线.

⑥ 函数的极大值点为 $x=1$，$y_{\max}=2$，极小值点为 $x=-1$，$y_{\min}=-2$，拐点为$(0,0)$.

⑦ 函数 $y=3x-x^3$ 的图形如图 5.16 所示.

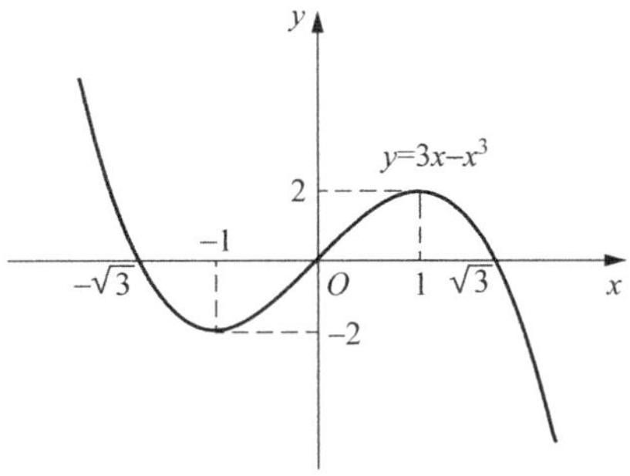

图 5.16

B类题

1. 描绘下列函数的图形：

(1) $y=\dfrac{x}{1+x^2}$；　　(2) $y=\sqrt[3]{2x^2+x-3}$；

(3) $y=2xe^{-x},x\in(0,+\infty)$；　　(4) $y=\dfrac{(x-1)^2}{(x+1)^3}$.

解 (1) ① 函数的定义域为 $D=\{x|x\in(-\infty,+\infty)\}$.

② 函数是奇函数，所以函数的图形关于原点对称.

③ 由 $y'=\dfrac{1-x^2}{1+x^2}=0$ 得，$x_1=-1,x_2=1$(驻点)；由 $y''=\dfrac{2x(x^2-3)}{(1+x^2)^3}=0$ 得，$x_3=0,x_4=\sqrt{3},x_5=-\sqrt{3}$.

④ 列表讨论，由于对称性，这里也可以只列$(-\infty,0)$上的表格.

x	$(-\infty,-\sqrt{3})$	$-\sqrt{3}$	$(-\sqrt{3},-1)$	-1	$(-1,0)$	0
y'	−		−	0	+	0
y''	−	0	+	+	+	0
y	↘	拐点	↘	极小值	↗	拐点

⑤ 由 $\lim\limits_{x\to\infty}\dfrac{x}{1+x^2}=0$，有水平渐近线 $y=0$.

⑥ 函数的极大值点为 $x=1$，$y_{\max}=\dfrac{1}{2}$，极小值点为 $x=-1$，$y_{\min}=-\dfrac{1}{2}$，拐点为$(0,0)$，$\left(\sqrt{3},\dfrac{\sqrt{3}}{4}\right)$，$\left(-\sqrt{3},-\dfrac{\sqrt{3}}{4}\right)$.

⑦ 函数 $y=\dfrac{x}{1+x^2}$的图形如图 5.17 所示.

(2) ① 函数的定义域为 $D=\{x|x\in(-\infty,+\infty)\}$.

② 函数是非奇非偶函数.

③ 由 $y'=\dfrac{4x+1}{3\sqrt[3]{(2x^2+x-3)^2}}=0$ 得，$x_1=-\dfrac{1}{4}$(驻点)；由 $y''=-\dfrac{2(4x^2+2x+19)}{9\sqrt[3]{(2x^2+x-3)^5}}$，得一阶导数和二阶导数不存在的点为 $x_2=-\dfrac{3}{2},x_3=1$.

④ 列表讨论.

x	$\left(-\infty,-\frac{3}{2}\right)$	$-\frac{3}{2}$	$\left(-\frac{3}{2},-\frac{1}{4}\right)$	$-\frac{1}{4}$	$\left(-\frac{1}{4},1\right)$	1	$(1,+\infty)$
y'	$-$	不存在	$-$	0	$+$	不存在	$+$
y''	$-$	不存在	$+$	$-$	$+$	不存在	$-$
y	↘	拐点	↘	极小值	↗	拐点	↗

⑤ 无渐近线.

⑥ 函数的极小值点为 $x=-\frac{1}{4}$,$y_{\min}=-\sqrt[3]{\frac{25}{8}}$,拐点为 $\left(-\frac{3}{2},0\right)$,$(1,0)$.

⑦ 函数 $y=\sqrt[3]{2x^2+x-3}$ 的图形如图5.18所示.

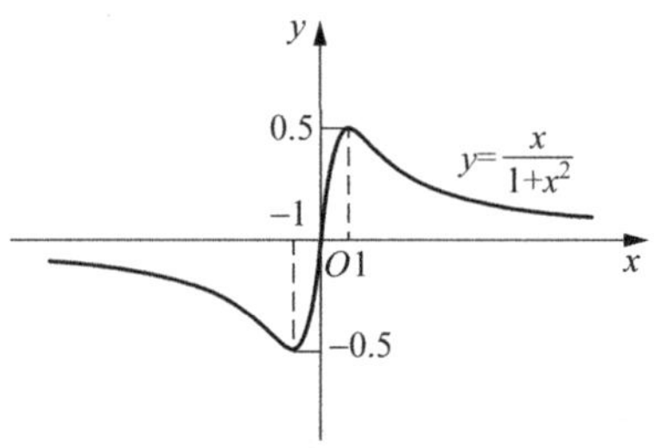

图 5.17

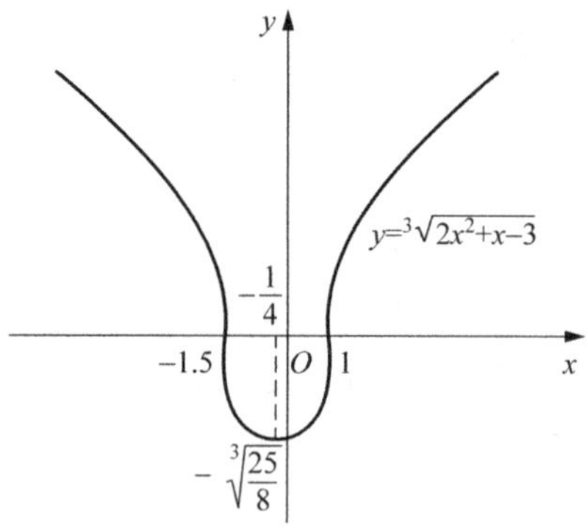

图 5.18

(3) ① 函数的定义域为 $D=\{x|x\in(0,+\infty)\}$.

② 函数是非奇非偶函数.

③ 由 $y'=2e^{-x}(1-x)=0$ 得,$x_1=1$(驻点);由 $y''=-2e^{-x}(2-x)=0$,得 $x_2=2$.

④ 列表讨论.

x	$(0,1)$	1	$(1,2)$	2	$(2,+\infty)$
y'	$+$	0	$-$		$-$
y''	$-$	$-$	$-$	0	$+$
y	↗	极大值	↘	拐点	↘

⑤ 由 $\lim\limits_{x\to+\infty}\frac{2x}{e^x}=0$,有水平渐近线 $y=0$.

⑥ 函数的极大值点为 $x=1$,$y_{\max}=\frac{2}{e}$,拐点为 $(2,4e^{-2})$.

⑦ 函数 $y=2xe^{-x}$,$x\in(0,+\infty)$ 的图形如图5.19所示.

(4) ① 函数的定义域为 $D=\{x|x\in(-\infty,-1)\cup(-1,+\infty)\}$.

② 函数是非奇非偶函数.

③ 由 $y'=-\frac{x^2-6x+5}{(x+1)^4}=0$ 得,$x_1=1$,$x_2=5$(驻点);由 $y''=\frac{2(x^2-10x+13)}{(x+1)^5}=0$,得 $x_3=5+2\sqrt{3}$,$x_4=5-2\sqrt{3}$.

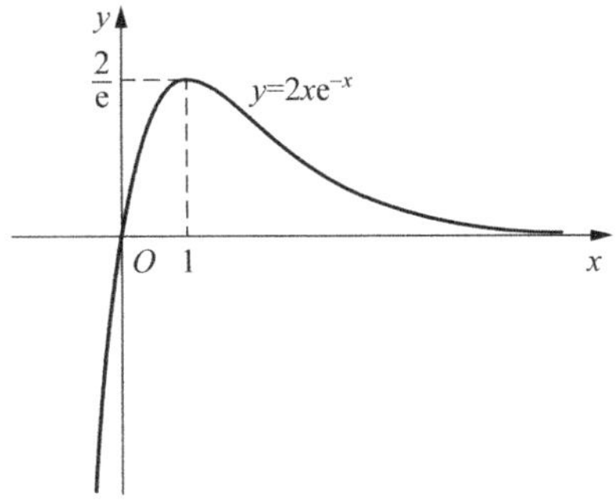

图 5.19

④ 列表讨论.

x	$(-\infty,-1)$	-1	$(-1,1)$	1	$(1,5-2\sqrt{3})$	$5-2\sqrt{3}$
y'	$-$		$-$		$+$	
y''	$-$		$+$		$+$	0
y	↘	间断点	↘	极小值	↗	拐点
x	$(5-2\sqrt{3},5)$	5	$(5,5+2\sqrt{3})$	$5+2\sqrt{3}$	$(5+2\sqrt{3},+\infty)$	
y'	$+$		$-$		$-$	
y''	$-$		$-$		$+$	
y	↗	极大值	↘	拐点	↘	

⑤ 由 $\lim\limits_{x\to\infty}\dfrac{(x-1)^2}{(x+1)^3}=0$,有水平渐近线 $y=0$;$\lim\limits_{x\to-1}\dfrac{(x-1)^2}{(x+1)^3}=\infty$,有垂直渐近线 $x=-1$.

⑥ 函数的极大值点为 $x=5$,$y_{\max}=\dfrac{2}{27}$,极小值点为 $x=1$,$y_{\min}=0$,拐点为

$$\left(5-2\sqrt{3},\frac{(4-2\sqrt{3})^2}{(6-2\sqrt{3})^3}\right),\left(5+2\sqrt{3},\frac{(4+2\sqrt{3})^2}{(6+2\sqrt{3})^3}\right).$$

⑦ 函数 $y=\dfrac{(x-1)^2}{(x+1)^3}$ 的图形如图 5.20 所示.

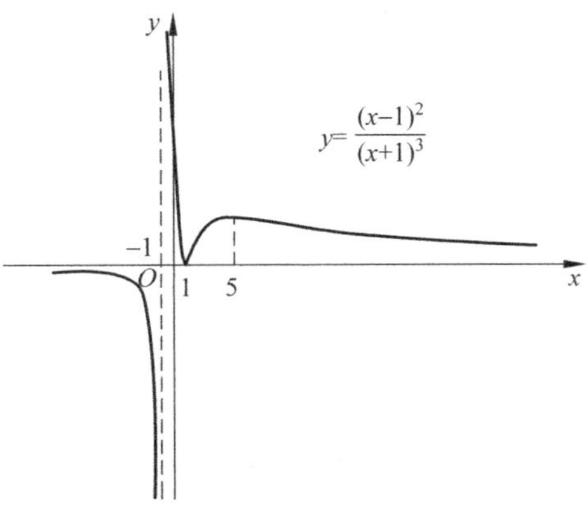

图 5.20

5.7 曲率

一、知识要点

1. 弧微分

设 L 是一条光滑曲线弧，对应的方程为 $y=f(x)(x\in I)$，则弧微分公式为

$$\mathrm{d}s=\sqrt{1+f'^2(x)}\mathrm{d}x.$$

2. 曲率及其计算公式

定义 5.8 光滑曲线是指具有连续旋转变动切线的曲线，即有连续的导数的曲线.

定义 5.9 如图 5.21 所示，当 $\Delta s\to 0$，即 $M'\to M$ 时，极限 $\lim\limits_{\Delta s\to 0}\left|\dfrac{\Delta\alpha}{\Delta s}\right|$ 称为曲线 C 在点 M 的**曲率**，记作 K，即 $K=\lim\limits_{\Delta s\to 0}\left|\dfrac{\Delta\alpha}{\Delta s}\right|=\left|\dfrac{\mathrm{d}\alpha}{\mathrm{d}s}\right|$.

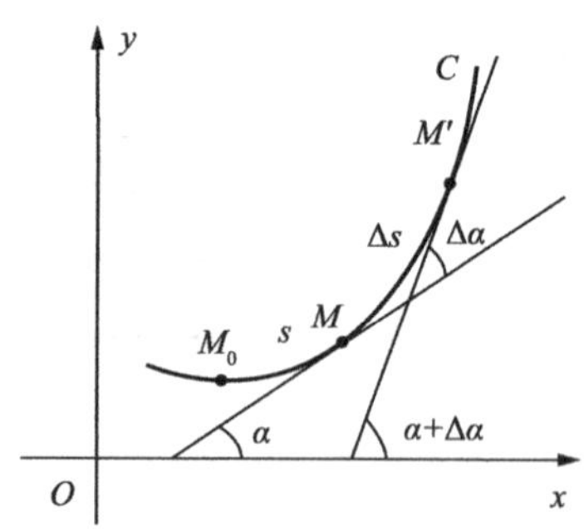

图 5.21

若曲线 C 的直角坐标方程为 $y=f(x)$，且 $f(x)$ 具有二阶导数(这里 $f'(x)$ 连续，从而曲线是光滑的)曲率 K 的计算公式为 $K=\left|\dfrac{\mathrm{d}\alpha}{\mathrm{d}s}\right|=\dfrac{|y''|}{(1+y'^2)^{\frac{3}{2}}}$.

当曲线由参数方程 $\begin{cases}x=\varphi(t),\\ y=\psi(t)\end{cases}(t\in[\alpha,\beta])$ 表示时，曲率公式为 $K=\left|\dfrac{\mathrm{d}\alpha}{\mathrm{d}s}\right|=\dfrac{|\varphi'(t)\psi''(t)-\varphi''(t)\psi'(t)|}{(\varphi'^2(t)+\psi'^2(t))^{\frac{3}{2}}}$.

3. 曲率圆与曲率半径

设函数 $y=f(x)$ 在区间 I 具有二阶导数，点 $M(x,y)$ 在曲线 $y=f(x)$ 上，且函数 $y=f(x)$ 在点 M 处的二阶导数 $y''\neq 0$，即点 $M(x,y)$ 一定不是曲线 $y=f(x)$ 的拐点. 设点 $M(x,y)$ 附近的曲线是下凸的，在点 $M(x,y)$ 附近曲线下凸的一侧做一个圆，圆心在 M 点处曲线的法线上，半径为 $\rho=\dfrac{1}{K}=\dfrac{(1+y'^2)^{\frac{3}{2}}}{|y''|}$，此圆称为曲线 $y=f(x)$ 在 M 点处的**曲率圆**，ρ 称为**曲率半径**，圆心称为**曲率中心**，如图 5.22 所示.

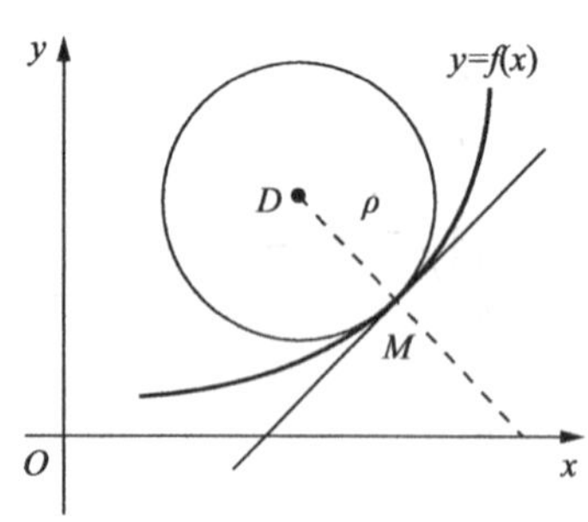

图 5.22

由图5.23可见：曲率与曲率半径成反比，曲率半径越大的点附近，曲线越平直；曲线与它的曲率圆在同一点处有相同的切线、曲率、凸性.因此，可用曲率圆在该点处的一段圆弧来近似地替代曲线弧.

二、课后习题选解（习题5.7）

1. 求抛物线 $y=\frac{1}{2}x^2$ 在(2,2)点和 (x_0,y_0) 点处的曲率和曲率半径.

分析 利用直角坐标系中的曲率公式，曲率半径为曲率的倒数.

解 易见，抛物线 $y=\frac{1}{2}x^2$ 的一阶、二阶导数分别为 $y'=x,y''=1$. 故曲率 K 及曲率半径 ρ 分别为

$$K=\frac{1}{(1+x^2)^{3/2}},\quad \rho=\frac{1}{K}=(1+x^2)^{3/2}.$$

不难得到，该抛物线在点(2,2)处的曲率与曲率半径分别为 $K=\frac{\sqrt{5}}{25}$ 和 $R=5\sqrt{5}$；在点 (x_0,y_0) 处的曲率与曲率半径分别为 $K=\frac{1}{(1+x_0^2)^{3/2}}$，$\rho=\frac{1}{K}=(1+x_0^2)^{3/2}$.

2. 求曲线 $y=\ln\cos x$ 在 (x_0,y_0) 点处的曲率和曲率半径.

分析 利用直角坐标系中的曲率公式，曲率半径为曲率的倒数.

解 容易求得曲线 $y=\ln\cos x$ 的一阶、二阶导数分别为 $y'=-\tan x,y''=-\sec^2x$. 故曲线在 (x_0,y_0) 点处的曲率 K 及曲率半径 ρ 分别为 $K=\frac{|\sec^2x|}{(1+\tan^2x)^{3/2}}=|\cos x|$，$\rho=\frac{1}{K}=|\sec x|$.

3. 求椭圆 $\begin{cases}x=a\cos t,\\ y=b\sin t\end{cases}$ $(a,b>0)$ 在点 $(0,b)$ 处的曲率及曲率半径.

分析 利用参数方程形式的曲率公式，曲率半径为曲率的倒数.

解 不难求得

$$x'(t)=-a\sin t,\quad x''(t)=-a\cos t,\quad y'(t)=b\cos t,\quad y''(t)=-b\sin t.$$

在点 $(0,b)$ 处，对应的参数为 $t=\frac{\pi}{2}$. 于是有

$$x'\left(\frac{\pi}{2}\right)=-a,x''\left(\frac{\pi}{2}\right)=0,\quad y'\left(\frac{\pi}{2}\right)=0,\quad y''\left(\frac{\pi}{2}\right)=-b.$$

因此，由曲率公式可得，在点 $(0,b)$ 处的曲率及曲率半径分别为 $K=\frac{b}{a^2}$，$\rho=\frac{a^2}{b}$.

4. 对数曲线 $y=\ln x$ 上哪一点的曲率半径最小？求出该点处的曲率半径.

分析 先求出曲率函数，再求极值.注意，曲率半径最小值即为曲率的最大值.

解 容易求得 $y'=\frac{1}{x},y''=-\frac{1}{x^2}$. 于是对数曲线的曲率为 $K(x)=\frac{x}{(1+x^2)^{3/2}}$. 不难求得

$$K'(x)=\frac{1-2x^2}{(1+x^2)^{5/2}}.$$

令 $K'(x)=0$，解得 $x_1=\frac{\sqrt{2}}{2},x_2=-\frac{\sqrt{2}}{2}$（舍去）. 由于 $K'(x)$ 在点 $x_1=\frac{\sqrt{2}}{2}$ 处的左、右邻域分别大于零和小于零，因此 $K(x)$ 在点 $x_1=\frac{\sqrt{2}}{2}$ 处取得极大值，因在其定义域内有唯一的驻点，极大值即为最大值，故 $x=\frac{\sqrt{2}}{2}$ 时，$K=\frac{2\sqrt{3}}{9}$ 最大，即对数曲线在点 $\left(\frac{\sqrt{2}}{2},-\frac{\ln 2}{2}\right)$ 处的曲率最大，曲率半径最小，值为 $\rho=\frac{1}{K}=\frac{3\sqrt{3}}{2}$.

5. 设曲线 L 的极坐标方程为 $r=r(\theta)$. 证明：曲线 L 上任意一点处的曲率为 $K=\frac{|r^2+2r'^2-rr''|}{(r^2+r'^2)^{3/2}}$.

分析 利用直角坐标与极坐标之间的关系证明.

证 由直角坐标与极坐标之间的关系 $x=r(\theta)\cos\theta, y=r(\theta)\sin\theta$,可得

$$x'=r'\cos\theta-r\sin\theta,\quad y'=r'\sin\theta+r\cos\theta;$$

$$x''=r''\cos\theta-2r'\sin\theta-r\cos\theta,\quad y''=r''\sin\theta+2r'\cos\theta-r\sin\theta.$$

将上式代入参数方程形式的曲率公式,得 $K=\frac{|x'y''-x''y'|}{(x'^2+y'^2)^{3/2}}=\frac{|r^2+2r'^2-rr''|}{(r^2+r'^2)^{3/2}}$. 证毕

复习题5解答

1. 是非题

(1) 如果函数 $f(x)$ 不满足拉格朗日中值定理的条件,则拉格朗日中值定理的结论一定不成立. ( )

(2) 设函数 $f(x)$ 在点 x_0 处满足 $f'(x_0)=f''(x_0)=f'''(x_0)=0$,则它在点 x_0 处一定不取极值. ( )

(3) 设函数 $f(x)$ 在区间 I 上具有二阶导数,若存在点 x_0 使得 $f''(x_0)=0$,而在其他点处都有 $f''(x)>0$,则函数 $f(x)$ 在区间 I 上必为上凸函数. ( )

(4) 若 $f''(x_0)=0$,则点 $(x_0,f(x_0))$ 不一定是函数 $f(x)$ 的拐点. ( )

(5) $x=2$ 是函数 $f(x)=\frac{\sin(x-2)}{x-2}$ 的垂直渐近线. ( )

分析 (1) 错. 例如,函数 $f(x)=\begin{cases}x^3, & -1\leqslant x\leqslant 0,\\ x^2, & 0<x\leqslant 1\end{cases}$ 在区间 $[-1,1]$ 上连续,在点 $x=0$ 处不可导,但是存在 $\xi=-\frac{\sqrt{3}}{3}\in(-1,0)$,使得 $f'\left(-\frac{\sqrt{3}}{3}\right)=3x^2\big|_{\xi=-\frac{\sqrt{3}}{3}}=1=\frac{f(1)-f(-1)}{1-(-1)}$.

(2) 错. 由极值的第三充分条件知,该结论缺少必要的支撑条件.

(3) 错. 结论正好相反. 例如,函数 $f(x)=x^4$ 在点 $x=0$ 处满足 $f''(0)=0$,且在其他点处满足 $f''(x)=12x^2>0$,但它是下凸函数.

(4) 对. 参见(3),点 $(0,0)$ 不是函数 $f(x)=x^4$ 的拐点.

(5) 错. 因为 $\lim\limits_{x\to 2}\frac{\sin(x-2)}{x-2}=1\neq\infty$,不满足垂直渐近线的定义.

2. 填空题

(1) 设函数 $g(x)$ 在闭区间 $[a,b]$ 上连续,在开区间 (a,b) 内可导,则至少存在一点 $\xi\in(a,b)$,有 $e^{g(b)}-e^{g(a)}=$________.

(2) 已知函数 $f(x)$ 满足关系式 $xf''(x)+3xf'^2(x)=1-e^{-x}$. 若 $f'(x_0)=0(x_0\neq 0)$,则点 $x=x_0$ 是函数 $f(x)$ 的________点.

(3) 函数 $f(x)=x^n e^{-x}(n>0,x\geqslant 0)$ 的单调递增区间是________,单调递减区间是________.

(4) 若点 $\left(1,\frac{4}{3}\right)$ 为曲线 $y=ax^3-x^2+b$ 的拐点,则 $a=$____,$b=$____.

(5) 曲线 $y=\sqrt{\frac{x-1}{x+1}}$ 的水平渐近线为________,垂直渐近线为________.

分析 (1) 因为函数 $y=e^{g(x)}$ 在区间 $[a,b]$ 上满足拉格朗日中值定理的条件,直接利用定理结论即得 $e^{g(\xi)}g'(\xi)(b-a)$.

(2) 将 $x=x_0$ 代入到关系式,由已知条件可得 $f''(x_0)=\frac{1-e^{-x_0}}{x_0}(x_0\neq 0)$,易见对于任意的 $x_0\neq 0$,都有 $f''(x_0)>0$,因此函数 $f(x)$ 在点 $x=x_0$ 处取得极小值.

(3) 容易求得 $f'(x)=x^{n-1}e^{-x}(n-x)$,因此函数 $f(x)$ 的单调递增区间为 $(0,n)$,单调递减区间为 $(n,+\infty)$.

(4) 由于拐点$\left(1,\frac{4}{3}\right)$在曲线上,并且满足 $f''(1)=0$,因此有方程组 $a-1+b=\frac{4}{3}$,$6a-2=0$. 解得 $a=\frac{1}{3}$,$b=2$.

(5) 由$\lim\limits_{x\to\infty}y=\lim\limits_{x\to\infty}\sqrt{\frac{x-1}{x+1}}=1$ 可知,曲线的水平渐近线为 $y=1$;由 $\lim\limits_{x\to-1^-}y=\lim\limits_{x\to-1^-}\sqrt{\frac{x-1}{x+1}}=+\infty$可知,曲线的水平渐近线为 $x=-1$.

3. 选择题

(1) 函数 $y=f(x)$满足条件:$f(0)=1$,$f'(0)=0$,且当 $x\neq0$ 时,$f'(x)>0$,$f''(x)=\begin{cases}<0, & x<0,\\ >0, & x>0,\end{cases}$ 则函数的图形为(　　).

A. 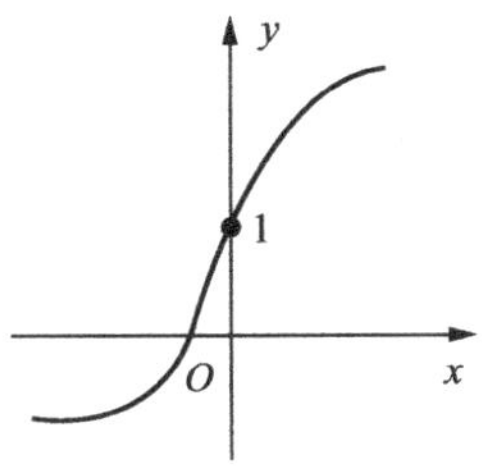

B. 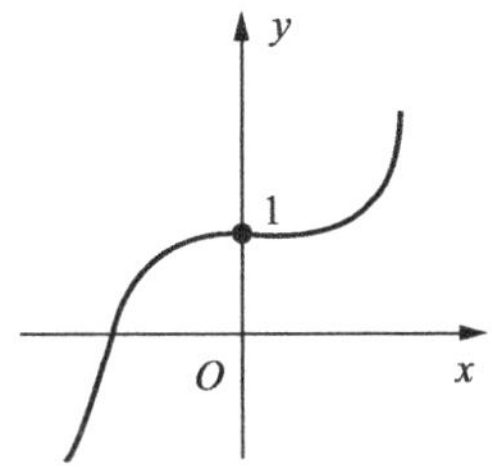

C. 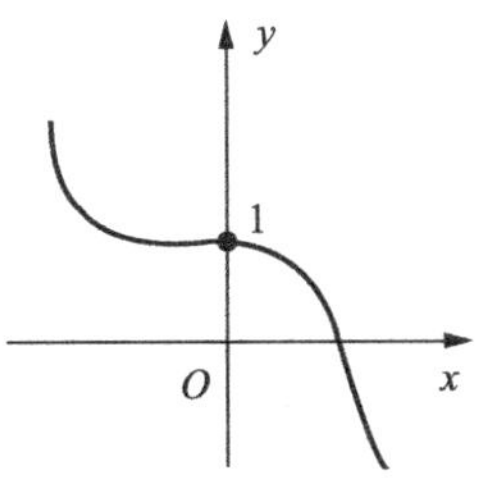

D. 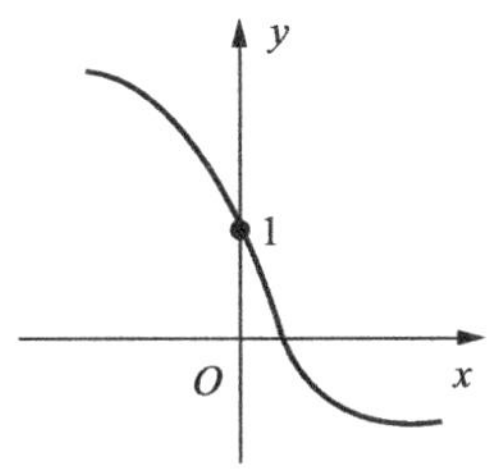

(2) 设函数 $f(x)$在区间$[a,b]$上连续,$f(a)=f(b)$,且 $f(x)$不恒为常数,则在(a,b)内(　　).

A. 有最大值或最小值　　B. 既有极大值又有极小值

C. 既有最大值又有最小值　　D. 至少存在一点 ξ,使 $f'(\xi)=0$

(3) 设函数 $f(x)$在点 $x=2$ 处存在二阶导数,且$\lim\limits_{x\to2}\frac{f(x)-f(2)}{(x-2)^2}=2$,则函数 $f(x)$在点$x=2$ 处(　　).

A. 取极大值　　B. 取极小值　　C. 无极值　　D. 不取极值

(4) 关于方程 $e^x-x-1=0$,说法正确的是(　　).

A. 没有实根　　B. 有且仅有一个实根

C. 有且仅有两个实根　　D. 有三个不同实根

(5) 设函数 $f(x)$在区间$[0,1]$上满足 $f''(x)>0$,则下列关系式成立的是(　　).

A. $f(1)-f(0)>f'(1)>f'(0)$　　B. $f'(0)>f(1)-f(0)>f'(1)$

C. $f'(1)>f'(0)>f(1)-f(0)$　　D. $f'(1)>f(1)-f(0)>f'(0)$

分析　(1) 由条件 $f(0)=1$,$f'(0)=0$ 可推知函数通过点$(0,1)$,且在点 $x=0$ 处有水平切线;由条件 $f'(x)>0(x\neq0)$可推知函数单调递增,由条件 $f''(x)=\begin{cases}<0, & x<0,\\ >0, & x>0\end{cases}$ 可推知函数在 $x=0$ 处左上凸右下凸,因此选 B.

(2) 由已知条件,利用排除法,只能选 A,例如函数 $y=|x|$在区间$(-1,1)$上.

(3) 由$\lim\limits_{x\to2}\frac{f(x)-f(2)}{(x-2)^2}=2$ 可知,$\lim\limits_{x\to2}\frac{f'(x)}{2(x-2)}=2$,$\lim\limits_{x\to2}\frac{f''(x)}{2}=2$,即必有 $f'(2)=0$, $\lim\limits_{x\to2}f''(x)=4>0$. 因此选 B.

(4) 令 $f(x)=e^x-x-1$,显然,$f(0)=0$,即方程一定有根. 又 $f'(x)=e^x-1$,$f'(x)<0(x<0)$,$f'(x)>0(x>0)$,即函数 $f(x)$ 在区间 $(-\infty,0)$ 单调递减,在区间 $(0,+\infty)$ 内单调递增,因此有且只有一个实根,选 B.

(5) 由 $f''(x)>0$ 可知,$f'(x)$ 在区间 $[0,1]$ 上单调递增,即 $f'(1)>f'(0)$;结合拉格朗日中值定理的结论可知,$f'(1)>f'(\xi)=\dfrac{f(1)-f(0)}{1-0}>f'(0)(\xi\in(0,1))$ 选 D.

4. 求下列极限:

(1) $\lim\limits_{x\to 0}\dfrac{a^{2x}-b^x}{\ln(1+x)}, a,b>0$;   (2) $\lim\limits_{x\to 0}\left(\dfrac{1+2^x+3^x}{3}\right)^{\frac{1}{x}}$;

(3) $\lim\limits_{x\to 0^+}(\sin x)^{\ln(1-x)}$;   (4) $\lim\limits_{x\to 0}\dfrac{e^x-(1+2x)^{\frac{1}{2}}}{\ln(1+x^2)}$.

分析 根据题目特点,将其适当变形或用等价无穷小替换,然后用洛必达法则计算.

解 (1) 由洛必达法则,有 $\lim\limits_{x\to 0}\dfrac{a^{2x}-b^x}{\ln(1+x)}=\lim\limits_{x\to 0}\dfrac{2a^{2x}\ln a-b^x\ln b}{\dfrac{1}{1+x}}=2\ln a-\ln b$.

(2) 本题属于 1^∞ 型未定式. 令 $y=\left(\dfrac{1+2^x+3^x}{3}\right)^{\frac{1}{x}}$,有 $\ln y=\dfrac{1}{x}\ln\left(\dfrac{1+2^x+3^x}{3}\right)$. 由于

$$\lim_{x\to 0}\frac{\ln(1+2^x+3^x)-\ln 3}{x}=\lim_{x\to 0}\frac{2^x\ln 2+3^x\ln 3}{1+2^x+3^x}=\frac{\ln 6}{3},$$

即 $\lim\limits_{x\to 0}\ln y=\dfrac{\ln 6}{3}$,因此有 $\lim\limits_{x\to 0}\left(\dfrac{1+2^x+3^x}{3}\right)^{\frac{1}{x}}=e^{\frac{\ln 6}{3}}$.

(3) 本题属于 0^0 型未定式. 令 $y=(\sin x)^{\ln(1-x)}$,有 $\ln y=\ln(1-x)\cdot\ln\sin x$. 由于

$$\lim_{x\to 0^+}\frac{\ln\sin x}{\dfrac{1}{\ln(1-x)}}=\lim_{x\to 0^+}\frac{\ln\sin x}{-\dfrac{1}{x}}=\lim_{x\to 0^+}\frac{\cos x}{\dfrac{\sin x}{x^2}}=\lim_{x\to 0^+}\frac{x^2\cos x}{\sin x}=0,$$

即 $\lim\limits_{x\to 0}\ln y=0$,因此有 $\lim\limits_{x\to 0^+}(\sin x)^{\ln(1-x)}=e^0=1$.

(4) 先将分母用等价无穷小替换,即 $\ln(1+x^2)\sim x^2$;然后再连续使用两次洛必达法则,有

$$\lim_{x\to 0}\frac{e^x-(1+2x)^{\frac{1}{2}}}{\ln(1+x^2)}=\lim_{x\to 0}\frac{e^x-(1+2x)^{\frac{1}{2}}}{x^2}=\lim_{x\to 0}\frac{e^x-(1+2x)^{-\frac{1}{2}}}{2x}=\lim_{x\to 0}\frac{e^x+(1+2x)^{-\frac{3}{2}}}{2}=1.$$

5. 判断下列极限的计算是否正确,若不正确,说明理由:

(1) $\lim\limits_{x\to 0}\dfrac{\sin x}{e^x-1}=\lim\limits_{x\to 0}\dfrac{\cos x}{e^x}=\lim\limits_{x\to 0}\dfrac{-\sin x}{e^x}=0$;   (2) $\lim\limits_{x\to\infty}\dfrac{x+\sin x}{x}=\lim\limits_{x\to\infty}(1+\cos x)$ 不存在;

(3) $\lim\limits_{x\to 0}\dfrac{1}{x}\left(\dfrac{1}{x}-\cot x\right)=\lim\limits_{x\to 0}\dfrac{\sin x-x\cos x}{x^2\sin x}=\lim\limits_{x\to 0}\dfrac{\sin x-x\cos x}{x^3}=\lim\limits_{x\to 0}\dfrac{x\sin x}{3x^2}=\dfrac{1}{3}$;

(4) $\lim\limits_{x\to\infty}\dfrac{e^x-e^{-x}}{e^x+e^{-x}}=\lim\limits_{x\to\infty}\dfrac{e^{-x}(e^{2x}-1)}{e^{-x}(e^{2x}+1)}=\lim\limits_{x\to\infty}\dfrac{e^{2x}-1}{e^{2x}+1}=\lim\limits_{x\to\infty}\dfrac{2e^{2x}}{2e^{2x}}=1$.

分析 注意各题所使用方法的适用范围.

解 (1) 不正确. 因为 $\lim\limits_{x\to 0}\dfrac{\cos x}{e^x}$ 已经不是未定式,不能再继续使用洛必达法则计算. 正确的方法是

$$\lim_{x\to 0}\frac{\sin x}{e^x-1}=\lim_{x\to 0}\frac{\cos x}{e^x}=1.$$

(2) 不正确,因为此极限不满足洛必达法则的第三个条件,所以它不能用洛必达法则计算. 但是可以用分项的方法计算,即 $\lim\limits_{x\to\infty}\dfrac{x+\sin x}{x}=\lim\limits_{x\to\infty}\left(1+\dfrac{\sin x}{x}\right)=1$.

(3) 正确.

(4) 不正确. 错在第二步,因为当 $x\to-\infty$ 时,$\dfrac{e^{2x}-1}{e^{2x}+1}$ 不是未定式. 由于 $\lim\limits_{x\to-\infty}\dfrac{e^{2x}-1}{e^{2x}+1}=-1$,$\lim\limits_{x\to+\infty}\dfrac{e^{2x}-1}{e^{2x}+1}=$

1，所以$\lim\limits_{x\to\infty}\dfrac{e^x-e^{-x}}{e^x+e^{-x}}$不存在.

6. 设$\lim\limits_{x\to 0}\dfrac{a_1\sin x+a_2(1-e^x)}{a_3\ln(1+x^2)+a_4\cos x}=3$，其中$a_1,a_2$不同时为零.试讨论$a_1,a_2,a_3,a_4$之间的关系.

分析 先分析当$x\to 0$时，分子分母中表达式的特点，再综合利用等价无穷小替换及洛必达法则计算，进而讨论a_1,a_2,a_3,a_4之间的关系.

解 由于当$x\to 0$时，$\sin x,1-e^x,\ln(1+x^2)$都是无穷小，根据极限表达式的特点，分子是无穷小，所以分母也一定是无穷小，而$\lim\limits_{x\to 0}\cos x=1$，因此必有$a_4=0$.由于当$x\to 0$时，$\ln(1+x^2)\sim x^2$，于是

$$\lim_{x\to 0}\frac{a_1\sin x+a_2(1-e^x)}{a_3\ln(1+x^2)}=\lim_{x\to 0}\frac{a_1\cos x-a_2e^x}{a_3\cdot 2x}=3.$$

此时，当$x\to 0$时，因分母是无穷小，要求分子也是无穷小，则有$a_1=a_2$.进一步地

$$\lim_{x\to 0}\frac{a_1\sin x+a_2(1-e^x)}{a_3\ln(1+x^2)}=\lim_{x\to 0}\frac{a_1(\cos x-e^x)}{a_3\cdot 2x}=\lim_{x\to 0}\frac{a_1(-\sin x-e^x)}{a_3\cdot 2}=-\frac{a_1}{2a_3}=3.$$

由上式可得$a_1=-6a_3$.

综上，由$a_1=a_2=-6a_3,a_4=0$.

7. 设有函数$f(x)$满足$f(a)=f(c)=f(b)$，其中$a<c<b$，$f''(x)$在$[a,b]$上存在，证明：至少存在一点$\xi\in(a,b)$，使得$f''(\xi)=0$.

分析 根据已知条件和要证的结论，应该是在不同区间连续使用罗尔定理.

证 由$f(a)=f(c)=f(b)$可知，函数$f(x)$在区间$[a,c]$和$[c,b]$上分别满足罗尔定理的条件.根据罗尔定理，在区间(a,c)内至少存在一点ξ_1，使得$f'(\xi_1)=0$；在区间(c,b)内至少存在一点ξ_2，使得$f'(\xi_2)=0$.

由于$f''(x)$在$[a,b]$上存在，因此$f'(x)$在$[\xi_1,\xi_2]\subset[a,b]$上连续且可导，且有$f'(\xi_1)=f'(\xi_2)=0$.根据罗尔定理，$f'(x)$在区间$(\xi_1,\xi_2)$内至少存在一点$\xi$，使得$f''(\xi)=0$.

8. 已知函数$f(x)$在$[1,+\infty)$上连续，在$(1,+\infty)$内可导，且$f(1)=0$，证明：对$x\in(1,+\infty)$，至少存在一点$\xi\in(1,x)$，使得$\xi f'(\xi)=\dfrac{f(x)}{\ln x}$.

分析 通过观察，要证的结论中包含两个函数，一个是$f(x)$，一个是$\ln x$，考虑的区间应该是$[1,x]$；然后利用柯西中值定理证明.

证 根据已知条件，在区间$[1,x]$上考查函数$f(t)$和$g(t)=\ln t$，显然它们在区间$[1,x]$上满足柯西中值定理的条件.因此，由柯西中值定理知，至少存在一点$\xi\in(1,x)$，使得$\dfrac{f(x)-f(1)}{\ln x-\ln 1}=\dfrac{f(\xi)}{1/\xi}$.因$f(1)=0$，即有$\xi f'(\xi)=\dfrac{f(x)}{\ln x}$. 证毕

9. 证明下列不等式：

(1) $\tan x+2\sin x>3x,0<x<\dfrac{\pi}{2}$； (2) $\dfrac{1}{2^p}\leqslant x^p+(1-x)^p\leqslant 1,0\leqslant x\leqslant 1,p>1$.

分析 根据不等式的特点，应该是利用函数的单调性证明.

证 (1) 令$f(x)=\tan x+2\sin x-3x$，容易求得

$$f'(x)=\sec^2x+2\cos x-3,\quad f''(x)=2\sec^2x\tan x-2\sin x.$$

当$x\in\left(0,\dfrac{\pi}{2}\right)$时，由于$f''(x)=2\sin x\dfrac{1-\cos^3x}{\cos^3x}>0$，故$f'(x)$单调递增.由$f'(0)=0$可得，$f'(x)>f'(0)=0$.因此，函数$f(x)$在区间$\left(0,\dfrac{\pi}{2}\right)$内单调递增.由$f(0)=0$可得，$f(x)>0$，即要证的不等式成立.

(2) 令$f(x)=x^p+(1-x)^p,x\in(0,1)$.由$f'(x)=0$，即$p[x^{p-1}-(1-x)^{p-1}]=0$，解得驻点$x=\dfrac{1}{2}$.又$f(0)=1,f(1)=1,f\left(\dfrac{1}{2}\right)=\dfrac{1}{2^{p-1}}$，所以$f(x)$在$[0,1]$上的最大值为1，最小值为$\dfrac{1}{2^{p-1}}$，故有

$$\frac{1}{2^{p-1}} \leqslant x^p + (1-x)^p \leqslant 1 \quad (0 \leqslant x \leqslant 1, p > 1).$$

证毕

10. 若 $f(x)$ 在 $[a,b]$ 上有二阶导数，且 $f'(a)=f'(b)=0$，试证：在 (a,b) 内至少存在一点 ξ，满足

$$|f''(\xi)| \geqslant \frac{4}{(b-a)^2} |f(b)-f(a)|.$$

分析 利用泰勒公式验证.

证 $\forall x \in (a,b)$，容易求得函数在点 $x=a$ 和 $x=b$ 处的泰勒公式为

$$f(x) = f(a) + \frac{1}{2} f''(\xi_1)(x-a)^2, \quad a < \xi_1 < x,$$

$$f(x) = f(b) + \frac{1}{2} f''(\xi_2)(x-b)^2, \quad x < \xi_2 < b.$$

令 $x=\frac{a+b}{2}$，得

$$f\left(\frac{a+b}{2}\right) = f(a) + \frac{1}{2} f''(\xi_1) \frac{(b-a)^2}{4}, \quad f\left(\frac{a+b}{2}\right) = f(b) + \frac{1}{2} f''(\xi_2) \frac{(b-a)^2}{4}.$$

两式相减，得

$$f(b) - f(a) = \frac{1}{8}(b-a)^2 [f''(\xi_1) - f''(\xi_2)].$$

令 $|f''(\xi)| = \max\{|f''(\xi_1)|, |f''(\xi_2)|\}$，则

$$|f(b)-f(a)| \leqslant \frac{1}{8}(b-a)^2 \{|f''(\xi_2)| + |f''(\xi_1)|\} \leqslant \frac{1}{4}(b-a)^2 |f''(\xi)|.$$

将上式变形即得要证的不等式.

证毕

11. 判断函数 $y=\frac{x}{1+x}$ 在区间 $(0,+\infty)$ 内的单调性及凸性，并证明：

$$\frac{|a+b|}{1+|a+b|} \leqslant \frac{|a|}{1+|a|} + \frac{|b|}{1+|b|}, \quad a, b \in \mathbf{R}.$$

分析 利用函数的一阶、二阶导数判断其单调性及凸性，利用单调性证明不等式.

解 不难求得，函数 $y=\frac{x}{1+x}$ 的一阶、二阶导数为 $y'=\frac{1}{(1+x)^2}$，$y''=\frac{-2}{(1+x)^3}$.

易见，在区间 $(0,+\infty)$ 内，$y'>0, y''<0$，故函数 $f(x)$ 在区间 $(0,+\infty)$ 内单调递增，且是上凸的.

由于函数 $y=\frac{x}{1+x}$ 在区间 $(0,+\infty)$ 内单调递增，且 $|a+b| \leqslant |a|+|b|$，所以由单调性可得

$$\frac{|a+b|}{1+|a+b|} \leqslant \frac{|a|+|b|}{1+|a|+|b|} = \frac{|a|}{1+|a|+|b|} + \frac{|b|}{1+|a|+|b|} \leqslant \frac{|a|}{1+|a|} + \frac{|b|}{1+|b|}.$$

12. 描绘下列函数的图形：

(1) $y=(x-1)x^{\frac{2}{3}}$； (2) $y=\frac{(x-1)^2}{3(x+2)}$； (3) $y=\sqrt{4x^2-3x+1}$.

分析 按照描绘函数图形的步骤进行.

解 (1) ① 函数的定义域为 $D=\{x \mid x \in (-\infty,+\infty)\}$.

② 函数是非奇非偶函数.

③ 由 $y'=\frac{5x-2}{3\sqrt[3]{x}}=0$，得 $x_1=\frac{2}{5}$(驻点)；由 $y''=\frac{2(5x+1)}{9\sqrt[3]{x^4}}=0$，得 $x_2=-\frac{1}{5}$. 注意，在点 $x=0$ 处，y', y'' 都不存在.

④ 列表讨论.

x	$\left(-\infty,-\frac{1}{5}\right)$	$-\frac{1}{5}$	$\left(-\frac{1}{5},0\right)$	0	$\left(0,\frac{2}{5}\right)$	$\frac{2}{5}$	$\left(\frac{2}{5},+\infty\right)$
y'	+		+	不存在	−	0	+
y''	−	0	+	不存在	+		+
y	↗	拐点	↗	极大值	↘	极小值	↗

⑤ 函数无渐近线.

⑥ 函数的极小值点为 $x=\frac{2}{5}$，$y_{\min}=-\frac{3}{5}\sqrt[3]{\frac{4}{25}}$，极大值点为 $x=0$，$y_{\max}=0$，拐点为$\left(-\frac{1}{5},-\frac{6}{5}\sqrt[3]{\frac{1}{25}}\right)$.

⑦ 函数 $y=(x-1)x^{\frac{2}{3}}$ 的图形如图 5.23 所示.

(2) ① 函数的定义域为 $D=\{x\mid x\in(-\infty,-2)\cup(-2,+\infty)\}$.

② 函数是非奇非偶函数.

③ 由 $y'=\frac{x^2+4x-5}{3(x+2)^2}=0$，得 $x_1=-5$，$x_2=1$（驻点）；由 $y''=\frac{18}{3(x+2)^3}$，得 $x_3=-2$ 为间断点.

④ 列表讨论.

x	$(-\infty,-5)$	-5	$(-5,-2)$	-2	$(-2,1)$	1	$(1,+\infty)$
y'	+	0	−	0	−	0	+
y''	−		−		+		+
y	↗	极大值	↘	间断点	↘	极小值	↗

⑤ 由 $\lim\limits_{x\to-2}\frac{(x-1)^2}{3(x+2)}=\infty$，有垂直渐近线 $x=-2$；由 $\lim\limits_{x\to\infty}\frac{(x-1)^2}{3x(x+2)}=\frac{1}{3}$，$\lim\limits_{x\to\infty}\left[\frac{(x-1)^2}{3(x+2)}-\frac{1}{3}x\right]=-\frac{4}{3}$ 知，有斜渐近线 $y=\frac{1}{3}x-\frac{4}{3}$.

⑥ 函数的极大值点为 $x=-5$，$y_{\max}=-4$，极小值点为 $x=1$，$y_{\min}=0$.

⑦ 函数 $y=\frac{(x-1)^3}{3(x+2)}$ 的图形如图 5.24 所示.

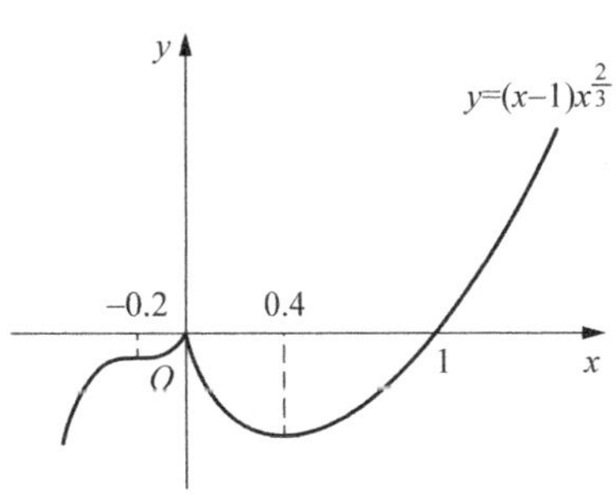

图 5.23

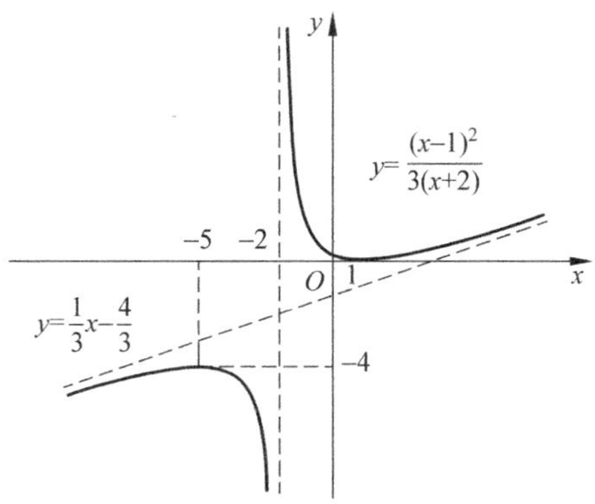

图 5.24

(3) ① 函数的定义域为 $D=\{x|x\in(-\infty,+\infty)\}$.

② 函数是非奇非偶函数.

③ 由 $y'=\dfrac{8x-3}{2\sqrt{4x^2-3x+1}}=0$,得 $x_1=\dfrac{3}{8}$(驻点);$y''=\dfrac{7}{4\sqrt{(4x^2-3x+1)^3}}>0$.

④ 列表讨论.

x	$\left(-\infty,\dfrac{3}{8}\right)$	$\dfrac{3}{8}$	$\left(\dfrac{3}{8},+\infty\right)$
y'	$-$		$+$
y''	$+$	0	$+$
y	↘	极小值	↗

⑤ 由 $\lim\limits_{x\to+\infty}\dfrac{\sqrt{4x^2-3x+1}}{x}=2$, $\lim\limits_{x\to+\infty}[\sqrt{4x^2-3x+1}-2x]=-\dfrac{3}{4}$ 知,有斜渐近线 $y=2x-\dfrac{3}{4}$.

⑥ 函数的极小值点为 $x=\dfrac{3}{8}$, $y_{\min}=\dfrac{\sqrt{7}}{4}$.

⑦ 函数 $y=\sqrt{4x^2-3x+1}$ 的图形如图 5.25 所示.

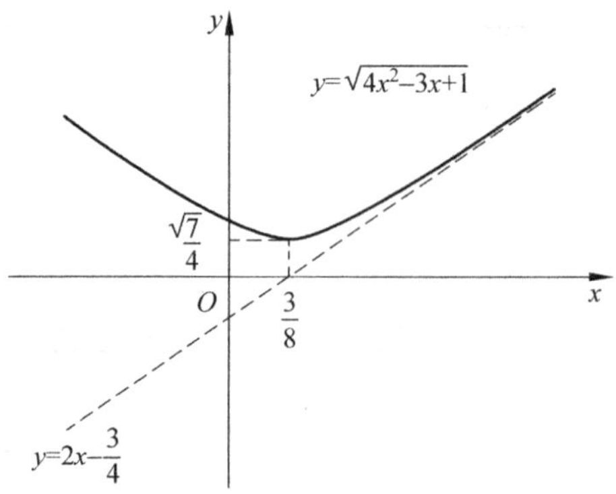

图 5.25

13. 在半径为 R 球内,求体积最大的内接圆柱体的高.

分析 目标函数是圆柱体的体积,求其取最大值时的高.

解 设圆柱体的底面半径为 r,高为 h. 它们与球的半径之间的关系是 $4r^2+h^2=4R^2$,于是有 $r^2=\dfrac{4R^2-h^2}{4}$. 因此圆柱体的体积为 $V=\pi r^2h=\pi\left(R^2-\dfrac{h^2}{4}\right)h$.

不难求得 $V'=\pi\left(R^2-\dfrac{3h^2}{4}\right)$. 令 $V'=0$,解得 $h=\dfrac{2\sqrt{3}}{3}R$.

根据问题的实际意义,当 $h=\dfrac{2\sqrt{3}}{3}R$ 时,圆柱体的体积最大.

自测题 5

1. 计算下列极限:

(1) $\lim\limits_{x\to0}\dfrac{3x-\sin3x}{(1-\cos x)\ln(1+2x)}$; (2) $\lim\limits_{x\to+\infty}\left[x^2\ln\left(x\sin\dfrac{1}{x}\right)\right]$; (3) $\lim\limits_{x\to0}\left(\dfrac{\sin x}{x}\right)^{\frac{1}{1-\cos x}}$;

(4) $\lim\limits_{x\to+0}(\cos\sqrt{x})^{\frac{\pi}{x}}$；　　　(5) $\lim\limits_{x\to\infty}[(2+x)\mathrm{e}^{\frac{1}{x}}-x]$.

2. 设 $f(x)$具有二阶连续导数，且$\lim\limits_{x\to0}\dfrac{f(x)}{x}=0$，$f''(0)=4$. 求 $\lim\limits_{x\to0}\left[1+\dfrac{f(x)}{x}\right]^{\frac{1}{x}}$.

3. 设函数 $F(x)=(x-1)f(x)$，其中函数 $f(x)$在$[1,2]$上具有二阶导数 $f''(x)$，且$f(1)=f(2)=0$. 证明：至少存在一点 $\xi\in(1,2)$，使 $F''(\xi)=0$.

4. 设函数 $f(x)$在闭区间$[0,1]$上可微，对于$[0,1]$上的每一个 x，函数 $f(x)$在开区间$(0,1)$内，且 $f'(x)\neq1$. 证明：在$(0,1)$内有且仅有一个 x，使 $f(x)=x$.

5. 当 $x\geqslant0$ 时，证明：

(1) $\sqrt{1+x}-\sqrt{x}=\dfrac{1}{2\sqrt{x+\theta(x)}}$，$\dfrac{1}{4}\leqslant\theta(x)\leqslant\dfrac{1}{2}$；

(2) $\lim\limits_{x\to0^+}\theta(x)=\dfrac{1}{4}$，$\lim\limits_{x\to+\infty}\theta(x)=\dfrac{1}{2}$.

6. 证明不等式：

(1) $\dfrac{1}{2^{p-1}}\leqslant x^p+(1-x)^p\leqslant1$，$0\leqslant x\leqslant1$，$p>1$；

(2) $\ln^2 b-\ln^2 a>\dfrac{4}{\mathrm{e}^2}(b-a)$，$\mathrm{e}<a<b<\mathrm{e}^2$.

7. 设函数 $f(x)$和 $g(x)$在$[a,b]$上存在二阶导数，且 $g''(x)\neq0$，$f(a)=f(b)=g(a)=g(b)=0$. 证明：

(1) 在开区间(a,b)内，$g(x)\neq0$；

(2) 在开区间(a,b)内至少存在一点 ξ，使得$\dfrac{f(\xi)}{g(\xi)}=\dfrac{f''(\xi)}{g''(\xi)}$.

8. 已知函数 $y(x)$由方程 $x^3+y^3-3x+3y-2=0$ 确定，求 $y(x)$的极值.

9. 设 $f(x)$在$[0,1]$上具有二阶导数，且 $f(0)=f(1)=0$，$\min\limits_{0<x<1}f(x)=-1$. 证明：存在一点 $\xi\in(0,1)$ 使 $f''(\xi)\geqslant8$.

10. 讨论函数 $y=2x^3-6x^2-18x+7$ 的单调性、凸性与拐点，并求极值.

第 6 章

不定积分

一、基本要求

1. 理解原函数与不定积分的概念.

2. 会灵活运用不定积分的性质及基本积分公式求不定积分.

3. 会灵活运用第一类换元积分法求不定积分,会用第二类换元积分法来求被积函数含有根式的不定积分.

4. 会灵活运用分部积分法求不定积分.

5. 会计算简单有理函数的不定积分.

二、知识网络图

- 不定积分
  - 基本概念
    - 原函数(定义 6.1)及存在定理(定理 6.1)
    - 不定积分(定义 6.2)
    - 不定积分的几何意义
  - 性质与公式
    - 不定积分的性质(线性性质)
    - 基本积分公式
  - 计算方法
    - 直接积分法
    - 换元积分法
      - 第一类换元积分法(凑微分法)(定理 6.2)
      - 第二类换元积分法(定理 6.3)
    - 分部积分法
  - 特殊函数的积分
    - 有理函数积分
    - 三角函数有理式积分
    - 某些无理函数积分

6.1 基本概念及性质

一、知识要点

1. 原函数

定义 6.1 设 $f(x)$是定义在区间 I 上的函数,若存在函数 $F(x)$,使得 $\forall x\in I$,都有

$$F'(x)=f(x) \quad 或 \quad \mathrm{d}F(x)=f(x)\mathrm{d}x,$$

则称 $F(x)$ 为 $f(x)$ 在区间 I 上的一个**原函数**.

定理 6.1(原函数存在定理) 如果 $f(x)$ 是定义在区间 I 上的连续函数,那么在 I 上一定存在可导函数 $F(x)$,使得 $\forall x\in I$,都有 $F'(x)=f(x)$. 换句话说,**连续函数一定具有原函数**.

因为初等函数在其定义区间上都是连续的,由定理 6.1 可知,初等函数在其定义区间上存在原函数. 注意这里所指的"定义区间"和"定义域"的区别.

2. 不定积分的定义

定义 6.2 函数 $f(x)$ 在区间 I 上的全体原函数称为 $f(x)$ 在区间 I 上的**不定积分**,记作 $\int f(x)\mathrm{d}x$,即 $\int f(x)\mathrm{d}x = F(x)+C$, 其中, $\int$ 称为积分号, $f(x)$ 称为被积函数, $f(x)\mathrm{d}x$ 称为被积表达式, x 称为积分变量, $F(x)$ 为 $f(x)$ 在区间 I 上的一个原函数. 除非特殊说明,本章中, C 表示任意常数.

3. 不定积分的几何解释

若 $F(x)$ 为函数 $f(x)$ 的一个原函数,则称 $y=F(x)$ 为 $f(x)$ 的一条**积分曲线**,称 $y=F(x)+C$ 为 $f(x)$ 的积分曲线族. 显然,族中的任意一条积分曲线可由另一条积分曲线沿 y 轴方向平移得到,且族中各条曲线在横坐标相同的点 x_0 处的切线平行,如图 6.1 所示.

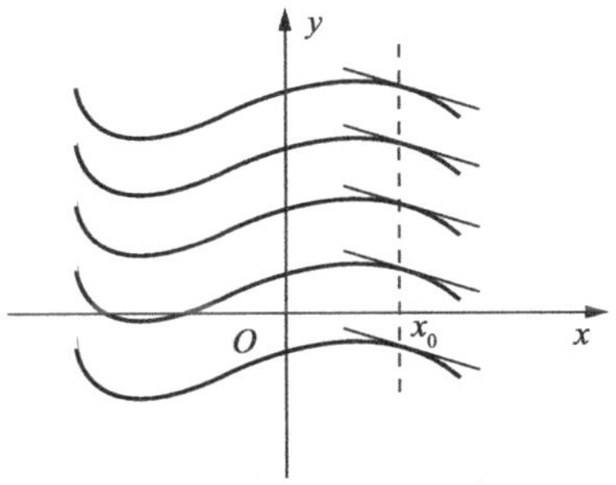

图 6.1

4. 基本积分公式一

(1) $\int k\mathrm{d}x = kx+C$, k 为常数;

(2) $\int x^{\mu}\mathrm{d}x = \dfrac{x^{\mu+1}}{\mu+1}+C,\mu\neq -1$;

(3) $\int \dfrac{1}{x}\mathrm{d}x = \ln|x|+C$;

(4) $\int a^x\mathrm{d}x = \dfrac{a^x}{\ln a}+C, a>0$, 且 $a\neq 1$;

(5) $\int \mathrm{e}^x\mathrm{d}x = \mathrm{e}^x+C$;

(6) $\int \sin x\mathrm{d}x = -\cos x+C$;

(7) $\int \cos x\mathrm{d}x = \sin x+C$;

(8) $\int \sec^2 x\mathrm{d}x = \tan x+C$;

(9) $\int \csc^2 x\mathrm{d}x = -\cot x+C$;

(10) $\int \sec x\tan x\mathrm{d}x = \sec x+C$;

(11) $\int \csc x\cot x\mathrm{d}x = -\csc x+C$;

(12) $\int \dfrac{1}{\sqrt{1-x^2}}\mathrm{d}x = \arcsin x+C = -\arccos x+C$;

(13) $\int \frac{1}{1+x^2}dx = \arctan x + C = -\text{arc}\cot x + C$;

(14) $\int \sinh x dx = \cosh x + C$; (15) $\int \cosh x dx = \sinh x + C$.

5. 不定积分的性质

线性性质：若 $f(x)$ 和 $g(x)$ 的原函数均存在，则对于任意的实数 α,β，有

$$\int [\alpha f(x) + \beta g(x)]dx = \alpha \int f(x)dx + \beta \int g(x)dx.$$

利用不定积分的基本公式和性质可以直接求一些简单函数的不定积分，但有时需要将被积函数经过适当的恒等变形后，再利用不定积分的性质和基本公式求出结果. 这种方法称为**直接积分法**.

二、疑难解析

1. 设函数 $f(x)$ 在区间 I 上是分段函数，它在区间 I 上是否存在原函数？举例说明.

答 不一定. 若分段函数在分段点是连续的，则它一定存在原函数(定理 6.1). 若分段函数的分段点是第一类间断点，则它在区间 I 上不存在原函数. 例如，$f(x)=\begin{cases}1, & x\geqslant 0,\\ -1, & x<0\end{cases}$ 不存在原函数. 再如，第 1 章中介绍的狄利克雷函数 $D(x)$、符号函数 $\text{sgn}(x)$ 和取整函数 $[x]$ 等，含有第一类间断点的函数都不存在原函数. 若分段函数的分段点是第二类间断点，则它在区间 I 上可能存在原函数. 例如，$x=0$ 是函数 $y=\frac{1}{x}$ 的第二类间断点，但是，$\int \frac{1}{x}dx = \ln|x| + C$.

2. 说法“由于初等函数在其定义域内都是连续的，初等函数在其定义域内存在原函数.”是否正确，说明理由.

答 错误. 应该是：初等函数在其定义区间内都是连续的，初等函数在其定义区间内存在原函数.

3. 注意到，$x=0$ 是函数 $y=\frac{1}{x}$ 的第二类间断点. 问题 1 指出了含有第二类间断点的函数有可能存在原函数，这与定理 6.1 是否矛盾？

答 不矛盾. 只要被积函数的间断点不是第一类间断点，就有可能存在原函数. 按照原函数的定义，当我们说“$F(x)$ 是 $f(x)$ 的原函数”，总是对某个特定区间 I 而言的. 原函数的定义中要求 $F(x)$ 在区间 I 处处存在导数，并且处处有 $F'(x)=f(x)$. 按照这个定义，在区间 $(-\infty,0)$，$\ln(-x)$ 是 $\frac{1}{x}$ 的原函数；在区间 $(0,+\infty)$，$\ln x$ 是 $\frac{1}{x}$ 的原函数. 但是，如果说“在区间 $(-\infty,+\infty)$，$\ln|x|$ 是 $\frac{1}{x}$ 的原函数”，则是不正确的.

在求不定积分的题目中，一般不要求指明区间，但是作为原函数的概念，必须正确地理解. 在利用微积分基本定理计算定积分时，以及将来求解微分方程时，如果不能正确地理解原函数概念与特定区间的联系，就会产生错误.

4. 两种运算符号 $d\int$ 和 $\int d$ 的意义是否一样？说明理由.

答 不一样. 对于微分运算(以记号 d 表示)和求不定积分的运算$\left(\right.$简称积分运算,以记号$\int$表示$\left.\right)$,当两个运算连在一起时,或者抵消,或者抵消后相差一个常数. 前者 $\mathrm{d}\int$ 是先积分后微分的运算,结果相互抵消;后者$\int\mathrm{d}$是先微分后积分的运算,结果是抵消后相差一个常数.

5. 线性性质$\int[\alpha f(x)+\beta g(x)]\mathrm{d}x=\alpha\int f(x)\mathrm{d}x+\beta\int g(x)\mathrm{d}x$ 有哪些推广形式和特殊形式.

答 (1) 线性性质对有限多个函数都是成立的,即对于任意的实数 $k_1,k_2,\cdots,k_n$,有

$$\int\left(\sum_{i=1}^{n}k_if_i(x)\right)\mathrm{d}x=\sum_{i=1}^{n}k_i\int f_i(x)\mathrm{d}x.$$

(2) 当 α,β 分别取特殊值时,线性性质分别对应于下面的公式:

$$\int[f(x)\pm g(x)]\mathrm{d}x=\int f(x)\mathrm{d}x\pm\int g(x)\mathrm{d}x;$$

$$\int kf(x)\mathrm{d}x=k\int f(x)\mathrm{d}x,\quad k\text{ 为非零常数}.$$

三、经典题型详解

题型 1 利用不定积分的线性性质(分项积分法)计算积分

例 6.1 求下列不定积分:

(1) $\int\left(3\sin x+\dfrac{2}{\sqrt{1-x^2}}\right)\mathrm{d}x$; (2) $\int\dfrac{1+2x^2}{x^2(1+x^2)}\mathrm{d}x$; (3) $\int\dfrac{5\cdot 3^x+3\cdot 5^x}{2^x}\mathrm{d}x$;

(4) $\int\dfrac{\cos 2x}{\cos x-\sin x}\mathrm{d}x$; (5) $\int\left(\sqrt{\dfrac{1+x}{1-x}}+\sqrt{\dfrac{1-x}{1+x}}\right)\mathrm{d}x$; (6) $\int\left(\dfrac{3\mathrm{e}^x+\mathrm{e}^{-x}-3}{4}\right)\mathrm{d}x$.

分析 利用不定积分的线性性质将被积函数分项或变形,然后通过基本积分公式计算.

解 (1) 将被积函数分项后,有

$$\int\left(3\sin x+\frac{2}{\sqrt{1-x^2}}\right)\mathrm{d}x=3\int\sin x\mathrm{d}x+2\int\frac{1}{\sqrt{1-x^2}}\mathrm{d}x=-3\cos x+2\arcsin x+C.$$

(2) 将被积函数分项后,有

$$\int\frac{1+2x^2}{x^2(1+x^2)}\mathrm{d}x=\int\frac{(1+x^2)+x^2}{x^2(1+x^2)}\mathrm{d}x=\int\frac{1}{x^2}\mathrm{d}x+\int\frac{1}{1+x^2}\mathrm{d}x=-\frac{1}{x}+\arctan x+C.$$

(3) 将被积函数分项后,有

$$\begin{aligned}\int\frac{5\cdot 3^x+3\cdot 5^x}{2^x}\mathrm{d}x&=5\int\left(\frac{3}{2}\right)^x\mathrm{d}x+3\int\left(\frac{5}{2}\right)^x\mathrm{d}x\\&=\frac{5}{\ln 3-\ln 2}\left(\frac{3}{2}\right)^x+\frac{3}{\ln 5-\ln 2}\left(\frac{5}{2}\right)^x+C.\end{aligned}$$

(4) 利用倍角公式,有

$$\begin{aligned}\int\frac{\cos 2x}{\cos x-\sin x}\mathrm{d}x&=\int\frac{\cos^2x-\sin^2x}{\cos x-\sin x}\mathrm{d}x=\int\frac{(\cos x+\sin x)(\cos x-\sin x)}{\cos x-\sin x}\mathrm{d}x\\&=\int(\cos x+\sin x)\mathrm{d}x=\sin x-\cos x+C.\end{aligned}$$

(5) 先将被积表达式化简，有

$$\int\left(\sqrt{\frac{1+x}{1-x}}+\sqrt{\frac{1-x}{1+x}}\right)\mathrm{d}x=2\int\frac{1}{\sqrt{1-x^2}}\mathrm{d}x=2\arcsin x+C.$$

(6) $\int\left(\frac{3\mathrm{e}^x+\mathrm{e}^{-x}-3}{4}\right)\mathrm{d}x=\frac{1}{4}\int(3\mathrm{e}^x+\mathrm{e}^{-x}-3)\mathrm{d}x=\frac{1}{4}(3\mathrm{e}^x-\mathrm{e}^{-x}-3x)+C.$

题型 2　分段函数的积分

例 6.2　求分段函数 $f(x)=\begin{cases}\sin^2\frac{x}{2}, & x\in(-\infty,0),\\ \frac{2x^2}{1+x^2}, & x\in[0,+\infty)\end{cases}$ 的不定积分.

分析　先分段求函数的不定积分，由于每个分段都含有任意常数，需要寻求共同的任意常数.

解　易见，分段函数 $f(x)$ 在点 $x=0$ 处连续，由定理 6.1 知，它一定存在原函数.

当 $x<0$ 时，$\int\sin^2\frac{x}{2}\mathrm{d}x=\int\frac{1-\cos x}{2}\mathrm{d}x=\frac{x-\sin x}{2}+C_1$；

当 $x\geqslant 0$ 时，$\int\frac{2x^2}{1+x^2}\mathrm{d}x=\int\left(2-2\frac{1}{1+x^2}\right)\mathrm{d}x=2x-2\arctan x+C_2.$

因此有 $\int f(x)\mathrm{d}x=\begin{cases}\frac{x-\sin x}{2}+C_1, & x\in(-\infty,0),\\ 2x-2\arctan x+C_2, & x\in[0,+\infty).\end{cases}$

由于在不同区间内，C_1,C_2 不一定相同，需要进一步确定 C_1,C_2 之间的关系. 因为原函数在点 $x=0$ 处连续且可导，可得 $C_2=C_1$. 令 $C_1=C$，则有

$$\int f(x)\mathrm{d}x=\begin{cases}\frac{x-\sin x}{2}+C, & x\in(-\infty,0),\\ 2x-2\arctan x+C, & x\in[0,+\infty).\end{cases}$$

四、课后习题选解(习题 6.1)

A 类题

1. 求下列不定积分：

(1) $\int x\sqrt[3]{x^2}\mathrm{d}x$；　(2) $\int\left(x^2+\frac{x}{3}+\frac{1}{x}+\frac{2}{x^2}\right)\mathrm{d}x$；　(3) $\int(3^x+\mathrm{e}^x+3^x\mathrm{e}^x)\mathrm{d}x$；

(4) $\int(2\cos x+5\sec^2x)\mathrm{d}x$；　(5) $\int\left(\frac{2}{\sqrt{1-x^2}}-\frac{3}{1+x^2}\right)\mathrm{d}x$；　(6) $\int\frac{x^4}{1+x^2}\mathrm{d}x$.

分析　综合利用基本积分公式和不定积分的性质进行计算.

解　(1) $\int x\sqrt[3]{x^2}\mathrm{d}x=\int x^{\frac{5}{3}}\mathrm{d}x=\frac{3}{8}x^{\frac{8}{3}}+C.$

(2) 将被积函数分项后，有

$$\begin{aligned}\int\left(x^2+\frac{x}{3}+\frac{1}{x}+\frac{2}{x^2}\right)\mathrm{d}x&=\int x^2\mathrm{d}x+\frac{1}{3}\int x\mathrm{d}x+\int\frac{1}{x}\mathrm{d}x+2\int x^{-2}\mathrm{d}x\\&=\frac{1}{3}x^3+\frac{1}{6}x^2+\ln|x|-\frac{2}{x}+C.\end{aligned}$$

(3) 将被积函数分项后，有

$$\int(3^x+e^x+3^xe^x)dx=\int 3^xdx+\int e^xdx+\int(3e)^xdx=\frac{3^x}{\ln 3}+e^x+\frac{(3e)^x}{\ln(3e)}+C.$$

(4) 将被积函数分项后，有

$$\int(2\cos x+5\sec^2 x)dx=2\int\cos xdx+5\int\sec^2 xdx=2\sin x+5\tan x+C.$$

(5) 将被积函数分项后，有

$$\int\left(\frac{2}{\sqrt{1-x^2}}-\frac{3}{1+x^2}\right)dx=2\int\frac{1}{\sqrt{1-x^2}}dx-3\int\frac{1}{1+x^2}dx=2\arcsin x-3\arctan x+C.$$

(6) 将被积函数分项后，有

$$\begin{aligned}\int\frac{x^4}{1+x^2}dx&=\int\frac{x^4-1+1}{1+x^2}dx=\int\frac{x^4-1}{1+x^2}dx+\int\frac{1}{1+x^2}dx\\&=\int\frac{(x^2+1)(x^2-1)}{1+x^2}dx+\int\frac{1}{1+x^2}dx=\int(x^2-1)dx+\int\frac{1}{1+x^2}dx\\&=\frac{1}{3}x^3-x+\arctan x+C.\end{aligned}$$

2. 已知曲线 $y=f(x)$ 上任一点的切线的斜率都比该点的横坐标的立方少 1，且曲线经过点(1,1)，求该曲线的方程.

分析 利用导数的几何意义建立函数与导数之间的关系，然后积分，结合所给定点的坐标求出曲线方程.

解 由导数的几何意义可知，$f'(x)=x^3-1$，对上式两边关于 x 积分，得

$$f(x)=\int(x^3-1)dx=\frac{x^4}{4}-x+C.$$

由于曲线经过点(1,1)，所以 $1=\frac{1}{4}-1+C$， 故 $C=\frac{7}{4}$，因此，所求曲线方程为 $y=f(x)=\frac{x^4}{4}-x+\frac{7}{4}$.

3. 一质点由静止开始运动，经过 t 秒后速度为 $v(t)=4t^2+t+2$(m/s)，问：

(1) 10s 后，质点离开出发点的距离 s 是多少？

(2) 质点走完 318m 需要多少时间？

分析 根据速度与位移之间的导数关系建立等式.

解 由 $s'(t)=v(t)=4t^2+t+2$，可得 $s(t)=\int v(t)dt=\frac{4}{3}t^3+\frac{1}{2}t^2+2t+C$，其中 C 是任意常数.

由已知“质点由静止开始运动”可得初始位移为 $s(0)=0$，因此 $C=0$，即 $s(t)=\frac{4}{3}t^3+\frac{1}{2}t^2+2t$.

(1) 10s 后，质点离开出发点的距离 s 为

$$s(10)=\frac{4}{3}\times 1000+\frac{1}{2}\times 100+2\times 10=\frac{4210}{3}(\text{m}).$$

(2) 根据位移表达式不难求得，质点走完 318(m)需要的时间为 6(s).

4. 验证下列等式，并说明它们各自的意义.

(1) $\int f'(x)dx=f(x)+C$； (2) $d\int f(x)dx=f(x)dx$.

分析 利用不定积分和微分的定义证明.

证 (1) 由于 $df(x)=f'(x)dx$，即 $f(x)$ 是 $f'(x)$ 的一个原函数，根据不定积分的定义知

$$\int f'(x)dx=\int df(x)=f(x)+C.$$

(2) 设 $\int f(x)dx=F(x)+C$，即 $F(x)$ 是 $f(x)$ 的一个原函数，则 $dF(x)=f(x)dx$，所以有

$$d\int f(x)dx = d(F(x)+C) = dF(x) = f(x)dx.$$ 证毕

意义：式(1)表示的是积分运算，最后的结果含有一个任意常数；(2)表示的是微分运算，最后的结果是等于原积分号中的被积表达式.

B类题

1. 求下列不定积分：

(1) $\int \sqrt[m]{x^n}dx$；　(2) $\int \sqrt{x\sqrt{x\sqrt{x}}}dx$；　(3) $\int (5^x e^x + 3\csc^2 x + 2)dx$；

(4) $\int (2\cosh x + \sinh x)dx$；　(5) $\int \left(\frac{e^x - e^{-x} + 1}{2}\right)dx$；　(6) $\int \frac{e^{3x}+1}{e^x+1}dx$；

(7) $\int \frac{1+\sin 2x}{\sin x + \cos x}dx$；　(8) $\int \frac{1+\cos^3 x}{1+\cos 2x}dx$.

分析　对被积表达式进行适当的变形，然后综合利用基本初等函数的不定积分公式和不定积分的性质进行计算.

解　(1) $\int \sqrt[m]{x^n}dx = \int x^{\frac{n}{m}}dx = \frac{1}{\frac{n}{m}+1}x^{\frac{n}{m}+1} + C = \frac{m}{n+m}x^{\frac{n+m}{m}} + C.$

(2) $\int \sqrt{x\sqrt{x\sqrt{x}}}dx = \int x^{\frac{7}{8}}dx = \frac{8}{15}x^{\frac{15}{8}} + C.$

(3) 将被积函数分项后，有

$$\int (5^x e^x + 3\csc^2 x + 2)dx = \int (5e)^x dx + \int 3\csc^2 x dx + \int 2dx = \frac{1}{\ln(5e)}(5e)^x - 3\cot x + 2x + C.$$

(4) 将被积函数分项后，有

$$\int (2\cosh x + \sinh x)dx = 2\int \cosh x dx + \int \sinh x dx = 2\sinh x + \cosh x + C.$$

(5) 将被积函数分项后，有

$$\int \left(\frac{e^x - e^{-x} + 1}{2}\right)dx = \frac{1}{2}\int (e^x - e^{-x} + 1)dx = \frac{1}{2}(e^x + e^{-x} + x) + C.$$

(6) 将被积函数的分母因式分解后，有

$$\int \frac{e^{3x}+1}{e^x+1}dx = \int \frac{(e^x+1)(e^{2x}-e^x+1)}{e^x+1}dx = \int (e^{2x}-e^x+1)dx = \frac{1}{2}e^{2x} - e^x + x + C.$$

(7) 利用三角恒等式，有

$$\int \frac{1+\sin 2x}{\sin x + \cos x}dx = \int \frac{\sin^2 x + \cos^2 x + 2\sin x\cos x}{\sin x + \cos x}dx = \int \frac{(\sin x + \cos x)^2}{\sin x + \cos x}dx$$

$$= \int (\sin x + \cos x)dx = -\cos x + \sin x + C.$$

(8) 利用半角公式，有

$$\int \frac{1+\cos^3 x}{1+\cos 2x}dx = \int \frac{1+\cos^3 x}{2\cos^2 x}dx = \frac{1}{2}\int \sec^2 x dx + \frac{1}{2}\int \cos x dx = \frac{1}{2}\tan x + \frac{1}{2}\sin x + C.$$

2. 对任意 $x\in\mathbf{R}$，$f'(\sin^2 x) = \cos^2 x + 2$，且 $f(1)=1$，求 $f(x)$.

分析　先求出 $f'(x)$ 的表达式，然后积分，最后利用 $f(1)=1$ 确定任意常数.

解　因为 $f'(\sin^2 x) = \cos^2 x + 2 = 1 - \sin^2 x + 2 = 3 - \sin^2 x$，所以 $f'(x) = 3 - x$，两边关于 x 积分可得

$$f(x) = \int f'(x)dx = \int (3-x)dx = 3x - \frac{1}{2}x^2 + C.$$

由条件 $f(1)=1$ 可得,$C=-\frac{3}{2}$. 于是 $f(x)=-\frac{1}{2}x^2+3x-\frac{3}{2}$.

3. 已知 $f'(x)=\begin{cases}\sin x, & x<0,\\ x^2+x, & x\geqslant 0,\end{cases}$ 求 $f(x)$.

分析 对于分段函数 $f'(x)$,易见函数在各分段区间是初等函数,并且容易验证在分段点处连续,因此可积. 分别在两段区间上关于 x 积分,然后利用分段点处的连续条件给出 $f(x)$ 的表达式.

解 当 $x\geqslant 0$ 时,$\int f'(x)\mathrm{d}x=\int(x^2+x)\mathrm{d}x=\frac{1}{3}x^3+\frac{1}{2}x^2+C_1$;

当 $x<0$ 时,$\int f'(x)\mathrm{d}x=\int \sin x\mathrm{d}x=-\cos x+C_2$,

其中 C_1,C_2 是各自表达式中任意常数. 因为 $f(x)$ 在 $x=0$ 处导数存在,所以在该点必连续,有 $C_2-1=C_1$. 因此有

$$f(x)=\begin{cases}-\cos x+C, & x<0,\\ \frac{1}{3}x^3+\frac{1}{2}x^2-1+C, & x\geqslant 0.\end{cases}$$

4. 已知 $f'(x)=\begin{cases}x^3+2x+1, & x<0,\\ \mathrm{e}^x, & x\geqslant 0,\end{cases}$ 且 $f(0)=2$,求 $f(x)$.

分析 与第 3 题类似. 先分段求积分,然后利用已知条件确定任意常数.

解 由已知条件不难求得

$$f(x)=\begin{cases}\frac{1}{4}x^4+x^2+x+C_1, & x<0,\\ \mathrm{e}^x+C_2, & x\geqslant 0,\end{cases}$$

其中 C_1,C_2 是各自表达式中任意常数. 因为 $f(x)$ 在 $x=0$ 连续,且 $f(0)=2$,则 $C_1=2,C_2=1$,因此有

$$f(x)=\begin{cases}\frac{1}{4}x^4+x^2+x+2, & x<0,\\ \mathrm{e}^x+1, & x\geqslant 0.\end{cases}$$

6.2 换元积分法

一、知识要点

1. 第一类换元积分法

定理 6.2(第一类换元积分法) 设 $f(u)$ 具有原函数 $F(u)$. 若 $u=\varphi(x)$ 是可微的中间变量,则有换元公式

$$\int f[\varphi(x)]\varphi'(x)\mathrm{d}x=\int f(u)\mathrm{d}u=F(u)\big|_{u=\varphi(x)}+C=F[\varphi(x)]+C.$$

常用的凑微分形式如下:

(1) $\int f(ax+b)\mathrm{d}x=\frac{1}{a}\int f(ax+b)\mathrm{d}(ax+b),a\neq 0$;

(2) $\int f(x^\mu)x^{\mu-1}\mathrm{d}x=\frac{1}{\mu}\int f(x^\mu)\mathrm{d}(x^\mu),\mu\neq 0$;

(3) $\int f(\ln x)\frac{1}{x}\mathrm{d}x=\int f(\ln x)\mathrm{d}(\ln x)$;

(4) $\int f(\mathrm{e}^x)\mathrm{e}^x\mathrm{d}x=\int f(\mathrm{e}^x)\mathrm{d}(\mathrm{e}^x)$;

(5) $\int f(a^x)a^x \mathrm{d}x = \frac{1}{\ln a}\int f(a^x)\mathrm{d}(a^x)$；

(6) $\int f(\sin x)\cos x \mathrm{d}x = \int f(\sin x)\mathrm{d}(\sin x)$；

(7) $\int f(\cos x)\sin x \mathrm{d}x = -\int f(\cos x)\mathrm{d}(\cos x)$；

(8) $\int f(\tan x)\sec^2 x \mathrm{d}x = \int f(\tan x)\mathrm{d}(\tan x)$；

(9) $\int f(\cot x)\csc^2 x \mathrm{d}x = -\int f(\cot x)\mathrm{d}(\cot x)$；

(10) $\int f(\arctan x)\frac{1}{1+x^2}\mathrm{d}x = \int f(\arctan x)\mathrm{d}(\arctan x)$；

(11) $\int f(\arcsin x)\frac{1}{\sqrt{1-x^2}}\mathrm{d}x = \int f(\arcsin x)\mathrm{d}(\arcsin x)$.

2. 第二类换元积分法

定理 6.3(第二类换元积分法) 设 $x=\psi(t)$是单调、可微的函数，且 $\psi'(t)\neq 0$；又设 $F(t)$ 是 $f[\psi(t)]\psi'(t)$的一个原函数，则有换元公式

$$\int f(x)\mathrm{d}x = \int f[\psi(t)]\psi'(t)\mathrm{d}t = F(t)+C = F(\psi^{-1}(x))+C,$$

其中 $t=\psi^{-1}(x)$是 $x=\psi(t)$的反函数.

当被积函数中含有如下类型的根式时，可用三角代换：

(1) $\sqrt{a^2-x^2}$，可令 $x=a\sin t$； (2) $\sqrt{a^2+x^2}$，可令 $x=a\tan t$；

(3) $\sqrt{x^2-a^2}$，可令 $x=a\sec t$.

3. 基本积分公式二

(16) $\int \tan x \mathrm{d}x = -\ln|\cos x|+C$； (17) $\int \cot x \mathrm{d}x = \ln|\sin x|+C$；

(18) $\int \csc x \mathrm{d}x = \ln|\csc x-\cot x|+C$； (19) $\int \sec x \mathrm{d}x = \ln|\sec x+\tan x|+C$；

(20) $\int \frac{1}{\sqrt{a^2-x^2}}\mathrm{d}x = \arcsin\frac{x}{a}+C$； (21) $\int \frac{1}{a^2+x^2}\mathrm{d}x = \frac{1}{a}\arctan\frac{x}{a}+C$；

(22) $\int \frac{1}{x^2-a^2}\mathrm{d}x = \frac{1}{2a}\ln\left|\frac{x-a}{x+a}\right|+C$；

(23) $\int \frac{1}{\sqrt{x^2-a^2}}\mathrm{d}x = \ln\left|x+\sqrt{x^2-a^2}\right|+C$；

(24) $\int \frac{1}{\sqrt{x^2+a^2}}\mathrm{d}x = \ln\left|x+\sqrt{x^2+a^2}\right|+C$.

二、疑难解析

1. 在使用第一类换元法计算不定积分时，凑微分的原则是什么？

答 基本原则是：将 $\int f(u)\mathrm{d}u$ 中的 $f(u)$变为表达式较简单且便于计算的积分. 首先是

根据被积函数的特点，确定中间变量 $\varphi'(x)\mathrm{d}x=\mathrm{d}u$ 的形式；然后令 $u=\varphi(x)$，进行变量替换，将积分变为 $\int f(u)\mathrm{d}u$，并计算积分；最后将所做的替换 $u=\varphi(x)$ 替换积分结果中的 u.

2. 在求出原函数后，为什么有些自然对数函数 $\ln\varphi(x)$ 的真函数 $\varphi(x)$ 需要加上绝对值符号，而有些不用？

答 主要是看自然对数函数的真函数是否恒大于零. 如果是，则不用加绝对值符号；否则需要加上绝对值符号.

3. 使用第二类换元法求不定积分的基本思路是什么？

答 在满足定理 6.3 的条件下，使用第二类换元法的基本思路是：对于含有无理式的被积函数，利用直接代换或三角代换将一些无理式进行有理化，然后再计算不定积分；对于某些有理函数，当分母的次数比分子的次数高很多时，利用倒代换进行变换再计算. 参见后面的例题和习题.

4. 当被积函数是三角函数(正弦或余弦)时，如何求其不定积分？

答 当不能直接积分时，根据被积函数的特点，或者用三角恒等式进行化简，或者拆项凑微分. 计算要点是：当被积函数是两个一次三角函数的乘积时，利用积化和差公式将被积函数拆成两项三角函数，再求其积分；当被积函数的表达式中含有奇次项时，如形式为 $\sin^{2k+1}x\cos^{2n}x$ 或 $\sin^{2k}x\cos^{2n+1}x(k,n\in\mathbf{N})$，通常拆开奇次项去凑微分；当它们只含有偶数次幂项时，常用半角公式将其降低幂次后再进行计算. 若上述方法皆不可行，可以尝试使用万能代换计算.

三、经典题型详解

题型 1 利用第一类换元法求不定积分

例 6.3 求下列不定积分：

(1) $\int\frac{e^x}{2+3e^x}\mathrm{d}x$； (2) $\int\frac{e^{\sqrt{x}}+\sin\sqrt{x}}{\sqrt{x}}\mathrm{d}x$； (3) $\int\frac{\sin x\cos x}{1+\cos^4x}\mathrm{d}x$；

(4) $\int\cos2x\cos3x\mathrm{d}x$； (5) $\int\frac{\sec^2x+2\tan x+3}{\cos^2x}\mathrm{d}x$； (6) $\int\left(\frac{e^{\arctan x}+x\ln(1+x^2)}{1+x^2}\right)\mathrm{d}x$.

分析 根据被积表达式的特点，按照前面介绍的凑微分格式，先凑微分，再求不定积分.

解 (1) 根据分母的信息，将分子凑成微分的形式，即 $e^x\mathrm{d}x=\frac{1}{3}\mathrm{d}(2+3e^x)$，于是

$$\int\frac{e^x}{2+3e^x}\mathrm{d}x=\frac{1}{3}\int\frac{1}{2+3e^x}\mathrm{d}(2+3e^x)=\frac{1}{3}\ln(2+3e^x)+C.$$

(2) 根据表达式的信息，采用凑微分的形式是 $\frac{1}{\sqrt{x}}\mathrm{d}x=2\mathrm{d}\,(\sqrt{x})$，于是

$$\int\frac{e^{\sqrt{x}}+\sin\sqrt{x}}{\sqrt{x}}\mathrm{d}x=2\int e^{\sqrt{x}}\mathrm{d}(\sqrt{x})+2\int\sin\sqrt{x}\mathrm{d}(\sqrt{x})=2e^{\sqrt{x}}-2\cos\sqrt{x}+C.$$

(3) 根据分母提供的信息，将分子凑成微分的形式，即 $\sin x\cos x\mathrm{d}x=-\frac{1}{2}\mathrm{d}(\cos^2x)$，于是

$$\int\frac{\sin x\cos x}{1+\cos^4x}\mathrm{d}x=-\frac{1}{2}\int\frac{1}{1+(\cos^2x)^2}\mathrm{d}(\cos^2x)=-\frac{1}{2}\arctan\,(\cos^2x)+C.$$

(4) 由积化和差公式,有 $\cos2x\cos3x=\frac{1}{2}(\cos5x+\cos x)$. 于是

$$\int\cos2x\cos3x\mathrm{d}x=\frac{1}{2}\int(\cos5x+\cos x)\mathrm{d}x=\frac{1}{2}\left[\frac{1}{5}\int\cos5x\mathrm{d}(5x)+\int\cos x\mathrm{d}x\right]$$
$$=\frac{1}{10}\sin5x+\frac{1}{2}\sin x+C.$$

(5) 由三角恒等式$\sec^2x=\tan^2x+1$,可得

$$\int\frac{\sec^2x+2\tan x+3}{\cos^2x}\mathrm{d}x=\int\frac{\tan^2x+2\tan x+4}{\cos^2x}\mathrm{d}x$$
$$=\int(\tan^2x+2\tan x+4)\mathrm{d}(\tan x)$$
$$=\frac{1}{3}\tan^3x+\tan^2x+4\tan x+C.$$

(6) 先拆项,再凑微分,即$\frac{1}{1+x^2}\mathrm{d}x=\mathrm{d}(\arctan x)$,$\frac{x}{1+x^2}\mathrm{d}x=\frac{1}{2}\mathrm{d}(\ln(1+x^2))$. 于是

$$\int\left(\frac{\mathrm{e}^{\arctan x}+x\ln(1+x^2)}{1+x^2}\right)\mathrm{d}x=\int\frac{\mathrm{e}^{\arctan x}}{1+x^2}\mathrm{d}x+\int\frac{x\ln(1+x^2)}{1+x^2}\mathrm{d}x$$
$$=\int\mathrm{e}^{\arctan x}\mathrm{d}(\arctan x)+\frac{1}{2}\int\frac{\ln(1+x^2)}{1+x^2}\mathrm{d}(1+x^2)$$
$$=\mathrm{e}^{\arctan x}+\frac{1}{4}[\ln(1+x^2)]^2+C.$$

题型2 利用第二类换元法求不定积分

例6.4 求下列不定积分:

(1) $\int\frac{1}{2+\sqrt[3]{2+3x}}\mathrm{d}x$;　　(2) $\int x^3\sqrt{1-x^2}\mathrm{d}x$;　　(3) $\int\frac{1}{x\sqrt{x^2-1}}\mathrm{d}x$.

分析 根据被积表达式的特点,选择适当的变换求积分.

解 (1) 令$\sqrt[3]{2+3x}=t$,则 $x=\frac{1}{3}(t^3-2)$,$\mathrm{d}x=t^2\mathrm{d}t$,代入积分,得

$$\int\frac{1}{2+\sqrt[3]{2+3x}}\mathrm{d}x=\int\frac{t^2}{2+t}\mathrm{d}t=\int(t-2)\mathrm{d}t+\int\frac{4}{2+t}\mathrm{d}t$$
$$=\frac{1}{2}t^2-2t+4\ln(t+2)+C$$
$$=\frac{1}{2}\sqrt[3]{(2+3x)^2}-2\sqrt[3]{2+3x}+4\ln|\sqrt[3]{2+3x}+2|+C.$$

(2) 令 $x=\sin t$,$t\in\left(-\frac{\pi}{2},\frac{\pi}{2}\right)$,满足定理6.3的条件,则有 $\mathrm{d}x=\cos t\mathrm{d}t$,于是

$$\int x^3\sqrt{1-x^2}\mathrm{d}x=\int\sin^3t\cdot\cos^2t\mathrm{d}t=-\int\sin^2t\cdot\cos^2t\mathrm{d}(\cos t)$$
$$=-\int(1-\cos^2t)\cos^2t\mathrm{d}(\cos t)=\int(\cos^4t-\cos^2t)\mathrm{d}(\cos t)$$
$$=\frac{1}{5}\cos^5t-\frac{1}{3}\cos^3t+C=\frac{1}{5}(1-x^2)^{\frac{5}{2}}-\frac{1}{3}(1-x^2)^{\frac{3}{2}}+C.$$

(3) 当 $x>1$ 时,令 $x=\sec t, t\in\left(0,\frac{\pi}{2}\right)$,则 $dx=\sec t\cdot\tan t dt$. 于是有

$$\int\frac{1}{x\sqrt{x^2-1}}dx=\int\frac{1}{\sec t\cdot\tan t}\sec t\cdot\tan t dt=t+C=\arccos\frac{1}{x}+C.$$

当 $x<-1$ 时,不难求得 $\int\frac{1}{x\sqrt{x^2-1}}dx=\arccos\left(-\frac{1}{x}\right)+C.$

综上,有 $\int\frac{1}{x\sqrt{x^2-1}}dx=\arccos\frac{1}{|x|}+C.$

此题也可以用凑微分的方法计算,但要注意去绝对值时的符号

$$\int\frac{1}{x\sqrt{x^2-1}}dx=\int\frac{1}{x\cdot|x|\sqrt{1-(1/x)^2}}dx.$$

当 $x>1$ 时,有

$$\int\frac{1}{x\sqrt{x^2-1}}dx=\int\frac{1}{x^2\sqrt{1-(1/x)^2}}dx=-\int\frac{1}{\sqrt{1-(1/x)^2}}d\left(\frac{1}{x}\right)=\arccos\frac{1}{x}+C.$$

同样,当 $x<-1$ 时,有

$$\int\frac{1}{x\sqrt{x^2-1}}dx=-\int\frac{1}{x^2\sqrt{1-(1/x)^2}}dx$$

$$=-\int\frac{1}{\sqrt{1-(1/x)^2}}d\left(-\frac{1}{x}\right)=\arccos\left(-\frac{1}{x}\right)+C.$$

综上,有 $\int\frac{1}{x\sqrt{x^2-1}}dx=\arccos\frac{1}{|x|}+C.$

题型 3 综合应用题

例 6.5 设 $\int xf(x)dx=\arctan x+C$,求 $\int\frac{1}{f(x)}dx.$

分析 对已知等式关于 x 求导,求出 $f(x)$ 的表达式,再代入 $\int\frac{1}{f(x)}dx$ 计算.

解 对等式 $\int xf(x)dx=\arctan x+C$ 两边关于 x 求导可得,$xf(x)=\frac{1}{1+x^2}$,进而得到

$$\frac{1}{f(x)}=x(1+x^2),$$

代入积分,得 $\int\frac{1}{f(x)}dx=\int x(1+x^2)dx=\frac{1}{2}x^2+\frac{1}{4}x^4+C.$

四、课后习题选解(习题 6.2)

A类题

1. 用第一类换元法求下列积分:

(1) $\int(2x+3)^{21}dx$; (2) $\int x^2(x^3+2)^4dx$; (3) $\int\frac{2x}{\sqrt{1+x^2}}dx$;

(4) $\int xe^{-x^2+2}dx$; (5) $\int\frac{1}{x}(1+\ln x)dx$; (6) $\int\frac{\ln^2x}{x}dx$;

(7) $\int \frac{e^x}{1+e^{2x}}dx$； (8) $\int e^{\cos x}\sin x dx$； (9) $\int \cos x(\sin^3 x+1)dx$；

(10) $\int \frac{\tan^3 x+\tan x+2}{\cos^2 x}dx$； (11) $\int \frac{e^{\arcsin x}}{\sqrt{1-x^2}}dx$； (12) $\int \frac{(\arctan x)^5}{1+x^2}dx$；

(13) $\int \frac{\cos\sqrt{x}}{\sqrt{x}}dx$； (14) $\int \frac{\sin x+\cos x}{\sqrt{\sin x-\cos x}}dx$； (15) $\int \frac{3}{2+2x+x^2}dx$；

(16) $\int \cos^5 x dx$； (17) $\int \sin^2(\omega x+\varphi)\cos(\omega x+\varphi)dx$； (18) $\int \sin x\cos 4x dx$.

分析 根据被积函数的特点,凑成基本积分公式中的形式.

解 (1) $\int (2x+3)^{21}dx = \frac{1}{2}\int (2x+3)^{21}d(2x+3) = \frac{1}{2}\frac{1}{22}(2x+3)^{22}+C$

$$= \frac{1}{44}(2x+3)^{22}+C.$$

(2) $\int x^2(x^3+2)^4 dx = \frac{1}{3}\int (x^3+2)^4 d(x^3+2) = \frac{1}{15}(x^3+2)^5+C.$

(3) $\int \frac{2x}{\sqrt{1+x^2}}dx = \int (1+x^2)^{-\frac{1}{2}}d(1+x^2) = 2(1+x^2)^{\frac{1}{2}}+C.$

(4) $\int xe^{-x^2+2}dx = -\frac{1}{2}\int e^{-x^2+2}d(-x^2+2) = -\frac{1}{2}e^{-x^2+2}+C.$

(5) $\int \frac{1}{x}(1+\ln x)dx = \int (1+\ln x)d(1+\ln x) = \frac{1}{2}(1+\ln x)^2+C.$

(6) $\int \frac{\ln^2 x}{x}dx = \int \ln^2 x d(\ln x) = \frac{1}{3}\ln^3 x+C.$

(7) $\int \frac{e^x}{1+e^{2x}}dx = \int \frac{1}{1+(e^x)^2}d(e^x) = \arctan(e^x)+C.$

(8) $\int e^{\cos x}\sin x dx = -\int e^{\cos x}d(\cos x) = -e^{\cos x}+C.$

(9) $\int \cos x(\sin^3 x+1)dx = \int (\sin^3 x+1)d(\sin x) = \frac{1}{4}\sin^4 x+\sin x+C.$

(10) $\int \frac{\tan^3 x+\tan x+2}{\cos^2 x}dx = \int (\tan^3 x+\tan x+2)d(\tan x)$

$$= \frac{1}{4}\tan^4 x+\frac{1}{2}\tan^2 x+2\tan x+C.$$

(11) $\int \frac{e^{\arcsin x}}{\sqrt{1-x^2}}dx = \int e^{\arcsin x}d(\arcsin x) = e^{\arcsin x}+C.$

(12) $\int \frac{(\arctan x)^5}{1+x^2}dx = \int (\arctan x)^5 d(\arctan x) = \frac{1}{6}(\arctan x)^6+C.$

(13) $\int \frac{\cos\sqrt{x}}{\sqrt{x}}dx = 2\int \cos\sqrt{x}d(\sqrt{x}) = 2\sin\sqrt{x}+C.$

(14) $\int \frac{\sin x+\cos x}{\sqrt{\sin x-\cos x}}dx = \int \frac{1}{\sqrt{\sin x-\cos x}}d(\sin x-\cos x) = 2\sqrt{\sin x-\cos x}+C.$

(15) $\int \frac{3}{2+2x+x^2}dx = 3\int \frac{1}{1+(1+x)^2}d(1+x) = 3\arctan(1+x)+C.$

(16) $\int \cos^5 x dx = \int (1-\sin^2 x)^2\cos x dx = \int (1-2\sin^2 x+\sin^4 x)d(\sin x)$

$$= \sin x-\frac{2}{3}\sin^3 x+\frac{1}{5}\sin^5 x+C.$$

(17) $\int \sin^2(\omega x+\varphi)\cos(\omega x+\varphi)dx = \frac{1}{\omega}\int \sin^2(\omega x+\varphi)d(\sin(\omega x+\varphi)) = \frac{1}{3\omega}\sin^3(\omega x+\varphi)+C.$

(18) 因为 $\sin x\cos 4x=\frac{1}{2}(\sin 5x-\sin 3x)$，所以

$$\int \sin x\cos 4x\mathrm{d}x=\frac{1}{2}\int(\sin 5x-\sin 3x)\mathrm{d}x=\frac{1}{2}\left[\frac{1}{5}\int \sin 5x\mathrm{d}(5x)-\frac{1}{3}\int \sin 3x\mathrm{d}(3x)\right]$$
$$=-\frac{1}{10}\cos 5x+\frac{1}{6}\cos 3x+C.$$

2. 用第二类换元法求下列积分：

(1) $\int \sqrt{1+\mathrm{e}^x}\mathrm{d}x$；　(2) $\int \frac{1}{(x+1)\sqrt{x}}\mathrm{d}x$；　(3) $\int \frac{x+1}{x\sqrt{x-2}}\mathrm{d}x$；

(4) $\int \frac{x^2}{\sqrt{1-x^2}}\mathrm{d}x$；　(5) $\int \frac{1}{\sqrt{x^2+4}}\mathrm{d}x$；　(6) $\int \frac{1}{\sqrt{(x^2+1)^3}}\mathrm{d}x$；

(7) $\int \frac{\sqrt{x^2-4}}{x}\mathrm{d}x$.

分析 根据被积函数的特点，选择合理的计算公式将根式有理化，再计算.

解 (1) 令 $\sqrt{1+\mathrm{e}^x}=t$，则 $x=\ln(t^2-1)$，$\mathrm{d}x=\frac{2t}{t^2-1}\mathrm{d}t$，代入积分，得

$$\int \sqrt{1+\mathrm{e}^x}\mathrm{d}x=\int \frac{2t^2}{t^2-1}\mathrm{d}t=\int 2\mathrm{d}t+\int \frac{2}{t^2-1}\mathrm{d}t=\int 2\mathrm{d}t+\int\left(\frac{1}{t-1}-\frac{1}{t+1}\right)\mathrm{d}t$$
$$=2t+\ln(t-1)-\ln(t+1)+C$$
$$=2\sqrt{1+\mathrm{e}^x}+\ln(\sqrt{1+\mathrm{e}^x}-1)-\ln(\sqrt{1+\mathrm{e}^x}+1)+C.$$

(2) 令 $\sqrt{x}=t$，则 $x=t^2$，$\mathrm{d}x=2t\mathrm{d}t$，代入积分，得

$$\int \frac{1}{(x+1)\sqrt{x}}\mathrm{d}x=2\int \frac{1}{t^2+1}\mathrm{d}t=2\arctan t+C=2\arctan\sqrt{x}+C.$$

也可以直接凑微分计算，即

$$\int \frac{1}{(x+1)\sqrt{x}}\mathrm{d}x=2\int \frac{1}{1+(\sqrt{x})^2}\mathrm{d}(\sqrt{x})=2\arctan\sqrt{x}+C.$$

(3) 令 $\sqrt{x-2}=t$，则 $x=t^2+2$，$\mathrm{d}x=2t\mathrm{d}t$，代入积分，得

$$\int \frac{x+1}{x\sqrt{x-2}}\mathrm{d}x=2\int \frac{t^2+3}{t^2+2}\mathrm{d}t=2\left[\int \mathrm{d}t+\int \frac{1}{t^2+2}\mathrm{d}t\right]$$
$$=2t+\sqrt{2}\int \frac{1}{1+\left(\frac{\sqrt{2}}{2}t\right)^2}\mathrm{d}\left(\frac{\sqrt{2}}{2}t\right)=2t+\sqrt{2}\arctan\left(\frac{\sqrt{2}}{2}t\right)+C$$
$$=2\sqrt{x-2}+\sqrt{2}\arctan\left(\frac{\sqrt{2}}{2}\sqrt{x-2}\right)+C.$$

(4) $\int \frac{x^2}{\sqrt{1-x^2}}\mathrm{d}x=-\int \frac{1-x^2}{\sqrt{1-x^2}}\mathrm{d}x+\int \frac{1}{\sqrt{1-x^2}}\mathrm{d}x=-\int \sqrt{1-x^2}\mathrm{d}x+\arcsin x$，

利用教材中例 6.25 的结论可知

$$\int \frac{x^2}{\sqrt{1-x^2}}\mathrm{d}x=-\left(\frac{x}{2}\sqrt{1-x^2}+\frac{1}{2}\arcsin x\right)+\arcsin x+C$$
$$=-\frac{x}{2}\sqrt{1-x^2}+\frac{1}{2}\arcsin x+C.$$

(5) 令 $x=2\tan t$，$t\in\left(-\frac{\pi}{2},\frac{\pi}{2}\right)$，利用教材中例 6.26 的结论，可得

$$\int \frac{1}{\sqrt{x^2+4}}\mathrm{d}x=\ln(x+\sqrt{x^2+4})+C.$$

(6) 令 $x=\tan t, t\in\left(-\frac{\pi}{2},\frac{\pi}{2}\right)$，满足定理 6.3 的条件，则 $dx=\sec^2 t dt$，于是

$$\int\frac{1}{\sqrt{(x^2+1)^3}}dx=\int\frac{1}{\sec^3 t}\sec^2 t dt=\int\cos t dt=\sin t+C=\frac{x}{\sqrt{x^2+1}}+C.$$

(7) 与上题类似，此题同样要分 $x>2$ 和 $x<-2$ 两种情况讨论，我们只讨论一种.

当 $x>2$ 时，令 $x=2\sec t, t\in\left(0,\frac{\pi}{2}\right)$，则 $dx=2\sec t\cdot\tan t dt$. 于是有

$$\int\frac{\sqrt{x^2-4}}{x}dx=\int\frac{2\tan t}{2\sec t}2\sec t\cdot\tan t dt=2\int(\sec^2 t-1)dt=2(\tan t-t)+C$$
$$=\sqrt{x^2-4}-2\arccos\frac{2}{x}+C.$$

当 $|x|>2$ 时，有

$$\int\frac{\sqrt{x^2-4}}{x}dx=\sqrt{x^2-4}-2\arccos\frac{2}{|x|}+C.$$

B类题

1. 求下列不定积分：

(1) $\int(\sin 2x+\cos 3x)dx$；　(2) $\int(xe^{x^2}-x^2\sin x^3)dx$；　(3) $\int\frac{1}{e^x-e^{-x}}dx$；

(4) $\int\frac{1+\cos x}{x+\sin x}dx$；　(5) $\int\cos\sqrt{1+x^2}\frac{x}{\sqrt{1+x^2}}dx$；　(6) $\int 2^{3\arccos x}\frac{1}{\sqrt{1-x^2}}dx$；

(7) $\int\tan^3 x\sec x dx$；　(8) $\int\frac{\arctan\sqrt{x}}{(1+x)\sqrt{x}}dx$；　(9) $\int\sin^6 x\cos^3 x dx$；

(10) $\int\frac{1}{x\ln x\ln(\ln x)}dx$；　(11) $\int\frac{\ln\tan x}{\sin x\cos x}dx$；　(12) $\int\frac{\sqrt{1-x^2}}{x^2}dx$；

(13) $\int\frac{\ln x}{x\sqrt{1+\ln x}}dx$；　(14) $\int\frac{1}{x(1+\sqrt[3]{x})}dx$.

分析　根据被积函数的特点，选择合理的换元公式计算.

解　(1) $\int(\sin 2x+\cos 3x)dx=\frac{1}{2}\int\sin 2x d(2x)+\frac{1}{3}\int\cos 3x d(3x)=-\frac{1}{2}\cos 2x+\frac{1}{3}\sin 3x+C.$

(2) $\int(xe^{x^2}-x^2\sin x^3)dx=\frac{1}{2}\int e^{x^2}d(x^2)-\frac{1}{3}\int\sin x^3 d(x^3)=\frac{1}{2}e^{x^2}+\frac{1}{3}\cos x^3+C.$

(3) $\int\frac{1}{e^x-e^{-x}}dx=\int\frac{e^x}{(e^x)^2-1}dx=\frac{1}{2}\int\left(\frac{1}{e^x-1}-\frac{1}{e^x+1}\right)d(e^x)=\frac{1}{2}\ln\left|\frac{e^x-1}{e^x+1}\right|+C.$

(4) $\int\frac{1+\cos x}{x+\sin x}dx=\int\frac{1}{x+\sin x}d(x+\sin x)=\ln|x+\sin x|+C.$

(5) $\int\cos\sqrt{1+x^2}\frac{x}{\sqrt{1+x^2}}dx=\int\cos\sqrt{1+x^2}d(\sqrt{1+x^2})=\sin\sqrt{1+x^2}+C.$

(6) $\int 2^{3\arccos x}\frac{1}{\sqrt{1-x^2}}dx=-\frac{1}{3}\int 2^{3\arccos x}d(3\arccos x)=-\frac{1}{3\ln 2}2^{3\arccos x}+C.$

(7) $\int\tan^3 x\sec x dx=\int(\tan^2 x)\tan x\sec x dx=\int(\sec^2 x-1)d(\sec x)=\frac{1}{3}\sec^3 x-\sec x+C.$

(8) $\int\frac{\arctan\sqrt{x}}{(1+x)\sqrt{x}}dx=2\int\arctan\sqrt{x}d(\arctan\sqrt{x})=(\arctan\sqrt{x})^2+C.$

(9) $\int\sin^6 x\cos^3 x dx=\int\sin^6 x(1-\sin^2 x)\cos x dx=\int\sin^6 x(1-\sin^2 x)d(\sin x)$

$$= \int \sin^6 x(1-\sin^2 x)\mathrm{d}(\sin x) = \frac{1}{7}\sin^7 x - \frac{1}{9}\sin^9 x + C.$$

(10) $\displaystyle\int \frac{1}{x\ln x\ln(\ln x)}\mathrm{d}x = \int \frac{1}{\ln(\ln x)}\mathrm{d}[\ln(\ln x)] = \ln|\ln(\ln x)| + C.$

(11) $\displaystyle\int \frac{\ln\tan x}{\sin x\cos x}\mathrm{d}x = \int \frac{\ln\tan x}{\tan x\cos^2 x}\mathrm{d}x = \int \frac{\ln\tan x}{\tan x}\mathrm{d}(\tan x)$

$$= \int \ln\tan x\,\mathrm{d}(\ln\tan x) = \frac{1}{2}(\ln\tan x)^2 + C.$$

(12) 令 $x=\sin t$，则 $\mathrm{d}x=\cos t\mathrm{d}t$，代入积分，可得

$$\int \frac{\sqrt{1-x^2}}{x^2}\mathrm{d}x = \int \frac{\cos t}{\sin^2 t}\cos t\mathrm{d}t = \int \cot^2 t\mathrm{d}t = \int(\csc^2 t - 1)\mathrm{d}t = -\cot t - t + C = -\frac{\sqrt{1-x^2}}{x} - \arcsin x + C.$$

(13) 令 $\sqrt{1+\ln x}=t$，则 $\ln x=t^2-1$，$\frac{1}{x}\mathrm{d}x=2t\mathrm{d}t$，代入积分，可得

$$\int \frac{\ln x}{x\sqrt{1+\ln x}}\mathrm{d}x = \int \frac{t^2-1}{t}\cdot 2t\mathrm{d}t = \frac{2}{3}t^3 - 2t + C = \frac{2}{3}\sqrt{(1+\ln x)^3} - 2\sqrt{1+\ln x} + C.$$

(14) 令 $\sqrt[3]{x}=t$，则 $x=t^3$，$\mathrm{d}x=3t^2\mathrm{d}t$，代入积分，可得

$$\int \frac{1}{x(1+\sqrt[3]{x})}\mathrm{d}x = \int \frac{1}{t^3(1+t)}3t^2\mathrm{d}t = 3\int \frac{1}{t(1+t)}\mathrm{d}t = 3\int \frac{1+t-t}{t(1+t)}\mathrm{d}t$$

$$= 3\int\left(\frac{1}{t} - \frac{1}{1+t}\right)\mathrm{d}t = 3\ln\left|\frac{t}{1+t}\right| + C = 3\ln\left|\frac{\sqrt[3]{x}}{1+\sqrt[3]{x}}\right| + C.$$

2. 设 $f(x)=\mathrm{e}^{-x^2}$，求 $\int f'(x)f''(x)\mathrm{d}x$.

分析 由于 $\mathrm{d}(f'(x))=f''(x)\mathrm{d}x$，利用第一类换元法计算；如果先求 $f'(x)$ 和 $f''(x)$ 再代入积分表达式进行积分会非常麻烦.

解 利用第一类换元法可得

$$\int f'(x)f''(x)\mathrm{d}x = \int f'(x)\mathrm{d}(f'(x)) = \frac{1}{2}(f'(x))^2 + C,$$

由 $f(x)=\mathrm{e}^{-x^2}$ 可得，$f'(x)=(-2x)\mathrm{e}^{-x^2}$，所以

$$\int f'(x)f''(x)\mathrm{d}x = \frac{1}{2}(f'(x))^2 + C = 2x^2\mathrm{e}^{-2x^2} + C.$$

3. 已知 $f(x)$ 在其定义区间上连续，求 $\int \mathrm{e}^{f(\sin x)}f'(\sin x)\cos x\mathrm{d}x$.

分析 根据被积函数的表达式特点，利用第一类换元法计算.

解 $\displaystyle\int \mathrm{e}^{f(\sin x)}f'(\sin x)\cos x\mathrm{d}x = \int \mathrm{e}^{f(\sin x)}\mathrm{d}(f(\sin x)) = \mathrm{e}^{f(\sin x)} + C.$

6.3 分部积分法

一、知识要点

设函数 $u=u(x)$，$v=v(x)$ 都有连续导数，由函数乘积的微分法则，可以推得如下的**分部积分公式**：

$$\int u\mathrm{d}v = uv - \int v\mathrm{d}u,$$

或写成关于变量 x 的形式为

$$\int u(x)v'(x)\mathrm{d}x = u(x)v(x) - \int v(x)u'(x)\mathrm{d}x.$$

使用分部积分法的常用技巧有：

(1)“反对幂指三”法，即当被积函数的形式为幂函数、指数函数、对数函数、三角函数和反三角函数中任意两个函数的乘积时，函数 u 和 $\mathrm{d}v$ 的选取通常采用“反对幂指三”的原则. 参见教材中的例题和习题.

(2) 循环积分法，即连续使用分部积分法，可以得到一个关于所求积分的等式，通过对等式变形可以求得所求的积分. 例如，$\int \mathrm{e}^{ax}\sin bx\mathrm{d}x$，$\int \mathrm{e}^{ax}\cos bx\mathrm{d}x$，$\int \sec^3 x\mathrm{d}x$，$\int \sin(\ln x)\mathrm{d}x$ 等.

(3) 递推公式法，即先利用分部积分法求得原不定积分的递推公式，再由递推公式求得结果. 例如，$I_n = \int \dfrac{\mathrm{d}x}{(x^2+a^2)^n}$ $(a>0, n$ 是正整数).

(4) 综合法，即遇到相对复杂的一些积分时，可以将直接积分法、换元法和分部积分法结合使用. 参见教材中的例题和习题.

二、疑难解析

1. 被积函数具有哪些特征时，可以使用分部积分法求不定积分？

答 当被积函数是两个不同类型的基本初等函数的乘积或形式简单的初等函数的乘积时，若不能使用直接积分法或换元法求积分时，可以尝试使用分部积分法求不定积分. 但是，在用分部积分法计算不定积分时，函数 u 和 $\mathrm{d}v(v'(x)\mathrm{d}x)$ 不是随意选取的，选取不当就会使计算变得复杂，甚至得不到最后的结果.

在使用一次分部积分法后，如果未能直接得到结果，只要形式比原来变得简单了，还可以继续使用分部积分法，直至得到最终结果.

2. 在使用分部积分法求不定积分时，当 u 和 $\mathrm{d}v$ 按照“反对幂指三”的原则选取时，计算简单可行，为什么？

答 根据分部积分法的使用技巧，一般需要考虑两点：一是 v 要容易求出，即在被积表达式中含有容易凑成 $\mathrm{d}v$ 的因子；二是 $\int v\mathrm{d}u\left(\int v(x)u'(x)\mathrm{d}x\right)$ 要比 $\int u\mathrm{d}v\left(\int u(x)v'(x)\mathrm{d}x\right)$ 容易求出，也就是说，使用分部积分法后，积分的形式得到简化. 当被积函数的形式为幂函数、指数函数、对数函数、三角函数和反三角函数中任意两个函数的乘积时，u 和 $\mathrm{d}v$ 按照“反对幂指三”的顺序进行选取. 根据积分的难易程度，“反对幂指三”是先难后易，恰好符合分部积分法的使用技巧.

当然这种选取方法也不是固定的，也可以因题而异.

3. 在结合使用直接积分法、换元法和分部积分法求不定积分时，有没有先后顺序？举例说明.

答 没有先后顺序，要根据题目特点，灵活使用，见本节题型 3.

三、经典题型详解

题型 1 利用分部积分法求不定积分

例 6.6 求下列不定积分：

(1) $\int x^2\sin 2x\mathrm{d}x$；　　(2) $\int x\mathrm{e}^{3x}\mathrm{d}x$；　　(3) $\int \frac{x}{\sin^2 x}\mathrm{d}x$.

分析 u 和 $\mathrm{d}v$ 按照"反对幂指三"的顺序选取.

解 (1) 令 $u=x^2,\mathrm{d}v=\sin 2x\mathrm{d}x=-\frac{1}{2}\mathrm{d}(\cos 2x)$，则有

$$\int x^2\sin 2x\mathrm{d}x=-\frac{1}{2}\int x^2\mathrm{d}(\cos 2x)=-\frac{1}{2}x^2\cos 2x+\int x\cos 2x\mathrm{d}x.$$

对 $\int x\cos 2x\mathrm{d}x$ 按照相同的方法再用一次分部积分法，得

$$\int x\cos 2x\mathrm{d}x=\frac{1}{2}\int x\mathrm{d}(\sin 2x)=\frac{1}{2}x\sin 2x-\frac{1}{2}\int \sin 2x\mathrm{d}x=\frac{1}{2}x\sin 2x+\frac{1}{4}\cos 2x+C.$$

于是

$$\int x^2\sin 2x\mathrm{d}x=-\frac{1}{2}x^2\cos 2x+\frac{1}{2}x\sin 2x+\frac{1}{4}\cos 2x+C.$$

(2) 令 $u=x,\mathrm{d}v=\mathrm{e}^{3x}\mathrm{d}x=\frac{1}{3}\mathrm{d}(\mathrm{e}^{3x})$，则有

$$\int x\mathrm{e}^{3x}\mathrm{d}x=\frac{1}{3}\int x\mathrm{d}(\mathrm{e}^{3x})=\frac{1}{3}\left(x\mathrm{e}^{3x}-\int \mathrm{e}^{3x}\mathrm{d}x\right)=\frac{1}{3}x\mathrm{e}^{3x}-\frac{1}{9}\mathrm{e}^{3x}+C.$$

(3) 令 $u=x,\mathrm{d}v=\frac{1}{\sin^2 x}\mathrm{d}x=\csc^2 x\mathrm{d}x=-\mathrm{d}(\cot x)$，则有

$$\begin{aligned}\int \frac{x}{\sin^2 x}\mathrm{d}x&=\int x\csc^2 x\mathrm{d}x=\int x\mathrm{d}(-\cot x)=-x\cot x+\int \cot x\mathrm{d}x\\&=-x\cot x+\int \frac{\cos x}{\sin x}\mathrm{d}x=-x\cot x+\ln|\sin x|+C.\end{aligned}$$

题型 2 使用循环积分法求不定积分

例 6.7 求下列不定积分：

(1) $\int \mathrm{e}^{ax}\sin bx\mathrm{d}x$；　　(2) $\int \sin(\ln x)\mathrm{d}x$.

分析 u 和 $\mathrm{d}v$ 按照"反对幂指三"的顺序选取.

解 (1) 由于 e^{ax} 和 $\sin bx$ 的原函数均较容易求得，所以 u 可随意选取.

$$\begin{aligned}\int \mathrm{e}^{ax}\sin bx\mathrm{d}x&=-\frac{1}{b}\int \mathrm{e}^{ax}\mathrm{d}(\cos bx)=-\frac{1}{b}\mathrm{e}^{ax}\cos bx+\frac{a}{b}\int \mathrm{e}^{ax}\cos bx\mathrm{d}x\\&=-\frac{1}{b}\mathrm{e}^{ax}\cos bx+\frac{a}{b}\frac{1}{b}\int \mathrm{e}^{ax}\mathrm{d}(\sin bx)\\&=-\frac{1}{b}\mathrm{e}^{ax}\cos bx+\frac{a}{b^2}\mathrm{e}^{ax}\sin bx-\frac{a^2}{b^2}\int \mathrm{e}^{ax}\sin bx\mathrm{d}x,\end{aligned}$$

所以有 $\int \mathrm{e}^{ax}\sin bx\mathrm{d}x=\frac{1}{a^2+b^2}\mathrm{e}^{ax}(a\sin bx-b\cos bx)+C.$

(2) 令 $u=\sin(\ln x)$，$dv=dx$，连续使用分部积分法可得

$$\int \sin(\ln x)dx = x\sin(\ln x) - \int \cos(\ln x)dx$$

$$= x\sin(\ln x) - x\cos(\ln x) - \int \sin(\ln x)dx.$$

于是 $\int \sin(\ln x)dx = \frac{1}{2}x\left[\sin(\ln x) - \cos(\ln x)\right] + C.$

题型3 结合使用直接积分法、换元法、分部积分法求不定积分

例6.8 求下列不定积分：

(1) $\int x\tan^2 x dx$； (2) $\int \ln(x+\sqrt{1+x^2})dx$；

(3) $\int \arcsin x \arccos x dx$； (4) $\int \frac{x^2}{1+x^2}\arctan x dx$.

分析 按照被积表达式的特点，分类计算.

解 (1) 由于 $\tan^2 x = \sec^2 x - 1$，因此，有

$$\int x\tan^2 x dx = \int x(\sec^2 x - 1)dx = \int x\sec^2 x dx - \int x dx.$$

令 $u=x$，$dv=\sec^2 x dx = d(\tan x)$，则有

$$\int x\tan^2 x dx = \int x\sec^2 x dx - \int x dx = x\tan x - \int \tan x dx - \frac{1}{2}x^2$$

$$= x\tan x - \int \frac{\sin x}{\cos x}dx - \frac{1}{2}x^2 = x\tan x + \ln|\cos x| - \frac{1}{2}x^2 + C.$$

(2) 令 $u=\ln(x+\sqrt{1+x^2})$，$dv=dx$，则有

$$\int \ln(x+\sqrt{1+x^2})dx = x\ln(x+\sqrt{1+x^2}) - \int x\frac{1}{\sqrt{1+x^2}}dx$$

$$= x\ln(x+\sqrt{1+x^2}) - \frac{1}{2}\int \frac{1}{\sqrt{1+x^2}}d(1+x^2)$$

$$= x\ln(x+\sqrt{1+x^2}) - \sqrt{1+x^2} + C.$$

(3) 令 $u=\arcsin x\arccos x$，$dv=dx$，则有

$$\int \arcsin x \arccos x dx$$

$$= x\arcsin x\arccos x - \int \left(\frac{x}{\sqrt{1-x^2}}\arccos x - \frac{x}{\sqrt{1-x^2}}\arcsin x\right)dx$$

$$= x\arcsin x\arccos x + \int (\arccos x - \arcsin x)d(\sqrt{1-x^2})$$

$$= x\arcsin x\arccos x + (\arccos x - \arcsin x)\sqrt{1-x^2}$$

$$-\int \sqrt{1-x^2}\left(-\frac{1}{\sqrt{1-x^2}} - \frac{1}{\sqrt{1-x^2}}\right)dx$$

$$= x\arcsin x\arccos x + (\arccos x - \arcsin x)\sqrt{1-x^2} + 2x + C.$$

(4) 现将被积函数中的分式拆项后化简，得

$$\int \frac{x^2}{1+x^2}\arctan x dx = \int \frac{x^2+1-1}{1+x^2}\arctan x dx = \int \arctan x dx - \int \frac{1}{1+x^2}\arctan x dx.$$

第一个积分用分部积分,令 $u=\arctan x, dv=dx$,则有

$$\int \arctan x dx = x\arctan x-\int \frac{x}{1+x^2}dx = x\arctan x-\frac{1}{2}\ln(1+x^2)+C;$$

第二个积分用凑微分方法 $\int \frac{1}{1+x^2}\arctan x dx = \frac{1}{2}(\arctan x)^2+C$.

于是 $\int \frac{x^2}{1+x^2}\arctan x dx = x\arctan x-\frac{1}{2}\ln(1+x^2)-\frac{1}{2}(\arctan x)^2+C$.

此题若先凑微分,会很麻烦.

题型4　综合应用题

例 6.9　设函数 $f(x)$ 的一个原函数是 e^{-x^2}. 求 $\int xf'(x)dx$.

分析　由已知条件可以求出 $\int f(x)dx$ 和 $f(x)$,进而利用分部积分法计算 $\int xf'(x)dx$.

解　由 e^{-x^2} 是 $f(x)$ 的一个原函数可得,$\int f(x)dx = e^{-x^2}+C$,且 $f(x)=(e^{-x^2})'=-2xe^{-x^2}$. 进一步地,对 $\int xf'(x)dx$ 进行分部积分法,得

$$\int xf'(x)dx = xf(x)-\int f(x)dx = -2x^2e^{-x^2}-e^{-x^2}+C.$$

四、课后习题选解(习题 6.3)

A类题

1. 求下列不定积分:

(1) $\int \cos\sqrt{x}dx$;　(2) $\int (x^2+x+2)e^x dx$;　(3) $\int x\sin x\cos x dx$;

(4) $\int x^2(\cos^2 x-\sin^2 x)dx$;　(5) $\int e^{2x}\sin 3x dx$;　(6) $\int x\ln(x+2)dx$.

分析　利用分部积分法计算,u 和 dv 按照"反对幂指三"的顺序选取.

解　(1) 令 $t=\sqrt{x}$,则 $x=t^2, dx=2tdt$,原积分变为

$$\int \cos\sqrt{x}dx = \int \cos t\cdot 2tdt = 2\int t\cos tdt;$$

选取 $u=t, dv=\cos tdt=d(\sin t)$,则有

$$\int \cos\sqrt{x}dx = 2\int t\cos tdt = 2t\sin t-2\int \sin tdt = 2(t\sin t+\cos t)+C = 2(\sqrt{x}\sin\sqrt{x}+\cos\sqrt{x})+C.$$

(2) 将原积分拆项为 $\int (x^2+x+2)e^x dx = \int x^2e^x dx+\int xe^x dx+\int 2e^x dx$.

令 $dv=e^x dx=de^x$,分别利用分部积分法可得

$$\int (x^2+x+2)e^x dx = \int x^2e^x dx+\int xe^x dx+\int 2e^x dx = x^2e^x-xe^x+3e^x+C.$$

(3) 令 $u=x, dv=\sin x\cos x dx=\frac{1}{2}\sin 2x dx=-\frac{1}{4}d(\cos 2x)$,则有

$$\int x\sin x\cos x dx = \frac{1}{2}\int x\sin 2x dx = -\frac{1}{4}\int xd(\cos 2x)$$

$$= -\frac{1}{4}x\cos 2x+\frac{1}{4}\int \cos 2x dx = -\frac{1}{4}x\cos 2x+\frac{1}{8}\sin 2x+C.$$

(4) 令 $u=x^2$，$dv=(\cos^2x-\sin^2x)dx=\cos2xdx=\frac{1}{2}d(\sin2x)$，利用与(1)相同的计算流程，两次分部积分法后可以求得

$$\int x^2(\cos^2x-\sin^2x)dx=\int x^2\cos2xdx=\frac{1}{2}x^2\sin2x+\frac{1}{2}x\cos2x-\frac{1}{4}\sin2x+C.$$

(5) 由于 e^{2x} 和 $\sin3x$ 的原函数均较容易求得，所以 u 可随意选取.

$$\begin{aligned}\int e^{2x}\sin3xdx&=-\frac{1}{3}\int e^{2x}d(\cos3x)=-\frac{1}{3}e^{2x}\cos3x+\frac{2}{3}\int e^{2x}\cos3xdx;\\&=-\frac{1}{3}e^{2x}\cos3x+\frac{2}{3}\frac{1}{3}\int e^{2x}d(\sin3x)\\&=-\frac{1}{3}e^{2x}\cos3x+\frac{2}{9}e^{2x}\sin3x-\frac{4}{9}\int e^{2x}\sin3xdx.\end{aligned}$$

所以有 $\int e^{2x}\sin3xdx=\frac{1}{13}e^{2x}(2\sin3x-3\cos3x)+C.$

(6) 令 $u=\ln(x+2)$，$dv=xdx=\frac{1}{2}d(x^2)$，则有

$$\begin{aligned}\int x\ln(x+2)dx&=\frac{1}{2}\int\ln(x+2)d(x^2)=\frac{1}{2}x^2\ln(x+2)-\frac{1}{2}\int\frac{x^2}{x+2}dx\\&=\frac{1}{2}x^2\ln(x+2)-\frac{1}{2}\int(x-2)dx-\frac{1}{2}\int\frac{4}{x+2}dx\\&=\frac{1}{2}x^2\ln(x+2)-\frac{1}{4}x^2+x-2\ln(x+2)+C.\end{aligned}$$

2. 设函数 $f(x)$ 有连续的导函数，且 $\int f(x)dx=e^x\sin x+C$. 求 $\int xf'(x)dx$.

分析 由对已知等式关于 x 求导数可以得到 $f(x)$ 的表达式，再利用分部积分法计算 $\int xf'(x)dx$.

解 对已知等式 $\int f(x)dx=e^x\sin x+C$ 两边关于 x 求导数，得 $f(x)=e^x\sin x+e^x\cos x$.

令 $u=x$，$dv=f'(x)dx=d(f(x))$，则有

$$\int xf'(x)dx=xf(x)-\int f(x)dx=x(e^x\sin x+e^x\cos x)-e^x\sin x+C.$$

B类题

1. 求下列不定积分：

(1) $\int e^x\cos^2xdx$； (2) $\int\cos(\ln x)dx$； (3) $\int\frac{\ln(\ln x)+x+2x^2}{x}dx$；

(4) $\int(\arcsin x)^2dx$； (5) $\int\arctan\sqrt{x}dx$； (6) $\int\sqrt{x}\ln^2xdx$；

(7) $\int\frac{xe^x}{\sqrt{e^x-1}}dx$； (8) $\int x\ln\frac{1+x}{1-x}dx$.

分析 对被积函数进行适当变形，然后利用分部积分法计算，u 和 dv 按照"反对幂指三"的顺序选取.

解 (1) $\int e^x\cos^2xdx=\int e^x\frac{\cos2x+1}{2}dx=\frac{1}{2}\int e^x\cos2xdx+\frac{1}{2}\int e^xdx.$

对 $\int e^x\cos2xdx$ 利用循环积分法可得 $\int e^x\cos2xdx=\frac{1}{5}e^x(2\sin2x+\cos2x)+C$. 于是

$$\int e^x\cos^2xdx=\frac{1}{10}e^x(2\sin2x+\cos2x)+\frac{1}{2}e^x+C.$$

(2) 令 $u=\cos(\ln x)$，$dv=dx$，连续使用分部积分法可得

$$\int \cos(\ln x)\mathrm{d}x = x\cos(\ln x) + \int \sin(\ln x)\mathrm{d}x = x\cos(\ln x) + x\sin(\ln x) - \int \cos(\ln x)\mathrm{d}x.$$

于是 $\int \cos(\ln x)\mathrm{d}x = \dfrac{1}{2}x\left[\cos(\ln x) + \sin(\ln x)\right] + C.$

(3) $\int \dfrac{\ln(\ln x) + x + 2x^2}{x}\mathrm{d}x = \int \ln(\ln x)\ \dfrac{1}{x}\mathrm{d}x + \int \mathrm{d}x + \int 2x\mathrm{d}x.$

令 $u=\ln(\ln x)$，$\mathrm{d}v=\dfrac{1}{x}\mathrm{d}x=\mathrm{d}(\ln x)$，则有

$$\begin{aligned}\int \frac{\ln(\ln x) + x + 2x^2}{x}\mathrm{d}x &= \int \ln(\ln x)\ \frac{1}{x}\mathrm{d}x + \int \mathrm{d}x + \int 2x\mathrm{d}x \\ &= \ln(\ln x)\ln x - \int \frac{1}{\ln x}\ \frac{1}{x}\ln x\mathrm{d}x + x + x^2 \\ &= \ln(\ln x)\ln x - \ln x + x + x^2 + C.\end{aligned}$$

(4) 令 $u=(\arcsin x)^2$，$\mathrm{d}v=\mathrm{d}x$，则有

$$\int (\arcsin x)^2\mathrm{d}x = x\ (\arcsin x)^2 - 2\int x\ \frac{1}{\sqrt{1-x^2}}\arcsin x\mathrm{d}x.$$

令 $u=\arcsin x$，$\mathrm{d}v=\dfrac{x}{\sqrt{1-x^2}}\mathrm{d}x=\mathrm{d}(-\sqrt{1-x^2})$，则有

$$\begin{aligned}\int (\arcsin x)^2\mathrm{d}x &= x\ (\arcsin x)^2 + 2\sqrt{1-x^2}\arcsin x - 2\int \sqrt{1-x^2}\cdot\frac{1}{\sqrt{1-x^2}}\mathrm{d}x \\ &= x\ (\arcsin x)^2 + 2(\sqrt{1-x^2}\arcsin x - x) + C.\end{aligned}$$

(5) 令 $\sqrt{x}=t$，则 $x=t^2$，$\mathrm{d}x=2t\mathrm{d}t$，因此 $\int \arctan\sqrt{x}\mathrm{d}x = \int \arctan t\cdot 2t\mathrm{d}t$，令 $u = \arctan t$，$\mathrm{d}v = 2t\mathrm{d}t = \mathrm{d}(t^2)$，则有

$$\begin{aligned}\int \arctan\sqrt{x}\mathrm{d}x &= \int \arctan t\cdot 2t\mathrm{d}t = t^2\arctan t - \int t^2\ \frac{1}{1+t^2}\mathrm{d}t \\ &= t^2\arctan t - t + \arctan t + C \\ &= x\arctan\sqrt{x} - \sqrt{x} + \arctan\sqrt{x} + C.\end{aligned}$$

(6) 令 $\sqrt{x}=t$，则 $x=t^2$，$\mathrm{d}x=2t\mathrm{d}t$，于是

$$\begin{aligned}\int \sqrt{x}\ln^2 x\mathrm{d}x &= \int t\ln^2(t^2)2t\mathrm{d}t = \frac{2}{3}t^3\ln^2(t^2) - \frac{2}{3}\int t^3 2\ln(t^2)\ \frac{1}{t^2}2t\mathrm{d}t \\ &= \frac{2}{3}t^3\ln^2(t^2) - \frac{8}{3}\int t^2\ln(t^2)\mathrm{d}t \\ &= \frac{2}{3}t^3\ln^2(t^2) - \frac{8}{9}t^3\ln(t^2) + \frac{16}{9}\int t^2\mathrm{d}t \\ &= \frac{2}{3}t^3\ln^2(t^2) - \frac{8}{9}t^3\ln(t^2) + \frac{16}{27}t^3 + C \\ &= \frac{16}{27}x^{\frac{3}{2}}\left(\frac{9}{8}\ln^2 x - \frac{3}{2}\ln x + 1\right) + C.\end{aligned}$$

(7) 令 $\sqrt{\mathrm{e}^x-1}=t$，则 $x=\ln(t^2+1)$，$\mathrm{d}x=\dfrac{2t}{t^2+1}\mathrm{d}t$，于是

$$\begin{aligned}\int \frac{x\mathrm{e}^x}{\sqrt{\mathrm{e}^x-1}}\mathrm{d}x &= \int \frac{\ln(t^2+1)(t^2+1)}{t}\ \frac{2t}{t^2+1}\mathrm{d}t = 2\int \ln(t^2+1)\mathrm{d}t \\ &= 2t\ln(t^2+1) - 2\int t\ \frac{2t}{t^2+1}\mathrm{d}t = 2t\ln(t^2+1) - 4t + 4\arctan t + C \\ &= 2x\sqrt{\mathrm{e}^x-1} - 4\sqrt{\mathrm{e}^x-1} + 4\arctan\sqrt{\mathrm{e}^x-1} + C.\end{aligned}$$

(8) $\int x\ln\dfrac{1+x}{1-x}\mathrm{d}x = \int x\ln(1+x)\mathrm{d}x - \int x\ln(1-x)\mathrm{d}x$，分别利用分部积分法可得

$$\int x\ln(1+x)dx=\frac{1}{2}x^2\ln(1+x)-\frac{1}{2}\int x^2\frac{1}{1+x}dx$$
$$=\frac{1}{2}x^2\ln(1+x)-\frac{1}{2}\int\frac{x^2-1+1}{1+x}dx$$
$$=\frac{1}{2}x^2\ln(1+x)-\frac{1}{4}x^2+\frac{1}{2}x-\frac{1}{2}\ln(1+x)+C.$$

类似地有

$$\int x\ln(1-x)dx=\frac{1}{2}x^2\ln(1-x)-\frac{1}{4}x^2-\frac{1}{2}x-\frac{1}{2}\ln(1-x)+C.$$

于是

$$\int x\ln\frac{1+x}{1-x}dx=\int x\ln(1+x)dx-\int x\ln(1-x)dx=\frac{1}{2}x^2\ln\frac{1+x}{1-x}+x-\frac{1}{2}\ln\frac{x+1}{1-x}+C.$$

2. 设 $f(x)$ 的一个原函数为 $\frac{\sin x}{x}$，求 $\int xf'(x)dx$.

分析 由已知条件可以求出 $\int f(x)dx$ 和 $f(x)$，进而利用分部积分法计算 $\int xf'(x)dx$.

解 由 $\frac{\sin x}{x}$ 是 $f(x)$ 的一个原函数可得，$\int f(x)dx=\frac{\sin x}{x}+C$，且 $f(x)=\left(\frac{\sin x}{x}\right)'=\frac{x\cos x-\sin x}{x^2}$.
进一步地，对 $\int xf'(x)dx$ 进行分部积分法，得

$$\int xf'(x)dx=xf(x)-\int f(x)dx=\frac{x\cos x-\sin x}{x}-\frac{\sin x}{x}+C=\cos x-\frac{2\sin x}{x}+C.$$

6.4 有理函数的积分及其应用

一、知识要点

1. 有理函数的积分

有理函数是两个没有公因式的多项式的商，其一般形式为

$$R(x)=\frac{P(x)}{Q(x)}=\frac{a_0x^n+a_1x^{n-1}+\cdots+a_n}{b_0x^m+b_1x^{m-1}+\cdots+b_m},$$

其中 m,n 是非负整数，$a_0,a_2,\cdots,a_n,b_0,b_1,\cdots,b_m$ 是常数，且 $a_0\neq0,b_0\neq0$.

当 $m\leqslant n$ 时，有理函数 $R(x)$ 称为假分式函数；当 $m>n$ 时，$R(x)$ 称为真分式函数.

定理 6.4(真分式函数的分解定理) 设 $Q(x)$ 是 m 次多项式，则真分式函数 $R(x)=\frac{P(x)}{Q(x)}$ 一定可以分解为如下形式：

$$\frac{P(x)}{Q(x)}=\left[\frac{A_1^1}{x-a_1}+\frac{A_2^1}{(x-a_1)^2}+\cdots+\frac{A_{k_1}^1}{(x-a_1)^{k_1}}\right]+\cdots+$$
$$\left[\frac{A_1^r}{x-a_r}+\frac{A_2^r}{(x-a_r)^2}+\cdots+\frac{A_{k_r}^r}{(x-a_r)^{k_r}}\right]+$$
$$\left[\frac{B_1^1x+C_1^1}{x^2+p_1x+q_1}+\frac{V_2^1x+C_2^1}{(x^2+p_1x+q_1)^2}+\cdots+\frac{B_{l_1}^1x+C_{l_1}^1}{(x^2+p_1x+q_1)^{l_1}}\right]+\cdots+$$
$$\left[\frac{B_1^sx+C_1^s}{x^2+p_sx+q_s}+\frac{B_2^sx+C_2^s}{(x^2+p_sx+q_s)^2}+\cdots+\frac{B_{l_s}^sx+C_{l_s}^s}{(x^2+p_sx+q_s)^{l_s}}\right].$$

上式表示，如果在 $Q(x)$ 的分解式中含有因子 $(x-a)^k$，则在上式中含有 k 项形如下面的部分分式：

$$\frac{A_1}{x-a},\frac{A_2}{(x-a)^2},\cdots,\frac{A_k}{(x-a)^k}.$$

类似地，如果在 $Q(x)$ 的分解式中含有因子 $(x^2+px+q)^l$，其中 $p^2-4q<0$，则在上式中含有 l 项形如下面的部分分式：

$$\frac{B_1x+C_1}{x^2+px+q},\frac{B_2x+C_2}{(x^2+px+q)^2},\cdots,\frac{B_lx+C_l}{(x^2+px+q)^l}.$$

在理论上，真分式函数的分解不便于理解，但对于具体算例，理解起来并不困难.

2. 三角函数有理式的积分

由 $\sin x$、$\cos x$ 和常数经过有限次的四则运算构成的函数称为三角有理函数，记作 $R(\sin x,\cos x)$. 当被积函数是三角函数的有理式时，即 $\int R(\sin x,\cos x)\mathrm{d}x$，可通过变换 $u=\tan\frac{x}{2}$，将其化为有理函数的不定积分. 因为由变换 $u=\tan\frac{x}{2}$（称为**万能代换**或**万能公式**）可得

$$x=2\arctan u,\quad \mathrm{d}x=\frac{2}{1+u^2}\mathrm{d}u,$$

$$\sin x=\frac{2\tan\frac{x}{2}}{1+\tan^2\frac{x}{2}}=\frac{2u}{1+u^2},\quad \cos x=\frac{1-\tan^2\frac{x}{2}}{1+\tan^2\frac{x}{2}}=\frac{1-u^2}{1+u^2}.$$

将上面的三角有理函数积分转化为关于 u 的有理函数的积分，即

$$\int R(\sin x,\cos x)\mathrm{d}x=\int R\left(\frac{2u}{1+u^2},\frac{1-u^2}{1+u^2}\right)\frac{2}{1+u^2}\mathrm{d}u.$$

二、疑难解析

1. 多项式在实数范围内是否都可以分解为一次因式的乘积形式？若不是，举例说明.

答 不是. 根据实系数多项式的因式分解定理，每个次数大于 1 的实系数多项式在实数范围内总能唯一地分解为一次因式和二次不可约因式的乘积. 例如，二次多项式 x^2+x+2 不能再继续分解.

2. 在求三角有理函数的不定积分时，用万能公式代换是否是最有效的方法？若不是，举例说明.

答 不是. 在三角有理函数积分中，尽管万能公式 $u=\tan\frac{x}{2}$ 可以确保求出所有的 $R(\sin x,\cos x)$ 类函数的不定积分，并非全要用万能公式代换，一定要具体问题具体分析，有时利用其他方法或许会更为简单. 例如，$\int\frac{1}{(2+\sin x)\cos x}\mathrm{d}x$ 通过凑微分方法，将其转化为有理函数的积分，即

$$\int\frac{1}{(2+\sin x)\cos x}\mathrm{d}x=\int\frac{\cos x}{(2+\sin x)\cos^2 x}\mathrm{d}x=\int\frac{1}{(2+\sin x)(1-\sin^2 x)}\mathrm{d}(\sin x).$$

3. 初等函数的原函数是否都可以用初等函数表示？若不是，举例说明.

答 不是.对于积分运算，虽然初等函数在其定义区间内的原函数一定存在，但并非都能用初等函数表示出来.例如，$\int \sin x^2 \mathrm{d}x$，$\int \mathrm{e}^{-x^2}\mathrm{d}x$，$\int \frac{\sin x}{x}\mathrm{d}x$，$\int \frac{1}{\ln x}\mathrm{d}x$，等等.

三、经典题型详解

题型1 有理函数的积分

例 6.10 求下列不定积分：

(1) $\int \frac{x^5+x^4-8}{x^3-4x}\mathrm{d}x$；(2) $\int \frac{2x^2+3}{(x^2-2x+6)(x-1)}\mathrm{d}x$；(3) $\int \frac{1}{(x^2+1)(x^2-x+1)}\mathrm{d}x$.

分析 根据定理6.4的结论先对被积表达式进行分解，然后逐项积分.(1)分母都是由一次因式的乘积构成，可分解为 $x(x-2)(x+2)$；(2)分母中有一个二次因式 x^2-2x+6 在实数范围内不能继续分解，可以对分式直接拆项；(3)分母中的二次因式 x^2+1 和 x^2-x+1 在实数范围内不能继续分解，可以对分式直接拆项.

解 (1) 可以求得 $\frac{x^5+x^4-8}{x^3-4x}=x^2+x+4+\frac{2}{x}+\frac{5}{x-2}-\frac{3}{x+2}$. 因此

$$\int \frac{x^5+x^4-8}{x^3-4x}\mathrm{d}x=\frac{1}{3}x^3+\frac{1}{2}x^2+4x+2\ln x+5\ln|x-2|-3\ln|x+2|+C.$$

(2) 可以求得 $\frac{2x^2+3}{(x^2-2x+6)(x-1)}=\frac{1}{x-1}+\frac{x+3}{x^2-2x+6}$；

$$\begin{aligned}\int \frac{x+3}{x^2-2x+6}\mathrm{d}x&=\int \frac{x-1+4}{x^2-2x+6}\mathrm{d}x=\frac{1}{2}\int \frac{\mathrm{d}(x^2-2x+6)}{x^2-2x+6}+4\int \frac{1}{(x-1)^2+5}\mathrm{d}x\\&=\frac{1}{2}\ln(x^2-2x+6)+\frac{4}{\sqrt{5}}\arctan\frac{x-1}{\sqrt{5}}+C.\end{aligned}$$

因此

$$\int \frac{2x^2+3}{(x^2-2x+6)(x-1)}\mathrm{d}x=\ln|x-1|+\frac{1}{2}\ln(x^2-2x+6)+\frac{4}{\sqrt{5}}\arctan\frac{x-1}{\sqrt{5}}+C.$$

(3) 不难求得 $\frac{1}{(x^2+1)(x^2-x+1)}=\frac{x}{x^2+1}-\frac{x-1}{x^2-x+1}$；

$$\int \frac{x}{x^2+1}\mathrm{d}x=\frac{1}{2}\ln(x^2+1)+C;$$

$$\begin{aligned}\int \frac{x-1}{x^2-x+1}\mathrm{d}x&=\frac{1}{2}\int \frac{2x-1}{x^2-x+1}\mathrm{d}x-\frac{1}{2}\int \frac{1}{x^2-x+1}\mathrm{d}x\\&=\frac{1}{2}\ln(x^2-x+1)-\frac{1}{\sqrt{3}}\arctan\frac{2x-1}{\sqrt{3}}+C.\end{aligned}$$

因此

$$\begin{aligned}\int \frac{1}{(x^2+1)(x^2-x+1)}\mathrm{d}x&=\int \frac{x}{x^2+1}\mathrm{d}x-\int \frac{x-1}{x^2-x+1}\mathrm{d}x\\&=\frac{1}{2}\ln\frac{x^2+1}{x^2-x+1}+\frac{1}{\sqrt{3}}\arctan\frac{2x-1}{\sqrt{3}}+C.\end{aligned}$$

题型2 三角函数有理式的积分

例 6.11 求下列不定积分：

(1) $\int \frac{1}{1+\sin x+\cos x}dx$；　　(2) $\int \frac{1}{\sin x(1+\cos x)}dx$.

分析　利用万能公式将其转化为有理函数的积分.

解　(1) 利用万能公式. 令 $\tan\frac{x}{2}=t$，则

$$\cos x=\frac{1-t^2}{1+t^2},\quad \sin x=\frac{2t}{1+t^2},\quad dx=\frac{2}{1+t^2}dt.$$

将它们代入到积分，得

$$\int \frac{1}{1+\sin x+\cos x}dx=\int \frac{1}{1+\frac{2t}{1+t^2}+\frac{1-t^2}{1+t^2}}\frac{2}{1+t^2}dt$$

$$=\int \frac{1}{1+t}dt=\ln|1+t|+C=\ln\left|1+\tan\frac{x}{2}\right|+C.$$

(2) 令 $u=\tan\frac{x}{2}$，于是 $\cos x=\frac{1-u^2}{1+u^2}$，$\sin x=\frac{2u}{1+u^2}$，$dx=\frac{2}{1+u^2}du$. 将它们代入积分，得

$$\int \frac{1}{\sin x(1+\cos x)}dx=\int \frac{1}{\frac{2u}{1+u^2}\left(1+\frac{1-u^2}{1+u^2}\right)}\frac{2}{1+u^2}du$$

$$=\frac{1}{2}\int \frac{u^2+1}{u}du=\frac{1}{2}\int\left(u+\frac{1}{u}\right)du=\frac{1}{2}\left(\frac{1}{2}u^2+\ln|u|\right)+C$$

$$=\frac{1}{4}\tan^2\frac{x}{2}+\frac{1}{2}\ln\left|\tan\frac{x}{2}\right|+C.$$

此题也可以先利用配项方法配项，然后进行凑微分，即

$$\int \frac{1}{\sin x(1+\cos x)}dx=\int \frac{\sin x}{\sin^2 x(1+\cos x)}dx=-\int \frac{1}{(1-\cos^2 x)(1+\cos x)}d(\cos x).$$

题型 3　简单无理函数的积分

例 6.12　求下列不定积分：

(1) $\int \sqrt{\frac{1+x}{1-x}}dx$；　　(2) $\int \frac{1}{x^4\sqrt{1+x^2}}dx$.

分析　根据被积表达式的特点，对其进行适当的变形，然后计算.

解　(1) 先将被积表达式变形，得

$$\int \sqrt{\frac{1+x}{1-x}}dx=\int \frac{1+x}{\sqrt{1-x^2}}dx=\int \frac{1}{\sqrt{1-x^2}}dx+\int \frac{x}{\sqrt{1-x^2}}dx$$

$$=\arcsin x-\sqrt{1-x^2}+C.$$

(2) 由于分子的幂次较高，利用倒代换，令 $u=\frac{1}{x}$，则 $dx=-\frac{1}{u^2}du$. 于是

$$\int \frac{1}{x^4\sqrt{1+x^2}}dx=\int \frac{-u^3}{\sqrt{1+u^2}}du=-\int\left(u\sqrt{1+u^2}-\frac{u}{\sqrt{1+u^2}}\right)du$$

$$=-\frac{1}{3}\sqrt{(1+u^2)^3}+\sqrt{1+u^2}+C$$

$$=-\frac{1}{3}\frac{\sqrt{(1+x^2)^3}}{x^3}+\frac{\sqrt{1+x^2}}{x}+C,$$

此结果对 $x>0$ 和 $x<0$ 都成立.

题型4 综合应用题

例6.13 已知 $f(x^3+2)=\ln\frac{x^3-1}{x^3+5}$,且 $f[g(x)]=\ln 2x$.求 $\int g(x)\mathrm{d}x$.

分析 先利用已知条件和配项方法求出 $f(x)$ 的表达式,进而求出 $g(x)$ 的表达式,最后代入计算.

解 因为 $f(x^3+2)=\ln\frac{x^3-1}{x^3+5}$,所以 $f(x)=\ln\frac{x-3}{x+3}$;由

$$f[g(x)]=\ln\frac{g(x)-3}{g(x)+3}=\ln 2x,$$

可以求得 $g(x)=\frac{3(1+2x)}{1-2x}$,因此有

$$\int g(x)\mathrm{d}x=3\int\frac{1+2x}{1-2x}\mathrm{d}x=-3(x+\ln|1-2x|)+C.$$

四、课后习题选解(习题6.4)

A类题

1. 求下列不定积分:

(1) $\int\frac{1}{(x-2)(x+1)^2}\mathrm{d}x$; (2) $\int\frac{x^4+2x-8}{x^3-x}\mathrm{d}x$; (3) $\int\frac{x^2+2x+3}{(x+1)(x^2+1)}\mathrm{d}x$;

(4) $\int\frac{1}{(1+2x)(x^2+1)}\mathrm{d}x$; (5) $\int\frac{1}{4+5\cos x}\mathrm{d}x$; (6) $\int\frac{\sqrt{x+1}-1}{\sqrt{x+1}+1}\mathrm{d}x$;

(7) $\int\frac{x}{\sqrt{3+2x}}\mathrm{d}x$.

分析 根据被积表达式的特点,对其进行适当的变形,然后计算.

解 (1) 设真分式具有如下形式的分解

$$\frac{1}{(x-2)(x+1)^2}=\frac{A}{x-2}+\frac{B}{x+1}+\frac{C}{(x+1)^2},$$

其中 A,B,C 为待定系数.将上式通分,得

$$\frac{1}{(x-2)(x+1)^2}=\frac{A(x+1)^2+B(x-2)(x+1)+C(x-2)}{(x-2)(x+1)^2}.$$

利用待定系数法,比较上式两端,令 $x=-1$ 得 $C=-\frac{1}{3}$;令 $x=2$ 得 $A=\frac{1}{9}$;令 $x=0$ 得 $B=-\frac{1}{9}$,即 $\frac{1}{(x-2)(x+1)^2}=\frac{1}{9}\frac{1}{x-2}-\frac{1}{9}\frac{1}{x+1}-\frac{1}{3}\frac{1}{(x+1)^2}$.于是

$$\int\frac{1}{(x-2)(x+1)^2}\mathrm{d}x=\frac{1}{9}\int\frac{1}{x-2}\mathrm{d}x-\frac{1}{9}\int\frac{1}{x+1}\mathrm{d}x-\frac{1}{3}\int\frac{1}{(x+1)^2}\mathrm{d}x$$
$$=\frac{1}{9}\ln|x-2|-\frac{1}{9}\ln|x+1|+\frac{1}{3}\frac{1}{x+1}+C.$$

(2) 不难求得

$$\frac{x^4+2x-8}{x^3-x}=\frac{x^4-x^2+x^2+2x-8}{x^3-x}=x+\frac{x^2+2x-8}{x^3-x}.$$

设真分式具有如下形式的分解

$$\frac{x^2+2x-8}{x(x-1)(x+1)}=\frac{A}{x}+\frac{B}{x-1}+\frac{C}{x+1},$$

其中 A,B,C 为待定系数.利用待定系数法可以求得 $A=8,B=-\frac{5}{2},C=-\frac{9}{2}$.

$$\begin{aligned}\int\frac{x^4+2x-8}{x^3-x}dx&=\int xdx+8\int\frac{1}{x}dx-\frac{5}{2}\int\frac{1}{x-1}dx-\frac{9}{2}\int\frac{1}{x+1}dx\\&=\frac{1}{2}x^2+8\ln|x|-\frac{5}{2}\ln|x-1|-\frac{9}{2}\ln|x+1|+C.\end{aligned}$$

(3) 不难求得,真分式具有如下形式的分解

$$\frac{x^2+2x+3}{(x+1)(x^2+1)}=\frac{x^2+1+2(x+1)}{(x+1)(x^2+1)}=\frac{1}{x+1}+\frac{2}{x^2+1},$$

于是

$$\int\frac{x^2+2x+3}{(x+1)(x^2+1)}dx=\int\frac{1}{x+1}dx+\int\frac{2}{x^2+1}dx=\ln|x+1|+2\arctan x+C.$$

(4) 根据分母的特点,可以求得 $\frac{1}{(1+2x)(x^2+1)}=\frac{4}{5}\frac{1}{1+2x}-\frac{1}{5}\frac{2x-1}{1+x^2}$.因此有

$$\begin{aligned}\int\frac{1}{(1+2x)(x^2+1)}dx&=\int\left(\frac{4}{5}\frac{1}{1+2x}-\frac{1}{5}\frac{2x-1}{1+x^2}\right)dx\\&=\frac{2}{5}\int\frac{2}{1+2x}dx-\frac{1}{5}\int\frac{2x}{1+x^2}dx+\frac{1}{5}\int\frac{1}{1+x^2}dx\\&=\frac{2}{5}\ln|1+2x|-\frac{1}{5}\ln(1+x^2)+\frac{1}{5}\arctan x+C.\end{aligned}$$

(5) 利用万能公式.令 $\tan\frac{x}{2}=t$,则 $\cos x=\frac{1-t^2}{1+t^2}$,$dx=\frac{2}{1+t^2}dt$.于是

$$\int\frac{1}{4+5\cos x}dx=\int\frac{1}{4+5\frac{1-t^2}{1+t^2}}\frac{2}{1+t^2}dt=\int\frac{2}{9-t^2}dt=\frac{1}{3}\ln\left|\frac{t+3}{t-3}\right|+C=\frac{1}{3}\ln\left|\frac{\tan\frac{x}{2}+3}{\tan\frac{x}{2}-3}\right|+C.$$

(6) 令 $u=\sqrt{x+1}$,则 $x=u^2-1$,$dx=2udu$.于是

$$\begin{aligned}\int\frac{\sqrt{x+1}-1}{\sqrt{x+1}+1}dx&=\int\frac{u-1}{u+1}\cdot 2udu=2\int\left(u-2+\frac{2}{u+1}\right)du\\&=u^2-4u+4\ln|u+1|+C\\&=x-4\sqrt{x+1}+4\ln(\sqrt{x+1}+1)+C.\end{aligned}$$

(7) 令 $u=\sqrt{3+2x}$,则 $x=\frac{u^2-3}{2}$,$dx=udu$.于是

$$\begin{aligned}\int\frac{x}{\sqrt{3+2x}}dx&=\int\frac{u^2-3}{2}\cdot\frac{1}{u}\cdot udu=\frac{1}{2}\int(u^2-3)du=\frac{1}{6}u^3-\frac{3}{2}u+C\\&=\frac{1}{6}\sqrt{(3+2x)^3}-\frac{3}{2}\sqrt{3+2x}+C.\end{aligned}$$

2. 已知 $f(x)$ 的一个原函数是 $\frac{x^3+3}{x\sqrt{2+x^2}}$,求 $\int xf'(x)dx$.

分析 先由已知条件求出 $\int f(x)dx$ 和 $f(x)$,进而利用分部积分法计算 $\int xf'(x)dx$.

解 由 $\frac{x^3+3}{x\sqrt{2+x^2}}$ 是 $f(x)$ 的一个原函数可得,$\int f(x)dx=\frac{x^3+3}{x\sqrt{2+x^2}}+C$,且

$$f(x)=\frac{x^5+4x^3-6x^2-6}{x^2(2+x^2)^{3/2}}.$$

对$\int xf'(x)\mathrm{d}x$分部积分可得

$$\int xf'(x)\mathrm{d}x = xf(x) - \int f(x)\mathrm{d}x = \frac{x^5+4x^3-6x^2-6}{x(2+x^2)^{3/2}} - \frac{x^3+3}{x\sqrt{2+x^2}} + C.$$

3. 设$f(\sin x)=\dfrac{1+\sin x+\sin^2 x}{2-\cos^2 x}$，求$\int f(x)\mathrm{d}x$.

分析 利用已知条件可以求出$f(x)$，代入计算.

解 由$f(\sin x)=\dfrac{1+\sin x+\sin^2 x}{2-\cos^2 x}$，可以求得$f(x)=\dfrac{1+x+x^2}{1+x^2}=1+\dfrac{x}{1+x^2}$. 于是

$$\int f(x)\mathrm{d}x = \int 1\mathrm{d}x + \int \frac{x}{1+x^2}\mathrm{d}x = x + \frac{1}{2}\ln(1+x^2) + C.$$

B类题

1. 求下列不定积分：

(1) $\int \dfrac{x}{(x+1)(x+2)(x+3)}\mathrm{d}x$；　(2) $\int \dfrac{1}{x^3-1}\mathrm{d}x$；　(3) $\int \dfrac{1}{x^4-16}\mathrm{d}x$；

(4) $\int \dfrac{1}{\sin x(2+\cos x)}\mathrm{d}x$；　(5) $\int \dfrac{\cot x}{1+\sin x}\mathrm{d}x$；　(6) $\int \dfrac{1}{x}\sqrt{\dfrac{1+x}{x}}\mathrm{d}x$；

(7) $\int \dfrac{\sqrt{x+1}-\sqrt{x-1}}{\sqrt{x+1}+\sqrt{x-1}}\mathrm{d}x$.

分析 根据被积函数的特点，进行适当的分解或代换，再计算.

解 (1) 令$\dfrac{x}{(x+1)(x+2)(x+3)}=\dfrac{A}{x+1}+\dfrac{B}{x+2}+\dfrac{C}{x+3}$，则$A=-\dfrac{1}{2}$，$B=2$，$C=-\dfrac{3}{2}$，有

$$\begin{aligned}\int \frac{x}{(x+1)(x+2)(x+3)}\mathrm{d}x &= -\frac{1}{2}\int\frac{1}{x+1}\mathrm{d}x + 2\int\frac{1}{x+2}\mathrm{d}x - \frac{3}{2}\int\frac{1}{x+3}\mathrm{d}x \\ &= -\frac{1}{2}\ln|x+1| + 2\ln|x+2| - \frac{3}{2}\ln|x+3| + C.\end{aligned}$$

(2) 令$\dfrac{1}{x^3-1}=\dfrac{A}{x-1}+\dfrac{Bx+C}{x^2+x+1}$，则$A=\dfrac{1}{3}$，$B=-\dfrac{1}{3}$，$C=-\dfrac{2}{3}$，因此

$$\int\frac{1}{x^3-1}\mathrm{d}x = \frac{1}{3}\int\frac{1}{x-1}\mathrm{d}x - \frac{1}{3}\int\frac{x+2}{x^2+x+1}\mathrm{d}x.$$

可以求得

$$\begin{aligned}\int\frac{x+2}{x^2+x+1}\mathrm{d}x &= \frac{1}{2}\int\frac{2x+1}{x^2+x+1}\mathrm{d}x + \frac{3}{2}\int\frac{1}{x^2+x+1}\mathrm{d}x \\ &= \frac{1}{2}\ln(x^2+x+1) + \sqrt{3}\arctan\frac{2x+1}{\sqrt{3}} + C.\end{aligned}$$

于是

$$\begin{aligned}\int\frac{1}{x^3-1}\mathrm{d}x &= \frac{1}{3}\int\frac{1}{x-1}\mathrm{d}x - \frac{1}{3}\int\frac{x+2}{x^2+x+1}\mathrm{d}x \\ &= \frac{1}{3}\ln|x-1| - \frac{1}{6}\ln(x^2+x+1) - \frac{\sqrt{3}}{3}\arctan\frac{2x+1}{\sqrt{3}} + C.\end{aligned}$$

(3) $$\begin{aligned}\int\frac{1}{x^4-16}\mathrm{d}x &= \int\frac{1}{(x-2)(x+2)(x^2+4)}\mathrm{d}x = \frac{1}{32}\int\left(\frac{1}{x-2}-\frac{1}{x+2}-\frac{4}{x^2+4}\right)\mathrm{d}x \\ &= \frac{1}{32}\ln\left|\frac{x-2}{x+2}\right| - \frac{1}{16}\arctan\frac{x}{2} + C.\end{aligned}$$

(4) 易见

$$\int\frac{1}{\sin x(2+\cos x)}\mathrm{d}x = \int\frac{\sin x}{\sin^2 x(2+\cos x)}\mathrm{d}x = -\int\frac{1}{(1-\cos^2 x)(2+\cos x)}\mathrm{d}(\cos x).$$

令 $u=\cos x$，则有

$$\int\frac{1}{\sin x(2+\cos x)}\mathrm{d}x=\int\frac{1}{(u^2-1)(2+u)}\mathrm{d}u=\frac{1}{6}\int\left(\frac{1}{u-1}-\frac{3}{u+1}+\frac{2}{2+u}\right)\mathrm{d}u$$

$$=\frac{1}{6}\ (\ln|u-1|-3\ln|u+1|+2\ln|u+2|)+C$$

$$=\frac{1}{6}\ [\ln(1-\cos x)-3\ln(1+\cos x)+2\ln(2+\cos x)]+C.$$

(5) $\int\frac{\cot x}{1+\sin x}\mathrm{d}x=\int\frac{\cos x}{(1+\sin x)\sin x}\mathrm{d}x=\int\left(\frac{1}{\sin x}-\frac{1}{1+\sin x}\right)\cos x\mathrm{d}x$

$=\ln|\sin x|-\ln(1+\sin x)+C.$

(6) 令 $\sqrt{\frac{1+x}{x}}=t$，则 $x=\frac{1}{t^2-1}$，$\mathrm{d}x=-\frac{2t}{(t^2-1)^2}\mathrm{d}t$，因此

$$\int\frac{1}{x}\sqrt{\frac{1+x}{x}}\mathrm{d}x=\int(t^2-1)t\left(-\frac{2t}{(t^2-1)^2}\right)\mathrm{d}t=-2\int\frac{t^2}{t^2-1}\mathrm{d}t=-2t-\ln\frac{t-1}{t+1}+C$$

$$=-2\sqrt{\frac{1+x}{x}}-\ln\left|\sqrt{\frac{1+x}{x}}-1\right|+\ln\left(\sqrt{\frac{1+x}{x}}+1\right)+C.$$

(7) 先将被积函数化简，得 $\frac{\sqrt{x+1}-\sqrt{x-1}}{\sqrt{x+1}+\sqrt{x-1}}=x-\sqrt{x^2-1}$. 于是

$$\int\frac{\sqrt{x+1}-\sqrt{x-1}}{\sqrt{x+1}+\sqrt{x-1}}\mathrm{d}x=\int(x-\sqrt{x^2-1})\mathrm{d}x$$

$$=\frac{1}{2}x^2-\frac{1}{2}x\sqrt{x^2-1}+\frac{1}{2}\ln|x+\sqrt{x^2-1}|+C.$$

3. 已知 $f(x)$ 是可导函数，求 $\int\frac{f'(x)}{f^2(x)(1+f^2(x))}\mathrm{d}x$.

分析 对被积函数拆项计算.

解 $\int\frac{f'(x)}{f^2(x)(1+f^2(x))}\mathrm{d}x=\int\frac{f'(x)}{f^2(x)}\mathrm{d}x-\int\frac{f'(x)}{1+f^2(x)}\mathrm{d}x=-\frac{1}{f(x)}-\arctan f(x)+C.$

复习题 6 解答

1. 是非题

(1) 由于初等函数在其定义域内都是连续的，所以初等函数在其定义域内存在原函数. (　　)

(2) 设函数 $f(x)$ 在区间 I 上是分段函数，它在区间 I 上一定不存在原函数. (　　)

(3) 两种运算符号 $\mathrm{d}\int$ 和 $\int\mathrm{d}$ 的意义是不一样的. (　　)

(4) 若 $F(x)$ 是 $f(x)$ 的一个原函数，则有 $\int f(x)\mathrm{d}x=F(x)$. (　　)

(5) 实系数多项式在实数范围内总能分解为一次因式和不可约二次因式的乘积形式. (　　)

解 (1) 错. 初等函数在其定义区间内都是连续的.

(2) 错. 有些分段函数是连续的，由定理 1 知，连续必可积. 因此，连续的分段函数一定存在原函数.

(3) 对. 前者表示先积分后微分；后者表示先微分后积分.

(4) 错. 表达式中少了任意常数.

(5) 错. 应该是二次"不可约"因式.

2. 选择题

(1) 与原函数族 $f(x)+C$ 等价的写法是(　　).

A. $\int f'(x)\mathrm{d}x$　　B. $\left(\int f(x)\mathrm{d}x\right)'$　　C. $\mathrm{d}\int f(x)\mathrm{d}x$　　D. $\int F'(x)\mathrm{d}x$

(2) 若 $F'(x)=\dfrac{1}{1+x^2}$,$F(1)=\pi$,则 $F(x)=$(　　).

A. $\arctan x+\pi$　　B. $\arctan x+\dfrac{\pi}{2}$　　C. $\arctan x+\dfrac{3\pi}{4}$　　D. $\arctan x$

(3) 若 $f'(\cos x)=\tan^2 x$,则 $f(x)=$(　　).

A. $\dfrac{1}{x^2}-1+C$　　B. $-x-\dfrac{1}{x}+C$　　C. $x+\dfrac{1}{x}+C$　　D. $1-\dfrac{1}{x^2}+C$

(4) 若 $\int f(x)\mathrm{d}x=\sin x^2+\mathrm{e}^{2x}+C$,则 $f(x)=$(　　).

A. $2x\cos x^2+2x\mathrm{e}^{2x}$　　B. $2x\cos x^2+2\mathrm{e}^{2x}$　　C. $2x\sin x^2+2\mathrm{e}^{2x}$　　D. $2\cos x^2+2\mathrm{e}^{2x}$

(5) 若 $f(x)$ 的一个原函数是 $\dfrac{\ln x}{x}$,则 $\int f'(x)\mathrm{d}x=$(　　).

A. $\dfrac{1-\ln x}{x^2}+C$　　B. $\ln|\ln x|+C$　　C. $\dfrac{1}{2}\ln^2 x+C$　　D. $\dfrac{\ln x}{x}+C$

解　(1) $\int f'(x)\mathrm{d}x=\int \mathrm{d}f(x)=f(x)+C$,故选 A.

(2) $\int \dfrac{1}{1+x^2}\mathrm{d}x=\arctan x+C$,由 $F(1)=\pi$,得 $C=\dfrac{3\pi}{4}$. 于是 $F(x)=\arctan x+\dfrac{3\pi}{4}$,故选 C.

(3) $f'(\cos x)=\tan^2 x=\sec^2 x-1=\dfrac{1}{\cos^2 x}-1$,因此有 $f(x)=-x-\dfrac{1}{x}+C$,故选 B.

(4) 对表达式 $\int f(x)\mathrm{d}x=\sin x^2+\mathrm{e}^{2x}+C$ 两边求导数,得 $f(x)=2x\cos x^2+2\mathrm{e}^{2x}$,故选 B.

(5) 由已知得 $f(x)=\left(\dfrac{\ln x}{x}\right)'=\dfrac{1-\ln x}{x^2}$. 因此有

$$\int f'(x)\mathrm{d}x=\int \mathrm{d}f(x)=f(x)+C=\frac{1-\ln x}{x^2}+C,\quad \text{故选 A.}$$

3. 求下列不定积分:

(1) $\int(\sqrt[5]{x}+2\sqrt[3]{x}+x\sqrt{x})\mathrm{d}x$;　(2) $\int\left(2-\dfrac{1}{\sqrt{1-x^2}}\right)\mathrm{d}x$;　(3) $\int(2\mathrm{e}^{2x}-2^x5^x)\mathrm{d}x$;

(4) $\int\dfrac{x}{9+4x^2}\mathrm{d}x$;　(5) $\int\dfrac{\arcsin x+x}{\sqrt{1-x^2}}\mathrm{d}x$;　(6) $\int\dfrac{\mathrm{e}^{-\frac{1}{x}+1}}{x^2}\mathrm{d}x$;

(7) $\int\dfrac{\ln(\ln x)}{x}\mathrm{d}x$;　(8) $\int\dfrac{6^x}{9^x+4^x}\mathrm{d}x$;　(9) $\int\dfrac{x}{\sqrt{4+x^2}-x}\mathrm{d}x$;

(10) $\int\sqrt{4-x^2}\mathrm{d}x$;　(11) $\int\sqrt{1+x^2}\mathrm{d}x$;　(12) $\int\sqrt{x^2-9}\mathrm{d}x$;

(13) $\int\dfrac{1}{x(x^5+1)}\mathrm{d}x$;　(14) $\int\dfrac{\ln(1+x^2)}{x^3}\mathrm{d}x$;　(15) $\int\dfrac{x^2-9}{x^4-3x^2-4}\mathrm{d}x$;

(16) $\int\dfrac{x^2-2x-2}{(x^2+2)(x-1)}\mathrm{d}x$;　(17) $\int\dfrac{\sqrt{x+2}}{\sqrt[3]{x+2}-1}\mathrm{d}x$;　(18) $\int\dfrac{\sin x}{\sin x+\cos x}\mathrm{d}x$;

(19) $\int\dfrac{5\sin x+\cos x}{2\sin x+3\cos x}\mathrm{d}x$;　(20) $\int\mathrm{e}^{3x}(\sin^2 x-\cos^2 x)\mathrm{d}x$.

分析　针对不同积分,选择恰当的方法计算.

解　(1) 分项计算,得 $\int(\sqrt[5]{x}+2\sqrt[3]{x}+x\sqrt{x})\mathrm{d}x=\dfrac{5}{6}x^{\frac{6}{5}}+\dfrac{3}{2}x^{\frac{4}{3}}+\dfrac{2}{5}x^{\frac{5}{2}}+C$.

(2) 分项计算,得 $\int\left(2-\dfrac{1}{\sqrt{1-x^2}}\right)\mathrm{d}x=2x+\arccos x+C$.

(3) 利用指数函数积分公式计算,得

$$\int(2e^{2x}-2^x5^x)dx=\int(2e^{2x}-10^x)dx=e^{2x}-\frac{1}{\ln10}10^x+C.$$

(4) 利用凑微分方法计算,得

$$\int\frac{x}{9+4x^2}dx=\frac{1}{8}\int\frac{1}{9+4x^2}d(9+4x^2)=\frac{1}{8}\ln(9+4x^2)+C.$$

(5) 先拆项,再用凑微分的方法计算,得

$$\int\frac{\arcsin x+x}{\sqrt{1-x^2}}dx=\int\frac{\arcsin x}{\sqrt{1-x^2}}dx+\int\frac{x}{\sqrt{1-x^2}}dx=\frac{1}{2}\arcsin^2x-\sqrt{1-x^2}+C.$$

(6) 利用凑微分的方法计算,得 $\int\frac{e^{-\frac{1}{x}+1}}{x^2}dx=\int e^{-\frac{1}{x}+1}d\left(-\frac{1}{x}+1\right)=e^{-\frac{1}{x}+1}+C.$

(7) 利用分部积分法计算,得

$$\begin{aligned}\int\frac{\ln(\ln x)}{x}dx&=\int\ln(\ln x)d(\ln x)=\ln(\ln x)\cdot\ln x-\int\ln x\cdot\frac{1}{\ln x}\cdot\frac{1}{x}dx\\&=\ln x\cdot(\ln(\ln x)-1)+C.\end{aligned}$$

(8) 将被积函数变形,利用指数函数的积分公式凑微分,得

$$\begin{aligned}\int\frac{6^x}{9^x+4^x}dx&=\int\frac{\left(\frac{2}{3}\right)^x}{1+\left[\left(\frac{2}{3}\right)^x\right]^2}dx=\frac{1}{\ln2-\ln3}\int\frac{1}{1+\left[\left(\frac{2}{3}\right)^x\right]^2}d\left(\frac{2}{3}\right)^x\\&=\frac{1}{\ln2-\ln3}\arctan\left(\frac{2}{3}\right)^x+C.\end{aligned}$$

(9) 先将分母有理化,再分项计算,得

$$\begin{aligned}\int\frac{x}{\sqrt{4+x^2}-x}dx&=\int\frac{x(\sqrt{4+x^2}+x)}{4}dx=\frac{1}{4}\int x\sqrt{4+x^2}dx+\frac{1}{4}\int x^2dx\\&=\frac{1}{8}\int\sqrt{4+x^2}d(4+x^2)+\frac{1}{4}\int x^2dx=\frac{1}{12}\left(\sqrt{(4+x^2)^3}+x^3\right)+C.\end{aligned}$$

(10) 利用三角代换去根号,得 $\int\sqrt{4-x^2}dx=\frac{x}{2}\sqrt{4-x^2}+2\arcsin\frac{x}{2}+C.$

(11) 利用三角代换去根号,得 $\int\sqrt{1+x^2}dx=\frac{x}{2}\sqrt{1+x^2}+\frac{1}{2}\ln(x+\sqrt{1+x^2})+C.$

(12) 利用三角代换去根号,得 $\int\sqrt{x^2-9}dx=\frac{x}{2}\sqrt{x^2-9}-\frac{9}{2}\ln|x+\sqrt{x^2-9}|+C.$

(13) 利用倒代换的方法计算. 令 $x=\frac{1}{t}$,则 $dx=-\frac{1}{t^2}dt$,因此

$$\begin{aligned}\int\frac{1}{x(x^5+1)}dx&=\int\frac{1}{\frac{1}{t}\left[\left(\frac{1}{t}\right)^5+1\right]}\left(-\frac{1}{t^2}\right)dt=-\int\frac{t^4}{t^5+1}dx=-\frac{1}{5}\ln(t^5+1)+C\\&=-\frac{1}{5}\ln\left|\frac{1}{x^5}+1\right|+C.\end{aligned}$$

(14) 用分部积分法,选取原则是“反对幂指三”,得

$$\begin{aligned}\int\frac{\ln(1+x^2)}{x^3}dx&=-\frac{1}{2x^2}\ln(1+x^2)+\int\frac{x}{x^2(1+x^2)}dx\\&=-\frac{1}{2x^2}\ln(1+x^2)+\int\frac{1}{x}dx-\int\frac{x}{1+x^2}dx\\&=-\frac{1}{2x^2}\ln(1+x^2)+\frac{1}{2}\ln\frac{x^2}{1+x^2}+C.\end{aligned}$$

(15) 根据观察,先将分母因式分解,然后根据分母特点将分子拆分. 由于

$$\frac{x^2-9}{x^4-3x^2-4}=\frac{2x^2-8-x^2-1}{(x^2-4)(x^2+1)}=\frac{2}{x^2+1}-\frac{1}{x^2-4}=\frac{2}{x^2+1}+\frac{1}{4}\left(\frac{1}{x+2}-\frac{1}{x-2}\right),$$

因此

$$\int\frac{x^2-9}{x^4-3x^2-4}\mathrm{d}x=\int\frac{2}{1+x^2}\mathrm{d}x+\frac{1}{4}\int\frac{1}{x+2}\mathrm{d}x-\frac{1}{4}\int\frac{1}{x-2}\mathrm{d}x=2\arctan x+\frac{1}{4}\ln\left|\frac{x+2}{x-2}\right|+C.$$

(16) 将有理分式拆项,再积分.由于

$$\frac{x^2-2x-2}{(x^2+2)(x-1)}=\frac{Ax+B}{x^2+2}+\frac{C}{x-1}=\frac{(Ax+B)(x-1)+C(x^2+2)}{(x^2+2)(x-1)},$$

利用待定系数法得,$A=2,B=0,C=-1$.于是

$$\int\frac{x^2-2x-2}{(x^2+2)(x-1)}\mathrm{d}x=\int\frac{2x}{x^2+2}\mathrm{d}x+\int\frac{-1}{x-1}\mathrm{d}x=\ln(x^2+2)-\ln|x-1|+C.$$

(17) 先将无理分式有理化,再简化计算.令 $\sqrt[6]{x+2}=t$,则 $\sqrt[3]{x+2}=t^2$,$\sqrt{x+2}=t^3$,$x=t^6-2$,$\mathrm{d}x=6t^5\mathrm{d}t$.将这些信息代入被积函数,得

$$\begin{aligned}\int\frac{\sqrt{x+2}}{\sqrt[3]{x+2}-1}\mathrm{d}x&=6\int\frac{t^8}{t^2-1}\mathrm{d}t=6\left[\int t^6\mathrm{d}t+\int t^4\mathrm{d}t+\int t^2\mathrm{d}t+\int\mathrm{d}t+\int\frac{1}{t^2-1}\mathrm{d}t\right]\\&=\frac{6t^7}{7}+\frac{6t^5}{5}+2t^3+6t+3\ln\left|\frac{t-1}{t+1}\right|+C\\&=\frac{6\sqrt[6]{(x+2)^7}}{7}+\frac{6\sqrt[6]{(x+2)^5}}{5}+2\sqrt{x+2}+6\sqrt[6]{x+2}+3\ln\left|\frac{\sqrt[6]{x+2}-1}{\sqrt[6]{x+2}+1}\right|+C.\end{aligned}$$

(18) 利用配项方法计算,将分子拆分成与分母相关的形式,再分别计算积分.

$$\begin{aligned}\int\frac{\sin x}{\sin x+\cos x}\mathrm{d}x&=\frac{1}{2}\int\frac{2\sin x}{\sin x+\cos x}\mathrm{d}x=\frac{1}{2}\int\frac{\sin x+\cos x+\sin x-\cos x}{\sin x+\cos x}\mathrm{d}x\\&=\frac{1}{2}\int\left(1+\frac{\sin x-\cos x}{\sin x+\cos x}\right)\mathrm{d}x=\frac{1}{2}x-\frac{1}{2}\int\frac{1}{\sin x+\cos x}\mathrm{d}(\sin x+\cos x)\\&=\frac{1}{2}x-\frac{1}{2}\ln|\sin x+\cos x|+C.\end{aligned}$$

(19) 与(18)题类似,利用配项方法计算.

$$\begin{aligned}\int\frac{5\sin x+\cos x}{2\sin x+3\cos x}\mathrm{d}x&=\int\frac{2\sin x+3\cos x+3\sin x-2\cos x}{2\sin x+3\cos x}\mathrm{d}x\\&=\int1+\frac{3\sin x-2\cos x}{2\sin x+3\cos x}\mathrm{d}x=x-\int\frac{1}{2\sin x+3\cos x}\mathrm{d}(2\sin x+3\cos x)\\&=x-\ln|2\sin x+3\cos x|+C.\end{aligned}$$

(20) 先将被积函数化简,再利用循环积分计算.由于

$$\int\mathrm{e}^{3x}(\sin^2x-\cos^2x)\mathrm{d}x=-\int\mathrm{e}^{3x}\cos2x\mathrm{d}x,$$

利用两次分部积分法得到循环积分可以求得

$$\int\mathrm{e}^{3x}(\sin^2x-\cos^2x)\mathrm{d}x=-\frac{1}{13}\mathrm{e}^{3x}(2\sin2x+3\cos2x)+C.$$

4. 已知函数 $2x\sin2x+\cos2x$ 是 $f(x)$ 的一个原函数,是 $g(x)$ 的导函数,求 $f(x)$ 和 $g(x)$ 的表达式.

分析 根据原函数和导函数的定义计算.

解 由已知条件可得 $(2x\sin2x+\cos2x)'=f(x)$,$g'(x)=2x\sin2x+\cos2x$,即

$$f(x)=(2x\sin2x+\cos2x)'=4x\cos2x,$$

$$g(x)=\int(2x\sin2x+\cos2x)\mathrm{d}x=-x\cos2x+\sin2x+C.$$

5. 已知 $\int\mathrm{e}^xf'(\mathrm{e}^x)\mathrm{d}x=\mathrm{e}^{2x}+\mathrm{e}^{5x}+C$,求 $f(x)$.

分析 利用已知条件先求出 $f'(x)$,然后积分可求出 $f(x)$.

解 对已知等式的两边关于 x 求导，得 $e^x f'(e^x)=2e^{2x}+5e^{5x}$，进而有 $f'(e^x)=2e^x+5e^{4x}$. 令 $t=e^x$，有 $f'(t)=2t+5t^4$，左右两边积分可得

$$f(t)=\int(2t+5t^4)dt=t^2+t^5+C,\quad 即\ f(x)=x^2+x^5+C.$$

6. 已知 $d(\ln x)=f(x)dx$，求 $\int xf(x)dx$.

分析 将已知条件代入被积函数计算.

解 $\int xf(x)dx=\int xd(\ln x)=\int x\frac{1}{x}dx=x+C.$

7. 已知 $\int(2+2a)xe^{-x^2}dx=3ae^{-x^2}+C$，求 a 的值.

分析 两端关于 x 求导数，再与右端比较求出 a 的值.

解 两端关于 x 求导数，有 $(2+2a)xe^{-x^2}=-6axe^{-x^2}$，容易求得 $a=-\frac{1}{4}$.

8. 已知 $f(x)=e^{-2x}+\sin x$，求 $\int\frac{f'(\ln x)}{x}dx$.

分析 利用凑微分的方法计算积分，再与已知条件比对.

解 容易求得 $\int\frac{f'(\ln x)}{x}dx=\int f'(\ln x)d(\ln x)=f(\ln x)+C.$

由已知 $f(x)=e^{-2x}+\sin x$，可得 $\int\frac{f'(\ln x)}{x}dx=f(\ln x)+C=\frac{1}{x^2}+\sin(\ln x)+C.$

9. 已知 $\int f(x)dx=\ln x+\tan 2x+C$，求 $\int e^x f(e^x+1)dx$.

分析 对待求积分凑微分，凑成与已知条件一致的形式.

解 令 $u=e^x+1$，则

$$\int e^x f(e^x+1)dx=\int f(e^x+1)\,d(e^x+1)=\int f(u)du=\ln u+\tan 2u+C.$$

再将 $u=e^x+1$ 代回，得 $\int e^x f(e^x+1)dx=\ln(e^x+1)+\tan 2(e^x+1)+C.$

10. 设 $f(\cos^2 x)=\frac{2x}{\cos x}$，求 $\int\frac{1}{\sqrt{1-x}}f(x)dx$.

分析 先求出 $f(x)$ 的表达式，然后代入被积函数计算.

解 令 $\cos^2 x=t$，则 $\cos x=\sqrt{t}$，$x=\arccos\sqrt{t}$，代入 $f(\cos^2 x)=\frac{2x}{\cos x}$，可以求得 $f(t)=\frac{2\arccos\sqrt{t}}{\sqrt{t}}$，即 $f(x)=\frac{2\arccos\sqrt{x}}{\sqrt{x}}$. 将 $f(x)$ 代入被积函数，得

$$\int\frac{1}{\sqrt{1-x}}f(x)dx=\int\frac{1}{\sqrt{1-x}}\frac{2\arccos\sqrt{x}}{\sqrt{x}}dx=4\int\frac{\arccos\sqrt{x}}{\sqrt{1-x}}d\sqrt{x}=-2\left(\arccos\sqrt{x}\right)^2+C.$$

11. 已知函数 $f(x)$ 具有二阶连续导数，求 $\int\left[\frac{f(x)}{f'(x)}-\frac{f^2(x)f''(x)}{f'^3(x)}\right]dx$.

分析 分项求积分不可行，尝试对被积函数通分，再进行凑微分计算.

解

$$\begin{aligned}\int\left[\frac{f(x)}{f'(x)}-\frac{f^2(x)f''(x)}{f'^3(x)}\right]dx&=\int\left[\frac{f(x)f'^2(x)-f^2(x)f''(x)}{f'^3(x)}\right]dx\\&=\frac{1}{2}\int\left[\frac{2f(x)f'(x)f'^2(x)-2f^2(x)f'(x)f''(x)}{(f'^2(x))^2}\right]dx\\&=\frac{1}{2}\frac{f^2(x)}{f'^2(x)}+C.\end{aligned}$$

12. 设 $I_n=\int \tan^n x\mathrm{d}x$,证明:$I_n=\frac{1}{n-1}\tan^{n-1}x-I_{n-2}$,并求 $I_3=\int \tan^3 x\mathrm{d}x$.

分析 先拆项,然后利用分部积分法证明.

证明 $I_n=\int \tan^n x\mathrm{d}x=\int \tan^{n-2}x\tan^2 x\mathrm{d}x=\int \tan^{n-2}x(\sec^2 x-1)\mathrm{d}x$

$$=\int \tan^{n-2}x\sec^2 x\mathrm{d}x-\int \tan^{n-2}x\mathrm{d}x$$

$$=\int \tan^{n-2}x\mathrm{d}\tan x-I_{n-2}=\frac{1}{n-1}\tan^{n-1}x-I_{n-2}.$$

$I_3=\int \tan^3 x\mathrm{d}x=\frac{1}{2}\tan^2 x-\int \tan x\mathrm{d}x=\frac{1}{2}\tan^2 x+\ln|\cos x|+C.$

自测题 6

1. 填空题

(1) $\int \frac{1}{(\arccos x)^3\sqrt{1-x^2}}\mathrm{d}x=$ ________;

(2) 设 $\int f(x)\mathrm{d}x=2\sin\frac{x}{2}+C$,则 $f(x)=$ ________;

(3) 设函数 $f(x)$ 具有连续的导数,则 $\int [xf'(x)+f(x)]\mathrm{d}x=$ ________;

(4) 已知 $\frac{\arctan x}{x}$ 是 $f(x)$ 的原函数,则 $\int xf'(2x)\mathrm{d}x=$ ________;

(5) $x^x(1+\ln x)$ 的全体原函数为________.

2. 计算下列不定积分:

(1) $\int e^{2x^2+\ln x}\mathrm{d}x$;　(2) $\int \frac{x}{\sqrt{1-4x^4}}\mathrm{d}x$;　(3) $\int \frac{1}{x(5+2\ln^2 x)}\mathrm{d}x$;

(4) $\int \frac{2x}{x^8-1}\mathrm{d}x$;　(5) $\int \frac{\sin\ln x\cos\ln x}{x}\mathrm{d}x$;　(6) $\int \frac{10^{2\arctan x}}{1+x^2}\mathrm{d}x$;

(7) $\int \frac{1}{\sqrt{x}+\sqrt[3]{x^2}}\mathrm{d}x$;　(8) $\int e^{\sqrt{2x-1}}\mathrm{d}x$;　(9) $\int \frac{\sin x}{e^x}\mathrm{d}x$;

(10) $\int x^3\cos(x^2)\mathrm{d}x$;　(11) $\int \frac{\ln\sin x}{\sin^2 x}\mathrm{d}x$;　(12) $\int \frac{1}{4\sin^2 x+3\cos^2 x}\mathrm{d}x$.

3. 已知函数 $f(x)=\begin{cases}2\sin x+x^2, & x>0,\\ \ln(1+2x), & x\leqslant 0.\end{cases}$ 求 $\int f(x)\mathrm{d}x$.

4. 求 $\int \max\{1,x^3\}\mathrm{d}x$.

5. 已知 $f(x)$ 的一个原函数为 xe^{-x},求:(1) $\int f(x)\mathrm{d}x$;(2) $\int xf'(x)\mathrm{d}x$;(3) $\int xf(x)\mathrm{d}x$.

6. 设 $f(x^2-1)=\ln\frac{x^2}{x^2-2}$,且 $f(\varphi(x))=\ln x$. 求 $\int \varphi(x)\mathrm{d}x$.

第7章

定积分及其应用

一、基本要求

1. 理解定积分的概念和基本性质，牢固掌握定积分概念，理解定积分是一种和式极限，对定积分解决问题的思想有初步体会.

2. 理解变上限定积分定义的函数及其求导定理，掌握牛顿—莱布尼茨公式.通过学习，使学生更深入理解定积分和不定积分，微分和积分间的联系.

3. 掌握定积分的换元法与分部积分法.

4. 了解广义积分的概念并会计算广义积分.

5. 了解定积分的近似计算法.

6. 理解定积分的来源，几何及物理意义，为以后学习其他专业课程打基础.掌握用定积分表达和计算一些几何量与物理量(平面图形的面积、平面曲线的弧长、旋转体的体积及侧面积、平行截面面积为已知的立体体积、变力做功、引力、压力及函数的平均值等).

二、知识网络图

- 定积分
  - 定义(定义 7.1)
  - 几何意义(曲边梯形的面积)
  - 定积分的存在条件
    - 充分条件(定理 7.1、定理 7.2、定理 7.3)
    - 必要条件(定理 7.4)
  - 定积分的性质
    - 线性性质(性质 1)
    - 积分区间的可加性(性质 2)
    - 矩形面积(性质 3)
    - 保号性(性质 4、推论 1、推论 2)
    - 积分估值定理(性质 5)
    - 积分中值定理(性质 6)
  - 积分上限函数及其导数(定理 7.5、推论 1)
  - 计算方法
    - 利用定义、几何意义、奇偶性
    - 牛顿—莱布尼茨公式(定理 7.6)
    - 换元积分法(定理 7.7)
    - 分部积分法(定理 7.8)

- 定积分
  - 反常积分
    - 无穷区间上的反常积分(定义 7.2)
    - 无界函数的反常积分(定义 7.3)
  - 应用
    - 微元法
    - 平面图形的面积(直角坐标、极坐标)
    - 旋转体的体积
    - 平行截面面积为已知的立体的体积
    - 平面曲线的弧长(直角坐标、参数方程、极坐标)

7.1 定积分的概念

一、知识要点

1. 定积分的定义

定义 7.1 设函数 $y=f(x)$ 在区间 $[a,b]$ 上有界. 在 $[a,b]$ 内部任意插入 $n-1$ 个分点

$$a = x_0 < x_1 < x_2 < \cdots < x_{i-1} < x_i < \cdots < x_{n-1} < x_n = b,$$

将区间 $[a,b]$ 分割成 n 个小区间 $[x_{i-1},x_i]$ $(i=1,2,\cdots,n)$,各小区间的长度为 $\Delta x_i = x_i - x_{i-1}$ $(i=1,2,\cdots,n)$,在每个小区间 $[x_{i-1},x_i]$ 上任取一点 ξ_i,即 $\xi_i \in [x_{i-1},x_i]$,作函数值 $f(\xi_i)$ 与小区间长度 Δx_i 的乘积 $f(\xi_i)\Delta x_i$ $(i=1,2,\cdots,n)$,并作和式 $S_n = \sum\limits_{i=1}^{n} f(\xi_i)\Delta x_i$,记 $\lambda = \max\{\Delta x_1,\Delta x_2,\cdots,\Delta x_n\}$,当 $\lambda \to 0$ 时,若和式的极限(记作 I)存在,则称这个极限 I 为函数 $f(x)$ 在区间 $[a,b]$ 上的**定积分**或**黎曼积分**,记作 $\int_a^b f(x)\mathrm{d}x$,即

$$\int_a^b f(x)\mathrm{d}x = I = \lim_{\lambda\to 0}\sum_{i=1}^{n} f(\xi_i)\Delta x_i,$$

其中 $f(x)$ 称为**被积函数**,$f(x)\mathrm{d}x$ 称为**被积表达式**,x 称为**积分变量**,a 和 b 分别称为**积分下限**和**积分上限**,$[a,b]$ 称为**积分区间**,和式 $\sum\limits_{i=1}^{n} f(\xi_i)\Delta x_i$ 称为 $f(x)$ 的**积分和**或**黎曼和**.

2. 定积分的几何解释

当被积函数满足 $f(x)\geqslant 0$ 时,定积分 $\int_a^b f(x)\mathrm{d}x$ 表示由曲线 $y=f(x)$,x 轴及直线 $x=a$,$x=b(b>a)$ 围成的曲边梯形的面积;当被积函数满足 $f(x)\leqslant 0$ 时,它们所围成的曲边梯形位于 x 轴的下方,此时定积分 $\int_a^b f(x)\mathrm{d}x$ 在数值上取上述曲边梯形面积的负值;当被积函数 $f(x)$ 在区间 $[a,b]$ 上有正有负时,定积分 $\int_a^b f(x)\mathrm{d}x$ 在几何上的解释是:$\int_a^b f(x)\mathrm{d}x$ 等于曲线 $y=f(x)$,x 轴及直线 $x=a$,$x=b(b>a)$ 围成的平面图形的面积的**代数和**. 例如,在图 7.1 中,有 $\int_a^b f(x)\mathrm{d}x = A_1 - A_2 + A_3$.

根据需要,给出定积分的两个补充规定,即:

(1) 当 $a=b$ 时,$\int_a^b f(x)\mathrm{d}x = 0$;

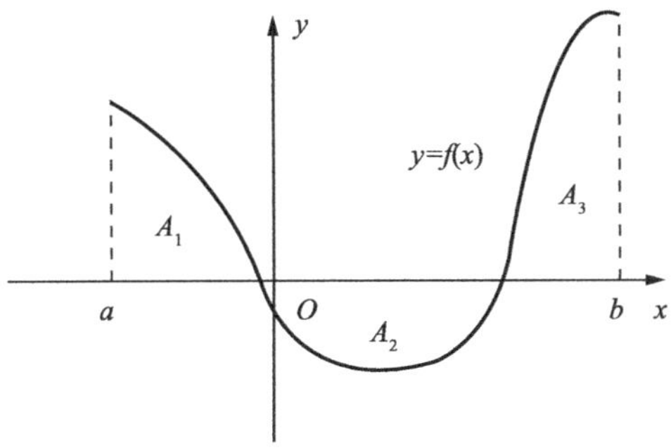

图 7.1

(2) 当 $a>b$ 时，$\int_a^b f(x)\mathrm{d}x=-\int_b^a f(x)\mathrm{d}x$.

二、疑难解析

1. 在区间$[a,b]$上，若被积函数满足 $f(x)\geqslant 0$，在几何上如何解释下列表达式：

(1) $\int_a^b f(x)\mathrm{d}x=\lim\limits_{n\to\infty}\left[\frac{b-a}{n}\sum\limits_{i=1}^{n} f(x_{i-1})\right]$； (2) $\int_a^b f(x)\mathrm{d}x=\lim\limits_{n\to\infty}\left[\frac{b-a}{n}\sum\limits_{i=1}^{n} f(x_i)\right]$；

(3) $\int_a^b f(x)\mathrm{d}x=\lim\limits_{n\to\infty}\left[\frac{b-a}{2n}\sum\limits_{i=1}^{n} (f(x_{i-1})+f(x_i))\right]$.

答 首先，需要理解的是：在定积分的定义中，对积分区间$[a,b]$的分割是任意的，点 ξ_i 在小区间$[x_{i-1},x_i]$上的选取也是任意的. 只有在这两个"任意"同时被满足，且 $\lim\limits_{\lambda\to 0}\sum\limits_{i=1}^{n} f(\xi_i)\Delta x_i$ 存在的前提下，才称其极限 I 为函数 $f(x)$ 在区间$[a,b]$上的定积分. 反过来，若已知函数 $f(x)$ 在区间$[a,b]$上的定积分存在，即 $\lim\limits_{\lambda\to 0}\sum\limits_{i=1}^{n} f(\xi_i)\Delta x_i$ 存在，在求该积分值时，则可以将积分区间等分，选取小区间的左或右端点作为 ξ_i 的方法进行计算. 有了这段话，不难理解上述三个等式.

(1) $\int_a^b f(x)\mathrm{d}x=\lim\limits_{n\to\infty}\left[\frac{b-a}{n}\sum\limits_{i=1}^{n} f(x_{i-1})\right]$表示：将区间$[a,b]$进行 n 等分，ξ_i 取为第 i 个小区间$[x_{i-1},x_i]$的左端点，等式右端是 n 个小矩形的面积之和，其中第 i 个小矩形是以第 i 个等分小区间$[x_{i-1},x_i]$的长度$\frac{b-a}{n}$为底、以小区间$[x_{i-1},x_i]$的左端点的函数值 $f(x_{i-1})$ 为高. 该等式也称为定积分的**左矩形公式**.

(2) $\int_a^b f(x)\mathrm{d}x=\lim\limits_{n\to\infty}\left[\frac{b-a}{n}\sum\limits_{i=1}^{n} f(x_i)\right]$的解释与(1)类似，称之为近似计算定积分的**右矩形公式**.

(3) $\int_a^b f(x)\mathrm{d}x=\lim\limits_{n\to\infty}\left[\frac{b-a}{2n}\sum\limits_{i=1}^{n} (f(x_{i-1})+f(x_i))\right]$表示：将区间$[a,b]$进行 n 等分，ξ_{i-1} 和 ξ_i 取为第 i 个小区间$[x_{i-1},x_i]$的左端点和右端点，等式右端是 n 个小梯形的面积之和，其中第 i 个小梯形是以第 i 个等分小区间$[x_{i-1},x_i]$的长度$\frac{b-a}{n}$为高、以小区间$[x_{i-1},x_i]$的

左右端点的函数值 $f(x_{i-1})$ 和 $f(x_i)$ 为上下底. 称之为近似计算定积分的**梯形公式**.

请读者自行画出这三个公式对应的几何图形.

三、经典题型详解

题型1 利用定积分的几何意义计算

例 7.1 计算下列定积分:

(1) $\int_{-1}^{1}|x|\mathrm{d}x$; (2) $\int_{\frac{\sqrt{2}}{2}}^{1}\sqrt{1-x^2}\mathrm{d}x$.

分析 利用定积分的几何意义计算.

解 (1) 如图 7.2(a) 所示,由于直线 $y=|x|$ 的图像关于 y 轴对称且位于 x 轴上方, $\int_{-1}^{1}|x|\mathrm{d}x$ 表示直线 $y=x,x=0,x=1$ 以及 x 轴围成的三角形面积的 2 倍,所以

$$\int_{-1}^{1}|x|\mathrm{d}x=2\times\frac{1}{2}=1.$$

(2) 如图 7.2(b) 所示, $\int_{\frac{\sqrt{2}}{2}}^{1}\sqrt{1-x^2}\mathrm{d}x$ 表示上半圆周 $y=\sqrt{1-x^2}$, x 轴以及直线 $x=\frac{\sqrt{2}}{2}$, $x=1$ 围成的图形的面积,它等于单位圆的面积的八分之一减去腰为 $\frac{\sqrt{2}}{2}$ 的等腰直角三角形的面积,即 $\int_{\frac{\sqrt{2}}{2}}^{1}\sqrt{1-x^2}\mathrm{d}x=\frac{\pi-2}{8}$.

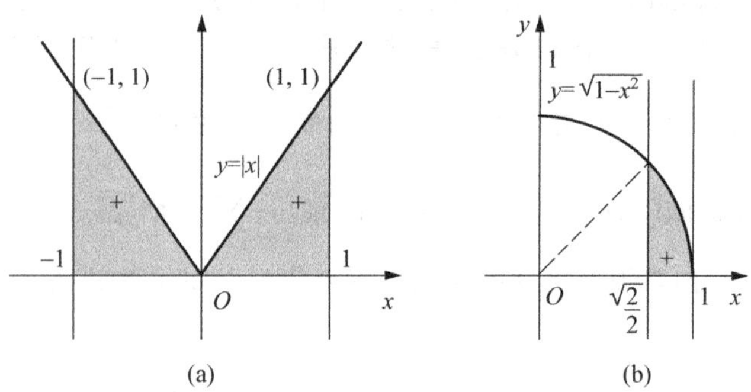

图 7.2

四、课后习题选解(习题 7.1)

A类题

1. 利用定积分的定义计算下列定积分:

(1) $\int_a^b k\mathrm{d}x, k>0$; (2) $\int_0^1 2x\mathrm{d}x$.

分析 按照定积分的定义,利用分割、近似、求和、取极限的思想求上述定积分. 在定积分存在的前提下,定积分的值与区间的分法及 ξ_i 的取法无关,因此通常将区间取等分,然后 ξ_i 取区间端点.

解 (1) 为便于计算,将区间 $[a,b]$ n 等分,区间长度为 $\Delta x=\frac{1}{n}(b-a)$,各小区间记作 $[x_{i-1},x_i]$ $(i=1,2,\cdots,n)$,其中区间的右端点为 $x_i=a+i\Delta x$. 不妨将 ξ_i 取为每个小区间的右端点,即 $\xi_i=a+\frac{i}{n}(b-a)$ $(i=$

$1,2,\cdots,n)$，此时，$\lambda=\Delta x_i=\frac{1}{n}(b-a)$．于是当 $\lambda\to 0$ 时，即 $n\to\infty$ 时，由定义可知

$$\int_a^b k\mathrm{d}x=\lim_{\lambda\to 0}\sum_{i=1}^n f(\xi_i)\Delta x_i=\lim_{n\to\infty}\sum_{i=1}^n k\Delta x=\sum_{i=1}^n k\cdot\frac{1}{n}(b-a)=k(b-a).$$

(2) 为便于计算，将区间 $[0,1]$ n 等分，区间长度为 $\Delta x=\frac{1}{n}$，各小区间简记为 $\left[\frac{i-1}{n},\frac{i}{n}\right](i=1,2,\cdots,n)$，其中区间的右端点为 $x_i=\frac{i}{n}$．不妨将 ξ_i 取为每个小区间的右端点，即 $\xi_i=\frac{i}{n}(i=1,2,\cdots,n)$，此时，$\lambda=\frac{1}{n}$．于是当 $\lambda\to 0$ 时，即 $n\to\infty$ 时，由定义可知

$$\int_0^1 2x\mathrm{d}x=\lim_{n\to\infty}\sum_{i=1}^n f(\xi_i)\Delta x_i=\lim_{n\to\infty}\sum_{i=1}^n 2\frac{i}{n}\frac{1}{n}=\lim_{n\to\infty}\frac{2}{n^2}\sum_{i=1}^n i=\lim_{n\to\infty}\frac{2}{n^2}\frac{n(n+1)}{2}=\lim_{n\to\infty}\frac{n^2+n}{n^2}=1.$$

2. 计算下列定积分：

(1) $\int_0^{2\pi}\sin x\mathrm{d}x$；　　(2) $\int_{-2}^4\left(\frac{x}{2}+3\right)\mathrm{d}x$.

分析　利用定积分的几何意义计算.

解　(1) 如图 7.3(a) 所示，$\int_0^{2\pi}\sin x\mathrm{d}x$ 的几何意义表示由 $x=0,x=2\pi,y=\sin x$ 以及 x 轴围成区域面积的代数和．由图可见，$\int_0^{2\pi}\sin x\mathrm{d}x=0$.

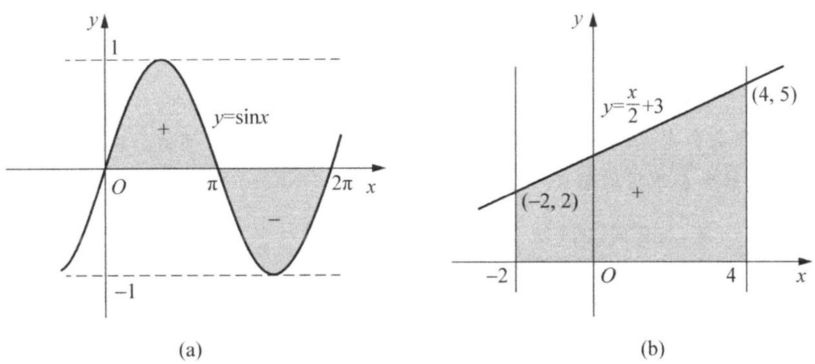

图　7.3

(2) 如图 7.3(b) 所示，由于 $x=-2,4$ 时，函数 $y=\frac{x}{2}+3$ 对应的函数值分别为 $y=2,5$，因此，直线在区间 $[-2,4]$ 上位于 x 轴上方，因此 $\int_{-2}^4\left(\frac{x}{2}+3\right)\mathrm{d}x$ 的几何意义表示直线 $y=\frac{x}{2}+3,x=-2,x=4$ 以及 x 轴围成的直角梯形的面积，所以 $\int_{-2}^4\left(\frac{x}{2}+3\right)\mathrm{d}x=\frac{1}{2}(2+5)\times 6=21$.

3. 证明下列等式：

(1) $\int_0^1 kx\mathrm{d}x=\frac{k}{2},k>0$；　　(2) $\int_{-\frac{\pi}{2}}^{\frac{\pi}{2}}\cos x\mathrm{d}x=2\int_0^{\frac{\pi}{2}}\cos x\mathrm{d}x$.

分析　利用定积分的几何意义证明.

解　(1) 如图 7.4(a) 所示，$\int_0^1 kx\mathrm{d}x(k>0)$ 的几何意义表示直线 $y=kx,x=0,x=1$ 以及 x 轴围成的三角形的面积，因此 $\int_0^1 kx\mathrm{d}x=\frac{k}{2}$.

(2) 如图 7.4(b) 所示，$\int_{-\frac{\pi}{2}}^{\frac{\pi}{2}}\cos x\mathrm{d}x$ 的几何意义表示曲线 $y=\cos x,x=-\frac{\pi}{2},x=\frac{\pi}{2}$ 以及 x 轴围成区

域的面积的代数和,而在区间$\left[-\frac{\pi}{2},\frac{\pi}{2}\right]$内,$y=\cos x$ 的图形关于 y 轴对称,所以

$$\int_{-\frac{\pi}{2}}^{\frac{\pi}{2}}\cos x\mathrm{d}x=2\int_{0}^{\frac{\pi}{2}}\cos x\mathrm{d}x.$$

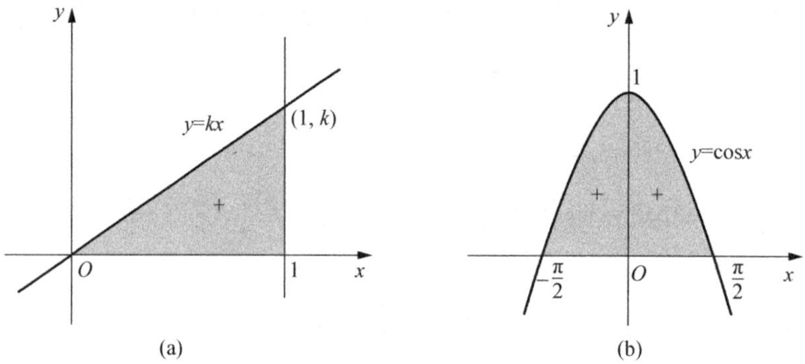

图 7.4

B类题

1. 利用定积分的定义计算下列定积分:

(1) $\int_0^1 x^3\mathrm{d}x\left(\text{提示}\sum\limits_{i=1}^{n}i^3=\frac{1}{4}n^2(n+1)^2\right)$; (2) $\int_0^1 \mathrm{e}^x\mathrm{d}x$.

分析 按照定积分的定义,在定积分存在的前提下,定积分的值与区间的分法及 ξ_i 的取法无关,因此通常将区间取等分,然后 ξ_i 取区间端点.

解 (1) 为便于计算,将区间$[0,1]n$ 等分,区间长度为 $\Delta x=\frac{1}{n}$,各小区间简记为$\left[\frac{i-1}{n},\frac{i}{n}\right](i=1,2,\cdots,n)$,其中区间的右端点为 $x_i=\frac{i}{n}$.不妨将 ξ_i 取为每个小区间的右端点,即 $\xi_i=\frac{i}{n}(i=1,2,\cdots,n)$,此时,$\lambda=\frac{1}{n}$.于是当 $\lambda\to 0$ 时,即 $n\to\infty$时,由定义可知

$$\int_0^1 x^3\mathrm{d}x=\lim_{\lambda\to 0}\sum_{i=1}^{n}f(\xi_i)\Delta x_i=\lim_{n\to\infty}\left(\frac{1}{n^4}\sum_{i=1}^{n}i^3\right)=\lim_{n\to\infty}\left[\frac{1}{n^4}\left(\frac{n(n+1)}{2}\right)^2\right]=\lim_{n\to\infty}\frac{(n^2+n)^2}{4n^4}=\frac{1}{4}.$$

(2) 与(1)类似,取法一样,有

$$\int_0^1 \mathrm{e}^x\mathrm{d}x=\lim_{\lambda\to 0}\sum_{i=1}^{n}f(\xi_i)\Delta x_i=\lim_{n\to\infty}\left(\frac{1}{n}\sum_{i=1}^{n}\mathrm{e}^{\frac{i}{n}}\right)=\lim_{n\to\infty}\left(\frac{1}{n(\mathrm{e}^{1/n}-1)}(\mathrm{e}-1)\right)=\mathrm{e}-1.$$

注意,上式极限中利用了一次因式分解和一个已知极限的结果,即

$$\mathrm{e}-1=(\mathrm{e}^{1/n}-1)(\mathrm{e}^{(n-1)/n}+\mathrm{e}^{(n-2)/n}+\cdots+1)\text{ 和}\lim_{n\to\infty}\frac{1}{n(\mathrm{e}^{1/n}-1)}=1(\text{令 }t=\mathrm{e}^{1/n}-1).$$

2. 利用定积分表示下列极限:

(1) $\lim\limits_{n\to\infty}\left[\frac{1}{n}\left(\sin\frac{\pi}{n}+\sin\frac{2\pi}{n}+\cdots+\sin\frac{(n-1)\pi}{n}\right)\right]$;

(2) $\lim\limits_{n\to\infty}\left[\frac{1}{n}\left(\ln\left(1+\frac{1}{n}\right)+\ln\left(1+\frac{2}{n}\right)+\cdots+\ln\left(1+\frac{n-1}{n}\right)\right)\right]$.

分析 利用定积分的定义,找准被积函数 $f(x)$和积分区间.注意,一般情况下对区间的分割都是按等分处理,ξ_i 取为每个小区间的右(或左)端点.

解 (1) **法一** 易见,被积函数是 $f(x)=\sin x$,积分区间是$[0,\pi]$,ξ_i 取为每个小区间的右端点.该极限

可以认为是将区间$[0,\pi]n$等分，区间长度为$\Delta x=\frac{\pi}{n}$，各小区间简记为$\left[\frac{i-1}{n}\pi,\frac{i}{n}\pi\right](i=1,2,\cdots,n)$，其中区间的右端点为$x_i=\frac{i}{n}\pi$，$\xi_i$取为每个小区间的右端点. 因此有

$$\lim_{n\to\infty}\left[\frac{1}{n}\left(\sin\frac{\pi}{n}+\sin\frac{2\pi}{n}+\cdots+\sin\frac{(n-1)\pi}{n}\right)\right]=\frac{1}{\pi}\lim_{n\to\infty}\left(\frac{\pi}{n}\sum_{i=1}^{n}\sin\frac{i\pi}{n}\right)=\frac{1}{\pi}\int_0^{\pi}\sin x\mathrm{d}x.$$

法二 被积函数也可以是$f(x)=\sin\pi x$，积分区间是$[0,1]$. 该极限可以认为是将区间$[0,1]n$等分，区间长度为$\Delta x=\frac{1}{n}$，各小区间简记为$\left[\frac{i-1}{n},\frac{i}{n}\right](i=1,2,\cdots,n)$，其中区间的右端点为$x_i=\frac{i}{n}$. 因此有

$$\lim_{n\to\infty}\left[\frac{1}{n}\left(\sin\frac{\pi}{n}+\sin\frac{2\pi}{n}+\cdots+\sin\frac{(n-1)\pi}{n}\right)\right]=\lim_{n\to\infty}\left[\frac{1}{n}\sum_{i=1}^{n}\left(\sin\frac{i}{n}\pi\right)\right]=\int_0^1\sin\pi x\mathrm{d}x.$$

(2) 用与(1)类似的分析，被积函数是$f(x)=\ln(1+x)$，积分区间是$[0,1]$，ξ_i取为每个小区间的左端点. 因此有

$$\begin{aligned}&\lim_{n\to\infty}\left[\frac{1}{n}\left(\ln\left(1+\frac{0}{n}\right)+\ln\left(1+\frac{1}{n}\right)+\ln\left(1+\frac{2}{n}\right)+\cdots+\ln\left(1+\frac{n-1}{n}\right)\right)\right]\\&=\lim_{n\to\infty}\left[\sum_{i=0}^{n-1}\ln\left(1+\frac{i}{n}\right)\frac{1}{n}\right]=\int_0^1\ln(1+x)\mathrm{d}x.\end{aligned}$$

7.2 定积分的存在条件及其性质

一、知识要点

1. 定积分的存在条件

定理 7.1 若函数$y=f(x)$在区间$[a,b]$上连续，则它在$[a,b]$上可积.

定理 7.2 若函数$y=f(x)$在区间$[a,b]$上有界，且只有有限个间断点，则它在$[a,b]$上可积.

定理 7.3 若函数$y=f(x)$在区间$[a,b]$上单调，则它在$[a,b]$上可积.

定理 7.4 若函数$y=f(x)$在区间$[a,b]$上可积，则它在$[a,b]$一定有界.

注意到，定理 7.1～定理 7.3 是定积分存在的充分条件，它们给出了几个可积的函数种类；定理 7.4 是定积分存在的必要条件，它说明了可积函数一定是有界的.

2. 定积分的性质

性质 1(线性性质) 在区间$[a,b]$上，对于$\forall\alpha,\beta\in\mathbf{R}$，有

$$\int_a^b[\alpha f(x)+\beta g(x)]\mathrm{d}x=\alpha\int_a^b f(x)\mathrm{d}x+\beta\int_a^b g(x)\mathrm{d}x.$$

事实上，性质 1 包含了定积分运算的两种特殊情形，即

$$\int_a^b[f(x)\pm g(x)]\mathrm{d}x=\int_a^b f(x)\mathrm{d}x\pm\int_a^b g(x)\mathrm{d}x;$$

$$\int_a^b kf(x)\mathrm{d}x=k\int_a^b f(x)\mathrm{d}x,k\text{ 为常数}.$$

性质 1 可以推广到有限个函数的线性组合的积分，即对于$\forall k_1,k_2,\cdots,k_r\in\mathbf{R}$，有

$$\begin{aligned}&\int_a^b[k_1f_1(x)+k_2f_2(x)+\cdots+k_rf_r(x)]\mathrm{d}x\\&=k_1\int_a^b f_1(x)\mathrm{d}x+k_2\int_a^b f_2(x)\mathrm{d}x+\cdots+k_r\int_a^b f_r(x)\mathrm{d}x.\end{aligned}$$

性质 2(积分区间的可加性) 在区间$[a,b]$上,有$\int_a^b f(x)\mathrm{d}x=\int_a^c f(x)\mathrm{d}x+\int_c^b f(x)\mathrm{d}x$.

性质 3 在区间$[a,b]$上,若有$f(x)\equiv 1$,则$\int_a^b 1\mathrm{d}x = b-a$.

由定积分的几何解释可知,定积分$\int_a^b \mathrm{d}x$表示直线$y=1$,x轴及直线$x=a$,$x=b$围成图形的面积,即底为$b-a$,高为1的矩形的面积.

性质 4(保号性) 在区间$[a,b]$上,若$f(x)\geqslant 0$,则$\int_a^b f(x)\mathrm{d}x\geqslant 0$.

推论 1 在区间$[a,b]$上,若$f(x)\leqslant g(x)$,则$\int_a^b f(x)\mathrm{d}x\leqslant\int_a^b g(x)\mathrm{d}x$.

推论 2 $\left|\int_a^b f(x)\mathrm{d}x\right|\leqslant\int_a^b |f(x)|\mathrm{d}x, a<b$.

性质 5(积分估值定理) 设M及m分别是函数$y=f(x)$在区间$[a,b]$上的最大值和最小值,则$m(b-a)\leqslant\int_a^b f(x)\mathrm{d}x\leqslant M(b-a)$.

性质5表明区间$[a,b]$上的定积分的范围可以根据被积函数在该积分区间上的最大值和最小值的定积分进行估计.

性质 6(积分中值定理) 若函数$y=f(x)$在闭区间$[a,b]$上连续,则在$[a,b]$上至少存在一个点ξ,使得$\int_a^b f(x)\mathrm{d}x=f(\xi)(b-a)$.

积分中值定理在几何上的解释是:当$f(x)\geqslant 0$时,至少存在一个高为$f(\xi)$,底为$b-a$的矩形,使得该矩形的面积等于由曲线$y=f(x)$,x轴及直线$x=a$,$x=b(b>a)$围成的曲边梯形的面积,即$\int_a^b f(x)\mathrm{d}x$,如图7.5所示.此外,表达式$f(\xi)=\dfrac{\int_a^b f(x)\mathrm{d}x}{b-a}$可以理解为函数$f(x)$在区间$[a,b]$上所有函数值的平均值,即有限个数的算术平均值的推广.

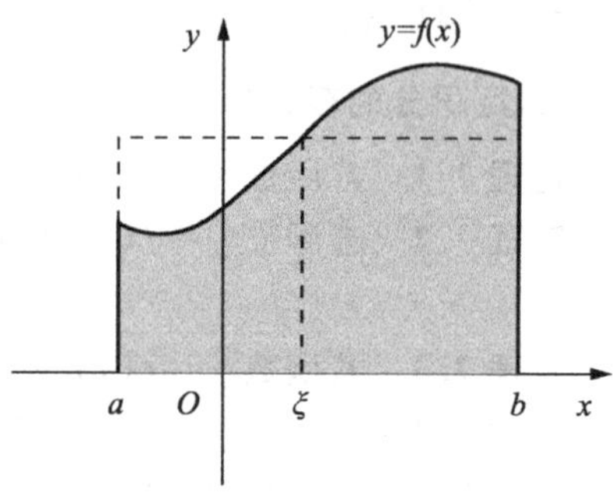

图 7.5

二、疑难解析

1. 有界函数是否一定可积?若不是,需要添加哪些条件?

答 不一定.由定理7.2知,需要添加的条件是只有有限个间断点.如果没有这个条件,就不能确保函数的可积性.例如1.3节中介绍的狄利克雷函数是有界函数,但它在任何有限区间上都不可积.再如,著名的黎曼函数

$$R(x)=\begin{cases}0, & x\text{ 是}(0,1)\text{内的无理数},\\ \dfrac{1}{q}, & x=\dfrac{p}{q},p,q\in\mathbf{Z}_+,\text{且}\dfrac{p}{q}\text{是既约真分数},\\ 0, & x=0,1,\end{cases}$$

显然它在区间$[0,1]$上有界,在该区间内有无穷多个间断点,但是它在区间$[0,1]$上是可积

的.有兴趣的读者可参阅数学专业教材《数学分析》.

2. 定积分的性质中指出，若函数 $f(x)$，$g(x)$在区间$[a,b]$上都可积，则函数 $f(x)+g(x)$在$[a,b]$上也可积，这一性质的逆命题是否成立？为什么？

答 它的逆命题不一定成立.因为两个在区间$[a,b]$上的不可积函数的和有可能是可积的.例如，狄利克雷函数 $D(x)$在任何有限区间上都不可积，但是 $f(x)=D(x)+(-D(x))=0$ 在区间$[a,b]$上显然是可积的.

三、经典题型详解

题型 1 利用定积分的保号性及其推论比较定积分的大小

例 7.2 比较下列定积分的大小：

(1) $\int_0^1 x^2\mathrm{d}x$ 和$\int_0^1 \sin^2 x\mathrm{d}x$； (2) $\int_0^{\frac{\pi}{2}} \sin^n x\,\mathrm{d}x$ 和$\int_0^{\frac{\pi}{2}} \sin^{n+1} x\mathrm{d}x$.

分析 当积分上、下限相同时，比较被积函数的大小.

解 (1) 当$[0,1]$时，容易验证 $0\leqslant\sin x\leqslant x\leqslant 1$，所以$\sin^2 x\leqslant x^2$，于是

$$\int_0^1 \sin^2 x\mathrm{d}x\leqslant\int_0^1 x^2\mathrm{d}x.$$

(2) 当$\left[0,\frac{\pi}{2}\right]$时，$0\leqslant\sin x\leqslant 1$，因此有$\sin^{n+1} x\leqslant\sin^n x$，于是

$$\int_0^{\frac{\pi}{2}} \sin^{n+1} x\mathrm{d}x\leqslant\int_0^{\frac{\pi}{2}} \sin^n x\,\mathrm{d}x.$$

题型 2 利用积分估值定理估计定积分的范围或证明不等式

例 7.3 估计下列定积分的值：

(1) $\int_0^1 \mathrm{e}^{x^2-x}\mathrm{d}x$； (2) $\int_0^{\frac{\pi}{2}} \frac{\sin x}{x}\mathrm{d}x$.

分析 先求出被积函数在积分区间上的最大值和最小值，然后利用性质 5 估算.

解 (1) 在区间$[0,1]$上，由于$-\frac{1}{4}\leqslant x^2-x\leqslant 0$，有 $\mathrm{e}^{-\frac{1}{4}}\leqslant\mathrm{e}^{x^2-x}\leqslant 1$，所以

$$\mathrm{e}^{-\frac{1}{4}}\leqslant\int_0^1 \mathrm{e}^{x^2-x}\mathrm{d}x\leqslant 1.$$

(2) 令 $f(x)=\frac{\sin x}{x}$，并定义 $f(0)=\lim\limits_{x\to 0}\frac{\sin x}{x}=1$.不难求得

$$f'(x)=\frac{x\cos x-\sin x}{x^2}=\frac{\cos x(x-\tan x)}{x^2}.$$

易见，在区间$\left[0,\frac{\pi}{2}\right]$上，$x\leqslant\tan x$，进而有 $f'(x)\leqslant 0$，即 $f(x)$在$\left[0,\frac{\pi}{2}\right]$上单调递减.由于 $f(0)=\lim\limits_{x\to 0}\frac{\sin x}{x}=1$，$f\left(\frac{\pi}{2}\right)=\frac{2}{\pi}$，所以有 $f\left(\frac{\pi}{2}\right)\leqslant f(x)\leqslant f(0)$.

于是，在区间$\left[0,\frac{\pi}{2}\right]$上，有$\frac{2}{\pi}\leqslant\frac{\sin x}{x}\leqslant 1$，所以 $1\leqslant\int_0^{\frac{\pi}{2}}\frac{\sin x}{x}\mathrm{d}x\leqslant\frac{\pi}{2}$.

例 7.4 证明：$\lim\limits_{n\to\infty}\int_0^{\frac{1}{2}}\frac{x^n}{1+x}\mathrm{d}x=0$.

分析 利用定积分的估值定理给出定积分的范围，再利用夹逼准则给出极限.

证 在区间$\left[0,\frac{1}{2}\right]$内，由于$0\leqslant\frac{x^n}{1+x}\leqslant\left(\frac{1}{2}\right)^n$，根据定积分的比较定理有

$$0\leqslant\int_0^{\frac{1}{2}}\frac{x^n}{1+x}dx\leqslant\left(\frac{1}{2}\right)^{n+1},$$

由极限的夹逼准则求得$\lim\limits_{n\to\infty}\int_0^{\frac{1}{2}}\frac{x^n}{1+x}dx=0.$ 证毕

题型3 利用积分中值定理证明等式

例7.5 设函数$f(x)$在闭区间$[0,1]$上连续，在开区间$(0,1)$内可导，且$f(0)=3\int_{\frac{2}{3}}^1 f(x)dx$，证明：在$(0,1)$内至少存在一点$\xi$，使$f'(\xi)=0$.

分析 从结论上看，需要用到罗尔定理；从已知条件上看，需要用到积分中值定理.

解 因为函数$f(x)$在闭区间$\left[\frac{2}{3},1\right]$上连续，由积分中值定理，存在$\eta\in\left[\frac{2}{3},1\right]$使得

$$f(0)=3\int_{\frac{2}{3}}^1 f(x)dx=3f(\eta)\left(1-\frac{2}{3}\right)=f(\eta).$$

又$f(x)$在$[0,\eta]$上满足罗尔定理条件，故在$(0,1)$内至少存在一点ξ，使$f'(\xi)=0$.

证毕

四、课后习题选解(习题7.2)

A类题

1. 比较下列定积分的大小：

(1) $\int_0^1 x^2dx$与$\int_0^1 x^3dx$； (2) $\int_3^4(\ln x)^2dx$与$\int_3^4(\ln x)^3dx$；

(3) $\int_0^1 e^xdx$与$\int_0^1 e^{x^2}dx$； (4) $\int_0^{\frac{\pi}{2}}xdx$与$\int_0^{\frac{\pi}{2}}\sin xdx$.

分析 利用定积分的性质4的推论1(比较定理)，比较积分区间内被积函数的大小.

解 (1) 在区间$[0,1]$内，由于$x^2>x^3$，所以$\int_0^1 x^2dx>\int_0^1 x^3dx$.

(2) $\int_3^4(\ln x)^2dx<\int_3^4(\ln x)^3dx$.

(3) $\int_0^1 e^xdx>\int_0^1 e^{x^2}dx$.

(4) 在区间$\left[0,\frac{\pi}{2}\right]$内，由于$x>\sin x$，所以$\int_0^{\frac{\pi}{2}}xdx>\int_0^{\frac{\pi}{2}}\sin xdx$.

2. 估计定积分的值：

(1) $\int_1^4(x^2+1)dx$； (2) $\int_0^{\pi}(1+\sin x)dx$； (3) $\int_0^1\sqrt{2x-x^2}dx$.

分析 先找到被积函数在积分区间内的最大、最小值，利用定积分的性质5(**积分估值定理**)进行估值.

解 (1)在区间$[1,4]$上，由于$2\leqslant x^2+1\leqslant 17$，所以

$$2(4-1)=6\leqslant\int_1^4(x^2+1)dx\leqslant 17(4-1)=51.$$

(2) 在区间$[0,\pi]$上，由于$1\leqslant 1+\sin x\leqslant 2$，所以$\pi\leqslant\int_0^{\pi}(1+\sin x)dx\leqslant 2\pi$.

(3) 在区间$[0,1]$上，由于$0\leqslant\sqrt{2x-x^2}=\sqrt{1-(1-x)^2}\leqslant 1$，所以$0\leqslant\int_0^1\sqrt{2x-x^2}dx\leqslant 1$.

3. 设函数 $f(x)$ 在闭区间 $[0,1]$ 上连续,在开区间 $(0,1)$ 内可导,且 $k\int_{1-\frac{1}{k}}^{1} f(x)\mathrm{d}x = f(0)(k>1)$. 证明:存在 $\xi\in(0,1)$,使 $f'(\xi)=0$.

分析 类似于例 7.5,由结果可以设想使用罗尔定理. 利用积分中值定理可以将已知条件 $k\int_{1-\frac{1}{k}}^{1} f(x)\mathrm{d}x = f(0)$ 转化为 $f(0)=f(\eta)$,$\eta\in\left(1-\frac{1}{k},1\right)$.

证 对等式 $k\int_{1-\frac{1}{k}}^{1} f(x)\mathrm{d}x = f(0)$ 的左端利用积分中值定理,存在 $\eta\in\left(1-\frac{1}{k},1\right)$,使得

$$k\int_{1-\frac{1}{k}}^{1} f(x)\mathrm{d}x = kf(\eta)\left(1-1+\frac{1}{k}\right)=f(\eta)=f(0).$$

因此,函数 $f(x)$在区间$[0,\eta]$上满足罗尔定理的条件,因此存在 $\xi\in(0,\eta)\subset(0,1)$,使得

$$f'(\xi)=0.$$

证毕

4. 设函数 $f(x)$ 及 $g(x)$ 在区间 $[a,b]$ 上连续,且满足 $f(x)\leqslant g(x)$ 和 $\int_a^b f(x)\mathrm{d}x=\int_a^b g(x)\mathrm{d}x$,证明:在区间 $[a,b]$ 上,有 $f(x)\equiv g(x)$.

分析 利用连续函数的性质、定积分的性质以及反证法可以给出证明.

证 令 $F(x)=g(x)-f(x)$,则由 $f(x)\leqslant g(x)$ 可得,$F(x)\geqslant 0$. 假设 $F(x)$ 在区间 $[a,b]$ 上不恒为零,即 $f(x)$ 不恒等于 $g(x)$. 因此 $\exists x_0\in(a,b)$,使得 $F(x_0)>0$,则由连续函数的局部保号性,存在 x_0 的某邻域 $(x_0-\delta,x_0+\delta)$,使得当 $x\in(x_0-\delta,x_0+\delta)$ 时,$F(x)\geqslant\frac{F(x_0)}{2}>0$. 由定积分的性质 2 和性质 4 可知

$$\int_a^b F(x)\mathrm{d}x=\int_a^{x_0-\delta}F(x)\mathrm{d}x+\int_{x_0-\delta}^{x_0+\delta}F(x)\mathrm{d}x+\int_{x_0+\delta}^{b}F(x)\mathrm{d}x$$

$$\geqslant 0+\int_{x_0-\delta}^{x_0+\delta}\frac{F(x_0)}{2}\mathrm{d}x+0=F(x_0)\delta>0.$$

这与已知 $\int_a^b F(x)\mathrm{d}x=\int_a^b[g(x)-f(x)]\mathrm{d}x=0$ 相矛盾. 于是 $\forall x\in(a,b)$,有 $f(x)\equiv g(x)$.

当 x_0 取左(右)端点时,分别取 x_0 的右(左)邻域,有相同的结论,即 $F(x)\equiv 0$. 因此,$\forall x\in[a,b]$,有

$$F(x)\equiv 0,\quad 即\ f(x)\equiv g(x).$$

证毕

B类题

1. 估计定积分的值:

(1) $\int_0^2 \frac{2x^2+3}{x^2+1}\mathrm{d}x$; (2) $\int_{-1}^{3}\ln(1+x^2)\mathrm{d}x$; (3) $\int_0^{\pi}\frac{1}{2+3\sin^3 x}\mathrm{d}x$.

分析 先找到被积函数在积分区间内的最大、最小值,利用定积分的估值定理估算.

解 (1) 在区间 $[0,2]$ 上,$\frac{11}{5}\leqslant\frac{2x^2+3}{x^2+1}=2+\frac{1}{x^2+1}\leqslant 3$,所以 $\frac{22}{5}\leqslant\int_0^2\frac{2x^2+3}{x^2+1}\mathrm{d}x\leqslant 6$.

(2) 在区间 $[-1,3]$ 上,$1\leqslant 1+x^2\leqslant 10$,有 $0\leqslant\ln(1+x^2)\leqslant\ln 10$,所以

$$0\leqslant\int_{-1}^{3}\ln(1+x^2)\mathrm{d}x\leqslant 4\ln 10.$$

(3) 在区间 $[0,\pi]$ 内,不难验证 $\frac{1}{5}\leqslant\frac{1}{2+3\sin^3 x}\leqslant\frac{1}{2}$,所以 $\frac{\pi}{5}\leqslant\int_0^{\pi}\frac{1}{2+3\sin^3 x}\mathrm{d}x\leqslant\frac{\pi}{2}$.

2. 设 $a<b$,问 a,b 取何值时,积分 $\int_a^b(x-x^2)\mathrm{d}x$ 取得最大值.

分析 根据定积分的几何意义,当被积函数 $y=x-x^2\geqslant 0$ 时,它与 x 轴围成图形的面积最大,即找到 $y=x-x^2$ 与 x 轴的交点,进而确定 a,b 的值.

解 容易看到,函数 $y=x-x^2$ 与 x 轴的交点为 $x=0,1$,且它只在区间 $[0,1]$ 上满足 $y=x-x^2\geqslant 0$.

因此，当 $a=0,b=1$ 时，积分 $\int_a^b (x-x^2)\mathrm{d}x$ 取得最大值.

3. 求 $\lim\limits_{n\to\infty}\int_0^{\frac{\pi}{4}} \sin^n x\mathrm{d}x$.

提示 在区间 $\left[0,\frac{\pi}{4}\right]$ 上，由于 $0\leqslant\sin^n x\leqslant\left(\frac{\sqrt{2}}{2}\right)^n$. 可利用定积分的比较定理给出定积分的范围，再利用夹逼准则计算极限. $\lim\limits_{n\to\infty}\int_0^{\frac{\pi}{4}} \sin^n x\mathrm{d}x=0$.

4. 设函数 $f(x)$ 在区间$[0,1]$上连续，证明：$\int_0^1 f^2(x)\mathrm{d}x\geqslant\left(\int_0^1 f(x)\mathrm{d}x\right)^2$.

分析 该不等式是著名的施瓦茨不等式的一个特殊情形.

证 对任意的 t，都有 $(t-f(x))^2\geqslant 0$，进而有 $\int_0^1 (t-f(x))^2\mathrm{d}x\geqslant 0$. 于是，对任意的 t，都有

$$\int_0^1 (t-f(x))^2\mathrm{d}x=\int_0^1 (t^2-2tf(x)+f^2(x))\mathrm{d}x=t^2-2t\int_0^1 f(x)\mathrm{d}x+\int_0^1 f^2(x)\mathrm{d}x\geqslant 0,$$

使得上述不等式恒成立的充要条件是二次多项式的判别式满足 $\Delta\leqslant 0$，即

$$\Delta=4\left(\int_0^1 f(x)\mathrm{d}x\right)^2-4\int_0^1 f^2(x)\mathrm{d}x\leqslant 0.$$

化简后即得要证明的不等式. 证毕

5. 设函数 $f(x)$ 在区间$[a,b]$上连续，且满足 $f(x)\geqslant 0$ 及 $f(x)$ 不恒等于零，证明：$\int_a^b f(x)\mathrm{d}x>0$.

分析 利用教材中例 7.3 的结论证明.

证 由于函数 $f(x)$ 在区间$[a,b]$上连续，且满足 $f(x)\geqslant 0$，由定积分的性质 4 可知 $\int_a^b f(x)\mathrm{d}x\geqslant 0$. 若 $\int_a^b f(x)\mathrm{d}x=0$，由教材中例 7.3 可知 $f(x)\equiv 0$，与 $f(x)$ 不恒等于零矛盾. 因此必有 $\int_a^b f(x)\mathrm{d}x>0$. 证毕

7.3 微积分基本公式

一、知识要点

1. 积分上限的函数及其导数

设函数 $y=f(x)$ 在区间$[a,b]$上连续，对于给定的点 $x\in[a,b]$，都有一个确定的值与之对应，所以它在$[a,b]$上定义了一个函数，记作 $\Phi(x)$，即 $\Phi(x)=\int_a^x f(t)\mathrm{d}t,a\leqslant x\leqslant b$.

该函数称为**积分上限函数或变上限函数**. 由于定积分与积分变量的记法无关，因此积分上限函数 $\Phi(x)$ 可以记作 $\Phi(x)=\int_a^x f(t)\mathrm{d}t$ 或 $\Phi(x)=\int_a^x f(u)\mathrm{d}u$.

几何解释：设函数 $y=f(x)$ 在区间$[a,b]$上连续，且 $f(x)\geqslant 0$，如图 7.6 所示，对于给定的点 $x\in[a,b]$，都有一个确定的面积与之对应. 积分上限函数 $\Phi(x)=\int_a^x f(t)\mathrm{d}t(a\leqslant x\leqslant b)$ 表示由曲线 $y=f(x)$，x 轴及直线 $x=a$、$x=x$ 围成的曲边梯形的面积，它随 x 增加而单调递增，当 $x=b$ 时，$\Phi(b)=\int_a^b f(t)\mathrm{d}t$.

定理 7.5 若函数 $y=f(x)$ 在区间$[a,b]$上连续，则积分上限函数 $\Phi(x)$ 在区间$[a,b]$上

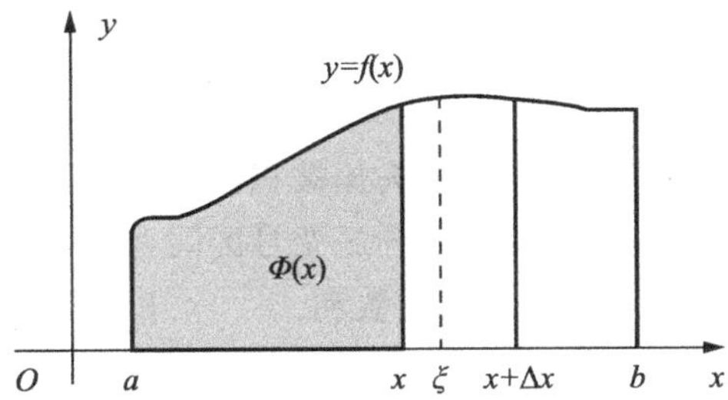

图 7.6

可导,且导数为 $\Phi'(x)=\dfrac{\mathrm{d}}{\mathrm{d}x}\int_a^x f(t)\mathrm{d}t=f(x),a\leqslant x\leqslant b$.

推论 1 设函数 $f(x)$,$u(x)$和 $v(x)$在区间$[a,b]$上连续,且 $u(x)$和 $v(x)$为可导函数,则有:

(1) $\left(\int_a^{v(x)} f(t)\mathrm{d}t\right)'=\dfrac{\mathrm{d}}{\mathrm{d}x}\int_a^{v(x)} f(t)\mathrm{d}t=f[v(x)]v'(x)$;

(2) $\left(\int_{u(x)}^{b} f(t)\mathrm{d}t\right)'=\dfrac{\mathrm{d}}{\mathrm{d}x}\int_{u(x)}^{b} f(t)\mathrm{d}t=-f[u(x)]u'(x)$;

(3) $\left(\int_{u(x)}^{v(x)} f(t)\mathrm{d}t\right)'=\dfrac{\mathrm{d}}{\mathrm{d}x}\int_{u(x)}^{v(x)} f(t)\mathrm{d}t=f[v(x)]v'(x)-f[u(x)]u'(x)$.

2. 牛顿—莱布尼茨公式

定理 7.6(微积分基本定理) 若函数 $F(x)$是连续函数 $f(x)$在区间$[a,b]$上的一个原函数,则 $\int_a^b f(x)\mathrm{d}x=F(b)-F(a)$.

上式称为**牛顿—莱布尼茨公式**,也称为**微积分基本公式**.

二、疑难解析

1. 设函数 $f(x)$ 在区间$[a,b]$上连续,则$\int_a^x f(t)\mathrm{d}t$ 与$\int_x^b f(u)\mathrm{d}u$ 是 x 的函数还是 t(或 u)的函数?它们的导数是否存在?如果存在,分别等于什么?

答 它们都是 x 的函数. 由于定积分与积分变量的记法无关,根据积分上限函数 $\Phi(x)$ 的定义,$\Phi(x)$ 既可以记作 $\Phi(x)=\int_a^x f(t)\mathrm{d}t$,也可以记作 $\Phi(x)=\int_a^x f(u)\mathrm{d}u$. 由此可见,$\int_a^x f(t)\mathrm{d}t$ 与$\int_x^b f(u)\mathrm{d}u=-\int_b^x f(u)\mathrm{d}u$ 都是 x 的函数,并且由定理 7.5 可知,它们的导数都存在,分别为$\left(\int_a^x f(t)\mathrm{d}t\right)'=f(x)$ 与$\left(\int_x^b f(u)\mathrm{d}u\right)'=-f(x)$.

2. 当函数 $f(x)$ 在区间$[a,b]$上有界,且只有有限个间断点时,由 7.2 节中的定理 7.2 知它是可积的,定积分$\int_a^b f(x)\mathrm{d}x$ 是否可以用牛顿—莱布尼茨公式计算?如果可以,如何计算?

答 这种情况下,可以用牛顿—莱布尼茨公式计算. 在计算过程中,根据定积分的几何意义,可以根据间断点的情况进行分段,然后在每个小段上用牛顿—莱布尼茨公式计算,然后再求其代数和.

3. 在用牛顿—莱布尼茨公式计算定积分$\int_a^b f(x)\mathrm{d}x$时，如果被积函数是绝对值函数，该如何处理？

答 这种情况不能够直接计算，需要先去掉被积函数的绝对值符号. 若绝对值符号内的函数在不同区间取不同的符号，则需要先划分好变号区间，然后再在各自的小区间内去掉绝对值符号，进而分别计算定积分，最后求其代数和.

三、经典题型详解

题型 1 求变限函数的导数及未定式的极限

例 7.6 求下列函数的导数：

(1) $\int_0^x t^2\csc t\mathrm{d}t$； (2) $\int_{\cos^2 x}^{\arcsin x} t\mathrm{d}t$.

分析 利用定理 7.5 及其推论 1 计算.

解 (1) $\dfrac{\mathrm{d}}{\mathrm{d}x}\int_0^x t^2\csc t\mathrm{d}t = x^2\csc x$.

(2) $\dfrac{\mathrm{d}}{\mathrm{d}x}\int_{\cos^2 x}^{\arcsin x} t\mathrm{d}t = \arcsin x(\arcsin x)' - \cos^2 x(\cos^2 x)' = \dfrac{\arcsin x}{\sqrt{1-x^2}} + 2\sin x\cos^3 x$.

例 7.7 求下列极限：

(1) $\lim\limits_{x\to 0}\dfrac{\int_0^x \tan^2 t\mathrm{d}t}{x(\sqrt{1+x^2}-1)}$； (2) $\lim\limits_{x\to 0}\dfrac{\int_0^{x^2}\arcsin t\mathrm{d}t}{x^2\ln(1-x^2)}$.

分析 此题属于$\dfrac{0}{0}$型未定式，利用洛必达法则和等价无穷小替换计算.

解 (1) 由于当 $x\to 0$ 时，有 $\sqrt{1+x^2}-1\sim\dfrac{1}{2}x^2$ 和$\tan^2 x\sim x^2$，因此

$$\lim_{x\to 0}\frac{\int_0^x \tan^2 t\mathrm{d}t}{x(\sqrt{1+x^2}-1)} = \lim_{x\to 0}\frac{\int_0^x \tan^2 t\mathrm{d}t}{x\left(\dfrac{1}{2}x^2\right)} = 2\lim_{x\to 0}\frac{\int_0^x \tan^2 t\mathrm{d}t}{x^3} = 2\lim_{x\to 0}\frac{\tan^2 x}{3x^2} = \frac{2}{3}.$$

(2) 由于当 $x\to 0$ 时，有 $\ln(1-x^2)\sim -x^2$ 和 $\arcsin x^2\sim x^2$，因此

$$\lim_{x\to 0}\frac{\int_0^{x^2}\arcsin t\mathrm{d}t}{x^2\ln(1-x^2)} = \lim_{x\to 0}\frac{\int_0^{x^2}\arcsin t\mathrm{d}t}{-x^4} = -\lim_{x\to 0}\frac{\arcsin x^2\cdot 2x}{4x^3} = -\frac{1}{2}.$$

题型 2 利用牛顿—莱布尼茨公式计算定积分

例 7.8 计算下列定积分：

(1) $\int_0^1\dfrac{2x^3+2x-1}{1+x^2}\mathrm{d}x$； (2) $\int_{\pi/6}^{\pi/4}\csc x\cot x\mathrm{d}x$；

(3) $\int_0^3\sqrt{(2-x)^2}\mathrm{d}x$； (4) $\int_0^2 f(x)\mathrm{d}x$，其中 $f(x)=\begin{cases}\mathrm{e}^x, & x\leqslant 1,\\ \sqrt{x}, & x>1.\end{cases}$

分析 先根据各自被积表达式的特点，求出其原函数，然后应用牛顿—莱布尼茨公式计算.

解 (1) 先将被积表达式拆项，然后再计算

$$\int_0^1 \frac{2x^3+2x-1}{1+x^2}dx=\int_0^1\left(2x-\frac{1}{1+x^2}\right)dx=(x^2-\arctan x)\Big|_0^1=1-\frac{\pi}{4}.$$

(2) $\int_{\pi/6}^{\pi/4}\csc x\cot x dx=(-\csc x)\Big|_{\pi/6}^{\pi/4}=-\left(\csc\frac{\pi}{4}-\csc\frac{\pi}{6}\right)=-\sqrt{2}+2.$

(3) 先去根号和绝对值符号,再分区间计算,有

$$\begin{aligned}\int_0^3\sqrt{(2-x)^2}dx&=\int_0^3|2-x|dx=\int_0^2(2-x)dx+\int_2^3(x-2)dx\\&=\left(2x-\frac{1}{2}x^2\right)\Big|_0^2+\left(\frac{1}{2}x^2-2x\right)\Big|_2^3=2+\frac{1}{2}=\frac{5}{2}.\end{aligned}$$

(4) 根据分段点,将$\int_0^2 f(x)dx$分成两段计算,有

$$\int_0^2 f(x)dx=\int_0^1 e^x dx+\int_1^2\sqrt{x}dx=e^x\Big|_0^1+\frac{2}{3}x^{\frac{3}{2}}\Big|_1^2=e+\frac{4\sqrt{2}-5}{3}.$$

题型 3　综合应用题

例 7.9　利用定积分求$\lim\limits_{n\to\infty}\dfrac{1^{\alpha+1}+2^{\alpha+1}+\cdots+n^{\alpha+1}}{n(1^\alpha+2^\alpha+\cdots+n^\alpha)}$.

分析　先将极限转化为定积分,然后利用定积分计算.

解　先将极限转化为$\lim\limits_{n\to\infty}\dfrac{\frac{1}{n}\left[\left(\frac{1}{n}\right)^{\alpha+1}+\left(\frac{2}{n}\right)^{\alpha+1}+\cdots+\left(\frac{n}{n}\right)^{\alpha+1}\right]}{\frac{1}{n}\left[\left(\frac{1}{n}\right)^{\alpha}+\left(\frac{2}{n}\right)^{\alpha}+\cdots+\left(\frac{n}{n}\right)^{\alpha}\right]}$. 注意到,分母可以看作是函数$y=x^\alpha$在区间$[0,1]$上的定积分. 理由是: $\dfrac{1}{n}$表示将区间$[0,1]$ n等分的区间长度, $\left(\dfrac{i}{n}\right)^\alpha$表示函数$y=x^\alpha$在第$i$个子区间$\left[\dfrac{i-1}{n},\dfrac{i}{n}\right](i=1,2,\cdots,n)$上取的右端点. 类似地,分子可以看作是函数$y=x^{\alpha+1}$在区间$[0,1]$上的定积分. 于是

$$\lim_{n\to\infty}\frac{1^{\alpha+1}+2^{\alpha+1}+\cdots+n^{\alpha+1}}{n(1^\alpha+2^\alpha+\cdots+n^\alpha)}=\frac{\int_0^1 x^{\alpha+1}dx}{\int_0^1 x^\alpha dx}=\frac{\alpha+1}{\alpha+2}.$$

例 7.10　设函数$f(x)$在$[a,b]$上连续且$f(x)>0$, $F(x)=\int_a^x f(t)dt+\int_b^x\dfrac{1}{f(t)}dt$. 证明: (1) $F'(x)\geqslant 2$; (2) 方程$F(x)=0$在(a,b)内有且只有一个根.

分析　利用积分上限函数的导数和零点定理证明.

证　(1) 不难求得$F'(x)=f(x)+\dfrac{1}{f(x)}=\dfrac{f^2(x)+1}{f(x)}\geqslant\dfrac{2f(x)}{f(x)}=2$.

(2) 由于

$$F(a)=\int_a^a f(t)dt+\int_b^a\frac{1}{f(t)}dt=\int_b^a\frac{1}{f(t)}dt<0,$$

$$F(b)=\int_a^b f(t)dt+\int_b^b\frac{1}{f(t)}dt=\int_a^b f(t)dt>0.$$

由连续函数的零点定理可知,在(a,b)内必有ξ使得$F(\xi)=0$. 又因为$F'(x)>0$,故$F(x)$在$[a,b]$上单调增加,从而$F(x)=0$在(a,b)内必有且仅有一根.　　证毕

四、课后习题选解(习题7.3)

A类题

1. 求下列函数的导数:

(1) $\int_0^x \sin e^t \mathrm{d}t$;　　(2) $\int_0^{x^2} e^{-t^2}\mathrm{d}t$;

(3) $\int_{\sin x}^{\cos x}\cos(\pi t^2)\mathrm{d}t$;　　(4) $\int_0^x xf(t)\mathrm{d}t$.

分析 利用定理7.5及推论1(积分上限函数的导数)计算.

解 (1) $\frac{\mathrm{d}}{\mathrm{d}x}\int_0^x \sin e^t \mathrm{d}t=\sin e^x$.

(2) $\frac{\mathrm{d}}{\mathrm{d}x}\left(\int_0^{x^2} e^{-t^2}\mathrm{d}t\right)=e^{-x^4}\cdot 2x=2xe^{-x^4}$.

(3) $\frac{\mathrm{d}}{\mathrm{d}x}\int_{\sin x}^{\cos x}\cos(\pi t^2)\mathrm{d}t=-\sin x\cdot\cos(\pi\cos^2 x)-\cos x\cdot\cos(\pi\sin^2 x)$.

(4) $\frac{\mathrm{d}}{\mathrm{d}x}\int_0^x xf(t)\mathrm{d}t=\frac{\mathrm{d}}{\mathrm{d}x}\left(x\int_0^x f(t)\mathrm{d}t\right)=xf(x)+\int_0^x f(t)\mathrm{d}t$.

2. 求下列极限:

(1) $\lim\limits_{x\to 0}\frac{\int_0^x \arctan t\mathrm{d}t}{x^2}$;　　(2) $\lim\limits_{x\to 0}\frac{\int_{\cos x}^1 e^{-t^2}\mathrm{d}t}{x^2}$;

(3) $\lim\limits_{x\to 0}\frac{\int_0^{\sin x}\tan t\mathrm{d}t}{x^2}$;　　(4) $\lim\limits_{x\to 0}\frac{\int_0^x(\arctan t)^2\mathrm{d}t}{x(\sqrt{1+x^2}-1)}$.

分析 综合利用等价无穷小替换、积分上限函数的导数以及洛必达法则计算.

解 (1) 先用洛必达法则计算,再用等价无穷小替换.由于当 $x\to 0$ 时,有 $\arctan x\sim x$,因此

$$\lim_{x\to 0}\frac{\int_0^x \arctan t\mathrm{d}t}{x^2}=\lim_{x\to 0}\frac{\arctan x}{2x}=\frac{1}{2}.$$

(2) 直接用洛必达法则计算,得

$$\lim_{x\to 0}\frac{\int_{\cos x}^1 e^{-t^2}\mathrm{d}t}{x^2}=\lim_{x\to 0}\frac{e^{-\cos^2 x}\sin x}{2x}=\lim_{x\to 0}\frac{e^{-\cos^2 x}}{2}\cdot\lim_{x\to 0}\frac{\sin x}{x}=\frac{1}{2e}.$$

(3) 先用洛必达法则计算,再用等价无穷小替换.由于当 $x\to 0$ 时,有 $\tan(\sin x)\sim\sin x\sim x$,因此

$$\lim_{x\to 0}\frac{\int_0^{\sin x}\tan t\mathrm{d}t}{x^2}=\lim_{x\to 0}\frac{\tan(\sin x)\cdot\cos x}{2x}=\frac{1}{2}.$$

(4) 先将分母用等价无穷小替换,然后用洛必达法则计算.由于当 $x\to 0$ 时,有 $\sqrt{1+x^2}-1\sim x^2$,因此

$$\lim_{x\to 0}\frac{\int_0^x(\arctan t)^2\mathrm{d}t}{x(\sqrt{1+x^2}-1)}=\lim_{x\to 0}\frac{\int_0^x(\arctan t)^2\mathrm{d}t}{\frac{1}{2}x^3}=\lim_{x\to 0}\frac{(\arctan x)^2}{\frac{3}{2}x^2}=\frac{2}{3}.$$

3. 求下列函数的定积分:

(1) $\int_1^8\left(\sqrt[3]{x}+\frac{1}{x^2}\right)\mathrm{d}x$;　　(2) $\int_{\frac{1}{\sqrt{3}}}^{\sqrt{3}}\frac{1}{1+x^2}\mathrm{d}x$;　　(3) $\int_{-\frac{1}{2}}^{\frac{1}{2}}\frac{1}{\sqrt{1-x^2}}\mathrm{d}x$;

(4) $\int_0^1|2x-1|\mathrm{d}x$;　　(5) $\int_0^{2\pi}|\sin x|\mathrm{d}x$;　　(6) $\int_0^{\frac{\pi}{4}}\tan^2 x\mathrm{d}x$;

(7) $\int_{-1}^{0}\frac{3x^4+3x^2+1}{x^2+1}\mathrm{d}x$； (8) $\int_{-2}^{3}\min\{x,x^2\}\mathrm{d}x$.

分析 先根据被积函数的特点，求出原函数，然后利用牛顿—莱布尼茨公式计算.

解 (1) $\int_{1}^{8}\left(\sqrt[3]{x}+\frac{1}{x^2}\right)\mathrm{d}x=\left(\frac{3}{4}x^{\frac{4}{3}}-\frac{1}{x}\right)\Big|_1^8=\frac{97}{8}$.

(2) $\int_{\frac{1}{\sqrt{3}}}^{\sqrt{3}}\frac{1}{1+x^2}\mathrm{d}x=\arctan x\Big|_{\frac{1}{\sqrt{3}}}^{\sqrt{3}}=\frac{\pi}{6}$.

(3) $\int_{-\frac{1}{2}}^{\frac{1}{2}}\frac{1}{\sqrt{1-x^2}}\mathrm{d}x=\arcsin x\Big|_{-\frac{1}{2}}^{\frac{1}{2}}=\frac{\pi}{3}$.

(4) $\int_{0}^{1}|2x-1|\mathrm{d}x=\int_{0}^{\frac{1}{2}}(1-2x)\mathrm{d}x+\int_{\frac{1}{2}}^{1}(2x-1)\mathrm{d}x=(x-x^2)\Big|_0^{\frac{1}{2}}+(x^2-x)\Big|_{\frac{1}{2}}^{1}=\frac{1}{2}$.

(5) $\int_{0}^{2\pi}|\sin x|\mathrm{d}x=\int_{0}^{\pi}\sin x\mathrm{d}x+\int_{\pi}^{2\pi}(-\sin x)\mathrm{d}x=-\cos x\,\Big|_0^{\pi}+\cos x\,\Big|_{\pi}^{2\pi}=4$.

(6) $\int_{0}^{\frac{\pi}{4}}\tan^2 x\mathrm{d}x=\int_{0}^{\frac{\pi}{4}}(\sec^2 x-1)\mathrm{d}x=(\tan x-x)\Big|_0^{\frac{\pi}{4}}=1-\frac{\pi}{4}$.

(7) $\int_{-1}^{0}\frac{3x^4+3x^2+1}{x^2+1}\mathrm{d}x=\int_{-1}^{0}\frac{3x^2(x^2+1)+1}{x^2+1}\mathrm{d}x=(x^3+\arctan x)\,\Big|_{-1}^{0}=1+\frac{\pi}{4}$.

(8) $$\int_{-2}^{3}\min\{x,x^2\}\mathrm{d}x=\int_{-2}^{0}x\mathrm{d}x+\int_{0}^{1}x^2\mathrm{d}x+\int_{1}^{3}x\mathrm{d}x$$
$$=\frac{1}{2}x^2\,\Big|_{-2}^{0}+\frac{1}{3}x^3\,\Big|_0^1+\frac{1}{2}x^2\,\Big|_1^3=-2+\frac{1}{3}+4=\frac{7}{3}.$$

4. 设函数 $f(x)=\begin{cases}2-x, & x\leqslant 1,\\ x^2, & x>1.\end{cases}$ 求 $\int_0^2 f(x)\mathrm{d}x$.

分析 根据分段点的情况，利用牛顿—莱布尼茨公式分段计算.

解 容易验证，函数在分段点 $x=1$ 处连续，由定理 7.6(微积分基本定理)，得

$$\int_0^2 f(x)\mathrm{d}x=\int_0^1(2-x)\mathrm{d}x+\int_1^2 x^2\mathrm{d}x=\left(2x-\frac{1}{2}x^2\right)\Big|_0^1+\frac{1}{3}x^3\,\Big|_1^2=\frac{3}{2}+\frac{7}{3}=\frac{23}{6}.$$

5. 设函数 $f(x)=\begin{cases}1-\sin x, & x\leqslant 0,\\ 2e^{2x}, & x>0.\end{cases}$ 求 $\int_{-1}^{3}f(x)\mathrm{d}x$.

分析 易见，函数在分段点 $x=0$ 处不连续，且分段点是第一类间断点. 虽然它不满足定理 7.6 的条件，但是根据定积分的几何意义，它满足可加性，可以利用牛顿—莱布尼茨公式分段计算.

解 不难求得

$$\int_{-1}^{3}f(x)\mathrm{d}x=\int_{-1}^{0}(1-\sin x)\mathrm{d}x+\int_0^3 2e^{2x}\mathrm{d}x=(x+\cos x)\,\Big|_{-1}^{0}+e^{2x}\,\Big|_0^3=1-\cos 1+e^6.$$

6. 求函数 $I(x)=\int_0^x(1+t)\arctan t\mathrm{d}t$ 的极小值?

提示 先求驻点，然后利用极值的第一充分条件判定极值. 求驻点即是求积分上限函数 $I(x)$ 的导数为零的点. 当 $x=0$，$I(x)$ 取得极小值，且极小值为 0.

7. 设函数 $f(x)$ 在 $(-\infty,+\infty)$ 内连续，且 $f(x)>0$. 证明：函数 $F(x)=\dfrac{\int_0^x tf(t)\mathrm{d}t}{\int_0^x f(t)\mathrm{d}t}$ 在 $[0,+\infty)$ 内为单调递增函数.

分析 验证函数 $F(x)$ 单调递增，只要验证 $F'(x)>0$，即对积分上限函数求导数.

证 函数 $F(x)$ 的导数为 $F'(x)=\dfrac{xf(x)\int_0^x f(t)\mathrm{d}t-f(x)\int_0^x tf(t)\mathrm{d}t}{\left(\int_0^x f(t)\mathrm{d}t\right)^2}$.

为了判断 $F'(x)$ 的符号，令 $G(x)=x\int_0^x f(t)\mathrm{d}t-\int_0^x tf(t)\mathrm{d}t$. 不难求得

$$G'(x)=\int_0^x f(t)\mathrm{d}t+xf(x)-xf(x)=\int_0^x f(t)\mathrm{d}t.$$

因为当 $x\in[0,+\infty)$ 时，$f(x)>0$，有 $G'(x)\geqslant 0$，即 $G(x)$ 在$[0,+\infty)$单调递增，所以有 $G(x)\geqslant G(0)=0$.

综上，当 $x\in[0,+\infty)$ 时，有 $F'(x)\geqslant 0$，所以函数 $F(x)=\dfrac{\int_0^x tf(t)\mathrm{d}t}{\int_0^x f(t)\mathrm{d}t}$ 在$[0,+\infty)$内为单调递增函数.

证毕

B类题

1. 设 $F(x)=\int_0^x \dfrac{\sin t}{t}\mathrm{d}t$，求 $F'(0)$.

分析 先利用定理7.5(积分上限函数的导数)计算导数，由于函数 $\dfrac{\sin x}{x}$ 在点 $x=0$ 处没有定义，需要计算 $x\to 0$ 时的极限.

解 函数 $F(x)$ 的导数为 $F'(x)=\dfrac{\sin x}{x}$. 由于函数 $\dfrac{\sin x}{x}$ 在点 $x=0$ 处没有定义，不难求得

$$F'(0)=\lim_{x\to 0}\frac{\sin x}{x}=1.$$

2. 求由 $\int_0^y \mathrm{e}^{-t^2}\mathrm{d}t+\int_0^x \cos(t^2)\mathrm{d}t=0$ 所决定的隐函数对 x 的导数 $\dfrac{\mathrm{d}y}{\mathrm{d}x}$.

提示 利用隐函数的求导法则及定理7.5(积分上限函数的导数)计算. 注意，在对等式的第一个表达式求导数时，该积分上限 y 是一个隐函数. $\dfrac{\mathrm{d}y}{\mathrm{d}x}=-\cos(x^2)\mathrm{e}^{y^2}$.

3. 求由参数表达式 $x=\int_0^t \sin u^2\mathrm{d}u,\ y=\int_0^t \cos u^2\mathrm{d}u$ 所给定的函数 y 对 x 的导数 $\dfrac{\mathrm{d}y}{\mathrm{d}x}$.

分析 利用参数方程的求导公式及积分上限函数的导数计算.

解 利用参数方程的求导公式，有 $\dfrac{\mathrm{d}y}{\mathrm{d}x}=\dfrac{\frac{\mathrm{d}y}{\mathrm{d}t}}{\frac{\mathrm{d}x}{\mathrm{d}t}}=\dfrac{\cos t^2}{\sin t^2}=\cot t^2$.

4. 设函数 $f(x)$ 连续，且 $f(x)=3x^2+2\int_0^1 f(t)\mathrm{d}t$，求 $f(x)$.

提示 $\int_0^1 f(t)\mathrm{d}t$ 是一个常数，可以对已知等式的两边关于 x 从 $0\sim 1$ 积分，进而求出 $\int_0^1 f(t)\mathrm{d}t$. $f(x)=3x^2-2$.

5. 设函数 $f(x)=\begin{cases}x^2+2x-2, & 0\leqslant x\leqslant 1,\\ \cos(x-1), & 1<x\leqslant 3.\end{cases}$ 求 $\Phi(x)=\int_0^x f(t)\mathrm{d}t\ (0\leqslant x\leqslant 3)$.

分析 根据 x 的范围分别给出表达式，注意 $\Phi(x)$ 也是分段函数.

解 当 $0\leqslant x\leqslant 1$ 时，有

$$\int_0^x f(t)\mathrm{d}t=\int_0^x (t^2+2t-2)\mathrm{d}t=\frac{1}{3}x^3+x^2-2x;$$

当 $1<x\leqslant 3$ 时，有

$$\int_0^x f(t)\mathrm{d}t=\int_0^1 (t^2+2t-2)\mathrm{d}t+\int_1^x \cos(t-1)\mathrm{d}t=\sin(x-1)-\frac{2}{3}.$$

因此

$$\Phi(x)=\begin{cases}\dfrac{x^3}{3}+x^2-2x, & 0\leqslant x\leqslant 1,\\[2mm] \sin(x-1)-\dfrac{2}{3}, & 1<x\leqslant 3.\end{cases}$$

6. 设函数 $f(x)=\begin{cases}x+\mathrm{e}^x, & x<0,\\ x^2+1, & x\geqslant 0,\end{cases}$ $F(x)=\int_{-1}^{x} f(t)\mathrm{d}t$，讨论 $F(x)$ 在 $x=0$ 处的连续性与可导性.

分析 求出 $F(x)$ 的表达式，再讨论 $F(x)$ 在 $x=0$ 处的连续性与可导性.

解 不难求得

$$F(x)=\int_{-1}^{x} f(t)\mathrm{d}t=\begin{cases}\displaystyle\int_{-1}^{x}(t+\mathrm{e}^t)\mathrm{d}t, & x<0,\\ \displaystyle\int_{-1}^{0}(t+\mathrm{e}^t)\mathrm{d}t+\int_{0}^{x}(t^2+1)\mathrm{d}t, & x\geqslant 0\end{cases}$$

$$=\begin{cases}\dfrac{1}{2}x^2+\mathrm{e}^x-\dfrac{1}{2}-\mathrm{e}^{-1}, & x<0,\\[2mm] \dfrac{1}{3}x^3+x+\dfrac{1}{2}-\mathrm{e}^{-1}, & x\geqslant 0.\end{cases}$$

因为

$$\lim_{x\to 0^-}F(x)=\lim_{x\to 0^-}\left(\frac{1}{2}x^2+\mathrm{e}^x-\frac{1}{2}-\mathrm{e}^{-1}\right)=\frac{1}{2}-\mathrm{e}^{-1}=F(0)=\lim_{x\to 0^+}F(x),$$

所以 $F(x)$ 在 $x=0$ 处连续. 又因为

$$\lim_{x\to 0^-}\frac{F(x)-F(0)}{x}=\lim_{x\to 0^-}\frac{\frac{1}{2}x^2+\mathrm{e}^x-\frac{1}{2}-\mathrm{e}^{-1}-\left(\frac{1}{2}-\mathrm{e}^{-1}\right)}{x}=1,$$

$$\lim_{x\to 0^+}\frac{F(x)-F(0)}{x}=\lim_{x\to 0^+}\frac{\frac{1}{3}x^3+x+\frac{1}{2}-\mathrm{e}^{-1}-\left(\frac{1}{2}-\mathrm{e}^{-1}\right)}{x}=1,$$

所以 $F(x)$ 在 $x=0$ 处可导.

7.4 换元积分法和分部积分法

一、知识要点

1. 定积分的换元积分法

定理 7.7 设函数 $y=f(x)$ 在闭区间 $[a,b]$ 上连续，函数 $x=\varphi(t)$ 在区间 $[\alpha,\beta]$（或 $[\beta,\alpha]$）上具有连续导数，且满足条件 $\varphi(\alpha)=a$，$\varphi(\beta)=b$，$a\leqslant\varphi(t)\leqslant b$，则有定积分的换元公式

$$\int_a^b f(x)\mathrm{d}x=\int_\alpha^\beta f[\varphi(t)]\varphi'(t)\mathrm{d}t.$$

2. 定积分的分部积分法

定理 7.8 设函数 $u=u(x)$，$v=v(x)$ 在区间 $[a,b]$ 上具有连续导数，则有分部积分公式

$$\int_a^b u(x)v'(x)\mathrm{d}x=(u(x)v(x))\Big|_a^b-\int_a^b v(x)u'(x)\mathrm{d}x.$$

上式也可以记作

$$\int_a^b u(x)\mathrm{d}v(x)=(u(x)v(x))\Big|_a^b-\int_a^b v(x)\mathrm{d}u(x),$$

或 $\int_a^b u\mathrm{d}v = (uv)\big|_a^b - \int_a^b v\mathrm{d}u$.

3. 几个有用的结论

(1)设函数 $f(x)$在区间$[-a,a]$上连续,则有:

① 当 $f(x)$ 为偶函数时,有$\int_{-a}^{a} f(x)\mathrm{d}x = 2\int_0^a f(x)\mathrm{d}x$;

② 当 $f(x)$ 为奇函数时,有$\int_{-a}^{a} f(x)\mathrm{d}x = 0$.

通常情况下,这个结果可以作为定理使用,结论是“偶倍奇零”.因此,当被积函数是奇函数或偶函数,且积分区间关于原点对称时,该定积分可以先简化,再计算.

(2) 设函数 $f(x)$在区间$[0,\pi]$上连续,则有:

① $\int_0^{\frac{\pi}{2}} f(\sin x)\mathrm{d}x = \int_0^{\frac{\pi}{2}} f(\cos x)\mathrm{d}x$; ② $\int_0^{\pi} xf(\sin x)\mathrm{d}x = \frac{\pi}{2}\int_0^{\pi} f(\sin x)\mathrm{d}x$.

(3) 设 $f(x)$是连续的周期函数,周期为 T,则有:

① $\int_a^{a+T} f(x)\mathrm{d}x = \int_0^T f(x)\mathrm{d}x$; ② $\int_a^{a+nT} f(x)\mathrm{d}x = n\int_0^T f(x)\mathrm{d}x, n\in\mathbf{N}$.

(3) $$I_n = \int_0^{\frac{\pi}{2}} \sin^n x\,\mathrm{d}x = \int_0^{\frac{\pi}{2}} \cos^n x\,\mathrm{d}x$$

$$= \begin{cases} \frac{2m-1}{2m}\cdot\frac{2m-3}{2m-2}\cdot\cdots\cdot\frac{5}{6}\cdot\frac{3}{4}\cdot\frac{1}{2}\cdot\frac{\pi}{2}, & n=2m, \\ \frac{2m}{2m+1}\cdot\frac{2m-2}{2m-1}\cdot\cdots\cdot\frac{6}{7}\cdot\frac{4}{5}\cdot\frac{2}{3}\cdot 1, & n=2m+1, \end{cases}$$

其中 $m\in\mathbf{Z}_+$.

二、疑难解析

1. 在利用换元积分法计算定积分时,如果不明显写出新变量 t(即利用凑微分法)能否求出该定积分?此时定积分的上、下限是否需要改变?

答 可以计算.由公式$\int_a^b f(x)\mathrm{d}x = \int_\alpha^\beta f[\varphi(t)]\varphi'(t)\mathrm{d}t$可以看到,在用 $x=\varphi(t)$ 把变量 x 换成新变量 t 时,积分限也要换成相应于新变量 t 的积分限,且上限对应于上限,下限对应于下限,即“换元必换限”.然而,在计算相对熟练以后,利用凑微分法,可以不明显写出新变量 t,即直接配元求原函数,然后用牛顿—莱布尼茨公式计算,这种情况是“配元不换限”.例如

$$\int_1^{\mathrm{e}} \frac{1}{x\sqrt[3]{\ln x+1}}\mathrm{d}x = \int_1^{\mathrm{e}} \frac{1}{\sqrt[3]{\ln x+1}}\mathrm{d}(\ln x+1) = \frac{3}{2}(\ln x+1)^{\frac{2}{3}}\Big|_1^{\mathrm{e}} = \frac{3}{2}(\sqrt[3]{4}-1).$$

2. 若函数 $f(t)$ 在区间$[-a,a]$上连续,且为奇(偶)函数,则$\int_0^x f(t)\mathrm{d}t$在区间$[-a,a]$上是偶(奇)函数.这种说法是否正确?说明理由.

答 结论正确.理由是:设 $F(x)$ 是$\int_0^x f(t)\mathrm{d}t$ 的一个原函数.在区间$[-a,a]$上,令 $t=-u$,则当 $f(t)$ 为奇(偶)函数时,$f(-t)=-f(t)(f(-t)=f(t))$,进一步地,有

$$F(-x)=\int_0^{-x} f(t)\,\mathrm{d}t=-\int_0^{x} f(-u)\,\mathrm{d}u=\int_0^{x} f(u)\,\mathrm{d}u=F(x)$$

$$\left(F(-x)=\int_0^{-x} f(t)\,\mathrm{d}t=-\int_0^{x} f(-u)\,\mathrm{d}u=-\int_0^{x} f(u)\,\mathrm{d}u=-F(x)\right).$$

因此,结论正确.

3. 在利用换元积分法计算定积分时,定理 7.7 中的条件"函数 $x=\varphi(t)$在区间$[\alpha,\beta]$(或$[\beta,\alpha]$)上具有连续导数"是否可以忽略?说明理由.

答 不能忽略.例如,$\int_{-1}^{1}\frac{1}{1+x^2}\mathrm{d}x=\arctan x\big|_{-1}^{1}=\frac{\pi}{2}$.但是,若采用变量替换 $x=\frac{1}{t}$,则 $\mathrm{d}x=-\frac{1}{t^2}\mathrm{d}t$,$\int_{-1}^{1}\frac{1}{1+x^2}\mathrm{d}x=-\int_{-1}^{1}\frac{1}{1+t^2}\mathrm{d}t=-\int_{-1}^{1}\frac{1}{1+x^2}\mathrm{d}x$,即$\int_{-1}^{1}\frac{1}{1+x^2}\mathrm{d}x=0$.这个结果显然是错误的.原因是变量替换 $x=\varphi(t)=\frac{1}{t}$ 的一阶导数在区间$[-1,1]$有间断点 $t=0$,不满足定理 7.7 的条件.

三、经典题型详解

题型 1 利用换元积分法或分部积分法计算定积分

例 7.11 计算下列定积分:

(1) $\int_{-1}^{1}\frac{x}{\sqrt{5-4x}}\mathrm{d}x$; (2) $\int_0^{\frac{1}{4}}\frac{\sqrt{1-x}}{1-\sqrt{x}}\mathrm{d}x$; (3) $\int_1^{\sqrt{3}}\frac{1}{x\sqrt{1+x^2}}\mathrm{d}x$.

分析 根据各自的特点进行换元.

解 (1) 令 $\sqrt{5-4x}=t$,则 $x=\frac{1}{4}(5-t^2)$,$\mathrm{d}x=-\frac{1}{2}t\mathrm{d}t$.当 $x=-1$ 时,$t=3$;当 $x=1$ 时,$t=1$.因此有

$$\int_{-1}^{1}\frac{x}{\sqrt{5-4x}}\mathrm{d}x=\int_3^1\frac{\frac{1}{4}(5-t^2)}{t}\left(-\frac{1}{2}t\right)\mathrm{d}t=\frac{1}{8}\int_1^3(5-t^2)\,\mathrm{d}t$$

$$=\frac{1}{8}\left(5t-\frac{1}{3}t^3\right)\bigg|_1^3=\frac{1}{6}.$$

(2) 令 $x=\sin^2 t$,则 $\mathrm{d}x=2\sin t\cos t\,\mathrm{d}t$,当 $x=0$ 时,$t=0$;当 $x=\frac{1}{4}$时;$t=\frac{\pi}{6}$.因此有

$$\int_0^{\frac{1}{4}}\frac{\sqrt{1-x}}{1-\sqrt{x}}\mathrm{d}x=\int_0^{\frac{\pi}{6}}\frac{\cos t}{1-\sin t}\cdot 2\sin t\cos t\,\mathrm{d}t=2\int_0^{\frac{\pi}{6}}\sin t\,\mathrm{d}t+2\int_0^{\frac{\pi}{6}}\sin^2 t\,\mathrm{d}t$$

$$=-2\cos t\big|_0^{\frac{\pi}{6}}+\int_0^{\frac{\pi}{6}}(1-\cos 2t)\,\mathrm{d}t=2-\sqrt{3}+\left(t-\frac{\sin 2t}{2}\right)\bigg|_0^{\frac{\pi}{6}}$$

$$=2-\frac{5}{4}\sqrt{3}+\frac{\pi}{6}.$$

(3) 令 $x=\tan t$,则 $\mathrm{d}x=\sec^2 t\,\mathrm{d}t$.当 $x=1$ 时,$t=\frac{\pi}{4}$;当 $x=\sqrt{3}$时,$t=\frac{\pi}{3}$.因此有

$$\int_1^{\sqrt{3}}\frac{1}{x\sqrt{1+x^2}}\mathrm{d}x=\int_{\frac{\pi}{4}}^{\frac{\pi}{3}}\frac{\sec^2 t}{\tan t\sec t}\mathrm{d}t=\int_{\frac{\pi}{4}}^{\frac{\pi}{3}}\frac{1}{\sin t}\mathrm{d}t=\ln|\csc t-\cot t|\,\bigg|_{\frac{\pi}{4}}^{\frac{\pi}{3}}$$

$$=\ln\left|\csc\frac{\pi}{3}-\cot\frac{\pi}{3}\right|-\ln\left|\csc\frac{\pi}{4}-\cot\frac{\pi}{4}\right|=-\frac{1}{2}\ln3-\ln\left|\sqrt{2}-1\right|.$$

例 7.12 计算下列定积分：

(1) $\int_0^{\frac{\pi}{4}}\frac{x\sin x}{\cos^3 x}dx$； (2) $\int_0^{\ln5}\frac{e^x\sqrt{e^x-1}}{e^x+3}dx$.

分析 根据被积表达式的特点，进行分部积分计算.

解 (1) $\int_0^{\frac{\pi}{4}}\frac{x\sin x}{\cos^3 x}dx=-\int_0^{\frac{\pi}{4}}\frac{x}{\cos^3 x}d(\cos x)=\frac{1}{2}\int_0^{\frac{\pi}{4}}xd\left(\frac{1}{\cos^2 x}\right)$

$$=\frac{1}{2}\frac{x}{\cos^2 x}\bigg|_0^{\frac{\pi}{4}}-\frac{1}{2}\int_0^{\frac{\pi}{4}}\frac{1}{\cos^2 x}dx=\frac{\pi}{4}-\frac{1}{2}\tan x\bigg|_0^{\frac{\pi}{4}}=\frac{\pi}{4}-\frac{1}{2}.$$

(2) 令 $\sqrt{e^x-1}=t$，则 $x=\ln(1+t^2)$，$dx=\frac{2t}{1+t^2}dt$. $x=0$ 时，$t=0$；$x=\ln5$ 时，$t=2$. 因此有

$$\int_0^{\ln5}\frac{e^x\sqrt{e^x-1}}{e^x+3}dx=\int_0^2\frac{(1+t^2)\cdot t}{t^2+4}\frac{2t}{t^2+1}dt=\int_0^2\frac{2t^2}{t^2+4}dt$$

$$=2\int_0^2\left(1-\frac{4}{t^2+4}\right)dt=2\left(t-2\arctan\frac{t}{2}\right)\bigg|_0^2=4-\pi.$$

例 7.13 设 $f(x)=\begin{cases}\frac{1}{1+x},x\geqslant0,\\ \frac{1}{1+e^x},x<0.\end{cases}$ 求 $\int_0^2 f(x-1)dx$.

分析 先利用换元法将待求积分变为标准形式，然后根据分段点的情况进行分段计算.

解 令 $x-1=t$，则 $dx=dt$. 当 $x=0$ 时，$t=-1$；当 $x=2$ 时，$t=1$. 于是

$$\int_0^2 f(x-1)dx=\int_{-1}^1 f(t)dt=\int_{-1}^1 f(x)dx=\int_{-1}^0\frac{1}{1+e^x}dx+\int_0^1\frac{1}{1+x}dx.$$

因为

$$\int_{-1}^0\frac{1}{1+e^x}dx=\int_{-1}^0\frac{e^x}{e^x(1+e^x)}dx=\int_{-1}^0\left(\frac{1}{e^x}-\frac{1}{1+e^x}\right)d(e^x)$$

$$=[\ln e^x-\ln(1+e^x)]\big|_{-1}^0=\ln(1+e)-\ln2,$$

$$\int_0^1\frac{1}{1+x}dx=\ln(1+x)\big|_0^1=\ln2,$$

故 $\int_0^2 f(x-1)dx=\ln(1+e)$.

题型 2 利用已有结论简化计算

例 7.14 计算 $\int_{-1}^1\frac{x^2(1+\sin x)}{1+\sqrt{1-x^2}}dx$.

分析 在对称区间上，利用“偶倍奇零”的结论.

解 对被积函数拆项，有

$$\int_{-1}^1\frac{x^2(1+\sin x)}{1+\sqrt{1-x^2}}dx=\int_{-1}^1\frac{x^2+x^2\sin x}{1+\sqrt{1-x^2}}dx$$

$$= \int_{-1}^{1} \frac{x^2}{1+\sqrt{1-x^2}}dx + \int_{-1}^{1} \frac{x^2\sin x}{1+\sqrt{1-x^2}}dx.$$

不难发现，第一个积分的被积函数为偶函数，第二个为奇函数. 因此

$$\int_{-1}^{1} \frac{x^2\sin x}{1+\sqrt{1-x^2}}dx = 0,$$

$$\int_{-1}^{1} \frac{x^2}{1+\sqrt{1-x^2}}dx = 2\int_{0}^{1} \frac{x^2}{1+\sqrt{1-x^2}}dx = 2\int_{0}^{1} \frac{x^2(1-\sqrt{1-x^2})}{1-(1-x^2)}dx$$

$$= 2\int_{0}^{1} (1-\sqrt{1-x^2})dx = 2-2\int_{0}^{1} \sqrt{1-x^2}dx = 2-\frac{\pi}{2}.$$

$\left(\int_{0}^{1} \sqrt{1-x^2}dx\right.$ 在几何上是单位圆的面积的$\left.\frac{1}{4}\right)$

于是 $\int_{-1}^{1} \frac{x^2+x^2\sin x}{1+\sqrt{1-x^2}}dx = 2-\frac{\pi}{2}.$

题型 3　综合应用题

例 7.15　设 $f(x) = \int_{1}^{x^2} e^{-t^2}dt$，计算$\int_{0}^{1} xf(x)dx$.

分析　由于无法直接求出 $f(x)$ 的表达式，只能尝试利用分部积分法对$\int_{0}^{1} xf(x)dx$ 化简，其中出现了 $f'(x)$，它可以由已知条件得到.

解　容易求得，$f(1)=0, f'(x) = \left(\int_{1}^{x^2} e^{-t^2}dt\right)' = 2xe^{-x^4}$. 由分部积分法，得

$$\int_{0}^{1} xf(x)dx = \frac{1}{2}\int_{0}^{1} f(x)d(x^2) = \frac{1}{2}x^2f(x)\Big|_{0}^{1} - \frac{1}{2}\int_{0}^{1} x^2f'(x)dx$$

$$= -\frac{1}{2}\int_{0}^{1} x^2\cdot e^{-x^4}\cdot 2xdx = \frac{1}{4}\int_{0}^{1} e^{-x^4}d(-x^4) = \frac{1}{4}e^{-x^4}\Big|_{0}^{1} = \frac{1}{4}(e^{-1}-1).$$

例 7.16　设 $f(x)$ 为奇函数，在 $(-\infty,+\infty)$ 内连续且单调增加，$F(x) = \int_{0}^{x} (x-3t)f(t)dt$，证明：

(1) $F(x)$为奇函数；　　(2) $F(x)$在$[0,+\infty)$上单调减少.

分析　用定义可证明奇函数；利用导数可证明单调性.

证　(1) 因为 $f(x)$为奇函数，所以 $f(-x)=-f(x)$. 令 $t=-u$，则有 $dt=-du, f(-u)=-f(u)$. 当 $t=0$ 时，$u=0$；当 $t=-x$ 时，$u=x$. 于是

$$F(-x) = \int_{0}^{-x} (-x-3t)f(t)dt = -\int_{0}^{x} (-x+3u)f(-u)du$$

$$= \int_{0}^{x} (-x+3u)f(u)du = -\int_{0}^{x} (x-3u)f(u)du = -F(x),$$

因此 $F(x)$为奇函数.

(2) 可以求得

$$F'(x) = \left[x\int_{0}^{x} f(t)dt - 3\int_{0}^{x} tf(t)dt\right]' = \int_{0}^{x} f(t)dt + xf(x) - 3xf(x)$$

$$= \int_{0}^{x} f(t)dt - 2xf(x) = \int_{0}^{x} [f(t)-f(x)]dt - xf(x).$$

由于 $f(x)$ 是奇函数且单调增加，所以当 $x>0$ 时，$f(x)>0$，$\int_0^x [f(t)-f(x)]\mathrm{d}t<0$，$-xf(x)<0$，故 $F'(x)<0$，$x\in(0,+\infty)$，即 $F(x)$ 在 $[0,+\infty)$ 上单调减少. 证毕

四、课后习题选解（习题 7.4）

A类题

1. 计算下列定积分：

(1) $\int_0^{\sqrt{2}} \sqrt{2-x^2}\mathrm{d}x$； (2) $\int_{\frac{1}{e}}^{e} |\ln x|\mathrm{d}x$； (3) $\int_0^4 \frac{x+2}{\sqrt{2x+1}}\mathrm{d}x$；

(4) $\int_0^{\pi} \cos^4 x\sin x\mathrm{d}x$； (5) $\int_0^1 \frac{1}{e^x+e^{-x}}\mathrm{d}x$； (6) $\int_1^e \frac{1+\ln x}{x}\mathrm{d}x$；

(7) $\int_{-a}^{a} \frac{x^2\sin x}{x^4+x^2+3}\mathrm{d}x(a>0)$； (8) $\int_{-\frac{1}{2}}^{\frac{1}{2}} \frac{(\arcsin x)^2}{\sqrt{1-x^2}}\mathrm{d}x$； (9) $\int_0^{\frac{\pi}{2}} x^2\sin x\mathrm{d}x$；

(10) $\int_0^{\frac{1}{2}} \arcsin x\mathrm{d}x$.

分析 选择合适的积分方法(换元法或分部积分法)计算.

解 (1) **提示** 令 $x=\sqrt{2}\sin t$. $\int_0^{\sqrt{2}} \sqrt{2-x^2}\mathrm{d}x=\frac{\pi}{2}$.

(2) 为了去掉绝对值符号，需要分区间计算. 易见，$\int \ln x\mathrm{d}x=x\ln x-x+C$. 因此有

$$\int_{\frac{1}{e}}^{e} |\ln x|\mathrm{d}x=-\int_{\frac{1}{e}}^{1} \ln x\mathrm{d}x+\int_1^e \ln x\mathrm{d}x=-(x\ln x-x)\Big|_{\frac{1}{e}}^{1}+(x\ln x-x)\Big|_1^e$$

$$=1-\frac{2}{e}+1=2\left(1-\frac{1}{e}\right).$$

(3) **提示** 令 $t=\sqrt{2x+1}$. $\int_0^4 \frac{x+2}{\sqrt{2x+1}}\mathrm{d}x=\frac{22}{3}$.

(4) **提示** 利用凑微分的方法求出原函数. $\int_0^{\pi} \cos^4 x\sin x\mathrm{d}x=\frac{2}{5}$.

(5) 利用凑微分的方法，有

$$\int_0^1 \frac{1}{e^x+e^{-x}}\mathrm{d}x=\int_0^1 \frac{1}{e^{2x}+1}\mathrm{d}e^x=\arctan e^x\Big|_0^1=\arctan e-\frac{\pi}{4}.$$

(6) **提示** 利用凑微分的方法求出原函数. $\int_1^e \frac{1+\ln x}{x}\mathrm{d}x=\frac{3}{2}$.

(7) 由于被积函数 $\frac{x^2\sin x}{x^4+x^2+3}$ 是奇函数，且积分区间 $[-a,a]$ 关于原点对称，根据"偶倍奇零"的结论，有

$$\int_{-a}^{a} \frac{x^2\sin x}{x^4+x^2+3}\mathrm{d}x=0.$$

(8) 根据"偶倍奇零"的结论化简，再利用凑微分的方法，有

$$\int_{-\frac{1}{2}}^{\frac{1}{2}} \frac{(\arcsin x)^2}{\sqrt{1-x^2}}\mathrm{d}x=2\int_0^{\frac{1}{2}} (\arcsin x)^2\mathrm{d}(\arcsin x)=\frac{2}{3}(\arcsin x)^3\Big|_0^{\frac{1}{2}}=\frac{\pi^3}{324}.$$

(9) 连续使用两次分部积分法，有

$$\int_0^{\frac{\pi}{2}} x^2\sin x\mathrm{d}x=-\int_0^{\frac{\pi}{2}} x^2\mathrm{d}(\cos x)=-x^2\cos x\Big|_0^{\frac{\pi}{2}}+2\int_0^{\frac{\pi}{2}} x\cos x\mathrm{d}x$$

$$=2\int_0^{\frac{\pi}{2}} x\mathrm{d}(\sin x)=2x\sin x\Big|_0^{\frac{\pi}{2}}-2\int_0^{\frac{\pi}{2}} \sin x\mathrm{d}x=\pi+2\cos x\Big|_0^{\frac{\pi}{2}}=\pi-2.$$

(10) 利用分部积分法，有

$$\int_0^{\frac{1}{2}} \arcsin x\mathrm{d}x = x\arcsin x \Big|_0^{1/2} - \int_0^{\frac{1}{2}} \frac{x}{\sqrt{1-x^2}}\mathrm{d}x = \frac{\pi}{12} + \sqrt{1-x^2}\Big|_0^{1/2} = \frac{\pi}{12} + \frac{\sqrt{3}}{2} - 1.$$

2. 设 $k,l\in\mathbf{Z}_+$，且 $k\neq l$，证明：

(1) $\int_{-\pi}^{\pi} \cos kx\sin lx\mathrm{d}x = 0$； (2) $\int_{-\pi}^{\pi} \cos kx\cos lx\mathrm{d}x = 0$； (3) $\int_{-\pi}^{\pi} \sin kx\sin lx\mathrm{d}x = 0$.

分析 利用三角函数的积化和差公式将被积函数拆分.

证 (1) 显然，$\cos kx\sin lx$ 在区间 $[-\pi,\pi]$ 上是奇函数，根据“偶倍奇零”的结论，有

$$\int_{-\pi}^{\pi} \cos kx\sin lx\mathrm{d}x = 0.$$

(2) 利用三角函数的积化和差公式，有

$$\begin{aligned}\int_{-\pi}^{\pi} \cos kx\cos lx\mathrm{d}x &= \frac{1}{2}\left[\int_{-\pi}^{\pi} \cos(k+l)x\mathrm{d}x + \int_{-\pi}^{\pi} \cos(k-l)x\mathrm{d}x\right] \\ &= \frac{1}{2}\left[\frac{\sin(k+l)x}{k+l}\Big|_{-\pi}^{\pi} + \frac{\sin(k-l)x}{k-l}\Big|_{-\pi}^{\pi}\right] = 0.\end{aligned}$$

(3) 利用三角函数的积化和差公式，有

$$\begin{aligned}\int_{-\pi}^{\pi} \sin kx\sin lx\mathrm{d}x &= \frac{1}{2}\left[\int_{-\pi}^{\pi} \cos(k-l)x\mathrm{d}x - \int_{-\pi}^{\pi} \cos(k+l)x\mathrm{d}x\right] \\ &= \frac{1}{2}\left[\frac{\sin(k-l)x}{k-l}\Big|_{-\pi}^{\pi} - \frac{\sin(k+l)x}{k+l}\Big|_{-\pi}^{\pi}\right] = 0.\end{aligned}$$

证毕

3. 设函数 $f(x)$ 在区间 $[a,b]$ 上连续，证明：

(1) $\int_a^b f(x)\mathrm{d}x = \int_a^b f(a+b-x)\mathrm{d}x$； (2) $\int_a^b f(x)\mathrm{d}x = (b-a)\int_0^1 f[a+(b-a)x]\mathrm{d}x$.

分析 根据定积分的特点，利用适当的换元积分证明.

证 (1) **提示** 令 $x=a+b-t$.

(2) 令 $x=a+(b-a)t$，则有 $\mathrm{d}x=(b-a)\mathrm{d}t$，且当 $x=a,b$ 时，$t=0,1$. 因此有

$$\int_a^b f(x)\mathrm{d}x = (b-a)\int_0^1 f[a+(b-a)t]\mathrm{d}t = (b-a)\int_0^1 f[a+(b-a)x]\mathrm{d}x.$$

证毕

4. 证明：$\int_x^1 \frac{1}{1+t^2}\mathrm{d}t = \int_1^{\frac{1}{x}} \frac{1}{1+t^2}\mathrm{d}t(x>0)$.

分析 根据定积分的特点，利用换元积分法证明.

证 令 $t=\frac{1}{z}$，则 $\mathrm{d}t=-\frac{1}{z^2}\mathrm{d}z$，且当 $t=x,1$ 时，$z=\frac{1}{x},1$. 因此有

$$\int_x^1 \frac{1}{1+t^2}\mathrm{d}t = \int_{\frac{1}{x}}^1 \frac{1}{1+\left(\frac{1}{z}\right)^2}\left(-\frac{1}{z^2}\right)\mathrm{d}z = -\int_{\frac{1}{x}}^1 \frac{1}{1+z^2}\mathrm{d}z = \int_1^{\frac{1}{x}} \frac{1}{1+z^2}\mathrm{d}z = \int_1^{\frac{1}{x}} \frac{1}{1+t^2}\mathrm{d}t.$$

证毕

5. 求函数 $y=\int_0^x t\mathrm{e}^{-t^2}\mathrm{d}t$ 的极值点与拐点.

分析 利用定理 7.5(积分上限函数的导数)求函数的导数，通过令导数为零求驻点，然后再求二阶导数，求其零点，判断拐点.

解 由定理 7.5，容易求得函数 $y=\int_0^x t\mathrm{e}^{-t^2}\mathrm{d}t$ 的一阶、二阶导数为

$$y'(x) = x\mathrm{e}^{-x^2}, \quad y''(x) = \mathrm{e}^{-x^2}(1-2x^2).$$

令 $y'(x)=0$，解得 $x=0$. 令 $y''(x)=0$，解得 $x=\pm\frac{\sqrt{2}}{2}$.

因为 $y''(0)>0$，所以点 $(0,0)$ 为函数的极小值点. 易见，当 $x>\frac{\sqrt{2}}{2}$ 或 $x<-\frac{\sqrt{2}}{2}$ 时，$y''(x)<0$；当 $-\frac{\sqrt{2}}{2}<$

$x<\frac{\sqrt{2}}{2}$时，$y''(x)>0$. 因此，点$\left(-\frac{\sqrt{2}}{2},\frac{1}{2}-\frac{e^{-1/2}}{2}\right)$，$\left(\frac{\sqrt{2}}{2},\frac{1}{2}-\frac{e^{-1/2}}{2}\right)$为函数的拐点.

6. 设函数 $f(x)$ 的二阶导数 $f''(x)$ 在区间$[0,1]$上连续，且 $f(0)=1,f(2)=3,f'(2)=5$，求$\int_0^1 xf''(2x)\mathrm{d}x$.

分析 利用换元积分和分部积分法可以求得结果.

解 利用分部积分法，有

$$\int_0^1 xf''(2x)\mathrm{d}x=\frac{1}{2}\int_0^1 xf''(2x)\mathrm{d}(2x)=\frac{1}{2}\left(xf'(2x)\big|_0^1-\int_0^1 f'(2x)\mathrm{d}x\right)$$
$$=\frac{1}{2}\left(xf'(2x)\big|_0^1-\frac{1}{2}f(2x)\big|_0^1\right)=2.$$

7. 已知$\int_x^{\ln 2}\frac{1}{\sqrt{e^t-1}}\mathrm{d}t=\frac{\pi}{6}$，求 x.

提示 先利用换元法求出积分表达式，再解方程. $x=\ln\frac{4}{3}$.

B类题

1. 计算下列定积分：

(1) $\int_0^1\frac{1}{\sqrt{1-x}+1}\mathrm{d}x$； (2) $\int_0^{\frac{\pi}{2}}\cos^3 x\sin 2x\mathrm{d}x$； (3) $\int_{-\frac{\pi}{2}}^{\frac{\pi}{2}}\sqrt{\cos^2 x-\cos^4 x}\mathrm{d}x$；

(4) $\int_1^e x\ln x\mathrm{d}x$； (5) $\int_1^e\sin(\ln x)\mathrm{d}x$； (6) $\int_0^{\frac{\pi}{2}}e^x\sin x\mathrm{d}x$；

(7) $\int_0^1 x\arctan x\mathrm{d}x$； (8) $\int_0^4 x\sqrt{4x-x^2}\mathrm{d}x$； (9) $\int_{-1}^1\frac{\sin x+x\cos x}{1+\sqrt{1-x^2}}\mathrm{d}x$；

(10) $\int_{-2}^2\frac{x+|x|}{2+x^2}\mathrm{d}x$.

分析 根据被积表达式的特点，选择合适的积分方法计算. 在利用分部积分法时，u，$\mathrm{d}v$ 按照“反对幂指三”的顺序选取.

解 (1) 令 $t=\sqrt{1-x}$，则有 $x=1-t^2$，$\mathrm{d}x=-2t\mathrm{d}t$，且当 $x=0,1$ 时，$t=1,0$. 于是

$$\int_0^1\frac{1}{\sqrt{1-x}+1}\mathrm{d}x=\int_1^0\frac{1}{t+1}(-2t)\mathrm{d}t=2\int_0^1\frac{t}{t+1}\mathrm{d}t=2\left[t-\ln(1+t)\right]\big|_0^1=2(1-\ln 2).$$

(2) 先将被积表达式变形，然后凑微分，得

$$\int_0^{\frac{\pi}{2}}\cos^3 x\sin 2x\mathrm{d}x=2\int_0^{\frac{\pi}{2}}\cos^4 x\sin x\mathrm{d}x=-2\int_0^{\frac{\pi}{2}}\cos^4 x\mathrm{d}(\cos x)=-\frac{2}{5}\cos^5 x\big|_0^{\pi/2}=\frac{2}{5}.$$

(3) 利用“偶倍奇零”化简，再计算，得

$$\int_{-\frac{\pi}{2}}^{\frac{\pi}{2}}\sqrt{\cos^2 x-\cos^4 x}\mathrm{d}x=2\int_0^{\frac{\pi}{2}}\cos x\sqrt{1-\cos^2 x}\mathrm{d}x=2\int_0^{\frac{\pi}{2}}\sin x\mathrm{d}(\sin x)=\sin^2 x\Big|_0^{\frac{\pi}{2}}=1.$$

(4) 利用分部积分法，得

$$\int_1^e x\ln x\mathrm{d}x=\frac{1}{2}\int_1^e\ln x\mathrm{d}(x^2)=\frac{1}{2}x^2\ln x\big|_1^e-\frac{1}{2}\int_1^e x^2\frac{1}{x}\mathrm{d}x$$
$$=\frac{1}{2}e^2-\frac{1}{4}x^2\big|_1^e=\frac{1}{4}(e^2+1).$$

(5) 由分部积分法和循环积分法，可得

$$\int_1^e\sin(\ln x)\mathrm{d}x=x\sin(\ln x)\big|_1^e-\int_1^e x\cos(\ln x)\frac{1}{x}\mathrm{d}x=e\sin 1-\int_1^e\cos(\ln x)\mathrm{d}x$$

$$= e\sin 1 - x\cos(\ln x)\Big|_1^e - \int_1^e \sin(\ln x)\,dx$$

$$= e\sin 1 - e\cos 1 + 1 - \int_1^e \sin(\ln x)\,dx.$$

所以 $\int_1^e \sin(\ln x)\,dx = \frac{1}{2}(1 + e\sin 1 - e\cos 1)$.

(6) 由分部积分法和循环积分法,可得

$$\int_0^{\frac{\pi}{2}} e^x \sin x dx = \int_0^{\frac{\pi}{2}} \sin x\, de^x = e^x \sin x\Big|_0^{\pi/2} - \int_0^{\frac{\pi}{2}} \cos x\, de^x = e^x \sin x\Big|_0^{\pi/2} - \left(e^x\cos x\Big|_0^{\pi/2} + \int_0^{\frac{\pi}{2}} \sin x\, de^x\right),$$

$$\int_0^{\frac{\pi}{2}} e^x \sin x dx = \frac{1}{2}\left(e^x\sin x\Big|_0^{\pi/2} - e^x\cos x\Big|_0^{\pi/2}\right) = \frac{1}{2}\left(1 + e^{\pi/2}\right).$$

(7) 由分部积分法,可得

$$\int_0^1 x\arctan x dx = \frac{1}{2}\int_0^1 \arctan x\, d(x^2) = \frac{1}{2}\left(x^2\arctan x\Big|_0^1 - \int_0^1 \frac{x^2}{1+x^2}dx\right)$$

$$= \frac{1}{2}\left(\frac{\pi}{4} - (x - \arctan x)\Big|_0^1\right) = \frac{1}{4}(\pi - 2).$$

(8) 令 $u=x-2$,则 $du=dx$,当 $x=0,4$ 时,$u=-2,2$.

$$\int_0^4 x\sqrt{4x-x^2}\,dx = \int_0^4 x\sqrt{4-(x-2)^2}\,dx = \int_{-2}^2 (u+2)\sqrt{4-u^2}\,du.$$

利用"偶倍奇零"的结论,有

$$\int_0^4 x\sqrt{4x-x^2}\,dx = 4\int_0^2 \sqrt{4-u^2}\,du = 16\int_0^{\pi/2} \cos^2 t\,dt = 4\pi(u = 2\sin t).$$

(9) 由于被积函数 $\frac{\sin x + x\cos x}{1+\sqrt{1-x^2}}$ 是奇函数,且积分区间 $[-1,1]$ 关于原点对称,利用"偶倍奇零"的结论,有 $\int_{-1}^1 \frac{\sin x + x\cos x}{1+\sqrt{1-x^2}}dx = 0$.

(10) 利用"偶倍奇零"化简,有

$$\int_{-2}^2 \frac{x+|x|}{2+x^2}dx = \int_{-2}^2 \frac{x}{2+x^2}dx + \int_{-2}^2 \frac{|x|}{2+x^2}dx = 2\int_0^2 \frac{x}{2+x^2}dx = \ln(2+x^2)\Big|_0^2 = \ln 3.$$

2. 设函数 $f(x) = \begin{cases} xe^{-x^2}, & x \geqslant 0, \\ \dfrac{e^x + e^{-x}}{2}, & -1 < x < 0. \end{cases}$ 求 $\int_1^4 f(x-2)\,dx$.

分析 利用变量替换将积分 $\int_1^4 f(x-2)\,dx$ 转化为标准积分形式,然后进行分段积分.

解 令 $t=x-2$,则 $dt=dx$,且当 $x=1,4$ 时,$u=-1,2$. 于是有

$$\int_1^4 f(x-2)\,dx = \int_{-1}^2 f(t)\,dt = \int_{-1}^0 \frac{e^t + e^{-t}}{2}dx + \int_0^2 te^{-t^2}\,dt = \frac{e^2-1}{2e} + \frac{1}{2} - \frac{1}{2e^4}.$$

3. 计算 $\int_0^1 xf(x)\,dx$,其中 $f(x) = \int_1^{x^2} \frac{\sin t}{t}dt$.

分析 首先求出 $f(x)$ 的表达式,然后代入所求积分计算.

解 容易求得 $f(x)$ 的一阶导数为 $f'(x) = 2x\frac{\sin x^2}{x^2} = \frac{2\sin x^2}{x}$.

利用分部积分法,可得

$$\int_0^1 xf(x)\,dx = \frac{1}{2}\int_0^1 f(x)\,d(x^2) = \frac{1}{2}\left(x^2 f(x)\Big|_0^1 - \int_0^1 x^2 f'(x)\,dx\right) = -\frac{1}{2}\int_0^1 x^2 f'(x)\,dx.$$

将 $f'(x)$ 代入上式,得

$$\int_0^1 xf(x)\,dx = -\frac{1}{2}\int_0^1 x^2\frac{2\sin x^2}{x}dx = -\int_0^1 x\sin x^2\,dx = \frac{1}{2}\cos x^2\Big|_0^1 = \frac{1}{2}(\cos 1 - 1).$$

4. 证明：$\int_0^1 x^m (1-x)^n \mathrm{d}x = \int_0^1 x^n (1-x)^m \mathrm{d}x$.

分析 根据被积函数和积分限的特点，选择适当的换元法证明.

证 令 $x=1-t$，则 $\mathrm{d}x=-\mathrm{d}t$，且当 $x=0,1$ 时，$t=1,0$. 于是有

$$\int_0^1 x^m (1-x)^n \mathrm{d}x = -\int_1^0 (1-t)^m t^n \mathrm{d}t = \int_0^1 (1-x)^m x^n \mathrm{d}x.$$

证毕

5. 证明：$\int_0^{\frac{\pi}{2}} \frac{\sin^3 x}{\sin x + \cos x}\mathrm{d}x = \int_0^{\frac{\pi}{2}} \frac{\cos^3 x}{\sin x + \cos x}\mathrm{d}x$，并求出积分值.

分析 根据被积函数和积分限的特点，选择适当的换元法证明.

解 令 $t=\frac{\pi}{2}-x$，则 $\mathrm{d}x=-\mathrm{d}t$，且当 $x=0,\frac{\pi}{2}$ 时，$t=\frac{\pi}{2},0$. 于是有

$$\int_0^{\frac{\pi}{2}} \frac{\sin^3 x}{\sin x + \cos x}\mathrm{d}x = -\int_{\frac{\pi}{2}}^0 \frac{\cos^3 t}{\sin t + \cos t}\mathrm{d}t = \int_0^{\frac{\pi}{2}} \frac{\cos^3 t}{\sin t + \cos t}\mathrm{d}t = \int_0^{\frac{\pi}{2}} \frac{\cos^3 x}{\sin x + \cos x}\mathrm{d}x.$$

由得到的结论，有

$$\begin{aligned}\int_0^{\frac{\pi}{2}} \frac{\sin^3 x}{\sin x + \cos x}\mathrm{d}x &= \frac{1}{2}\left(\int_0^{\frac{\pi}{2}} \frac{\sin^3 x}{\sin x + \cos x}\mathrm{d}x + \int_0^{\frac{\pi}{2}} \frac{\cos^3 x}{\sin x + \cos x}\mathrm{d}x\right) \\ &= \frac{1}{2}\int_0^{\frac{\pi}{2}} \frac{\sin^3 x + \cos^3 x}{\sin x + \cos x}\mathrm{d}x = \frac{1}{2}\int_0^{\frac{\pi}{2}} (1-\sin x\cos x)\mathrm{d}x = \frac{1}{4}(\pi - 1).\end{aligned}$$

6. 若函数 $f(x)$ 的二阶导数 $f''(x)$ 在区间 $[0,\pi]$ 上连续，$f(0)=2$，$f(\pi)=1$，计算

$$\int_0^{\pi} [f(x)+f''(x)]\sin x \mathrm{d}x.$$

分析 将被积函数分项计算，其中第二项需要两次分部积分.

解 由于

$$\begin{aligned}\int_0^{\pi} f''(x)\sin x \mathrm{d}x &= \int_0^{\pi} \sin x \mathrm{d}(f'(x)) = \sin x f'(x)\Big|_0^{\pi} - \int_0^{\pi} f'(x)\cos x \mathrm{d}x \\ &= -\int_0^{\pi} \cos x \mathrm{d}(f(x)) = -\cos x f(x)\Big|_0^{\pi} - \int_0^{\pi} f(x)\sin x \mathrm{d}x \\ &= 3 - \int_0^{\pi} f(x)\sin x \mathrm{d}x,\end{aligned}$$

所以 $\int_0^{\pi} [f(x)+f''(x)]\sin x \mathrm{d}x = \int_0^{\pi} f(x)\sin x \mathrm{d}x + \int_0^{\pi} f''(x)\sin x \mathrm{d}x = 3$.

7.5 反常积分

一、知识要点

1. 无穷区间上的反常积分

定义 7.2 设函数 $f(x)$ 在无穷区间 $[a,+\infty)$ 上有定义，且对于任何大于 a 的实数 t，函数在 $[a,t]$ 上可积. 如果存在极限 $\lim\limits_{t\to+\infty}\int_a^t f(x)\mathrm{d}x = J$，那么称 J 为函数 $f(x)$ 在无穷区间 $[a,+\infty)$ 上的**反常积分或广义积分**，记为 $\int_a^{+\infty} f(x)\mathrm{d}x$，即

$$\int_a^{+\infty} f(x)\mathrm{d}x = \lim_{t\to+\infty}\int_a^t f(x)\mathrm{d}x.$$

当极限存在时，则称反常积分 $\int_a^{+\infty} f(x)\mathrm{d}x$ **收敛**，并称此极限为该反常积分的值；否则称反常

积分$\int_a^{+\infty} f(x)\mathrm{d}x$ **发散**.

类似地，可以定义函数 $f(x)$在无穷区间$(-\infty,b]$上的反常积分

$$\int_{-\infty}^{b} f(x)\mathrm{d}x = \lim_{t\to-\infty}\int_t^b f(x)\mathrm{d}x.$$

函数 $f(x)$在无穷区间$(-\infty,+\infty)$上的反常积分，可以用前面关于反常积分的定义，有

$$\int_{-\infty}^{+\infty} f(x)\mathrm{d}x = \int_{-\infty}^{c} f(x)\mathrm{d}x + \int_{c}^{+\infty} f(x)\mathrm{d}x,$$

其中，c 为任一实常数. 当且仅当$\int_{-\infty}^{c} f(x)\mathrm{d}x$ 与$\int_{c}^{+\infty} f(x)\mathrm{d}x$ 同时收敛时，反常积分$\int_{-\infty}^{+\infty} f(x)\mathrm{d}x$ 才是收敛的. 换句话说，若$\int_{-\infty}^{c} f(x)\mathrm{d}x$ 与$\int_{c}^{+\infty} f(x)\mathrm{d}x$ 中有一个发散时，则反常积分$\int_{-\infty}^{+\infty} f(x)\mathrm{d}x$ 一定是发散的.

注意，反常积分$\int_{-\infty}^{+\infty} f(x)\mathrm{d}x$ 的收敛性及收敛时的值与 c 的选取无关，并且它在任何有限区间$[u,v]\subset(-\infty,+\infty)$上必须可积.

上述三种反常积分统称为无穷区间上的反常积分.

定义 7.2′ 若 $F(x)$是函数 $f(x)$在无穷区间$[a,+\infty)$上的原函数，当$\lim\limits_{x\to+\infty}F(x)$存在时，则称反常积分收敛. 引入记号$\lim\limits_{x\to+\infty}F(x)=F(+\infty)$，有

$$\int_a^{+\infty} f(x)\mathrm{d}x = \lim_{x\to+\infty}F(x) - F(a) = F(+\infty) - F(a).$$

若$\lim\limits_{x\to+\infty}F(x)$ 不存在，则称反常积分$\int_a^{+\infty} f(x)\mathrm{d}x$ 发散.

类似地，有下列记号：

$$\int_{-\infty}^{b} f(x)\mathrm{d}x = F(b) - \lim_{x\to-\infty}F(x) = F(x)\Big|_{-\infty}^{b} = F(b) - F(-\infty);$$

$$\int_{-\infty}^{+\infty} f(x)\mathrm{d}x = \lim_{x\to+\infty}F(x) - \lim_{x\to-\infty}F(x) = F(x)\Big|_{-\infty}^{+\infty} = F(+\infty) - F(-\infty).$$

2. 无界函数的反常积分

若函数 $f(x)$在点 a 的任一邻域内都无界，则点 a 称为函数 $f(x)$的**瑕点**(也称无界间断点). 无界函数的反常积分也称为**瑕积分**. 具体地说，有如下定义：

定义 7.3 设函数 $f(x)$在$[a,b)$上连续，b 为 $f(x)$的瑕点. 若对任意的 $\varepsilon>0$，且 $b-\varepsilon>a$，存在极限$\lim\limits_{\varepsilon\to0^+}\int_a^{b-\varepsilon} f(x)\mathrm{d}x = J$，则称极限 J 为无界函数 $f(x)$ 在$[a,b)$ 上的**反常积分**(或**瑕积分**)，记作 $J=\int_a^b f(x)\mathrm{d}x$，即$\int_a^b f(x)\mathrm{d}x = \lim\limits_{\varepsilon\to0^+}\int_a^{b-\varepsilon} f(x)\mathrm{d}x$.

当极限存在时，则称反常积分$\int_a^b f(x)\mathrm{d}x$ 收敛，并称此极限为该反常积分的值，若极限不存在，则称反常积分$\int_a^b f(x)\mathrm{d}x$ 发散.

类似地，若函数 $f(x)$ 在$(a,b]$上连续，且 a 为 $f(x)$ 的瑕点，则函数 $f(x)$ 在$(a,b]$上的反

常积分定义为$\int_a^b f(x)\mathrm{d}x=\lim\limits_{\varepsilon\to0^+}\int_{a+\varepsilon}^b f(x)\mathrm{d}x$.

若函数 $f(x)$在$[a,c)$、$(c,b]$内连续,$x=c$ 为 $f(x)$的瑕点,则函数 $f(x)$在$[a,b]$上的反常积分定义为

$$\int_a^b f(x)\mathrm{d}x=\int_a^c f(x)\mathrm{d}x+\int_c^b f(x)\mathrm{d}x=\lim_{\varepsilon_1\to0^+}\int_a^{c-\varepsilon_1} f(x)\mathrm{d}x+\lim_{\varepsilon_2\to0^+}\int_{c+\varepsilon_2}^b f(x)\mathrm{d}x,$$

其中ε_1和ε_2是彼此无关的正数.当且仅当两个反常积分$\int_a^c f(x)\mathrm{d}x$和$\int_c^b f(x)\mathrm{d}x$同时收敛时,反常积分$\int_a^b f(x)\mathrm{d}x$才是收敛的.

3. 几个常用的结论

(1) 关于反常积分$\int_1^{+\infty}\frac{1}{x^p}\mathrm{d}x$的结论:$\int_1^{+\infty}\frac{1}{x^p}\mathrm{d}x=\begin{cases}\frac{1}{p-1}, & p>1,\\ +\infty, & p\leqslant1.\end{cases}$

(2) 关于反常积分$\int_a^b\frac{1}{(x-a)^q}\mathrm{d}x(q>0)$的结论:

$$\int_a^b\frac{1}{(x-a)^q}\mathrm{d}x=\begin{cases}+\infty, & q\geqslant1,\\ \frac{(b-a)^{1-q}}{1-q}, & 0<q<1.\end{cases}$$

二、疑难解析

1. 下列对反常积分的计算是否正确?说明理由:

(1) $\int_{-\infty}^{+\infty}\frac{x}{1+x^2}\mathrm{d}x=\lim\limits_{t\to\infty}\int_{-t}^t\frac{x}{1+x^2}\mathrm{d}x=\lim\limits_{t\to\infty}\frac{1}{2}[\ln(1+t^2)-\ln(1+(-t)^2]=0$;

(2) $\int_{-1}^1\frac{1}{x}\mathrm{d}x=\ln|x|\Big|_{-1}^1=0$.

答 两个计算都不正确.

(1) 由于对于任意给定的 $c>0$ 都有

$$\int_c^{+\infty}\frac{x}{1+x^2}\mathrm{d}x=\lim_{t\to\infty}\int_c^t\frac{x}{1+x^2}\mathrm{d}x=\lim_{t\to\infty}\frac{1}{2}\ln(1+t^2)-\frac{1}{2}\ln(1+c^2)=+\infty,$$

根据无穷区间上的反常积分的定义,$\int_{-\infty}^{+\infty}\frac{x}{1+x^2}\mathrm{d}x$是发散的.此例还容易出现的错误是,由于被积函数是对称区间上的奇函数,如果利用“偶倍奇零”的结论,就会得到积分为零的错误结果.

(2) 因为计算过程忽略了被积函数的瑕点 $x=0$. 由于$\int_0^1\frac{1}{x}\mathrm{d}x=\lim\limits_{\varepsilon\to0^+}\ln\varepsilon=-\infty$,因此根据无界函数的反常积分的定义,$\int_{-1}^1\frac{1}{x}\mathrm{d}x$是发散的.此例的错误说明,在判断瑕积分时,瑕点非常容易被忽略,特别是瑕点位于积分区间内部的时候.

因此,关于定积分的计算方法与性质,不能随意地直接应用到反常积分中,否则会得到错误的结果.

2. 积分$\int_0^1 \frac{\ln x}{x-1}dx$的瑕点有哪几个？

答 当$x\to 0^+$时，$\lim\limits_{x\to 0^+}\frac{\ln x}{x-1}=+\infty$，因此，$x=0$是被积函数的瑕点. 当$x\to 1^-$时，$\lim\limits_{x\to 1^-}\frac{\ln x}{x-1}=1$，因此，$x=1$不是被积函数的瑕点.

三、课后习题选解(习题 7.5)

A类题

1. 判断下列反常积分的敛散性，若收敛，计算其值：

(1) $\int_1^{+\infty}\frac{1}{x^4}dx$；　(2) $\int_0^{+\infty}e^{-x}dx$；　(3) $\int_0^{+\infty}\sin x dx$；

(4) $\int_{-\infty}^0\frac{e^x}{1+e^x}dx$；　(5) $\int_{-\infty}^{+\infty}\frac{1}{x^2+2x+2}dx$；　(6) $\int_1^{+\infty}\frac{1}{x(1+x^2)}dx$；

(7) $\int_1^{+\infty}\frac{\arctan x}{x^2}dx$；　(8) $\int_0^1\frac{\ln x}{x}dx$；　(9) $\int_0^1\ln x dx$；

(10) $\int_{-1}^1\frac{1}{x}dx$；　(11) $\int_0^2\frac{1}{\sqrt{|1-x|}}dx$；　(12) $\int_a^b\frac{1}{(x-a)^q}dx, q>0$.

分析 利用反常积分的定义，求其原函数，再通过求极限判断其敛散性.

解 (1) 容易求得$\int_1^{+\infty}\frac{1}{x^4}dx=\lim\limits_{b\to+\infty}\int_1^b\frac{1}{x^4}dx=\lim\limits_{b\to+\infty}-\frac{1}{3}\left(\frac{1}{b^3}-1\right)=\frac{1}{3}$，因此，反常积分收敛，值为$\frac{1}{3}$.

(2) 容易求得，$\int_0^{+\infty}e^{-x}dx=\lim\limits_{b\to+\infty}\int_0^b e^{-x}dx=-\lim\limits_{b\to+\infty}(e^{-b}-1)=1$，因此，反常积分收敛，值为 1.

(3) 容易求得，$\int_0^{+\infty}\sin x dx=\lim\limits_{b\to+\infty}\int_0^b\sin x dx=\lim\limits_{b\to+\infty}(-\cos b)$，由于该极限不存在，因此反常积分发散.

(4) **提示** 利用凑微分求出原函数，再求极限. 反常积分收敛，值为 ln2.

(5) 不难求得

$$\begin{aligned}\int_{-\infty}^{+\infty}\frac{1}{x^2+2x+2}dx&=\lim_{a\to-\infty}\int_a^c\frac{1}{(x+1)^2+1}dx+\lim_{b\to+\infty}\int_c^b\frac{1}{(x+1)^2+1}dx\\&=\lim_{a\to-\infty}[\arctan(c+1)-\arctan(a+1)]+\lim_{b\to+\infty}[\arctan(b+1)-\\&\quad\arctan(c+1)]=\pi,\end{aligned}$$

因此，反常积分收敛，值为 π.

(6) 将被积表达式拆项，并计算得

$$\int_1^{+\infty}\frac{1}{x(1+x^2)}dx=\lim_{b\to+\infty}\int_1^b\left(\frac{1}{x}-\frac{x}{1+x^2}\right)dx=\lim_{b\to+\infty}\frac{1}{2}\left(\ln\frac{b^2}{1+b^2}-\ln\frac{1}{2}\right)=\frac{1}{2}\ln 2,$$

因此，反常积分收敛，值为$\frac{1}{2}\ln 2$.

(7) 利用分部积分法，有

$$\int_1^{+\infty}\frac{\arctan x}{x^2}dx=-\frac{1}{x}\arctan x\Big|_1^{+\infty}+\int_1^{+\infty}\frac{1}{x}\frac{1}{1+x^2}dx=\frac{\pi}{4}+\frac{1}{2}\ln\frac{x^2}{1+x^2}\Big|_1^{+\infty}=\frac{\pi}{4}+\frac{1}{2}\ln 2,$$

因此，反常积分收敛，值为$\frac{\pi}{4}+\frac{1}{2}\ln 2$.

(8) 由于被积函数 $f(x)=\frac{1}{x}$在点 $x=0$ 无界，因此 $x=0$ 是函数的瑕点. 因为

$$\int_0^1 \frac{\ln x}{x}dx = \lim_{\varepsilon\to 0^+}\int_{0+\varepsilon}^1 \frac{\ln x}{x}dx = \frac{1}{2}\lim_{\varepsilon\to 0^+}(-\ln^2\varepsilon) = -\infty,$$

所以反常积分$\int_0^1 \frac{\ln x}{x}dx$ 发散；

(9) 由于被积函数在点 $x=0$ 无界，因此 $x=0$ 是函数的瑕点. 由于

$$\int_0^1 \ln x dx = (x\ln x - x)\big|_0^1 = -1-(\lim_{x\to 0}x\ln x) = -1,$$

因此，反常积分收敛，值为-1.

(10) **提示**　$x=0$ 是函数的瑕点.$\int_{-1}^1 \frac{1}{x}dx$ 发散.

(11) 易见，被积函数在点 $x=1$ 无界，因此 $x=1$ 是函数的瑕点. 为了计算，将积分拆成两项，即

$$\int_0^2 \frac{1}{\sqrt{|1-x|}}dx = \int_0^1 \frac{1}{\sqrt{1-x}}dx + \int_1^2 \frac{1}{\sqrt{x-1}}dx.$$

由无界函数的反常积分的定义，可得

$$\int_0^1 \frac{1}{\sqrt{1-x}}dx = \lim_{\varepsilon\to 0^+}\int_0^{1-\varepsilon}\frac{1}{\sqrt{1-x}}dx = \lim_{\varepsilon\to 0^+}(-2\sqrt{1-x})\Big|_0^{1-\varepsilon} = 2-2\lim_{\varepsilon\to 0^+}\sqrt{\varepsilon} = 2;$$

$$\int_1^2 \frac{1}{\sqrt{x-1}}dx = \lim_{\varepsilon\to 0^+}\int_{1+\varepsilon}^2 \frac{1}{\sqrt{x-1}}dx = \lim_{\varepsilon\to 0^+}(2\sqrt{x-1})\Big|_{1+\varepsilon}^2 = 2-2\lim_{\varepsilon\to 0^+}\sqrt{\varepsilon} = 2.$$

因此$\int_0^2 \frac{1}{\sqrt{|1-x|}}dx = \int_0^1 \frac{1}{\sqrt{1-x}}dx + \int_1^2 \frac{1}{\sqrt{x-1}}dx = 4$，即反常积分收敛，值为 4.

(12) 易见，被积函数在点 $x=a$ 处无界，因此 $x=a$ 是函数的瑕点.

当 $q=1$ 时，有

$$\int_a^b \frac{1}{(x-a)^q}dx = \int_a^b \frac{1}{x-a}dx = \ln(x-a)\big|_a^b = \ln(b-a) - \lim_{x\to a^+}\ln(x-a) = +\infty.$$

当 $q\neq 1$ 时，有

$$\int_a^b \frac{1}{(x-a)^q}dx = \frac{(x-a)^{1-q}}{1-q}\Big|_a^b = \frac{t^{1-q}}{1-q}\Big|_0^{b-a} = \begin{cases} +\infty, & q>1, \\ \dfrac{(b-a)^{1-q}}{1-q}, & 0<q<1. \end{cases}$$

因此，当 $0<q<1$ 时，反常积分$\int_a^b \frac{1}{(x-a)^q}dx$ 收敛，其值为$\frac{(b-a)^{1-q}}{1-q}$；当 $q\geqslant 1$ 时，反常积分发散.

2. 已知$\lim_{x\to\infty}\left(\frac{1+x}{x}\right)^{ax} = \int_{-\infty}^a te^t dt(a>0)$，求常数 a.

分析　分别求出等式两边的表达式，再求出常数 a.

解　因为

$$\lim_{x\to\infty}\left(\frac{1+x}{x}\right)^{ax} = \left(\lim_{x\to\infty}\left(1+\frac{1}{x}\right)^x\right)^a = e^a, \int_{-\infty}^a te^t dt = (te^t - e^t)\big|_{-\infty}^a = ae^a - e^a.$$

根据已知条件，有 $e^a = ae^a - e^a$，解得 $a=2$.

B类题

1. 判断下列反常积分的敛散性，若收敛，计算其值：

(1) $\int_0^{+\infty}\frac{1}{x\sqrt{x+1}}dx$；　(2) $\int_1^{+\infty}\frac{1}{x\sqrt{x^2-1}}dx$；　(3) $\int_0^{+\infty}\frac{1}{\sqrt{x^2+1}}dx$；

(4) $\int_{-\infty}^{+\infty}e^{2x}\sin 3x dx$；　(5) $\int_0^1 \frac{x}{\sqrt{1-x^2}}dx$；　(6) $\int_{-\frac{\pi}{2}}^{\frac{\pi}{2}}\frac{1}{\cos^2 x}dx$；

(7) $\int_0^{\frac{\pi}{2}} \frac{1}{\sin x}\mathrm{d}x$；　　(8) $\int_{-1}^{0} \frac{1}{x^2}\mathrm{e}^{\frac{1}{x}}\mathrm{d}x$.

分析　利用反常积分的定义，求其原函数，再通过求极限判断其敛散性.

解　(1) 令 $\sqrt{x+1}=t$，可以求得

$$\int \frac{1}{x\sqrt{x+1}}\mathrm{d}x = \int \frac{1}{(t^2-1)t}2t\mathrm{d}t = 2\int \frac{1}{t^2-1}\mathrm{d}t = \ln\left|\frac{t-1}{t+1}\right| + C = \ln\left|\frac{\sqrt{x+1}-1}{\sqrt{x+1}+1}\right| + C.$$

由于 $\int_0^{+\infty} \frac{1}{x\sqrt{x+1}}\mathrm{d}x = \lim\limits_{\varepsilon\to 0^+} \ln\left|\frac{\sqrt{x+1}-1}{\sqrt{x+1}+1}\right|\Bigg|_{\varepsilon}^{+\infty} =+\infty$，因此，反常积分发散.

(2) 令 $x=\sec t$，则有 $\int_1^{+\infty} \frac{1}{x\sqrt{x^2-1}}\mathrm{d}x = \lim\limits_{b\to\frac{\pi}{2}} \int_0^b \frac{1}{\sec t\tan t}\sec t\tan t\mathrm{d}t = \frac{\pi}{2}$. 因此，反常积分收敛，值为 $\frac{\pi}{2}$.

(3) 令 $x=\tan t$，则

$$\int_0^{+\infty} \frac{1}{\sqrt{x^2+1}}\mathrm{d}x = \int_0^{\frac{\pi}{2}} \frac{1}{\sec t}\sec^2 t\mathrm{d}t = \int_0^{\frac{\pi}{2}} \sec t\mathrm{d}t = \ln|\sec t+\tan t|\Big|_0^{\frac{\pi}{2}} =+\infty.$$

因此，反常积分发散.

(4) 利用两次分部积分法可得，$\int \mathrm{e}^{2x}\sin 3x\mathrm{d}x = \frac{1}{13}\mathrm{e}^{2x}(2\sin 3x-3\cos 3x)+C$. 易见，当 $x\to\infty$ 时，原函数的极限不存在，所以反常积分发散.

(5) 由于被积函数在点 $x=1$ 无界，因此 $x=1$ 是函数的瑕点. 由于

$$\int_0^1 \frac{x}{\sqrt{1-x^2}}\mathrm{d}x = \lim_{\varepsilon\to 0^+}\int_0^{1-\varepsilon} \frac{x}{\sqrt{1-x^2}}\mathrm{d}x =-\lim_{\varepsilon\to 0^+}\sqrt{1-x^2}\Big|_0^{1-\varepsilon} = 1,$$

因此，反常积分收敛，值为 1.

(6) 由于被积函数在点 $x=\pm\frac{\pi}{2}$ 无界，因此 $x=\pm\frac{\pi}{2}$ 是函数的瑕点.

$$\int_{-\frac{\pi}{2}}^{\frac{\pi}{2}} \frac{1}{\cos^2 x}\mathrm{d}x=\int_{-\frac{\pi}{2}}^{\frac{\pi}{2}} \sec^2 x\mathrm{d}x = \int_{-\frac{\pi}{2}}^{0} \sec^2 x\mathrm{d}x+\int_0^{\frac{\pi}{2}} \sec^2 x\mathrm{d}x = \tan x\Big|_{-\frac{\pi}{2}}^{0} + \tan x\Big|_0^{\frac{\pi}{2}}$$

$$= \lim_{a\to-\frac{\pi}{2}} \tan x\Big|_a^0 + \lim_{b\to\frac{\pi}{2}} \tan x\Big|_0^b,$$

由于 $\lim\limits_{a\to-\frac{\pi}{2}} \tan x\Big|_a^0$，$\lim\limits_{b\to\frac{\pi}{2}}\tan x\Big|_0^b$ 不存在，所以反常积分发散.

(7) 由于被积函数在点 $x=0$ 无界，因此 $x=0$ 是函数的瑕点. 由于

$$\int_0^{\frac{\pi}{2}} \frac{1}{\sin x}\mathrm{d}x = \lim_{a\to 0^+}[\ln|\csc x-\cot x|]\Big|_a^{\frac{\pi}{2}},$$

由于极限不存在，所以反常积分发散.

(8) 由于被积函数在点 $x=0$ 无界，因此 $x=0$ 是函数的瑕点. 由于

$$\int_{-1}^{0} \frac{1}{x^2}\mathrm{e}^{\frac{1}{x}}\mathrm{d}x =-\lim_{\varepsilon\to 0^-}\mathrm{e}^{\frac{1}{x}}\Big|_{-1}^{\varepsilon} = \frac{1}{\mathrm{e}},$$

因此反常积分收敛，其值为 $\frac{1}{\mathrm{e}}$.

2. 当 λ 为何值时，反常积分 $\int_2^{+\infty} \frac{1}{x(\ln x)^{\lambda}}\mathrm{d}x$ 收敛？当 λ 为何值时，该反常积分发散？

分析　分情况求出原函数，再讨论积分的敛散性.

解　(1) 当 $\lambda=1$ 时，$\int_2^{+\infty} \frac{1}{x(\ln x)^{\lambda}}\mathrm{d}x = \int_2^{+\infty} \frac{1}{x\ln x}\mathrm{d}x = \ln(\ln x)\Big|_2^{+\infty} =+\infty$；

(2) 当 $\lambda \neq 1$ 时，$\int_2^{+\infty} \frac{1}{x(\ln x)^{\lambda}} dx = \frac{(\ln x)^{1-\lambda}}{1-\lambda}\Big|_2^{+\infty} = \begin{cases} +\infty, & \lambda < 1, \\ \frac{1}{(\lambda-1)(\ln 2)^{\lambda-1}}, & \lambda > 1. \end{cases}$

因此，当 $\lambda > 1$ 时，反常积分 $\int_2^{+\infty} \frac{1}{x(\ln x)^{\lambda}} dx$ 收敛，其值为 $\frac{1}{(\lambda-1)(\ln 2)^{\lambda-1}}$；当 $\lambda \leqslant 1$ 时，反常积分 $\int_2^{+\infty} \frac{1}{x(\ln x)^{\lambda}} dx$ 发散.

3. 利用递推公式计算反常积分 $I_n = \int_0^{+\infty} x^n e^{-x} dx (n \in \mathbf{Z}_+)$.

分析 利用分部积分法求出 I_n 的递推公式，并计算 I_1, I_2，从而得到结果.

解 不难求得，I_n 的递推公式为

$$I_n = \int_0^{+\infty} x^n e^{-x} dx = -\int_0^{+\infty} x^n d(e^{-x}) = (-x^n e^{-x})\Big|_0^{+\infty} + n\int_0^{+\infty} x^{n-1} e^{-x} dx = nI_{n-1}.$$

I_1, I_2 的值分别为

$$I_1 = \int_0^{+\infty} x e^{-x} dx = (-xe^{-x} - e^{-x})\Big|_0^{+\infty} = 1,$$

$$I_2 = \int_0^{+\infty} x^2 e^{-x} dx = (-x^2 e^{-x})\Big|_0^{+\infty} + 2\int_0^{+\infty} x e^{-x} dx = 2 \times 1.$$

因此有 $I_n = \int_0^{+\infty} x^n e^{-x} dx = n!$.

7.6 定积分在几何中的应用

一、知识要点

1. 定积分的微元法

一般地，在拟解决的问题中，若要将所求量 U 表示为定积分，需要满足以下两个条件：

(1) 所求量 U 与区间 $[a,b]$ 有关，并且对于区间 $[a,b]$ 具有可加性，就是将区间分成若干个小区间后，所求量 U 相应地分成部分量 ΔU，而所求量 U 等于所有部分量之和.

(2) 以 $f(x)dx$ 作为部分量 ΔU 在小区间 $[x, x+dx]$ 上的近似值，它们的差 $\Delta U - f(x)dx$ 必须是比 dx 的高阶无穷小量. 所得的**微元**记作 $dU = f(x)dx$.

若所求量满足上述两个条件，根据微元 $dU = f(x)dx$ 可写出所求量 U 的定积分表达式

$$U = \int_a^b dU = \int_a^b f(x) dx.$$

这种将所求量 U(总量)表示为定积分的方法称为**微元法**.

2. 平面图形的面积

(1) 直角坐标情形

如图 7.7(a)所示，由上、下两条连续曲线 $y=f(x)$，$y=g(x)$ 以及两条直线 $x=a$，$x=b$ 围成的平面图形的面积微元(图中阴影部分)为 $dA = [f(x) - g(x)]dx$. 平面图形的面积为

$$A = \int_a^b [f(x) - g(x)] dx.$$

如图 7.7(b)所示，如果曲线 $x=\psi(y)$ 位于曲线 $x=\varphi(y)$ 的右边，那么由这两条曲线以及直线 $y=c$，$y=d$ 所围成平面图形的面积为 $A = \int_c^d [\psi(y) - \varphi(y)] dy$.

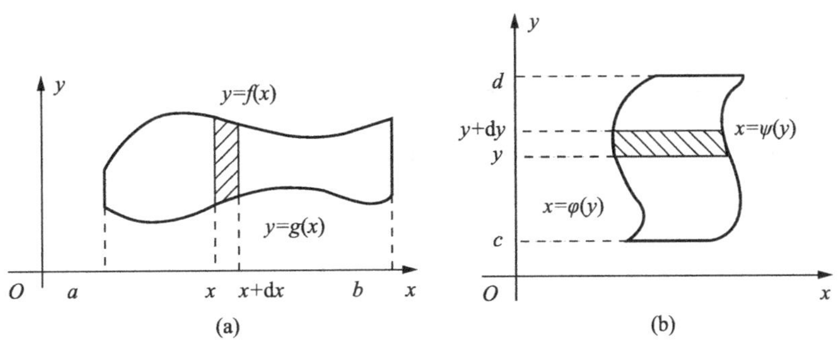

图 7.7

在直角坐标系下，求平面曲线围成图形的面积的一般步骤是：先画出图形，确定所求面积的区域；然后根据被积函数和积分区域的特点选择积分变量；最后选择用面积公式进行计算. 在实际应用中，应根据具体情况合理地选择积分变量以达到简化计算的目的.

(2) 极坐标情形

设曲线的极坐标方程为 $r=r(\theta)$，且 $r(\theta)\geqslant 0$ 连续，如图 7.8 所示，由 $r=r(\theta)$ 与射线 $\theta=\alpha$ 和 $\theta=\beta(\alpha<\beta)$ 所围成的曲边扇形的面积为 $A=\dfrac{1}{2}\int_{\alpha}^{\beta}r^2(\theta)\mathrm{d}\theta$.

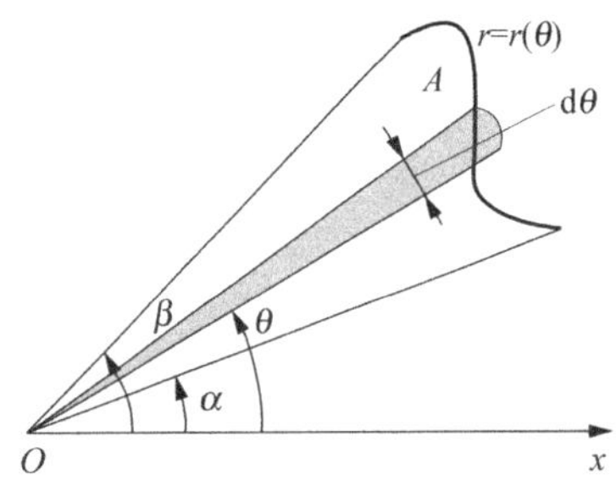

图 7.8

3. 旋转体的体积

由连续曲线 $y=f(x)$，直线 $x=a$，$x=b$ 及 x 轴所围成的曲边梯形绕 x 轴旋转一周而成的立体. 取横坐标 x 为积分变量，它的变化区间为$[a,b]$，如图 7.9(a)所示，体积微元为 $\mathrm{d}V=\pi[f(x)]^2\mathrm{d}x$，旋转体的体积为 $V=\pi\int_a^b[f(x)]^2\mathrm{d}x$.

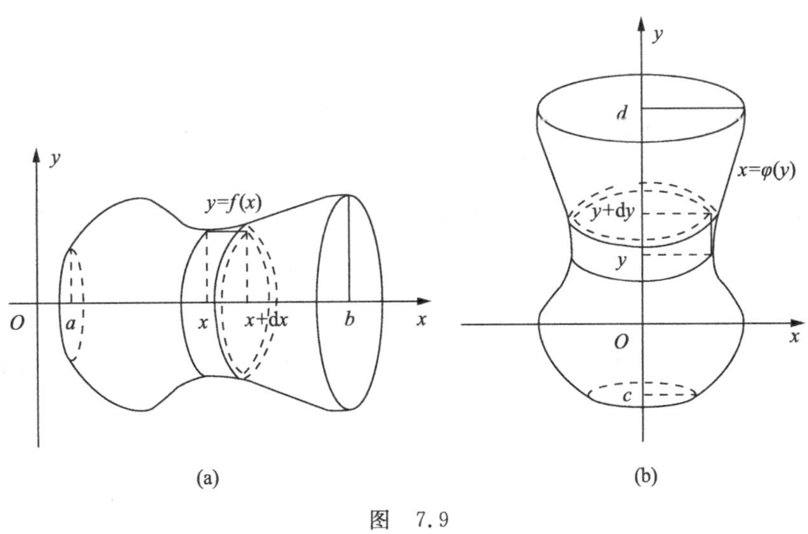

图 7.9

如图 7.9(b)所示，由曲线 $x=\varphi(y)$ 和直线 $y=c$，$y=d(c<d)$ 及 y 轴所围成图形绕 y 轴

旋转一周所成的旋转体的体积为 $V=\pi\int_c^d[\varphi(y)]^2\mathrm{d}y$.

4. 平行截面面积为已知的立体的体积

如图7.10所示,取定轴为 x 轴,若有一立体在过点 $x=a,x=b$ 且垂直于 x 轴的两个平面之间,求该立体的体积.由图可见,如果立体过点 x 且垂直于 x 轴的截面面积为已知,记作 $A(x)$,并假设它是 x 的连续函数.若取 x 为积分变量,其变化区间为 $[a,b]$,则该立体的体积微元为 $\mathrm{d}V=A(x)\mathrm{d}x$,所求立体的体积为 $V=\int_a^b A(x)\mathrm{d}x$.

5. 平面曲线的弧长

(1) 直角坐标情形

设函数 $y=f(x)$ 在区间 $[a,b]$ 上有一阶连续导数,如图7.11所示,求此光滑曲线在区间 $[a,b]$ 上的弧长 s.弧长微元(弧微分)为 $\mathrm{d}s=\sqrt{1+y'^2}\mathrm{d}x$,所求的光滑曲线的弧长为

$$s=\int_a^b\sqrt{1+y'^2}\mathrm{d}x,a<b.$$

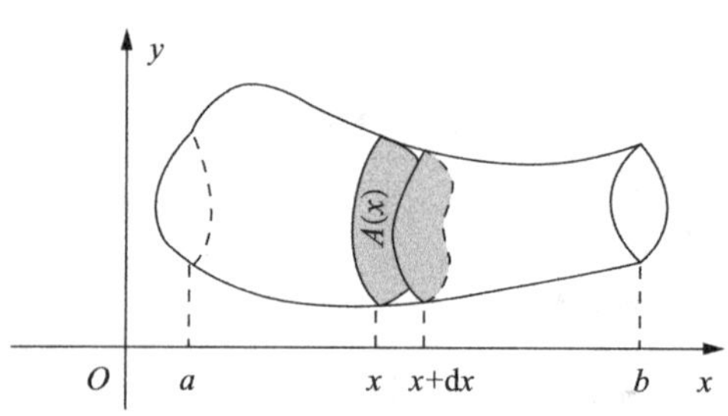

图 7.10

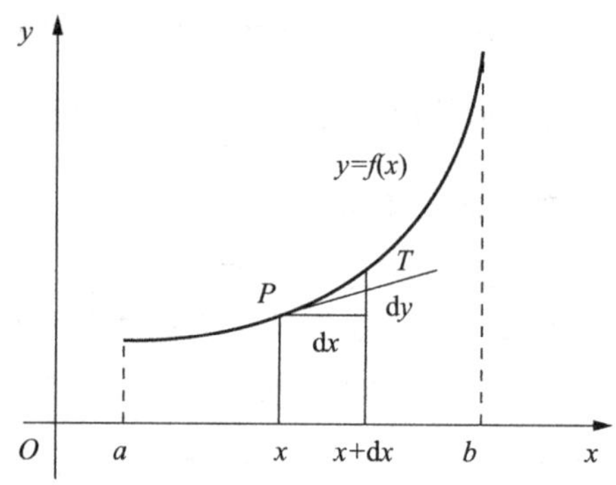

图 7.11

(2) 参数方程情形

若曲线弧 L 由参数方程 $\begin{cases}x=\phi(t),\\ y=\psi(t)\end{cases}(\alpha\leqslant t\leqslant\beta)$ 给出,其中 $\phi(t),\psi(t)$ 在 $[\alpha,\beta]$ 上具有一阶连续导数,则弧长微元为 $\mathrm{d}s=\sqrt{(\mathrm{d}x)^2+(\mathrm{d}y)^2}=\sqrt{\phi'^2(t)+\psi'^2(t)}\mathrm{d}t$,所求光滑曲线的弧长

$$s=\int_\alpha^\beta\sqrt{\phi'^2(t)+\psi'^2(t)}\mathrm{d}t,\quad \alpha\leqslant t\leqslant\beta.$$

(3) 极坐标情形

如果曲线由极坐标方程 $r=r(\theta)(\alpha\leqslant\theta\leqslant\beta)$ 给出,其中 $r(\theta)$ 在 $[\alpha,\beta]$ 上关于 θ 具有一阶连续导数,此时可把极坐标方程化为参数方程

$$\begin{cases}x=r(\theta)\cos\theta,\\ y=r(\theta)\sin\theta,\end{cases}\quad \alpha\leqslant\theta\leqslant\beta,$$

弧长的微元为 $\mathrm{d}s=\sqrt{(\mathrm{d}x)^2+(\mathrm{d}y)^2}=\sqrt{r^2(\theta)+r'^2(\theta)}\mathrm{d}\theta$,所求光滑曲线的弧长为

$$s=\int_\alpha^\beta\sqrt{r^2(\theta)+r'^2(\theta)}\mathrm{d}\theta.$$

二、疑难解析

1. 微元法的实质是什么？

答 微元法的实质仍是“和式”极限.在待求的量满足一定条件时，若使用微元法建立数学模型，沿用了“分割、近似、求和、极限”的过程.

2. 假设平面图形由两条连续曲线 $y=f(x)$，$y=g(x)$以及两条直线 $x=a$，$x=b$ 围成，在计算该平面图形的面积时，是否要求 $f(x)$和 $g(x)$都是非负的？

答 没有要求.这是因为，若 $f(x)$或 $g(x)$在区间$[a,b]$上不是非负的，则一定存在 $c>0$，使得 $f(x)+c$ 和 $g(x)+c$ 都是非负的，依据定积分在几何上的解释可知，由曲线 $y=f(x)+c$，$y=g(x)+c$ 以及两条直线 $x=a$，$x=b$ 围成的平面图形的面积为

$$A=\int_a^b[f(x)+c-(g(x)+c)]\mathrm{d}x=\int_a^b[f(x)-g(x)]\mathrm{d}x.$$

因此在求它们所围成图形的面积时，不必要求 $f(x)$和 $g(x)$都是非负的.

3. 闭区间上的连续曲线是否一定可求长？

答 不一定.只有光滑曲线确保是可以求长的.

三、经典题型详解

题型 1 用已知公式求面积、体积、弧长等

例 7.17 求曲线 $y=\dfrac{2}{x}$，$y=x$ 与 $x=3$ 所围成的图形的面积.

分析 平面图形如图 7.12 所示，选择 x 作为积分变量.

解 可以求得 $y=\dfrac{2}{x}$与 $y=x$ 在第一象限的交点为$(\sqrt{2},\sqrt{2})$，其他两个交点为$\left(\dfrac{2}{3},3\right)$和$(3,3)$，如图 7.12 所示，选择 x 为积分变量，则

$$A=\int_{\sqrt{2}}^{3}\left(x-\frac{2}{x}\right)\mathrm{d}x=\left(\frac{1}{2}x^2-2\ln x\right)\Big|_{\sqrt{2}}^{3}=\frac{7}{2}-\ln\frac{9}{2}.$$

例 7.18 求曲线 $y=x^2$，$y^2=8x$ 所围成的图形分别绕 x 和 y 轴旋转所产生的旋转体的体积.

分析 选择合理的积分变量，利用公式 $V=\pi\int_a^b[f(x)]^2\mathrm{d}x$ 和 $V=\pi\int_c^d[\varphi(y)]^2\mathrm{d}y$ 计算.

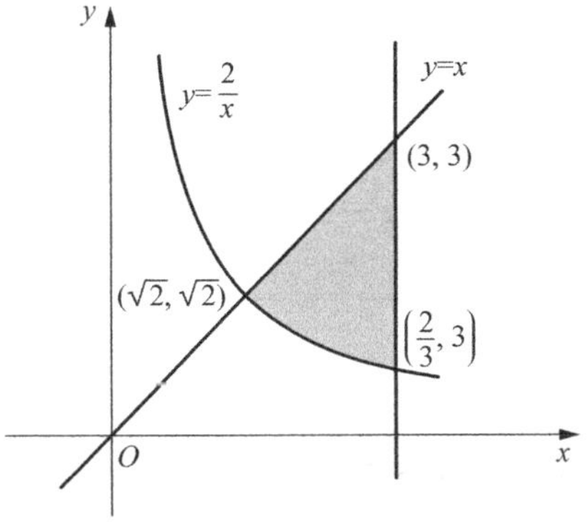

图 7.12

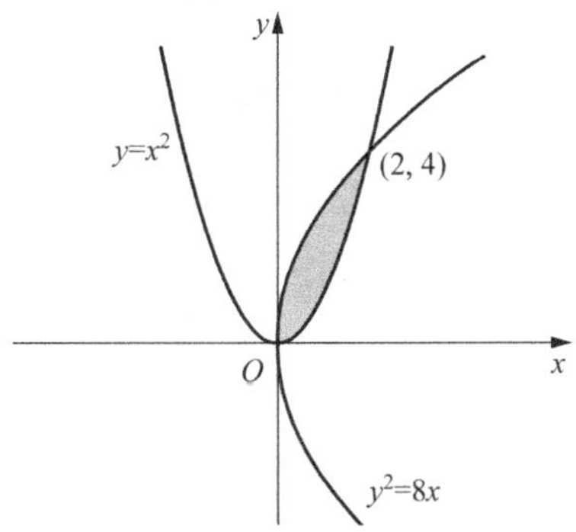

图 7.13

解 曲线 $y=x^2$，$y^2=8x$ 的交点为(0,0)和(2,4)，围成的平面图形如图 7.13 所示. 因此

$$V_x=\pi\left[\int_0^2(\sqrt{8x})^2\mathrm{d}x-\int_0^2(x^2)^2\mathrm{d}x\right]=\frac{48}{5}\pi;$$

$$V_y=\pi\left[\int_0^4(\sqrt{y})^2\mathrm{d}y-\int_0^4\left(\frac{1}{8}y^2\right)^2\mathrm{d}y\right]=\frac{24}{5}\pi.$$

例 7.19 求曲线 $y=\dfrac{\mathrm{e}^x+\mathrm{e}^{-x}}{2}(0\leqslant x\leqslant a)$的弧长.

分析 给出弧长微元的表达式，进而利用弧长计算公式给出结果.

解 易见，弧长微元为 $\mathrm{d}s=\sqrt{1+y'^2}\mathrm{d}x=\sqrt{1+\dfrac{\mathrm{e}^{2x}+\mathrm{e}^{-2x}-2}{4}}\mathrm{d}x$. 因此，所求的光滑曲线的弧长为 $s=\displaystyle\int_0^a\frac{\mathrm{e}^x+\mathrm{e}^{-x}}{2}\mathrm{d}x=\frac{\mathrm{e}^x-\mathrm{e}^{-x}}{2}\bigg|_0^a=\frac{\mathrm{e}^a-\mathrm{e}^{-a}}{2}$.

例 7.20 假设图形由摆线 $x=a(t-\sin t)$，$y=a(1-\cos t)$的一拱及直线 $y=0$ 所围成. 试求：

(1) 求围成图形的面积；

(2) 求分别绕 x 轴和 y 轴旋转而成的旋转体的体积；

(3) 求摆线一拱的弧长.

分析 分别给出弧长微元、体积微元的表达式，进而利用公式给出结果.

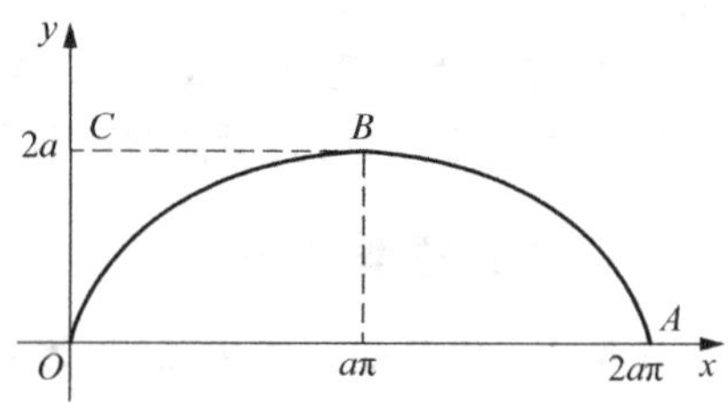

图 7.14

解 摆线如图 7.14 所示.

(1) 围成图形的面积为

$$S=\int_0^{2\pi a}y\mathrm{d}x=\int_0^{2\pi}a(1-\cos t)\mathrm{d}a(t-\sin t)=a^2\int_0^{2\pi}(1-\cos t)^2\mathrm{d}t$$

$$=a^2\int_0^{2\pi}(1-2\cos t+\cos^2 t)\mathrm{d}t=3\pi a^2.$$

(2) 由图 7.14 可见，绕 x 轴旋转而成的旋转体的体积

$$V_x=\int_0^{2\pi a}\pi y^2(x)\mathrm{d}x=\pi\int_0^{2\pi}a^2(1-\cos t)^2\mathrm{d}a(t-\sin t)=a^3\pi\int_0^{2\pi}(1-\cos t)^3\mathrm{d}t$$

$$=\pi a^3\int_0^{2\pi}(1-3\cos t+3\cos^2 t-\cos^3 t)\mathrm{d}t=5\pi a^3.$$

由图 7.14 可见，绕 y 轴旋转而成的旋转体的体积可看成 $OABC$ 与 OBC 分别绕 y 轴旋转而成的旋转体的体积之差. 因此所求的体积为

$$V_y=\pi\int_0^{2a}x_2^2(y)\mathrm{d}y-\pi\int_0^{2a}x_1^2(y)\mathrm{d}y$$

$$=\pi\int_{2\pi}^{\pi}a^2(t-\sin t)^2\mathrm{d}a(1-\cos t)-\pi\int_0^{\pi}a^2(t-\sin t)^2\mathrm{d}a(1-\cos t)$$

$$=-\pi a^3\int_0^{2\pi}(t-\sin t)^2\sin t\mathrm{d}t=6\pi^3a^3.$$

(3) 弧长微元为

$$\mathrm{d}s=\sqrt{x'^2(t)+y'^2(t)}\mathrm{d}t=\sqrt{a^2(1-\cos t)^2+a^2\sin^2 t}\mathrm{d}t$$

$$=a\sqrt{2(1-\cos t)}\mathrm{d}t=2a\sin\frac{t}{2}\mathrm{d}t.$$

从而,所求弧长为 $s=\int_0^{2\pi} 2a\sin\frac{t}{2}\mathrm{d}t=2a\left[-2\cos\frac{t}{2}\right]\Big|_0^{2\pi}=8a.$

四、课后习题选解(习题 7.6)

A类题

1. 求下列曲线所围图形的面积:

(1) $y=5-x^2$ 与 $y=x^2-3$; (2) $y^2=x$ 与 $y=x-2$; (3) $y=\sin\frac{x}{2}$ 与 $y=\cos\frac{x}{2}$;

(4) $\frac{x^2}{a^2}+\frac{y^2}{b^2}=1$; (5) $\begin{cases}x=a\cos^3 t,\\ y=a\sin^3 t\end{cases}(a>0)$; (6) $r=2a\theta(0\leqslant\theta\leqslant 2\pi)$;

(7) $r=4a\sin\theta$.

分析 首先画出平面图形,找出曲线围成的区域,求出交点,合理选择积分变量.

解 (1) 两曲线的交点为$(-2,1)$和$(2,1)$,如图 7.15(a)所示,选择 x 为积分变量,则

$$A=\int_{-2}^{2}[(5-x^2)-(x^2-3)]\mathrm{d}x=\left[8x-\frac{2}{3}x^3\right]\Big|_{-2}^{2}=\frac{64}{3}.$$

(2) 两曲线的交点为$(1,-1)$和$(4,2)$,如图 7.15(b)所示,选择 y 为积分变量,则

$$A=\int_{-1}^{2}[(y+2)-y^2]\mathrm{d}y=\left[\frac{1}{2}y^2+2y-\frac{1}{3}y^3\right]\Big|_{-1}^{2}=\frac{9}{2}.$$

(3) 在区间$[0,4\pi]$内,两曲线的交点为$\left(\frac{\pi}{2},\frac{\sqrt{2}}{2}\right)$和$\left(\frac{5\pi}{2},-\frac{\sqrt{2}}{2}\right)$,如图 7.15(c)所示,选择 x 为积分变量,则 $A=\int_{\frac{\pi}{2}}^{\frac{5\pi}{2}}\left(\sin\frac{x}{2}-\cos\frac{x}{2}\right)\mathrm{d}x=-2\left[\cos\frac{x}{2}+\sin\frac{x}{2}\right]\Big|_{\frac{\pi}{2}}^{\frac{5\pi}{2}}=4\sqrt{2}.$

(4) 如图 7.15(d)所示,由椭圆的对称性可知,其面积在四个象限相等,因此只需要求第一象限的面积即可.因此椭圆的面积为 $A=4\int_0^a y\mathrm{d}x=4b\int_0^a\sqrt{1-\frac{x^2}{a^2}}\mathrm{d}x.$

令 $x=a\cos t$,则有 $\mathrm{d}x=-a\sin t\mathrm{d}t$,且当 $x=0,a$ 时,$t=\frac{\pi}{2},0$.于是有

$$A=4\int_{\frac{\pi}{2}}^{0}b\sin t\mathrm{d}(a\cos t)=4ab\int_0^{\frac{\pi}{2}}\sin^2 t\mathrm{d}t=\pi ab.$$

(5) 方程$\begin{cases}x=a\cos^3 t,\\ y=a\sin^3 t\end{cases}(a>0)$表示的曲线为星形线,如图 7.15(e)所示,由对称性可知,其面积在四个象限相等,因此只需要求第一象限的面积即可.因此星形线围成图形的面积为

$$A=4\int_0^a y\mathrm{d}x=4\int_{\frac{\pi}{2}}^{0}a\sin^3 t\mathrm{d}(a\cos^3 t)=12a^2\int_0^{\frac{\pi}{2}}\sin^4 t\cos^2 t\mathrm{d}t=\frac{3}{8}\pi a^2.$$

(6) 方程 $r=2a\theta(0\leqslant\theta\leqslant 2\pi)$表示阿基米德螺线,如图 7.15(f)所示,它围成图形的面积为

$$A=\frac{1}{2}\int_0^{2\pi}4a^2\theta^2\mathrm{d}\theta=\frac{16}{3}a^2\pi^3.$$

(7) 方程 $r=4a\sin\theta$ 表示圆心在$(0,2a)$半径为 $2a$ 的圆,如图 7.15(g)所示,它围成图形的面积为

$$A=\frac{1}{2}\int_0^{\pi}16a^2\sin^2\theta\mathrm{d}\theta=4\pi a^2.$$

2. 求下列已知曲线所围成的图形按指定的轴旋转所产生的旋转体的体积:

(1) $y=\frac{1}{2}x^2$,$y=0$ 与 $x=2$,分别绕 x 和 y 轴;

(2) $y=\ln x^2$,$y=0$ 与 $x=\mathrm{e}$,分别绕 x 和 y 轴.

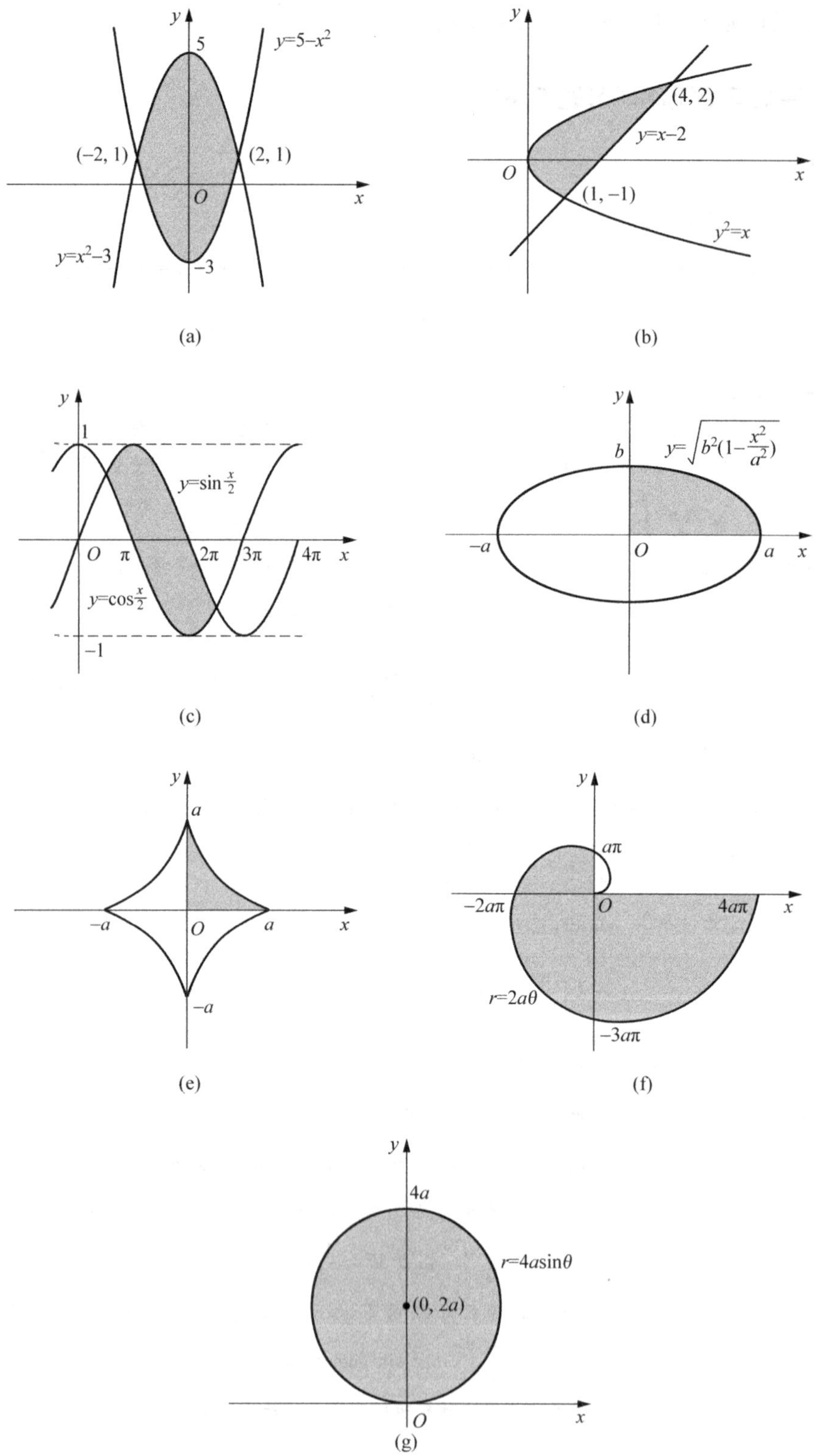
y=5−x²
5
(−2, 1)
(2, 1)
O
y=x²−3
−3
(a)
(4, 2)
y=x−2
O
(1, −1)
y²=x
(b)
1
y=sin x/2
O π 2π 3π 4π
y=cos x/2
−1
(c)
b
y=√(b²(1−x²/a²))
−a
O
a
(d)
a
−a
O
a
−a
(e)
aπ
−2aπ
O
4aπ
r=2aθ
−3aπ
(f)
4a
r=4asinθ
(0, 2a)
O
(g)

图 7.15

分析 选择合理的积分变量，利用公式 $V=\pi\int_a^b[f(x)]^2\mathrm{d}x$ 或 $V=\pi\int_c^d[\varphi(y)]^2\mathrm{d}y$ 计算.

解 (1) $y=\frac{1}{2}x^2$ 与 $y=0,x=2$ 的交点分别为(0,0)和(2,2)，围成的平面图形如图 7.16(a)所示. 因此

$$V_x=\pi\int_0^2 y^2\mathrm{d}x=\frac{\pi}{4}\int_0^2 x^4\mathrm{d}x=\frac{8\pi}{5};\quad V_y=\pi\left[\int_0^2 2^2\mathrm{d}y-\int_0^2(\sqrt{2y})^2\mathrm{d}y\right]=4\pi.$$

(3) $y=\ln x^2$ 与 $y=0,x=\mathrm{e}$ 的交点为(1,0)和(e,2)，围成的平面图形如图 7.16(b)所示. 因此

$$V_x=\pi\int_1^{\mathrm{e}}(\ln x^2)^2\mathrm{d}x=4\pi(\mathrm{e}-2);\quad V_y=\pi\left[\int_0^2\mathrm{e}^2\mathrm{d}y-\int_0^2(\mathrm{e}^{\frac{y}{2}})^2\mathrm{d}y\right]=\pi(\mathrm{e}^2+1).$$

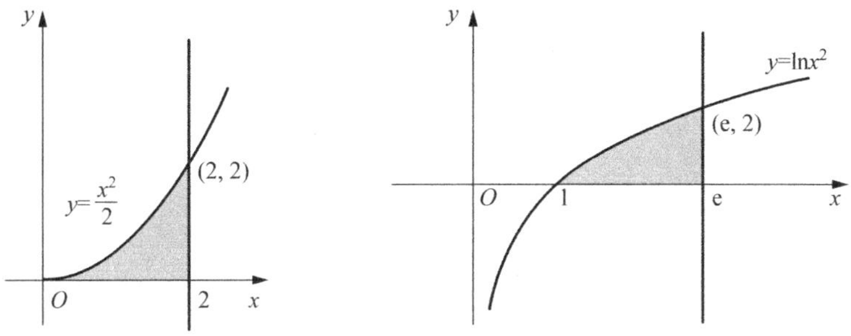

(a) (b)

图 7.16

3. 如图 7.17 所示，一平面经过半径为 R 的圆柱体的底圆中心，并与底面交成角 $\frac{\pi}{6}$. 计算这平面截圆柱体所得的立体的体积.

分析 选取任一截面，给出截面面积表达式，利用公式 $V=\int_a^b A(x)\mathrm{d}x$ 计算结果.

解 设截面在 x 轴的坐标为 x，则截面面积为

$$A(x)=\frac{1}{2}(R^2-x^2)\tan\frac{\pi}{6}=\frac{\sqrt{3}}{6}(R^2-x^2),$$

体积微元为 $\mathrm{d}V_1=A(x)\mathrm{d}x$，于是

$$V=\int_{-R}^{R}\frac{\sqrt{3}}{6}(R^2-x^2)\mathrm{d}x=\frac{2\sqrt{3}}{9}R^3.$$

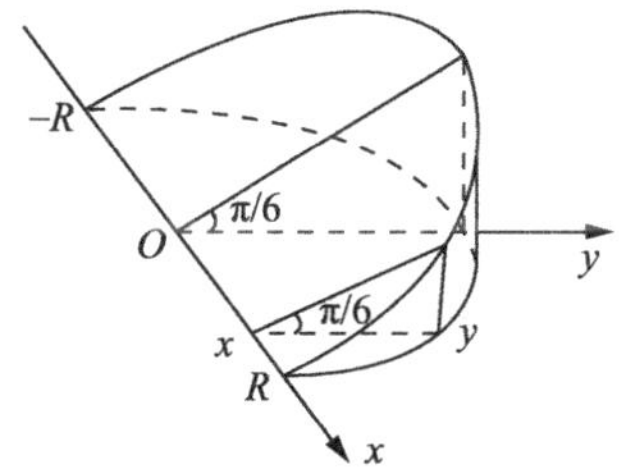

图 7.17

4. 求下列曲线的弧长：

(1) $y=\ln x,\sqrt{3}\leqslant x\leqslant\sqrt{8}$；

(2) $\begin{cases}x=2\cos t,\\ y=2\sin t,\end{cases}0\leqslant t\leqslant\pi$；　(3) $\begin{cases}x=a(\cos t+t\sin t),\\ y=a(\sin t-t\cos t),\end{cases}0\leqslant t\leqslant\pi$；

(4) $\rho=1+\cos\theta,0\leqslant\theta\leqslant2\pi$；　(5) $\rho=a\cos\theta,0\leqslant\theta\leqslant\frac{\pi}{4}$.

分析 给出弧长微元的表达式，进而利用弧长计算公式给出结果.

解 (1) 弧长为

$$s=\int_{\sqrt{3}}^{\sqrt{8}}\frac{\sqrt{1+x^2}}{x}\mathrm{d}x=\left(\sqrt{1+x^2}+\ln\frac{\sqrt{1+x^2}-1}{x}\right)\Bigg|_{\sqrt{3}}^{\sqrt{8}}=1+\frac{1}{2}\ln\frac{3}{2}.$$

(2) 弧长为 $s=\int_0^{\pi}\sqrt{4\sin^2t+4\cos^2t}\,\mathrm{d}t=2\pi$.

(3) 弧长微元为 $\mathrm{d}s=\sqrt{(\mathrm{d}x)^2+(\mathrm{d}y)^2}=at\,\mathrm{d}t$.

因此,所求的光滑曲线的弧长为 $s=\int_0^{\pi} at\mathrm{d}t=\frac{1}{2}a\pi^2$.

(4) 弧长 $s=\int_0^{2\pi}\sqrt{2+2\cos\theta}\mathrm{d}\theta=\int_0^{2\pi}2\left|\cos\frac{\theta}{2}\right|\mathrm{d}\theta=8$.

(5) 弧长微元为 $\mathrm{d}s=\sqrt{r^2(\theta)+r'^2(\theta)}\mathrm{d}\theta=\sqrt{a^2\cos^2\theta+a^2\sin^2\theta}\mathrm{d}\theta=a\mathrm{d}\theta$.

因此,所求的光滑曲线的弧长 $s=\int_0^{\frac{\pi}{4}}\sqrt{a^2\cos^2\theta+a^2\sin^2\theta}\mathrm{d}\theta=\frac{\pi}{4}a$.

B类题

1. 求抛物线 $y=-x^2+4x-3$ 及其在点$(0,-3)$和$(0,3)$处的切线所围成的图形的面积.

分析 求出所有切线(点$(0,-3)$处一条切线,点$(0,3)$处两条切线),进而利用公式计算结果.

解 点$(0,-3)$处的切线方程为

$$\begin{cases}y=-x^2+4x-3,\\ y=k_1x+b_1,\end{cases}\Rightarrow b_1=-3,k_1=y'|_{x=0}=-2x+4|_{x=0}=4,$$

$$y=4x-3;$$

点$(0,3)$处的切线方程为

$$y=k_2x+b_2\Rightarrow k_2=y'\Rightarrow -2x+4=\frac{y-3}{x-0}=\frac{-x^2+4x-6}{x}$$

$$\Rightarrow -2x+4=\frac{-x^2+4x-6}{x}\Rightarrow x=\pm\sqrt{6},k_2=\pm 2\sqrt{6}+4,b_2=3,$$

$$y=(2\sqrt{6}+4)x+3,y=(-2\sqrt{6}+4)x+3;$$

可以求得三条切线 $y=4x-3,y=(2\sqrt{6}+4)x+3,y=(-2\sqrt{6}+4)x+3$ 的交点为

$$\left(-\frac{\sqrt{6}}{2},-2\sqrt{6}-3\right),(0,3),\left(\frac{\sqrt{6}}{2},2\sqrt{6}-3\right),$$

因此,三条切线围成三角形的面积为

$$S=\frac{1}{2}\begin{vmatrix}-\frac{\sqrt{6}}{2} & -2\sqrt{6}-3 & 1\\ \frac{\sqrt{6}}{2} & 2\sqrt{6}-3 & 1\\ 0 & 3 & 1\end{vmatrix}=3\sqrt{6}.$$

2. 曲线 $y=2x^2$ 在$(1,2)$处的切线与 $2x=y^2$ 所围成图形的面积.

分析 求出曲线 $y=2x^2$ 在$(1,2)$处的切线,进而利用公式计算结果.

解 曲线 $y=2x^2$ 在$(1,2)$处的切线方程为

$$\begin{cases}y=2x^2,\\ y=kx+b,\end{cases}\quad y'=4x\Rightarrow k=y'|_{x=1}=4x|_{x=1}=4,\quad b=-2;$$

与曲线 $2x=y^2$ 的交点为

$$\begin{cases}y^2=2x\\ y=4x-2\end{cases}\Rightarrow y=\frac{1\pm\sqrt{17}}{4},\quad x=\frac{9\pm\sqrt{17}}{16};$$

所围成图形的面积为

$$S=\int_{\frac{1-\sqrt{17}}{4}}^{\frac{1+\sqrt{17}}{4}}\left[\frac{y}{4}+\frac{1}{2}-\frac{y^2}{2}\right]\mathrm{d}y=\left[\frac{y^2}{8}+\frac{1}{2}y-\frac{y^3}{6}\right]\Bigg|_{\frac{1-\sqrt{17}}{4}}^{\frac{1+\sqrt{17}}{4}}=\frac{17+\sqrt{17}}{96}.$$

3. 曲线 $r=3\cos\theta$ 与 $r=1+\cos\theta$ 所围图形的公共部分的面积.

分析 利用极坐标系下的面积计算公式进行计算.

解 $S=2\left[\int_0^{\frac{\pi}{3}}\frac{1}{2}(1+\cos\theta)^2\mathrm{d}\theta+\int_{\frac{\pi}{3}}^{\pi}\frac{1}{2}(3\cos\theta)^2\mathrm{d}\theta\right]$

$$=\int_0^{\frac{\pi}{3}}(1+2\cos\theta+\cos^2\theta)\mathrm{d}\theta+9\int_{\frac{\pi}{3}}^{\pi}(\cos^2\theta)\mathrm{d}\theta$$

$$=\left(\frac{3\theta}{2}+2\sin\theta+\frac{1}{4}\sin2\theta\right)\Big|_0^{\frac{\pi}{3}}+9\left(\frac{\theta}{2}+\frac{1}{4}\sin2\theta\right)\Big|_{\frac{\pi}{3}}^{\pi}=\frac{7\pi}{2}.$$

4. 求由抛物线 $y^2=2px$ 与过焦点的弦所围成的图形面积的最小值.

分析 利用公式给出所围成的图形面积的表达式,进而计算最小值.

解 过抛物线 $y^2=2px$ 的焦点的弦为$\begin{cases}y^2=2px,\\ y=k\left(x-\dfrac{p}{2}\right),\end{cases}$解得

$$y^2=2p\left(\frac{y}{k}+\frac{p}{2}\right),\text{即 } y=\left(\frac{1}{k}\pm\sqrt{\frac{1}{k^2}+1}\right)p=(t\pm\sqrt{t^2+1})p.$$

显然,当过焦点的弦与 x 轴垂直时所围成的图形面积最小,则

$$S=\int_{-p}^{p}\left[\frac{y}{k}+\frac{p}{2}-\frac{y^2}{2p}\right]\mathrm{d}y=2\int_0^{p}\left[\frac{y}{k}+\frac{p}{2}-\frac{y^2}{2p}\right]\mathrm{d}y=\frac{2}{3}p^2.$$

5. 求下列已知曲线所围成的图形按指定的轴旋转所产生的旋转体的体积:

(1) $\dfrac{x^2}{a^2}+\dfrac{y^2}{b^2}=1$,分别绕 x 和 y 轴;

(2) $y=\cos x,y=0,y=\dfrac{1}{2}$ 与 $x=0$,分别绕 x,y 轴.

分析 选择合理的积分变量,利用旋转体体积计算公式进行计算.

解 (1) $\dfrac{x^2}{a^2}+\dfrac{y^2}{b^2}=1\Rightarrow y^2=b^2-\dfrac{b^2x^2}{a^2},x^2=a^2-\dfrac{a^2y^2}{b^2}$,因此,$\dfrac{x^2}{a^2}+\dfrac{y^2}{b^2}=1$ 绕 x 和 y 轴旋转形成的旋转体的体积分别为

$$V_x=\pi\int_{-a}^{a}b^2\left(1-\frac{x^2}{a^2}\right)\mathrm{d}x=\pi b^2\left(x-\frac{x^3}{3a^2}\right)_{-a}^{a}=\frac{4}{3}\pi ab^2;$$

$$V_y=\pi\int_{-a}^{a}a^2\left(1-\frac{y^2}{b^2}\right)\mathrm{d}y=\pi a^2\left(y-\frac{y^3}{3b^2}\right)_{-a}^{a}=\frac{4}{3}\pi a^2b.$$

(2) 交点分别为$(0,0),\left(0,\dfrac{1}{2}\right),\left(\dfrac{\pi}{3},\dfrac{1}{2}\right),\left(\dfrac{\pi}{2},0\right)$. 由 $y=\cos x$ 可得

$$y^2=\frac{1}{2}\cos2x+\frac{1}{2},\quad x^2=\arccos^2y.$$

因此,$y=\cos x,y=0,y=\dfrac{1}{2}$ 与 $x=0$ 围成的图形分别绕 x 和 y 轴旋转形成的旋转体的体积分别为

$$V_x=\pi\left(\frac{1}{2}\right)^2\frac{\pi}{3}+\pi\int_{\frac{\pi}{3}}^{\frac{\pi}{2}}\frac{1}{2}(\cos2x+1)\mathrm{d}x=\frac{\pi^2}{12}+\frac{\pi}{2}\left(\frac{\sin2x}{2}+x\right)\Big|_{\frac{\pi}{3}}^{\frac{\pi}{2}}$$

$$=\frac{\pi^2}{12}+\frac{\pi}{2}\left(\frac{\sin2x}{2}+x\right)\Big|_{\frac{\pi}{3}}^{\frac{\pi}{2}}=\frac{\pi^2}{6}-\frac{\sqrt{3}}{8}\pi;$$

$$V_y=\pi\left(\frac{\pi}{3}\right)^2\frac{1}{2}+\pi\int_0^{\frac{1}{2}}\arccos^2y\mathrm{d}y=\frac{\pi^3}{18}+\pi\int_{\frac{\pi}{2}}^{\frac{\pi}{3}}t^2\mathrm{d}\cos t$$

$$=\frac{\pi^3}{9}-\pi^2\left(\frac{\sqrt{3}}{3}-1\right)+2\pi\left(\frac{\sqrt{3}}{2}-1\right).$$

6. 证明:由平面图形 $0\leqslant a\leqslant x\leqslant b,0\leqslant y\leqslant f(x)$ 绕 y 轴旋转所成的旋转体的体积为

$$V=2\pi\int_a^b xf(x)\mathrm{d}x.$$

分析 利用微元法证明.

解 该旋转体的体积可以认为是由薄壁圆柱壳叠加而成,取横坐标 x 为积分变量,圆柱壳的厚度为 $\mathrm{d}x$,高为 $f(x)$,圆的周长为 $2\pi x$. 于是旋转体的体积元素为 $\mathrm{d}V=2\pi x f(x)\mathrm{d}x$. 因此,旋转体的体积为 $V=2\pi\int_a^b x f(x)\mathrm{d}x$.

7. 如图 7.18 所示,求以半径为 R 的圆为底、平行且等于底圆直径的线段为顶、高为 h 的正劈锥体的体积.

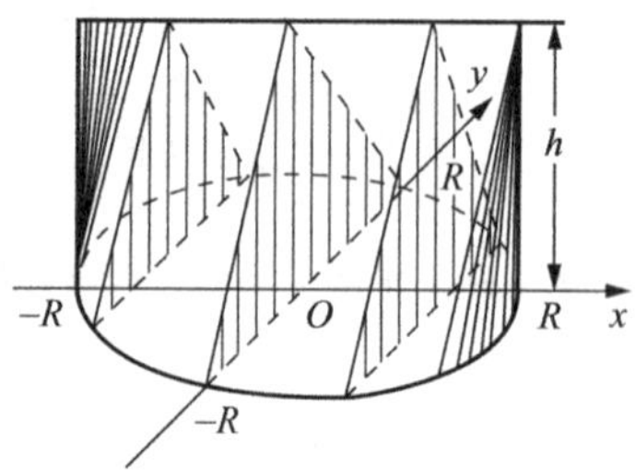

图 7.18

分析 选取任一截面,给出截面面积表达式,利用公式 $V=\int_a^b A(x)\mathrm{d}x$ 计算结果.

解 截面面积为

$$A(x)=\frac{1}{2}2\sqrt{R^2-x^2}h=\sqrt{R^2-x^2}h,$$

体积微元为 $\mathrm{d}V_1=A(x)\mathrm{d}x$,于是 $V=\int_{-R}^{R}\sqrt{R^2-x^2}h\mathrm{d}x=\frac{1}{2}\pi R^2 h$.

8. 求下列曲线的弧长:

(1) $\sqrt{x}+\sqrt{y}=1$;　　(2) $y=\int_0^x\sqrt{\sin t}\mathrm{d}t$.

提示 给出弧长微元的表达式,进而利用弧长计算公式给出结果.

解 (1) 由 $\sqrt{x}+\sqrt{y}=1$ 可得,$y=(1-\sqrt{x})^2$,$y'=1-\frac{1}{\sqrt{x}}$. 因此,所求的光滑曲线的弧长为

$$s=\int_0^1\sqrt{1+y'^2}\mathrm{d}x=\int_0^1\sqrt{1+\left(1-\frac{1}{\sqrt{x}}\right)^2}\mathrm{d}x=1+\frac{\sqrt{2}}{2}\ln(\sqrt{2}+1).$$

(2) 由 $y=\int_0^x\sqrt{\sin t}\mathrm{d}t$ 得,$y'=\sqrt{\sin x}$. 因此,所求的光滑曲线的弧长为

$$s=\int_0^{\pi}\sqrt{1+y'^2}\mathrm{d}x=\int_0^{\pi}\sqrt{1+\sin x}\mathrm{d}x=\int_0^{\pi}\left(\sin\frac{x}{2}+\cos\frac{x}{2}\right)\mathrm{d}x$$
$$=\left(-2\cos\frac{x}{2}+2\sin\frac{x}{2}\right)\Big|_0^{\pi}=\left(-2\cos\frac{\pi}{2}+2\sin\frac{\pi}{2}\right)-(-2\cos 0+2\sin 0)=4.$$

9. 求 a,b 的值,使得椭圆 $\begin{cases}x=3a\cos t,\\ y=2b\sin t\end{cases}$ 的周长等于正弦曲线 $y=\sin t$ 在 $0\leqslant t\leqslant 2\pi$ 上一段的长.

分析 分别给出椭圆周长和正弦曲线弧长的公式,然后通过弧长相等确定待定系数.

解 根据对称性,椭圆在 $0\leqslant t\leqslant 2\pi$ 上的周长为 $s_{椭圆}=2\int_0^{\pi}\sqrt{9a^2\sin^2 t+4b^2\cos^2 t}\mathrm{d}t$.

正弦曲线 $y=\sin t$ 在 $0\leqslant t\leqslant 2\pi$ 上的弧长为 $s_{正弦}=2\int_0^{\pi}\sqrt{1+\cos^2 t}\mathrm{d}t=2\int_0^{\pi}\sqrt{\sin^2 t+2\cos^2 t}\mathrm{d}t$.

由 $s_{椭圆}=s_{正弦}$ 知,$9a^2=1$,$4b^2=2$,即 $a=\frac{1}{3}$,$b=\frac{\sqrt{2}}{2}$.

复习题7解答

1. 是非题

(1) 初等函数在其定义区间上是可积的.　　(　　)

(2) 若 $[c,d]\subset[a,b]$,则 $\int_a^b f(x)\mathrm{d}x\geqslant\int_c^d f(x)\mathrm{d}x$.　　(　　)

(3) 若 $f(x)$ 在区间 $[a,b]$ 上可积,且 $f(x)\geqslant 0$,则必有 $\int_a^b f(x)\mathrm{d}x\geqslant 0$.　　(　　)

(4) 若函数 $f(x)$在区间$[a,b]$上可积，则 $f(x)$在$[a,b]$上必有原函数. ( )

(5) 若 $f(x)$在区间$[a,b]$上可积，$g(x)$在$[a,b]$上不可积，$f(x)+g(x)$在$[a,b]$上必不可积. ( )

解 (1) 对. 因为初等函数在其定义区间上是连续的，而连续函数一定是可积的.

(2) 错. 这里未考虑被积函数是否大于零的因素.

(3) 对. 定积分的性质4.

(4) 错. 如 $f(x)=\begin{cases}0, & x\neq 0,\\ 1, & x=0,\end{cases}$ 在区间$[-1,1]$上可积，但是在$[-1,1]$上没有原函数.

(5) 对. 用反证法. 如果 $f(x)+g(x)$在$[a,b]$上可积，则由定积分的性质1可知，$g(x)=f(x)+g(x)-f(x)$一定可积，与已知 $g(x)$在$[a,b]$上不可积矛盾.

2. 填空题

(1) 设 $f(x)$ 为连续函数，则$\int_a^b f(x)\mathrm{d}x+\int_b^c f(s)\mathrm{d}s+\int_c^a f(v)\mathrm{d}v=$ ____.

(2) $\lim\limits_{x\to 0}\dfrac{\int_0^{2x}\ln(1+t^2)\mathrm{d}t}{x^3}=$ ________.

(3) 设 $f(x)=\int_{x^2}^{\sin x}\tan t^2\mathrm{d}t$，则 $f'(x)=$ ________.

(4) $\int_1^{+\infty}\dfrac{(\arctan x)^2}{1+x^2}\mathrm{d}x=$ ________.

(5) 设 $\lim\limits_{x\to+\infty}f(x)=2$，$a$ 为常数，$\lim\limits_{x\to+\infty}\int_x^{x+a}f(x)\mathrm{d}x=$ ________.

解 (1) 本题考查的是定积分与积分变量的取法无关，因此根据积分区间的可加性，有

$$\int_a^b f(x)\mathrm{d}x+\int_b^c f(s)\mathrm{d}s+\int_c^a f(v)\mathrm{d}v=0.$$

(2) 本题考查的是综合利用洛必达法则和求积分上限函数的导数.

$$\lim_{x\to 0}\frac{\int_0^{2x}\ln(1+t^2)\mathrm{d}t}{x^3}=\lim_{x\to 0}\frac{2\ln(1+4x^2)}{3x^2}=\lim_{x\to 0}\frac{2\times 4x^2}{3x^2}=\frac{8}{3}.$$

(3) 本题考查的是求积分上限函数的导数，积分上下限都是复合函数，应用定理7.5的推论1. $f'(x)=\tan(\sin^2 x)\cdot\cos x-2x\cdot\tan x^4$.

(4) 本题考查的是无穷限的反常积分，直接计算即可.

$$\int_1^{+\infty}\frac{(\arctan x)^2}{1+x^2}\mathrm{d}x=\int_1^{+\infty}(\arctan x)^2\mathrm{d}(\arctan x)=\frac{1}{3}(\arctan x)^3\Big|_1^{+\infty}=\frac{7\pi^3}{192}.$$

(5) 本题考查的是先利用积分中值定理化简，再计算极限.

$$\lim_{x\to+\infty}\int_x^{x+a}f(x)\mathrm{d}x=\lim_{x\to+\infty}f(\xi)a=2a,\xi\text{介于}x\text{与}x+a\text{之间}.$$

3. 选择题

(1) 设 $f(x)=\int_0^{\sin x}t^2\mathrm{d}t$，$g(x)=\int_0^x\tan t\mathrm{d}t$，则当 $x\to 0$ 时，$f(x)$ 是 $g(x)$ 的( ).

A. 等价无穷小　　B. 同阶但非等价无穷小

C. 高阶无穷小　　D. 3阶无穷小

(2) 设函数 $f(x)$ 的一个原函数是 $\sin\dfrac{x}{3}$，则$\int_0^{\pi}f(x)\mathrm{d}x$ 的值为( ).

A. 1　　B. $\dfrac{1}{2}$　　C. $\dfrac{\sqrt{3}}{2}$　　D. 1

(3) 设 $\Phi(x)=\int_0^x\cos(x-t)\mathrm{d}t$，则 $\Phi'(x)$ 等于( ).

A. $\cos x$ B. $-\sin x$ C. $\sin x$ D. 0

(4) 在下列积分中,其值为 0 的是( ).

A. $\int_{-2}^{2} x^2 \mathrm{d}x$ B. $\int_{-2}^{2} x\mathrm{e}^{-x^2} \mathrm{d}x$ C. $\int_{-2}^{2} |x\mathrm{e}^{-x^2}| \mathrm{d}x$ D. $\int_{-2}^{2} x^2\mathrm{e}^{-x^2} \mathrm{d}x$

(5) 在下列反常积分中,收敛的是( ).

A. $\int_{-1}^{1} \frac{1}{x}\mathrm{d}x$ B. $\int_{1}^{2} \frac{1}{\sqrt{2-x}}\mathrm{d}x$ C. $\int_{-1}^{+\infty} \frac{1}{1+x}\mathrm{d}x$ D. $\int_{-\infty}^{0} \sin 2x\mathrm{d}x$

分析 (1) 本题考查的是无穷小的比较、洛必达法则和积分上限函数的导数.由于

$$\lim_{x\to 0}\frac{f(x)}{g(x)} = \lim_{x\to 0}\frac{\int_0^{\sin x} t^2\mathrm{d}t}{\int_0^x \tan t\mathrm{d}t} = \lim_{x\to 0}\frac{\sin^2 x\cos x}{\tan x} = 0,$$

因此,当 $x\to 0$ 时,$f(x)$是 $g(x)$的高阶无穷小.选 C.

(2) 本题考查的是定积分和原函数的关系.由已知可得 $\int_0^{\pi} f(x)\mathrm{d}x = \sin\frac{x}{3}\Big|_0^{\pi} = \frac{\sqrt{3}}{2}$,因此选 C.

(3) 本题考查的是积分上限函数的导数,但是要注意被积函数中含有自变量,不能直接求导数,需要先拆开再求导数.由于

$$\Phi(x) = \int_0^x \cos(x-t)\mathrm{d}t = \int_0^x (\cos x\cos t + \sin x\sin t)\mathrm{d}t = \cos x\int_0^x \cos t\mathrm{d}t + \sin x\int_0^x \sin t\mathrm{d}t,$$

于是有

$$\begin{aligned}\Phi'(x) &= -\sin x\int_0^x \cos t\mathrm{d}t + \cos^2 x + \cos x\int_0^x \sin t\mathrm{d}t + \sin^2 x \\ &= -\sin^2 x + \cos^2 x + \cos x(-\cos x + 1) + \sin^2 x = \cos x,\end{aligned}$$

因此选 A.

(4) 本题考查的是对称区间上奇函数(偶函数)的积分的结论,即“偶倍奇零”.4 个选项中,只有 B 中的被积函数是奇函数,因此选 B.

(5) 本题考查的是反常积分的收敛性,做法是先求原函数,再求极限.

A. $x=0$ 是瑕点,$\int_{-1}^{1}\frac{1}{x}\mathrm{d}x = \int_{-1}^{0}\frac{1}{x}\mathrm{d}x + \int_0^1 \frac{1}{x}\mathrm{d}x = (\ln|x|)\big|_{-1}^{0} + (\ln|x|)\big|_0^1$,显然发散.

B. $x=2$ 是瑕点,$\int_1^2 \frac{1}{\sqrt{2-x}}\mathrm{d}x = -\sqrt{2-x}\,\big|_1^2 = 1$,因此反常积分收敛.

C. 该积分是无穷限的反常积分,$\int_{-1}^{+\infty}\frac{1}{1+x}\mathrm{d}x = (\ln|1+x|)\big|_{-1}^{+\infty}$,显然发散.

D. 该积分是无穷限的反常积分,$\int_{-\infty}^{0}\sin 2x\mathrm{d}x = \frac{1}{2}\cos 2x\Big|_{-\infty}^{0}$,显然发散.

因此选 B.

4. 求下列极限:

(1) $\lim\limits_{n\to\infty}\frac{1}{n^4}\sum\limits_{k=1}^{n} k^3$; (2) $\lim\limits_{n\to\infty}\sum\limits_{k=1}^{n}\frac{1}{\sqrt{2n^2-k^2}}$;

(3) $\lim\limits_{x\to 0}\frac{\int_0^{2x^2}\tan t\mathrm{d}t}{\int_0^{\tan x} t^2\mathrm{d}t}$; (4) $\lim\limits_{x\to 0}\frac{\int_{2x}^{0}\cos(\mathrm{e}^{-t^2})\mathrm{d}t}{\ln(1+x)}$.

分析 (1)和(2)需要转化为定积分计算;(3)和(4)需要综合利用积分上限函数的导数以及洛必达法则计算.

解 (1) $\lim\limits_{n\to\infty}\frac{1}{n^4}\sum\limits_{k=1}^{n} k^3 = \lim\limits_{n\to\infty}\frac{1}{n}\sum\limits_{k=1}^{n}\left(\frac{k}{n}\right)^3 = \int_0^1 x^3\mathrm{d}x = \frac{1}{4}$.

(2) $\lim\limits_{n\to\infty}\sum\limits_{k=1}^{n}\dfrac{1}{\sqrt{2n^2-k^2}}=\lim\limits_{n\to\infty}\dfrac{1}{n}\sum\limits_{k=1}^{n}\dfrac{1}{\sqrt{2-\dfrac{k^2}{n^2}}}=\int_0^1\dfrac{1}{\sqrt{2-x^2}}\mathrm{d}x=\arcsin\dfrac{x}{\sqrt{2}}\Big|_0^1=\dfrac{\pi}{4}$.

(3) $\lim\limits_{x\to0}\dfrac{\int_0^{2x^2}\tan t\mathrm{d}t}{\int_0^{\tan x}t^2\mathrm{d}t}=\lim\limits_{x\to0}\dfrac{\tan 2x^2\cdot 4x}{\tan^2x\cdot\sec^2x}=\lim\limits_{x\to0}\dfrac{2x^2\cdot4x\cdot\cos^2x}{x^2}=0$.

(4) $\lim\limits_{x\to0}\dfrac{\int_{2x}^{0}\cos(\mathrm{e}^{-t^2})\mathrm{d}t}{\ln(1+x)}=\lim\limits_{x\to0}\dfrac{-2\cos(\mathrm{e}^{-4x^2})}{1}=-2\cos1$.

5. 求下列定积分：

(1) $\int_{-1}^{1}\dfrac{\sin x+3}{1+x^2}\mathrm{d}x$；　　(2) $\int_0^{+\infty}\dfrac{\mathrm{d}x}{\sqrt{x}(1+2x)}$；

(3) $\int_0^1\dfrac{2x^2+x+1}{1+x}\mathrm{d}x$；　　(4) $\int_0^1\dfrac{\arcsin\sqrt{x}}{\sqrt{x-x^2}}\mathrm{d}x$.

分析　综合运用定积分的性质、换元积分法、分部积分法以及牛顿—莱布尼茨公式等计算定积分.

解　(1) 本题先用“偶倍奇零”化简，再计算积分.

$$\int_{-1}^{1}\frac{\sin x+3}{1+x^2}\mathrm{d}x=\int_{-1}^{1}\frac{\sin x}{1+x^2}\mathrm{d}x+3\int_{-1}^{1}\frac{1}{1+x^2}\mathrm{d}x=0+6\int_0^1\frac{1}{1+x^2}\mathrm{d}x$$

$$=6\arctan x\Big|_0^1=6(\arctan1-\arctan0)=\frac{3\pi}{2}.$$

(2) 本题用换元积分法计算. 令$\sqrt{x}=t$，则有 $x=t^2$，$\mathrm{d}x=2t\mathrm{d}t$，积分限未变. 于是

$$\int_0^{+\infty}\frac{\mathrm{d}x}{\sqrt{x}(1+2x)}=\int_0^{+\infty}\frac{2t\mathrm{d}t}{t(1+2t^2)}=\sqrt{2}\arctan\sqrt{2}t\Big|_0^{+\infty}=\frac{\sqrt{2}}{2}\pi.$$

(3) 本题是先将被积函数化成最简形式，再计算积分.

$$\int_0^1\frac{2x^2+x+1}{1+x}\mathrm{d}x=\int_0^1\frac{2(x^2-1)+(x+1)+2}{1+x}\mathrm{d}x=\int_0^1\left(2x-1+\frac{2}{1+x}\right)\mathrm{d}x=2\ln2.$$

(4) 本题用换元积分法计算. 令 $\arcsin\sqrt{x}=t$，则有 $x=\sin^2t$，$\mathrm{d}x=2\sin t\cos t\mathrm{d}t$，且当 $x=0,1$ 时，$t=0,\dfrac{\pi}{2}$.
于是 $\int_0^1\dfrac{\arcsin\sqrt{x}}{\sqrt{x-x^2}}\mathrm{d}x=\int_0^{\frac{\pi}{2}}\dfrac{t}{\sin t\cos t}2\sin t\cos t\mathrm{d}t=\int_0^{\frac{\pi}{2}}2t\mathrm{d}t=\dfrac{\pi^2}{4}$.

6. 设函数 $y=y(x)$ 由方程$\int_0^{\sin y}\mathrm{e}^{-t}\mathrm{d}t+\int_{2x^2}^{0}\sin t\mathrm{d}t=0$ 所确定，求$\dfrac{\mathrm{d}y}{\mathrm{d}x}$.

分析　利用隐函数求导法则及积分上限函数的导数计算.

解　对等式$\int_0^{\sin y}\mathrm{e}^{-t}\mathrm{d}t+\int_{2x^2}^{0}\sin t\mathrm{d}t=0$ 两边关于 x 求导，可得 $\mathrm{e}^{-\sin y}\cos y\dfrac{\mathrm{d}y}{\mathrm{d}x}-4x\sin(2x^2)=0$，因此有

$$\frac{\mathrm{d}y}{\mathrm{d}x}=\frac{4x\sin(2x^2)}{\mathrm{e}^{-\sin y}\cos y}.$$

7. 设$\int_0^{\pi}\dfrac{\cos x}{(x+2)^2}\mathrm{d}x=A$，求$\int_0^{\frac{\pi}{2}}\dfrac{\sin x\cos x}{x+1}\mathrm{d}x$.

分析　由$\int_0^{\frac{\pi}{2}}\dfrac{\sin x\cos x}{x+1}\mathrm{d}x=\dfrac{1}{2}\int_0^{\frac{\pi}{2}}\dfrac{\sin2x}{x+1}\mathrm{d}x$ 可见，本题需要根据被积函数的特点进行换元，与已知条件相对应.

解　令 $2x=t$，则有 $2\mathrm{d}x=\mathrm{d}t$，且当 $x=0,\dfrac{\pi}{2}$ 时，$t=0,\pi$. 于是

$$\int_0^{\frac{\pi}{2}}\frac{\sin x\cos x}{x+1}\mathrm{d}x=\frac{1}{2}\int_0^{\frac{\pi}{2}}\frac{\sin2x}{x+1}\mathrm{d}x=\frac{1}{2}\int_0^{\pi}\frac{\sin t}{t+2}\mathrm{d}t=-\frac{1}{2}\int_0^{\pi}\frac{1}{t+2}\mathrm{d}(\cos t)$$

$$=-\frac{1}{2}\left(\frac{1}{t+2}\cos t\Big|_0^{\pi}+\int_0^{\pi}\frac{\cos t}{(t+2)^2}\mathrm{d}t\right)=\frac{1}{2}\left(\frac{1}{2}+\frac{1}{\pi+2}-A\right).$$

8. 设函数 $f(x)$，$g(x)$在区间$[-a,a](a>0)$上连续，$g(x)$为偶函数，且 $f(x)$满足条件 $f(x)+f(-x)=A$（A 为常数）.

(1) 证明：$\int_{-a}^{a}f(x)g(x)\mathrm{d}x=A\int_0^a g(x)\mathrm{d}x$；

(2) 利用结论(1)计算定积分$\int_{-\frac{\pi}{2}}^{\frac{\pi}{2}}\cos x\arctan \mathrm{e}^x\mathrm{d}x$.

分析 利用换元积分以及定积分的性质证明.

证 (1) 容易看到$\int_{-a}^{a}f(x)g(x)\mathrm{d}x=\int_{-a}^{0}f(x)g(x)\mathrm{d}x+\int_0^a f(x)g(x)\mathrm{d}x=B_1+B_2$.

对 B_1 进行换元. 令 $x=-t$，并利用已知条件"$g(-x)=g(x)$"，则有

$$B_1=\int_{-a}^{0}f(x)g(x)\mathrm{d}x=\int_a^0 f(-t)g(-t)(-\mathrm{d}t)=\int_0^a f(-t)g(t)\mathrm{d}t.$$

于是有$\int_{-a}^{a}f(x)g(x)\mathrm{d}x=B_1+B_2=\int_0^a[f(x)+f(-x)]g(x)\mathrm{d}x=\int_0^a Ag(x)\mathrm{d}x$.

(2) 对于$\int_{-\frac{\pi}{2}}^{\frac{\pi}{2}}\cos x\arctan \mathrm{e}^x\mathrm{d}x$，取 $f(x)=\arctan \mathrm{e}^x$，$g(x)=\cos x$，且有

$$f(x)+f(-x)=\arctan \mathrm{e}^x+\arctan \mathrm{e}^{-x}=\frac{\pi}{2}.$$

因此$\int_{-\frac{\pi}{2}}^{\frac{\pi}{2}}\cos x\arctan \mathrm{e}^x\mathrm{d}x=\frac{\pi}{2}\int_0^{\frac{\pi}{2}}\cos x\mathrm{d}x=\frac{\pi}{2}$. 证毕

9. 求曲线 $y=-x^3+2x^2+3x$ 与 x 轴所围成的图形的面积.

分析 首先画出平面图形，找出曲线围城的区域，求出交点，合理选择积分进行变量.

解 曲线 $y=-x^3+2x^2+3x$ 与 x 轴的交点为$(-1,0)$，$(0,0)$和$(3,0)$，如图 7.19 所示，围成的图形的面积为 $A=\int_{-1}^{0}-(-x^3+2x^2+3x)\mathrm{d}x+\int_0^3(-x^3+2x^2+3x)\mathrm{d}x=\frac{71}{6}$.

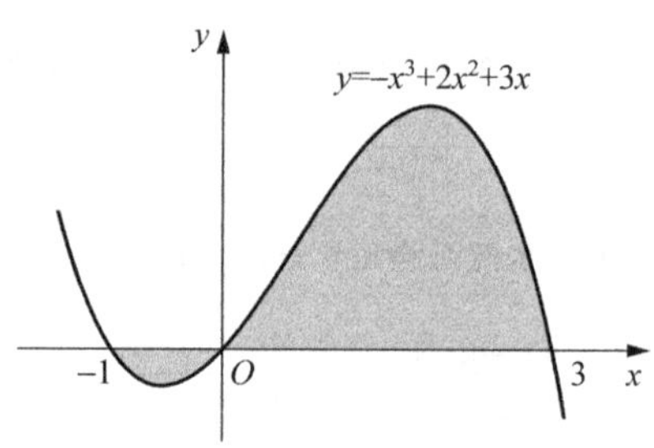

图 7.19

10. 求曲线 $y=2-x^2$ 及 $y=0$ 所围成的图形分别绕 x 轴和 y 轴旋转所得旋转体的体积.

分析 选择合理的积分变量，利用旋转体体积计算公式计算.

解 曲线 $y=2-x^2$ 与 $y=0$ 的交点为$(-\sqrt{2},0)$，$(\sqrt{2},0)$，因此

$$V_x=\pi\int_{-\sqrt{2}}^{\sqrt{2}}y^2\mathrm{d}x=\pi\int_{-\sqrt{2}}^{\sqrt{2}}(2-x^2)^2\mathrm{d}x=\frac{64\sqrt{2}}{15}\pi;\quad V_y=\pi\int_0^2 x^2\mathrm{d}y=\pi\int_0^2(2-y)\mathrm{d}y=2\pi.$$

11. 设抛物线 L：$y=-ax^2+b(a>0,b>0)$，确定常数 a 和 b 的值，使得：

(1) L 与直线 $y=x+1$ 相切；

(2) L 与 x 轴所围图形绕 y 轴旋转所得旋转体的体积最大.

分析 利用导数的几何意义和旋转体体积公式建立方程组.

解 由(1)知 $y'=-2ax=1$ 及 $ax^2+x+1-b=0$. 消去自变量 x，得 $b=1-\frac{1}{4a}$.

由(2)知 $V=\int_0^b\frac{b-y}{a}\mathrm{d}y=\frac{1}{a}\left(by-\frac{1}{2}y^2\right)\Big|_0^b=\frac{b^2}{2a}$.

将 $b=1-\frac{1}{4a}$代入到上面的体积公式中，得 $V=\frac{1}{32a^3}(4a-1)^2$.

注意到，体积取得最大值的必要条件是 V 关于 a 的导数等于零，即

$$V'=\frac{1}{32a^4}(4a-1)(-4a+3)=0.$$

求得的驻点为 $a=\frac{1}{4}, a=\frac{3}{4}$. 易见，当 $0<a<\frac{1}{4}$ 和 $a>\frac{3}{4}$ 时，$V'<0$；当 $\frac{1}{4}<a<\frac{3}{4}$ 时，$V'>0$. 因此，当 $a=\frac{3}{4}$ 时，体积取最大值. 由此求得 $b=\frac{2}{3}$.

综上，$a=\frac{3}{4}, b=\frac{2}{3}$ 满足条件.

12. 求曲线 $y=\ln x$ 在区间 $(1,3)$ 内的一条切线，使得该切线与直线 $x=1, x=3$ 和曲线 $y=\ln x$ 所围成图形的面积最小.

分析 目标函数是求围成图形的面积的最小值.

解 如图 7.20 所示，设曲线 $y=\ln x$ 上的切点坐标为 $(t,\ln t)(t\in(1,3))$. 过该点的切线方程为 $y-\ln t=\frac{1}{t}(x-t)$. 依题意，围成图形的面积为

$$\begin{aligned}S(t)&=\int_1^3\left[\ln t+\frac{1}{t}(x-t)-\ln x\right]\mathrm{d}x=2\ln t+\left[\frac{1}{t}\left(\frac{1}{2}x^2-tx\right)\right]\Bigg|_1^3-(x\ln x-x)\Big|_1^3\\&=2\ln t+\frac{4}{t}-3\ln 3.\end{aligned}$$

容易求得 $S'(t)=\frac{2}{t}-\frac{4}{t^2}, S''(t)=-\frac{2}{t^2}+\frac{8}{t^3}$. 令 $S'(t)=0$，解得 $t=2$，且有 $S''(2)>0$. 因此，当 $t=2$ 时，面积 $S(t)$ 取极小值，即 $S(2)=2+2\ln 2-3\ln 3$. 由于 $S(1)=4-3\ln 3, S(3)=\frac{4}{3}-\ln 3$，通过比较，当 $t=2$ 时，面积 $S(t)$ 取最小值 $2+2\ln 2-3\ln 3$. 于是所求的切线方程为 $y-\ln 2=\frac{1}{2}(x-2)$.

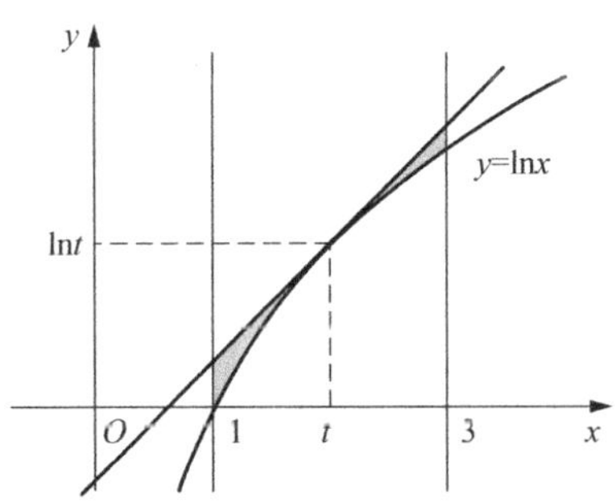

图 7.20

自 测 题 7

1. 计算下列极限：

(1) $\lim\limits_{x\to 0}\frac{\int_{x^2}^{x}\frac{\sin xt}{t}\mathrm{d}t}{x^2}$；

(2) $\lim\limits_{x\to 0}\frac{\int_{x}^{0}\cos^2 t\mathrm{d}t}{x}$；

(3) $\lim\limits_{n\to\infty}\sum\limits_{k=1}^{n}\frac{k}{n^2}\ln\left(1+\frac{k}{n}\right)$；

(4) $\lim\limits_{n\to\infty}\left[\frac{1}{n^2}(\sqrt{n}+\sqrt{2n}+\cdots+\sqrt{n^2})\right]$.

2. 比较 M,N,P 的大小，其中

$$M=\int_{-\pi/2}^{\pi/2}\frac{\sin x}{1+x^2}\cos^4 x\mathrm{d}x, N=\int_{-\pi/2}^{\pi/2}(\sin^3 x+\cos^4 x)\mathrm{d}x, P=\int_{-\pi/2}^{\pi/2}(x^2\sin^3 x-\cos^4 x)\mathrm{d}x.$$

3. 设 $a_n=\frac{3}{2}\int_0^{\frac{n}{n+1}}x^{n+1}\sqrt{1+x^n}\mathrm{d}x$，求 $\lim\limits_{n\to\infty}na_n$.

4. 求 $\int_{-2}^{2}\min\left\{x^2,\frac{1}{|x|}\right\}\mathrm{d}x$.

5. 计算下列反常积分：

(1) $\int_{-\infty}^{+\infty}\frac{1}{\sqrt{(1+x^2)^3}}\mathrm{d}x$；　　(2) $\int_0^1\sin(\ln x)\mathrm{d}x$.

6. 设连续函数 $f(x)=\ln x-\int_1^{\mathrm{e}}f(x)\mathrm{d}x$，证明：$\int_1^{\mathrm{e}}f(x)\mathrm{d}x=\frac{1}{\mathrm{e}}$.

7. 设 $f(x)$ 在 $[a,b]$ 上连续且严格单调增加，则 $(a+b)\int_a^b f(x)\mathrm{d}x<2\int_a^b xf(x)\mathrm{d}x$.

8. 设 $f(x)$ 是以 π 为周期的连续函数，证明：$\int_0^{2\pi}(\sin x+x)f(x)\mathrm{d}x=\int_0^{\pi}(2x+\pi)f(x)\mathrm{d}x$.

9. 设由 $x=0,x=\frac{\pi}{2},y=\sin x\left(0\leqslant x\leqslant\frac{\pi}{2}\right),y=t\ (0\leqslant t\leqslant 1)$ 所围区域的面积为 $S(t)$，求 $S(t)$ 的最大值与最小值.

10. 求由曲线 $y=\sin x\cos x$ 与直线 $y=1,x=0,x=\frac{\pi}{2}$ 所围成的图形的面积.

11. 求由 $y=\sin x,x\in[0,\pi]$ 与 x 轴所围的图形分别绕：(1) x 轴，(2) y 轴，(3) $y=1$ 旋转所产生的旋转体体积.

12. 求曲线 $y=1-\ln\cos x\left(0\leqslant x\leqslant\frac{\pi}{4}\right)$ 的弧长.

第 8 章

常微分方程

一、基本要求

1. 理解微分方程的阶、解、通解、初值条件和特解等概念；
2. 会求解可分离变量方程，齐次方程；
3. 会求解一阶线性齐次、非齐次方程；
4. 会求解可降阶的二阶微分方程；
5. 掌握二阶常系数齐次线性方程的解法；
6. 会用待定系数法求解两种二阶常系数非齐次线性方程；
7. 会用微分方程解决一些简单的几何和物理应用问题.

二、知识网络图

- 微分方程
  - 基本概念
    - 常(偏)微分方程(定义 8.1)
    - (非)线性微分方程(定义 8.2)
    - 显(隐)式解(定义 8.3)
    - 通(特)解(定义 8.4)
  - 一阶微分方程
    - 可分离变量方程(分离变量法)
    - 一阶线性齐次、非齐次微分方程(常数变易法)
    - 伯努利方程(变量替换法)
    - 齐次方程(变量替换法)
  - 可降阶的高阶方程
    - $y^{(n)}=f(x)$型(直接积分法)
    - $y''=f(x,y')$型$\left(令\ y'=p, y''=p'=\dfrac{\mathrm{d}p}{\mathrm{d}x}\right)$
    - $y''=f(y,y')$型$\left(令\ y'=p, y''=p'=\dfrac{\mathrm{d}p}{\mathrm{d}x}=p\cdot\dfrac{\mathrm{d}p}{\mathrm{d}y}\right)$
  - 高阶线性微分方程
    - 方程解的结构(定理 8.1～定理 8.6)
    - 常系数齐次方程(特征方程法)
    - 常系数非齐次方程
      - $f(x)=\mathrm{e}^{\lambda x}P_m(x)$型
      - $f(x)=\mathrm{e}^{\lambda x}[P_l(x)\cos\omega x+P_n(x)\sin\omega x]$型
    - (待定系数法)

8.1 微分方程的基本概念

一、知识要点

定义 8.1 含有自变量、未知函数及未知函数的导数(或微分)的等式,称为**微分方程**.如果微分方程中的未知函数为一元函数,那么对应的微分方程称为**常微分方程**;如果未知函数为多元函数,那么对应的微分方程称为**偏微分方程**.

微分方程中出现的未知函数的导数的最高阶数称为该微分方程的**阶**.

一般地,n 阶微分方程**隐式表示的形式**为 $F(x;y,y',\cdots,y^{(n)})=0$,**显式表示**的形式为 $y^{(n)}=f(x;y,y',\cdots,y^{(n-1)})$,其中 x 为自变量,y 为未知函数,F 是 $x,y,y',\cdots,y^{(n)}$ 的已知函数,且 $y^{(n)}$ 的系数不为 0,f 是 $x,y,y',\cdots,y^{(n-1)}$ 的已知函数.

定义 8.2 若 n 阶微分方程可以表示为关于未知函数 y 及其导数 $y',y'',\cdots,y^{(n)}$ 的一次有理整式,有如下的表示形式

$$y^{(n)}+p_1(x)y^{(n-1)}+\cdots+p_n(x)y=f(x),$$

其中 $p_1(x),p_2(x),\cdots,p_n(x),f(x)$ 均为 x 的已知函数,则称该方程为**线性的**;否则称方程为**非线性的**.

定义 8.3 若函数 $y=\varphi(x)$ 具有 n 阶导数,且满足 n 阶微分方程,则称函数 $y=\varphi(x)$ 是方程的**显式解**.如果由 $\Phi(x,y)=0$ 确定的隐函数 $y=\varphi(x)$ 是 n 阶微分方程的解,则称 $\Phi(x,y)=0$ 为该方程的**隐式解**.在不强调解的形式时,将微分方程的显式解和隐式解统称为方程的**解**.

定义 8.4 如果微分方程的解中含有相互独立的任意常数的个数与微分方程的阶数相等,那么称这样的解为方程的**通解**.与之相对应,如果微分方程的解中不含有任意常数,那么称这样的解为方程的**特解**.

特别地,由于通解中含有任意常数,因此它还不能完全反映所讨论问题的客观规律,这项任务通常情况下由某些特解来完成.然而,若要由通解得到特解,必须确定通解中的任意常数,进而需要给出若干条件,这些条件称为**定解条件**.求解微分方程满足某定解条件的问题,称为微分方程的**定解问题**.

由微分方程的通解定义可知,n 阶微分方程的通解中含有 n 个独立的任意常数,所以应有 n 个定解条件,这样才能从通解中确定某个具体的特解.如果 n 阶微分方程的定解条件都是在同一点 $x=x_0$ 处给出的,即

$$y(x_0)=y_0,y'(x_0)=y_1,\cdots,y^{(n-1)}(x_0)=y_{n-1},$$

其中 $y_0,y_1,y_2,\cdots,y_{n-1}$ 为 n 个给定的常数,点 x_0 称为**初值点**,上述定解条件称为**初值条件**.求解微分方程满足某些初值条件的问题,称为**初值问题**,也称为**柯西(Cauchy)问题**.

微分方程的解在几何上表示曲线,因此称之为微分方程的积分曲线.由于微分方程的通解中含有任意常数,对应的图形是一族曲线,因此称之为微分方程的**积分曲线族**;注意到,由于微分方程的特解中不含有任意常数,因此对应的图形只是一条曲线.例如,微分方程 $\frac{\mathrm{d}y}{\mathrm{d}x}=$

$1+y^2$ 的通解为 $\arctan y=x+C$，或写成 $y=\tan(x+C)$，其中 C 为任意常数，如图 8.1 所示. 该通解是 xOy 平面上的一族正切曲线，充满了整个 xOy 平面.

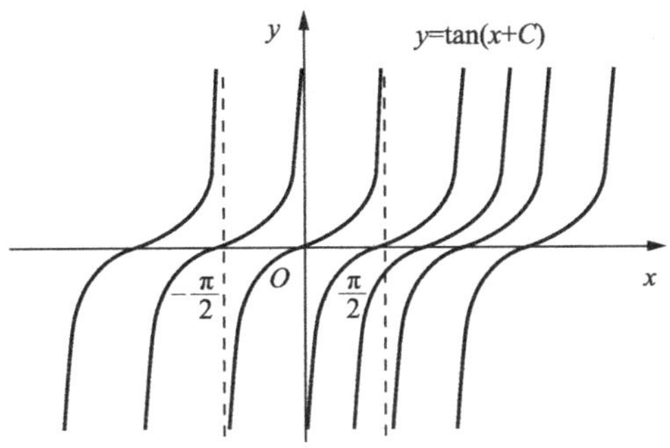

图 8.1

二、课后习题选解(习题 8.1)

A 类题

1. 指出下列微分方程的阶数，并回答方程是线性的还是非线性的：

(1) $\frac{dy}{dx}=4x^2-y$； (2) $\frac{d^2y}{dx^2}-\left(\frac{dy}{dx}\right)^3+12xy=0$； (3) $\left(\frac{dy}{dx}\right)^2+x\frac{dy}{dx}-3y^2=0$；

(4) $x\frac{d^2y}{dx^2}-5\frac{dy}{dx}-3xy=\sin x$； (5) $\frac{dy}{dx}+\cos y-3x=0$； (6) $\sin\left(\frac{d^2y}{dx^2}\right)+e^y=x$.

分析 按照微分方程的阶和线性的相关定义判断. 注意，微分方程的阶和线性性都是针对未知函数及其导数而言的，与自变量无关.

解 (1) 一阶，线性.

(2) 二阶，非线性. 因为方程中含有 $-\left(\frac{dy}{dx}\right)^3$，它是非线性项.

(3) 一阶，非线性. 因为方程中含有 $\left(\frac{dy}{dx}\right)^2$，它是非线性项.

(4) 二阶，线性.

(5) 一阶，非线性. 因为方程中含有 $\cos y$，它是非线性项.

(6) 二阶，非线性. 因为方程中含有 $\sin\left(\frac{d^2y}{dx^2}\right)$ 和 e^y，它们都是非线性项.

2. 判断下列各题中的函数是否为所给微分方程的解，如果是解，指出是通解还是特解(C,C_1,C_2 为任意常数)：

(1) $y''-2y'+y=0, y=x^2e^x$； (2) $y''-3y'-4y=0, y=C_1e^{-x}+C_2e^{4x}$；

(3) $2xy+x^2y'+y'\cos y-2yy'=-\sin x, x^2y+\sin y-y^2=\cos x+C$；

(4) $y''+2xy'=0, y=e^x+e^{-x}$.

分析 求函数的各阶导数，然后将其代入方程验证.

解 (1) 函数 $y=x^2e^x$ 不是方程的解. 不难求得

$$y=x^2e^x,\quad y'=(2x+x^2)e^x,\quad y''=(2+4x+x^2)e^x.$$

将 y,y',y'' 代入方程，得 $(2+4x+x^2)e^x-2(2x+x^2)e^x+x^2e^x=2e^x\neq 0$.

(2) 函数 $y=C_1e^{-x}+C_2e^{4x}$ 是方程通解. 不难求得

$$y'=-C_1e^{-x}+4C_2e^{4x},\quad y''=C_1e^{-x}+16C_2e^{4x}.$$

将 y,y',y''代入方程，得

$$C_1 e^{-x} + 16C_2 e^{4x} + 3C_1 e^{-x} - 12C_2 e^{4x} - 4C_1 e^{-x} - 4C_2 e^{4x}$$
$$= (1+3-4)C_1 e^{-x} + (16-12-4)C_2 e^{4x} \equiv 0.$$

由于 $y=C_1 e^{-x}+C_2 e^{4x}$中的两个任意常数 C_1,C_2 没有包含关系，因此 $y=C_1 e^{-x}+C_2 e^{4x}$是方程的通解.

(3) 等式 $x^2 y+\sin y-y^2=\cos x+C$ 是方程(隐式)通解. 对等式两边关于 x 求导数，得

$$2xy + x^2 y' + y'\cos y - 2yy' = -\sin x,$$

与已知方程一致. 由于方程是一阶的，等式 $x^2 y+\sin y-y^2=\cos x+C$ 中只含有一个任意常数 C，并且无法用 x 显示表示 y. 因此它是方程的(隐式)通解.

(4) 函数 $y=e^x+e^{-x}$不是方程的解. 不难求得 $y'=e^x-e^{-x}$，$y''=e^x+e^{-x}$. 将 y',y''代入方程，得

$$e^x + e^{-x} + 2x(e^x - e^{-x}) = (1+2x)e^x + (1-2x)e^x \neq 0.$$

3. 验证下列函数是所给微分方程的特解：

(1) $\begin{cases} xy'+y'+y=2\cos x, \\ y(0)=1, \end{cases}$ $\quad xy=2\sin x-y+1$；

(2) $\begin{cases} y''-3y'+2y=5, \\ y(0)=1, y'(0)=2, \end{cases}$ $\quad y=-5e^x+\dfrac{7}{2}e^{2x}+\dfrac{5}{2}$.

分析 对函数求相应阶数的导数，然后代入方程验证.

解 (1) 假设函数 $y=y(x)$是由等式 $xy=2\sin x-y+1$ 确定的隐函数，将其代入等式后，对等式两边关于 x 求导，得 $xy'+y'+y=2\cos x$.

易见，该方程与已知方程一致. 因此，由等式 $xy=2\sin x-y+1$ 确定的隐函数 $y=y(x)$是方程 $xy'+y'+y=2\cos x$ 的一个解. 容易验证由该等式确定的隐函数 $y=y(x)$满足初值条件 $y(0)=1$，所以由其确定的隐函数 $y=y(x)$是方程的特解.

(2) 容易求得，函数 $y=-5e^x+\dfrac{7}{2}e^{2x}+\dfrac{5}{2}$的一阶、二阶导数为

$$y' = -5e^x + 7e^{2x}, \quad y'' = -5e^x + 14e^{2x}.$$

将 y,y',y''代入方程，得

$$-5e^x + 14e^{2x} + 15e^x - 21e^{2x} - 10e^x + 7e^{2x} + 5 \equiv 5.$$

因此，函数 $y=-5e^x+\dfrac{7}{2}e^{2x}+\dfrac{5}{2}$是方程的一个解，并且容易验证它满足初值条件 $y(0)=1,y'(0)=2$，所以函数 $y=-5e^x+\dfrac{7}{2}e^{2x}+\dfrac{5}{2}$是方程的特解.

4. 已知某曲线 $y=f(x)$在任意一点处的切线的斜率为其横坐标的 2 倍，回答下列问题：

(1) 求出该积分曲线族；

(2) 求通过点(1,4)的曲线；

(3) 求出与直线 $y=2x+3$ 相切的曲线；

(4) 求出满足条件$\int_0^1 y\mathrm{d}x = 2$ 的曲线.

分析 根据微分方程的几何意义建立微分方程，然后根据问题要求进行求解.

解 (1)根据微分方程的几何意义，由已知条件得，$y'=2x$. 易见，该方程的通解，即积分曲线族为

$$y = x^2 + C, \quad \text{其中 } C \text{ 是任意常数}.$$

(2) 将点(1,4)代入积分曲线族 $y=x^2+C$，得 $4=1^2+C$，即 $C=3$. 因此，通过点(1,4)的曲线为 $y=x^2+3$.

(3) 由于曲线与直线 $y=2x+3$ 相切，即二者在切点的斜率相等，即$(x^2+C)'=(2x+3)'$，则有 $2x=2$，即 $x=1$，同时可得 $y=2\times1+3=5$，即切点坐标为(1,5). 将 $x=1,y=5$ 代入 $y=x^2+C$，得 $C=4$. 因此该曲线方程为 $y=x^2+4$.

(4) 由$\int_0^1 y\mathrm{d}x = 2$，即$\int_0^1 (x^2+C)\mathrm{d}x = 2$，解得 $C=\dfrac{5}{3}$. 于是该曲线方程为 $y=x^2+\dfrac{5}{3}$.

8.2 常微分方程的初等积分法(Ⅰ)

一、知识要点

1. 可分离变量方程

如果一阶微分方程$\frac{\mathrm{d}y}{\mathrm{d}x}=f(x,y)$可写为$\frac{\mathrm{d}y}{\mathrm{d}x}=f_1(x)f_2(y)$，其中$f_1(x)$，$f_2(y)$分别是$x$，$y$的连续函数，则称之为**可分离变量的微分方程**. 当$f_2(y)\neq 0$时，方程的**隐式通解**为

$$F_2(y)=F_1(x)+C,$$

其中$F_2(y)=\int\frac{1}{f_2(y)}\mathrm{d}y$，$F_1(x)=\int f_1(x)\mathrm{d}x$分别为$\frac{1}{f_2(y)}$和$f_1(x)$的某个原函数，$C$是任意常数. 这种通过分离变量求解微分方程的方法称为**分离变量法**.

若存在$y=y_0$，使得$f_2(y_0)=0$，则不难验证$y=y_0$也是微分方程的解. 需要特别注意的是，有时$y=y_0$不包含在通解中，则其为方程的特解，求解时还需将其补上；若只求微分方程的通解时，则不必考虑特解$y=y_0$.

2. 一阶线性微分方程

如果一阶微分方程可以表示为$\frac{\mathrm{d}y}{\mathrm{d}x}+P(x)y=Q(x)$，其中$P(x)$，$Q(x)$均为$x$的连续函数，称之为**一阶线性微分方程**. 当$Q(x)$不恒为零时，称方程为**非齐次的**；当$Q(x)\equiv 0$时，上述方程变为$\frac{\mathrm{d}y}{\mathrm{d}x}+P(x)y=0$，称为**齐次的**，有时也称之为对应于方程的**齐次线性微分方程**.

易见，齐次线性微分方程$\frac{\mathrm{d}y}{\mathrm{d}x}+P(x)y=0$是一个可分离变量的微分方程. 不难求得方程的通解为$y=C\mathrm{e}^{-\int P(x)\mathrm{d}x}$($C$为任意常数).

常数变易法 求解一阶非齐次线性微分方程的基本思想是：将齐次方程的通解中的常数C换成函数$u(x)$，然后将$y=u(x)\mathrm{e}^{-\int P(x)\mathrm{d}x}$代入非齐次方程，尝试能否解出$u(x)$，进而得到非齐次方程的通解. 过程如下：

不难求得$y'=u'(x)\mathrm{e}^{-\int P(x)\mathrm{d}x}-u(x)P(x)\mathrm{e}^{-\int P(x)\mathrm{d}x}$. 将$y$及$y'$代入非齐次方程，得

$$u'(x)\mathrm{e}^{-\int P(x)\mathrm{d}x}-u(x)P(x)\mathrm{e}^{-\int P(x)\mathrm{d}x}+u(x)P(x)\mathrm{e}^{-\int P(x)\mathrm{d}x}=Q(x),$$

即$u'(x)=Q(x)\mathrm{e}^{\int P(x)\mathrm{d}x}$.

两边积分，得$u(x)=\int Q(x)\mathrm{e}^{\int P(x)\mathrm{d}x}\mathrm{d}x+C$. 因此，一阶非齐次线性微分方程的通解为

$$y=\left(\int Q(x)\mathrm{e}^{\int P(x)\mathrm{d}x}\mathrm{d}x+C\right)\mathrm{e}^{-\int P(x)\mathrm{d}x},\quad \text{其中 } C \text{ 为任意常数.}$$

3. 伯努利方程

如果一阶微分方程可以表示为$\frac{\mathrm{d}y}{\mathrm{d}x}+P(x)y=Q(x)y^n(n\neq 0,1)$，其中$P(x)$，$Q(x)$是$x$的连续函数，方程称为**伯努利方程**. 易见，当$n=0$或$n=1$时，方程退化为一阶线性微分方程；

当 $n\neq0,1$ 时，可以通过变换 $z=y^{1-n}$，将其化为线性方程.

令 $z=y^{1-n}$，则伯努利方程可化为 $\frac{\mathrm{d}z}{\mathrm{d}x}+(1-n)P(x)z=(1-n)Q(x)$. 这是函数 z 关于自变量 x 的一阶线性方程，从而可用常数变易法或通解公式求出 z，再用 y^{1-n} 代换 z，即得伯努利方程的解.

二、疑难解析

1. 在用分离变量法求解方程 $\frac{\mathrm{d}y}{\mathrm{d}x}=f_1(x)f_2(y)$ 过程中，对函数 $f_2(y)$ 有什么约束条件？

答　由于在分离变量时，有 $\frac{1}{f_2(y)}\mathrm{d}y=f_1(x)\mathrm{d}x$，因此要求 $f_2(y)\neq0$，进而通过两端积分进行求解. 但是最后还要考虑 $f_2(y)=0$ 时的情况，即若存在 $y=y_0$，使得 $f_2(y_0)=0$，则不难验证 $y=y_0$ 也是方程 $\frac{\mathrm{d}y}{\mathrm{d}x}=f_1(x)f_2(y)$ 的解. 需要特别注意的是，有时 $y=y_0$ 不包含在通解中，则其为方程的特解，求解时还需将其另补上；若只求方程的通解时，则不必考虑特解 $y=y_0$.

2. 一阶线性微分方程的齐次和非齐次指的是什么？它们的解之间有什么联系？

答　将一阶线性微分方程表示为标准形式 $\frac{\mathrm{d}y}{\mathrm{d}x}+P(x)y=Q(x)$. 当 $Q(x)$ 不恒为零时，称方程为**非齐次的**；当 $Q(x)\equiv0$ 时，称为**齐次的**.

一阶非齐次线性微分方程的通解为 $y=\mathrm{e}^{-\int P(x)\mathrm{d}x}\int Q(x)\mathrm{e}^{\int P(x)\mathrm{d}x}\mathrm{d}x+C\mathrm{e}^{-\int P(x)\mathrm{d}x}$. 注意到，它由两项构成：第一项是非齐次方程的一个特解；第二项是对应齐次线性微分方程的通解. 这个结论对高阶线性微分方程也同样成立.

3. 伯努利方程是线性的还是非线性的，与一阶线性微分方程有什么联系？

答　根据定义 8.2，由于方程中含有 y^n，因此它是非线性的. 利用变量替换 $z=y^{1-n}$，可以将伯努利方程转化为一阶线性微分方程求解.

三、经典题型详解

题型 1　求解各类一阶微分方程及初值问题

例 8.1　求解下列可分离变量的微分方程：

(1) $\frac{\mathrm{d}y}{\mathrm{d}x}=\frac{\sqrt{1-y^2}}{\sqrt{1-4x^2}}$；　　(2) $\frac{\mathrm{d}y}{\mathrm{d}x}=\frac{1+y^2}{xy+x^3y}$.

分析　注意分离变量时可能丢失的特解.

解　(1) 当 $y\neq\pm1$ 时，将方程分离变量，有 $\frac{1}{\sqrt{1-y^2}}\mathrm{d}y=\frac{1}{\sqrt{1-4x^2}}\mathrm{d}x$. 对方程的两边积分，得方程的通解为 $\arcsin y=\frac{1}{2}\arcsin(2x)+C$，其中 C 为任意常数.

显然，$y=\pm1$ 也是微分方程的解，并且包含在通解中.

(2) 将方程变量分离，有 $\frac{y}{1+y^2}\mathrm{d}y=\frac{1}{x+x^3}\mathrm{d}x$. 对方程的两边积分，得

$\int \frac{y}{1+y^2}\mathrm{d}y = \int \frac{1}{x+x^3}\mathrm{d}x = \int \left(\frac{1}{x} - \frac{x}{1+x^2}\right)\mathrm{d}x$， 即 $\ln(1+y^2) = \ln \frac{x^2}{1+x^2} + \ln|C_1|$.
于是，方程的通解为 $(1+x^2)(1+y^2)=Cx^2$，其中 $C=\mathrm{e}^{C_1}$ 为大于零的任意常数.

例 8.2 求解下列一阶线性微分方程：

(1) $y'=y\cot x+2x\sin x$； (2) $(y^2-6x)y'=-2y$.

分析 根据方程的特点，先将方程变形为标准方程，然后利用常数变易法求解.

解 (1)将原方程变形为 $y'-y\cot x=2x\sin x$. 利用分离变量法，容易求得对应的齐次方程 $y'-y\cot x=0$ 的通解为 $y=C\sin x$(C 为任意常数).

令 $C=u(x)$，并将 $y=u(x)\sin x$ 代入原方程，得 $u'(x)=2x$，因此有 $u(x)=x^2+C$. 于是，原方程的通解为 $y=(x^2+C)\sin x$，其中 C 为任意常数.

(2) 将原方程 $(y^2-6x)y'=-2y$ 变形为 $\frac{\mathrm{d}x}{\mathrm{d}y}-\frac{3}{y}x=-\frac{1}{2}y$. 这是以 y 为自变量，以 x 为函数的一阶线性微分方程. 利用分离变量法，容易求得对应齐次方程 $\frac{\mathrm{d}x}{\mathrm{d}y}-\frac{3}{y}x=0$ 的通解为

$$x = Cy^3 (C\text{ 为任意常数}).$$

令 $C=u(y)$，并将 $x=u(y)y^3$ 代入原方程，得 $u'(y)=-\frac{1}{2y^2}$，因此 $u(y)=\frac{1}{2y}+C$. 于是，原方程的通解为 $x=\left(\frac{1}{2y}+C\right)y^3=\frac{y^2}{2}+Cy^3$，其中 C 为任意常数.

例 8.3 求解下列伯努利方程：

(1) $y'+y=y^3(\cos x-\sin x)$； (2) $xy'-y-x(1+\ln x)y^3=0$.

分析 通过将方程变形，可以将它们化成可分离变量的微分方程.

解 (1) 易见，方程 $y'+y=y^3(\cos x-\sin x)$ 为 $n=3$ 时的伯努利方程. 方程两边同除以 y^3 得 $y^{-3}y'+y^{-2}=\cos x-\sin x$. 令 $z=y^{-2}$，则上式可整理变为 $\frac{\mathrm{d}z}{\mathrm{d}x}-2z=2(\sin x-\cos x)$.

这是 z 关于 x 的一阶线性微分方程. 应用常数变易法可得该方程的通解为

$$z = \frac{2}{5}\cos x - \frac{6}{5}\sin x + C\mathrm{e}^{2x}.$$

所以，原方程通解为 $y^{-2}=\frac{2}{5}\cos x-\frac{6}{5}\sin x+C\mathrm{e}^{2x}$，其中 C 为任意常数.

(2) 当 $x\neq 0$ 时，将方程变形为 $\frac{\mathrm{d}y}{\mathrm{d}x}-\frac{1}{x}y=(1+\ln x)y^3$，它是 $n=3$ 时的伯努利方程. 方程两边同除以 y^3，得 $y^{-3}\frac{\mathrm{d}y}{\mathrm{d}x}-\frac{1}{x}y^{-2}=1+\ln x$. 令 $z=y^{-2}$，则上式可整理变为

$$\frac{\mathrm{d}z}{\mathrm{d}x} + \frac{2}{x}z = -2(1+\ln x),$$

这是 z 关于 x 的一阶线性微分方程. 应用常数变易法，不难求得该方程的通解为

$$z = -\frac{4}{9}x - \frac{2}{3}x\ln x + \frac{C}{x^2}.$$

所以，原方程通解为 $y^{-2}=-\frac{4}{9}x-\frac{2}{3}x\ln x+\frac{C}{x^2}$，其中 C 为任意常数.

例 8.4 求解下列初值问题：

(1) $y'=\mathrm{e}^{2x+3y}, y(0)=0$；(2) $y'+\dfrac{y}{x}=\dfrac{\sin x}{x}, y(\pi)=1$；

(3) $(1-x^2)y'=-xy+1-x^2, y(0)=1$.

分析 根据方程的特点，先将方程变形为各类标准方程，然后利用各类型方程的解法求出通解，最后利用初值条件求出方程特解.

解 (1) 将方程分离变量，有 $\mathrm{e}^{-3y}\mathrm{d}y=\mathrm{e}^{2x}\mathrm{d}x$. 对方程的两边积分，可以求得方程的通解为 $2\mathrm{e}^{-3y}=-3\mathrm{e}^{2x}+C$($C$ 为任意常数). 代入初值条件 $y(0)=0$，得 $C=5$. 于是方程的特解为

$$2\mathrm{e}^{-3y}=-3\mathrm{e}^{2x}+5.$$

(2) 容易求得，方程 $y'+\dfrac{y}{x}=\dfrac{\sin x}{x}$ 对应的齐次微分方程 $y'+\dfrac{y}{x}=0$ 的通解为 $y=\dfrac{C}{x}$(C 为任意常数). 应用常数变易法，可以求得方程的通解为 $y=\dfrac{-\cos x+C}{x}$(C 为任意常数). 由初值条件 $y(\pi)=1$ 可得，$C=\pi-1$. 于是，方程特解为 $y=\dfrac{-\cos x+\pi-1}{x}$.

(3) 当 $x\neq\pm1$ 时，将原方程变形为一阶线性微分方程的标准形式 $y'+\dfrac{x}{1-x^2}y=1$. 应用常数变易法求得其通解为 $y=(\arcsin x+C)\sqrt{1-x^2}$. 由初值条件 $y(0)=1$ 可得，$C=1$. 于是，方程的特解为 $y=(\arcsin x+1)\sqrt{1-x^2}$.

四、课后习题选解(习题 8.2)

A 类题

1. 求下列微分方程的通解：

(1) $\dfrac{\mathrm{d}y}{\mathrm{d}x}=(2x^2+x)y$；(2) $\dfrac{\mathrm{d}y}{\mathrm{d}x}=\dfrac{1}{(1+x^2)(1+y^2)}$；

(3) $y'-xy'=1+y$；(4) $\sin^2 y\mathrm{d}y+\cos^2 x\mathrm{d}x=\mathrm{d}x+\mathrm{d}y$.

分析 本题中的方程都是可分离变量的微分方程. 基本解法是：先将方程分离变量，化为标准形式；然后两边积分求通解.

解 (1) 当 $y\neq0$ 时，将方程分离变量，有 $\dfrac{1}{y}\mathrm{d}y=(2x^2+x)\mathrm{d}x$. 对方程的两边积分，得到

$$\ln|y|=\frac{2}{3}x^3+\frac{1}{2}x^2+C_1.$$

于是，方程的通解为 $y=C\mathrm{e}^{\frac{2}{3}x^3+\frac{1}{2}x^2}$，其中 $C=\pm\mathrm{e}^{C_1}$ 为不等于零的任意常数.

易见，$y=0$ 是原方程的解，因此 C 可以扩充为任意常数.

(2) 将方程变量分离，有 $(1+y^2)\mathrm{d}y=\dfrac{1}{1+x^2}\mathrm{d}x$. 对方程的两边积分，可以求得方程的通解为

$$y+\frac{1}{3}y^3=\arctan x+C,\quad \text{其中 } C \text{ 为任意常数.}$$

(3) 当 $y\neq-1, x\neq1$ 时将方程变量分离，有 $\dfrac{1}{1+y}\mathrm{d}y=\dfrac{1}{1-x}\mathrm{d}x$. 对方程的两边积分，得

$$\ln|1+y|+\ln|1-x|=\ln|C_1|$$

方程的通解为 $(1+y)(1-x)=C$，其中 $C=\pm\mathrm{e}^{C_1}$ 为不等于零的任意常数.

易见，$y=-1,x=1$ 是原方程的解，因此 C 可以扩充为任意常数.

(4) 将方程变量分离，有 $(\sin^2 y-1)\mathrm{d}y=(1-\cos^2 x)\mathrm{d}x$，化简得 $-\cos^2 y\mathrm{d}y=\sin^2 x\mathrm{d}x$. 对方程的两边积分，可以求得方程的通解为 $-\left(y+\frac{1}{2}\sin 2y\right)=x-\frac{1}{2}\sin 2x+C$，其中 C 为任意常数.

2. 求解下列初值问题：

(1) $y^3\mathrm{d}x+(x^2+1)\mathrm{d}y=0,y(0)=1$；　　(2) $x\cos y\mathrm{d}x+(x^2+1)\sin y\mathrm{d}y=0,y(0)=\frac{\pi}{3}$；

(3) $y'\cos^2 x+y=2,y\left(\frac{\pi}{4}\right)=1$.

分析　本题中的方程都是可分离变量的微分方程. 先通过分离变量法求出方程的通解，然后由初值条件确定任意常数，求出特解.

解　(1) 当 $y\neq 0$ 时，将方程分离变量，有 $-\frac{\mathrm{d}y}{y^3}=\frac{\mathrm{d}x}{x^2+1}$. 对方程的两边积分，可以求得方程的通解为 $\frac{1}{2}y^{-2}=\arctan x+C$($C$ 为任意常数). 代入初值条件 $y(0)=1$，得 $C=\frac{1}{2}$. 于是方程的特解为 $y^{-2}=2\arctan x+1$.

(2) 当 $\cos y\neq 0$ 时，将方程分离变量，有 $-\frac{\sin y}{\cos y}\mathrm{d}y=\frac{x}{x^2+1}\mathrm{d}x$. 对方程的两边积分，可以求得 $\ln\cos y=\frac{1}{2}\ln(1+x^2)+\ln|C_1|$. 得到方程的通解为 $\cos^2 y=C(1+x^2)$(C 为任意非负的常数). 代入初值条件 $y(0)=\frac{\pi}{3}$，得 $C=\frac{1}{4}$. 于是方程的特解为 $\cos^2 y=\frac{1}{4}(1+x^2)$.

(3) 当 $y\neq 2$ 时，将方程分离变量，有 $\frac{1}{y-2}\mathrm{d}y=-\frac{1}{\cos^2 x}\mathrm{d}x$. 对方程的两边积分，可以求得其通解为 $y-2=Ce^{-\tan x}$(C 为任意常数). 代入初值条件 $y\left(\frac{\pi}{4}\right)=1$，得 $C=-\mathrm{e}$. 于是方程的特解为 $y=2-\mathrm{e}^{1-\tan x}$.

3. 求下列微分方程的通解：

(1) $y'+y=\mathrm{e}^{-x}$；　(2) $xy'+2y=x^2+3x+2$；　(3) $(x-1)y'=y+3(x-1)^2$；

(4) $y'-y=xy^5$；　(5) $xy'-2y=xy^2$；　(6) $(1+x)y'+y+(1+x)^2y^4=0$；

(7) $3y'=-y+(1-2x)y^4$.

分析　(1)～(3)是一阶非齐次线性微分方程，可应用常数变易法或公式求解；(4)～(7)为伯努利方程，可先将它们转化为一阶线性微分方程，再计算.

解　(1)先求对应齐次方程 $y'+y=0$ 的通解. 利用分离变量法，容易求得对应齐次方程的通解为 $y=Ce^{-x}$(C 为任意常数).

令 $C=u(x)$，并将 $y=u(x)\mathrm{e}^{-x}$ 代入原方程，得 $u'(x)=1$，因此有 $u(x)=x+C$. 于是，原方程的通解为 $y=(x+C)\mathrm{e}^{-x}$(C 为任意常数).

(2) 当 $x\neq 0$ 时，将原方程变形为 $y'+\frac{2}{x}y=x+3+\frac{2}{x}$. 利用分离变量法，容易求得对应齐次方程 $y'+\frac{2}{x}y=0$ 的通解为 $y=Cx^{-2}$(C 为任意常数).

令 $C=u(x)$，并将 $y=u(x)x^{-2}$ 代入原方程，得 $u'(x)=x^3+3x^2+2x$，因此有

$$u(x)=\frac{1}{4}x^4+x^3+x^2+C.$$

于是，原方程的通解为 $y=\left(\frac{1}{4}x^4+x^3+x^2+C\right)x^{-2}=\frac{1}{4}x^2+x+1+Cx^{-2}$($C$ 为任意常数).

(3) 当 $x\neq 1$ 时，将原方程变形为 $y'-y\frac{1}{x-1}=3(x-1)$. 利用分离变量法，容易求得对应齐次方程 $y'-$

$y\frac{1}{x-1}=0$ 的通解为 $y=C(x-1)$(C 为任意常数).

令 $C=u(x)$,并将 $y=u(x)(x-1)$ 代入原方程,得 $u'(x)=3$,因此 $u(x)=3x+C$. 于是,原方程的通解为 $y=(3x+C)(x-1)$(C 为任意常数).

(4) $y'-y=xy^5$ 方程是 $n=5$ 时的伯努利方程. 方程两边同除以 y^5,得 $y^{-5}y'-y^{-4}=x$. 令 $z=y^{-4}$,则上式可整理变为 $\frac{dz}{dx}+4z=-4x$. 这是 z 关于 x 的一阶线性微分方程. 应用常数变易法可得该方程的通解为

$$z=-x+\frac{1}{4}+Ce^{-4x}(C\text{ 为任意常数}).$$

所以,原方程通解为 $y^{-4}=-x+\frac{1}{4}+Ce^{-4x}$,其中 C 为任意常数.

(5) 当 $x\neq 0$ 时,将原方程变形为 $y'-\frac{2}{x}y=y^2$. 这是 $n=2$ 时的伯努利方程. 方程两边同除以 y^2,得 $y^{-2}\frac{dy}{dx}-\frac{2}{x}y^{-1}=1$. 令 $z=y^{-1}$,则上式可整理变为 $\frac{dz}{dx}+\frac{2}{x}z=-1$.

这是 z 关于 x 的一阶线性微分方程. 应用常数变易法可得该方程的通解为

$$z=-\frac{1}{3}x+Cx^{-2}(C\text{ 为任意常数}).$$

所以,原方程通解为 $y=\frac{1}{z}=\frac{1}{-\frac{1}{3}x+Cx^{-2}}$($C$ 为任意常数).

(6) 当 $x\neq -1$ 时,将原方程变形为 $y'+\frac{1}{1+x}y=-(1+x)y^4$. 这是 $n=4$ 时的伯努利方程. 方程两边同除以 y^4,有 $y^{-4}\frac{dy}{dx}+\frac{1}{1+x}y^{-3}=-(1+x)$. 令 $z=y^{-3}$,则上式可整理变为 $\frac{dz}{dx}-\frac{3}{1+x}z=3(1+x)$.

这是 z 关于 x 的一阶线性微分方程. 应用常数变易法可得该方程的通解为

$$z=-3(1+x)^2+C(1+x)^3(C\text{ 为任意常数}).$$

所以,原方程通解为 $y^{-3}=-3(1+x)^2+C(1+x)^3$($C$ 为任意常数).

(7) 将原方程变形为 $y'+\frac{1}{3}y=\frac{1-2x}{3}y^4$. 这是 $n=4$ 时的伯努利方程. 方程两边同除以 y^4,得 $y^{-4}y'+\frac{1}{3}y^{-3}=\frac{1-2x}{3}$. 令 $z=y^{-3}$,则上式可整理变为 $\frac{dz}{dx}-z=2x-1$.

这是 z 关于 x 的一阶线性微分方程. 应用常数变易法可得该方程的通解为

$$z=-2x-1+Ce^x(C\text{ 为任意常数}).$$

所以,原方程通解为 $y^{-3}=-2x-1+Ce^x$(C 为任意常数).

4. 求解下列初值问题:

(1) $y'+2y=-3x, y(0)=1$; (2) $y'+y\cot x=2e^{\cos x}, y\left(\frac{\pi}{2}\right)=2$.

分析 本题中的方程都是一阶线性微分方程. 求出通解后,再由初值条件确定任意常数,求特解.

解 (1) 容易求得,方程 $y'+2y=-3x$ 对应的齐次微分方程为 $y'+2y=0$ 的通解为 $y=Ce^{-2x}$(C 为任意常数). 应用常数变易法,可以求得方程的通解为 $y=-\frac{3}{2}x+\frac{3}{4}+Ce^{-2x}$($C$ 为任意常数). 由初值条件 $y(0)=1$ 可得,$C=\frac{1}{4}$. 于是,方程的特解为 $y=-\frac{3}{2}x+\frac{3}{4}+\frac{1}{4}e^{-2x}$.

(2) 容易求得,方程 $y'+y\cot x=2e^{\cos x}$ 对应的齐次微分方程为 $y'+y\cot x=0$ 的通解为 $y\sin x=C$(C 为任意常数). 应用常数变易法,可以求得方程的通解为 $y=\frac{-2e^{\cos x}+C}{\sin x}$($C$ 为任意常数). 由初值条件 $y\left(\frac{\pi}{2}\right)=2$ 可

得,$C=4$. 于是,方程特解为 $y=\dfrac{-2e^{\cos x}+4}{\sin x}$.

B类题

1. 求解下列微分方程:

(1) $\sec^2 x\tan^2 y\mathrm{d}y=\sec^2 y\tan^2 x\mathrm{d}x$;　　(2) $(1+x^2)\mathrm{d}y=y\arctan^2 x\mathrm{d}x$;

(3) $\dfrac{\mathrm{d}y}{\mathrm{d}x}=1+2y+e^{2x}+2ye^{2x}$;　　(4) $\dfrac{\mathrm{d}y}{\mathrm{d}x}=\dfrac{y}{\sec x}\ln y$;

(5) $2x^2\dfrac{\mathrm{d}y}{\mathrm{d}x}+y=4y^3$;　　(6) $\dfrac{\mathrm{d}y}{\mathrm{d}x}-\dfrac{e^{y^2+3x}}{y}=0$.

分析　本题中的方程都是可分离变量的微分方程. 基本解法是:先将方程分离变量,化为标准形式;然后两边积分求通解.

解　(1) 将方程分离变量,得$\dfrac{\tan^2 y}{\sec^2 y}\mathrm{d}y=\dfrac{\tan^2 x}{\sec^2 x}\mathrm{d}x$. 解得通解为

$$y-\frac{1}{2}\sin 2y=x-\frac{1}{2}\sin 2x+C,\qquad \text{其中 } C \text{ 为任意常数}.$$

(2) 当 $y\neq0$ 时,将方程分离变量,得$\dfrac{1}{y}\mathrm{d}y=\dfrac{\arctan^2 x}{1+x^2}\mathrm{d}x$. 解得通解为 $y=Ce^{\frac{1}{3}\arctan^3 x}$,其中 C 为不等于零的任意常数. 易见,$y=0$ 是原方程的解,因此 C 可以扩充为任意常数.

(3) 先将方程变形为$\dfrac{\mathrm{d}y}{\mathrm{d}x}=(1+2y)(1+e^{2x})$. 易见,它是可分离变量的方程. 分离变量得$\dfrac{\mathrm{d}y}{1+2y}=(1+e^{2x})\mathrm{d}x$. 可求得其通解为 $\ln|1+2y|=2x+e^{2x}+C$,其中 C 为任意常数.

(4) 将方程分离变量,得$\dfrac{\mathrm{d}y}{y\ln y}=\dfrac{\mathrm{d}x}{\sec x}=\cos x\mathrm{d}x$. 可求得其通解为 $\ln y=Ce^{\sin x}$,其中 C 为任意常数.

(5) 当 $x\neq0$ 和 $4y^3-y\neq0$ 时,将 $2x^2\dfrac{\mathrm{d}y}{\mathrm{d}x}+y=4y^3$ 变形为$\dfrac{\mathrm{d}y}{4y^3-y}=\dfrac{1}{2x^2}\mathrm{d}x$. 易见,它是可分离变量的方程. 不难求得其通解为$\dfrac{\sqrt{4y^2-1}}{y}=Ce^{-\frac{1}{2x}}$,其中 C 为任意常数.

特别地,$y=\pm\dfrac{1}{2}$为该方程的两个特解.

(6) 将方程变形为 $ye^{-y^2}\mathrm{d}y=e^{3x}\mathrm{d}x$. 易见,它是可分离变量的方程,容易求得其通解为

$$3e^{-y^2}=-2e^{3x}+C,\qquad \text{其中 } C \text{ 为任意常数}.$$

2. 求解下列微分方程:

(1) $y'+\dfrac{y}{x}-\dfrac{e^{-x}}{x}=0$;　　(2) $y'-\dfrac{2y}{x}-x^2=0$;　　(3) $x\sin y\dfrac{\mathrm{d}y}{\mathrm{d}x}+\cos y-x\cos y=0$;

(4) $(x-2xy+y^3)\mathrm{d}y=y^2\mathrm{d}x$;　　(5) $y'=2x-x^3e^y$;　　(6) $(\sqrt{xy}-x)\mathrm{d}y=y\mathrm{d}x$;

(8) $y'=xy+x^3y^3$.

分析　将微分方程适当变形,对应到相应类型的方程,按照各自类型的解法求解.

解　(1) 方程 $y'+\dfrac{y}{x}=\dfrac{e^{-x}}{x}$为一阶线性微分方程,容易求得对应的齐次微分方程的通解为 $xy=C$(C 为任意常数).

应用常数变易法,可以求得原通解为 $y=\dfrac{-e^{-x}+C}{x}$(C 为任意常数).

(2) 方程 $y'-\dfrac{2y}{x}=x^2$ 为一阶线性微分方程,容易求得对应的齐次微分方程的通解为

$$y=Cx^2\quad (C \text{ 为任意常数}).$$

应用常数变易法,求得原方程的通解为 $y=(x+C)x^2$(C 为任意常数).

(3) 将方程变形为$\frac{\sin y}{\cos y}\mathrm{d}y=\frac{x-1}{x}\mathrm{d}x$,它是可分离变量的方程.两边取积分,得

$$-\ln|\cos y|=x-\ln|x|+C,\qquad \text{其中 } C \text{ 为任意常数}.$$

(4) 将方程变形为$\frac{\mathrm{d}x}{\mathrm{d}y}=\frac{x(1-2y)}{y}+y$.易见,它是以 y 为自变量,x 为因变量的一阶线性微分方程.对应齐次微分方程的通解为 $x=Cy\mathrm{e}^{-2y}$(C 为任意常数).

应用常数变易法,容易求得其通解为 $x=\left(\frac{1}{2}\mathrm{e}^{2y}+C\right)y\mathrm{e}^{-2y}=\frac{1}{2}y+Cy\mathrm{e}^{-2y}$($C$ 为任意常数).

(5) 将方程变形为 $\mathrm{e}^{-y}\frac{\mathrm{d}y}{\mathrm{d}x}=2x\mathrm{e}^{-y}-x^3$.令 $v=\mathrm{e}^{-y}$,则有$\frac{\mathrm{d}v}{\mathrm{d}x}=-2xv+x^3$.显然,它是一阶线性微分方程.不难求得其通解为 $v=\frac{1}{2}(x^2-1)+C\mathrm{e}^{-x^2}$,即 $\mathrm{e}^{-y}=\frac{1}{2}(x^2-1)+C\mathrm{e}^{-x^2}$($C$ 为任意常数).

(6) 令 $u=xy$,其中 y 为自变量,u 和 x 为因变量,则有 $u'=x+yx'$.经过化简,原方程变为 $u'=\sqrt{u}$.于是有 $2\sqrt{u}=y+C$,即 $2\sqrt{xy}=y+C$(C 为任意常数).

(7) 显然,方程 $y'=xy+x^3y^3$ 是 $n=3$ 伯努利方程.方程两边同除以 y^3,得 $y^{-3}y'-xy^{-2}=x^3$.令 $z=y^{-2}$,则上式可整理变为$\frac{\mathrm{d}z}{\mathrm{d}x}+2xz=-2x^3$.这是 z 关于 x 的一阶线性微分方程.应用常数变易法,不难求得该方程的通解为 $z=-x^2+1+C\mathrm{e}^{-x^2}$,即 $y^{-2}=-x^2+1+C\mathrm{e}^{-x^2}$,其中 C 为任意常数.

8.3 常微分方程的初等积分法(Ⅱ)

一、知识要点

1. 齐次方程

如果一阶微分方程具有形式$\frac{\mathrm{d}y}{\mathrm{d}x}=\varphi\left(\frac{y}{x}\right)$,其中 $\varphi(u)$ 是 u 的连续函数,那么称该方程为**齐次方程**.

为求解齐次方程,可引入一个新函数 $u=\frac{y}{x}$,即 $y=xu$,从而有$\frac{\mathrm{d}y}{\mathrm{d}x}=u+x\frac{\mathrm{d}u}{\mathrm{d}x}$,将其代入齐次方程并化简,得可分离变量的微分方程$\frac{\mathrm{d}u}{\mathrm{d}x}=\frac{\varphi(u)-u}{x}$.求出方程的解后,还需将 u 还原成$\frac{y}{x}$,便得到齐次方程的解.

2. 可化为齐次的方程

如果一阶微分方程可以表示为$\frac{\mathrm{d}y}{\mathrm{d}x}=f\left(\frac{a_1x+b_1y+c_1}{a_2x+b_2y+c_2}\right)$,那么可以通过适当的变换,将其化成齐次方程.具体变换情况如下:

(1) $c_1=c_2=0$.方程可化为$\frac{\mathrm{d}y}{\mathrm{d}x}=f\left(\frac{a_1+b_1(y/x)}{a_2+b_2(y/x)}\right)$,即齐次方程.

(2) c_1,c_2 不同时为零.

① 若$\frac{a_1}{a_2}\neq\frac{b_1}{b_2}$,线性方程组$\begin{cases}a_1x+b_1y+c_1=0,\\a_2x+b_2y+c_2=0\end{cases}$有唯一解 $x=x^*,y=y^*$.设 $X=x-x^*$,

$Y=y-y^*$,原方程可化为$\frac{\mathrm{d}Y}{\mathrm{d}X}=f\left(\frac{a_1X+b_1Y}{a_2X+b_2Y}\right)$,进而将其化为齐次方程后,再求解.

② 若$\frac{a_1}{a_2}=\frac{b_1}{b_2}$,线性方程组$\begin{cases}a_1x+b_1y+c_1=0,\\a_2x+b_2y+c_2=0\end{cases}$无解或有无穷多解.令$\frac{a_1}{a_2}=\frac{b_1}{b_2}=\lambda$,有$\frac{\mathrm{d}y}{\mathrm{d}x}=f\left(\frac{\lambda(a_2x+b_2y)+c_1}{a_2x+b_2y+c_2}\right)$.引入新变量 $v=a_2x+b_2y$,则有$\frac{\mathrm{d}v}{\mathrm{d}x}=a_2+b_2\frac{\mathrm{d}y}{\mathrm{d}x}$,进而方程变为$\frac{\mathrm{d}v}{\mathrm{d}x}=b_2f\left(\frac{\lambda v+c_1}{v+c_2}\right)+a_2$.显然,它是一个可分离变量的微分方程.

3. 可降阶的二阶微分方程

二阶微分方程的显式表示可写成 $y''=f(x,y,y')$.当 $f(x,y,y')$具有一些特殊形式时,方程可以作**降阶**代换,即利用变换将二阶微分方程转化为一阶方程,进而尝试使用初等积分法求解.

(1) $y''=f(x,y')$型

当 $f(x,y,y')$中不显含未知函数 y 时,方程退化为 $y''=f(x,y')$.

方程的求解方法是:令 $y'=p$,则 $y''=\frac{\mathrm{d}p}{\mathrm{d}x}$,方程变为$\frac{\mathrm{d}p}{\mathrm{d}x}=f(x,p)$.经过上述变换,将二阶方程降为关于变量 x 和 p 的一阶微分方程,可利用前面的方法来求解此一阶方程.设其通解为 $p=\Phi(x,C_1)$,由 $p=\frac{\mathrm{d}y}{\mathrm{d}x}$,得到新的一阶微分方程$\frac{\mathrm{d}y}{\mathrm{d}x}=\Phi(x,C_1)$.对方程两边积分,便得到方程的通解 $y=\int\Phi(x,C_1)\mathrm{d}x+C_2$,其中 C_1,C_2 都是任意常数.

(2) $y''=f(y,y')$型

当 $f(x,y,y')$中不显含未知函数 x 时,方程退化为 $y''=f(y,y')$.

方程的求解方法是:令 $y'=p$,两边对 x 求导得 $y''=\frac{\mathrm{d}p}{\mathrm{d}x}=\frac{\mathrm{d}p}{\mathrm{d}y}\cdot\frac{\mathrm{d}y}{\mathrm{d}x}=p\frac{\mathrm{d}p}{\mathrm{d}y}$,方程变为$p\frac{\mathrm{d}p}{\mathrm{d}y}=f(y,p)$.经过上述变换,将二阶方程降为关于变量 p 和 y 的一阶微分方程,可利用前面的方法来求解此一阶方程.设其通解为 $p=\Phi(y,C_1)$,由 $p=\frac{\mathrm{d}y}{\mathrm{d}x}$,得到新的一阶微分方程$\frac{\mathrm{d}y}{\mathrm{d}x}=\Phi(y,C_1)$.分离变量并积分,便得到方程的通解$\int\frac{\mathrm{d}y}{\Phi(y,C_1)}=x+C_2$,其中 C_1,C_2 都是任意常数.

(3) $y^{(n)}=f(x)$型

此类方程的特点是方程的右端只含有自变量 x 的函数,积分一次可以降一阶,以此类推,直至求出方程的解为止.

二、疑难解析

1. 对于方程$\frac{\mathrm{d}y}{\mathrm{d}x}=f(x,y)=\frac{g(x,y)}{h(x,y)}$,如果有理分式函数的分子 $g(x,y)$和分母 $h(x,y)$的次数相等的话,是否可化为齐次方程?

答 不一定.需要满足一个条件:当分子 $g(x,y)$和分母 $h(x,y)$是幂次相同的齐次多项式时，才能将微分方程转换为齐次方程进行求解. 所谓的齐次多项式，是指多项式中所含的单项式的幂和相同，如 $x^3-2x^2y+xy^2+3y^3$ 是三次齐次多项式.

2. 在几类可降阶的高阶微分方程中，分别是如何降阶的，降阶的目标是什么？

答 第一类方程中，右端不显含未知函数 y，只含有自变量和未知函数的一阶导数. 可令 $y'=p$，则 $y''=\frac{\mathrm{d}p}{\mathrm{d}x}$，方程降为一阶微分方程 $\frac{\mathrm{d}p}{\mathrm{d}x}=f(x,p)$. 经过上述变换，将二阶方程降为关于变量 x 和 p 的一阶微分方程，可利用前面的方法来求解此一阶方程.

第二类方程中，右端不显含未知函数 x，只含有未知函数及其一阶导数 y,y'. 也可令 $y'=p$，但是根据方程的特点，需要进一步变换，在对 $y'=p$ 两边关于 x 求导时，有 $y''=\frac{\mathrm{d}p}{\mathrm{d}x}=\frac{\mathrm{d}p}{\mathrm{d}y}\cdot\frac{\mathrm{d}y}{\mathrm{d}x}=p\frac{\mathrm{d}p}{\mathrm{d}y}$，方程变为 $p\frac{\mathrm{d}p}{\mathrm{d}y}=f(y,p)$. 经过上述变换，将二阶方程降为关于变量 p 和 y 的一阶微分方程，可利用前面的方法来求解此一阶方程.

第三类方程中，右端只含有自变量 x，降阶的方法是依次积分，积分一次可以降一阶，直至求出方程的解为止.

3. 在利用初等积分法求解具有非标准形式的微分方程时，基本思想是什么？

答 对号入座，即首先将微分方程变形为已有的标准形式，对照标准方程的解法对方程进行求解.

三、经典题型详解

题型 1 求解齐次方程及可化为齐次方程的方程

例 8.5 求下列微分方程的通解：

(1) $x\frac{\mathrm{d}y}{\mathrm{d}x}=y\ln\frac{y}{x}$； (2) $\left(3x\cos\frac{y}{x}\right)\mathrm{d}y=\left(x\sin\frac{y}{x}+3y\cos\frac{y}{x}\right)\mathrm{d}x$；

(3) $\frac{\mathrm{d}y}{\mathrm{d}x}=\frac{2x+y-3}{x-2y+1}$.

分析 通过适当变形，将它化成齐次方程，再求解.

解 (1) 将方程变形，得 $\frac{\mathrm{d}y}{\mathrm{d}x}=\frac{y}{x}\ln\frac{y}{x}$. 令 $y=xu$，得 $x\frac{\mathrm{d}u}{\mathrm{d}x}=u\ln u-u$. 将新方程分离变量，并两边积分，得 $\int\frac{1}{u(\ln u-1)}\mathrm{d}u=\int\frac{\mathrm{d}x}{x}$，解得 $\ln u-1=Cx$. 将 $u=\frac{y}{x}$ 代入上式，便得到原方程的通解为 $\ln\left|\frac{y}{x}\right|-1=Cx$，其中 C 为任意常数.

(2) 将方程变形，得 $\frac{\mathrm{d}y}{\mathrm{d}x}=\frac{\sin\frac{y}{x}+3\frac{y}{x}\cos\frac{y}{x}}{3\cos\frac{y}{x}}$. 令 $y=xu$，得 $x\frac{\mathrm{d}u}{\mathrm{d}x}=\frac{1}{3}\tan u$. 将新方程分离变量，并两边积分，得 $\sin u=Cx^{\frac{1}{3}}$. 将 $u=\frac{y}{x}$ 代入上式，便得到原方程的通解为 $\sin\frac{y}{x}=Cx^{\frac{1}{3}}$，其中 C 为任意常数.

(3) 这是可化为齐次方程的微分方程. 解线性方程组 $\begin{cases}2x+y-3=0,\\x-2y+1=0,\end{cases}$ 得 $x=1,y=1$. 令

$X=x-1, Y=y-1$，得 $\frac{dY}{dX}=\frac{2X+Y}{X-2Y}$. 显然，它是一个齐次方程. 令 $u=\frac{Y}{X}$，得 $Y=uX$，$\frac{dY}{dX}=X\frac{du}{dX}+u$. 将它们代入齐次方程，并整理，得 $X\frac{du}{dX}=\frac{2(1+u^2)}{1-2u}$. 利用分离变量法，得上述方程的通解 $\arctan u-\ln(1+u^2)=2\ln|X|+C$，即

$$\arctan\frac{y-1}{x-1}-\ln\left[1+\left(\frac{y-1}{x-1}\right)^2\right]=2\ln|x-1|+C\text{（}C\text{是任意常数）}.$$

题型 2　求解可降阶的微分方程

例 8.6　求下列微分方程的通解：

(1) $x^2y''=y'^2+2xy'$；　(2) $2yy''=1+(y')^2$；　(3) $y'''=e^{2x}+\cos3x+x$.

分析　根据方程的特点，按类型降阶求解.

解　(1) 令 $y'=p$，有 $y''=p'$. 代入方程，并整理，得 $p'-\frac{2}{x}p=\frac{p^2}{x^2}$. 易见，该方程是 $n=2$ 时的伯努利方程，可以求得它的通解为 $p^{-1}=\frac{-x+C_1}{x^2}$，将 $y'=p$ 代入上式，得

$$\frac{dx}{dy}=\frac{-x+C_1}{x^2}.$$

将其分离变量，并积分，得原方程的通解为

$$y=-\frac{1}{2}x^2-C_1x-C_1^2\ln|x-C_1|+C_2,\quad \text{其中 } C_1, C_2 \text{ 都是任意常数}.$$

(2) 方程中不显含 y，令 $y'=p$，则 $y''=p\frac{dp}{dy}$. 将它们代入方程，得 $2yp\frac{dp}{dy}=1+p^2$. 将该方程分离变量并积分，得 $1+p^2=C_1y$，即 $p=\pm\sqrt{C_1y-1}$，则有 $\frac{dy}{dx}=\pm\sqrt{C_1y-1}$.

将上式分离变量，并积分，不难求得 $\pm\frac{2}{C_1}\sqrt{C_1y-1}=x+C_2$. 因此原方程的通解为

$$4(C_1y-1)-C_1^2(x+C_2)^2,\quad \text{其中 } C_1, C_2 \text{ 是任意常数}.$$

(3) 对方程连续积分 3 次，得原方程的通解为

$$y=\frac{1}{8}e^{2x}-\frac{1}{27}\sin3x+\frac{1}{24}x^4+C_1x^2+C_2x+C_3,\quad \text{其中 } C_1, C_2, C_3 \text{ 是任意常数}.$$

题型 3　利用变量替换法求解微分方程

例 8.7　求下列微分方程的通解：

(1) $\frac{dy}{dx}=x^2-2xy+y^2+1$；　(2) $x\frac{dy}{dx}+x=\sin(x+y)$.

分析　根据方程的特点，设定变换函数.

解　(1) 令 $u=x-y$，则 $y=x-u$，$\frac{dy}{dx}=1-\frac{du}{dx}$. 于是方程 $\frac{dy}{dx}=x^2-2xy+y^2+1$ 变形为 $\frac{du}{dx}=-u^2$. 可解得其通解为 $u=\frac{1}{x+C}$，即 $u=x-y$ 代入上式，并整理，得

$$y=\frac{x^2+Cx-1}{x+C},\quad \text{其中 } C \text{ 是任意常数}.$$

(2) 令 $x+y=u$，则 $y=u-x,\frac{\mathrm{d}y}{\mathrm{d}x}=\frac{\mathrm{d}u}{\mathrm{d}x}-1$. 于是方程 $x\frac{\mathrm{d}y}{\mathrm{d}x}+x=\sin(x+y)$ 可变形为 $x\frac{\mathrm{d}u}{\mathrm{d}x}=\sin u$. 利用分离变量法，不难解得其通解为 $\csc u-\cot u=Cx\left(\text{或}\tan\frac{u}{2}=Cx\right)$，即

$$\csc(x+y)-\cot(x+y)=Cx\left(\text{或}\tan\frac{x+y}{2}=Cx\right),\quad \text{其中}\ C\ \text{是任意常数}.$$

题型 4 求解初值问题

例 8.8 求解下列初值问题：

(1) $(x^2-2xy-y^2)\mathrm{d}y=(x^2+2xy-y^2)\mathrm{d}x,y(1)=1$；

(2) $(x+y'^2)y''=y',y(1)=1,y'(1)=1$；

(3) $y^3y''+1=0,y(1)=1,y'(1)=0$.

分析 本题中，(1)可以变形为齐次方程；(2)是不显含 y 型；(3)是不显含 x 型. 按照各个类型的相应解法求出通解，再由初值条件确定任意常数，求出特解. 注意，在求特解过程中，为了计算方便，可以逐步确定任意常数.

解 (1) 将方程变形得 $\frac{\mathrm{d}y}{\mathrm{d}x}=\frac{x^2+2xy-y^2}{x^2-2xy-y^2}=\frac{1+2\frac{y}{x}-\left(\frac{y}{x}\right)^2}{1-2\frac{y}{x}-\left(\frac{y}{x}\right)^2}$. 令 $y=xu$，得 $x\frac{\mathrm{d}u}{\mathrm{d}x}=\frac{u^3+u^2+u+1}{1-2u-u^2}$. 将新方程分离变量，得 $\frac{1-2u-u^2}{u^3+u^2+u+1}\mathrm{d}u=\frac{\mathrm{d}x}{x}$，将方程的左端分解，得 $\left(\frac{1}{u+1}-\frac{2u}{u^2+1}\right)\mathrm{d}u=\frac{\mathrm{d}x}{x}$，两边积分，得 $\frac{u+1}{u^2+1}=Cx$. 将 $u=\frac{y}{x}$ 代入上式，便得到原方程的通解为 $\frac{\frac{y}{x}+1}{\left(\frac{y}{x}\right)^2+1}=Cx$.

由初值条件 $y(1)=1$，解得 $C=1$. 于是，方程特解为 $\frac{y}{x}+1=x\left[\left(\frac{y}{x}\right)^2+1\right]$.

(2) 方程中不显含 y，令 $y'=p$，则有 $y''=p'$. 代入方程得 $(x+p^2)p'=p$，将方程变形，得 $\frac{\mathrm{d}x}{\mathrm{d}p}=\frac{x+p^2}{p}=\frac{x}{p}+p$. 这是一个以 p 为自变量，x 为因变量的一阶线性微分方程.

利用分离变量法，不难求得其通解为 $x=(p+C_1)p$. 将 $y'=p$ 代入上面的方程得 $x=(y'+C_1)y'$. 由初值条件 $y'(1)=1$ 得，$C_1=0$.

由方程 $y'^2=x$，即 $y'=\sqrt{x}$，可得 $y=\frac{2}{3}\sqrt{x^3}+C_2$. 由初值条件 $y(1)=1$ 得，$C_2=\frac{1}{3}$. 于是，原方程满足初值条件的特解为 $y=\frac{2}{3}\sqrt{x^3}+\frac{1}{3}$.

(3) 方程中不显含 x，令 $y'=p$，则 $y''=p\frac{\mathrm{d}p}{\mathrm{d}y}$. 代入方程得 $y^3p\frac{\mathrm{d}p}{\mathrm{d}y}+1=0$. 分离变量解得 $p^2=C_1+y^{-2}$.

将 $y'=p$ 代入上面的方程得 $y'^2=C_1+y^{-2}$. 由初值条件 $y(1)=1,y'(1)=0$，得 $C_1=-1$. 由方程 $y'^2=y^{-2}-1=\frac{1-y^2}{y^2}$，即 $y'=\frac{\sqrt{1-y^2}}{y}$. 对其分离变量，并积分，得

$$-\sqrt{1-y^2}=x+C_2.$$

由初值条件 $y(1)=1$,得 $C_2=-1$. 于是,原方程满足初值条件的特解为

$$\sqrt{1-y^2}=1-x.$$

四、课后习题选解(习题8.3)

A类题

1. 求下列微分方程的通解:

(1) $\dfrac{\mathrm{d}y}{\mathrm{d}x}=\dfrac{x+y}{x-y}$;　　(2) $2x^2y\mathrm{d}x=(x^3+y^3)\mathrm{d}y$;　　(3) $x\dfrac{\mathrm{d}y}{\mathrm{d}x}=y-\sqrt{x^2+y^2}$.

分析 根据齐次方程的相应解法进行求解.

解 (1)将方程变形,得 $\dfrac{\mathrm{d}y}{\mathrm{d}x}=\dfrac{1+\dfrac{y}{x}}{1-\dfrac{y}{x}}$. 令 $y=xu$,得 $x\dfrac{\mathrm{d}u}{\mathrm{d}x}=\dfrac{1+u^2}{1-u}$. 将新方程分离变量,得 $\left(\dfrac{1-u}{1+u^2}\right)\mathrm{d}u=\dfrac{\mathrm{d}x}{x}$,两边积分,得 $\arctan u-\dfrac{1}{2}\ln(1+u^2)=\ln|x|+C$. 将 $u=\dfrac{y}{x}$ 代入上式,并化简,得到原方程的通解为 $\arctan\dfrac{y}{x}=\dfrac{1}{2}\ln(x^2+y^2)+C$,其中 C 为任意常数.

(2) 将方程变形,得 $\dfrac{\mathrm{d}y}{\mathrm{d}x}=\dfrac{2\dfrac{y}{x}}{1+\left(\dfrac{y}{x}\right)^3}$. 令 $y=xu$,得 $x\dfrac{\mathrm{d}u}{\mathrm{d}x}=\dfrac{u-u^4}{1+u^3}$. 将新方程分离变量,得 $\left(\dfrac{1+u^3}{u-u^4}\right)\mathrm{d}u=\dfrac{\mathrm{d}x}{x}$,两边积分,得 $\int\dfrac{1+u^3}{u-u^4}\mathrm{d}u=\int\dfrac{\mathrm{d}x}{x}$,根据待定系数法,等式左边可分解为 $\int\left(\dfrac{1}{u}+\dfrac{2}{3}\dfrac{1}{1-u}-\dfrac{2}{3}\dfrac{2u+1}{1+u+u^2}\right)\mathrm{d}u=\int\dfrac{\mathrm{d}x}{x}$,解得

$$\ln|u|-\frac{2}{3}\ln|1-u|-\frac{2}{3}\ln|1+u+u^2|=\ln|x|+C.$$

将 $u=\dfrac{y}{x}$ 代入上式,便得到原方程的通解为

$$\ln\left|\frac{y}{x}\right|-\frac{2}{3}\ln\left|1-\frac{y}{x}\right|-\frac{2}{3}\ln\left|1+\frac{y}{x}+\left(\frac{y}{x}\right)^2\right|=\ln|x|+C,\quad \text{其中 } C \text{ 为任意常数}.$$

(3) 将方程变形,得 $\dfrac{\mathrm{d}y}{\mathrm{d}x}=\dfrac{y}{x}-\sqrt{1+\left(\dfrac{y}{x}\right)^2}$. 令 $y=xu$,得 $x\dfrac{\mathrm{d}u}{\mathrm{d}x}=-\sqrt{1+u^2}$. 将新方程分离变量,并且两边积分,得 $\int\dfrac{1}{\sqrt{1+u^2}}\mathrm{d}u=\int-\dfrac{\mathrm{d}x}{x}$,解得 $\ln\left|\sqrt{1+u^2}+u\right|=-\ln|x|+C$.

将 $u=\dfrac{y}{x}$ 代入上式,便得到原方程的通解为

$$\ln\left|\sqrt{1+\left(\frac{y}{x}\right)^2}+\frac{y}{x}\right|=-\ln|x|+C,\quad \text{其中 } C \text{ 为任意常数}.$$

2. 求解下列初值问题:

(1) $\dfrac{\mathrm{d}y}{\mathrm{d}x}=\dfrac{x}{y}+\dfrac{y}{x}$, $y(1)=2$.

分析 根据齐次方程的相应解法先求通解,再根据初值条件确定任意常数求特解.

解 (1) 将方程变形得 $\dfrac{\mathrm{d}y}{\mathrm{d}x}=\dfrac{1}{\dfrac{y}{x}}+\dfrac{y}{x}$. 令 $y=xu$,得 $x\dfrac{\mathrm{d}u}{\mathrm{d}x}=\dfrac{1}{u}$. 将上面的方程分离变量,并积分,得

$u\mathrm{d}u=\dfrac{\mathrm{d}x}{x}$,两边积分,得$\dfrac{1}{2}u^2=\ln|x|+C$.将$u=\dfrac{y}{x}$代入上式,便得到原方程的通解为$\left(\dfrac{y}{x}\right)^2=2\ln|x|+C$.

由初值条件$y(1)=2$,解得$C=4$.于是,方程特解为$\left(\dfrac{y}{x}\right)^2=2\ln|x|+4$.

3. 求下列微分方程的通解:

(1) $y''=\sqrt{1-y'^2}$;　(2) $y''=y'+x$;　(3) $(1+x)y''=y'$;

(4) $(y-1)y''=2y'^2$;　(5) $(1+y)y''=y'^2$;　(6) $y^{(5)}=2x$;

(7) $y''=\dfrac{1+3x+x^2}{1+x^2}$.

分析 本题中,方程(1)~(4)是不显含y型;方程(5)~(7)是不显含x型;方程(8)~(10)的右端只含有自变量x的函数.按照各个类型相应解法进行求解.

解 (1) 令$y'=u$,有$y''=u'$.代入方程,得$u'=\sqrt{1-u^2}$.这是可分离变量的微分方程,不难求得其通解为$u=\sin(x+C_1)$,即$y'=\sin(x+C_1)$.故原方程的通解为

$$y=-\cos(x+C_1)+C_2,\qquad \text{其中 } C_1,C_2 \text{ 都是任意常数.}$$

(2) 令$y'=p$,有$y''=p'$.代入方程得$p'=p+x$,即$p'-p=x$.这是一阶线性齐次方程,不难求得其通解为$p=-1-x+C_1\mathrm{e}^x$,即$y'=-1-x+C_1\mathrm{e}^x$.故原方程的通解为

$$y=-x-\frac{1}{2}x^2+C_1\mathrm{e}^x+C_2,\quad \text{其中 } C_1,C_2 \text{ 都是任意常数.}$$

(3) 令$y'=p$,有$y''=p'$.代入方程,并整理,得$(1+x)\dfrac{\mathrm{d}p}{\mathrm{d}x}=p$.利用分离变量法,解得$p=C_1(1+x)$,即$y'=C_1(1+x)$,两端积分,得原方程的通解为

$$y=C_1(x^2+2x)+C_2,\qquad \text{其中 } C_1,C_2 \text{ 是任意常数.}$$

(4) 方程中不显含x,令$y'=p$,则有$y''=p\dfrac{\mathrm{d}p}{\mathrm{d}y}$.将它们代入方程,得$(y-1)p\dfrac{\mathrm{d}p}{\mathrm{d}y}=2p^2$.对方程分离变量,解得$p=C_1(y-1)^2$,即$\dfrac{\mathrm{d}y}{\mathrm{d}x}=C_1(y-1)^2$.解得$y-1=-\dfrac{1}{C_1x+C_2}$,其中$C_1,C_2$是任意常数.

(5) 方程中不显含x,令$y'=p$,则$y''=p\dfrac{\mathrm{d}p}{\mathrm{d}y}$.将它们代入方程得$(y+1)p\dfrac{\mathrm{d}p}{\mathrm{d}y}=p^2$.利用分离变量法,解得$p=C_1(y+1)$.即$\dfrac{\mathrm{d}y}{\mathrm{d}x}=C_1(y+1)$,利用分离变量法,可以求得原方程的通解为

$$y+1=C_2\mathrm{e}^{C_1x},\qquad \text{其中 } C_1,C_2 \text{ 是任意常数.}$$

(6) 对方程连续积分5次,得原方程的通解为

$$y=\frac{1}{360}x^6+C_1x^4+C_2x^3+C_3x^2+C_4x+C_5,\quad \text{其中 } C_i(i=1,2,\cdots,5) \text{ 是任意常数.}$$

(7) 将方程变形为$y''=1+\dfrac{3x}{1+x^2}$.对上述方程连续积分2次,得原方程的通解为

$$y=\frac{1}{2}x^2+\frac{3}{2}(x\ln(1+x^2)-2x+2\arctan x)+C_1x+C_2,\quad \text{其中 } C_1,C_2 \text{ 是任意常数.}$$

4. 求解下列初值问题:

(1) $y''=\mathrm{e}^{2y},y(0)=0,y'(0)=1$;　(2) $y''=x\mathrm{e}^{2x},y(0)=0,y'(0)=0$.

分析 本题中,(1)是不显含y型,(2)~(3)是不显含x型,(4)是方程的右端只含有自变量x的函数的类型.按照各个类型的相应解法求出通解,再由初值条件确定任意常数,求出特解.注意,在求特解过程中,为了计算方便,可以逐步确定任意常数.

解 (1) 方程中不显含x,令$y'=p$,则$y''=\dfrac{\mathrm{d}p}{\mathrm{d}x}=\dfrac{\mathrm{d}p}{\mathrm{d}y}\dfrac{\mathrm{d}y}{\mathrm{d}x}=p\dfrac{\mathrm{d}p}{\mathrm{d}y}$.将它们代入方程得$p\dfrac{\mathrm{d}p}{\mathrm{d}y}=\mathrm{e}^{2y}$.利用分离变量法,得$p^2=C_1+\mathrm{e}^{2y}$.将$y'=p$代入上面的方程得$y'^2=C_1+\mathrm{e}^{2y}$.

由初值条件 $y(0)=0, y'(0)=1$，得 $C_1=0$. 由方程 $y'^2=e^{2y}$，即 $y'=e^y$，可得 $-e^{-y}=x+C_2$.
由初值条件 $y(0)=0$，得 $C_2=-1$. 于是，原方程满足初值条件的特解为 $y=-\ln|1-x|$.

(2) 对方程关于 x 积分，得 $y'=\frac{1}{4}(2x-1)e^{2x}+C_1$.

由初值条件，$y'(0)=0$，得 $C_1=\frac{1}{4}$. 对方程 $y'=\frac{1}{4}(2x-1)e^{2x}+\frac{1}{4}$ 关于 x 积分，得方程的通解为

$$y=\frac{1}{4}(x-1)e^{2x}+\frac{1}{4}x+C_2.$$

由初值条件 $y(0)=0$，可得 $C_2=\frac{1}{4}$. 于是，原方程满足初值条件的特解为

$$y=\frac{1}{4}(x-1)e^{2x}+\frac{1}{4}x+\frac{1}{4}.$$

B类题

1. 求下列微分方程的通解：

(1) $xy\frac{dy}{dx}=y^2+x\sqrt{x^2+y^2}$；

(2) $(1+2e^{\frac{x}{y}})dx+2e^{\frac{x}{y}}\left(1-\frac{x}{y}\right)dy=0$；

(3) $\frac{dy}{dx}=\frac{4x+2y-3}{2x+y+1}$；

(4) $(1+x)y''+y'=\ln(1+x)$；

(5) $y''=y'^3+y'$；

(6) $\frac{dy}{dx}=(x+y)^3$；

(7) $\frac{dy}{dx}=(x+1)^2+(4y+1)^2+8xy+1$.

分析 本题中，(1)～(2)是齐次方程；(3)是可化为齐次的方程；(4)是不显含 y 型；(5)是不显含 x 型；(6)～(7)可用适当的变量替换计算. 按照各个类型相应的解法求解.

解 (1)将方程变形，得 $\frac{y}{x}\frac{dy}{dx}=\left(\frac{y}{x}\right)^2+\sqrt{1+\left(\frac{y}{x}\right)^2}$. 令 $u=\frac{y}{x}$，则有 $y=xu$，$\frac{dy}{dx}=x\frac{du}{dx}+u$. 将它们代入微分方程，并整理，得 $x\frac{du}{dx}=\frac{\sqrt{1+u^2}}{u}$. 将上述方程分离变量，得 $\frac{u}{\sqrt{1+u^2}}du=\frac{dx}{x}$，两边积分，得 $\sqrt{1+u^2}=\ln|x|+C$. 将 $u=\frac{y}{x}$ 代入上式，便得到原方程的通解为

$$\sqrt{1+\left(\frac{y}{x}\right)^2}=\ln|x|+C,\qquad \text{其中 } C \text{ 为任意常数.}$$

(2) 将方程变形为 $\frac{dx}{dy}=\frac{2e^{\frac{x}{y}}\left(\frac{x}{y}-1\right)}{1+2e^{\frac{x}{y}}}$. 易见，该方程是以 y 为自变量、x 为因变量的齐次方程. 令 $u=\frac{x}{y}$，则有 $x=yu$，$\frac{dx}{dy}=y\frac{du}{dy}+u$. 将它们代入微分方程，得 $u+y\frac{du}{dy}=\frac{2e^u(u-1)}{1+2e^u}$，整理得 $\frac{1+2e^u}{2e^u+u}du=-\frac{1}{y}dy$. 对方程两边积分，得 $2e^u+u=\frac{C}{y}$.

将 $u=\frac{x}{y}$ 代入上式，便得到原方程的通解为 $2e^{\frac{x}{y}}+\frac{x}{y}=\frac{C}{y}$，其中 C 为任意常数.

(3) 这是可化为齐次方程的微分方程. 令 $u=2x+y$，则有 $\frac{du}{dx}=2+\frac{dy}{dx}$. 将它们代入原方程，并整理，得 $\frac{du}{dx}=\frac{4u-1}{u+1}$，将方程分离变量，并积分，得 $4u+5\ln|4u-1|=16x+C$，即

$$4(2x+y)+5\ln|4(2x+y)-1|=16x+C,\qquad \text{其中 } C \text{ 是任意常数.}$$

(4) 方程$(1+x)y''+y'=\ln(1+x)$中不显含y.令$y'=p$,有$y''=p'$.代入方程得$(1+x)p'+p=\ln(1+x)$.当$x\neq-1$时,方程可化为$p'+\frac{1}{1+x}p=\frac{\ln(1+x)}{1+x}$.

该方程是一阶线性微分方程.利用常数变易法,可以求得其通解为$p=\ln(1+x)-1+\frac{C_1}{1+x}$,即$y'=\ln(1+x)-1+\frac{C_1}{1+x}$.对方程的两边积分,得原方程的通解

$$y=(x+1+C_1)\ln(1+x)-2x+C_2,\quad 其中 C_1,C_2 是任意常数.$$

(5) 方程$y''=y'^3+y'$中不显含x.令$y'=p$,则有$y''=p\frac{dp}{dy}$.将其代入方程,得$p\frac{dp}{dy}=p^3+p$.当$p\neq 0$时,将方程$\frac{dp}{dy}=p^2+1$分离变量,并两边积分,得$p=\tan(y+C_1)$,即$y'=\tan(y+C_1)$.

将上述方程分离变量,不难求得其通解为$\sin(y+C_1)=C_2e^x$,其中C_1,C_2是任意常数.

(6) 令$x+y=u$,则有$y=u-x$,$\frac{dy}{dx}=\frac{du}{dx}-1$.于是方程$\frac{dy}{dx}=(x+y)^3$变形为$\frac{du}{dx}=u^3+1$.将其分离变量,并两边积分,得$\frac{1}{3}\ln|u+1|-\frac{1}{6}\ln(u^2-u+1)+\frac{\sqrt{3}}{3}\arctan\frac{2u-1}{\sqrt{3}}=x+C_1$,即

$$2\ln|x+y+1|-\ln[(x+y)^2-(x+y)+1]+\sqrt{3}\arctan\frac{2(x+y)-1}{\sqrt{3}}=6x+C,$$

其中$C=6C_1$是任意常数.

(7) 通过观察,容易求得,$\frac{dy}{dx}=(x+1)^2+(4y+1)^2+8xy+1=(x+4y+1)^2+2$.

令$u=x+4y+1$,则$y=\frac{1}{4}(u-x-1)$,$\frac{dy}{dx}=\frac{1}{4}\left(\frac{du}{dx}-1\right)$.将它们代入原方程,并整理,得$\frac{du}{dx}=4u^2+9$.不难求得其通解为$\frac{1}{6}\arctan\left(\frac{2}{3}u\right)=x+C$,即$\frac{2}{3}(x+4y+1)=\tan(6x+C)$,其中$C$是任意常数.

2. 证明方程$\frac{x}{y}\frac{dy}{dx}=f(xy)$经变换$xy=u$能化为可分离变量方程,并由此求解下列方程:

(1) $y(1+x^2y^2)dx=xdy$;　　(2) $\frac{x}{y}\frac{dy}{dx}=\frac{2+x^2y^2}{2-x^2y^2}$.

分析　应用变量替换进行证明,再结合方程(1)和(2)的特点对应到原方程进行求解.

证　令$xy=u$,则$y=\frac{u}{x}$,$y'=\frac{xu'-u}{x^2}$,代入方程$\frac{x}{y}\frac{dy}{dx}=f(xy)$,得$\frac{x^2}{u}\left(\frac{\frac{du}{dx}x-u}{x^2}\right)=f(u)$.整理得

$$\frac{du}{u(f(u)+1)}=\frac{1}{x}dx.$$

此为可分离变量方程.

(1) 方程$y(1+x^2y^2)dx=xdy$可变形为$\frac{x}{y}\frac{dy}{dx}=1+(xy)^2$,代入上面整理结果,得$\frac{du}{u(2+u^2)}=\frac{1}{x}dx$.应用待定系数法,解得通解为$\frac{u^2}{u^2+2}=Cx^4$,即$\frac{(xy)^2}{(xy)^2+2}=Cx^4$,其中$C$是非负的任意常数.

(2) 方程$\frac{x}{y}\frac{dy}{dx}=\frac{2+x^2y^2}{2-x^2y^2}$可变形为$\frac{x}{y}\frac{dy}{dx}=\frac{2+(xy)^2}{2-(xy)^2}$,且$f(xy)=\frac{2+(xy)^2}{2-(xy)^2}$.代入上面整理结果得$\frac{2-u^2}{u}du=\frac{4}{x}dx$.解得通解为$\ln u^4-u^2=\ln x^8+C$,即$\ln(xy)^4-(xy)^2=\ln x^8+C$,其中$C$是任意常数.

8.4 高阶线性微分方程

一、知识要点

二阶线性微分方程的一般形式可写为

$$y''+P(x)y'+Q(x)y=f(x),$$

其中 $P(x),Q(x),f(x)$ 均为 x 的已知函数. 当 $f(x)$ 不恒等于零时,称该方程为**非齐次的**;当 $f(x)\equiv 0$ 时,方程变为

$$y''+P(x)y'+Q(x)y=0,$$

称为**齐次的**,有时也称之为对应于非齐次方程的**齐次线性微分方程**.

1. 二阶线性微分方程解的性质

定理 8.1 若函数 $y_1=y_1(x)$ 与 $y_2=y_2(x)$ 是方程 $y''+P(x)y'+Q(x)y=0$ 的两个解,则对任意给定的常数 C_1,C_2,函数 $y=C_1y_1+C_2y_2$ 也是该方程的解.

推论 1 若 $y_i=y_i(x)(i=1,2,\cdots,k)$ 是方程 $y''+P(x)y'+Q(x)y=0$ 的 k 个解,则对任意给定的常数 $C_i(i=1,2,\cdots,k)$,函数 $y=\sum\limits_{i=1}^{k}C_iy_i$ 也是该方程的解. 这一性质称为齐次线性微分方程的解的**叠加原理**.

定理 8.2 若 y_1,y_2 分别是方程 $y''+P(x)y'+Q(x)y=f_1(x)$ 和 $y''+P(x)y'+Q(x)y=f_2(x)$ 的解,则对任意给定的常数 C_1,C_2,函数 $y=C_1y_1+C_2y_2$ 是方程

$$y''+P(x)y'+Q(x)y=C_1f_1(x)+C_2f_2(x)$$

的解. 这一性质称为非齐次线性微分方程的解的叠加原理.

定理 8.3 若 y_1,y_2 是方程 $y''+P(x)y'+Q(x)y=f(x)$ 的两个解,则函数 $y=y_1-y_2$ 是该方程对应的齐次方程 $y''+P(x)y'+Q(x)y=0$ 的解.

定理 8.4 若 y^* 是非齐次方程 $y''+P(x)y'+Q(x)y=f(x)$ 的一个解,y_1 是对应的齐次方程 $y''+P(x)y'+Q(x)y=0$ 的解,则函数 $y=y^*+y_1$ 是非齐次方程的解.

2. 二阶线性微分方程的通解

定义 8.5 设 $y_1=y_1(x)$ 与 $y_2=y_2(x)$ 是定义在区间 I 上的两个函数,若存在一个常数 k 使得 $y_2=ky_1$ 在区间 I 上恒成立,则称 y_1,y_2 **线性相关**,否则称 y_1,y_2 **线性无关**.

定理 8.5 如果函数 $y_1=y_1(x)$ 与 $y_2=y_2(x)$ 是方程 $y''+P(x)y'+Q(x)y=0$ 的两个线性无关的解,那么对于任意常数 C_1,C_2,函数 $y=C_1y_1(x)+C_2y_2(x)$ 是该方程的通解.

定理 8.5′ 如果函数 $y_1,y_2,\cdots,y_n$ 是 n 阶齐次线性微分方程

$$y^{(n)}+p_1(x)y^{(n-1)}+\cdots+p_n(x)y=0$$

的 n 个线性无关的解,那么对于任意常数 $C_1,C_2,\cdots,C_n$,函数 $y=C_1y_1+C_2y_2+\cdots+C_ny_n$ 是该方程的通解.

定理 8.6 若函数 y^* 是非齐次方程 $y''+P(x)y'+Q(x)y=f(x)$ 的一个特解,$y_1(x)$ 与 $y_2(x)$ 是对应齐次方程 $y''+P(x)y'+Q(x)y=0$ 的两个线性无关的解,则对于任意常数 C_1,C_2,函数 $y=C_1y_1(x)+C_2y_2(x)+y^*$ 是非齐次方程的通解.

定理 8.6′ 如果函数 y^* 是 n 阶非齐次线性微分方程

$$y^{(n)}+p_1(x)y^{(n-1)}+\cdots+p_n(x)y=f(x)$$

的一个特解，函数 $y_1,y_2,\cdots,y_n$ 是对应齐次方程的 n 个线性无关的解，那么对于任意常数 $C_1,C_2,\cdots,C_n$，函数 $y=C_1y_1+C_2y_2+\cdots+C_ny_n+y^*$ 是该方程的通解.

二、疑难解析

1. 二阶齐次和非齐次线性微分方程的通解之间有什么联系？

答 二阶非齐次线性微分方程的通解由两项组成：一项是非齐次方程的特解；另一项是对应齐次方程的通解. 因此，求解二阶非齐次线性微分方程的一般步骤是先求对应齐次方程的通解，然后再求出非齐次方程的一个特解.

2. “对于二阶齐次线性微分方程，只要找到方程的两个解，就可以得到该方程的通解.”这种说法是否正确？为什么？

答 不正确. 还需要加上一个条件，即这两个解是线性无关的. 验证两个函数线性无关的方法是：这两个函数在其定义区间上的比值不恒等于常数.

3. 不难验证，$y_1=\ln(1+x)$，$y_2=\ln(1+x)+1$ 是二阶非线性微分方程 $y''+y'^2=0$ 的两个解，但 $y=y_1+y_2$ 不是它的解，为什么？

答 因为方程 $y''+y'^2=0$ 不是线性微分方程. 叠加原理只对线性微分方程才成立.

三、经典题型详解

题型 1 验证线性微分方程的通解

例 8.9 对于任意常数 C_1,C_2，证明：$y=C_1x^2+C_2x^2\ln x$ 是方程 $x^2y''-3xy'+4y=0$ 的通解.

分析 通过 y 的表达式找到方程的解，利用定理 8.5 证明.

证 容易验证，函数 $y_1=x^2$，$y_2=x^2\ln x$ 是二阶齐次线性微分方程 $x^2y''-3xy'+4y=0$ 的两个解，并且 $\frac{y_2}{y_1}=\ln x\neq$ 常数，即 y_1,y_2 线性无关. 于是，由定理 8.5 知

$$y=C_1y_1+C_2y_2=C_1x^2+C_2x^2\ln x \quad (C_1,C_2\text{ 是任意常数})$$

是方程 $x^2y''-3xy'+4y=0$ 的通解. 证毕

题型 2 综合应用题

例 8.10 已知 $y_1=xe^{2x}-e^{3x}$，$y_2=xe^{2x}+e^x$，$y_3=xe^{2x}-e^{3x}-e^x$ 是某二阶非齐次线性微分方程的三个特解. 回答下列问题：

(1) 求此方程的通解；

(2) 求此微分方程满足 $y(0)=7$，$y'(0)=6$ 的特解.

分析 已知了方程的特解，利用定理 8.3 可以找到对应齐次的通解，再利用定理 8.6，可以求得该方程的通解.

解 (1) 令 $Y_1=y_1-y_2$，$Y_2=y_1-y_3$，则由定理 8.3 知，Y_1,Y_2 为相应齐次方程的两个解，因为 $\frac{Y_1}{Y_2}=\frac{-e^{3x}-e^x}{e^x}\neq$ 常数，所以，Y_1,Y_2 线性无关. 故方程通解为

$$y=C_1(e^{3x}+e^x)+C_2e^x+xe^{2x}+e^x,\quad \text{其中 } C_1,C_2 \text{ 是任意常数.}$$

(2) 不难求得通解 y 的一阶导数为 $y'=C_1(3e^{3x}+e^x)+C_2e^x+(2x+1)e^{2x}+e^x$. 由初值条件 $y(0)=7,y'(0)=6$,得到关于 C_1,C_2 的线性方程组,即

$$2C_1+C_2+1=7,4C_1+C_2+2=6,$$

解得 $C_1=-1,C_2=8$. 于是,微分方程满足 $y(0)=7,y'(0)=6$ 的特解为

$$y=-(e^{3x}+e^x)+8e^x+xe^{2x}+e^x=-e^{3x}+xe^{2x}+8e^x.$$

例 8.11 设函数 $y(x)$ 满足 $y'(x)=1+2e^x+\int_0^x[te^t+y(t)]dt,y(0)=1$. 求 $y(x)$ 的表达式.

分析 先通过对上式关于自变量 x 求导数,将积分号逐步约化掉,进而对得到的微分方程进行求解,注意每次求导数之前需要找到微分方程的初值条件.

解 由 $y'(x)=1+2e^x+\int_0^x[te^t+y(t)]dt$,得 $y'(0)=3$. 对方程两边关于 x 求导数,得 $y''(x)=2e^x+xe^x+y(x)$,即 $y''(x)-y(x)=e^x(x+2)$.

显然,这是一个二阶常系数非齐次线性微分方程. 易见,对应齐次微分方程的特征方程为$r^2-1=0$,特征根为 $r_1=1,r_2=-1$. 因此对应齐次微分方程的通解为

$$Y=C_1e^x+C_2e^{-x}\quad(C_1,C_2\text{ 为任意常数}).$$

由于 $\lambda=1$ 是对应齐次微分方程的特征根,根据非齐次方程的右端表达式,方程的特解形式设为 $y^*=xe^x(ax+b)$. 容易求得,特解 y^* 的一阶、二阶导数分别为

$$y^{*\prime}=e^x[ax^2+(2a+b)x+b],y^{*\prime\prime}=e^x[ax^2+(4a+b)x+2(a+b)].$$

将 $y^*,y^{*\prime\prime}$代入非齐次微分方程,得 $a=\frac{1}{4},b=\frac{3}{4}$. 于是,原方程的通解为

$$y=Y+y^*=C_1e^x+C_2e^{-x}+\frac{1}{4}xe^x(x+3),$$

其中 C_1,C_2 为任意常数. 将初值条件 $y(0)=1,y'(0)=3$ 代入通解,解得 $C_1=\frac{13}{8},C_2=-\frac{5}{8}$.

因此,$y(x)$的表达式为 $y=\frac{1}{8}e^x(2x^2+6x+13)-\frac{5}{8}e^{-x}$.

四、课后习题选解(习题 8.4)

A类题

1. 判断下列函数组的线性相关性:

(1) $1,x$; (2) e^x,xe^x; (3) $\sin2x,\sin x\cos x$;

(4) $\sin^2x,1-\cos^2x$; (5) $e^{2x}\sin x,e^{2x}\cos x$; (6) $2\sin x,3x\sin x$.

分析 根据两个函数线性相关的定义判断.

解 (1) 由于$\frac{x}{1}\neq$常数,则 $1,x$ 线性无关.

(2) 由于$\frac{xe^x}{e^x}=x\neq$常数,则 e^x,xe^x 线性无关.

(3) 由于$\frac{\sin2x}{\sin x\cos x}=2$,则 $\sin2x,\sin x\cos x$ 线性相关.

(4) 由于$\frac{1-\cos^2x}{\sin^2x}=\frac{\sin^2x}{\sin^2x}\equiv1$,则 $\sin^2x,1-\cos^2x$ 线性相关.

(5) 由于$\frac{e^{2x}\sin x}{e^{2x}\cos x}=\tan x\neq$常数，则 $e^{2x}\sin x, e^{2x}\cos x$ 线性无关.

(6) 由于$\frac{3x\sin x}{2\sin x}=\frac{3}{2}x\neq$常数，则 $2\sin x, 3x\sin x$ 线性无关.

2. 求下列方程的通解：

(1) 验证 $y_1=\sin x, y_2=\cos x$ 是方程 $y''+y=0$ 的两个解，并写出该方程的通解.

分析 将函数代入方程验证，并按照通解的定义判别.

解 (1) 容易验证，函数 $y_1=\sin x, y_2=\cos x$ 是二阶齐次线性微分方程 $y''+y=0$ 的两个解，并且$\frac{y_1}{y_2}=\tan x\neq$常数，即 y_1, y_2 线性无关. 于是，由定理 8.5 知

$$y=C_1y_1+C_2y_2=C_1\sin x+C_2\cos x(C_1, C_2 \text{ 是任意常数})$$

是方程 $y''+y=0$ 的通解.

3. 若 y_1, y_2 分别是方程 $y''+P(x)y'+Q(x)y=f_1(x)$ 和 $y''+P(x)y'+Q(x)y=f_2(x)$ 的解，则对任意给定的常数 C_1, C_2，函数 $y=C_1y_1+C_2y_2$ 是方程 $y''+P(x)y'+Q(x)y=C_1f_1(x)+C_2f_2(x)$ 的解.

分析 将 $y=C_1y_1+C_2y_2$ 代入方程进行验证.

证 由于 y_1 为 $y''+P(x)y'+Q(x)y=f_1(x)$ 的解，则有 $y''_1+P(x)y'_1+Q(x)y_1\equiv f_1(x)$，进而对任意给定的常数 C_1，有

$$C_1y''_1+P(x)C_1y'_1+Q(x)C_1y_1\equiv C_1f_1(x). \tag{1}$$

由于 y_2 为 $y''+P(x)y'+Q(x)y\equiv f_2(x)$ 的解，则 $y''_2+P(x)y'_2+Q(x)y_2\equiv f_2(x)$，进而对任意给定的常数 C_2，有

$$C_2y''_2+P(x)C_2y'_2+Q(x)C_2y_2\equiv C_2f_2(x). \tag{2}$$

将(1)式和(2)式相加得

$$C_1y''_1+P(x)C_1y'_1+Q(x)C_1y_1+C_2y''_2+P(x)C_2y'_2+Q(x)C_2y_2\equiv C_1f_1(x)+C_2f_2(x),$$

即

$$(C_1y_1+C_2y_2)''+P(x)(C_1y_1+C_2y_2)'+Q(x)(C_1y_1+C_2y_2)\equiv C_1f_1(x)+C_2f_2(x).$$

因此，函数 $y=C_1y_1+C_2y_2$ 是方程 $y''+P(x)y'+Q(x)y=C_1f_1(x)+C_2f_2(x)$ 的解. 证毕

4. 已知二阶非齐次线性微分方程的两个解为 $y_1=e^{2x}, y_2=2x^2+e^{2x}$，对应的齐次方程的一个解为 x，试写出该非齐次线性微分方程的通解.

分析 根据定理 8.3 及非齐次线性微分方程的通解结构.

证 由已知可得，$Y_1=y_2-y_1=2x^2$ 为对应齐次微分方程的一个解，再由已知条件"对应的齐次方程的一个解为 x"，取 $Y_2=x$. 由于$\frac{Y_1}{Y_2}=2x\neq$常数，因此，函数 $Y=C_1Y_1+C_2Y_2=C_1(2x^2)+C_2x$ 是对应齐次微分方程的通解. 于是，该非齐次线性微分方程的通解为

$$y=C_1(2x^2)+C_2x+e^{2x}, \qquad \text{其中 } C_1, C_2 \text{ 是任意常数}.$$

B类题

1. 对于任意常数 C_1, C_2，验证：

(1) $y=C_1\sin 3x+C_2\cos 3x+\frac{1}{32}(4x\cos x+\sin x)$ 是方程 $y''+9y=x\cos x$ 的通解；

(2) $y=\frac{1}{x}(C_1e^x+C_2e^{-x})+\frac{1}{2}e^x$ 是方程 $xy''+2y'-xy=e^x$ 的通解.

分析 将给出的函数代入方程验证是否是解，然后用通解定义判断.

证 (1) 由 $y=C_1\sin 3x+C_2\cos 3x+\frac{1}{32}(4x\cos x+\sin x)$ 可得

$$y' = 3C_1\cos3x - 3C_2\sin3x + \frac{1}{32}(5\cos x - 4x\sin x),$$

$$y'' = -9C_1\sin3x - 9C_2\cos3x + \frac{1}{32}(-9\sin x - 4x\cos x).$$

将 y,y',y'' 代入方程 $y''+9y=x\cos x$ 可知，y 是方程的解. 由于方程是二阶的，且 $\frac{\sin3x}{\cos3x}=\tan3x\neq$ 常数，根据通解定义，函数 y 是方程的通解.

(2) 证明方法与(1)类似.

8.5 高阶常系数线性微分方程

一、知识要点

若 n 阶线性微分方程形式可以表示为

$$y^{(n)} + p_1 y^{(n-1)} + \cdots + p_n y = f(x),$$

称之为常系数线性微分方程. 当 $f(x)$ 不恒等于零时，称方程是**非齐次的**；当 $f(x)\equiv 0$ 时，方程变为

$$y^{(n)} + p_1 y^{(n-1)} + \cdots + p_n y = 0,$$

称方程是**齐次的**，有时也称该方程是对应于非齐次方程的 n **阶常系数齐次线性微分方程**.

1. 高阶常系数齐次线性微分方程的解法

下面先以二阶方程为例给出求解常系数齐次线性微分方程的方法，然后再将这种方法推广到 n 阶方程.

(1) 二阶方程

考查如下形式的二阶常系数齐次线性方程 $y''+py'+qy=0$，其中 p,q 为常数. 称方程 $r^2+pr+q=0$ 为方程 $y''+py'+qy=0$ 的**特征方程**，它的根为 $r_{1,2}=\frac{-p\pm\sqrt{p^2-4q}}{2}$，称之为**特征根**.

注意到，特征方程 $r^2+pr+q=0$ 是一个代数方程，其中 r^2，r 的系数及常数项恰好依次是方程 $y''+py'+qy=0$ 中 y''，y'，y 的系数. 根据特征根的不同情况有表 8.1 所示的结论.

表 8.1 二阶常系数齐次线性微分方程的通解

特征根的情况	方程的通解情况
两个不相等的实根 $r_1\neq r_2$	$y=C_1e^{r_1x}+C_2e^{r_2x}$
两个相等的实根 $r_1=r_2$	$y=(C_1+C_2x)e^{r_1x}$
一对共轭复根 $r_{1,2}=\alpha\pm i\beta$	$y=e^{\alpha x}(C_1\cos\beta x+C_2\sin\beta x)$

至此，二阶常系数齐次线性方程的通解的一般求解步骤如下：

① 写出方程 $y''+py'+qy=0$ 的特征方程 $r^2+pr+q=0$；

② 求特征方程的两个根 r_1,r_2；

③ 根据 r_1,r_2 的不同情形，方程 $y''+py'+qy=0$ 的通解见表 8.1(C_1,C_2 是任意常数)：

(2) n 阶方程

二阶常系数齐次线性微分方程的解法可以推广到 n 阶方程,对应的特征方程为

$$r^n + p_1 r^{n-1} + \cdots + p_{n-1} r + p_n = 0.$$

根据特征方程的根的分布情况,n 阶常系数齐次线性微分方程的通解情况见表 8.2(C_1, C_2, …, C_k, C'_1, C'_2, …, C'_k 都是任意常数).

表 8.2 n 阶常系数齐次线性微分方程的通解

特征根的情况	方程的通解情况
单实根 r	对应一项 $C_1 e^{rx}$
一个 k 重的实根 r	对应 k 项 $(C_1+C_2x+\cdots+C_{k-1}x^{k-1})e^{rx}$
一对共轭复根 $\alpha\pm i\beta$	对应两项 $e^{\alpha x}(C_1\cos\beta x+C_2\sin\beta x)$
一对 k 重的共轭复根 $\alpha\pm i\beta$	对应 $2k$ 项 $e^{\alpha x}[(C_1+C_2x+\cdots+C_kx^{k-1})\cos\beta x+(C'_1+C'_2x+\cdots+C'_kx^{k-1})\sin\beta x]$

2. 高阶常系数非齐次线性微分方程的解法

因此求高阶常系数非齐次线性微分方程的通解可按下面三个步骤进行:

① 求对应的齐次微分方程的通解 Y(前面已讨论过);

② 求非齐次微分方程的一个特解 y^*;

③ 原方程的通解为 $y=Y+y^*$.

仍以二阶方程为例,非齐次项 $f(x)$ 取两种特殊形式时的特解 y^* 形式.

(1) $f(x)=e^{\lambda x}P_m(x)$ 型

方程 $y''+py'+qy=e^{\lambda x}P_m(x)$ 具有如下形式的特解:

$$y^* = x^k Q_m(x) e^{\lambda x},$$

其中,$k=0,1,2$,它表示当 λ 不是特征根、是特征方程的单根、是二重根时,k 可分别取 0,1,2;$Q_m(x)$ 是与 $P_m(x)$ 同次的多项式,$Q_m(x)=b_0+b_1x+\cdots+b_mx^m$,其系数 $b_0, b_1, \cdots, b_m$ 是待定常数,可以通过比较系数来确定.

(2) $f(x)=e^{\lambda x}[P_l(x)\cos\omega x+P_n(x)\sin\omega x]$ 型

此时,方程 $y''+py'+q=e^{\lambda x}[P_l(x)\cos\omega x+P_n(x)\sin\omega x]$ 具有如下形式的特解

$$y^* = x^k e^{\lambda x}[A_m(x)\cos\omega x + B_m(x)\sin\omega x],$$

这里,$A_m(x)$, $B_m(x)$ 是 x 的 m 次多项式,$m=\max\{l,n\}$,k 可按 $\lambda+i\omega$(或 $\lambda-i\omega$)不是特征方程 $r^2+pr+q=0$ 的根或是特征方程的单根依次取 0 或 1.

二、经典题型详解

题型 1 常系数齐次线性微分方程的通解

例 8.12 求下列方程的通解:

(1) $y''-5y'+4y=0$; (2) $y''-2y'+3y=0$;

(3) $y'''-y''-6y'=0$; (4) $y^{(4)}-2y''+y=0$.

分析 此例中的方程都是高阶常系数齐次线性方程,求其通解步骤是,先写出特征方程,然后求出特征根,最后根据特征根的情况写出方程的通解.

解 (1) 所给方程的特征方程为 $r^2-5r+4=0$,特征根为 $r_1=1,r_2=4$.因此,所求通解为 $y=C_1e^x+C_2e^{4x}$,其中 C_1,C_2 是任意常数.

(2) 所给方程的特征方程为 $r^2-2r+3=0$,特征根为 $r_{1,2}=1\pm\sqrt{2}i$.因此,所求通解为

$$y=e^x\left(C_1\cos\sqrt{2}x+C_2\sin\sqrt{2}x\right),\quad \text{其中 } C_1,C_2 \text{ 是任意常数.}$$

(3) 所给方程的特征方程为 $r^3-r^2-6r=0$,特征根为 $r_1=-2,r_2=3,r_3=0$.因此,所求通解为 $y=C_1+C_2e^{-2x}+C_3e^{3x}$,其中 C_1,C_2,C_3 是任意常数.

(4) 所给方程的特征方程为 $r^4-2r^2+1=0$,特征根为 $r_{1,2}=1,r_{3,4}=-1$.因此,所求通解为 $y=(C_1+C_2x)e^x+(C_3+C_4x)e^{-x}$,其中 C_1,C_2,C_3,C_4 是任意常数.

题型 2 常系数非齐次线性微分方程的通解

例 8.13 求下列微分方程的通解:

(1) $y''+6y'+5y=e^{2x}$; (2) $y''-2y'+y=xe^x$;

(3) $y''+y'-2y=8\sin 2x$; (4) $y''-2y'+2y=e^x\cos x$.

分析 本题中的方程是二阶常系数非齐次线性微分方程.求解步骤是,先求对应齐次微分方程的通解,再根据非齐次项的特点求特解,最后写出原方程的通解.

解 (1) 易见,方程 $y''+6y'+5y=e^{2x}$ 对应齐次微分方程 $y''+6y'+5y=0$ 的特征方程为 $r^2+6r+5=0$,特征根为 $r_1=-1,r_2=-5$.因此,对应齐次微分方程的通解为

$$Y=C_1e^{-x}+C_2e^{-5x}\quad (C_1,C_2 \text{ 为任意常数}).$$

由方程的非齐次项 $f(x)=e^{2x}$ 可知,$\lambda=2$ 不是特征方程的根,因此方程的特解可以假设为 $y^*=ae^{2x}$,将其代入原方程,有 $21a=1$,解得 $a=\frac{1}{21}$.于是原方程的通解为

$$y=Y+y^*=C_1e^{-x}+C_2e^{-5x}+\frac{1}{21}e^{2x},\quad \text{其中 } C_1,C_2 \text{ 为任意常数.}$$

(2) 易见,方程 $y''-2y'+y=xe^x$ 对应的齐次微分方程为 $y''-2y'+y=0$,特征方程为 $r^2-2r+1=0$,特征根为 $r_{1,2}=1$.因此对应的齐次微分方程的通解为

$$Y=(C_1+C_2x)e^x(C_1,C_2 \text{ 为任意常数}).$$

由方程的非齐次项 $f(x)=xe^x$ 可知,$\lambda-1$ 是特征方程的二重根,所以特解的形式可设为 $y^*=x^2e^x(ax+b)$.将其代入原方程,可以求得 $a=\frac{1}{6},b=0$.于是原方程的通解为

$$y=Y+y^*=(C_1+C_2x)e^x+\frac{1}{6}x^3e^x,\quad \text{其中 } C_1,C_2 \text{ 为任意常数.}$$

(3) 易见,方程 $y''+y'-2y=8\sin 2x$ 对应齐次微分方程 $y''+y'-2y=0$ 的特征方程为 $r^2+r-2=0$,特征根为 $r_1=1,r_2=-2$.因此,对应齐次微分方程的通解为

$$Y=C_1e^x+C_2e^{-2x}(C_1,C_2 \text{ 为任意常数}).$$

由方程的非齐次项 $f(x)=8\sin 2x$ 可知,$\lambda+\omega i=2i$ 不是特征方程的根,因此方程的特解可以假设为 $y^*=a\cos 2x+b\sin 2x$,将其代入原方程,有 $(-6a+2b)\cos 2x+(-2a-6b)\sin 2x=8\sin 2x$,解得 $a=-\frac{2}{5},b=-\frac{6}{5}$.于是原方程的通解为

$$y=Y+y^*=C_1e^x+C_2e^{-2x}-\frac{2}{5}\cos 2x-\frac{6}{5}\sin 2x,\quad \text{其中 } C_1,C_2 \text{ 为任意常数.}$$

(4) 易见,方程 $y''-2y'+2y=e^x\cos x$ 对应齐次微分方程 $y''-2y'+2y=0$ 的特征方程为 $r^2-2r+2=0$,特征根为 $r_{1,2}=1\pm i$. 因此,对应齐次微分方程的通解为

$$Y=e^x(C_1\cos x+C_2\sin x)(C_1,C_2\text{ 为任意常数}).$$

由方程的非齐次项 $f(x)=e^x\cos x$ 可知,$\lambda+\omega i=1+i$ 是特征方程的单根,因此方程的特解可以假设为 $y^*=xe^x(a\cos x+b\sin x)$,将其代入原方程,可以求得 $a=0,b=\frac{1}{2}$. 于是原方程的通解为

$$y=Y+y^*=e^x(C_1\cos x+C_2\sin x)+\frac{1}{2}xe^x\sin x,\quad \text{其中 } C_1,C_2 \text{ 为任意常数}.$$

题型 3 求解二阶常系数(非)齐次线性微分方程的初值问题

例 8.14 求解下列初值问题:

(1) $y''+y'-6y=0,y(0)=0,y'(0)=1$;

(2) $y''-2y'=e^x(x^2+x-3),y(0)=2,y'(0)=2$.

分析 先求方程的通解,再利用初值条件确定任意常数.

解 (1) 易见,方程 $y''+y'-6y=0$ 的特征方程为 $r^2+r-6=0$,其特征根为 $r_1=2,r_2=-3$,于是所求通解为 $y=C_1e^{2x}+C_2e^{-3x}$.

容易求得 $y'=2C_1e^{2x}-3C_2e^{-3x}$. 将初值条件 $y(0)=0,y'(0)=1$ 代入 y,y',得

$$\begin{cases}C_1+C_2=0,\\2C_1-3C_2=1,\end{cases}$$

解得 $C_1=\frac{1}{5},C_2=-\frac{1}{5}$. 于是满足初值条件的特解为 $y=\frac{1}{5}e^{2x}-\frac{1}{5}e^{-3x}$.

(2) 易见,方程 $y''-2y'=e^x(x^2+x-3)$ 对应齐次微分方程 $y''-2y'=0$ 的特征方程为 $r^2-2r=0$,特征根为 $r_1=0,r_2=2$. 因此,对应齐次微分方程的通解为

$$Y=C_1+C_2e^{2x}(C_1,C_2\text{ 为任意常数}).$$

由方程的非齐次项 $f(x)=e^x(x^2+x-3)$ 可知,$\lambda=1$ 不是特征方程的根,因此方程的特解可以假设为 $y^*=e^x(ax^2+bx+c)$,将其代入原方程,有 $-ax^2-bx+2a-c=x^2+x-3$,解得 $a=-1,b=-1,c=1$. 于是原方程的通解为

$$y=Y+y^*=C_1+C_2e^{2x}+e^x(-x^2-x+1)(C_1,C_2\text{ 为任意常数}).$$

将初值条件 $y(0)=2,y'(0)=2$ 代入通解,得到关于 C_1,C_2 的线性方程组

$$\begin{cases}C_1+C_2+1=1,\\2C_2=2.\end{cases}$$

容易解得 $C_1=-1,C_2=1$.

综上,原方程满足初值条件的特解为 $y=-1+e^{2x}+e^x(-x^2-x+1)$.

题型 4 根据非齐次项写出非齐次方程的特解形式

例 8.15 确定下列微分方程的特解 y^* 形式(不必定出常数):

(1) $y''-6y'=3x^2+1$; (2) $y''+y=\sin x-\cos 2x$;

(3) $y''-4y'+4y=e^{2x}+e^x+1$; (4) $y''+2y'+5y=4e^{-x}+3\sin 2x$.

分析 这些方程都是二阶常系数非齐次线性微分方程. 根据非齐次项的特点与特征根

的关系设出特解的形式.

解 (1) 容易求得对应齐次微分方程的特征根为 $r_1=0, r_2=6$. 在方程的非齐次项中,由于 $\lambda=0$ 是特征方程的单根,因此方程的特解可以假设为

$$y^* = x(ax^2+bx+c), \qquad \text{其中 } a,b,c \text{ 为待定常数.}$$

(2) 容易求得对应齐次微分方程的特征根为 $r_{1,2}=\pm i$. 在方程的非齐次项中,由于 $f_1(x)=\sin x$ 和 $f_2(x)=\cos 2x$ 是两个相互独立的项,需要分别设立特解形式.

易见,对于 $f_1(x)=\sin x$, $\lambda+\omega i=i$ 是特征方程的单根,对其特解形式假设为 $y_1^*=x(a\cos x+b\sin x)$;对于 $f_2(x)=\cos 2x$, $\lambda+\omega i=2i$ 不是特征方程的根,对其特解形式假设为 $y_2^*=c\cos 2x+d\sin 2x$. 于是,根据 8.4 节定理 8.2(非齐次线性微分方程的解的叠加原理),原方程的特解形式可以假设为

$$y^* = y_1^* + y_2^* = x(a\cos x+b\sin x)+(c\cos 2x+d\sin 2x), \text{其中 } a,b,c,d \text{ 为待定常数.}$$

(3) 容易求得对应齐次微分方程的特征根为 $r_{1,2}=2$. 在方程的非齐次项中,由于 $f_1(x)=e^{2x}$, $f_2(x)=e^x$ 和 $f_3(x)=1$ 是三个相互独立的项,需要分别设立特解形式.

易见,对于 $f_1(x)=e^{2x}$, $\lambda=2$ 是特征方程的二重根,对其特解形式假设为 $y_1^*=x^2ae^{2x}$;对于 $f_2(x)=e^x$ 和 $f_3(x)=1$,对应的 $\lambda=1,0$ 都不是特征方程的根,对其特解形式分别假设为 $y_2^*=be^x$, $y_3^*=c$. 于是,根据 8.4 节中定理 8.2,原方程的特解形式可以假设为

$$y^* = y_1^*+y_2^*+y_3^* = ax^2e^{2x}+be^x+c, \qquad \text{其中 } a,b,c \text{ 为待定常数.}$$

(4) 容易求得对应齐次微分方程的特征根为 $r_{1,2}=-1\pm 2i$. 在方程的非齐次项中,由于 $f_1(x)=4e^{-x}$ 和 $f_2(x)=3\sin 2x$ 是两个相互独立的项,需要分别设立特解形式.

易见,对于 $f_1(x)=4e^{-x}$, $\lambda=-1$ 不是特征方程的根,对其特解形式假设为 $y_1^*=ae^{-x}$;对于 $f_2(x)=3\sin 2x$, $\lambda+\omega i=2i$ 不是特征方程的根,对其特解形式假设为 $y_2^*=b\cos 2x+c\sin 2x$. 于是,根据 8.4 节中定理 8.2,原方程的特解形式可以假设为

$$y^* = y_1^*+y_2^* = ae^x+b\cos 2x+c\sin 2x, \qquad \text{其中 } a,b,c \text{ 为待定常数.}$$

三、课后习题选解(习题 8.5)

A类题

1. 求下列方程的通解:

(1) $y''+2y'-8y=0$; (2) $y''+6y'+9y=0$; (3) $y''-3y'=0$;

(4) $y''+4y'+8y=0$; (5) $y^{(5)}-16y'=0$; (6) $y'''-3y''+3y'-y=0$;

(7) $y^{(4)}+2y''+y=0$; (8) $y^{(4)}-2y''+y=0$; (9) $y''+y'-2y=x$;

(10) $y''+4y'+4y=e^{2x}$; (11) $y''-4y'+3y=2xe^{2x}$; (12) $y''-4y'+4y=2\sin 2x$;

(13) $y''+y=4x\sin x$.

分析 本题中的方程是高阶常系数(非)齐次线性微分方程. 对于齐次微分方程,利用其特征方程的根求通解;对于非齐次微分方程,先求对应齐次微分方程的通解,再根据非齐次项的特点求特解,最后写出原方程的通解. 本题中,$C_i(i=1,2,\cdots,5)$都是任意常数.

解 (1) 方程 $y''+2y'-8y=0$ 的特征方程为 $r^2+2r-8=0$,特征根为 $r_1=-4, r_2=2$. 因此所求的通解为 $y=C_1e^{-4x}+C_2e^{2x}$.

(2) 方程 $y''+6y'+9y=0$ 的特征方程为 $r^2+6r+9=0$,特征根为 $r_{1,2}=-3$. 因此所求通解为

$$y=(C_1+C_2x)e^{-3x}.$$

(3) 方程 $y''-3y'=0$ 的特征方程为 $r^2-3r=0$,特征根为 $r_1=0,r_2=3$. 因此所求通解为

$$y=C_1+C_2e^{3x}.$$

(4) 方程 $y''+4y'+8y=0$ 的特征方程为 $r^2+4r+8=0$,特征根为 $r_{1,2}=-2\pm 2i$. 因此所求通解为

$$y=e^{-2x}(C_1\sin 2x+C_2\cos 2x).$$

(5) 方程 $y^{(5)}-16y'=0$ 的特征方程为 $r^5-16r=0$,特征根为 $r_1=0,r_2=2,r_3=-2$, $r_{4,5}=\pm 2i$. 因此所求通解为 $y=C_1+C_2e^{2x}+C_3e^{-2x}+C_4\cos 2x+C_5\sin 2x$.

(6) 方程 $y'''-3y''+3y'-y=0$ 的特征方程为 $r^3-3r^2+3r-1=(r-1)^3=0$,特征根为 $r_{1,2,3}=1$. 因此所求通解为 $y=(C_1+C_2x+C_3x^2)e^x$.

(7) 方程 $y^{(4)}+2y''+y=0$ 的特征方程为 $r^4+2r^2+1=0$,特征根为 $r_{1,2}=i,r_{3,4}=-i$. 因此所求通解为

$$y=(C_1+C_2x)\cos x+(C_3+C_4x)\sin x.$$

(8) 方程 $y^{(4)}-2y''+y=0$ 的特征方程为 $r^4-2r^2+1=0$,特征根为 $r_{1,2}=1,r_{3,4}=-1$. 因此所求通解为

$$y=(C_1+C_2x)e^x+(C_3+C_4x)e^{-x}.$$

(9) 易见,方程 $y''+y'-2y=x$ 对应的齐次微分方程为 $y''+y'-2y=0$,特征方程为 $r^2+r-2=0$,特征根为 $r_1=1,r_2=-2$. 因此对应的齐次微分方程的通解为 $Y=C_1e^x+C_2e^{-2x}$(C_1,C_2 为任意常数).

由方程的非齐次项 $f(x)=x$ 可知,$\lambda=0$ 不是特征方程的根,所以特解的形式可设为 $y^*=ax+b$. 将其代入原方程,有 $a-2(ax+b)=x$,解得 $a=-\frac{1}{2},b=-\frac{1}{4}$. 于是原方程的通解为

$$y=Y+y^*=C_1e^x+C_2e^{-2x}-\frac{1}{2}x-\frac{1}{4},\quad 其中\ C_1,C_2\ 为任意常数.$$

(10) 易见,方程 $y''+4y'+4y=e^{2x}$ 对应的齐次微分方程为 $y''+4y'+4y=0$,特征方程为 $r^2+4r+4=0$,特征根为 $r_{1,2}=-2$. 因此对应的齐次微分方程的通解为 $Y=(C_1+C_2x)e^{-2x}$(C_1,C_2 为任意常数).

由方程的非齐次项 $f(x)=e^{2x}$ 可知,$\lambda=2$ 不是特征方程的根,所以特解的形式可设为 $y^*=ae^{2x}$. 将其代入原方程,容易求得 $a=\frac{1}{16}$. 于是原方程的通解为

$$y=Y+y^*=(C_1+C_2x)e^{-2x}+\frac{1}{16}e^{2x},\quad 其中\ C_1,C_2\ 为任意常数.$$

(11) 易见,方程 $y''-4y'+3y=2xe^{2x}$ 对应的齐次微分方程为 $y''-4y'+3y=0$,特征方程为 $r^2-4r+3=0$,特征根为 $r_1=1,r_2=3$. 因此对应的齐次微分方程的通解为 $Y=C_1e^x+C_2e^{3x}$(C_1,C_2 为任意常数).

由方程的非齐次项 $f(x)=2xe^{2x}$ 可知,$\lambda=2$ 不是特征方程的根,所以特解的形式可设为 $y^*=e^{2x}(ax+b)$. 将其代入原方程,容易求得 $a=-2,b=0$. 于是原方程的通解为

$$y=Y+y^*=C_1e^x+C_2e^{3x}-2xe^{2x},\quad 其中\ C_1,C_2\ 为任意常数.$$

(12) 易见,方程 $y''-4y'+4y=2\sin 2x$ 对应的齐次微分方程为 $y''-4y'+4y=0$,特征方程为 $r^2-4r+4=0$,特征根为 $r_{1,2}=2$. 因此对应的齐次微分方程的通解为 $Y=(C_1+C_2x)e^{2x}$(C_1,C_2 为任意常数).

由方程的非齐次项 $f(x)=2\sin 2x$ 可知,$\lambda+\omega i=2i$ 不是特征方程的根,所以特解的形式可设为 $y^*=a\cos 2x+b\sin 2x$. 将其代入原方程,容易求得 $a=\frac{1}{4},b=0$. 于是原方程的通解为

$$y=Y+y^*=(C_1+C_2x)e^{2x}+\frac{1}{4}\cos 2x,\quad 其中\ C_1,C_2\ 为任意常数.$$

(13) 易见,方程 $y''+y=4x\sin x$ 对应的齐次微分方程为 $y''+y=0$,特征方程为 $r^2+1=0$,特征根为 $r_{1,2}=\pm i$. 因此对应的齐次微分方程的通解为 $Y=C_1\cos x+C_2\sin x$(C_1,C_2 为任意常数).

由方程的非齐次项 $f(x)=4x\sin x$ 可知,$\lambda+\omega i=i$ 是特征方程的单根,所以特解的形式可设为 $y^*=x[(ax+b)\cos x+(cx+d)\sin x]$. 将其代入原方程,可以求得 $a=-1,b=0,c=0,d=1$. 于是原方程的通解为

$$y=Y+y^*=C_1\cos x+C_2\sin x-x^2\cos x+x\sin x,\quad 其中\ C_1,C_2\ 为任意常数.$$

2. 求解下列初值问题：

(1) $y''-4y'+3y=0,y(0)=6,y'(0)=10$；　　(2) $y''+y'-6y=0,y(0)=0,y'(0)=1$；

(3) $y''+8y'+16y=0,y(0)=2,y'(0)=0$.

分析　本题是求二阶常系数齐次线性微分方程满足初值条件的特解.求解方法是先求微分方程的通解,再利用初值条件确定任意常数.

解　(1) 易见,方程 $y''-4y'+3y=0$ 的特征方程为 $r^2-4r+3=0$,其特征根为 $r_1=1,r_2=3$,于是所求通解为 $y=C_1e^x+C_2e^{3x}$.容易求得 $y'=C_1e^x+3C_2e^{3x}$.将初值条件 $y(0)=6,y'(0)=10$ 代入 y,y',得

$$\begin{cases}C_1+C_2=6,\\C_1+3C_2=10,\end{cases}$$

解得 $C_1=4,C_2=2$.于是方程满足初值条件的特解为 $y=4e^x+2e^{3x}$.

(2) 易见,方程 $y''+y'-6y=0$ 的特征方程为 $r^2+r-6=0$,其特征根为 $r_1=2,r_2=-3$,于是所求通解为 $y=C_1e^{2x}+C_2e^{-3x}$.容易求得 $y'=2C_1e^{2x}-3C_2e^{-3x}$.将初值条件 $y(0)=0,y'(0)=1$ 代入 y,y',得

$$\begin{cases}C_1+C_2=0,\\2C_1-3C_2=1,\end{cases}$$

解得 $C_1=\frac{1}{5},C_2=-\frac{1}{5}$.于是满足初值条件的特解为 $y=\frac{1}{5}e^{2x}-\frac{1}{5}e^{-3x}$.

(3) 方程 $y''+8y'+16y=0$ 的特征方程为 $r^2+8r+16=0$,其特征根为 $r_{1,2}=-4$,于是所求通解为 $y=(C_1+C_2x)e^{-4x}$.容易求得 $y'=(C_2-4C_1-4C_2x)e^{-4x}$.将初值条件 $y(0)=2,y'(0)=0$ 代入 y,y',得

$$\begin{cases}C_1=2,\\-4C_1+C_2=0.\end{cases}$$

解得 $C_1=2,C_2=8$.于是满足初值条件的特解为 $y=(2+8x)e^{-4x}$.

3. 确定下列微分方程的特解 y^* 形式(不必定出常数)：

(1) $y''+y=(x-2)e^{3x}$；　　(2) $y''-2y'+10y=e^x\sin3x$；

(3) $y''+y=e^x(\sin x+\cos x)$.

分析　这些方程都是二阶常系数非齐次线性微分方程.根据非齐次项的特点与特征根的关系设出特解的形式.

解　(1) 容易求得对应齐次微分方程的特征根为 $r_{1,2}=\pm i$.在方程的非齐次项中,由于 $\lambda=3$ 不是特征方程的根,因此方程的特解可以假设为 $y^*=e^{3x}(ax+b)$,其中 a,b 为待定常数.

(2) 容易求得对应齐次微分方程的特征根为 $r_{1,2}=1\pm3i$.在方程的非齐次项中,由于 $\lambda+\omega i=1+3i$ 是特征方程的单根,因此方程的特解可以假设为 $y^*=xe^x(a\cos3x+b\sin3x)$,其中 a,b 为待定常数.

(3) 容易求得对应齐次微分方程的特征根为 $r_{1,2}=\pm i$.在方程的非齐次项中,由于 $\lambda+\omega i=1+i$ 不是特征方程的根,因此方程的特解可以假设为 $y^*=e^x(a\cos x+b\sin x)$,其中 a,b 为待定常数.

B类题

1. 求下列方程的通解：

(1) $y''+2y'=3e^{-2x}$；　　(2) $y''-2y'+3y=e^{-x}\cos x$；　　(3) $y''-9y=6e^{3x}$；

(4) $y''+y=x+e^x$；　　(5) $y''-2y'-3y=e^x+\sin x$.

分析　本题是求二阶常系数非齐次线性微分方程的通解.基本解法是：先求对应齐次微分方程的通解；再根据非齐次项的特点,求非齐次方程的一个特解.

解　(1) 易见,方程 $y''+2y'=3e^{-2x}$ 对应齐次微分方程 $y''+2y'=0$ 的特征方程为 $r^2+2r=0$,特征根为 $r_1=0,r_2=-2$.因此,对应齐次微分方程的通解为

$$Y=C_1+C_2e^{-2x}\quad(C_1,C_2\text{ 为任意常数}).$$

由方程的非齐次项 $f(x)=3\mathrm{e}^{-2x}$ 可知，$\lambda=-2$ 是特征方程的单根，因此方程的特解可以假设为 $y^*=ax\mathrm{e}^{-2x}$，将其代入原方程，有 $-2a=3$，解得 $a=-\frac{3}{2}$. 于是原方程的通解为

$$y=Y+y^*=C_1+C_2\mathrm{e}^{-2x}-\frac{3}{2}x\mathrm{e}^{-2x},\quad 其中 C_1,C_2 为任意常数.$$

(2) 易见，方程 $y''-2y'+3y=\mathrm{e}^{-x}\cos x$ 对应齐次微分方程 $y''-2y'+3y=0$ 的特征方程为 $r^2-2r+3=0$，特征根为 $r_{1,2}=1\pm\sqrt{2}\mathrm{i}$. 因此，对应齐次微分方程的通解为

$$Y=\mathrm{e}^x(C_1\cos\sqrt{2}x+C_2\sin\sqrt{2}x)\ (C_1,C_2 为任意常数).$$

由方程的非齐次项 $f(x)=\mathrm{e}^{-x}\cos x$ 可知，$\lambda+\omega\mathrm{i}=-1+\mathrm{i}$ 不是特征方程的根，因此方程的特解可以假设为 $y^*=\mathrm{e}^{-x}(a\cos x+b\sin x)$，将其代入原方程，有 $(5a-4b)\cos x+(4a+5b)\sin x=\cos x$，解得 $a=\frac{5}{41}$，$b=-\frac{4}{41}$. 于是原方程的通解为

$$y=Y+y^*=\mathrm{e}^x(C_1\cos\sqrt{2}x+C_2\sin\sqrt{2}x)+\mathrm{e}^{-x}\left(\frac{5}{41}\cos x-\frac{4}{41}\sin x\right),$$

其中 C_1,C_2 为任意常数.

(3) 易见，方程 $y''-9y=6\mathrm{e}^{3x}$ 对应齐次微分方程 $y''-9y=0$ 的特征方程为 $r^2-9=0$，特征根为 $r_1=-3$，$r_2=3$. 因此，对应齐次微分方程的通解为 $Y=C_1\mathrm{e}^{-3x}+C_2\mathrm{e}^{3x}$ (C_1,C_2 为任意常数).

由方程的非齐次项 $f(x)=6\mathrm{e}^{3x}$ 可知，$\lambda=3$ 是特征方程的单根，因此方程的特解可以假设为 $y^*=ax\mathrm{e}^{3x}$，将其代入原方程，有 $6a=6$，解得 $a=1$. 于是原方程的通解为

$$y=Y+y^*=C_1\mathrm{e}^{-3x}+C_2\mathrm{e}^{3x}+x\mathrm{e}^{3x},\qquad 其中 C_1,C_2 为任意常数.$$

(4) 易见，方程 $y''+y=x+\mathrm{e}^x$ 对应齐次微分方程 $y''+y=0$ 的特征方程为 $r^2+1=0$，特征根为 $r_{1,2}=\pm\mathrm{i}$. 因此，对应齐次微分方程的通解为 $Y=C_1\cos x+C_2\sin x$ (C_1,C_2 为任意常数).

在方程的非齐次项中，由于 $f_1(x)=x$ 和 $f_2(x)=\mathrm{e}^x$ 是两个相互独立的项，需要分别设立特解形式.

易见，对于 $f_1(x)=x$，$\lambda=0$ 不是特征方程的根，对其特解形式假设为 $y_1^*=ax+b$，将其代入原方程，容易求得 $a=1,b=0$；对于 $f_2(x)=\mathrm{e}^x$，$\lambda=1$ 不是特征方程的根，对其特解形式假设为 $y_2^*=c\mathrm{e}^x$，将其代入原方程，容易求得 $c=\frac{1}{2}$. 于是，根据 8.4 节中定理 8.2，原方程的通解为 $y=Y+y^*=C_1\cos x+C_2\sin x+x+\frac{1}{2}\mathrm{e}^x$，其中 C_1,C_2 为任意常数.

(5) 易见，方程 $y''-2y'-3y=\mathrm{e}^x+\sin x$ 对应齐次微分方程 $y''-2y'-3y=0$ 的特征方程为 $r^2-2r-3=0$，特征根为 $r_1=-1,r_2=3$. 因此，对应齐次微分方程的通解为 $Y=C_1\mathrm{e}^{-x}+C_2\mathrm{e}^{3x}$ (C_1,C_2 为任意常数).

在方程的非齐次项中，由于 $f_1(x)=\mathrm{e}^x$ 和 $f_2(x)=\sin x$ 是两个相互独立的项，需要分别设立特解形式.

易见，对于 $f_1(x)=\mathrm{e}^x$，$\lambda=1$ 不是特征方程的根，对其特解形式假设为 $y_1^*=a\mathrm{e}^x$，将其代入原方程，容易求得 $a=-\frac{1}{4}$；对于 $f_2(x)=\sin x$，$\lambda+\omega\mathrm{i}=\mathrm{i}$ 不是特征方程的根，对其特解形式假设为 $y_2^*=b\cos x+c\sin x$，将其代入原方程，容易求得 $b=\frac{1}{10}$，$c=-\frac{1}{5}$. 于是，根据 8.4 节中定理 8.2，原方程的通解为

$$y=Y+y^*=C_1\mathrm{e}^{-x}+C_2\mathrm{e}^{3x}-\frac{1}{4}\mathrm{e}^x+\frac{1}{10}\cos x-\frac{1}{5}\sin x,\quad 其中 C_1,C_2 为任意常数.$$

2. 求解下列初值问题：

(1) $y''-3y'+2y=5,y(0)=1,y'(0)=2$；

(2) $y''-2y'=\mathrm{e}^x(x^2+x-3),y(0)=2,y'(0)=2$；

(3) $y''+4y=\sin 2x,y(0)=\frac{1}{4},y'(0)=0$.

分析 本题是求二阶常系数非齐次线性微分方程满足初值条件的特解.求解方法是先求微分方程的通解,再利用初值条件确定任意常数.

解 (1) 易见,方程 $y''-3y'+2y=5$ 对应齐次微分方程 $y''-3y'+2y=0$ 的特征方程为 $r^2-3r+2=0$,特征根为 $r_1=1,r_2=2$.因此,对应齐次微分方程的通解为 $Y=C_1e^x+C_2e^{2x}$(C_1,C_2 为任意常数).

由方程的非齐次项 $f(x)=5$ 可知,$\lambda=0$ 不是特征方程的根,因此方程的特解可以假设为 $y^*=a$,将其代入原方程,有 $2a=5$,解得 $a=\frac{5}{2}$.于是原方程的通解为

$$y=Y+y^*=C_1e^x+C_2e^{2x}+\frac{5}{2}\ (C_1,C_2\text{ 为任意常数}).$$

将初值条件 $y(0)=1,y'(0)=2$ 代入通解,得到关于 C_1,C_2 的线性方程组

$$\begin{cases}C_1+C_2+\frac{5}{2}=1,\\ C_1+2C_2=2.\end{cases}$$

容易解得 $C_1=-5,C_2=\frac{7}{2}$.

综上,原方程满足初值条件的特解为 $y=-5e^x+\frac{7}{2}e^{2x}+\frac{5}{2}$.

(2) 易见,方程 $y''-2y'=e^x(x^2+x-3)$ 对应齐次微分方程 $y''-2y'=0$ 的特征方程为 $r^2-2r=0$,特征根为 $r_1=0,r_2=2$.因此,对应齐次微分方程的通解为 $Y=C_1+C_2e^{2x}$(C_1,C_2 为任意常数).

由方程的非齐次项 $f(x)=e^x(x^2+x-3)$ 可知,$\lambda=1$ 不是特征方程的根,因此方程的特解可以假设为 $y^*=e^x(ax^2+bx+c)$,将其代入原方程,有 $-ax^2-bx+2a-c=x^2+x-3$,解得 $a=-1,b=-1,c=1$.于是原方程的通解为 $y=Y+y^*=C_1+C_2e^{2x}+e^x(-x^2-x+1)$($C_1,C_2$ 为任意常数).

将初值条件 $y(0)=2,y'(0)=2$ 代入通解,得到关于 C_1,C_2 的线性方程组

$$\begin{cases}C_1+C_2+1=1,\\ 2C_2=2.\end{cases}$$

容易解得 $C_1=0,C_2=1$.

综上,原方程满足初值条件的特解为 $y=e^{2x}+e^x(-x^2-x+1)$.

(3) 易见,方程 $y''+4y=\sin2x$ 对应齐次微分方程 $y''+4y=0$ 的特征方程为 $r^2+4=0$,特征根为 $r_{1,2}=\pm2i$.因此,对应齐次微分方程的通解为 $Y=C_1\cos2x+C_2\sin2x$(C_1,C_2 为任意常数).

由方程的非齐次项 $f(x)=\sin2x$ 可知,$\lambda+\omega i=2i$ 是特征方程的单根,因此方程的特解可以假设为 $y^*=x(a\cos2x+b\sin2x)$,将其代入原方程,有 $-4a\sin2x+4b\cos2x=\sin2x$,解得 $a=-\frac{1}{4},b=0$.于是原方程的通解为

$$y=Y+y^*=C_1\cos2x+C_2\sin2x-\frac{1}{4}x\cos2x(C_1,C_2\text{ 为任意常数}).$$

将初值条件 $y(0)=\frac{1}{4},y'(0)=0$ 代入通解,得到关于 C_1,C_2 的线性方程组

$$\begin{cases}C_1=\frac{1}{4},\\ 2C_2-\frac{1}{4}=0.\end{cases}$$

容易解得 $C_1=\frac{1}{4},C_2=\frac{1}{8}$.

综上,原方程满足初值条件的特解为 $y=Y+y^*=\frac{1}{4}\cos2x+\frac{1}{8}\sin2x-\frac{1}{4}x\cos2x$.

3. 确定下列微分方程的特解 y^* 形式(不必定出常数):

(1) $y''-2y'+2y=xe^x\cos x$；　(2) $y''-y=x\cos^2 x$；　(3) $y''+y=\cos x\cdot\cos 3x$.

分析 这些方程都是二阶常系数非齐次线性微分方程.根据非齐次项的特点与特征根的关系设出特解的形式.

解 (1) 容易求得对应齐次微分方程的特征根为 $r_{1,2}=1\pm i$. 在方程的非齐次项中,由于 $\lambda+\omega i=1+i$ 是特征方程的单根,因此方程的特解可以假设为

$$y^*=xe^x[(ax+b)\cos x+(cx+d)\sin x],\quad \text{其中 } a,b,c,d \text{ 为待定常数}.$$

(2) 容易求得对应齐次微分方程的特征根为 $r_1=1,r_2=-1$. 在方程的非齐次项中,由于 $f(x)=x\cos^2 x=x\dfrac{1+\cos 2x}{2}=\dfrac{1}{2}x+\dfrac{1}{2}x\cos 2x=f_1(x)+f_2(x)$,需要分别设立特解形式.

易见,对于 $f_1(x)=\dfrac{1}{2}x$,$\lambda=0$ 不是特征方程的根,对其特解形式假设为 $y_1^*=ax+b$;对于 $f_2(x)=\dfrac{1}{2}x\cos 2x$,$\lambda+\omega i=2i$ 不是特征方程的根,对其特解形式假设为 $y_2^*=(cx+d)\cos 2x+(ex+f)\sin 2x$. 于是,根据 8.4 节中定理 8.2,原方程的特解形式可以假设为

$$y^*=y_1^*+y_2^*=ax+b+(cx+d)\cos 2x+(ex+f)\sin 2x,$$

其中 a,b,c,d,e,f 为待定常数.

(3) 容易求得对应齐次微分方程的特征根为 $r_{1,2}=\pm i$. 在方程的非齐次项中,由于 $f(x)=\cos x\cos 3x=\dfrac{1}{2}\cos 4x+\dfrac{1}{2}\cos 2x=f_1(x)+f_2(x)$,需要分别设立特解形式.

易见,对于 $f_1(x)=\dfrac{1}{2}\cos 4x$,$\lambda+\omega i=4i$ 不是特征方程的根,对其特解形式假设为 $y_1^*=a\cos 4x+b\sin 4x$;对于 $f_2(x)=\dfrac{1}{2}\cos 2x$,$\lambda+\omega i=2i$ 不是特征方程的根,对其特解形式假设为 $y_2^*=c\cos 2x+d\sin 2x$. 于是,根据 8.4 节中定理 8.2,原方程的特解形式可以假设为

$$y^*=y_1^*+y_2^*=a\cos 4x+b\sin 4x+c\cos 2x+d\sin 2x,\quad \text{其中 } a,b,c,d \text{ 为待定常数}.$$

4. 设 $f(x)=2+e^x-\int_0^x(x-t)f(t)\,dt$,其中 $f(x)$ 为二阶可微分函数,求 $f(x)$ 的表达式.

分析 先通过对等式关于自变量 x 求导数,将积分号逐步约化掉,进而对得到微分方程进行求解,注意每次求导数之前需要找到微分方程的初值条件.

解 由已知等式可得,$f(0)=3$. 先将等式中的积分拆项,得

$$f(x)=2+e^x-x\int_0^x f(t)\,dt+\int_0^x tf(t)\,dt.$$

方程两边关于 x 求导数,得 $f'(x)=e^x-\int_0^x f(t)\,dx$.

由此可得,$f'(0)=1$. 再对上式两边关于 x 求导数,并整理,得 $f''(x)+f(x)=e^x$.

这是一个二阶常系数非齐次线性方程,不难求得该方程的通解为

$$f(x)=C_1\cos x+C_2\sin x+\frac{1}{2}e^x,\qquad \text{其中 } C_1,C_2 \text{ 是任意常数}.$$

复习题 8 解答

1. 是非题

(1) 微分方程的通解中包含了它所有的解.　(　　)

(2) 微分方程 $xy'-\ln x=0$ 的通解是 $y=\dfrac{1}{2}(\ln x)^2+C$($C$ 为任意常数).　(　　)

(3)方程 $y'=x^3y^4-xy$ 可以通过变换转化为一阶线性微分方程. ( )

(4) 对于任意常数 C_1,函数 $y=C_1e^x+2e^{-x}$ 是方程 $y''-y=0$ 的通解. ( )

(5) $\frac{dy}{dx}=1+x+y^2+xy^2$ 不是可分离变量的微分方程. ( )

解 (1) 错.方程在变形或约化时,可能会受到某些条件的限制,这些条件可能就是方程的解,但不一定被包含在通解中.如在对方程 $(1+x)ydx+(1-y)xdy=0$ 分离变量时,要求 $xy\neq0$,在求得的通解 $x-y+\ln|xy|=C$(目前的形式下)中并未包含解 $x=0$ 和 $y=0$.

(2) 对.方程 $xy'-\ln x=0$ 可变形为 $y'=\frac{1}{x}\ln x$,对其关于 x 直接积分,得到方程的通解为 $y=\frac{1}{2}(\ln x)^2+C$,C 为任意常数.

(3) 对.方程 $y'=x^3y^4-xy$ 是伯努利方程,可变形为 $y^{-4}y'+xy^{-3}=x^3$.令 $z=y^{-3}$,即可将其转化为一阶线性微分方程 $z'-3xz=-3x^3$.

(4) 错.方程 $y''-y=0$ 是二阶常系数齐次线性微分方程,通解中应该含有两个独立的任意常数,即 $y=C_2e^x+C_2e^{-x}$(C_1,C_2 为任意常数),而解 $y=C_1e^x+2e^{-x}$ 中只有一个任意常数.

(5) 错.方程 $\frac{dy}{dx}=1+x+y^2+xy^2$ 可变形为 $\frac{dy}{dx}=(1+x)(1+y^2)$.易见,它是可分离变量的微分方程.

2. 填空题

(1) 若两个函数 $y_1(x)$ 和 $y_2(x)$ 的比 $\frac{y_2(x)}{y_1(x)}=k$,则它们必是________.

(2) $y^{(4)}=e^{-2x}$ 的通解是

____

(3) 方程 $\frac{dy}{dx}-\frac{y}{(x+1)^2}=(x+1)^3$ 对应的齐次方程的通解为________.

(4) 已知 $y_1=e^x\sin2x$,$y_2=2e^x\cos2x+3e^x\sin2x$ 是某个二阶常系数齐次线性微分方程的两个解,则该方程的通解为________________.

(5) 微分方程 $y''-4y'+4y=(1+x^2)e^{2x}$ 的特解形式为 $y^*=$________.

解 (1) 根据两个函数线性相关的定义,由 $\frac{y_2(x)}{y_1(x)}\equiv k$ 可知,函数 $y_1(x)$ 和 $y_2(x)$ 必线性相关.

(2) 对方程 $y^{(4)}=e^{-2x}$ 关于 x 直接积分四次,得

$$y=\frac{1}{16}e^{-2x}+C_1x^3+C_2x^2+C_3x+C_4\ (C_1,C_2,C_3,C_4\text{ 是任意常数}).$$

(3) 原方程对应的齐次微分方程是 $\frac{dy}{dx}-\frac{y}{(x+1)^2}=0$,容易求得其通解为 $y=Ce^{-\frac{1}{1+x}}$(C 为任意常数).

(4) 由 $y_1=e^x\sin2x$,$y_2=2e^x\cos2x+3e^x\sin2x$ 可见,y_1,y_2 中含有 $e^x\sin2x$,$e^x\cos2x$,它们应该是齐次微分方程的解.根据二阶常系数齐次线性微分方程的解的结构定理,该方程的通解为

$$y=e^x(C_1\sin2x+C_2\cos2x)\ (C_1,C_2\text{ 为任意常数}).$$

(5) 易见,该方程是二阶常系数非齐次线性微分方程,对应齐次微分方程的二重根为 $r_{1,2}=2$.由方程右端的非齐次项可见,$\lambda=2$ 是方程的二重根,因此方程的特解形式为 $y^*=x^2e^{2x}(ax^2+bx+c)$(a,b,c 为待定常数).

3. 选择题

(1) 方程 $xy'''+2x^2y''+x^3y=0$ 是下列哪类微分方程( ).

A. 二阶线性微分方程　　B. 二阶非线性微分方程

C. 三阶线性微分方程　　D. 三阶非线性微分方程

(2) 与积分方程 $f(x)=1+2x^2+\int_0^x tf(t)dt$ 等价的微分方程的初值问题是( ).

A. $f'(x)=xf(x)+4x, f(0)=1$　　B. $f'(x)=xf(x)+4x+1, f(0)=1$

C. $f'(x)=xf(x), f(0)=1$　　D. $f'(x)=xf(x)+4x, f(0)=0$

(3) 微分方程 $y''+y=\sin x$ 的一个特解具有形式(　　).

A. $y^*=a\sin x$　　B. $y^*=a\cdot\cos x$

C. $y^*=x(a\sin x+b\cos x)$　　D. $y^*=a\cos x+b\sin x$

(4) 具有特解 $y_1=2e^x, y_2=xe^x, y_3=3e^{-x}$ 的三阶常系数齐次线性微分方程是(　　).

A. $y'''+y''+y'+y=0$　　B. $y'''-y''+y'+y=0$

C. $y'''-y''-y'+y=0$　　D. $y'''+y''+y'-y=0$

(5) 微分方程 $\frac{dx}{y}+\frac{dy}{x}=0$ 满足 $y(3)=4$ 的特解是(　　).

A. $x^2-y^2=2$　　B. $3x+4y=5$　　C. $x^2+y^2=C$　　D. $x^2+y^2=25$

解 (1) 选C. 利用微分方程的阶和线性性的定义判断，可知该方程是三阶线性微分方程.

(2) 选A. 由方程 $f(x)=1+2x^2+\int_0^x tf(t)dt$ 可知，$f(0)=1$；对方程两边关于求导数，可得 $f'(x)=4x+xf(x)$.

(3) 选C. 易见，微分方程 $y''+y=\sin x$ 的对应齐次微分方程 $y''+y=0$ 的特征根为 $r_{1,2}=\pm i$，而在方程的非齐次项中，$\lambda=i$ 是特征方程的根，因此方程的特解形式可设为 $y^*=x(a\sin x+b\cos x)$.

(4) 选C. 由特解 $y_1=2e^x, y_2=xe^x, y_3=3e^{-x}$ 的形式可见，$r=1$ 是二重根，$r=-1$ 是单根，因此特征方程为 $(r-1)^2(r+1)=r^3-r^2-r+1=0$. 于是对应的微分方程为 $y'''-y''-y'+y=0$.

(5) 选D. 将微分方程 $\frac{dx}{y}+\frac{dy}{x}=0$ 变形为 $xdx+ydy=0$，容易求得它的通解为 $x^2+y^2=C$，由初值条件 $y(3)=4$，可得其特解为 $x^2+y^2=25$.

4. 求下列微分方程的通解：

(1) $\frac{dy}{dx}+y\cot x=5e^{\cos x}$；　　(2) $x\frac{dy}{dx}-y-\sqrt{x^2-y^2}=0$；

(3) $\cos^2 y\cot x dx+\tan y\sin^2 x dy=0$；　　(4) $x\frac{dy}{dx}=y+x^2e^x$.

分析 根据方程的类型，按照相应求解方法求其通解.

解 (1) 该方程是一阶线性微分方程，应用常数变易法求解.

易见，对应齐次方程为 $\frac{dy}{dx}+y\cot x=0$. 利用分离变量法，容易求得其通解为 $y\sin x=C$(C 是任意常数).

令 $C=u(x)$，并将 $y=\frac{u(x)}{\sin x}$ 代入非齐次方程，得 $u'(x)=5\sin x e^{\cos x}$，对其两边积分，得 $u(x)=-5e^{\cos x}+C$. 于是，原方程的通解为 $y\sin x=-5e^{\cos x}+C$，其中 C 是任意常数.

(2) 易见，当 $x\neq0$ 时，原方程可变形为齐次方程，即 $\frac{dy}{dx}=\frac{y}{x}+\sqrt{1-\left(\frac{y}{x}\right)^2}$. 令 $u=\frac{y}{x}$，则有 $y=ux, y'=u'x+u$. 将这些信息代入原方程，得 $\frac{du}{dx}=\frac{\sqrt{1-u^2}}{x}$. 利用分离变量法，容易求得其通解为 $\arcsin u=\ln|x|+C$，即 $\arcsin\frac{y}{x}=\ln|x|+C$，其中 C 是任意常数.

(3) 易见，原方程是可分离变量方程. 将其变形为 $\frac{\tan y}{\cos^2 y}dy=-\frac{\cot x}{\sin^2 x}dx$. 对其两边积分，不难求得其通解为 $\tan^2 y=\cot^2 x+C$，其中 C 是任意非负常数.

(4) 当 $x\neq0$ 时，原方程可变形为一阶线性微分方程 $\frac{dy}{dx}-\frac{1}{x}y=xe^x$. 易见，对应齐次方程为 $\frac{dy}{dx}-\frac{1}{x}y=0$. 利用分离变量法，容易求得其通解为 $y=Cx$(C 是任意常数). 令 $C=u(x)$，并将 $y=ux$ 代入非齐次方程，

得 $u'(x)=\mathrm{e}^x$. 对其两边积分，得 $u(x)=\mathrm{e}^x+C$.

于是，原方程的通解为 $y=(\mathrm{e}^x+C)x$，其中 C 是任意常数.

5. 求下列微分方程满足初值条件的特解：

(1) $y'+\dfrac{2-3x^2}{x^3}y=1, y(1)=0$； (2) $(1+x^2)\mathrm{d}y=(1+xy)\mathrm{d}x, y(1)=0$；

(3) $(1+\mathrm{e}^{-x})\dfrac{\mathrm{d}y}{\mathrm{d}x}+\cos y=0, y(0)=\dfrac{\pi}{4}$； (4) $\dfrac{\mathrm{d}y}{\mathrm{d}x}+\dfrac{y}{x}=(\ln x)y^2, y(1)=1$.

分析 根据方程的类型，按照相应求解方法求其通解，再结合初值条件求特解.

解 (1) 易见，方程 $y'+\dfrac{2-3x^2}{x^3}y=1$ 为一阶线性非齐次微分方程. 应用常数变易法，不难求得其通解为 $y=\dfrac{1}{2}x^3+Cx^3\mathrm{e}^{\frac{1}{x^2}}$（$C$ 是任意常数）. 由初值条件 $y(1)=0$，解得 $C=-\dfrac{1}{2\mathrm{e}}$. 于是，方程的特解为 $y=\dfrac{1}{2}x^3-\dfrac{1}{2\mathrm{e}}x^3\mathrm{e}^{\frac{1}{x^2}}$.

(2) 通过观察，方程 $(1+x^2)\mathrm{d}y=(1+xy)\mathrm{d}x$ 可变形为一阶线性微分方程，即 $\dfrac{\mathrm{d}y}{\mathrm{d}x}-\dfrac{x}{1+x^2}y=\dfrac{1}{1+x^2}$. 应用常数变易法，可以求得其通解为 $y=x+C\sqrt{1+x^2}$（C 是任意常数）. 由初值条件 $y(1)=0$，解得 $C=-\dfrac{\sqrt{2}}{2}$. 于是，方程的特解为 $y=x-\dfrac{\sqrt{2}}{2}\sqrt{1+x^2}$.

(3) 易见，方程 $(1+\mathrm{e}^{-x})\dfrac{\mathrm{d}y}{\mathrm{d}x}+\cos y=0$ 是可分离变量方程. 将其分离变量，得 $\dfrac{\mathrm{d}y}{\cos y}=-\dfrac{\mathrm{d}x}{1+\mathrm{e}^{-x}}$. 容易求得其通解为 $(\sec y+\tan y)(\mathrm{e}^x+1)=C$（$C$ 是任意常数）. 由初值条件 $y(0)=\dfrac{\pi}{4}$，解得 $C=2(\sqrt{2}+1)$. 于是，方程的特解为 $(\sec y+\tan y)(\mathrm{e}^x+1)=2(\sqrt{2}+1)$.

(4) 易见，方程 $\dfrac{\mathrm{d}y}{\mathrm{d}x}+\dfrac{y}{x}=(\ln x)y^2$ 是当 $n=2$ 时的伯努利方程. 令 $z=y^{-1}$，则原方程变为一阶线性非齐次微分方程 $\dfrac{\mathrm{d}z}{\mathrm{d}x}-\dfrac{z}{x}=-\ln x$. 利用常数变易法，不难求得其通解为 $y^{-1}=x\left(-\dfrac{1}{2}\ln^2 x+C\right)$（$C$ 是任意常数）. 由初值条件 $y(1)=1$，解得 $C=1$. 于是，方程的特解为 $y^{-1}=-\dfrac{1}{2}x(\ln^2 x-2)$.

6. 用适当的变换将下列方程化成可分离变量的方程，然后求出通解：

(1) $y'=x^2+4xy+4y^2+2$； (2) $y'=1-\tan(x-y)$.

分析 根据方程的特点，使用适当变量替换计算.

解 (1) 易见，$y'=x^2+4xy+4y^2+2=(x+2y)^2+2$. 令 $u=x+2y$，则有 $y=\dfrac{1}{2}(u-x)$，$y'=\dfrac{1}{2}(u'-1)$. 代入方程得 $\dfrac{1}{2}(u'-1)=u^2+2$，将其分离变量，得 $\dfrac{\mathrm{d}u}{2u^2+5}=\mathrm{d}x$. 不难求得上述方程的通解为

$$\arctan\left(\sqrt{\frac{2}{5}}u\right)=\sqrt{10}x+C,\quad 即\ \arctan\frac{2}{\sqrt{5}}(x+2y)=2\sqrt{5}x+C\quad (C\text{ 为任意常数}).$$

(2) 令 $u=x-y$，则有 $y=x-u$，$\mathrm{d}y=1-\mathrm{d}u$. 代入方程得 $1-u'=1-\tan u$ 将其分离变量，得 $\cot u\mathrm{d}u=\mathrm{d}x$. 容易求得上述方程的通解为 $\sin u=C\mathrm{e}^x$，即 $\sin(x-y)=C\mathrm{e}^x$，其中 C 是任意常数.

7. 求下列微分方程的通解：

(1) $y'''-4y'=0$； (2) $y''-4y'+5y=0$；

(3) $y''+y'-2y=3x\mathrm{e}^x$； (4) $y''-4y'+8y=\mathrm{e}^{2x}\sin 2x$.

分析 (1)和(2)是常系数齐次线性微分方程；(3)和(4)是常系数非齐次线性微分方程. 求解方法是利用特征方程求对应齐次方程的通解，非齐次方程还需要求出一个非齐次方程的特解.

解 (1) 易见，微分方程的特征方程为 $r^3-4r=0$，特征根为 $r_1=0, r_2=2, r_3=-2$，于是所求通解为

$$y=C_1+C_2\mathrm{e}^{2x}+C_3\mathrm{e}^{-2x},\quad \text{其中 } C_1,C_2,C_3 \text{ 为任意常数}.$$

(2) 易见，微分方程的特征方程为 $r^2-4r+5=0$，其特征根为 $r_{1,2}=2\pm\mathrm{i}$，于是所求通解为

$$y=\mathrm{e}^{2x}(C_1\cos x+C_2\sin x),\qquad \text{其中 } C_1,C_2 \text{ 为任意常数}.$$

(3) 易见，方程对应的齐次微分方程的特征方程为 $r^2+r-2=0$，其特征根为 $r_1=1,r_2=-2$，于是对应的齐次微分方程的通解为 $y=C_1\mathrm{e}^x+C_2\mathrm{e}^{-2x}$ (C_1,C_2 为任意常数).

方程的非齐次项为 $f(x)=3x\mathrm{e}^x$，由于 $\lambda=1$ 是特征方程的根，所以特解的形式可以假设为 $y^*=x\mathrm{e}^x(ax+b)$，容易求得 y^* 的一阶、二阶导数分别为

$$y^{*\prime}=\mathrm{e}^x[ax^2+(2a+b)x+b],\quad y^{*\prime\prime}=\mathrm{e}^x[ax^2+(4a+b)x+2(a+b)].$$

将 $y^*,y^{*\prime},y^{*\prime\prime}$ 代入方程 $y''+y'-2y=3x\mathrm{e}^x$，解得 $a=\dfrac{1}{2},b=-\dfrac{1}{3}$. 因此非齐次方程的通解为

$$y=Y+y^*=C_1\mathrm{e}^x+C_2\mathrm{e}^{-2x}+\frac{1}{6}\mathrm{e}^x(3x^2-2x),\quad \text{其中 } C_1,C_2 \text{ 为任意常数}.$$

(4) 易见，微分方程的特征方程为 $r^2-4r+8=0$，其特征根为 $r_{1,2}=2\pm2\mathrm{i}$，于是所求通解为

$$Y=\mathrm{e}^{2x}(C_1\cos2x+C_2\sin2x)\quad (C_1,C_2 \text{ 为任意常数}).$$

方程的非齐次项为 $f(x)=\mathrm{e}^{2x}\sin2x$，由于 $\alpha+\mathrm{i}\beta=2+2\mathrm{i}$ 是特征方程的根，所以特解的形式可以假设为 $y^*=x\mathrm{e}^{2x}(a\cos2x+b\sin2x)$，容易求得 y^* 的一阶、二阶导数分别为

$$y^{*\prime}=\mathrm{e}^{2x}[2(a+b)x\cos2x+2(b-a)x\sin2x+a\cos2x+b\sin2x],$$
$$y^{*\prime\prime}=\mathrm{e}^{2x}[8bx\cos2x-8ax\sin2x+4(a+b)\cos2x+4(b-a)\sin2x].$$

将 $y^*,y^{*\prime},y^{*\prime\prime}$ 代入方程 $y''-4y'+8y=\mathrm{e}^{2x}\sin2x$，解得 $a=-\dfrac{1}{4},b=0$. 因此非齐次方程的通解为

$$y=Y+y^*=\mathrm{e}^{2x}(C_1\cos2x+C_2\sin2x)-\frac{1}{4}x\mathrm{e}^{2x}\cos2x,\quad \text{其中 } C_1,C_2 \text{ 为任意常数}.$$

8. 求下列微分方程满足所给初值条件的特解：

(1) $y''-3y'-4y=0,y(0)=0,y'(0)=-5$；

(2) $y''+25y=0,y(0)=2,y'(0)=5$；

(3) $y''+4y+2\cos x=0,y(\pi)=1,y'(\pi)=1$；

(4) $y''-y'=4x\mathrm{e}^x,y(0)=0,y'(0)=1$.

分析 (1)和(2)是二阶常系数齐次线性微分方程；(3)和(4)是二阶常系数非齐次线性微分方程. 求解方法是先求方程的通解，再根据初值条件求其特解.

解 (1) 易见，微分方程的特征方程为 $r^2-3r-4=0$，特征根为 $r_1=4,r_2=-1$，于是所求通解为

$$y=C_1\mathrm{e}^{4x}+C_2\mathrm{e}^{-x}\quad (C_1,C_2 \text{ 为任意常数}).$$

不难求得 y 的一阶导数为 $y'=4C_1\mathrm{e}^{4x}-C_2\mathrm{e}^{-x}$. 由初值条件 $y(0)=0,y'(0)=-5$，解得 $C_1=-1,C_2=1$. 于是方程满足初值条件的特解为 $y'=-4\mathrm{e}^{4x}+\mathrm{e}^{-x}$.

(2) 易见，微分方程的特征方程为 $r^2+25=0$，特征根为 $r_{1,2}=\pm5\mathrm{i}$，于是所求通解为

$$y=C_1\cos5x+C_2\sin5x\ (C_1,C_2 \text{ 为任意常数}).$$

不难求得 y 的一阶导数为 $y'=-5C_1\sin5x+5C_2\cos5x$. 由初值条件 $y(0)=2,y'(0)=5$，解得 $C_1=2,C_2=1$. 于是方程满足初值条件的特解为 $y=2\cos5x+\sin5x$.

(3) 易见，方程对应的齐次方程的特征方程为 $r^2+4=0$，特征根为 $r_{1,2}=\pm2\mathrm{i}$，于是所求通解为

$$Y=C_1\cos2x+C_2\sin2x\ (C_1,C_2 \text{ 为任意常数}).$$

方程的非齐次项为 $f(x)=-2\cos x$，由于 $\alpha+\mathrm{i}\beta=\mathrm{i}$ 不是特征方程的根，所以特解的形式可以假设为 $y^*=a\cos x+b\sin x$，容易求得 y^* 的一阶、二阶导数分别为

$$y^{*\prime}=-a\sin x+b\cos x,\qquad y^{*\prime\prime}=-a\cos x-b\sin x.$$

将 $y^*,y^{*\prime\prime}$ 代入方程 $y''+4y+2\cos x=0$，解得 $a=-\dfrac{2}{3},b=0$. 因此非齐次方程的通解为

$$y=Y+y^*=C_1\cos2x+C_2\sin2x-\frac{2}{3}\cos x.$$

由初值条件 $y(\pi)=1, y'(\pi)=1$，解得 $C_1=\frac{1}{3}, C_2=\frac{1}{2}$. 于是方程满足初值条件的特解为

$$y=\frac{1}{3}\cos 2x+\frac{1}{2}\sin 2x-\frac{2}{3}\cos x.$$

(4) 易见，方程对应的齐次方程的特征方程为 $r^2-r=0$，特征根为 $r_1=0, r_2=1$，于是所求通解为 $Y=C_1+C_2\mathrm{e}^x$（C_1, C_2 为任意常数）.

方程的非齐次项为 $f(x)=4x\mathrm{e}^x$，由于 $\lambda=1$ 是特征方程的根，所以特解的形式可以假设为 $y^*=x\mathrm{e}^x(ax+b)$，容易求得 y^* 的一阶、二阶导数分别为

$$y^{*\prime}=\mathrm{e}^x[ax^2+(2a+b)x+b], y^{*\prime\prime}=\mathrm{e}^x[ax^2+(4a+b)x+2(a+b)].$$

将 $y^{*\prime}, y^{*\prime\prime}$ 代入方程 $y''-y'=4x\mathrm{e}^x$，解得 $a=2, b=-4$. 因此非齐次方程的通解为

$$y=Y+y^*=C_1+C_2\mathrm{e}^x+\mathrm{e}^x(2x^2-4x).$$

由初值条件 $y(0)=0, y'(0)=1$，解得 $C_1=-5, C_2=5$. 于是方程满足初值条件的特解为

$$y=-5+\mathrm{e}^x(2x^2-4x+5).$$

9. 已知 $y_1=\mathrm{e}^{2x}$ 和 $y_2=\mathrm{e}^{-x}$ 是二阶常系数齐次微分方程的两个特解. 解答下列问题：

(1) 写出该方程；

(2) 写出方程的通解；

(3) 求满足初值条件 $y(0)=1, y'(0)=\frac{1}{2}$ 的特解.

分析 根据特解形式逆推出特征方程，再由特征方程逆推出方程的形式.

解 (1) 由 $y_1=\mathrm{e}^{2x}$ 和 $y_2=\mathrm{e}^{-x}$ 可知，二阶常系数齐次微分方程的特征根分别为 $r_1=2$ 和 $r_2=-1$，因此对应的特征方程为 $r^2-r-2=0$. 于是所求的方程为 $y''-y'-2y=0$.

(2) 易见，方程的通解为 $y=C_1y_1+C_2y_2=C_1\mathrm{e}^{2x}+C_2\mathrm{e}^{-x}$（$C_1, C_2$ 为任意常数）.

(3) 将初值条件 $y(0)=1, y'(0)=\frac{1}{2}$ 代入通解，解得 $C_1=C_2=\frac{1}{2}$. 于是方程的特解为

$$y=\frac{1}{2}(\mathrm{e}^{2x}+\mathrm{e}^{-x}).$$

10. 已知二阶微分方程 $y''=4x$，求它经过点 $M(0,1)$，且在此点处与 $y=2x+1$ 相切的积分曲线.

分析 先解出通解，再结合条件求其特解.

解 对方程 $y''=4x$ 连续积分两次，得到其通解为 $y=\frac{2}{3}x^3+C_1x+C_2$（$C_1, C_2$ 为任意常数）.

由于积分曲线经过点 $M(0,1)$，可以求得 $C_2=1$；又由于它在此点处与 $y=2x+1$ 相切，即 $y'|_{x=0}=(2x^2+C_1)|_{x=0}=2$，得 $C_1=2$. 于是，所求的曲线为 $y=\frac{2}{3}x^3+2x+1$.

11. 设函数 $y(x)$ 满足 $y(x)\cos x+\int_0^x y(t)\sin t\mathrm{d}t=\sin x+2$. 求 $y(x)$ 的表达式.

分析 先通过对上式关于自变量 x 求导数，将积分号逐步约化掉，进而对得到的微分方程进行求解，注意求导数之前需要找到微分方程的初值条件.

解 由 $y(x)\cos x+\int_0^x y(t)\sin t\mathrm{d}t=\sin x+2$ 可知，$y(0)=2$. 对方程两边关于 x 求导数，得 $y'(x)\cos x-y(x)\sin x+y(x)\sin x=\cos x$，即 $y'(x)=1$，于是 $y(x)=x+C$.

再由初值条件 $y(0)=2$，得 $C=2$. 于是 $y(x)$ 的表达式为 $y(x)=x+2$.

自测题 8

1. 填空题

(1) 将下列方程归类（可分离变量方程、一阶线性方程、伯努利方程、齐次方程）：

① $x^2y'=2y+x^3\cos x$ 是________；

② $(xy^2+2x)\mathrm{d}x+(3y-x^2y)\mathrm{d}y=0$ 是________；

③ $x\dfrac{\mathrm{d}y}{\mathrm{d}x}=y\cdot\ln\dfrac{y}{x}$ 是________；

④ $(y-3)\cdot\cos x\mathrm{d}x-y\sin x\mathrm{d}y=0$ 是________；

⑤ $(2x-xy+y^4+y)\mathrm{d}y=y^2\mathrm{d}x$ 是________.

(2) $y'''+2y''-xy'-x^2=\cos x$ 的通解中应含________个独立的任意常数.

(3) 微分方程 $yy''-(y')^6=0$ 是________阶微分方程；

(4) 微分方程 $y''-6y'+9y=2xe^{3x}$ 的特解形式为 $y^*=$________；

(5) 已知微分方程$(x^2-2x)y''-(x^2-2)y'+(2x-2)y=6x-6$ 的三个解分别为 $y_1=3,y_2=3+x^2$，$y_3=3+x^2+\mathrm{e}^x$，则通解 $y(x)=$________.

2. 求下列微分方程满足初始条件的特解：

(1) $xy'+2y=x\ln x,y|_{x=1}=0$；

(2) $(1+4x^2)\mathrm{d}y=(3+2xy)\mathrm{d}x,y|_{x=0}=0$；

(3) $y'=\dfrac{y}{x}-\dfrac{2x}{y}+1,y|_{x=1}=0$；

(4) $\tan y\mathrm{d}x+(\mathrm{e}^{-x}+\mathrm{e}^x)\mathrm{d}y=0,y|_{x=0}=\dfrac{\pi}{4}$.

3. 用适当的变换将下列方程化成可分离变量的方程，然后求出通解：

(1) $y'=(x+y)^2$；

(2) $y'=\sin(x-y)$；

(3) $y'=\dfrac{1}{x-y}+1$.

4. 求下列微分方程满足所给初始条件的特解：

(1) $y''-3y'+2y=0,y|_{x=0}=0,y'|_{x=0}=2$；

(2) $y''+9y=0,y|_{x=0}=0,y'|_{x=0}=3$.

5. 求下列微分方程的通解：

(1) $y''-4y'+4y=\mathrm{e}^{2x}+\mathrm{e}^x+1$；

(2) $y''+2y'+5y=4\mathrm{e}^{-x}+3\sin 2x$.

6. 已知 $y_1=\mathrm{e}^{3x}$和 $y_2=\mathrm{e}^{-2x}$是二阶常系数齐次线性微分方程的两个特解，写出该方程，并求满足初值条件 $y|_{x=0}=1,y'|_{x=0}=2$ 的特解.

7. 设函数 $y(x)$ 满足 $y'(x)=1+\displaystyle\int_0^x[6\sin^2t-y(t)]\mathrm{d}t,y(0)=1$，求 $y(x)$.

8. 设函数 $y(x)$ 在$(0,+\infty)$内具有一阶连续导数，且满足 $x\displaystyle\int_0^x y(t)\mathrm{d}t=(x+1)\int_0^x ty(t)\mathrm{d}t$，求 $y(x)$.

9. 设函数 $y(x)$满足 $y''+y'-2y=3\mathrm{e}^x+1$，且其图形在点$(0,1)$处的切线与曲线 $y=x^2-x+1$ 的切线重合. 求 $y(x)$.

10. 跳伞员与降落伞共重150kg，当伞张开时，他以10m/s的速度竖直下落. 已知空气阻力与速度成正比，且当速度为5m/s时，空气阻力为60kg. 试求跳伞员的下落速度与时间的关系及其极限速度(即当 $t\to\infty$ 时速度的极限).